"十四五"国家重点出版物出版规划项目

长江水生生物多样性研究丛书

长江流域消落区生态环境空间观测

王　琳　李应仁　杨文波　等著

科　学　出　版　社　｜　山东科学技术出版社

北　京　　　　　　　　　济　南

内 容 简 介

本书主要阐述了消落区的内涵、类型、特征和功能，系统地介绍了包括消落区在内的水生生态系统空间观测技术与方法、观测数据获取与分析，以及空间观测数据的数字化管理技术等，梳理了作者在长江流域消落区空间观测方面的研究成果，包括长江流域水体消长变迁与渔业资源变动，以及长江流域河流、河川水库、大型通江湖泊等各类水域生态系统的消落区生态环境空间观测技术与方法，同时以三峡库区和鄱阳湖为例，对基于岸线生境分类的产黏性卵鱼类产卵生境适宜性评价和河湖洄游性鱼类的水文连通性评价进行了案例介绍，并以名录形式对长江流域"一江两湖七河"重点禁渔水域的重要消落区分布及生境特点进行了展示。

本书可供从事水生生物、环境、生态、水利领域研究，并对空间观测技术应用感兴趣的科研和技术人员及高等院校教师和学生参考，也可供相关领域管理部门的人员参考。

审图号：GS 京（2025）0774 号

图书在版编目（CIP）数据

长江流域消落区生态环境空间观测 ／ 王琳等著． -- 北京 ： 科学出版社，2025. 3. （长江水生生物多样性研究丛书）． -- ISBN 978-7-03-081126-4

Ⅰ．X321.25；Q178.51

中国国家版本馆 CIP 数据核字第 2025ZK8653 号

责任编辑：王 静 朱 瑾 习慧丽 陈 昕 徐睿璠／责任校对：郑金红
责任印制：肖 兴 王 涛／封面设计：懒 河

科学出版社 和山东科学技术出版社 联合出版
北京东黄城根北街 16 号
邮政编码：100717
http://www.sciencep.com
北京中科印刷有限公司印刷
科学出版社发行 各地新华书店经销
＊
2025 年 3 月第 一 版 开本：787×1092 1/16
2025 年 3 月第一次印刷 印张：27
字数：681 000
定价：280.00 元
（如有印装质量问题，我社负责调换）

"长江水生生物多样性研究丛书"
组织撰写单位

组织单位　　中国水产科学研究院

牵头单位　　中国水产科学研究院长江水产研究所

主要撰写单位

中国水产科学研究院长江水产研究所

中国水产科学研究院淡水渔业研究中心

中国水产科学研究院东海水产研究所

中国水产科学研究院资源与环境研究中心

中国水产科学研究院渔业工程研究所

中国水产科学研究院渔业机械仪器研究所

中国科学院水生生物研究所

中国科学院南京地理与湖泊研究所

中国科学院精密测量科学与技术创新研究院

水利部中国科学院水工程生态研究所

国家林业和草原局中南调查规划院

华中农业大学

西南大学

内江师范学院

江西省水产科学研究所

湖南省水产研究所

湖北省水产科学研究所

重庆市水产科学研究所

四川省农业科学院水产研究所

贵州省水产研究所

云南省渔业科学研究院

陕西省水产研究所

青海省渔业技术推广中心

九江市农业科学院水产研究所

其他资料提供及参加撰写单位

全国水产技术推广总站

中国水产科学研究院珠江水产研究所

中国科学院成都生物研究所

曲阜师范大学

河南省水产科学研究院

"长江水生生物多样性研究丛书"
编 委 会

《长江流域消落区生态环境空间观测》
著者委员会

"长江水生生物多样性研究丛书"

序

长江，作为中华民族的母亲河，承载着数千年的文明，是华夏大地的血脉，更是中华民族发展进程中不可或缺的重要支撑。它奔腾不息，滋养着广袤的流域，孕育了无数生命，见证着历史的兴衰变迁。

然而，在时代发展进程中，受多种人类活动的长期影响，长江生态系统面临严峻挑战。生物多样性持续下降，水生生物生存空间不断被压缩，保护形势严峻。水域生态修复任务艰巨而复杂，不仅关乎长江自身生态平衡，更关系到国家生态安全大局及子孙后代的福祉。

党的十八大以来，以习近平同志为核心的党中央高瞻远瞩，对长江经济带生态环境保护工作作出了一系列高屋建瓴的重要指示，确立了长江流域生态环境保护的总方向和根本遵循。随着生态文明体制改革步伐的不断加快，一系列政策举措落地实施，为破解长江流域水生生物多样性下降这一世纪难题、全面提升生态保护的整体性与系统性水平创造了极为有利的历史契机。

为了切实将长江大保护的战略决策落到实处，农业农村部从全局高度统筹部署，精心设立了"长江渔业资源与环境调查（2017—2021）"专项（简称长江专项）。此次调查由中国水产科学研究院总牵头，由危起伟研究员担任项目首席专家，中国水产科学研究院长江水产研究所负责技术总协调，并联合流域内外24家科研院所和高校开展了一场规模宏大、系统全面的科学考察。长江专项针对长江流域重点水域的鱼类种类组成及分布、鱼类资源量、濒危鱼类、长江江豚、渔业生态环境、消落区、捕捞渔业和休闲渔业等8个关键专题，展开了深入细致的调查研究，力求全面掌握长江水生生态的现状与问题。

"长江水生生物多样性研究丛书"便是在这一重要背景下应运而生的。该丛书以长江专项的主要研究成果为核心，对长江水生生物多样性进行了深度梳理与分析，同时广泛吸纳了长江专项未涵盖的相关新近研究成果，包括长江流域分布的国家重点保护野生两栖类、爬行类动物及软体动物的生物学研究和濒危状况，以及长江水生生物管理等有关内容。该丛书包括《长江鱼类图鉴》《长江流域水生生物多样性及其现状》《长江国家重点保护水生野生动物》《长江流域渔业资源现状》《长江重要渔业水域环境现状》《长江流域消落区生态环境空间观测》《长江外来水生生物》《长江水生生物保护区》《赤水河水生生物与保护》《长江水生生物多样性管理》共 10 分册。

　　这套丛书全面覆盖了长江水生生物多样性及其保护的各个层面，堪称迄今为止有关长江水生生物多样性最为系统、全面的著作。它不仅为坚持保护优先和自然恢复为主的方针提供了科学依据，为强化完善保护修复措施提供了具体指导，更是全面加强长江水生生物保护工作的重要参考。通过这套丛书，人们能够更好地将"共抓大保护，不搞大开发"的要求落到实处，推动长江流域形成人与自然和谐共生的绿色发展新格局，助力长江流域生态保护事业迈向新的高度，实现生态、经济与社会的可持续发展。

中国科学院院士：陈宜瑜

2025 年 2 月 20 日

前　言

　　长江是中华民族的母亲河，是我国第一、世界第三大河。长江流域生态系统孕育着独特的淡水生物多样性。作为东亚季风系统的重要地理单元，长江流域见证了渔猎文明与农耕文明的千年交融，其丰富的水生生物资源不仅为中华文明起源提供了生态支撑，更是维系区域经济社会可持续发展的重要基础。据初步估算，长江流域全生活史在水中完成的水生生物物种达 4300 种以上，涵盖哺乳类、鱼类、底栖动物、浮游生物及水生维管植物等类群，其中特有鱼类特别丰富。这一高度复杂的生态系统因其水文过程的时空异质性和水生生物类群的隐蔽性，长期面临监测技术不足与研究碎片化等挑战。

　　现存的两部奠基性专著——《长江鱼类》（1976 年）与《长江水系渔业资源》（1990 年）系统梳理了长江 206 种鱼类的分类体系、分布格局及区系特征，揭示了环境因子对鱼类群落结构的调控机制，并构建了 50 余种重要经济鱼类的生物学基础数据库。然而，受限于 20 世纪中后期的传统调查手段和以渔业资源为主的单一研究导向，这些成果已难以适应新时代长江生态保护的需求。

　　20 世纪中期以来，长江流域高强度的经济社会发展导致生态环境急剧恶化，渔业资源显著衰退。标志性物种白鱀豚、白鲟的灭绝，鲥的绝迹，以及长江水生生物完整性指数降至"无鱼"等级的严峻现状，迫使人类重新审视与长江的相处之道。2016 年1 月 5 日，在重庆召开的推动长江经济带发展座谈会上，习近平总书记明确提出"共抓大保护，不搞大开发"，为长江生态治理指明方向。在此背景下，农业农村部于 2017年启动"长江渔业资源与环境调查（2017—2021）"专项（以下简称长江专项），开启了长江水生生物系统性研究的新阶段。

　　长江专项联合 24 家科研院所和高校，组织近千名科技人员构建覆盖长江干流（唐古拉山脉河源至东海入海口）、8 条一级支流及洞庭湖和鄱阳湖的立体监测网络。采用20km×20km 网格化站位与季节性同步观测相结合等方式，在全流域 65 个固定站位，开展了为期五年（2017～2021 年）的标准化调查。创新应用水声学探测、遥感监测、无人机航测等技术手段，首次建立长江流域生态环境本底数据库，结合水体地球化学技术解析水体环境时空异质性。长江专项累计采集 25 万条结构化数据，建立了数据平台和长江水生生物样本库，为进一步研究评估长江鱼类生物多样性提供关键支撑。

　　本丛书依托长江专项调查数据，由青年科研骨干深入系统解析，并在唐启升等院士专家的精心指导下，历时三年精心编集而成。研究深入揭示了长江水生生物栖息地的演变，获取了"长江十年禁渔"前期（2017～2020年）长江水系水生生物类群时空分布与资源状况，重点解析了鱼类早期资源动态、濒危物种种群状况及保护策略。针对长江流域消落区这一特殊生态系统，提出了自然性丧失的量化评估方法，查清了严重衰退的现状并提出了修复路径。为提升成果的实用性，精心收录并厘定了430种长江鱼类信息，实拍300余种鱼类高清图片，补充收集了130种鱼类的珍贵图片，编纂完成了《长江鱼类图鉴》。同时，系统梳理了长江水生生物保护区建设、外来水生生物状况与入侵防控方案及珍稀濒危物种保护策略，为管理部门提供了多维度的决策参考。

　　《赤水河水生生物与保护》是本丛书唯一一本聚焦长江支流的分册。赤水河作为长江唯一未在干流建水电站的一级支流，于2017年率先实施全年禁渔，成为"长江十年禁渔"的先锋，对水生生物保护至关重要。此外，中国科学院水生生物研究所曹文宣院士团队历经近30年，在赤水河开展了系统深入的研究，形成了系列成果，为理解长江河流生态及生物多样性保护提供了宝贵资料。

　　本研究虽然取得重要进展，但仍存在监测时空分辨率不足、支流和湖泊监测网络不完善等局限性。值得欣慰的是，长江专项结题后农业农村部已建立常态化监测机制，组建"长江流域水生生物资源监测中心"及沿江省（市）监测网络，标志着长江生物多样性保护进入长效治理阶段。

　　在此，谨向长江专项全体项目组成员致以崇高敬意！特别感谢唐启升、陈宜瑜、朱作言、王浩、桂建芳和刘少军等院士对项目立项、实施和验收的学术指导，感谢张显良先生从论证规划到成果出版的全程支持，感谢刘英杰研究员、林祥明研究员、方辉研究员、刘永新研究员等在项目执行、方案制定、工作协调、数据整合与专著出版中的辛勤付出。衷心感谢农业农村部计划财务司、渔业渔政管理局、长江流域渔政监督管理办公室在"长江渔业资源与环境调查（2017—2021）"专项立项和组织实施过程中的大力指导，感谢中国水产科学研究院在项目谋划和组织实施过程中的大力指导和协助，感谢全国水产技术推广总站及沿江上海、江苏、浙江、安徽、江西、河南、湖北、湖南、重庆、四川、贵州、云南、陕西、甘肃、青海等省（市）渔业渔政主管部门的鼎力支持。最后感谢科学出版社编辑团队辛勤的编辑工作，方使本丛书得以付梓，为长江生态文明建设留存珍贵科学印记。

危起伟　研究员　　　　　　　　曹文宣　院士
中国水产科学研究院长江水产研究所　中国科学院水生生物研究所

2025年2月12日

前　言

　　水体的消长变化是地表变化中最剧烈和频繁的现象之一。近 40 年来，长江流域历史最大水面面积约为 63 360km²，历史最小水面面积约为 26 396km²，历史最大消落面积约为 36 964km²，这一消落面积约占长江流域历史最大水面面积的 58%。长江流域消落区面积广阔、类型多样，形成原因和功能各异，数量众多、生境复杂，在维持河、湖（库）岸水生生物多样性及水生生态系统平衡，保护河流、湖泊和水库等方面，发挥着至关重要的作用，对长江水系生态与环境安全具有十分重要的意义。然而，不断加剧的人类活动改变了生态系统原本的自然变化状态，使地表状态呈现许多复杂的自然 - 人为复合生态系统的新特征。这些新型的处于高度变化中的复合生态系统的广泛存在，使我们不得不重新审视过去对陆表生态系统的定义及分类。例如，以往我们已开展过深入研究的湖泊湿地生态系统，可以看作是自然状态下的湖泊消落区生态系统，河漫滩则是自然状态下的河岸消落区。而"消落带"通常用于描述由于大型水库建设受到调蓄干扰作用而形成的新型库岸水 - 陆交互系统，不同的径流调节方式又造成了这类新型库区消落带生态系统之间的复杂性差异。从"消落区"到"消落带"的改变，代表了流域水生生物栖息地自然性丧失的过程。频繁的人类活动干扰，使陆表生态系统的变化越来越复杂，以往的研究范式已不能完全满足对这些新变化进行定量分析和科学管理的需求，因此需要对相关理论与方法进行大幅度拓展。正是基于上述问题，本书以消落区这一特殊生态系统为典型研究对象，提出了水生生态系统自然性丧失的量化评估方法，查清了严重衰退的现状，并提出了应对策略。本书致力于给出空间观测技术与传统资源学科结合的新研究范式建立和应用的实例，为传统水生生态学和生物多样性研究，特别是生境多样性研究注入新的生命力。本书所涉及的大部分生态环境参数获取方法同样也适用于除消落区之外的其他水生生态系统。

　　在农业农村部"长江渔业资源与环境调查（2017—2021）"、"西南地区重点水域渔业资源与环境调查"、中国水产科学研究院中央级公益性科研院所基本科研业务费专项"重要生物栖息地遥感监测关键技术研发与应用（2018HY-ZD01）"、中国水产科学研究院中央级公益性科研院所创新团队项目（2013TD12）的资助下，由

长江流域消落区生态环境空间观测

中国水产科学研究院资源与环境研究中心牵头，联合长江流域 24 家长江专项承担单位，共同完成长江流域"一江两湖七河"重点禁渔水域的重要消落区无人机航摄测量野外调查，系统梳理在长江流域消落区空间观测方面的研究成果，撰写完成本书。

本书主要阐述了消落区的内涵、类型、特征和功能，系统地介绍了包括消落区在内的水生生态系统空间观测技术与方法、观测数据获取与分析，以及空间观测数据的数字化管理技术等，梳理了作者在长江流域消落区空间观测方面的研究成果，包括长江流域水体消长变迁与渔业资源变动，以及长江流域河流、河川水库、大型通江湖泊等各类水域生态系统的消落区生态环境空间观测技术与方法，同时以三峡库区和鄱阳湖为例，对基于库区岸线生境分类的产黏性卵鱼类产卵生境适宜性评价和河湖洄游性鱼类的水文连通性评价进行了案例介绍，并以名录形式对长江流域"一江两湖七河"重点禁渔水域的重要消落区分布及生境特点进行了展示。

本书的编写得到了以下相关部门及人员的大力支持：青海省渔业环境监测站李柯懋、简生龙、韩庆详、魏金良、李英钦，国家林业和草原局中南调查规划院熊嘉武、郭克疾、吴南飞、刘扬晶、张蓓、宿明、汤光伟、舒服，中国水产科学研究院长江水产研究所段辛斌、杨海乐、朱挺兵、杨德国、吴金明、胡飞飞、龚进玲、倪朝辉、李云峰、张燕、茹辉军、魏念、吴湘香、杜开开、杨传顺、吴凡、余丽梅，中国水产科学研究院淡水渔业研究中心王银平、刘思磊、李佩杰、叶昆，四川省农业科学院水产研究所何斌、林珏、颜涛、谢云轶，重庆市水产科学研究所但言、余凤琴、罗晓春，西南大学王志坚、马棋，湖北省水产科学研究所高立方、石义付、侯海瑛，贵州省水产研究所刘伟、王雪，中国科学院水生生物研究所刘飞、张富斌、秦强、余梵冬、夏治俊，内江师范学院邹远超、陈斌、唐成、李鑫，湖南省水产科学研究所梁志强、袁希平、王崇瑞、李昊旻，华中农业大学何绪刚、张敏、侯杰、覃剑晖、夏成星，江西省水产科学研究所张燕萍、阙江龙、章海鑫、王生，云南省渔业科学研究院李光华、薛晨江、雷春云、薛绍伟、孙昳等。在此，谨向所有参与机构与个人致以诚挚的谢意。同时，感谢中国水产科学研究院东海水产研究所樊伟、张胜茂、伍玉梅、周为峰，中国水产科学研究院黄海水产研究所牛明香，中国水产科学研究院南海水产研究所余景等亲密同行的无私帮助。感谢中国水产科学研究院渔业遥感野外科学考察团队成员在调查过程中的无间合作。感谢中国水产科学研究院资源与环境研究中心全体同仁在本书撰写过程中给予的帮助和支持。感谢陈大庆在联合培养博士生当中给予的信任和指导。特别感谢危起伟和倪朝辉在本书思路形成之初给予的重要引导。感谢科学出版社编辑团队在本书出版的过程中给予的大力帮助和辛苦付出。

基于空间观测技术的消落区生态环境观测和模拟是一个新兴的研究领域，目前尚处于逐步完善的研究发展阶段，还有许多空白点尚未开展细致的研究，也没有形成一致的定论。本书的撰写人员已尽了最大的努力，使内容更加系统化、完整化和条理化，但不妥之处在所难免，敬请广大读者和同行批评指正。

作　者

2025 年 2 月

目　录
- - - - - - - - - - - - - - - - - -

第1章 绪 论

长江流域消落区生态环境调查

适宜生存在水相、陆相高度变化系统中的鱼类和其他水生生物种群或群落，由于对特定物理和生物地球化学过程的长期适应，往往占据了特殊的生态位，在生态系统中扮演着不可或缺的重要角色，而处于水相、陆相高度变化中的生态系统正是消落区。对于大空间范围，以遥感为主的空间观测技术是唯一可行的环境变化监测手段。借助该技术可克服水体消落造成的野外实地调查中面临的人员不可到达性问题，并满足对高时空异质性和动态性生境信息的定量获取要求。近年来，随着卫星遥感（satellite remote sensing，SRS）、航空遥感（airborne remote sensing，ARS）、无人机遥感（unmanned aerial vehicle remote sensing，UAVRS）、声波导遥感（acoustic waveguide remote sensing，

AWRS）等现代空间观测技术的不断发展，开展以食物网为关联的、面向多物种的、囊括整个水生生态系统的生物资源和栖息地综合评估与管理分析成为可能（Makris et al.，2006；Platt and Sathyendranath，2008；Chassot et al.，2011；Sherman et al.，2011；Saitoh et al.，2011）。

1.1 长江流域水生生态系统

1.1.1 水生生态系统概况

水生生态系统是指水生生物群落与水环境构成的生态系统，是由一系列对水生生物生长、繁殖和分布具有重要影响的环境和结构特征构成的复合系统（Fulford et al.，2014）。环境特征主要指以时间变异特征为主导的物理和化学环

境因素，如水温、盐度、水质等；结构特征则更多的是以空间结构变异特征为主导的因素，如地形、底质及水生植被的形态等。这些因素在时间上的变异性、在空间分布上的不均匀性和复杂性，以及二者的耦合作用模式形成了水生生态系统内部的景观异质性。水生生态系统按覆盖类型可进一步分为海洋生态系统、淡水生态系统、湿地生态系统，按利用类型可进一步分为自然水生生态系统和人工水生生态系统。

长江流域跨越中国三级阶地和六种气候类型（Sayre et al.，2020），从河源区河流的平均 5700m 海拔至长江口的 –15m 海拔 [采用 shuttle radar topography mission (SRTM) 30m digital elevation model（DEM）数据处理获取] 巨大的落差形成了由穿越高原夷平面、峡谷、丘陵、平原的各种类型河段构成的，包含了由沱沱河、通天河、金沙江、长江一级干流，雅砻江、岷江、嘉陵江、汉江 4 条二级支流，大渡河、乌江、沅江、湘江、赣江 5 条三级支流，以及 60 条四级支流和 524 条五级支流等（按照传统河流分级系统）组成的河流（总长度约为 28.8 万 km）（OpenStreetMap，

https://download.geofabrik.de/），以及由鄱阳湖、洞庭湖、太湖、巢湖、洪泽湖等众多湖泊构成的庞大水系（图 1-1）。多样化的水域生境为超过 4300 种的水生生物物种提供了生存和繁衍条件。已记录的鱼类共 14 目 32 科 443 种，其中 378 种为淡水种类（杨海乐等，2023），约占中国淡水鱼类种数的 40%，种类之丰富居全国各水系之首（Ye et al.，2011），是中国最重要的养殖品种主体来源和种质资源宝库。然而，随着 20 世纪 70 年代钱塘江和 20 世纪 90 年代长江赣江鲥绝迹、2007 年白鱀豚功能性灭绝、2020 年长江白鲟标志性灭绝，2000 年以来长江流域的捕捞产量衰退至 20 世纪 50 年代的 1/4，年产量不足 10 万 t，经济渔业生物资源（特别是大型经济鱼类）全面走向枯竭，导致长江干流、支流几乎"无鱼"（Zhang et al.，2020），主要原因是水资源过度利用、水利工程建设造成的径流改变、水体污染和外来物种入侵等人类活动导致栖息地丧失或退化（Wang et al.，2014；王鲁海和黄真理，2020）。上述状况使得包含"河漫滩""洪泛平原"等自然消落区在内的河流、湖泊、湿地等长江流域现存的水

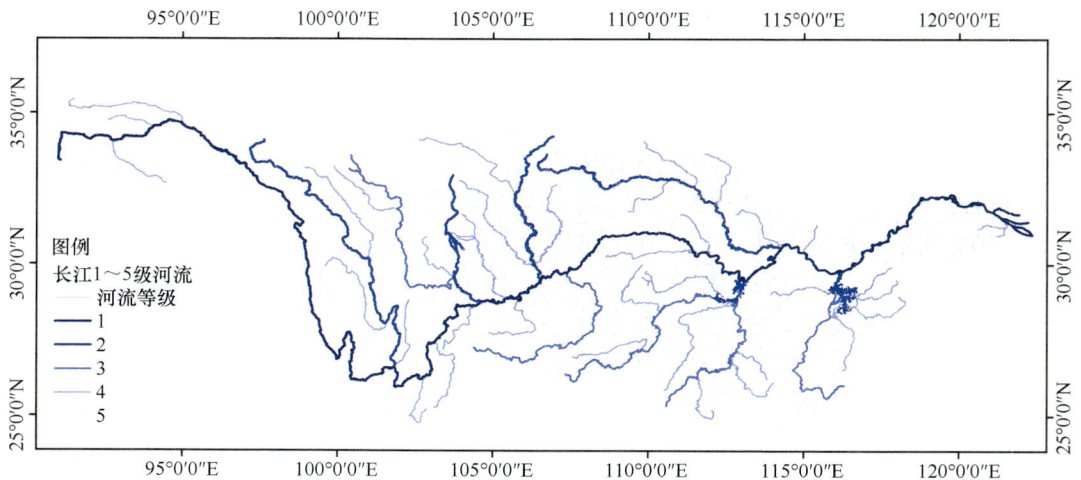

图 1-1　长江流域 1～5 级水系分布

生生物栖息地弥足珍贵。特别是近年来，随着长江干流三峡、向家坝、溪洛渡、白鹤滩、乌东德、观音岩、鲁地拉等十余座特大型水库的建设，形成了庞大的新型库区人工消落带，其调蓄引起的河流水文情势逆转和径流量改变，造成了库区岸带生态环境及水生生物优势种群和组成结构的巨大改变，也使之成为现阶段河流生态环境治理和生物栖息地修复关注的热点问题（刘云峰，2005；潘晓洁等，2015）。

1.1.2　水生生态系统监测

目前鱼类监测比较系统的工作有美国陆军工程兵团（United States Army Corps of Engineers，USACE）、美国地质调查局（United States Geological Survey，USGS）、美国鱼类及野生动植物管理局（United States Fish and Wildlife Service，USFWS）及相关单位开展的密西西比河干流及主要支流的监测工作（Barko et al.，2004；Killgore et al.，2007；Steuck et al.，2010；Miranda and Killgore，2013）。另外，加拿大、欧洲、澳大利亚等国家和地区，也开展了很多鱼类监测工作。在进行这些监测工作时，许多部门提出了非常具体的监测方法或手册，特别是《生物多样性工作手册：调查、评估与监测》（Handbook of Biodiversity Methods: Survey, Evaluation and Monitoring）（Giles et al.，2005）中对鱼类监测方法有详细和具体的描述。这些方法有传统的渔具，如刺网、拖网、各种诱捕网具（定置网、地笼、虾笼）等，也有现代的鱼探仪等声学设备，在不同的水环境（河流、溪流、湖泊）条件下，以及服务于不同目的（物种识别、种群估算）的时候，可以分别参考使用。我国颁布了《生物多样性观测技术导则 内陆水域鱼类（HJ 710.7—2014）》，可以参考使用。

2021 年，内陆水体鱼类多样性监测网（Sino BON-inland water fish）加入中国生物多样性监测与研究网络（biodiversity observation network of China，Sino BON）（马克平等，2015），成为重要的组成部分之一。该监测计划拟在中国不同的河流类型、不同的水环境条件，且拥有丰富的鱼类多样性及渔业资源的八大水系（长江、黄河、黑龙江、珠江、澜沧江、怒江、塔里木河及青海湖）中选择 25 个重要地区，对鱼类多样性的总体变化情况进行监测，并选择 24 个具有类群优势和生态功能代表性的区域代表性物种（类群），监测它们的主要生物学特征状况。监测的内容包括群落、物种、遗传等不同层次的内容。采样主要运用渔获物调查、水环境监测等方法，结合水下机器人视频追踪、鱼探仪探测、声学信标监测等技术，获取各流域鱼类生物多样性总体概况的基本数据，包括总体的物种组成、总体的资源量状况、优势种的组成、不同分类单元和功能类群的组成、外来种的组成等，以及相关的环境因子参数。对于代表性物种（类群），分析其种群数量、年龄结构、个体大小、繁殖时间、繁殖群体组成、早期资源量（即繁殖的后代数量）等特征，并将采用线粒体 DNA、微卫星标记等分析其遗传多样性现状。

长江是中华民族的母亲河之一，其生态功能无可替代。近年来，长江流域开发与渔业可持续发展、水生生物养护及多样性保护的矛盾日益突出，已成为亟待解决的重大科学、技术和政策问题。2016 年，推动长江经济带发展座谈会强调"推动长江经济带发展必须从中华民族长远利益考虑，走生态优先、绿色发展之路"，指出"长江拥有独特的生态系统，是我国重要的生态宝库。当前和今后相当长一个时期，要把修复长江生态环境摆在压倒性位置，共抓大保护，不搞大开发。要把实施重大生态修复工程作为推动长江经济带发展项目的优先选项"。为落实关于保护长江生态环境的重要讲话精神，2018年9月国务院办公厅印发了《关于加强长江水生生物保护工作的意见》（国办发〔2018〕95号）（以下简称《国办意见》），提出将水生生物保护工作纳入长江流域地方人民政府绩效及河长制、湖长制考核体系，要求全面开展水生生物资源与环境本底调查，准确掌握水生生物资源和栖息地状况，加强水生生物资源监测网络建设，提高监测系统自动化、智能化水平，加强生态环境大数据集成分析和综合应用，促进信息共享和高效利用。农业农村部发布《关于长江流域重点水域禁捕范围和时间的通告》（农业农村部通告〔2019〕4号），宣布2020年1月1日起，长江干流和重要支流除水生生物自然保护区和水产种质资源保护区以外的天然水域实行暂定为期10年的常年禁捕。《中华人民共和国长江保护法》要求建立长江流域水生生物完整性指数评价体系和长江流域资源监测网络体系。

传统的渔业资源评估方法主要有卵和仔稚鱼调查法、渔获物体长结构分析法，利用网具捕捞渔获物进行统计，受网具选择性、捕捞效率、样点覆盖面等的影响较大，评估效率较低。因此，亟待建立起一整套能够及时掌握水域生态系统生物和非生物环境过程的动态特征的系统方法体系。

1.2 水域生态环境变化空间观测

渔业资源的衰退是当前渔业资源管理面临的重要问题，如何合理地开发渔业资源并有效地管理是当前全世界共同面对的难题。要破解这一难题，需要对影响渔业资源各个方面的知识有全面的认识，包括生物方面和非生物方面。然而，传统的渔业研究方法无法为这一需求提供充足的信息，以遥感为代表的空间观测技术则成为有效管理渔业资源的一种强有力的工具。

与传统的渔业资源和生态环境监测技术相比，以遥感为主的空间观测技术极大拓展了人类对自然界的感知域，提高了灵敏度和分辨率，其所获取的数据具备大范围的时空同步性、精准的时空关联性以及高频的时空动态性等优势，正是这些优势使得空间观测技术非常适用于全球环境变化相关的领域，而渔业资源评估及管理正是其中之一。图1-2给出了在受到自然因素及人为因素等环境变化驱动力的影响后水生生态系统的变

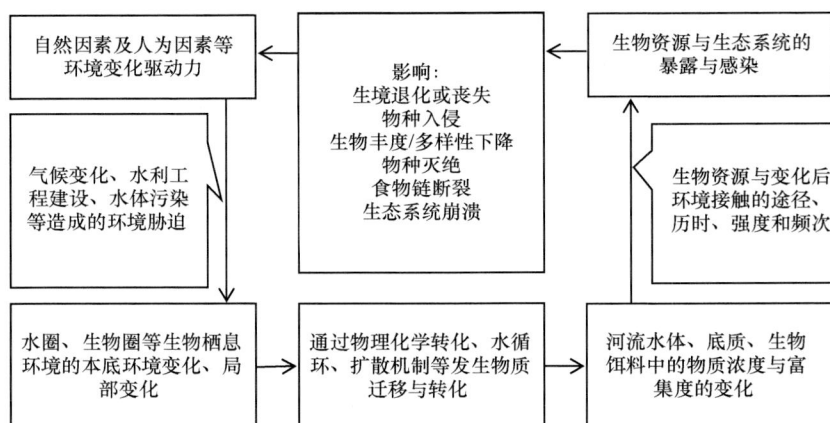

图1-2 环境变化胁迫作用下的生物资源及生态环境变化过程概念图（宫鹏，2012）

经作者同意后对原图进行了改编，使其更适用于水生生物资源与环境的协同变化过程

化，以及再反作用于环境变化驱动力的过程。在这一过程的各个环节中，空间观测技术都可能发挥作用。通过对相关领域的大量研究论文进行总结，归纳出了空间观测技术可能提供的与水域生态渔业资源管理相关的生态环境参数环境变化生态（表 1-1），其中一部分参数目前已实现业务化应用，其他大部分参数还处于实验研究阶段，空间观测技术在水生生态系统观测和生物多样性保护方面的应用前景十分广阔，还有许多工作需要开展。

1.2.1 空间观测技术概述

本书中的水生生态系统空间观测技术重点关注多尺度遥感技术，即通过搭载在地基和船基、低空无人机平台、航空飞机及航天卫星等平台上的探测传感器对地球进行观测，从而获取渔业生态环境数据并进行信息提取的过程。它是遥感技术、水体光（波）谱学、渔业声学、渔业学科等的综合应用技术，可搭载的传感器类型包括可见光及近红外、多光谱、高光谱成像仪等光学传感器，以及热红外相机、微波传感器、激光雷达数码相机和声学传感器等。

聚集成群的鱼类可被搭载在地基船只平台上的声呐传感器直接观测到，在航空和航天卫星轨道的高度上虽不能直接对其进行观测，但借助卫星遥感（SRS）、航空遥感（ARS）、无人机遥感（UAVRS）等多尺度遥感技术观测到的水生生态系统生态环境指示参数，可对鱼群及关键栖息地分布区域进行定位和预测。1971 年，Laurs（1971）首次介绍了如何利用基于卫星遥感数据获取的渔场水温图、海洋冷暖锋面等信息成功辅助美国热带太平洋上的金枪鱼船队开展海上作业。1977 年，中国以青岛市为基地，利用飞机对黄海中北部海域进行 10 个航次的侦察鱼群试验，结果证明航空侦察手段可以直接观测到上浮的中上层鱼类鱼群，并能够获取大范围海域的海面水温、水色状况等信息。莫秦生（1979）首次使用了"遥感探鱼技术"的名称，此时遥感技术在渔业中的应用仍主要局限于渔场预报和鱼群侦察，主要服务于

表 1-1　多尺度空间观测技术可能获取的渔业资源管理相关的生态环境参数

水生生态系统类型	物理学参数	化学参数	生物学参数
海洋	水体光学特性、海表温度、海表盐度、海面高度、洋流速度、污染物含量、气旋和反气旋性涡旋、岛礁分布、海水透明度、海表粗糙度、混合层深度、亚表层热结构、海面风场、海气二氧化碳交换、海面冰场类型及厚度	悬浮物浓度、溶解氧浓度、颗粒有机碳含量、有色溶解有机物含量、营养盐、污染物含量等	叶绿素 a 浓度、浮游植物生物量、海洋初级生产力
河口及海岸带	河口羽状冲淡水、沿岸上升流、水表温度、水体透明度、泥沙含量、岸线变化、滨海湿地类型、不同养殖模式分布及面积、围填海工程	悬浮物浓度、溶解氧浓度、营养盐浓度、污染物含量等	叶绿素 a 浓度、浮游植物生物量、有害藻类含量及分布、红树林分布及生物量、滩涂贝类栖息地面积、沿岸带生物入侵等
淡水及湿地	流域及河流地形特征、水面、水位、水量、水温、冰川、积雪、冻土等水资源分布及变化、水体透明度、洪水及干旱频率、水体连通性、水文情势、水流的流向及速度、底质类型和粗糙度、河流宽度和岸滩面积、水中障碍物、岸带土地覆盖与土地利用变化等	悬浮物浓度、黑臭水体分布、其他水体富营养化程度、污染物含量等	有害藻类含量及分布、岸带植被生物量、大型水生植物种类数量及分布、植被覆盖度

海洋捕捞业的发展。20 世纪 80 年代，随着遥感探测传感器类型的增加，遥感技术在渔业上的应用范围逐步扩大。1980年，郑建元（1980）对渔业遥感传感器的类型及其相对于传统调查方法的优点等进行了阐述。1989 年，莫秦生（1989）给出了明确定义，认为渔业遥感是遥感技术、水体光（波）谱学、渔场学及水产增、养殖环境学等学科的综合应用技术，但他同时提出渔业遥感是以海洋遥感为主体的专业遥感应用技术。

自 2000 年以来，空间观测技术在渔业资源方面的应用飞速发展（Platt and Sathyendranath，2008；Chassot et al.，2011；Stuart et al.，2011；Kachelriess et al.，2014）。在渔业资源管理方面，以渔业资源与其栖息环境之间的动态关系为研究焦点，以多平台遥感为主的空间观测技术被广泛应用于地表环境特征信息的获取、鱼类最适生境的识别、基于地表环境变化的生物资源分布和丰度探测及资源量的估算、渔业生态系统区划、生态系统建模，以及水产种质资源保护区监测与管理等领域（Chassot et al.，2011；Kachelriess et al.，2014）。中国渔业遥感技术的研究和实施步伐也大大加快，不仅获得了覆盖全国范围的水产养殖遥感影像和水体资源信息数据库，以及远洋渔业综合信息数据库等实用性成果，还建立了"渔业遥感信息影像数据管理与动态发布""远洋渔场渔情信息服务""全国水产养殖信息综合应用服务"等系统。不断发展的航空和航天卫星遥感、无人机遥感、渔业声学遥感等遥感空间观测技术在渔业生态监测和环境参数的获取上表现出极大的应用潜力。

1.2.1.1 航空和航天卫星遥感观测技术

可见光波段是传统航空摄影测量中最常用的工作波段。随着 21 世纪航天技术的飞速发展，高分辨率卫星遥感技术开始登上遥感应用的舞台，并逐渐成为应用的主流。卫星又可分为极轨卫星和静止卫星。极轨卫星中比较常用且免费的有美国陆地资源卫星 Landsat 系列，欧洲空间局（ESA）的哨兵系列卫星 Sentinel，以及中国的高分系列卫星 GF 等。随着极轨卫星的分辨率水平不断提高，部分空间分辨率达到米级或亚米级的商业卫星在 2000 年后的十几年间不断涌现，如 IKONOS、快鸟（Quick Bird）、WorldView、地球眼（GeoEye）、Planet Labs 的鸽子（Dove）、天景卫星（SkySat）、吉林一号、珠海一号、高景一号等卫星。静止卫星中常用的如美国的 GOES-R 系列卫星，日本的葵花 Himawari 系列卫星，以及中国的风云系列卫星等。极轨卫星的轨道高度较低，但是重访周期较长，即空间分辨率高，但时间分辨率低；静止卫星的轨道高度较高，但是重访周期很短，即空间分辨率低，但时间分辨率很高。近几年来，随着卫星的小型化（单个卫星重量仅几千克），以及星座组网技术的不断探索，卫星系统同时兼具了高时间分辨率、高空间分辨率、高光谱分辨率等优点，如基于"星链"技术构建的"纳群星座"遥感卫星系统，未来很可能具有星上成像参数自动优化、星上信息快速处理和下传、星上自组网信息互传的智能感知能力，将开拓出更多水生生态系统研究和应用的新方向。

1.2.1.2 近地无人机遥感观测技术

近年来，随着无人机技术的发展，无人机遥感平台凭借操作简单、成本低、效率高等优势而广受关注。它是一种利用无人机平台搭载传感器，通过无线传输技术实现对地面目标的实时监测和数据采集的技术。无人机平台又可分为固定翼无人机和旋翼无人机，其中固定翼无人机的飞行速度较快，但是悬停能力较弱，即覆盖范围大，但观测精度相对较低；旋翼无人机的飞行速度较慢，但是悬停能力较强，即覆盖范围小，但观测精度高。近几年来，随着无人机的智能化（单个无人机具有自主飞行、避障、返航等功能），以及群控技术的不断发展，无人机同时兼具了高灵活性、高实时性、高精度等优点。随着科技的不断进步，近地无人机遥感观测技术也得到了快速发展，在技术与应用方面取得了显著成果。

近地无人机遥感观测技术发展涉及多个领域，包括无人机技术、传感器技术、通信技术等。其中，无人机技术是该技术的核心，涉及无人机的设计、制造、飞行控制等方面的技术；传感器技术是该技术的关键，通过高精度、高分辨率的传感器实现对地面目标的精确监测和数据采集；通信技术则是实现无人机与地面站之间的数据传输和指令控制的关键。利用无人机搭载遥感传感器获取可见光、多光谱、高光谱和热红外等遥感影像的技术日趋成熟，可垂直或多角度拍摄，广泛应用于地表信息变化检测、分类、参数反演等研究。通过空中三角测量等方法实现对单张数据影像的拼接，获得具有地理坐标的正射影像，通过尺度转换与卫星遥感相结合，从而实现更大空间尺度的观测和地表定量参数的获取。

1.2.1.3 水下声学遥感观测技术

水声学传感器主要通过声音来探测水生生物有机体及其环境的属性。其中，垂向声呐探测系统在渔业科学研究中最为常见，而水平声呐探测系统在远洋商业高效渔业捕捞上具有重要作用。水声学传感器也被用来探测洋流方向和速度。当代水声学技术的发展为满足基于生态系统管理方法的需求提供了新的解决方案，既包括个体层面的鱼类行为和相互作用观测，也包括群落层面的物种组成观测。此外，水声学传感器还可对相互作用的物种以及与其相关的水体底部地

形、底质类型和水流等属性同时进行采样。美国于 1912 年设计并制造出第一台测量水下目标的回声探测仪，并于 1914 年成功探测到 3km 以外的冰山。1929年，木村（Kimura）用 20kHz 的超声波探测水体，在示波器上接收到了指示鱼群数量变化的信号，这是最早的鱼类声学探鱼仪器。1935 年，Sund 使用当时的探鱼仪器对大西洋鳕的空间分布进行了研究，并发表了第一例探鱼仪映像。采用回声计算（Cushing，1964）和回声集成（Dragesund and Olsen，1965）等算法改进的定量方法可直接用来量化鱼群生物量。Ingvar Hoff（Dragesund and Olsen, 1965）成功研制出了回波积分技术，但他是对振幅进行积分。Truskanov和 Scherbino（1966）指出，正确的积分方法是对声波强度进行积分而不是对振幅，并将这一理论作为渔业资源领域的一项基本原理沿用至今，但当时的仪器校正还不够准确、目标强度研究相对落后，导致早年的评估结果出现很大误差。

单波束测量系统可接收大量回声反射信息，但只能就个体目标提供有限的信息。直到 20 世纪 70 年代，美国研制出双波束探鱼仪，使得目标强度的现场测量成为可能。Foote（1987）通过系统的实验分析给出了标准的校正方法，解决了仪器校准的难题，如渔业资源调查仪器的校准误差，提高了渔业探测的准确度。在双波束系统和分裂波束系统中，波束分别由两部分和四部分组成，可通过不同深度和声波相位差来获得被探测目标更为准确的个体声学属性（Simmonds and Maclennan，2005）。进一步地，对于被标记的鱼类个体能够实现长时间跟踪监测以揭示其行为模式，该类模式为深入理解资源种群之间（Onsrud et al.，2005）、个体与环境之间及渔业捕捞和资源储量之间的相互作用（Handegard et al.，2003）提供新的途径。

进入 20 世纪 90 年代，伴随着水声学和电声学技术的不断发展和进步，以挪威为代表的近代渔业强国，对渔业资源做出了全面布局，包括调查手段的改进，以及评估方法和仪器设备的研发，并取得了实质性进步。挪威西姆拉德（Simrad）公司于 1989 年推出集鱼探、积分和目标强度测定于一体的高性能分裂式波束科学探鱼仪 Simrad EK500，标志着水声学探测技术进入了全新时代。Simrad EK500 的换能器采用分裂式波束技术，先通过不同象限内声波接收的时间差来确定目标生物在波束内的位置，再通过换能器的指向性和时间可变增益（TVG）系统对目标生物的强度进行补偿，从而大大提高对目标强度的现场测量准确性。

为了更加科学有效地对渔业资源进行评估，为渔业资源的高效管理提供参考，世界各国研制了新一代探鱼设备，代表作有 Simrad EK60 科学探鱼仪、Bisonics 探鱼仪和 DIDSON 声学摄像机。其中，Simrad EK60 是在 Simrad EK500 的基础上将模拟信号升级为数字信号，声学映像可以通过数据形式进行保存，以便于映像回放和后期的数据处理，而且在 Simrad EK500 的基础上扩大了动态响应范围，提高了脉冲发射速率，简化了仪器校正操作程序，并针对不同用户提供专业配置，首次将多频技术应用于种类识别，多个频率覆盖同一采样体，在屏幕中可同时显示多个频率的回波图像，还具有采样体积对比等功能。同时，西姆拉德公司专门针对 Simrad EK60 开发的后期数据处理软件 BI60，可以在在线或者离线状态下对数据进行处理，用户可以根据实际需要设定存储和重载模式。2014 年西姆拉德公司推出了更加先进的 Simrad EK80 科学探鱼仪，使得水声学评估更加准确。

1.2.2 技术发展现状与趋势

本小节在对上述技术进展进行梳理的基础上，从以下三个方面进行归纳：①阐述发展水生生态系统空间观测技术的意义；②回顾水生生态系统空间观测技术在水生生态系统及生物多样性调查和保护方面的应用进展；③讨论现阶段水生生态系统空间观测技术应用于水生生态系统研究的局限，以及对未来发展的展望。

1.2.2.1 技术发展的意义

国内水生生物生态学研究对生物栖息地和尺度的概念不够重视（章守宇和汪振华，2011），主要是因为传统的生态和资源学科研究方法很难独立实现对生物栖息地的定量分析，并且无法充分考虑不同尺度对研究结果产生的影响。描述复杂生态系统中特定物种栖息地的改变，需要对不同尺度变化过程中的栖息地数量损失、质量下降及物种生活史阶段重要栖息地的丧失等进行全面的分析。首先，区域尺度上生物栖息地调查需要耗费大量时间，往往造成调查数据的时间尺度不匹配；其次，复杂生态系统的空间异质性很高，对栖息地生境参数开展单纯的样带或样点调查很难获得足够的反映总体空间分布特征的数据，无法获得全局性的认识；最后，针对受到水体强烈变化影响的水生生态系统，不同季节同一调查样点的难以到达性阻碍了对代表性区域的时空连续性认识。

遥感技术是在区域乃至全球尺度上监测环境变化的唯一手段，不断发展的航空遥感、卫星遥感、无人机遥感、水下声学遥感等技术在生态监测和环境参数的获取上已表现出极大的应用潜力，其在数据获取上的客观性、及时性、时空连续性上大大超越了传统的资源环境调查和分析方法。借助空间观测技术，对不同时空尺度上生态系统过程的变化进行定量刻画,有助于深入理解生物群落对生态环境变化的响应机制。例如,采用中低空间分辨率(如 1 个像素对应地面 5m×5m 至 30m×30m 的范围)的长时间序列(如每月获取 3~5 景)卫星遥感数据,可快速获取覆盖整个研究区域(可同时覆盖 3 万~36 万 km² 的区域)特定生境因子的时空分布情况(Knudby et al.,2010;Wang et al.,2012;Tonolla et al.,2012)。同时,由于光学数据和雷达数据反映地表参数的不同特征,结合二者的分析可获得对水生生态系统更全面的认识(Henderson et al.,2002;Li and Chen,2005;Castañeda and Ducrot,2009)。在已知某种经济物种特定的分布区域时,结合多尺度空间观测技术定量分析其特定的生境需求,将大大提升资源的开发利用效率(Klemas,2012);而对于珍稀和濒危物种,采用遥感技术和空间地统计学模拟相结合的方法,将为物种关键栖息地的精准识别及保护措施的制定提供科学的数据支持(Turner et al.,2003)。

1.2.2.2　技术应用进展

1. 空间观测技术应用于水域生态环境动态监测与评价

良好的水域生态环境不仅是鱼类等水生生物生存、繁衍的基本条件,更是水生生态系统可持续发展的命脉(董哲仁等,2010;章守宇和汪振华,2011;Cheng et al.,2012)。近几十年来,应用卫星遥感技术开展水域生态环境动态监测,生产相关环境要素数据产品的技术飞速发展,已为科研和管理人员提供覆盖全球高时空精度的多种环境要素数据产品,特别是高时间分辨率卫星遥感非常适合探测空间尺度 1~100km、时间尺度 1~30d 的海洋锋面、涡旋及河口羽状锋等中尺度海洋事件,而这些特征的定量化分析,有助于更好地认识海

洋生态系统中的生物与生态过程。除了海表温度(SST)、叶绿素 a(Chl a)浓度、浮游植物的生物量、海面高度、海洋初级生产力等发展较成熟的参数,以及 10 余年来开始业务化运行的海表盐度产品(Font et al.,2010)之外,其他如沿岸上升流、气旋和反气旋性涡旋、河口羽状冲淡水、海水透明度、溶解氧浓度、海水表层氮等营养物浓度、海表粗糙度及悬浮物浓度、有色溶解有机质、混合层深度、亚表层热结构、海面风场、海气二氧化碳交换等生态环境参数,也已有不少遥感研究实例(Hessner et al.,2001;Romeiser et al.,2001;Ivanov and Ginzburg,2002;Ufermann et al.,2001;Tang et al.,2002;Kim and Moon,2002;Switzer et al.,2003;Bentz et al.,2004;Mizobata and Saitoh,2004;Schuler et al.,2004;Binding et al.,2005;Christiansen and Hasager,2005;Christiansen et al.,2006;Sicard et al.,2005;van der Wal et al.,2005;Swain et al.,2006;Wang et al.,2007;Emeis et al.,2008;Silió-Calzada et al.,2008;Wall et al.,2008;Else et al.,2008;Son et al.,2009;Jiang et al.,2009;Otero et al.,2009;Du et al.,2010;Molleri et al.,2010;Fichot and Miller,2010;Tew-Kai and Marsac,2010;Bergeron et al.,2011;Shang et al.,2011;Pan and Sun,2013;Alpers et al.,2013)。随着更多新一代传感器计划的实施,海洋生态环境产品必将更加丰富,以支持生物海洋学及生态系统时空动态模拟的深入开展,并不断推进更多实用化和业务化应用的发展。

在海岸带及河口水域,利用可见光波段组合信息可准确识别水陆边界信息,并分析岸线动态变化状况(程圆娥等,2017;牛明香和王俊,2020)。多尺度遥感观测技术也被较为广泛地应用于湿地分类(李健,2014;崔宾阁等,2015)、

湿地景观格局分析（肖艳芳等，2015；卢晓宁等，2016）、水生植被生物量估算（王建步等，2014）、有害藻类分布分析（李继龙等，2007）、海岸带水表温度反演（Hao et al.，2010）等研究，为开展河口及海岸带生态系统土著或经济鱼类栖息地研究提供了重要的方法借鉴。例如，利用卫星遥感监测技术研究构成鱼类物种基本生境的河口及相邻的羽状锋区域，这些区域为河口鱼类的仔稚鱼提供了优良的育肥场所。

在内陆水域生态系统中，近年来不断发展的高分卫星遥感观测技术被用于河湖库岸土地覆盖和土地利用状况、植被结构、岸坡地形、河流水面、水流、水深、水量等地形地貌和水文要素（易永红等，2005；汲玉河和周广胜，2010；张丽娜等，2014；Zhao et al.，2017），生境斑块面积、斑块密度、斑块连通度（水利枢纽工程和大坝兴建造成的河流阻隔程度）等生境破碎化等生态要素（吴涛等，2011；李慧峰等，2022），以及点源和面源污染、湖泊富营养化等水质要素（陈海珍等，2015）的监测。不同类型水域生境要素信息提取、遥感分类、多尺度数据融合同化等技术的发展，为水域生态环境动态监测与分析奠定了重要的技术基础。

随着近年来海量遥感观测数据的爆发式增长，以及谷歌公司的 Earth Engine（Gorelick et al.，2017）、美国国家航空航天局的 NASA Earth Exchange、笛卡尔实验室的 Descartes Labs 和 Amazon Web Service、中国科学院地球大数据科学工程（CASEarth）的 EarthDataMiner 等高度集成的云计算平台日新月异的发展（董金玮等，2020），在海量遥感数据应用层面，绕过对包含大量参数和精细复杂地表水文过程的模拟，直接从观测数据到定量产品信息提取的方法，已在全球尺度研究中取得了不菲的成绩（Pekel et al.，2016；Burnham et al.，2017；Jia et al.，2018；Murray et al.，2019；Lievens et al.，2019；Yang et al.，2020；Nienhuis et al.，2020）。

2. 空间观测技术应用于渔情渔场预报及生物 - 生境关系分析

由于具备不同的捕食、产卵、生长以及躲避天敌等行为特征，不同鱼类存在明显的生境偏好，表现在它们对不同栖息环境条件的选择上。另外，不同的水体生物和非生物环境条件又可能由于限制鱼类种群食物的可获得性、仔稚鱼的存活率以及洄游行为等，从而影响鱼类种群的分布和丰度（Bakun，1996，2006；Stoner，2009）。因此，通过空间观测技术获取的长时间序列的生境参数与鱼类的分布和丰度等实际调查数据之间建立直接的定量关系，找到不同资源对栖息生境的偏好性，并通过环境的变化预测物种分布及栖息地的变化规律，成为探测渔业资源或制定相应保护措施的一种切实可行的方法。

空间观测技术最早在 20 世纪 60 年代被用于辅助开展海洋捕捞业的渔情渔场预报，并且自 20 世纪 90 年代开始在日本、美国、法国等渔业发达国家进入业务化应用阶段，它曾代表着遥感技术应用于海洋渔业资源开发利用的国际最高技术水平与发展方向。Wright 等（1976）的研究结论中指出，通过航空遥感探测到的钩吻鲑鱼的预测分布区域中，搜索到的鱼群数量是非预测区域的 2 倍；Laurs 等（1984）采用遥感卫星获取的渔业辅助数据可使美国商业渔场探索时间缩短 25%～50%；在南非，直接通过航空遥感搜寻到的鱼群数量占总探索量的 5%～15%（Cram，1977）。因此，遥感技术在海洋渔情渔场预报方面具有重要作用，能通过提高渔业活动的效率，从而提高经济收益。

但是，在经过半个世纪"追求无限

产量"的全球大规模高强度"开采"后，渔业资源的压力和后果逐渐显现出来。自 2000 年以后，遥感技术在渔业上的应用也逐渐转移到对渔业资源及栖息地的保护上，研究的焦点逐步转向物种的分布、丰度等与环境之间的关系分析，并将哺乳类种群也囊括进来（Waluda et al.，2001；Fuentes-Yaco et al.，2007；Ouellet et al.，2007；Zainuddin et al.，2008；Solanki et al.，2008；Kumari and Raman，2010；Niu et al.，2014）。目前，对海洋鱼类资源的研究主要包括金枪鱼类（*Thunnus* spp.）、阿根廷滑柔鱼、鳀等几种，金枪鱼类是热点资源（Young et al.，2001；Zainuddin et al.，2008；Sabarros et al.，2009）。研究表明，金枪鱼类的丰度与上升流等中尺度海洋结构特征有很强的相关性，这可能是由于涌升流可为其带来丰富的食物资源，如磷虾（Young et al.，2001；Sabarros et al.，2009）。对内陆流域鱼类资源的研究主要包括产漂流性卵的"四大家鱼"（李慧峰等，2022）、产沉性卵的裂腹鱼类及产黏性卵的鲤鲫类（Mao et al.，2023）。分析方法也逐步由定性分析，如将环境分布图与单位捕捞努力量渔获量（Catch Per Unit Effort，CPUE）空间分布图进行叠加（Laurs et al.，1984），转向多元线性和非线性回归的定量分析（Zainuddin et al.，2008）。

3. 空间观测技术应用于生物资源监测及物种行为学研究

采用水声学技术对海洋、河流、湖泊和水库等不同水生生态系统进行鱼类资源评估，可帮助定量化分析生物种群的变化趋势，如生物资源时空分布、洄游、昼夜变化节律等；通过分析水生生物的声学反射和散射特征，可协助开展珍稀濒危鱼类的行为学特征研究，如追踪和研究它们的迁徙路径、种群动态以及摄食模式等；借助水下声学观测，还可对水利工程的过鱼设施效果进行监测和评估等。

在内陆淡水及湿地生态系统中，河流和湖泊之间的自然连通性往往决定了河湖复合生态系统生态功能的维持（刘丹等，2019；Fuller and Death，2018），而水工建设、挖砂、航运等人类活动很可能因破坏河湖连通性和水动力条件影响鱼类的洄游行为，从而对淡水鱼类生活史的完成造成极大威胁（Graf，1999）。一项调查显示，全球超过 3700 个大型水电大坝的建成，明显加剧了淡水鱼类栖息地的破碎化（Vitousek et al.，1997；Barbarossa et al.，2020）。结合卫星遥感、水下声学遥感、水文水动力模拟的研究表明，维持河湖的自然连通对保证鱼类的洄游至关重要（李慧峰等，2022）。

在海洋生态系统中，生物遥感技术的发展，应用该项技术记录生物资源的洄游移动、生活习性、生物学特征状况等方面的研究得到了快速扩展（Bograd et al.，2010）。结合 Argos 卫星跟踪技术和遥感监测的生态环境数据，有助于更好地了解物种的栖息环境和行为学特性。如果能够获取足够的跟踪数据，就可在相关的统计分析中对遥感环境数据与卫星跟踪数据进行融合计算。例如，Polovina 等（2001）结合 Argos 卫星跟踪数据和 SeaWiFS 卫星的叶绿素浓度数据，提取了海龟在北太平洋盆地一年之内的栖息位置及变化信息，研究结果显示该活动区域处于叶绿素锋面的过渡地带，同时也是许多其他物种迁移和觅食的重要区域。Patterson 等（2008）和 Tremblay 等（2009）分别构建了状态空间模型和随机行走模型，基本实现了遥感数据和卫星跟踪数据的有机结合。类似研究结果表明，将生物跟踪技术与卫星遥感生态环境数据相结合，将有助于扩展人们对于物种生物学，尤其是物种的移动、摄食和洄游路线等行为学方面的认知（Polovina et al.，2000；Polovina et al.，2006；Howell et al.，

2008；Kobayashi et al.，2008；Kobayashi et al.，2011）。

在内陆流域中，水声学主要用于渔业资源评估、鱼类行为研究、种类鉴别及过鱼设施效果监测等方面（Simmonds and Maclennan，2005；Boswell et al.，2007）。在资源评估方面，国外学者首先将水声学技术应用于海洋渔业资源评估（Voigt and Botta，1990；Misund，1997）。中国首次引入水声学技术是在 20 世纪 60 年代前后，其后对海洋（粟丽等，2021；宗艳梅等，2021）、河流（Chen et al.，2009；孙铭帅，2013）、湖泊和水库（孙明波等，2013；武智等，2018）的渔业资源监测方面开展了一系列的研究，同时针对某种珍稀濒危鱼类开展行为学观察（杨宇等，2007）、产卵场定位（张新华等，2020）、栖息地定位（王崇瑞等，2011）和资源量估算（连玉喜等，2015）等研究。例如，Appenzeller 和 Leggett（1996）对康斯坦茨湖进行探测，发现冬季至次年春季鱼类目标强度呈单峰分布的变化趋势，而资源量在夏季至秋季呈现双峰分布特征。孙铭帅（2013）使用 EY60 回声探测仪对长江中游城陵矶至宜昌江段进行了 6 次水声学调查，分析了 2010~2011 年该江段大中型非底部鱼类不同时期密度、目标强度的时空分布特征。连玉喜等（2015）对三峡水库香溪河进行了水声学探测，结果表明，春季鱼类密度显著高于秋季，且鱼类资源在空间上分布不均匀。

4. 空间观测技术应用于栖息地适宜性模拟

栖息地通常被定义为环境中有机体、种群或群落所处的某些特定区域（Ricklefs，1973）。它表达了特定物种对栖息生境的需求，不能与这一物种广义的生态位相混淆，生态位除了探讨物种的栖息地需求，还包括物种对物理和化学环境的耐受性，以及物种在生态系

统中所扮演的角色（Hubert and Quist，2010）。通常情况下，一类生态系统中包括了多个物种的栖息地，同时某个物种的栖息地也可能贯穿了多种生态系统，因此研究栖息地必须把研究范围缩放到特定生物体及其生活史过程的尺度，通常需要同步对宏观、中观、微观生态系统开展分析。

鱼类关键栖息地生境（essential fish habitat，EFH）是由一系列对鱼类生长、繁殖和空间分布具有重要影响的环境和结构特征构成的复合系统（Fulford at al.，2014）。环境特征主要指以时间变异特征为主导的诸如温度、盐度、溶解氧等因素（Peterson，2003），表达了栖息地所具备的动态特性；结构特征则主要表达栖息地所具备的相对稳定特性，通常以空间结构变异特征为主导，包括可为幼鱼提供天然庇护场所的空间结构组成要素（如植被组成结构、岸坡状况等），以及影响捕食行为的诸如水深、底质等因素（Peterson et al.，2007）。在生态系统或流域尺度上，鱼类栖息地的选择依据主要包括地形地貌、气候因素、水文情势变化、水质、鱼类对栖息环境可利用程度的经验感知，以及最大生长率与最小生存风险（人类活动干扰）之间的平衡（Peterson，2003；Peterson et al.，2007）。

不同水域类型的鱼类关键栖息地生境因子也不同。例如，在海洋生态系统中，关键生境因子主要包括水温、盐度、pH、溶解氧、深度和海面高度等（Chen et al.，2010；王学锋等，2010；王迎宾等，2012）；在河口生态系统中，在中-大尺度上对鱼类栖息环境具有重要意义的参数包括入海口的宽度、陆架宽度、水中障碍物、潮差、径流量、盐度等，在局部尺度上则受到水生植物的类型和结构、水深、底质等的影响（Saintilan，2004；Nicolas et al.，2010；França et al.，

2012）；在淡水河流 - 湖泊生态系统中，对鱼类栖息选择具有重要意义的因子主要包括流量和河流等级、水生植被类型和结构、水深、底质、水温、水质、人为活动等（Jacobus and Ivan，2005；Cheng et al.，2012；Kapuscinski and Farrell，2013）。

栖息地定量评价的经典方法是栖息地适宜度指数（habitat suitability index，HSI）法，用来定量生物对栖息地的偏好及其与生境因子之间的关系，由美国鱼类及野生动植物管理局在栖息地评估程序（habitat evaluation procedure，HEP）中率先提出，全球约 90% 的鱼类栖息地评估采用了这种方法，其中应用最广泛的是物理栖息地模拟模型（PHABSIM）。由于物理栖息地评价常常依赖于多个变量，因此栖息地适宜度指数（HSI）通常包括二元格式（binary format）、单变量格式（univariate format）和多变量格式（multivariate format）等，同时可通过综合计算适宜度指数的方法（Chen et al.，2011；李建等，2013），如算术平均法、几何平均法、乘积法、最小值法、加权求和法、加权乘积法和多元函数等，进一步将多个物理指标的适宜度指数（suitability index，SI）整合为综合适宜度指数，具体使用哪种综合计算方法则取决于生境因子的组合和相互关系。传统的栖息地适宜度指数法的缺点是：通常首先基于对水域进行一定步长的单元划分来确定每个分隔单元的生境参数，然后分析指示物种对每个单元的生境参数的适宜要求来绘制适宜度曲线，但其生境参数通常来自野外断面的监测数据，是全局性的，无法描述生境参数的时空变化特征，从而导致了模拟结果的不可靠。

基于数理统计的生态位模型，如广义可加模型（generalized additive model，GAM）、随机森林等，能处理响应变量和多个解释变量之间的非线性关系（Guisan et al.，2002）。由于渔业资源与环境因子之间的关系是复杂的，不同的观测尺度会出现不同的变化（Fauchald et al.，2000），是非线性（Stenseth and Mysterud，2002）且不可加的（Ciannelli et al.，2004）。GAM 能应用非参数的方法检测数据的结构，能较好地解释渔业资源与环境因子之间的非线性关系（Sacau et al.，2005；França et al.，2012），因此其在鱼类分布与环境关系研究中是应用最广泛的模型。另外，地统计时空动态模型的迅速发展，使得结合多尺度空间观测技术并考虑时间与空间自相关性的栖息地适宜性评估模拟成为今后主要的发展方向（Royer et al.，2004；Niu et al.，2014；李慧峰等，2022）。空间自相关地理加权回归（geographically weighted regression，GWR）模型是一种有效的分析空间非平稳性现象的建模技术（Brunsdon et al.，2002；魏传华等，2010），可以针对某一特定现象建模，测量一个或多个变量的变化对另一变量变化的影响程度，反映数据随空间区域的变化规律。例如，Windle 等（2010）利用 GWR 模型研究了西北太平洋渔业的空间非平稳性，并与传统的广义线性模型（generalized linear model，GLM）和广义可加模型对比，表明 GWR 模型能更好地模拟栖息地的空间变化。Kilgo（2012）将 GWR 模型与普通最小二乘法（ordinary least squares，OLS）模型结合，研究了珊瑚礁鱼类的空间分布特征。Alexander（2016）分别建立渔业的 GWR、GLM 和 GAM 栖息地模型并进行对比，发现 GWR 模型的模拟效果最好。目前国内将 GWR 模型用于渔业栖息地模拟方面的研究还比较少（赵杨等，2018），特别是用于内陆水生生物栖息地的模拟。由于该模型引入了地理空间位置上参数估计值的空间变化，可以非常直观地探测空间关系的非平稳性，因此在鱼类栖息地空间分布分析与预测方面具有非常大的应用潜力。

随着遥感技术在渔业资源与环境研究中的应用不断深入，国内外学者开始尝试引入基于遥感数据信息建立的栖息地适宜度指数模型。特别是近年来遥感科技显示出的"三高"（高时间分辨率、高空间分辨率、高光谱分辨率）结合的新特征，使得开展土著种和经济种栖息地监测和动态模拟这类需要多尺度高时空信息数据支撑的研究成为可能（Reiss et al.，2008；Grimm et al.，2015；Hugue et al.，2016）。例如，采用卫星遥感数据和鱼类分布位点信息结合，共同建立鱼类栖息地模型（官文江等，2015）；综合使用栖息地模型和反演环境因子，精准地预测鱼类的关键栖息地分布（龚彩霞等，2011；Zhou et al.，2016）；Druon（2010）利用海表温度和叶绿素浓度建立蓝鳍金枪鱼（*Thunnus thynnus*）的栖息地适宜度模型，准确预测了蓝鳍金枪鱼的索饵场和产卵场；Chen 等（2011）通过太平洋中部区域巴氏柔鱼（*Ommastrephes bartrami*）渔获量和海温、海高等环境因子信息，构建了柔鱼的栖息地适宜度模型，实现对最适宜栖息地的预测和确定；李慧峰等（2022）结合鱼类声学探测、多时相雷达遥感、三维水动力模拟等技术和方法获取空间上连续分布的鱼类资源、高程、坡度、水深和流速数据，分析了鄱阳湖通江水道作为鱼类越冬场所时鱼类群落的自然分布情况，并采用生境利用法绘制通江水道冬季鱼类群落的单因子生境适宜度曲线，开展了栖息地适宜度分析。

5. 空间观测技术应用于动态生物地理区划研究

近年来，由时间序列卫星遥感数据驱动动态生物地理分区，并以动态区划图作为空间参考，对特定生态系统的生态过程进行识别和监测的方法，逐渐成为管理生态系统和保护生物多

样性的有效工具（Pauly et al.，2000；Kachelriess et al.，2014）。该方法的基本假设是，水生生物有机体的生理和行为特征要适应它所生存的生态区系的环境条件，并且物理和生物地球化学环境的改变可能通过限制低营养级生物的丰度和生产力，进而影响整个食物网的结构（Beaugrand et al.，2002）。围绕食物链各环节开展的实验研究验证了这一假设，如高级捕食者的空间分布（Fonteneau，1997）、浮游生物的丰度组成及多样性（Gibbons，1997；Beaugrand et al.，2002；Alvain et al.，2005）、水体叶绿素浓度（Hardman-Mountford et al.，2008）及微生物的丰度（Li et al.，2004）等研究结果与 Longhurst 等（1995）提出的海洋生物地理区划分布之间具有很好的吻合度。Longhurst 等（1995）利用卫星遥感提供的全球海表环境多要素信息，将全球海洋划分为 4 个大生物区，并进一步划分为约 50 个子生物区系单元（BGCP），每个单元都有其特殊的环境条件。在过去 10 余年中，这种区划方法一直作为海洋生物地理区划的典型范式向前发展（Longhurst，2007），充分显示了其在全球海洋生物的时间序列分析、管理和保护方面的重要作用（Pauly et al.，2000）。另外，沿海地区也同样发展出类似的根据经济和物种保护条件进行生物区划的方法（Sherman et al.，2011）。然而，这类静态的生物分区在面对时刻因外界因素改变而变化的动态环境管理问题时，显得有些简单化（Platt and Sathyendranath，1999；Cullen et al.，2002）。近几年的一些研究，在卫星遥感数据与其他多源数据结合的基础上，尝试在区域尺度上开展动态生物地理分区（Devred et al.，2007）。这些方法展示了在不同尺度上追踪不同生态区系边界空间变化的可行性，在此基础上识别出受人类活动干扰强度较高的区

域，可尽早制定和实施对应的管理和保护措施。

6. 空间观测技术应用于生态系统建模

目前大多数生态系统模型的建立需要采用空间观测技术获取的参数作为驱动参数。例如，采用卫星遥感提取和反演的混合层深度、光合有效辐射、叶绿素 a 浓度、海表温度及初级生产力等参数作为海洋食物网模型构建的基础，并进一步用于分析生态系统从低到高不同营养层级的能量转换（Watters et al.，2003）。再如，采用遥感技术重构历史的生态系统状态，并预测将来的生态系统状态，特别是能突出气候变化和某些人类活动的潜在影响，并驱动物理 - 生物地球化学耦合模型、动力学模型等，将多个重要的生态过程纳入数据同化系统进行综合分析。不同的空间观测数据结合实测数据，将为这些复杂生态系统模型提供重要的时空连续的信息源，大大提升模型的模拟精度，以及基于生态系统方法的水生生态系统的管理效率。

1.2.2.3 技术应用局限及发展展望

近年来，空间数据资源得到极大发展。在卫星资源方面，截至 2024 年全球在轨运行的"活跃"卫星总数达上万颗，其中排名前三的为美国、中国、俄罗斯，并且仅 2024 年一年全球就新增了 2000 多颗卫星。其中大部分卫星每天都在完成对地观测任务，获取的数据量十分庞大。对各类空间数据资源的处理环境正从二维向 2.5 维和真实的三维空间拓展，各种先进的模拟方法和深度学习方法促进了精准化预测和智能化决策的发展。尽管多尺度空间观测技术在水生生态系统监测和模拟方面已取得了长足的发展，但现阶段的研究和应用的系统性仍然不足，未来亟待建立起一整套能够及时掌握水域生态系统生物和非生物环境过程动态特征的系统方法体系。在该方法体

系的建立过程中，尚存在以下诸多需要解决的问题。

1. 亟待研发新型智能感知型传感器

水生生态系统研究既包括对资源储量、生态系统状态的评估，以及预测未来发展，也包括对人类活动影响的效应分析（Hiddink et al.，2006）。基于生态系统方法的生物环境和资源管理需要更多更高时空分辨率数据的支持。现阶段面临的显著挑战之一是，如何进一步提升观测能力，使目前的水体表层空间观测信息获取能够拓展至水域内部和深部，同时如何结合计算机能力的提升研发新型多模态智能传感器技术，大幅度提高对水下目标物种的生活史过程的观测效率。

2. 亟待开发具备海量数据汇聚和处理能力的云平台、核心算法并实现模块化

首先，海量空间观测数据的获取和应用是一个复杂的过程，涵盖了数据的处理、存储、传输和可视化表达等多个环节。尽管目前渔业遥感数据的处理已经实现了初步的计算机自动化，但是在每个科研环节的流转过程中，仍然依赖于人力的数据管理和格式预处理。随着渔业遥感大数据的爆炸式增长，这种基于科研人员人力流转的数据管理方式已经不能满足渔业研究的定量化、高精准、大范围覆盖的需求。因此，在渔业遥感数据资源从产生、传输、存储到调用、分析、展现的整个数据交互和转化过程中，需要结合国际通用的大数据处理经验，构建一种高效的数字化管理方法，以全面提升渔业信息化管理水平，提高研究效率和质量。

其次，亟待发展高效的算法来详细分析多传感器采集的海量数据。例如，拥有 500 条波束的 MS/ME70 声学观测系统（Ona et al.，2006）清楚表明了其对计算领域发展的急迫需求：每一条声

脉冲将产生 5~10MB 的数据量，因此单台多波束声呐每天的总数据量大约为250G。在计算能力上首先要满足对这些数据流的处理，另外存储能力也会成为限制因素。当声呐数据或水下视频观测数据包含除鱼群记录之外的不必要信息时，可通过直接摒除那些不包含鱼群信息的声脉冲或视频来压缩数据量，还可通过构建传感器边端处理这类方法大幅度降低网络负载，进而提升数据服务的质量。随着声学探测传感器波束和频宽的扩张，以及更多的传感器和平台加入，这类运算任务将变得越来越重要。

最后，急需解决的问题是数据的实时或近实时处理。为了从复杂的数据集中提取重要信息，需要构建强大的后处理系统。目前已开发的这类系统，如BEI、Movies、Echoview 和 SSS，是针对回声探测器数据和一些声呐数据的后处理而设计的。未来传感器所获取的海量数据不断增加，将会对这类软件的开发形成更大的需求，其中对数据的可视化和统计评价尤为需要，最重要的分析任务还包括对物种或种群的后向散射信号的比例分配，鱼类个体和群体行为学分析，以及种间相互作用的定量化理解等。在水域生态系统监测策略的制定上，这类工具的开发已成为重中之重。

3. 需对已提出的核心算法开展验证与优化

不论在模型和评估系统中采用新型空间观测系统的优势多么好，如果没有适当的验证，在后续分析过程中都可能出现混乱。然而，对水表和水下观测数据的验证通常较为困难，因此在实际应用中往往需要做出一些假设。例如，通常会假定声学目标强度和拖网捕捞能力是恒定的，使得研究问题得到简化。但是，当开展多尺度信息融合时，某些假设很可能会影响传感器数据之间的关系，导致融合和同化分析结果无效，或者难

以解释。因此，当结合来自多尺度空间的观测数据，并将它们与传统调查数据进行关联时，开展相关的验证就必不可少。

1.3 消落区生态环境空间观测

1.3.1 高度变化的水-陆交互生态系统"消落区"

大多数水域生态系统受到了人类活动的干扰，如梯级水库建设、岸线开发、渠道化。不断加剧的人类活动改变了生态系统原本的自然变化状态，使地表状态呈现出许多复杂的自然-人为复合生态系统的新特征。这些新型的处于高度变化的自然-人为复合生态系统的广泛存在，使我们不得不重新审视过去对陆表生态系统概念的定义及分类。例如，"消落带"目前通常用于描述由于大型水库建设而受到调蓄干扰作用形成的新型库岸水-陆交互系统（Nilsson and Berggren，2000；程瑞梅等，2010；艾丽皎等，2013；Bao et al.，2015；李姗泽等，2019），不同的径流调节方式又造成了这类新型库区消落带生态系统之间的复杂性差异。另外，以往我们已开展过深入研究的湖泊湿地，是自然状态下的湖泊消落区，而河漫滩则是自然状态下的河流消落区。频繁复杂的人类活动干扰，使陆表生态系统的变化越来越复杂，以往的研究范式已不能完全满足对这些新变化进行分析和管理的需求，因此相关理论与方法都需要被大幅度拓展。正是基于上述问题，本书以消落区生态系统为主要研究对象，给出空间观测技术与传统资源学科结合的新研究范式建立和应用的实例，为传统水生生态学和生物多样性研究，特别是生境多样性研究注入新的生命力。本书所涉及的大部分参数获取方法同样也适用于除消落区之外的其他水生生态系统类型。

1.3.1.1　消落区的内涵和类型

消落区（water fluctuation zone）是由地表水位的周期性变化所形成的一种特殊的生态系统，它包括了多种处于高度变化系统中的栖息地。按水体消涨变化频率，消落区可分为昼夜、月相、季节、年际和多年消长变化等类型。按形成原因，消落区可分为自然消落区和人工消落区，二者的主要区别在于，前者的水体消涨周期通常与降水、高山融雪等自然水文节律一致，而后者往往由于人为利用方式的调节，使水文情势发生逆转，水体的消长变化表现为周期紊乱的或显著的反季节性特征，并且人工消落区的生态结构和功能、生物群落组成和多样性等通常会随着人类活动的干扰形式发生本质性改变。

自然消落区在河流中可表现为辫状河流中的多重复合滩，蜿蜒河流中的自由交替滩、滚动滩、牛轭湖内滩、溪口滩、碛滩（险滩）等，分汊河流中的心滩、江心洲，以及河口三角洲等。在自然通江的洪泛湖泊中，通常由通江水道枯水位以上的岸带、敞水湖盆区的外缘、独立或连通的静水子湖及其岸带，以及入湖支流的汇入口等组成。

人工消落区主要包括库区岸坡消落带及库尾流水波动区（库区尾闾湿地）、湖泊人控湖汊、人工湿地、季节性养殖区、季节性水田种植区等。

1.3.1.2　消落区的特征和功能

消落区最显著的特点之一是地表水覆盖的动态变化特征。未受人类活动干扰的自然消落区由于其独特的、周期性的水文动态变化特征，形成了独特的生态和景观特征，在特定生物多样性维持、生物栖息地提供、径流调节、污染物截留与转移、景观美学、改善区域气候等方面都具有重要价值（Gregory et al., 1991；张建春，2001），特别是与分

布在该类区域鱼类的产卵、索饵、越冬及洄游等关键生活史过程的顺利完成息息相关（Pusey and Arthington，2003）。例如，受河流丰、枯影响而形成的河漫滩（钱宁等，1987；Crosato，2008）由于其独特且适宜的流速、流场、水深、卵石及沙砾底质等条件，为许多土著或特色经济鱼类提供了适宜的产卵和索饵环境（Richardson et al., 2010）。再如，由河流、湖泊、湿地等组成的洪泛平原消落区是陆地淡水生态系统中生物多样性最高的区域之一，同时也是最易受到威胁的生态系统类型之一（Tockner and Stanford，2002），它包括了处于流水或静水中的，且受到洪水周期性涨落影响的栖息地（Junk et al., 1989）。洪水脉冲理论（Junk et al., 1989；Middleton，2002）认为，洪泛湿地往往同时受到外部能量输入（洪水的周期性干扰）和自身波动（如鱼类的觅食行为、植被的自身生长波动等）的共同影响。其中，不同频率的能量输入（水文节律变化）为特定物种提供了通道、避难、觅食、产卵等不同生境（Junk et al., 1989；Middleton，2002；卢晓宁等，2007；Agostinho et al., 2009；Linhoss et al., 2012；刘旭颖等，2016；周静等，2020）。除了生物栖息地功能之外，消落区通常还具备产出特色药用植物和特殊轻工业原料、提供适宜的水产品和渔业副产品、休闲垂钓等经济功能，以及承担观光旅游、娱乐、教育科研、科普宣传、美学欣赏等社会功能。

然而，水资源过度利用、水利工程建设造成的径流改变，以及水体污染和外来物种入侵等因素，导致自然消落区生态系统的大范围消失，以及水生生物资源栖息地的丧失（Wang et al., 2014；王鲁海和黄真理，2020）。特别是近年来大型水库建设形成了庞大的新型库区人工消落带，其岸带生态环境、水生生物

优势种群和组成结构发生了巨大改变，使之成为现阶段河流生态环境治理和生物栖息地修复关注的热点问题（潘晓洁等，2015；刘云峰，2005）。尤其是梯级水库群的建设，其对自然水文情势的逆转效应和迟滞效应（黎云云等，2014；段唯鑫等，2016），造成水库群上游河段水量增加和下游河段河床深窄化或展宽，随之而来的是流水向静水环境的转变、水体生境多样性的丧失（杨志等，2012）、水位波动率和水体温度的改变（郭文献等，2009a）、水质的下降（卓海华等，2017）、泥沙的输移规律改变（陈进和黄薇，2005；易雨君，2008），以及洪枯水周期和持续时间的改变等（郭文献等，2009b），使土著鱼类的关键栖息地加速丧失，进而对渔业资源组成结构及其优势物种分布的改变产生了极大的影响（杨海乐等，2023）。

1.3.2 研究中存在的问题

消落区生态环境变化和治理是一个正在发展的新兴研究领域，它一方面具有很强的代表意义，另一方面研究还不够成熟，有许多重要环节尚处于空白状态，在理论上和研究方法上需要阐述的问题很多，主要包括以下五个方面。

第一，由于消落区是一种受人类活动强烈影响的、高度变化的水-陆交互生态系统，必须把它放进整个流域，作为一个整体来研究。通常根据调查专项的设置，每个调查单位的任务只涉及干流中的一个河段或者一条支流，这不利于系统分析人类活动干扰对干流整体造成的影响，从而形成对整体流域生境改变全局性的认识，而新型消落区的产生及其生态环境变化正是这种改变的最显著的印证之一。

第二，消落区生态环境监测研究有尺度依赖性，因此生态环境参数的尺度化是必须要考虑的重要问题。多平台遥感观测是研究尺度化问题最有效的技术方法之一，因此发展多尺度遥感数据配准、融合、同化技术仍是下一步最重要的关键技术研究任务之一，也是目前本研究中仍存在局限性的方面。

第三，各个消落区内部的景观千姿百态，但它们的变化并非杂乱无章，从河流连续体的概念出发，有一定的规律可循。例如，梯级水库建设将引起水库上游和下游的再造床过程，而这一过程很可能导致水库下游河段减水，从而减弱对鱼类产卵所需的生境支持功能。对于前者，各方面的认识是一致的；但对于后者，则众说纷纭，现在仍然缺乏足够的观测资料给出详细准确的答案，以及作出理论上的合理总结和解释。

第四，我们既要看到消落区生态环境变化研究中的规律性，又要考虑其所处的独特自然地理环境，以及不同的人类活动干扰等各种因素带来的变化的随机性，后者使得消落区特性和功能千变万化，只有充分掌握各种条件下所形成的消落区变化特性，才有可能在理论上进行概括。例如，在同一种河型和相同的水体消长变化模式下，消落区的生境支持功能也可能存在巨大的差异，因此对其进行初步的归类也存在困难。另外一些问题是，目前的研究只是在某些特定条件下的规律，可能并不存在普遍意义，如三峡库区基于岸线复杂度的生境分类方法，以及基于此的鱼类产卵适宜性分析结果。

第五，采用传统调查和分析方法几乎无法满足对消落区生态环境进行系统化研究的需求。这主要是因为野外实地调查中面临人员不可到达性问题，以及消落区景观类型高度的季节变化特征、消落区高精准的栖息地生境特征信息的定量获取要求等，而这些条件下的空间观测技术研究仍处于摸索中，还存在很多薄弱环节和不足之处，这些也是今后应集中力量加强研究的重要课题。

1.3.3　本书编写的思路和布局

本书主要为从事水生生物研究并对空间观测技术的应用感兴趣的科研和工程技术人员编写，着重关注在近几十年内空间观测技术飞速发展和不断深入应用的时期，长江流域消落区生态环境的现状和演变情况。力图分别从流域宏观尺度、生态系统中观尺度以及生境微观尺度多个层面，对空间观测技术的应用方法和结果进行展示和讨论。为了把各种问题阐述清楚，本书力图把各种现象和过程以空间观测图像的形式展示出来。

从逻辑组织结构上，全书共分为三大部分（图 1-3）。第一部分是技术与方法篇，包括水生生态系统空间观测技术与方法、观测数据获取与分析及海量空间观测数据数字化管理技术，是理解消落区生态环境空间观测技术的重要基础。第二部分包括四个章节，从流域宏观尺度和生态系统中观尺度，对长江流域水体消长变迁与渔业资源变动及分析，以及长江流域河流、河川水库、大型通江湖泊等各种水域生态系统的消落区生态环境空间观测进行较为详细的阐述。在内容的安排上，既考虑各种消落区类型的特点，也考虑不同水域生态系统中消落区生境变化之间的差异；既涵盖了对消落区生境的基本特征介绍，也囊括了消落区水生生物栖息地模拟的技术应用示范。第三部分以名录形式对长江流域"一江两湖七河"重点禁渔水域的重要消落区分布及其生境特点进行展示。

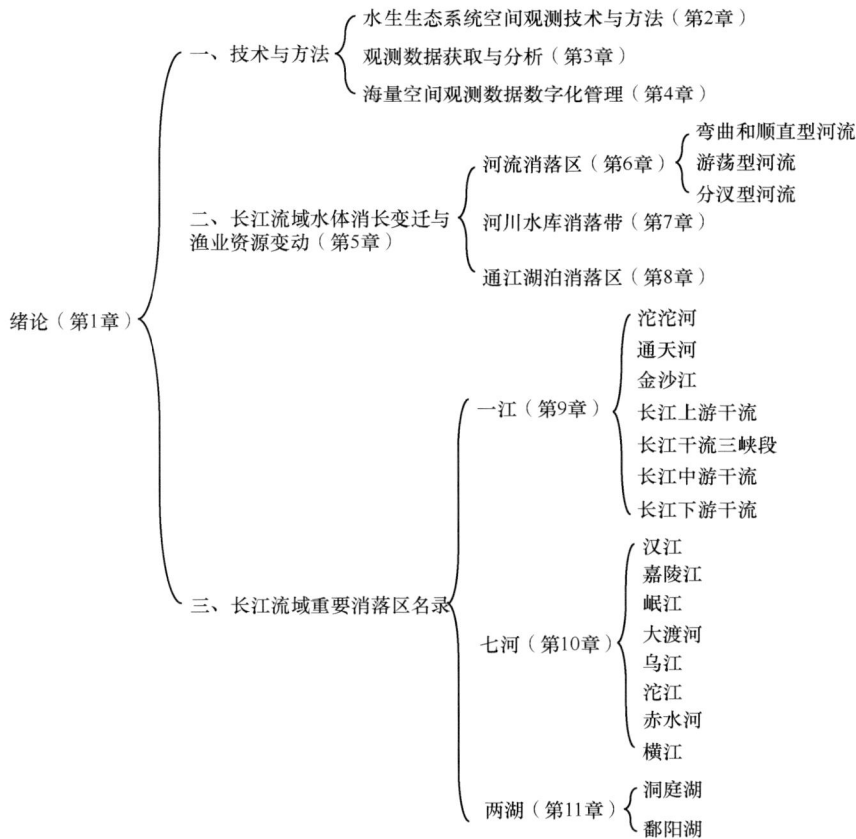

图 1-3　本书的章节安排及逻辑关系

基于空间观测技术的消落区生态环境观测和模拟是一个新兴的研究领域，目前尚处于逐步完善的研究发展阶段，还有许多空白点尚未开展细致的研究，也没有形成一致的定论。本书的编著者虽然已尽了最大的努力，使内容更加系统化、完整化和条理化，但限于作者的水平，不妥之处在所难免，敬请读者批评指正。

参考文献

艾丽皎, 吴志能, 张银龙. 2013. 水体消落带国内外研究综述. 生态科学, 32(2): 259-264.

陈海珍, 石铁柱, 邬国锋. 2015. 武汉市湖泊景观动态遥感分析 (1973-2013 年). 湖泊科学, 27(4): 745-754.

陈进, 黄薇. 2005. 梯级水库对长江水沙过程影响初探. 长江流域资源与环境, 14(6): 786-791.

程瑞梅, 王晓荣, 肖文发, 等. 2010. 消落带研究进展. 林业科学, 46(4): 111-119.

程圆娥, 周绍光, 袁春琦, 等. 2017. 结合 LiDAR 与遥感影像的水域边界提取方法. 地理空间信息, 15(2): 76-79.

崔宾阁, 庄仲杰, 任广波, 等. 2015. 典型高光谱图像端元提取算法在黄河口湿地应用评价研究. 海洋科学, 39(2): 104-109.

董金玮, 李世卫, 曾也鲁, 等. 2020. 遥感云计算与科学分析—应用与实践. 北京: 科学出版社.

董哲仁, 孙东亚, 赵进勇, 等. 2010. 河流生态系统结构功能整体性概念模型. 水科学进展, 21(4): 550-559.

段唯鑫, 郭生练, 王俊. 2016. 长江上游大型水库群对宜昌站水文情势影响分析. 长江流域资源与环境, 25(1): 120-130.

龚彩霞, 陈新军, 高峰, 等. 2011. 栖息地适宜性指数在渔业科学中的应用进展. 上海海洋大学学报, 20(2): 260-269.

官文江, 高峰, 雷林, 等. 2015. 多种数据源下栖息地模型及预测结果的比较. 中国水产科学, 22(1): 149-157.

郭文献, 王鸿翔, 夏自强, 等. 2009a. 三峡-葛洲坝梯级水库水温影响研究. 水力发电学报, 28(6): 182-187.

郭文献, 王鸿翔, 徐建新, 等. 2009b. 三峡梯级水库对长江中下游水文情势影响研究. 中国农村水利水电, (12): 7-10.

汲玉河, 周广胜. 2010. 1988-2006 年辽河三角洲植被结构的变化. 植物生态学报, 34(4): 359-367.

黎云云, 畅建霞, 涂欢, 等. 2014. 黄河干流控制性梯级水库联合运行对下游水文情势的影响. 资源科学, 36(6): 1183-1190.

李慧峰, 曹坤, 汪登强, 等. 2022. 鄱阳湖通江水道越冬时期鱼类群落的栖息地适宜性分析. 中国水产科学, 29(3): 341-354.

李继龙, 唐援军, 郑嘉淦, 等. 2007. 利用 MODIS 遥感数据探测长江口及邻近海域赤潮初步研究. 海洋渔业, (1): 25-30.

李健. 2014. 分层提取法在黄河三角洲湿地信息提取中的应用. 测绘与空间地理信息, 37(11): 146-148.

李建, 夏自强, 戴会超, 等. 2013. 三峡初期蓄水对典型鱼类栖息地适宜性的影响. 水利学报, 44(8): 892-900.

李姗泽, 邓玥, 施凤宁, 等. 2019. 水库消落带研究进展. 湿地科学, 17(6): 689-696.

连玉喜, 黄耿, Godlewska M, 等. 2015. 基于水声学探测的香溪河鱼类资源时空分布特征评估. 水生生物学报, 39(5): 920-929.

刘丹, 王烜, 李春晖, 等. 2019. 水文连通性对湖泊生态环境影响的研究进展. 长江流域资源与环境, 28(7): 1702-1715.

刘旭颖, 关燕宁, 郭杉, 等. 2016. 基于时间序列谐波分析的鄱阳湖湿地植被分布与水位变化响应. 湖泊科学, 28(1): 195-206.

刘云峰. 2005. 三峡水库库岸生态环境治理对策初探. 重庆工学院学报, 19(11): 79-82.

卢晓宁, 邓伟, 张树清. 2007. 洪水脉冲理论及其应用. 生态学杂志, 26(2): 269-277.

卢晓宁, 张静怡, 洪佳, 等. 2016. 基于遥感影像的黄河三角洲湿地景观演变及驱动因素分析. 农业工程学报, 32(S1): 214-223.

马克平, 李晓文, 方精云, 等. 2015. 中国生物多样性监测网络建设: 从 CForBio 到 Sino BON. 生物多样性, 23(1): 1-2.

莫秦生. 1979. 遥感探鱼技术. 渔业现代化, (3): 22-25.

莫秦生. 1989. 渔业遥感简介. 遥感信息, (4): 34-36.

牛明香, 王俊. 2020. 基于 Landsat 遥感影像的黄河三

角洲东营段海岸线变化分析.水资源保护,36(4):
26-33.

潘晓洁,万成炎,张志永,等.2015.三峡水库消落区
的保护与生态修复.人民长江,46(19):90-96.

钱宁,张仁,周志德.1987.河床演变学.北京:科学出
版社.

粟丽,陈作志,张魁,等.2021.基于底拖网调查数据
的渔业资源质量状况评价体系构建——以北部湾为
例.广东海洋大学学报,41(1):10-16.

孙明波,谷孝鸿,曾庆飞,等.2013.不同渔业方式水
库鱼类资源的水声学评估.应用生态学报,24(1):
235-242.

孙铭帅.2013.长江中游城陵矶至宜昌江段鱼群密度
分布特征研究.武汉:华中农业大学硕士学位论文:
36-38.

王崇瑞,张辉,杜浩.2011.采用 BioSonics DT-X 超声
波回声仪评估青海湖裸鲤资源量及其空间分布.淡
水渔业,41(3):15-21.

王建步,张杰,马毅,等.2014.基于高分一号 WFV 卫
星影像的黄河口湿地草本植被生物量估算模型研
究.激光生物学报,23(6):604-608.

王鲁海,黄真理.2020.中华鲟(Acipenser sinensis)生
存危机的主因到底是什么?湖泊科学,32(4):924-
940.

王学锋,李纯厚,廖秀丽,等.2010.北部湾浮游幼虫
群落结构及其环境适应性分析.上海海洋大学学报,
19(4):529-534.

王迎宾,俞存根,陈全震,等.2012.春、夏季舟山
渔场及其邻近海域鱼类群落格局.应用生态学报,
23(2):545-551.

魏传华,胡晶,吴喜之.2010.空间自相关地理加权回
归模型的估计.数学的实践与认识,40(22):126-134.

吴涛,赵冬至,张丰收,等.2011.基于高分辨率遥感
影像的大洋河河口湿地景观格局变化.应用生态学
报,22(7):1833-1840.

武智,李捷,朱书礼,等.2018.基于水声学的北江石
角水库鱼类资源季节变动及行为特征研究.中国水
产科学,25(3):674-681.

肖艳芳,周德民,宫辉力,等.2015.冠层反射光谱对
植被理化参数的全局敏感性分析.遥感学报,19(3):
368-374.

杨海乐,沈丽,何勇凤,等.2023.长江水生生物资源
与环境本底状况调查(2017-2021).水产学报,47(2):

029301.

杨宇,谭细畅,常剑波,等.2007.三维水动力学数值
模拟获得中华鲟偏好流速曲线.水利学报,(S1):
531-534.

杨志,陶江平,唐会元,等.2012.三峡水库运行后库
区鱼类资源变化及保护研究.人民长江,43(10):
62-67.

易永红,陈秀万,吴欢.2005.基于遥感信息的淹没水
深算法研究.地理与地理信息科学,(3):26-29.

易雨君.2008.长江水沙环境变化对鱼类的影响及栖息
地数值模拟.北京:清华大学博士学位论文.

张建春.2001.河岸带功能及其管理.水土保持学报,
15(6):143-146.

张丽娜,张树清,刘春悦,等.2014.4 个时期三江平
原别拉洪河河岸带土地利用分析.湿地科学,12(2):
268-272.

张新华,邓晴,文萌,等.2020.弯曲分汊浅滩潜坝
对洄游鱼类栖息地的影响研究.工程科学与技术,
52(1):18-28.

章守宇,汪振华.2011.鱼类关键生境研究进展.渔业
现代化,38(5):58-65.

赵杨,张学庆,卞晓东.2018.基于地理加权回归的渤
海沙氏下鱵鱼仔稚鱼栖息地指数.应用生态学报,
29(1):293-299.

郑建元.1980.关于渔业遥感.海洋渔业,(3):3.

周静,万荣荣,吴兴华,等.2020.洞庭湖湿地植被长
期格局变化(1987-2016 年)及其对水文过程的响
应.湖泊科学,32(6):1723-1735.

卓海华,吴云丽,刘旻璇,等.2017.三峡水库水质变
化趋势研究.长江流域资源与环境,26(6):925-936.

宗艳梅,魏珂,李国栋,等.2021.海洋渔业声学装备
关键技术研究进展.渔业现代化,48(3):28-35.

Agostinho A A, Bonecker C C, Gomes L C. 2009.
Effects of water quantity on connectivity: the case of
the upper Paraná River floodplain. Ecohydrology &
Hydrobiology, 9(1): 99-113.

Alexander R E. 2016. A comparison of GLM, GAM, and
GWR modeling of fish distribution and abundance in
Lake Ontario. Los Angeles: University of Southern
California.

Alpers W, Brandt P, Lazar A, et al. 2013. A small-scale
oceanic eddy off the coast of West Africa studied by
multi-sensor satellite and surface drifter data. Remote

Sensing of Environment, 129: 132-143.

Alvain S, Moulin C, Dandonneau Y, et al. 2005. Remote sensing of phytoplankton groups in case 1 waters from global SeaWiFS imagery. Deep Sea Research Part I: Oceanographic Research Papers, 52(11): 1989-2004.

Appenzeller A R, Leggett W C. 1996. Do diel changes in patchiness exhibited by schooling fishes influence the precision of estimates of fish abundance obtained from hydroacoustic transect surveys? Archiv Fur Hydrobiologie, 135(3): 377-391.

Bao Y H, Gao P, He X B. 2015. The water-level fluctuation zone of Three Gorges Reservoir—A unique geomorphological unit. Earth-Science Reviews, 150: 14-24.

Bakun A. 1996. Patterns in the Ocean: Ocean Processes and Marine Population Dynamics. La Jolla: University of California.

Bakun A. 2006. Fronts and eddies as key structures in the habitat of marine fish larvae: opportunity, adaptive response and competitive advantage. Scientia Marina, 70(S2): 105-122.

Barbarossa V, Schmitt R J P, Huijbregts M A J, et al. 2020. Impacts of current and future large dams on the geographic range connectivity of freshwater fish worldwide. Proceedings of the National Academy of Sciences, 117(7): 3648-3655.

Barko V A, Herzog D P, Hrabik R A, et al. 2004. Relationship among fish assemblages and main-channel-border physical habitats in the unimpounded upper Mississippi River. Transactions of the American Fisheries Society, 133(2): 371-384.

Beaugrand G, Ibanez F, Lindley J A, et al. 2002. Diversity of calanoid copepods in the North Atlantic and adjacent seas: species associations and biogeography. Marine Ecology Progress Series, 232: 179-195.

Bentz C M, Lorenzzetti J A, Kampel M. 2004. Multi-sensor synergistic analysis of mesoscale oceanic features: Campos Basin, south-eastern Brazil. International Journal of Remote Sensing, 25(21): 4835-4841.

Bergeron T, Bernier M, Chokmani K, et al. 2011. Wind speed estimation using polarimetric RADARSAT-2 images: finding the best polarization and polarization ratio. IEEE Journal of Selected Topics in Applied Earth Observations and Remote Sensing, 4(4): 896-904.

Binding C E, Bowers D G, Mitchelson-Jacob E G. 2005. Estimating suspended sediment concentrations from ocean colour measurements in moderately turbid waters; the impact of variable particle scattering properties. Remote Sensing of Environment, 94(3): 373-383.

Bograd S J, Block B A, Costa D P, et al. 2010. Biologging technologies: new tools for conservation. Introduction. Endangered Species Research, 10: 1-7.

Boswell K M, Wilson M P, Wilson C A. 2007. Hydroacoustics as a tool for assessing fish biomass and size distribution associated with discrete shallow water estuarine habitats in Louisiana. Estuaries and Coasts, 30(4): 607-617.

Brunsdon C, Fotheringham A S, Charlton M. 2002. Geographically weighted summary statistics-a framework for localised exploratory data analysis. Computers. Environment and Urban Systems, 26(6): 501-524.

Burnham J, Barzen J, Pidgeon A M, et al. 2017. Novel foraging by wintering Siberian Cranes *Leucogeranus leucogeranus* at China's Poyang Lake indicates broader changes in the ecosystem and raises new challenges for a critically endangered species. Bird Conservation International, 27(2): 1-20.

Castañeda C, Ducrot D. 2009. Land cover mapping of wetland areas in an agricultural landscape using SAR and Landsat imagery. Journal of Environmental Management, 90(7): 2270-2277.

Chassot E, Bonhommeau S, Reygondeau G, et al. 2011. Satellite remote sensing for an ecosystem approach to fisheries management. ICES Journal of Marine Science, 68(4): 651-666.

Chen D Q, Xiong F, Wang K, et al. 2009. Status of research on Yangtze fish biology and fisheries. Environmental Biology of Fishes, 85(4): 337-357.

Chen X J, Tian S Q, Chen Y, et al. 2010. A modeling approach to identify optimal habitat and suitable fishing grounds for neon flying squid (*Ommastrephes bartramii*) in the Northwest Pacific. Fishery Bulletin, 108: 1-14.

Chen X J, Tian S Q, Liu B L, et al. 2011. Modeling a habitat suitability index for the eastern fall cohort of *Ommastrephes bartramii* in the central North Pacific Ocean. Chinese Journal of Oceanology and Limnology, 29(3): 493-504.

Cheng L, Lek S, Lek-Ang S, et al. 2012. Predicting fish assemblages and diversity in shallow lakes in the Yangtze River basin. Limnologica, 42(2): 127-136.

Christiansen M B, Hasager C B. 2005. Wake effects of large offshore wind farms identified from satellite SAR. Remote Sensing of Environment, 98(2-3): 251-268.

Christiansen M B, Koch W, Horstmann J, et al. 2006. Wind resource assessment from C-band SAR. Remote Sensing of Environment, 105: 68-81.

Ciannelli L, Chan K S, Bailey K M, et al. 2004. Nonadditive effects of the environment on the survival of a large marine fish population. Ecology, 85(12): 3418-3427.

Cram D L. 1977. On the calculation of pelagic fish shoal tonnage by nighttime aerial observation. Cape Town: University of Cape Town.

Crosato A. 2008. Analysis and modelling of river meandering. Delft: Delft University of Technology.

Cullen J J, Franks P J S, Karl D M, et al. 2002. Physical influences on marine ecosystem dynamics. The Sea, 12: 297-335.

Cushing D H. 1964. The counting of fish with an echo sounder. Rapp. P.-v. Reun. Cons. perm. int. Explor. Mer, 155: 190-195.

Devred E, Sathyendranath S, Platt T. 2007. Delineation of ecological provinces using ocean colour radiometry. Marine Ecology Progress Series, 346: 1-13.

Dragesund O, Olsen S. 1965. On the possibility of estimating year-class strength by measuring echo-abundance of 0-group fish. Fiskeridirektoratet Skrifter Serie Havundersøkelser. 13: 47-75.

Druon J N. 2010. Habitat mapping of the Atlantic bluefin tuna derived from satellite data: its potential as a tool for the sustainable management of pelagic fisheries. Marine Policy, 34(2): 293-297.

Du C F, Shang S L, Dong Q, et al. 2010. Characteristics of chromophoric dissolved organic matter in the nearshore

waters of the western Taiwan Strait. Estuarine, Coastal and Shelf Science, 88(3): 350-356.

Else B G T, Yackel J J, Papakyriakou T N. 2008. Application of satellite remote sensing techniques for estimating air-sea CO_2 fluxes in Hudson Bay, Canada during the ice-free season. Remote Sensing of Environment, 112(9): 3550-3562.

Emeis S, Schaefer K, Muenkel C. 2008. Surface-based remote sensing of the mixing-layer height—a review. Meteorologische Zeitschrift, 17(5): 621-630.

Fauchald P, Erikstad K E, Skarsfjord H. 2000. Scale-dependent predator-prey interactions: the hierarchical spatial distribution of seabirds and prey. Ecology, 81(3): 773-783.

Fichot C G, Miller W L. 2010. An approach to quantify depth-resolved marine photochemical fluxes using remote sensing: application to carbon monoxide (CO) photoproduction. Remote Sensing of Environment, 114(7): 1363-1377.

Font J, Boutin J, Reul N, et al. 2010. Overview of SMOS level 2 ocean salinity processing and first results//2010 IEEE International Geoscience and Remote Sensing Symposium. IEEE: 3146-3149.

Fonteneau A. 1997. Atlas of Tropical Tuna Fisheries. Paris: ORSTOM.

Foote K G. 1987. Fish target strengths for use in echo integrator surveys. The Journal of the Acoustical Society of America, 82(3): 981-987.

França S, Vasconcelos R P, Fonseca V F, et al. 2012. Predicting fish community properties within estuaries: influence of habitat type and other environmental features. Estuarine, Coastal and Shelf Science, 107: 22-31.

Fuentes-Yaco C, Koeller P A, Sathyendranath S, et al. 2007. Shrimp (*Pandalus borealis*) growth and timing of the spring phytoplankton bloom on the Newfoundland–Labrador Shelf. Fisheries Oceanography, 16(2): 116-129.

Fulford R S, Peterson M S, Wu W, et al. 2014. An ecological model of the habitat mosaic in estuarine nursery areas: Part II–Projecting effects of sea level rise on fish production. Ecological Modelling, 273: 96-108.

Fuller I C, Death R G. 2018. The science of connected ecosystems: What is the role of catchment-scale connectivity for healthy river ecology? Land Degradation & Development, 29(5): 1413-1426.

Gibbons M J. 1997. Pelagic biogeography of the south Atlantic Ocean. Marine Biology, 129: 757-768.

Giles N, Sands R, Fasham M. 2005. Fish // Hill D, Fasham M, Tucker G, et al. Handbook of Biodiversity Methods: Survey, Evaluation and Monitoring. Cambridge: Cambridge University Press: 368-386.

Gorelick N, Hancher M, Dixon M, et al. 2017. Google Earth Engine: planetary-scale geospatial analysis for everyone. Remote Sensing of Environment, 202: 18-27.

Graf C G. 1999. Hydrogeology of Kartchner Caverns State Park, Arizona. Journal of Cave and Karst Studies, 61(2): 59-67.

Gregory S V, Swanson F J, McKee W A, et al. 1991. An ecosystem perspective of riparian zones: focus on links between land and water. BioScience, 41(8): 540-551.

Guisan A, Edwards Jr T C, Hastie T. 2002. Generalized linear and generalized additive models in studies of species distributions: setting the scene. Ecological modelling, 157(2-3): 89-100.

Handegard N O, Michalsen K, Tjøstheim D. 2003. Avoidance behaviour in cod (*Gadus morhua*) to a bottom-trawling vessel. Aquatic Living Resources, 16(3): 265-270.

Hao J J, Chen Y L, Wang F. 2010. Temperature inversion in China seas. Journal of Geophysical Research, 115: C12025.

Hardman-Mountford N J, Hirata T, Richardson K A, et al. 2008. An objective methodology for the classification of ecological pattern into biomes and provinces for the pelagic ocean. Remote Sensing of Environment, 112: 3341-3352.

Henderson F M, Chasan R, Portolese J, et al. 2002. Evaluation of SAR-optical imagery synthesis techniques in a complex coastal ecosystem. Photogrammetric Engineering and Remote Sensing, 68(8): 839-846.

Hessner K, Rubino A, Brandt P, et al. 2001. The Rhine outflow plume studied by the analysis of synthetic aperture radar data and numerical simulations. Journal of Physical Oceanography, 31(10): 3030-3044.

Hiddink J G, Hutton T, Jennings S, et al. 2006. Predicting the effects of area closures and fishing effort restrictions on the production, biomass, and species richness of benthic invertebrate communities. ICES Journal of Marine Science, 63(5): 822-830.

Horgby I. 1965. Immediacy-subjectivity-revelation: an interpretation of Kierkegaard's conception of reality. Inquiry, 8(1-4): 84-117.

Howell E A, Kobayashi D R, Parker D M, et al. 2008. TurtleWatch: a tool to aid in the bycatch reduction of loggerhead turtles *Caretta caretta* in the Hawaii-based pelagic longline fishery. Endangered Species Research, 5: 267-278.

Hubert W, Quist M. 20110. Inland fisheries management in North America. Fisheries. 3rd Edition. Bethesda: American Fisheries Society. 242.

Hugue F, Lapointe M, Eaton B C, et al. 2016. Satellite-based remote sensing of running water habitats at large riverscape scales: tools to analyze habitat heterogeneity for river ecosystem management. Geomorphology, 253: 353-369.

Ivanov A Y, Ginzburg A I. 2002. Oceanic eddies in synthetic aperture radar images. Journal of Earth System Science, 111: 281-295.

Jacobus J, Ivan L N. 2005. Evaluating the effects of habitat patchiness on small fish assemblages in a Great Lakes coastal marsh. Journal of Great Lakes Research, 31(4): 466-481.

Jia K, Jiang W, Li J, et al. 2018. Spectral matching based on discrete particle swarm optimization: a new method for terrestrial water body extraction using multi-temporal Landsat 8 images. Remote Sensing of Environment, 209: 1-18.

Jiang L, Yan X H, Klemas V. 2009. Remote sensing for the identification of coastal plumes: case studies of Delaware Bay. International Journal of Remote Sensing, 30: 2033-2048.

Junk W J, Bayley P B, Sparks R E. 1989. The flood pulse concept in river-floodplain systems. Canadian Special Publication of Fisheries and Aquatic Sciences, 106(1): 110-127.

Kachelriess D, Wegmann M, Gollock M, et al. 2014. The application of remote sensing for marine protected area management. Ecological Indicators, 36: 169-177.

Kapuscinski K L, Farrell J M. 2013. Habitat factors influencing fish assemblages at muskellunge nursery sites. Journal of Great Lakes Research, 40(S2): 135-147.

Kilgo J. 2012. Spatial patterns and habitat associations of targeted reef fish in and around a marine protected area in St. Croix, U.S. Virgin Islands. Seattle: University of Washington.

Killgore K J, Hoover J J, George S G, et al. 2007. Distribution, relative abundance and movements of pallid sturgeon in the free-flowing Mississippi River. Journal of Applied Ichthyology, 23(4): 476-483.

Kim DJ, Moon WM. 2002. Estimation of sea surface wind vector using RADARSAT data. Remote Sensing of Environment, 80(1): 55-64.

Klemas V. 2012. Remote sensing of environmental indicators of potential fish aggregation: an overview. Baltica, 25(2): 99-112.

Knudby A, Brenning A, LeDrew E. 2010. New approaches to modelling fish-habitat relationships. Ecological Modelling, 221(3): 503-511.

Kobayashi D R, Cheng I-J, Parker D M, et al. 2011. Loggerhead turtle (*Caretta caretta*) movement off the coast of Taiwan: characterization of a hotspot in the East China Sea and investigation of mesoscale eddies. ICES Journal of Marine Science, 68(4): 707-718.

Kobayashi D R, Polovina J J, Parker D M, et al. 2008. Pelagic habitat characterization of loggerhead sea turtles, *Caretta caretta*, in the North Pacific Ocean (1997–2006): insights from satellite tag tracking and remotely sensed data. Journal of Experimental Marine Biology and Ecology, 356(1-2): 96-114.

Kumari B, Raman M. 2010. Whale shark habitat assessments in the northeastern Arabian Sea using satellite remote sensing. International Journal of Remote Sensing, 31(2): 379-389.

Laurs R M. 1971. Fishery-advisory information available to tropical Pacific tuna fleet via radio facsimile broadcast. Comm Fish Rev, 33: 40-42.

Laurs R M, Fiedler P C, Montgomery D R. 1984. Albacore tuna catch distributions relative to environmental features observed from satellites. Deep Sea Research Part A. Oceanographic Research Papers, 31(9): 1085-1099.

Li J H, Chen W J. 2005. A rule-based method for mapping Canada's wetlands using optical, radar and DEM data. International Journal of Remote Sensing, 26(22): 5051-5069.

Li W K W, Head E J H, Harrison W G. 2004. Macroecological limits of heterotrophic bacterial abundance in the ocean. Deep Sea Research I: Oceanographic Research Papers, 51(11): 1529-1540.

Lievens H, Demuzere M, Marshall H P, et al. 2019. Snow depth variability in the Northern Hemisphere mountains observed from space. Nature Communications, 10: 4629.

Linhoss A C, Muñoz-Carpena R, Allen M S, et al. 2012. A flood pulse driven fish population model for the Okavango Delta, Botswana. Ecological Modelling, 228: 27-38.

Longhurst A R. 2007. Ecological Geography of the Sea. London: Academic Press: 552.

Longhurst A R, Sathyendranath S, Platt T, et al. 1995. An estimate of global primary production in the ocean from satellite radiometer data. Journal of Plankton Research, 17(6): 1245-1271.

Makris N C, Ratilal P, Symonds D T, et al. 2006. Fish population and behavior revealed by instantaneous continental shelf-scale imaging. Science, 311(5761): 660-3.

Mao Z H, Ding F, Yuan L L, et al. 2023. The classification of riparian habitats and assessment of fish-spawning habitat suitability: a case study of the Three Gorges Reservoir, China. Sustainability, 15(17): 12773.

Middleton B A. 2002. Flood Pulsing in Wetlands: Restoring the Natural Hydrological Balance. New York: John Wiley & Sons.

Miranda L E, Killgore K J. 2013. Entrainment of shovelnose sturgeon by towboat navigation in the Upper Mississippi River. Journal of Applied Ichthyology, 29(2): 316-322.

Misund O A. 1997. Underwater acoustics in marine fisheries and fisheries research. Reviews in Fish Biology and Fisheries, 7: 1-34.

Mizobata K, Saitoh S. 2004. Variability of Bering Sea

eddies and primary productivity along the shelf edge during 1998-2000 using satellite multisensor remote sensing. Journal of Marine Systems, 50(1-2): 101-111.

Molleri G S F, Novo E M L, Kampel M. 2010. Space-time variability of the Amazon River plume based on satellite ocean color. Continental Shelf Research, 30(3-4): 342-352.

Murray N J, Phinn S R, Dewitt M, et al. 2019. The global distribution and trajectory of tidal flats. Nature, 565(7738): 222-225.

Nicolas D, Lobry J, Le Pape O, et al. 2010. Functional diversity in European estuaries: relating the composition of fish assemblages to the abiotic environment. Estuarine, Coastal and Shelf Science, 88(3): 329-338.

Nienhuis J H, Ashton A D, Edmonds D A, et al. 2020. Global-scale human impact on delta morphology has led to net land area gain. Nature, 577(7791): 514-518.

Nilsson C, Berggren K. 2000. Alterations of riparian ecosystems caused by river regulation: dam operations have caused global-scale ecological changes in riparian ecosystems. How to protect river environments and human needs of rivers remains one of the most important questions of our time. BioScience, 50(9): 783-792.

Niu M X, Jin X S, Li X S, et al. 2014. Effects of spatio-temporal and environmental factors on distribution and abundance of wintering anchovy *Engraulis japonicus* in central and southern Yellow Sea. Chinese Journal of Oceanology and Limnology, 32: 565-575.

Ona E, Dalen J, Knudsen H P, et al. 2006. First data from sea trials with the new MS70 multibeam sonar. Journal of the Acoustic Society of America, 120(S5): 3017-3018.

Onsrud M S R, Kaartvedt S, Breien M T. 2005. *In situ* swimming speed and swimming behaviour of fish feeding on the krill Meganyctiphanes norvegica. Canadian Journal of Fisheries and Aquatic Sciences, 62(8): 1822-1832.

Otero P, Ruiz-Villarreal M, Peliz A. 2009. River plume fronts off NW Iberia from satellite observations and model data. ICES Journal of Marine Science, 66(9): 1853-1864.

Ouellet P, Savard L, Larouche P. 2007. Spring oceanographic conditions and northern shrimp *Pandalus borealis* recruitment success in the north-western Gulf of St. Lawrence. Marine Ecology Progress Series, 339: 229-241.

Pan J Y, Sun Y J. 2013. Estimate of ocean mixed layer deepening after a typhoon Passage over the South China Sea by using satellite data. Journal of Physical Oceanography, 43(3): 498-506.

Patterson T A, Thomas L, Wilcox C, et al. 2008. State-space models of individual animal movement. Trends in Ecology and Evolution, 23(2): 87-94.

Pauly D, Christensen V, Froese R, et al. 2000. Mapping fisheries onto marine ecosystems: a proposal for a consensus approach for regional, oceanic and global integrations. Fisheries Centre Research Reports, 8: 13-22.

Pekel J-F, Cottam A, Gorelick N, et al. 2016. High-resolution mapping of global surface water and its long-term changes. Nature, 540(7633): 418-422.

Peterson M S. 2003. A conceptual view of environment-habitat-production linkages in tidal river estuaries. Reviews in Fisheries Science, 11(4): 291-313.

Peterson M S, Weber M R, Partyka M L, et al. 2007. Integrating in situ quantitative geographic information tools and size-specific, laboratory-based growth zones in a dynamic river-mouth estuary. Aquatic Conservation: Marine and Freshwater Ecosystems, 17(6): 602-618.

Platt T, Sathyendranath S. 1999. Spatial structure of pelagic ecosystem processes in the global ocean. Ecosystems, 2: 384-394.

Platt T, Sathyendranath S. 2008. Ecological indicators for the pelagic zone of the ocean from remote sensing. Remote Sensing of Environment, 112(8): 3426-3436.

Polovina J J, Howell E, Kobayashi D R, et al. 2001. The transition zone chlorophyll front, a dynamic global feature defining migration and forage habitat for marine resources. Progress in Oceanography, 49(1-4): 469-483.

Polovina J J, Kobayashi D R, Parker D M, et al. 2000. Turtles on the edge: movement of loggerhead turtles (*Caretta caretta*) along oceanic fronts, spanning longline fishing grounds in the central North Pacific, 1997–1998. Fisheries Oceanography, 9(1): 71-82.

Polovina J, Uchida I, Balazs G, et al. 2006. The Kuroshio Extension bifurcation region: a pelagic hotspot for juvenile loggerhead sea turtles. Deep Sea Research II: Topical Studies in Oceanography, 53(3-4): 326-339.

Pusey B J, Arthington A H. 2003. Importance of the riparian zone to the conservation and management of freshwater fish: a review. Marine and Freshwater Research, 54(1): 1-16.

Reiss C S, Checkley Jr D M, Bograd S J. 2008. Remotely sensed spawning habitat of Pacific sardine (*Sardinops sagax*) and Northern anchovy (*Engraulis mordax*) within the California Current. Fisheries Oceanography, 17(2): 126-136.

Richardson J S, Taylor E, Schluter D, et al. 2010. Do riparian zones qualify as critical habitat for endangered freshwater fishes?. Canadian Journal of Fisheries and Aquatic Sciences, 67(7): 1197-1204.

Ricklefs R E. 1973. Patterns of growth in birds. II. Growth rate and mode of development. Ibis, 115(2): 177-201.

Romeiser R, Ufermann S, Alpers W. 2001. Remote sensing of oceanic current features by synthetic aperture radar-achievements and perspectives. Annals of Telecommunications, 56(11): 661-671.

Royer F, Fromentin J M, Gaspar P. 2004. Association between bluefin tuna schools and oceanic features in the western Mediterranean. Marine Ecology Progress Series, 269: 249-263.

Sabarros P S, Ménard F, Lévénez J-J, et al. 2009. Mesoscale eddies influence distribution and aggregation patterns of micronekton in the Mozambique Channel. Marine Ecology Progress Series, 395: 101-107.

Sacau M, Pierce G J, Wang J J, et al. 2005. The spatio-temporal pattern of Argentine shortfin squid *Illex argentinus* abundance in the southwest Atlantic. Aquatic Living Resources, 18(4): 361-372.

Saintilan N. 2004. Relationships between estuarine geomorphology, wetland extent and fish landings in New South Wales estuaries. Estuarine, Coastal and Shelf Science, 61(4): 591-601.

Saitoh S I, Mugo R, Radiarta I N, et al. 2011. Some operational uses of satellite remote sensing and marine GIS for sustainable fisheries and aquaculture. ICES Journal of Marine Science, 68(4): 687-695.

Sayre R, Karagulle D, Frye C, et al. 2020. An assessment of the representation of ecosystems in global protected areas using new maps of World Climate Regions and World Ecosystems. Global Ecology and Conservation, 21: e00860.

Schuler D L, Lee J S, Kasilingam D, et al. 2004. Measurement of ocean surface slopes and wave spectra using polarimetric SAR image data. Remote Sensing of Environment, 91(2): 198-211.

Shang S L, Lee Z P, Wei G M, 2011. Characterization of MODIS-derived euphotic zone depth: results for the China Sea. Remote Sensing of Environment, 115(1): 180-186.

Sherman K, O'Reilly J, Belkin I M, et al. 2011. The application of satellite remote sensing for assessing productivity in relation to fisheries yields of the world's large marine ecosystems. ICES Journal of Marine Science, 68(4): 667-676.

Sicard M, Pérez C, Rocadenbosch F, et al. 2005. Mixed layer depth determination in the Barcelona costal area from regular lidar measurements: methods, results and limitations. Boundary-Layer Meteorology, 119: 135-157.

Silió-Calzada A, Bricaud A, Gentili B. 2008. Estimates of sea surface nitrate concentrations from sea surface temperature and chlorophyll concentration in upwelling areas: a case study for the Benguela system. Remote Sensing of Environment, 112(6): 3173-3180.

Simmonds J E, Maclennan D N. 2005. Fisheries Acoustics: Theory and Practice: Second ed. New Jersey: Blackwell Publishing Ltd, 12-68.

Solanki H U, Mankodi P C, Dwivedi R M, et al. 2008. Satellite observations of main oceanographic processes to identify ecological associations in the Northern Arabian Sea for fishery resources exploration. Hydrobiologia, 612: 269-279.

Son Y B, Gardner W D, Mishonov A V, et al. 2009. Multispectral remote-sensing algorithms for particulate organic carbon (POC): the Gulf of Mexico. Remote Sensing of Environment, 113(1): 50-61.

Stenseth N C, Mysterud A. 2002. Climate, changing phenology, and other life history traits: nonlinearity and match-mismatch to the environment. Proceedings of the National Academy of Sciences, 99(21): 13379-13381.

Steuck M J, Yess S, van Vooren A, et al. 2010. Distribution and relative abundance of upper Mississippi River fishes. Onaraska: Upper Mississippi River Conservation Committee, Fish Technical Section.

Stoner A W. 2009. Habitat-mediated survival of newly settled red king crab in the presence of apredatory fish: role of habitat complexity and heterogeneity. Journal of Experimental Marine Biology and Ecology, 382(1): 54-60.

Stuart V, Platt T, Sathyendranath S. 2011. The future of fisheries science in management: a remote-sensing perspective. ICES Journal of Marine Science, 68(4): 644-650.

Swain D, Ali M M, Weller R A. 2006. Estimation of mixed-layer depth from surface parameters. Journal of Marine Research, 64: 745-758.

Switzer A C, Kamykowski D, Zentara S J. 2003. Mapping nitrate in the global ocean using remotely sensed sea surface temperature. Journal of Geophysical Research-Oceans, 108(C8): 3280.

Tang D L, Kester D R, Ni I H, et al. 2002. Upwelling in the Taiwan Strait during the summer monsoon detected by satellite and shipboard measurements. Remote Sensing of Environment, 83(3): 457-471.

Tew-Kai E, Marsac F. 2010. Influence of mesoscale eddies on spatial structuring of top predators' communities in the Mozambique Channel. Progress in Oceanography, 86(1-2): 214-223.

Tockner K, Stanford J A. 2002. Riverine flood plains: Present state and future trends. Environmental Conservation, 29(3): 308-330.

Tonolla D, Wolter C, Ruhtz T, et al. 2012. Linking fish assemblages and spatiotemporal thermal heterogeneity in a river-floodplain landscape using high-resolution airborne thermal infrared remote sensing and in-situ measurements. Remote Sensing of Environment, 125: 134-146.

Tremblay Y, Robinson P W, Costa D P. 2009. A parsimonious approach to modeling animal movement data. PLoS One, 4(3): e4711.

Truskanov M D, Scherbino M N. 1966. Methods of direct calculation of fish concentrations by means of hydroacoustic apparatus. Research Bulletin of the International Commission for the Northwest Atlantic Fisheries, 3: 70-80.

Turner W, Spector S, Gardiner N, et al. 2003. Remote sensing for biodiversity science and conservation. Trends in Ecology & Evolution, 18(6): 306-314.

Ufermann S, Robinson I S, da Silva J C B. 2001. Synergy between synthetic aperture radar and other sensors for the remote sensing of the ocean. Annales Des Telecommunications-Annals of Telecommunications, 56: 672-681.

van der Wal D, Herman P M J, Wielemaker-van den Dool A. 2005. Characterisation of surface roughness and sediment texture of intertidal flats using ERS SAR imagery. Remote Sensing of Environment, 98(1): 96-109.

Vitousek P M, D'antonio C M, Loope L L, et al. 1997. Introduced species: a significant component of human-caused global change. New Zealand Journal of Ecology, 21(1): 1-16.

Voigt M N, Botta J R. 1990. Advances in fisheries technology and biotechnology for increased profitability, Canada. Atlantic Fisheries Technological Conference. St. John's, NF, Canada.

Wall C C, Muller-Karger F E, Roffer M A, et al. 2008. Satellite remote sensing of surface oceanic fronts in coastal waters off west-central Florida. Remote Sensing of Environment, 112(6): 2963-2976.

Waluda C M, Rodhouse P G, Trathan P N, et al. 2001. Remotely sensed mesoscale oceanography and the distribution of *Illex argentinus* in the South Atlantic. Fisheries Oceanography, 10(2): 207-216.

Wang J D, Sheng Y W, Tong T S D. 2014. Monitoring decadal lake dynamics across the Yangtze Basin downstream of Three Gorges Dam. Remote Sensing of Environment, 152: 251-269.

Wang L, Dronova I, Gong P, et al. 2012. A new time series vegetation-water index of phenological-hydrological trait across species and functional types for Poyang Lake wetland ecosystem. Remote Sensing of Environment, 125: 49-63.

Wang J, Pierce G J, Sacau M, et al. 2007. Remotely sensed local oceanic thermal features and their influence on the distribution of hake (*Merluccius hubbsi*) at the Patagonian shelf edge in the SW Atlantic. Fisheries Research, 83(2-3): 133-144.

Watters G M, Olson R J, Francis R C, et al. 2003. Physical forcing and the dynamics of the pelagic ecosystem in the eastern tropical Pacific: simulations with ENSO-scale and global-warming climate drivers. Canadian Journal of Fisheries and Aquatic Sciences, 60(9): 1161-1175.

Windle M J S, Rose G A, Devillers R, et al. 2010. Exploring spatial non-stationarity of fisheries survey data using geographically weighted regression (GWR): an example from the Northwest Atlantic. ICES Journal of Marine Science, 67(1): 145-154.

Wright D J, Woodworth B M, O'Brien J J. 1976. A system for monitoring the location of harvestable coho salmon stocks. Marine Fisheries Review, 38(3): 1-7.

Yang X, Pavelsky T M, Allen G H. 2020. The past and future of global river ice. Nature, 577(7788), 69-73.

Ye S W, Li Z J, Liu J S, et al. 2011. Distribution, endemism and conservation status of fishes in the Yangtze River basin, China// Oscar G, Gianfranco V. 2011. Ecosystems biodiversity. Rijeka, Croatia: IntechOpen. 41-66.

Young J W, Bradford R, Lamb T D, et al. 2001. Yellowfin tuna (*Thunnus albacares*) aggregations along the shelf break off south-eastern Australia: links between inshore and offshore processes. Marine and Freshwater Research, 52: 463-474.

Zainuddin M, Saitoh K, Saitoh, S I. 2008. Albacore (*Thunnus alalunga*) fishing ground in relation to oceanographic conditions in the western North Pacific Ocean using remotely sensed satellite data. Fisheries Oceanography, 17(2): 61-73.

Zhang H, Jarić I, Roberts D L, et al. 2020. Extinction of one of the world's largest freshwater fishes: Lessons for conserving the endangered Yangtze fauna[J]. Science of the Total Environment, 710: 136242.

Zhao S H, Wang Q, Li Y, et al. 2017. An overview of satellite remote sensing technology used in China's environmental protection. Earth Science Informatics, 10: 137-148.

Zhou L, Zeng L, Fu D H, et al. 2016. Fish density increases from the upper to lower parts of the Pearl River Delta, China, and is influenced by tide, chlorophyll-a, water transparency, and water depth. Aquatic Ecology, 50: 59-74.

第 2 章　水生生态系统空间观测技术与方法

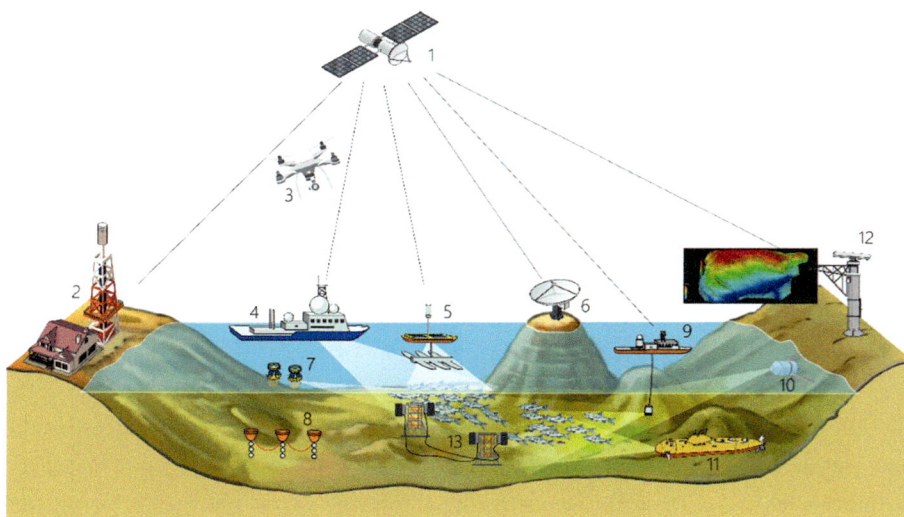

水生生态系统空间观测

　　根据探测能量的波长、探测方式、应用目标等，航空和航天卫星遥感分为可见光 - 反射红外遥感（波长范围为 $0.38 \sim 2.5\mu m$）、热红外遥感（波长范围为 $3 \sim 18\mu m$）、微波遥感（波长范围为 $1mm \sim 1m$）、激光雷达遥感等几种基本形式。其中，可见光 - 反射红外遥感和热红外遥感统称为光学遥感，属于被动遥感，而微波遥感则有主动和被动之分。可见光 - 反射红外遥感记录的是地球表面对太阳辐射能的反射辐射能，通常用于地球表面光学特性的研究，比如基于水体、植被对太阳辐射的反射率峰、谷值及波段比值分析水质状况、植被长势等；热红外遥感记录的是地球表面的发射辐射能，通常用于地球表面的热特性研究，比如海表温度反演、土壤水分反演、水体热异常获取等；微波（激光雷达）遥感记录的地球表面对人为微波辐射能的反射辐射能属于主动微波遥感，而记录的地球表面发射的微波辐射能则属于被动微波遥感，主动和被动微波遥感通常用于地球表面的微波后向散射特性研究，如用于海面高度、油膜污染、舰船岛礁、极地冰川的大范围高频观测等。近地无人机遥感平台同样可搭载可见光 - 反射红外、热红外、激光雷达等传感器，开展水生生物资源与环境调查、水产种质资源保护区精细化监测、渔政执法等任务。

2.1 遥感技术应用及数据处理方法

2.1.1 航空和航天卫星遥感观测平台及传感器

海洋生态环境遥感观测通常采用高时间分辨率卫星遥感,对于同一区域相邻 2 次观测的最小时间间隔(或称为重访周期)在几十分钟至几天不等。最具代表性的有美国三代气象观测卫星,即第一代"泰罗斯"(TIROS)系列(1960~1965 年)、第二代"艾托斯"(ITOS)/"诺阿"(NOAA)系列(1970~1976 年)、第三代 TIROS-N/NOAA 系列(1978 年至今);中国的风云系列气象卫星可实现每 15min 至每天 2 次对同一地区进行观测。虽然早期的高时间分辨率遥感影像的空间分辨率相对较低,一般在百米级或千米级,但由于具有快速覆盖全球的能力,其非常适合开展海洋生态环境监测及远洋渔情渔场预报等业务。

如果说海洋生态环境的观测尺度是大洋至全球尺度,那么内陆水域及海岸带生态环境的观测尺度则是流域及大陆架区域尺度。在该尺度下,高时间分辨率遥感、高空间分辨率遥感、高光谱分辨率遥感均可发挥重要作用。目前主流的高空间分辨率卫星遥感的光学传感器能够辨识的地表单一地物或 2 个相邻地物间的最小尺寸通常为亚米级至米级。但由于高空间分辨率卫星传感器的技术制约,单颗卫星的幅宽一般较窄,重访周期相对较长,其时间分辨率较低。因此,单颗高分卫星的观测适合开展精细化的地表分类、目标提取与识别、长时间周期的变化检测等。比如,美国在2016 年发射的 WorldView-4 卫星能够提供 0.3m 空间分辨率的高清地面图像,大幅度提高了陆表信息提取的精度,实现了对地表生态环境状况的精细化监测;中国的高分二号卫星(GF-2)的全色谱段在星下点空间分辨率达 0.8m,可实现对水生生物生境的高精准信息提取;采用美国 IKONOS 高分影像可大幅度提高对浅海环境专题制图的精度(Mumby and Edwards,2002),也适合开展珊瑚礁鱼类物种丰富度、多样性和生物量等的制图和预测(Knudby et al.,2010)。

近年来随着卫星组网技术及卫星小型化技术的发展,出现了一批兼具高时间分辨率和高空间分辨率的小卫星星座,如美国星球实验室(Planet Labs)旗下的5m 空间分辨率的快眼卫星(RapidEye)星座、3~4m 空间分辨率的鸽群卫星(PlanetScope)星座、0.8~1m 空间分辨率的天景卫星(SkySat)星座等,由200 多颗活跃卫星组成的全球星座使全球对地观测进入"每日高分"的时代,为国土资源调查、应急减灾等领域提供高效、可靠的数据源。除此之外,欧洲空中客车公司发射的由 4 颗空间分辨率均为 0.3m 的卫星组成的卫星星座,可获得地面高精度的立体影像,可用于制作数字地表模型(DSM)、数字高程模型(DEM)、正射影像、点云和三维模型等,实现了基于卫星数据的 1:2000 大比例尺地表测图。中国的"吉林一号"卫星星座,预计将在 2030 年形成 138 颗小卫星组网的空间分辨率为 1.12m 的星座群,届时将使中国能够在 10min 以内对全球任意位置进行重访观测。这些数据的深度应用将为内陆水域及海岸带生态环境监测带来跨越式的发展。

2.1.2 海洋生态系统遥感观测

2.1.2.1 海洋生态环境遥感监测

海表温度(SST)及其波动是进行环境与水生生物行为学及其资源丰度分布研究首要考虑的因素(表 2-1)。在过去几十年中,关于鱼类与海表温度关系的研究数量占渔业海洋卫星遥感研究总数量的63%;如果把关于海洋深部温度以及温度

表 2-1　海洋生态环境应用的主要卫星及传感器

海洋监测要素	运营机构	传感器或数据产品	卫星平台	时间分辨率	空间分辨率	数据期限
海表温度（SST）	美国 NASA PO-DAAC	AVHRR Pathfinder V5	NOAA	d、we、mon、a	4km	1985 年 1 月至 2005 年 12 月
海表温度（SST）	美国 NASA PO-DAAC	AVHRR Pathfinder V4、Pathfinder V5	NOAA	we、mon	9km	1985 年 1 月至 2003 年 8 月
海表温度（SST）	美国 NASA OBPG	MODIS	EOS-AQUA	d、we、mon	9km、4km	2002 年 7 月至今
海表温度（SST）	美国 NOAA OSPO	VIIRS	Suomi NPP	d	375~750m	2011 年 10 月至今
海表温度（SST）	美国 NOAA OSPO	VIIRS	JPSS-1、JPSS-2	d、8d、16d、mon、a	375~750m	2017 年 11 月至今、2022 年 11 月至今
海表温度（SST）	美国 NOAA OSPO	ABI	GOES-R	d	2km	2016 年 11 月至今
海表温度（SST）	美国 NASA GSFC	OCI	PACE	2d	1km	2024 年 2 月至今
海表温度（SST）	欧盟 OSI-SAF-EUMETSAT	SEVIRI	MSG	15min	1km、3km	2004 年 7 月至今
海表温度（SST）	欧盟 OSI-SAF-EUMETSAT	AVHRR	METOP A、B、C	d、Q	(1/20)°	2007 年 7 月至 2021 年 11 月、2012 年 9 月至 2018 年 11 月至今
海表温度（SST）	美国 NASA REMSS	TMI、AMSR-E	TRMM、EOS-AQUA	d、3d、we、Q	(1/4)°	1997 年 11 月至 2015 年 4 月、2002 年 8 月至 2011 年 10 月
海表温度（SST）	中国 NSOAS	海洋水色扫描仪	HY-1 系列	d、we、mon	9km	2002 年 5 月至今、2007 年 4 月至今、2018 年 9 月至今
海表温度（SST）	印度 ISRO	OCM	OceanSat-1	2d	360m	1999 年 5 月至 2010 年 8 月
海表盐度（SSS）	欧盟 ESA	MIRAS（Level 1、2）	SMOS	10~30d	50~200km	2010 年 1 月至今
海表盐度（SSS）	美国 NASA PO-DAAC	Aquarius	Aquarius/SAC-D	7~30d	36km	2011 年 8 月至 2015 年 6 月
海表盐度（SSS）	中国 NSOAS	综合孔径微波辐射计	HY-4 01	3d	10km	2024 年 11 月至今
海表盐度（SSS）	日本 JAXA	AMSR2	GCOM-W1	2d	5km、40km、50km	2012 年 5 月至今
海水叶绿素 a 浓度（Chl a）	美国 NASA OBPG	SeaWIFS	SeaStar	8d、mon、Q、a	4km	1997 年 9 月至 2008 年 12 月
海水叶绿素 a 浓度（Chl a）	美国 NASA OBPG	MODIS	EOS-AQUA	d、3d、8d、mon	9km、4km	2002 年 7 月至今
海水叶绿素 a 浓度（Chl a）	美国 NASA OBPG	MODIS（Level 2）	EOS-AQUA	d、5mon	250m、500m、1km	2002 年 7 月至今
海水叶绿素 a 浓度（Chl a）	欧盟 ESA GLOBCOLOR	MERIS	ENVISAT	d、wk、mon	300m、1km	2002 年 3 月至 2012 年 5 月

续表

海洋监测要素	运营机构	传感器或数据产品	卫星平台	时间分辨率	空间分辨率	数据期限
海水叶绿素 a 浓度（Chl a）	欧盟 ESA GLOBCOLOR	OLCI	Sentinel-3	2d	300m	2016 年 2 月至今
海水叶绿素 a 浓度（Chl a）	中国 NSOAS	COCTS、CZI	HY-1 系列	1~3d、7d	0.5~1.1km、250m	2018 年 9 月至今、2007 年 4 月至今
海水叶绿素 a 浓度（Chl a）	中国 NSMC	MERSI	FY-3	1~2d	250m、1km	2013 年 9 月至今
海水叶绿素 a 浓度（Chl a）	韩国 KOSC	GOCI、GOCI-Ⅱ	COMS、Geo-KOMPSAT-2B	1h	500m	2011 年 1 月至 2021 年 6 月、2020 年 2 月至今
海水叶绿素 a 浓度（Chl a）	印度 ISRO	OCM、OCM-2	OceanSat-1、OceanSat-2	2d	360m	1999 年 3 月至 2010 年 8 月、2009 年 9 月
海水叶绿素 a 浓度（Chl a、海表温度（SST）	美国 NASA	TM、ETM+、OLI、OLI-2	Landsat 4、Landsat 5、Landsat 7、Landsat 8、Landsat 9	16d	30m	1982 年 6 月至 1993 年 12 月、1994 年 3 月至今、1999 年 4 月至今、2013 年 2 月至今
风速 / 风向	欧盟 IFREMER CERSAT	AMI	ERS、ERS-2	3d	1°、(1/2)°	1991 年 8 月至 2002 年 4 月、1999 年 12 月至 2009 年 11 月
风速 / 风向	美国 NASA REMSS	Seawind	QuickScat	d、3d、we、mon	(1/2)°	1999 年 12 月至 2009 年 11 月
风速	美国 NASA REMSS	SSM/I、TMI、AMSR-E	DMSP series、TRMM、EOS-AQUA	d、3d、we、mon	(1/4)°	1987 年 7 月至 2024 年 12 月、1997 年 12 月至 2015 年 6 月、2002 年 8 月至 2011 年 10 月
海面高度（SSH）	中国 NSOAS	雷达高度计	HY-2 系列	d（实时数据）	(1/3)°	2012 年 4 月至今
海面高度（SSH）	美国 NASA 和法国 CLS AVISO	NRA、Poseodon-2、Poseodon-3、SAR	TOPEX/JASON	we（延时数据）	(1/3)°	1992 年 10 月至 2006 年 1 月、2002 年 7 月至今
海洋初级生产力（PP）	美国 NASA OBPG	SeaWIFS（PAR）	SeaStar、Orbview-2	8d、mon	9km、18km	1997 年 10 月至 2008 年 12 月
海洋初级生产力（PP）	美国 NASA OBPG	MODIS（PAR）	EOS-TERRA、EOS-AQUA	8d、mon	9km、18km	2002 年 7 月至今

注：NASA PO-DAAC（美国国家航空航天局物理海洋学分布式数据存档中心，NASA Physical Oceanography Distributed Active Archive Center），NASA OBPG（美国国家航空航天局海洋生物处理组，NASA Ocean Biology Processing Group），NASA GSFC（美国国家航空航天局戈达德航天飞行中心，National Aeronautics and Space Administration Goddard Space Flight Center），NASA REMSS（美国国家航空航天局遥感系统公司，NASA Remote Sensing Systems），NASA（美国国家航空航天局，National Aeronautics and Space Administration），NOAA OSPO（美国国家海洋与大气管理局卫星与产品运营办公室，National Oceanic and Atmospheric Administration Office of Satellite and Product Operations）OSI-SAF-EUMETSAT（欧洲航空航天与海洋冰卫星应用设施，EUMETSAT Ocean and Sea Ice Satellite Application Facility），ESA（欧洲航天局，European Space Agency），ESA GLOBCOLOR（欧洲航天局全球海洋颜色项目，ESA GlobColour Project），IFREMER CERSAT（法国海洋开发研究院卫星数据中心，French Research Institute for Exploitation of the Sea (IFREMER) Satellite Data Center），NSOAS（国家卫星海洋应用中心，National Satellite Ocean Application Service），ISRO（印度空间研究组织，Indian Space Research Organisation），NSMC（国家卫星气象中心，National Satellite Meteorological Center），JAXA（日本宇宙航空研究开发机构，Japan Aerospace Exploration Agency），CLS AVISO（法国空间海洋学研究组卫星海洋学数据中心，Collecte Localisation Satellites (CLS) Archiving, Validation, and Interpretation of Satellite Oceanographic Data (AVISO)），KOSC（韩国海洋卫星中心，Korea Ocean Satellite Center）。

梯度的研究也包括进来，则该占比提高至83%。主要原因在于，海表温度不仅是描述海洋及海岸带生态环境参数中最易观测的，还是许多海洋及海岸带物理过程的重要"指示剂"（如沿海上升流、平流、锋面和涡等中尺度动力过程），同时也是卫星遥感观测技术最成功的参数之一。另一个用于评价海洋、河口及近岸生物资源的重要参数是浮游植物生物量，因为它是海洋生物的主要食物来源。目前，海洋水色观测已成为世界各个国家海洋研究领域中普遍关注的一个组成部分。其中，表征海洋浮游植物生物量的海水叶绿素a浓度（Chl-a），是水色卫星传感器的主要产品之一。浮游植物光合作用的碳吸收量约占全球绿色植物碳吸收量的一半。由于浮游植物在全球碳循环中的重要作用及观测数据的缺乏，国际上各团体纷纷制定相应的卫星计划，旨在获取高质量的全球海洋水色数据，并在海洋环境观测中占据了主导地位（表2-1）。全世界范围内已经发展出一套较为成熟的基于海洋宽视场传感器（Sea-Viewing Wide Field-of-View Sensor，SeaWIFS）、中分辨率成像光谱仪（Moderate Resolution Imaging Spectroradiometer，MODIS）、国家极轨合作伙伴卫星（National Polar-orbiting Partnership，NPP）等卫星传感器数据的、关于海表温度及叶绿素a浓度的提取算法（Brown et al.，1999；Mueller et al.，2003），以及相应的卫星数据处理流程（图2-1）（Ocean Biology Processing Group，2007）。对于表2-1中涉及的海洋环境参数，多数在轨运行的商业海洋卫星的传感器已能提供免费的多级产品，不需要用户经过图2-1中0～2、3级的数据处理过程，可直接利用相关产品进行海洋锋面信息位置分析或生成诸如海洋初级生产力、海表环流等合成信息。而当用户对数据的时间和空间分辨率的要求较高时（如时间分辨率＜1d、空间分辨率＜1km），

则需要参照该流程及相应的算法进行数据处理并获取不同级别产品。当获取了不同类型传感器的多时相海表温度、叶绿素a浓度的2、3级产品时，为进一步探讨渔业资源与环境变化之间的关系，通常还有以下三步工作需要开展（图2-1）。

1. 参数校正

前人关于卫星遥感获取的生态环境参数的误差分析研究结果显示，基于不同的卫星数据提取的参数均存在一定的误差，并且其误差分布也各有不同。因此，对误差的不确定性进行分析，并采用同步实地观测数据对其进行校正，是重要的处理流程之一。

2. 数据同化

单一卫星数据在短时间内对全球的空间覆盖范围有限，因此获取在同一时间覆盖相同区域的多种卫星数据意义重大。例如，空间分辨率为1km的MODIS-Aqua数据，每天只能对占全球面积5%以下的区域进行同步观测。另外，云、轨道间隙、太阳光斑以及较厚的气溶胶等都会对观测数据产生影响。因此，采用统计方法（如分级、平均、误差权重平均等）、偏差校正方法（如最优插值、小波分析、机器学习算法等）、生物-光学方法或数值模拟方法等开展多种数据产品之间的同化，是提高数据空间覆盖率的重要方法。

3. 变化特征分析及二级参数生产

在获得校正和同化数据后，可对SST数据采用卷积分析获得局地海表温度的梯度变化特征；或通过水平梯度测量法（Oram et al.，2008；Belkin and O'Reilly，2009）、直方图统计法（Miller，2004；Miller，2009；Nieto，2009）和神经网络算法（Tejera et al.，2002）等确定不同水团之间的边界，以此识别温度锋面和叶绿素a浓度锋面的位置；还可

传感器系统校正

0级产品参数：测量辐射值（2~3个亮温通道数据或6个归一化离水辐射通道数据）、微波表面后向散射系数、海面高度（SSH）等

1级产品参数：采用普朗克方程（黑体方程）反演获得云顶辐射值、云检测及大气辐射校正（分裂窗算法）和辐射传输反演、波段合成；Cox 和 Munk（1954）模型算法、进行伪水准面（平均信号）去除

2、3级产品参数（输出地理物理参数）：海表温度、叶绿素a浓度、风速风向参数、海面高度异常（SLA）等

采用同步实测数据对卫星获取的2、3级产品数据进行校正（该步骤一般在大洋参数提取时可选，在河口海域处需要认真处理）、以及多种数据产品之间的同化

作为下一步骤的输入参数：如长时间序列并且经过校验纠正及不同产品同化后的海表温度、叶绿素a浓度、风速风向、海面高度异常（SLA）等

对数据开展卷积分析，或通过水平梯度测量法、直方图统计法和神经网络算法等，确定不同水团之间的边界，以此识别海表物理参数锋面；还可通过水的衰减和光合效率的关系方程从叶绿素a浓度产品生成海洋初级生产力；以及根据斜压不稳定理论结合海面高度异常（SLA）来获取海表环流信息等

4级合成变量：局地海表温度的梯度变化特征、温度锋面和叶绿素a浓度锋面的位置、海洋初级生产力、海表地转流信息等

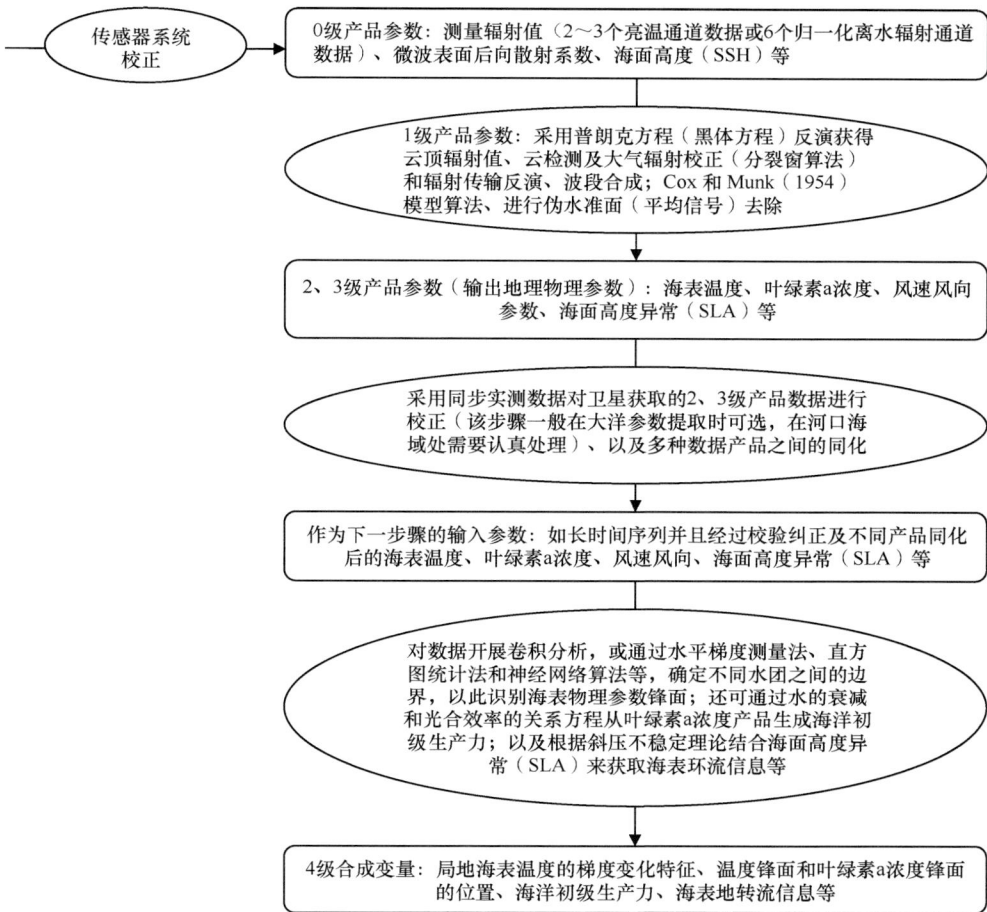

图 2-1　一般卫星海洋遥感数据处理流程及方法（以海表温度、叶绿素 a 浓度、风速风向、海面高度、初级生产力、海表地转流等为例）

通过水的衰减和光合效率的关系方程通过叶绿素 a 浓度产品生成海洋初级生产力（Longhurst et al.，1995；Behrenfeld and Falkowski，1997；Behrenfeld et al.，2006）；以及根据斜压不稳定理论并结合海表高度异常参数（SLA）来获取海表地转流信息等（Polovina et al.，2006；Tew-Kai and Marsac，2010）。经过以上产品校正、同化、分析后得到的全球尺度的、以天为时间尺度的、大量的时间序列海洋生态环境参数，可为中／大尺度海洋渔业资源的分布和丰度探测及其与栖息环境变化之间的关系分析提供重要的基础数据（Olson et al.，1994；Faure et al.，2000；Beck et al.，2001；Bakun，2006）。

2.1.2.2　远洋渔情渔场预报

开展远洋渔情渔场预报研究，首先需要对已获取的渔场数据进行更新，这不仅包括各类卫星渔场环境数据的遥感观测数据获取与参数反演，还包括捕捞作业数据的获取及更新；其次是开展渔场环境及渔情分析，如对渔场环境信息进行各种关联计算、可视化分析及特征参数提取等；然后是构建预报模型及开展业务化的预报；最后是产品的生产，即制作渔情渔场信息产品，及时发布并供用户使用。

1. 可视化分析制图

计算机技术的发展使得地理信息系统（Geographic Information System，GIS）、交互式数据可视化工具（如 IDL、Matlab 等）的可视化分析与多维显示技术在渔场渔情分析预报领域得到了广泛应用（苏奋振等，2002；闫殿武，2003）。通过 GIS 建立的自主数据库，可实现时空数据的一体化管理，以及空间叠加与缓冲区分析、等值线分析、空间数据的探索分析，模型分析等结果的直观显示、地图的矢量化输出等功能。交互式数据可视化工具具有超大规模数据处理、交互式及跨平台应用、多维数据可视化、高级图像图形处理等功能，有助于增强渔场渔情分析结果的可视化显示以及提高分析预报结果的可靠性。此外，网络 GIS 和交互式数据可视化工具可对预报结果进行网络发布，提高了渔场渔情分析预报信息服务的时效性。

2. 预报模型的构建

由于渔场是一个具有时间和空间概念的预报因子，且多数海洋（渔业）现象具有动态性、不确定性、模糊性与随机性等特点，经典的统计学方法在空间数据分析或非线性复杂问题的处理方面存在很大的局限性。因此，20 世纪 90 年代以来，许多学者开始将空间信息分析与地理计算模型、数据挖掘及人工智能等新的模型与方法应用到渔场渔情分析预报的研究中（Stöcker，1999；Chen et al.，2000；苏奋振，2003）。此外，随着信息技术和现代系统科学的发展，其他如混沌与分形理论（Tikhonov et al.，2001）、蒙特卡罗及马尔可夫过程（Lewy and Nielsen，2003）等新的学科理论与前述各种方法，都将进一步渗透到渔业研究领域，有望在渔场渔情分析中得到深层次的应用及推广。

2.1.2.3　海洋生物栖息地环境效应评估

以长时间尺度的海洋生态环境多源卫星遥感反演资料（如海表温度、叶绿素 a 浓度、海面高度、海面风场、海表盐度等）以及海洋渔业生产统计资料为基础，通过广义线性模型、广义可加模型、栖息地指数模型、图像融合技术和统计分析等模型和方法，构建海洋主要经济鱼类的栖息地环境效应遥感定量评估模型，有效地挖掘和展示未知的渔业生态关系，提升对渔业生态系统的理解。评估模型不仅可应用于不同海域、不同鱼种的分析，还能与多种环境因子相结合，较好地揭示渔业资源变动及时空分布与环境因子之间的关系。

1. 单位捕捞努力量渔获量（CPUE）的计算及标准化

单位捕捞努力量渔获量（CPUE）的计算如下：

$$CPUE = \frac{c}{f} \qquad (2-1)$$

式中，CPUE 用单船平均日产量来表示，单位是 t/d；c 表示 5°×5° 渔区范围内的日产量，单位是 t；f 表示 5°×5° 渔区范围内的作业次数，单位是 d。

2. 遥感数据融合

应用 R 软件编程提取研究区域相关遥感数据，利用以下算法对不同分辨率遥感数据进行融合：

$$Ave_j = \frac{\sum_{i=1}^{m} Value(i)_j}{m} \qquad (2-2)$$

式中，j 是一个 0.5°×0.5° 空间分辨率的渔区；Ave_j 是研究区域中 SST（或 Chl-a、SSHD）数据融合成 0.5°×0.5° 空间分辨率后的均值；m 是 0.5°×0.5° 空间分辨率中 SST（Chl a、SSHD）像元的个数；$Value(i)$ 是研究区域单个像元值。

3. 渔场重心计算

为了分析海洋渔场的时空分布情况，可通过计算渔场的 CPUE 纬度重心（X、Y），来反映渔业资源丰度的时空变化，计算公式为：

$$X = \frac{\sum x_i \left(\dfrac{C_{ij}}{E_{ij}} \right)}{\sum \left(\dfrac{C_{ij}}{E_{ij}} \right)} \tag{2-3}$$

$$Y = \frac{\sum y_i \left(\dfrac{C_{ij}}{E_{ij}} \right)}{\sum \left(\dfrac{C_{ij}}{E_{ij}} \right)} \tag{2-4}$$

式中，x_i、y_i 分别为区域 i 的中心纬度和经度；C_{ij} 为 j 月在区域 i 的渔业资源总产量；E_{ij} 为 j 月在区域 i 的捕捞努力量（天数）。

4. 环境效应定量分析

广义可加模型是广义线性模型的非参数扩展，在数据模型的基础上能直接处理响应变量和多个预测变量之间的非线性关系。它能应用非参数的方法来检测数据结构，并找出其中的规律，从而得到更好的预测结果。根据检验模型中每个预测变量的重要性，选择最优模型。利用 R 软件 mgcv 包进行广义可加模型的构建和检验。利用逐步回归方法（stepwise regression method）选择对模型影响显著的变量，得出广义可加模型的具体表达式形式如下：

$$
\begin{aligned}
\log(\text{CPUE}+1) = &\, s(x_{\text{Year}}) + s(x_{\text{Month}}) \\
&+ s(x_{\text{Lat}}) + s(x_{\text{Lon}}) \\
&+ s(x_{\text{SST}}) + s(x_{\text{Chl a}}) \\
&+ s(x_{\text{SSHD}}) + \varepsilon
\end{aligned} \tag{2-5}
$$

式中，x_{Year}、x_{Month}……为各个解释变量，$\log(\text{CPUE}+1)$ 为响应变量。为防止响应变量出现零值，采用 CPUE+1 后再进行对数变换；s 为自然样条平滑函数；Year 表示年份；Month 表示月份；Lat 表示纬度；Lon 表示经度；SST 表示海表温度；Chl a 表示叶绿素a浓度；SSHD 表示海面高度偏差；ε 为模型误差，其服从高斯分布。

5. 模型检验

利用赤池信息准则（akaike information criterion，AIC）检验逐步加入因子后模型的拟合程度，其值越小，模型的拟合效果越好。利用广义交叉验证（generalized cross validation，GCV）评估模型预测变量，其值越小，模型泛化能力越好。利用 F 检验和卡方检验分别评估因子的显著性和因子对非参数效果的非线性贡献率。AIC 的计算公式如下：

$$\text{AIC} = \theta + 2\text{df}\varphi \tag{2-6}$$

式中，θ 为偏差；df 为有效自由度；φ 为方差。上述方法同样适用于海岸带生物栖息地模拟。

2.1.3　海岸带生态系统遥感观测

海岸带生态系统遥感观测主要应用领域包括海岸带生态环境参数的定量反演、海岸带动态变化监测以及大尺度生物现象的遥感观测等方面，在获得丰富的地表生态环境参数以及专题制图信息后，还可以结合生物资源调查结果，共同开展生物资源栖息地的适宜性评价。

2.1.3.1　海岸带生态环境参数定量反演

1. 水表温度

卫星遥感有多种数据源可获取海表温度，目前 MODIS 和 AVHRR 被广泛应用于大尺度海表温度监测，如基于 AVHRR 传感器的 4km 空间分辨率的水表温度反演数据产品，基于 MODIS 卫星数据的 1km 空间分辨率的全球每日/8～16d 的水表温度产品，以及美国国家航空航天局（NASA）DAAC 数据中心的共享数据网 OceanWatch LAS 提供的

MODIS L3 级产品水温数据，SST 同样可以通过 SeaDAS 海洋遥感处理软件进行提取。对于 NOAA AVHRR 和 MODIS 而言，海表水温反演通常采用非线性 SST 算法（non-linear sea surface temperature，NLSST）（Brown et al.，1999）：

$$SST(Day) = AT_{11} + BT_{sfc}$$
$$\begin{aligned} &(T_{11} - T_{12}) \\ &+ C[\sec(\theta) - 1] \\ &(T_{11} - T_{12}) + D \end{aligned} \tag{2-7}$$

$$SST(Night) = ET_{11} + FT_{sfc}$$
$$\begin{aligned} &(T_{3.7} - T_{12}) \\ &+ G[\sec(\theta) - 1] + H \end{aligned} \tag{2-8}$$

式中，A、B、C、D、E、F、G、H 为回归系数；$T_{3.7}$、T_{11}、T_{12} 分别为 AVHRR 的 3.7μm、11μm、12μm 通道的亮温；θ 为传感器视角天顶角；T_{sfc} 为先验温度估计。

2. 水表叶绿素 a 浓度

对于海洋表层叶绿素 a 来讲，目前广泛应用的卫星传感器主要是 MODIS，其叶绿素 a 浓度算法采用 NASA 标准经验算法（Balch et al.，1992；O'Reilly et al.，1998；李国胜等，2003）。该算法将大气校正后得到的 MODIS 第 9、第 10、第 12 波段离水辐射率数据转化为遥感反射率值，然后经过标准经验算法提取叶绿素 a 浓度信息：

$$C_a = 10^{0.283 - 2.753R^2 + 0.659R^3 - 1.403R^4} \tag{2-9}$$

$$R = \log_{10}\left(\frac{R_{rs}433 > R_{rs}488}{R_{rs}551}\right) \tag{2-10}$$

式中，C_a 表示叶绿素 a 浓度；R 是由卫星数据计算出的遥感反射率；R_{rs} 是 MODIS 传感器不同波段的离水辐射率数据。

3. 岸带水质参数遥感反演

采用遥感反演方法获取的近岸水域水质参数主要包括悬浮物浓度（suspended solid concentration）、有色可溶性溶解物（colored dissolved organic matter，CDOM）浓度等。目前，基于遥感反演可提供的水质数据产品如 Diversity Ⅱ，主要参数包括月尺度叶绿素 a 浓度、总悬浮物浓度、CDOM 浓度等。

2.1.3.2　海岸带动态变化监测

1. 海岸线变化监测

在海岸线变动遥感监测中，基于水体指数方法直接提取的海岸线是卫星过境时的水陆分界线，即瞬时"水边线"（Xia et al.，2007；李禺等，2008）。通常采用目视解译法，并结合非监督分类方法，提取平均高潮时对应的水陆分界线作为海岸线（Ji et al.，1994；徐进勇等，2013；孙百顺等，2017）。平均高潮线法能够满足岸线分析所需的精度，在缺乏潮位和精细地形资料的情况下，它是描述区域尺度岸线变化的最佳方法。

在获得长时间序列的数字岸线分布后，可进一步采用分形维数法描述岸线的复杂度（徐进勇等，2013）；通过数字岸线分析系统，利用数学统计法、基线法、面积法、动态分割法和非线性缓冲区迭代法等（Himmelstoss，2009；朱国强等，2015）定量分析岸线的时空变化情况；通过海岸带土地覆盖和土地利用遥感分类，分析气候变化和人类活动对岸线变化的影响等（刘鹏等，2015）。

2. 滨海湿地及植被监测

滨海盐田、坑塘、水田、河流等水体具有明显的光谱特征，它们在 Landsat TM 第 3 波段的发射率大于 TM 第 5 波段，因此许多学者首先采用 $V_1 = TM_5 - TM_3 < 0$ 来提取水体；然后依照几何特征通过掩膜及目视解译，分别获得盐田、坑塘、水田等地物信息（李东颖等，2012）。滨海盐碱地的光谱值普遍高于其他地物，利用 $V_2 = TM_1 + TM_2 + TM_3 + TM_4 + TM_5 + TM_7$ 突出盐碱地特征，经过阈值检验（一般为 1.43），

即 $V_2 > 1.43$（±0.5），可区分盐碱地和滩涂（李东颖等，2012）。

3. 水产养殖模式识别

沿海水产养殖类型的信息通常采用高空间分辨率卫星影像提取。为了区分不同的沿海水产养殖类别的空间分布特征，首先要对各种养殖类型的养殖结构、光谱、形态、分布等特征进行分析，构建水产养殖的特征集（图 2-2）。

然后，对高空间分辨率卫星影像进行数据预处理，如辐射定标、大气校正，利用校正后的反射率数据来计算归一化水体指数（normalized difference water index，NDWI）（Mcfeeters et al.，1996；Gao，1996）或增强型归一化植被指数（MNDWI）（徐涵秋，2005），提取水陆边界后，掩膜掉陆面部分信息，运用面向对象多尺度方法对水面区域进行图像分割：

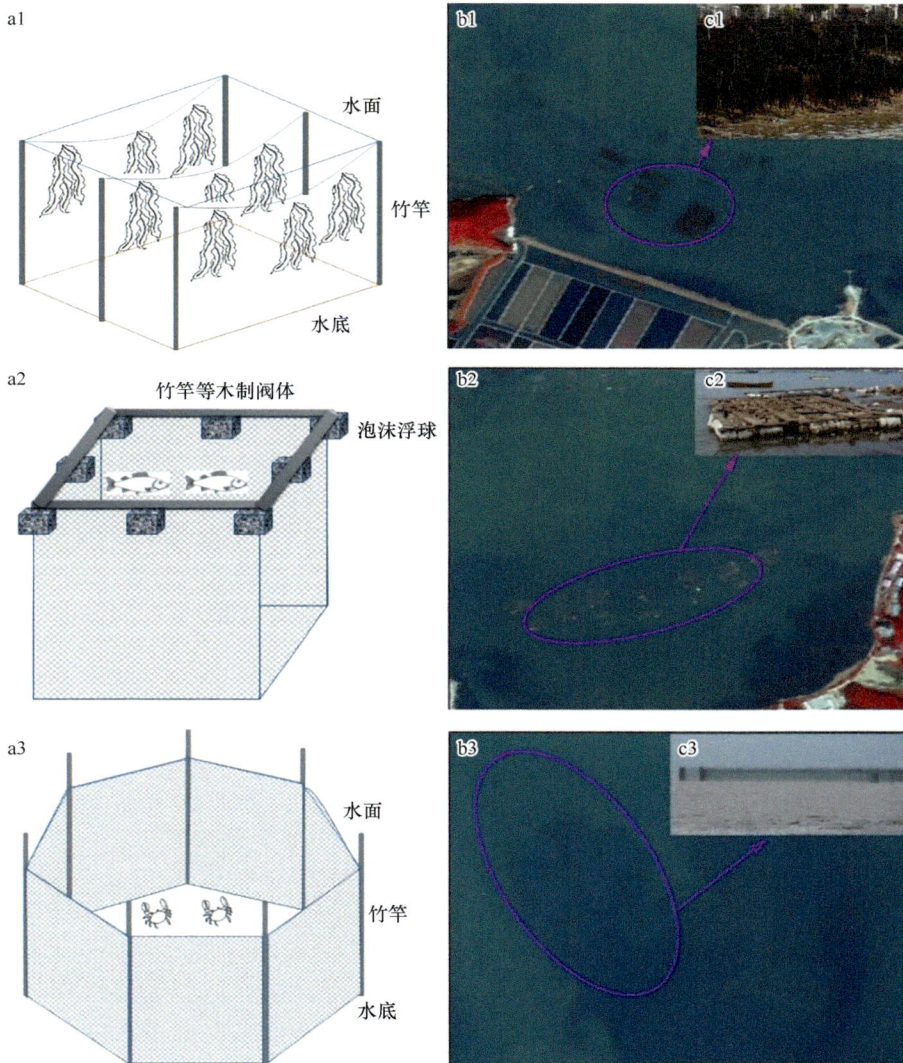

图 2-2　海带养殖、渔筏养殖、梭子蟹养殖的综合分析图

a1~a3. 养殖结构示意图；b1~b3. 养殖区在高分影像中的形态图；c1~c3. 养殖区实拍图

$$NDWI = \frac{float(Green) - float(NIR)}{float(Green) + float(NIR)} \quad (2\text{-}11)$$

$$MNDWI = \frac{float(Green) - float(MIR)}{float(Green) + float(MIR)}$$

$$(2\text{-}12)$$

式中，Green 为绿波段；NIR 为近红外波段；MIR 为中红外波段；float 表示以浮点数进行数据运算。

最后，利用不同养殖类型的空间分布特征、光谱特征、几何形态等，将不同的养殖模式区分开来。例如，围网在影像中表现为线段组成的空心多边形或圆形；而渔筏和海带养殖区多由一个个离散的矩形组成，同时前者是浮于水面的，而后者则是沉入水面以下的，因此二者在近红外波段上的光谱特征也有着非常明显的差异，利用高空间分辨率图像的近红外波段数据可非常准确地将二者区分开来。

4. 海岸带围填海工程监测

许多学者利用遥感技术对围填海工程发展过程进行了监测研究（姜义等，2003；宋红和陈晓玲，2004；Xia et al.，2007；李禹等，2008；邱惠燕和曹文志，2009；朱高儒和许学工，2012；吴越等，2013）。吴越等（2013）利用主成分分析（principal component analysis，PCA）去除了 Landsat TM 波段之间多余的信息。主成分变换的具体步骤是：①根据原始图像矩阵 X 求出各个波段之间的协方差矩阵 $\sum x$；②根据特征方程 $(\lambda E - \sum x)\mu = 0$ 求出协方差矩阵 $\sum x$ 的各个特征值 $\lambda_i(i=1, 2, \cdots, n)$，将其按 $\lambda_1 \geqslant \lambda_2 \geqslant \cdots \geqslant \lambda_n$ 的顺序排列，式中 λ 为特征值，E 为单位矩阵，μ 为特征向量；③再求出各个特征值所对应的特征向量 μ_i。经过主成分变换后，将会得到一组全新的变量，然后选取前面的几个分量来自动找出围填海造

地的空间分布信息。

2.1.3.3 大尺度生物现象遥感观测

1. 浒苔

对浒苔等大尺度漂浮性有害藻类进行监测，首先计算近海区域的归一化植被指数（NDVI），即：

$$NDVI = \frac{\rho(NIR) - \rho(R)}{\rho(NIR) + \rho(R)} \quad (2\text{-}13)$$

式中，ρ 为海水在不同波段的反射率；NIR 为近红外波段；R 为红光波段。

然后，对计算处理得到的 NDVI 图像利用监督分类技术中的最大似然比分类方法，根据已知训练区提供的样本，通过选择特征参数（如像素亮度均值、方差等），建立判别函数，进而区分海水和浒苔。随浒苔密度的增加，蓝光波段的反射率降低，而红光波段的反射率增强，荧光峰高度也随之增加，因此通常选择 NDVI 值大于等于 0 的区域为浒苔大量分布的区域，周围海水的植被指数小于 0（王国伟等，2010）。

同时，王国伟等（2010）还利用 RADARSAT 数据对浒苔进行了监测，在信息提取中，采取了 KUAN 滤波算法，以消除雷达扫描成像过程中的噪声影响，KUAN 滤波算法数学模型为：

$$F_{ij} = G_{ij} \times (1 - C_\mu / C_x)$$
$$/ (1 + C_\mu) + M \quad (2\text{-}14)$$
$$\times [1 - (1 - C_\mu / C_x)(1 + C_\mu)]$$

式中，F_{ij} 为滤波后像元（i, j）的灰度值；G_{ij} 为滤波前像元（i, j）的灰度值；M 为滤波窗口内像元灰度平均值；C_x 为窗口相对标准差；C_μ 为噪声相对标准差。

最后，根据试验区浒苔分布状况获得浒苔分布阈值，利用密度分割法提取目标藻类，区分研究区的目标藻类和水体，并判别浒苔的分布。

2. 赤潮

目前，国内外许多学者都对赤潮的遥感监测方法进行了研究，李继龙等（2007）首先利用 MODIS 数据及合成真彩色图像，计算不同波段组合的差值比值 A、B、C，根据赤潮海域的水色与正常海域存在显著差异，利用多波段差值比值，获得水色异常区域：

$$A = \frac{R_3 - R_1}{R_1 + R_3 - 2R_2},$$

$$B = \frac{R_4 - R_1}{R_1 + R_4 - 2R_2},$$

$$C = \frac{R_3 - R_4}{R_3 + R_4 - 2R_2} \qquad （2\text{-}15）$$

式中，$R_1 \sim R_4$ 分别是 MODIS 1～MODIS 4 波段的辐射率。

随后，根据赤潮生物大量繁殖水域的水温、叶绿素 a 浓度特征，建立海表温度与叶绿素 a 浓度的赤潮遥感判别算法，再利用判别结果和多波段差值比值法判断水色异常的情况，对赤潮发生的海域进行综合分析，检测赤潮区域。

3. 潮间带大型水生植被信息提取

归一化植被指数（NDVI）被广泛应用于滨海植被信息提取，特别是红树林湿地的研究。获得研究区内各像元 NDVI 值后，再根据本地植被阈值（如 0.1），来获取植被信息（李东颖等，2012）。采用 V2 模型和不同阈值，来获取滨海红树林、其他大型水生植被的分布，如林地的 NDVI 值通常大于 0.5，即将 NDVI > 0.5（±0.5）的像元归为林地，其他大于 0 的像元归为大型水生植被。

4. 滩涂贝类栖息地监测

根据贝类的栖息环境，通常将潮间带内的光滩和稀疏盐生植被所处区域定义为贝类栖息地。比如，由岸带围垦大堤、养殖池塘上缘及平均高潮线，结合植被分布区域范围作为潮间带贝类栖息地的上边界（近陆地边界），而以年最低潮位影像获取的瞬时水陆分界线作为贝类栖息地的下边界（近海边界）（Kuenzer et al., 2015; Behling et al., 2018）。

首先，基于 NDWI 或 MNDWI［公式（2-11）和公式（2-12）］，以及归一化植被指数 NDVI［公式（2-13）］，利用阈值法提取瞬时水边线、植被线和人工构筑物边界线。然后，根据研究范围内不同区域的水体环境，选择合适的阈值以提高提取精度。最后，对获取的边界参照假彩色合成影像，进行目视解译加以修正。在地理信息系统软件中对不同年份的数据进行空间叠加计算，分析滩涂贝类栖息地的时空变化。

2.1.4　内陆水域生态系统遥感观测

内陆水域生态系统遥感观测主要包括流域宏观生境和人类活动影响监测，河流中观生境监测、长时间序列的水资源变化监测、河湖库蓝藻暴发及水体富营养化监测，以及内陆水域生物栖息地监测及适宜性评价等。

2.1.4.1　流域宏观生境观测

1. 流域几何形态

表 2-2 包含了描述流域形态特征的要素，如流域面积（A_u）、流域长度（L_b）或流域干流长度（L_q）、流域宽度（B_r）、流域周长（P）、流域圆度（R_c）、流域狭长度（R_e）、流域形状要素（R_f）、流域对称度（R_s）。各项特征描述参见钱宁等（1987）的《河床演变学》，计算方法如表 2-2 所示。经验上，在分析流域长度和流域面积的关系时，采用流域长度（L_b）更为合理；而评价特定河流经过的流域长度和流域面积的关系时，采用流域干流长度（L_q）更为合理。

表 2-2　流域形态特征要素

因素	符号	计算方法	量纲
一、流域几何形态			
1. 流域面积	A_u	子流域分析获得的各子流域面积	L^2
2. 流域长度	L_b	以流域出水口为圆心作同心圆，在同心圆与流域分水线相交处绘出许多割线，各割线中点的连线即为流域长度	L
	L_q	以穿过子流域的干流长度为流域长度	
3. 流域宽度	B_r	A_u/L_b	L
4. 流域周长	P	子流域周长	L
5. 流域圆度	R_c	Au／（具有同一周长的圆面积）	O
6. 流域狭长度	R_e	（具有同一面积的圆的直径）／L_b	O
7. 流域形状要素	R_f	B_r/L_b	O
8. 流域对称度	R_s	流域中主流右半侧与左半侧面积之比	O
二、高差			
1. 流域高差	ΔH_b	流域内最高点与流域出水口的高程差	L
2. 地面坡度	J_c	$\Delta H_b/L_b$	O
3. 流域平均坡度	J_v	$\Delta H_b/L_q$	O
4. 河槽高差	ΔH_r	河道上游最高点与下游最低点的高程差	L
5. 河槽比降	J	$\Delta H_r/L_q$	O

2. 流域水系分布及形态特征

采用传统河流分级系统，以流域内 1~5 级河流中泓线为准进行精细制图，形成对流域水系分布状况的整体认识。其中，河流中泓线是指河道中各横断面水流最大流速点的连线（图 2-3）。它不仅能够描述河流走势，还可辅助计算河流长度、河槽比降及河流蜿蜒度等参数，是获取河流中观生境参数时必不可少的基础。

另外，可通过流域分析获得细致的流域河网水系分布状况，以此为基础进一步分析河流形态方面的详细特征，如河流总数目、分支比、河长比、河流总长度、干流河长、水系级别（水系中最高级河流的级别）、水系量级（河流源点数），以及表达水系切割程度的河网密度和河流频度等参数，上述各参数的具体含义参见钱宁等（1987）的《河床演变学》。

3. 流域高差及河槽比降

流域高差是指流域内最高点与流

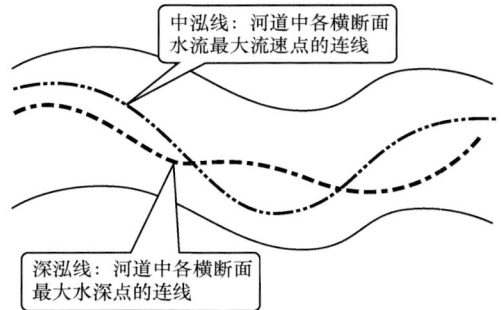

图 2-3　河流中泓线、深泓线分布

域出水口的高程差（ΔH_b），反映了一个流域整体所具有的势能。流域平均坡度则通常用流域高差与流域长度的比值（$\Delta H_b/L_b$）来表达，在一定程度上决定了流域坡面上冲刷作用的强度，也可用流域干流长度代替流域长度，来表达流域平均坡度。

河槽高差是指河床范围内某河段上游最高点与下游最低点的高程差（ΔH_r），反映了一条河流或某一河段整体所具有的势能。河床高程数据可采用 SRTM 雷达卫星获取的全国 30m 空间分辨率的高程数据，或采用更高分辨率的数字高程模型数据计算获取。河槽比降通过河道高差与干流长度的比值（$\Delta H_r/L_q$）来表达，它在一定程度上决定了地表径流对河槽的冲刷强度和水流速度，其中干流长度来自地理信息系统中对河流中泓线长度的统计值。河槽比降是对河流在单位长度上的河道高差的精细刻画，如根据河流总长度，分别计算每 1km 或每 10km 河长距离的河道高差，并将它们连接起来绘制成河槽比降曲线。

4. 流域地表水体分布

大部分在轨运行的光学卫星和雷达卫星均可用于地表水体分布范围的信息提取。其中，最常用的包括可公开免费获取的美国低空间分辨率的 Terra/Aqua 卫星、中分辨率的 Landsat 系列卫星，欧洲航天局的 Sentinel 系列卫星，以及加拿大的 Radarsat 系列卫星等。中国的高分、资源、环境等系列卫星在地表水信息提取上也得到了广泛的应用（胡卫国等，2014；陈前等，2019；王国华等，2020）。

以光学数据为例，常见的水体信息提取方法包括阈值法、分类法、边缘检测法以及基于深度学习的方法（李丹等，2020；苏龙飞等，2021）。其中，阈值法可采用全局阈值、局部阈值、自适应阈值等方法，通过设置合适的阈值，将图像中的水体与其他地物分离开来，如最常用的水体指数的计算方法［如公式（2-11）和公式（2-12）所示］，结合阈值分割来提取地表水体分布。

分类法是指利用像素之间的相似性，将图像划分为不同类别，从而实现水体信息的提取，主要包括最小距离法、最大似然法、支持向量机分类等。

边缘检测算法通过检测图像中的边缘，探测水陆边界，从而实现水体信息的提取，常见的边缘检测算法有索贝尔（Sobel）算子、普雷维特（Prewitt）算子、坎尼（Canny）算子等。

深度学习方法，如利用卷积神经网络（CNN）深度学习模型，对光学数据进行端到端的水体信息提取，该方法在复杂场景下的水体信息提取方面具有显著优势，有强大的特征提取和分类能力，但深度学习模型的训练和优化通常需要大量的样本数据和优良的计算资源支持。

近年来，随着谷歌地球引擎（Google earth engine，GEE）等云计算遥感数据服务平台的不断发展，全球尺度研究取得了显著的进展，目前全球可公开获取的地表水体分布数据集如表 2-3 所示，包括基于 Landsat 卫星的 30m 分辨率全球地表水（Global Surface Water）数据集（Pekel et al.，2016），结合 Landsat 和 HJ-1 卫星的 GlobeLand30 数据集（廖安平等，2014），

表 2-3　全球可公开获取的地表水体分布数据集

数据集名称	数据源	时空分辨率	精度（%）
Global Surface Water（Pekel et al.，2016）	Landsat	全球 30m，1984～2018 年月/年尺度	用户精度为 98.0±0.5 生产者精度为 95.1±1.3
GlobeLand30（Chen et al.，2015；廖安平等，2014）	Landsat HJ-1	全球 30m，2000 年/2010 年/2020 年年尺度	用户精度为 99.0 生产者精度为 79.6
Tsinghua Surface Water（Ji et al.，2018）	MODIS MOD09GA	全球 500m，2001～2016 年日尺度	用户精度为 94.0 生产者精度为 95.0
Global Inland Water Dynamics（Pickens et al.，2020）	Landsat	全球 30m，1999～2018 年月/年尺度	用户精度为 97.5±0.7 生产者精度为 97.7±0.7
Global Surface Water Extent Dataset（Han and Niu，2020）	MODIS MOD09Q1	全球水体>0.0625km² 2000～2016 年，8d 尺度	用户精度为 91.0 生产者精度为 89.0

资料来源：李欢等，2023。

以及基于 MODIS 和 MOD09GA 的 500m 分辨率日尺度数据集（Ji et al.，2018）等。现阶段全球地表水体分布范围提取精度总体超过 90%，时间分辨率由年向月、日尺度发展，覆盖的时间跨度越来越长。但由于现有的长时间序列的光学卫星受云、地形阴影的干扰，进一步提高水体自动识别的精度仍有难度，未来算法更智能化、时空分辨率更高、覆盖时间跨度更长且融合多数据源（如合成孔径雷达 SAR、DEM）的方向上仍有很大发展潜力（李欢等，2023）。

5. 流域地表水位和水量

水位是水量估算的重要参数之一。然而，对许多偏远地区的地表水位观测来说，往往由于观测系统的维护成本较高、空间覆盖不足、多数缺乏稳定的网络支持等，基于水文站的传统原位监测方法难以满足观测数据足够且精确的需求。水位和水量变化对水生生物的生物量或鱼类资源量的变化有很大影响，因此这两个参数通常被看作资源量估算的重要指标（Gaboury and Patalas，1984；王崇瑞等，2011）。

目前，雷达测高卫星和激光测高卫星被广泛应用于地表水位的变化观测。其中，雷达测高卫星主要包括 Skylab、Geos-3、ERS-1/2、TOPEX/Poseidon、Envisat、Jason-1/2/3、CryoSat-2 和 Sentinel-3A 等。激光测高卫星更适合应用于湖泊和水库等大水面的水位高精度观测，主要包括 ICESat/ICESat-2、GEDI、GF-7 和搭载在陆地碳卫星上的激光测高等国内卫星（左志强等，2020；张新伟等，2020）。其中，分别于 2003 年和 2018 年发射的 ICESat/ICESat-2 卫星，在湖泊和水库的水位观测方面获得了较大的成功。比如，Phan 等（2012）、Zhang 等（2011）采用 ICESat 对青藏高原 132 个湖泊的水位变化进行了观测，之后采用 ICESat-2 将观测到水位的湖

泊数量又增加到了 236 个，并且证明了卫星观测数据与实测数据之间高度吻合（Zhang et al.，2019）；Wang 等（2013）采用 ICESat 对分布在全国四大片区流域的前 100 个大型湖泊的水位变化趋势进行了观测，结果显示有 18 个湖泊的水位呈下降趋势，有 38 个湖泊的水位呈升高趋势，长江流域的大部分湖泊受长江河流倒灌和人类活动的影响较大。Yuan 等（2020）采用 ICESat-2 对中国范围内面积大于 10km^2 的 636 个大型湖泊和水库的水位进行了观测，相对测高误差低至 0.06m。

2022 年启动了一项"地表水和海洋地形"（Surface Water and Ocean Topography，SWOT）的新卫星计划，至少每 20d 收集一次宽度大于 100m 的河流，以及面积达 250m×250m 以上的湖泊的水面高度、坡度、河流流量等观测数据，并提供全球免费数据服务（Biancamaria et al.，2016）。

基于空间观测技术的水量估算，主要是利用测高和光学卫星数据获取水位和面积数据，进一步推算水量的变化（Gao et al.，2012；Fang et al.，2019）。但测高卫星的空间覆盖范围有限，因此相比于水位变化观测，水量计算的难度更大。另外，水量的精准观测难度还源于估算模型的构建难度，而通过结合数字高程模型（DEM）构建"高程-面积-体积"关系，再进一步估算水量，这是一个重要的突破方向（马小奇等，2019）。

全球及区域尺度的水位和水量观测数据集主要包括全球湖泊和湿地面积数据集（global lakes and wetlands database，GLWD）（Lehner and Döll，2004）、法国 HydroWeb 的全球 260 多个湖泊及 1 万多条河流的水位观测数据集（Crétaux et al.，2011）、中国 100 个大型湖泊的水位变化观测数据集（Wang et al.，2013）、德国 DAHITI 的全球 2900 多个卫星虚拟水位

观测站数据集（Schwatke et al.，2015）、美国农业部的全球 350 多个湖泊与水库的水位数据集 G-REALM（Birkett et al.，2017）、HydroLAKES 全球陆表水体面积和水量数据集（Messager et al.，2016）、中国青藏高原湖泊面积数据集（Zhang et al.，2019；Wan et al.，2016）和水量变化数据集（Fang et al.，2019）等。

6. 流域地表水温和水质

水温和水质是影响水生生物分布、丰度和鱼类完成生活史过程的重要因素。遥感目前可提供丰富的水温和水质监测数据。其中，水温数据产品主要包括基于 ASTER 卫星数据的 90m 空间分辨率的内陆与近岸水表温度产品，以及基于欧洲航天局 ATSR/SLSTR 系列传感器生产的 ARC Lake、GloboLakes、CGLOPS 等计划提供的全球约 1000 个主要湖泊的水表温度产品（MacCallum and Merchant，2012）。内陆流域水表温度的反演方法除 2.1.3.1 小节提到的方法之外，还逐步发展了基于无人机搭载的热红外相机的水表温度反演算法（王斐和樊伟，2020），其计算方法如下：

$$L_s(\lambda) = L_B(T_s,\lambda)\varepsilon(\lambda)\tau(\lambda) \\ + L_0^\uparrow(\lambda) + [1-\varepsilon(\lambda)] \\ L_{DWR}(\lambda)\tau(\lambda) \quad (2\text{-}16)$$

式中，$L_s(\lambda)$ 为热像仪传感器接收的热辐射辐亮度；$L_B(T_s,\lambda)$ 为黑体的温度为 T_s 的热辐射辐亮度；$\varepsilon(\lambda)$ 为地表比辐射率；$\tau(\lambda)$ 为大气透过率；$L_0^\uparrow(\lambda)$ 为到达热像仪的大气上行辐射；$L_{DWR}(\lambda)$ 为整个大气层的下行辐射。

内陆水体的水质遥感监测主要包括浊度（turbidity）、透明度（secchi disk depth）监测等（李瑶，2017；Feng et al.，2019），以及蓝藻水华、黑臭水体、其他水体富营养化监测等（Hu et al.，2010；Shen et al.，2019）。比如，可覆盖全球 340 个内陆水体的浊度信息（Odermatt et

al.，2018）。卫星遥感水质监测常用方法主要包括经验法和分析 / 半分析方法（段洪涛等，2019）。

7. 流域植被覆盖度

植被覆盖度（Fractional Vegetation Cover，FVC）是指植被冠层在地面的垂直投影面积占统计区总面积的百分比，是植物群落覆盖地表状况的综合量化指标。在河道演化过程中，木本植物年龄与植被覆盖度的变化趋势基本一致，物种丰度与植被覆盖度的变化趋势也一致。目前已经发展了较多利用遥感测量植被覆盖度的方法，较为实用的方法是利用植被指数近似估算植被覆盖度，常用的植被指数为 NDVI。比如，使用植被指数二分模型计算植被覆盖度，计算公式为

$$FVC = \left(\frac{NDVI - NDVI_S}{NDVI_V - NDVI_S}\right)^2 \quad (2\text{-}17)$$

式中，$NDVI_S$ 为裸露土壤或者建筑物表面的 NDVI 值；$NDVI_V$ 为全植被覆盖区的 NDVI 值。当图像像元的 NDVI > $NDVI_V$ 时，则代表全植被覆盖，FVC=1；当图像像元的 NDVI < $NDVI_S$ 时，则代表裸土，FVC=0。

8. 流域水文连通度

连通性是决定河流各个单元内的种群能否交错联系、形成统计学上"中等数量"的基本参数，同时也是决定洄游种群能否完成其生活史过程、达到维持种群生存和繁殖目的的重要因素。Vannote 等（1980）提出的河流连续体概念（river continuum concept，RCC），描述了河流系统从源头至河口物理条件的自然梯度。河流上游是营养物质的生产区，是构成营养通道的基础；河流中游是营养物质的传递区，通常表现为生境的高度异质性和生物种群的高丰度，亲流性的物种和喜在碎石区产卵的鱼类是该区域的优势种；河流下游是营养物质

的积蓄区，水深较大，流速较缓，大型植物光合作用强，河道沿纵向变得蜿蜒曲折，鱼类种群数量丰富，尤其是与牛轭湖相连的蜿蜒河段（易雨君和张尚弘，《水生生物栖息地模拟》，2019）。然而，大坝和水库造成了河流系统的不连续性，引起了河流水文情势、河床颗粒组成及粒径分布、年平均水温、日水温、浮游植物生产力等要素的一系列变化。Trigg 等（2013）、Li 等（2019）、Tan 等（2019）提供了流域水文连通度的空间制图方法，即采用最大连通距离及连通度随距离的变化曲线，来表达流域的水文连通性。参照 Trigg 等（2013）提供的水文连通度计算方法，可用 python 语言重新对算法进行组织编写。

2.1.4.2 河湖库中观生境观测

1. 河流横断面生境多样性

横向上，河流由河道、各种类型的河漫滩、高地边缘过渡带组成。其中，河漫滩是自然消落区的主要组成部分，是重要的水生生物栖息地，适合各种湿地植被和水生植被生长。河流的横断面生境多样性对鱼类在河流及其横向连接生境之间的洄游和生活史的完成具有重要影响。

钱宁等（1987）把河型分成游荡、分汊、弯曲、顺直四类。不同的河型之间，河流横断面生境的差异很大。比如，游荡型河段的河床形态特征表现为散乱多汊；分汊河段各支汊之间相互发展消长；弯曲河段又表现为深切河曲、自由弯曲及两岸陡峭地形造成的限制性弯曲等；在整体顺直的河段里，河流两岸仍可形成犬牙交错的边滩等。本书分别用河流宽度、河床宽度以及河流分汊度等来刻画河流横断面生境多样性，其遥感信息提取可通过河流断面分析来完成。首先，设置以河宽为距离的多个断面，且断面与河流岸线垂直，并确保穿过河道；其次，编写程序，对河流沿断面方向上的几何形态特征进行提取，主要包括河流宽度、河床宽度和河道分汊数等。实例分析见 6.2 节。

2. 河流蜿蜒度

河流蜿蜒度也称为河流弯曲度，它是衡量河流形态沿纵向迂回曲折程度的参数。例如，长江流域的嘉陵江、汉江丹江口水库上游、沅江等是长江流域典型的弯曲河流。弯曲河流的水流结构简单，浅滩与深潭的位置较为固定，在凹岸处形成深潭，在凸岸处则因泥沙淤积而形成边滩。河流曲率半径的突变会带来扰动，造成河槽形态的不规则，产生深槽与沙洲，为鱼类提供栖息场所。通常，以河宽 10～20 倍量级的距离计算河段实际长度与该河段直线长度之比，称为该河段的河流弯曲系数。弯曲系数越大，河流弯曲度越大，可用下式表示：

$$Ka = L/l \qquad (2-18)$$

式中，Ka 为弯曲系数；L 为河段实际长度（km）；l 为河段的直线长度（km）。

本书中的河流蜿蜒度计算采用 python 语言编写算法，以沿河流中泓线每 1km 测量的河宽的 20 倍为步长，以滑动平均的方式，计算河宽自适应的河段长度和直线长度之间的比值，作为河流弯曲系数。

3. 河流岸线复杂度

利用河流岸线长度与河流中泓线长度的比值刻画岸线的复杂度（coastal complexity index，CCI），具体计算公式如下：

$$CCI = C/L \qquad (2-19)$$

式中，C、L 分别代表某河段岸线的长度和河流中泓线长度。CCI 值越大，表明岸线复杂度越高。当 CCI 大于等于 2 时，河岸生境类型定义为洄水湾；当 CCI 大于等于 1.5 且小于 2 时，河岸生境类型定义为边滩；当 CCI 小于 1.5 时，河岸生境类型定义为顺直河岸。因此，该指数可进一步应用于河岸生境分类（Mao et al.，2023）。

4. 水下地形空间分布

通过多时相光学、雷达卫星数据提取水边线矢量，并参考遥感影像获取期间邻近水文站的水位数据，对遥感水边线（等深线）进行高程赋值，开展水下地形分布模拟和制图分析（Feng et al.，2011）。同时，还可结合船载声呐采集的水深数据，共同开展水下地形模拟（Li et al.，2022）。精细的地形数据还可进一步用于计算水下坡度分布。水下地形空间分布的具体获取方法见第 8 章 8.2.2 节。

5. 深潭-浅滩序列

河流横断面的多样性表现为河道的宽窄相间，对应河流交替出现的浅滩和深潭，这些特征是维持河流生物群落多样性的重要基础。河床宽阔处或支流河口附近是浅滩最易发育的地段，水流减缓、泥沙淤积易于形成浅滩。而沿河交替分布的浅滩和深潭，是最典型的河流中观生境。如深潭及其周边水域，是许多鱼类的越冬场所；浅滩又分为急流浅滩和缓流浅滩，汛期形成的急流浅滩通常是鱼类产卵喜好的场所，由不同粒径大小的底质组成的缓流浅滩则为幼鱼提供了躲避天敌的避难场所及觅食栖息的索饵场。深潭-浅滩序列的具体获取方法见第 8 章 8.2.3 节。

6. 水生植被空间分布

水生植被功能类型包括湿生植被、挺水植被、浮叶植被、沉水植被等。采用机器分类、人工判读和地面同步调查相结合的方法，可获取植被功能类型的空间分布状况，包括统计每种植被类型的面积及其在植被分布区所占的比例。

对于消落区水生植被，首先，绘制水体淹没时间指数图像，即图像中每个像素在一年中被水体淹没的频率。水体淹没时间指数可反映消落区水位的动态波动，高程较低处被淹没时间更长。其次，计算时间序列植被-水分指数（TSVWI）（Wang et al.，2012）。水体淹没时间指数越大，则时间序列植被-水分指数越小，意味着地表环境更加湿润或洪水干扰程度更大。最后，根据水生植被分类体系，采用以径向基函数（RBF）（Hsu et al.，2010；Kavzoglu and Colkesen，2009）为内核的支持向量机算法，或其他监督和非监督分类方法，或机器学习算法等，对时间序列植被-水分指数图像进行分类制图，获得水生植被各类型的空间分布情况。

7. 物种丰富度与生物多样性监测

物种丰富度与生物多样性遥感监测的主要方法有基于生产力异质性的监测、基于生境异质性的监测和综合应用多种要素的监测（Diamond，1988；Herron et al.，1989；Stoms and Estes，1993；Podolsky，1994；Hawkins et al.，2003；Turner et al.，2003；Thrush et al.，2006；Strand et al.，2007；Kooistra et al.，2008；Vierling et al.，2008）。基于生产力异质性的监测方法认为，生产力空间异质性是影响物种丰度的主要因素，生境中单位面积的生产力越高，能够共存的物种数量就越多，环境复杂的生态系统的物种丰度高于环境简单的生态系统。Kooistra 等（2008）依据生产力假说，通过遥感技术计算出净初级生产力，并建立植被动态模型，预测了莱茵河下游洪泛平原的生物多样性。

基于生境异质性的监测方法认为，生境异质性是生物群落结构变化监测的基本指标。利用遥感技术可以在多种空间尺度上得到此方面的信息，有研究表明利用生境异质性来监测生物多样性是可行的（Strand et al.，2007）。Thrush 等（2007）利用来自海洋底层的遥感数据来研究此生境中的生物多样性，结果表明生境异质性对海底物种丰度有潜在的影响，可以把海洋底层生物栖息环境的变化作为海洋生物多样性的重要评价指标。但目前这项研究主要还是针对植物的生物多样性和空间分布（Podolsky，1994）。

同时，许多学者综合应用了多种要素来解释生物群落结构的空间分布（Strand et al.，2007）。Diamond（1988）提出利用质量-数量-相互作用-动态（(resource) quality, (resource) quantity, (species) interactions, and dynamics，QQID）法来评价群落结构的变化，该方法是一种涵盖资源质量（生境中资源的多样性）、资源数量（总初级生产力）、种间相互作用（共生、捕食、竞争和寄生等）、动态过程（迁入、迁出、再生、灭绝以及人为因子）的多因子评价方法。尽管综合利用遥感技术来评价生物群落结构的变化存在种种困难，但是有学者已经成功利用多种环境要素预测了种群群落结构的变化（Thrush et al.，2006），并指出综合应用多种要素遥感监测来开展生物种群及群落结构变化研究是今后的主要方向。

2.1.4.3 基于地统计模型的鱼类关键栖息地模拟

1. 目标种群的空间分布格局及地理信息制图分析

首先，分别计算各河段单元在繁殖季节（或越冬时期/索饵时期）目标物种的Ⅳ、Ⅴ、Ⅵ期雌鱼和雄鱼的数量（或种群数量/仔幼鱼数量）在整个调查河流中的相对丰度指数（RAI），分析繁殖群体（越冬群体/索饵群体）在整个调查水域范围内的空间分布格局。该格局特征在一定程度上反映了各河段目标物种在重要生活史过程中对各类生境功能需求的适宜性分布状况。

随后，采用地理信息软件对上述计算结果进行空间矢量数据转换和制图分析，直观展示繁殖群体（越冬群体/索饵群体）的空间分布特征，初步分析其分布规律。

最后，对目标种群重要生活史过程中的关键生境因子进行筛选，并进行空间制图分析。以上述繁殖季节Ⅳ、Ⅴ、Ⅵ期雌鱼和雄鱼数量占比较高的空间分布位置为参考，提取各河段的生境参数（如2.1.4.1节和2.1.4.2节中提到的）。对于产黏沉性卵的鱼类，其热点分布模拟的重要生境要素包括但不限于坡度起伏比、河槽比降、河型指数、植被覆盖度、底质粒径大小与结构等；针对产漂流性卵的鱼类开展越冬场分布模拟时，可重点获取产卵时期或越冬时期种群相对丰度指数较高的站位所处河段的水深、流速、流量、水温等参数，建立目标物种繁殖群体或越冬群体的生物-生境空间属性数据集；开展不同生境参数之间的空间共线性检验，获得彼此无相关关系或低相关关系的最佳生境参数组合，进而开展下一步热点栖息地模拟。

2. 基于地统计模拟的鱼类栖息地模拟

采用地理加权回归（geographically weighted regression，GWR）模型（Brunsdon et al.，1996）进行空间权重矩阵的模拟，分析目标物种相对丰度指数（RAI）与最佳生境要素组合的局地相关关系状况。GWR模型是对传统的回归模型的空间化扩展，将全局参数扩展为以地理信息为变量的局部参数，扩展后的模型公式如下：

$$y_i = \lambda_0(u_i, v_i) + \sum_k \lambda_k(u_i, v_i)x_{ik} \quad (2\text{-}20) + \sum_l \beta_l \gamma_{il} + \varepsilon_i + \cdots$$

式中，y_i为i点的栖息地适宜性指数（HSI）；(u_i, v_i)是i点的空间坐标；x_{ik}是局部变量x_k在i点的值；$\lambda(u_i, v_i)$是局地变量的空间权重系数在i点的值，即连续函数

$\lambda_k(u_i,v_i)$ 在 i 点的值；$\lambda_0(u_i,v_i)$ 为 i 点的常数项；γ_{il} 为全局变量 γ_l 在 i 点的值；β_l 为全局变量的系数；ε_i 为 i 点 y_i 的高斯误差。采用高斯核函数及 AICc 赤池准则带宽法开展空间的统计回归。

2.2　无人机遥感技术应用及数据处理方法

2.2.1　无人机遥感观测平台及传感器

在无人机技术中，无人机平台和传感器占据着举足轻重的地位。由于应用领域不同，无人机平台的设计和规格呈现多样化，包括旋翼、固定翼及垂直起降等类型。其中，旋翼无人机凭借其悬停稳定、机动灵活及起降简便等优势，在近距离拍摄和监控领域得到了广泛应用。固定翼无人机则具备航程远、速度快和载荷大等特点，在大面积巡航任务中表现出色。作为新型无人机技术，复合翼无人机同时兼具旋翼的灵活起降、垂直起降优势，以及固定翼的长续航能力，在城市环境、复杂地形观测领域具有广阔的应用前景。

无人机搭载的基础传感器主要包括全球定位系统（Global Positioning System，GPS）、气压传感器、陀螺仪、加速度计以及磁力计等。这些传感器各司其职，协同工作，以确保无人机能够实现精确地定位、导航、控制和稳定性。其中，GPS 传感器主要依靠接收卫星信号来确定无人机的位置，为其导航和路线规划提供支持。气压传感器用于测量无人机周围的大气压力，从而确定无人机的高度，这对无人机的垂直运动控制和高度保持至关重要。陀螺仪用于测量无人机角速度、角位移、姿态等从而确保其在飞行过程中保持稳定。加速度计主要用于检测无人机的加速度变化，帮助无人机在各种飞行状态下保持稳定的飞行轨迹。磁力计通过测量磁场强度检测无人

机与地磁场的相对方向，使无人机在飞行过程中保持正确的方向，同时确保导航的准确性。上述传感器通过协同工作，使无人机在各种飞行条件下保持稳定并达到预期的飞行效果。

除基础传感器之外，无人机搭载的应用载荷主要包括可见光、多光谱、高光谱、热红外，以及激光雷达等传感器。其中，可见光传感器可提供对地观测的真彩色和假彩色图像，适用于目标识别和变化监测等。它的优点是成本低、分辨率高、数据处理简单，但是受大气和光照条件的影响较大，且不能反映物体的光谱特征。多光谱传感器涵盖可见光和近红外波段范围，可以同时获取红、绿、蓝和近红外等几个离散波段的图像，可应用于植被指数计算、土地利用分类、农作物长势监测、环境变化评估等。多光谱传感器的优点是能够反映物体的光谱信息，提高分类和识别的精度，但成本相对较高，数据处理较复杂，空间分辨率相对较低。高光谱传感器可获得覆盖可见光和红外波段之间连续的数百个波段的图像，能够实现精细的物质识别，但成本高，且数据量庞大，数据处理过程复杂。热红外传感器通过获得物体的热辐射，形成温度分布图像，在温度变化检测、火灾检测和救援搜索等领域应用广泛，其优点在于具有全天候、全天时的特点，能够在白天、夜间、低光照条件、恶劣天气下工作，对于探测隐藏目标具有独特优势；但由于受环境温度的影响较大，在实际应用中需综合考虑其优缺点，制冷型热红外传感器是该类传感器未来的发展趋势。激光雷达传感器能提供详尽的空间信息和地形信息，精度极高，通常用于地图测绘和地形建模等领域。然而，在需要实时追踪动态目标和实现大范围覆盖时，激光雷达有一定的局限性。

以大疆精灵 4 RTK（图 2-4）轻型

多旋翼高精度航测无人机平台为例，无人机质量约为1391g，飞行时间约为30min，在定位模式下最大飞行速度为50km/h，无人机飞行器主要技术参数如表2-4所示。在低空摄影测量时，它具备厘米级导航定位系统和高性能成像系统，便携易用，能够全面提升航测效率。其中，集成全新RTK模块拥有更强大的抗磁干扰能力与精准定位能力，能够提供实时厘米级定位数据，显著提升图像元数据的绝对精度，同时支持后处理动态定位（Post-Processed Kinematic，PPK）。飞行器可持续记录卫星原始观测值、相机曝光文件等数据，在作业完成后，可通过后期解算获取高精度地理位置信息。

大疆精灵4 RTK搭载的传感器为2000万像素CMOS传感器，可捕捉高清影像。机械快门支持高速飞行拍摄，消除果冻效应，能够有效避免建图精度降低。借助高解析度影像，大疆精灵4 RTK在飞行高度为100m时，地面采样距离（Ground Sample Distance，GSD）可达2.74cm。每个相机镜头都经过严格工艺校正，以确保高精度成像。畸变数据存储于每张照片的元数据中，方便用户通过后期处理软件进行针对性调整。同时，带屏遥控器内置全新GS RTK App，对大疆精灵4 RTK采集数据能够实现智能控制。GS RTK App提供航点飞行、航带飞行、摄影测量2D、摄影测量3D、仿地飞行、大区分割等多种航线规划模式，同时支持KML/KMZ文件导入，适用于不同的航测应用场景。搭配云台可获取不同观测角度的数据，云台可控转

图2-4 大疆精灵4 RTK

表2-4 大疆精灵4 RTK飞行器主要技术参数

技术参数	描述
质量（含桨和电池）(g)	1391
轴距（mm）	350
最高起飞海拔（m）	6000
最大上升速度（m/s）	6（自动飞行）、5（手动操控）
最大下降速度（m/s）	3
最大水平飞行速度（km/h）	50（定位模式）、58（姿态模式）
最大可倾斜角度（°）	25（定位模式）、35（姿态模式）
最大旋转角速度（°/s）	150（姿态模式）
飞行时间（min）	约30
工作环境温度（℃）	0～40
悬停精度（m）	启用RTK且RTK正常工作时，垂直悬停精度为±0.1，水平悬停精度为±0.1 未启用RTK时，垂直悬停精度为±0.1（视觉定位正常工作时）、±0.5（GNSS定位正常工作时），水平悬停精度为±0.3（视觉定位正常工作时）、±1.5（GNSS定位正常工作时）

动俯仰范围为 –90°～+30°。镜头视场角为 84°，焦距为 8.8mm，照片最大分辨率为 4864×3648（4∶3）和 5472×3648（3∶2），传感器主要技术参数如表 2-5 所示。

　　无人机观测技术获取的影像数据分辨率越高，能够识别的最小目标越小。采用无人机获取的数据影像分辨率通常为厘米级。表 2-6 统计了目前常用的旋翼轻型无人机在飞行高度为 100m 时获取影像的地面分辨率。

2.2.2　拍摄目标、原则、频次、模式

　　水生生态系统无人机航摄测量的目标主要包括收集水生生物资源栖息地的底质类型及组成情况、植被结构组成及覆盖度、河流的水色及流速、拍摄断面所处河段的整体生境状况以及人类活动干扰状况等信息，同时为栖息地卫星遥感监测提供地面验证样本，为大尺度渔业资源栖息地判识提供重要参考。最基本、最重要的原则是结合实地拍摄情况，使拍摄目标最清晰、最连续，以获取高精度正射影像目标为优先。根据拍摄水体的类型和水体涨落周期，一般可在周年内对观测区域的观测断面每月开展 1 次航拍监测，以获取同一断面的多个覆盖范围一致、地面分辨率一致的航摄测量影像，也可根据具体任务需求增加或减少拍摄频次。

　　拍摄断面可选取水生生态系统的典型样带以及水陆交界处，如河流的河漫滩（即靠近主河槽，洪水时淹没、中水时出露的河流岸带滩地），以及分汊河流的江心洲，河口三角洲等。在已选取好的固定拍摄断面，通常可按照下述三种拍摄模式每年定期开展航摄测量任务（图 2-5）。

　　第一，正射航拍。在已选定的监测河段范围内（典型河流垂直断面，方向从一岸指向另一岸），沿河流岸线每隔 500m 距离共设置 3 条垂直于河流方向的断面。每条断面无人机航摄的起始位置位于周年最高水位处的上部，终止于周年最低水位处的下部。

表 2-5　大疆精灵 4 RTK 传感器主要技术参数

技术参数	描述
影像传感器	1 英寸 CMOS，有效像素为 2 000 万（总像素为 2 048 万）
镜头	FOV 84°，8.8mm/24mm（35mm 格式等效）；光圈 f/2.8～f/11，带自动对焦（对焦距离为 1m～∞）
iso 范围	照片：100～3 200（自动）、100～12 800（手动）
机械快门（s）	8～1/2 000
电子快门（s）	8～1/8 000
照片最大分辨率	4 864×3 648（4∶3）、5 472×3 648（3∶2）
照片格式	*.jpeg

表 2-6　旋翼轻型无人机在飞行高度为 100m 时获取影像的地面分辨率

无人机型号 / 镜头型号	地面分辨率（cm）
精灵 4 Pro V2	2.74
精灵 4 Pro	2.74
精灵 4 RTK	2.74
悟 2/X7（35mm）	1.12
悟 2/X4S	2.74
悟 2/X5S	2.21
御 2 Pro	2.34
御 AIR	3.61

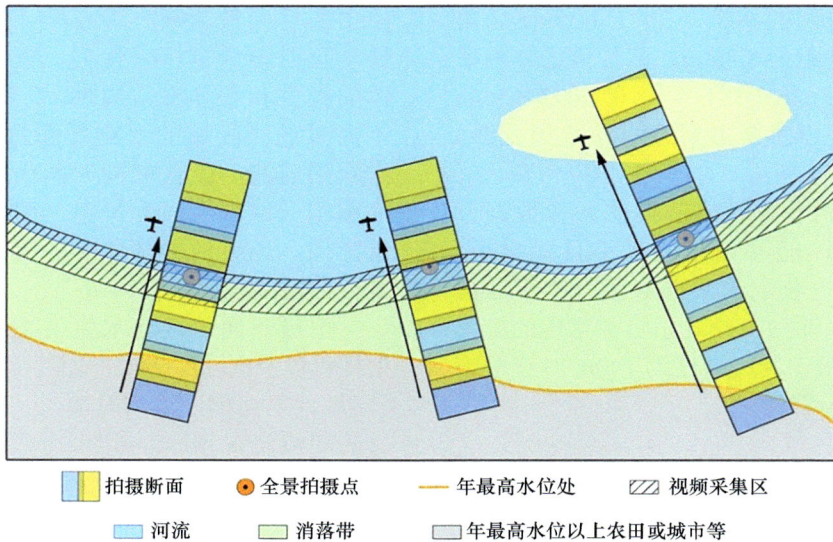

图 2-5　在固定断面按航线飞行拍摄正射影像、全景照及采集沿岸视频示意图

第二，全景拍摄。在每条采样断面的水陆交界处，拍摄可体现该断面所处河段整体生境状况的全景照片。

第三，视频采集。沿着水陆交界线，在采样点位置的上下游各 500m 范围内（整体拍摄距离约为 1km），从上游 500m 处起始，沿河岸走向以航点规划模式向下游飞行，并保持相机镜头以固定的俯仰角进行连续视频采集。

2.2.3　正射航拍数据获取与处理

获取具有地理坐标的、高精度的无人机正射航拍数据，主要包括以下 8 个步骤：野外踏勘、设备组装与测试、航摄设计、航线参数设置、断面拍摄、数据质量检查、数据拼接处理及数字产品生成（图 2-6）。

2.2.3.1　数据获取

1. 野外踏勘

根据选定的调查区域进行现场踏勘，加强对调查区域的了解（如天气、地形、周围是否有人居住等），确保航摄区域的安全性，确定调查范围，确定无人机起

飞与降落地点。

2. 设备组装与测试

安装并调试仪器设备，进行安全检查，使其处于待起飞状态。需要注意的是：检查螺旋桨的正反、是否有裂纹等，电池是否安装到位，云台相机保护架是否已经拆除，以保证无人机飞行的顺利进行，能够正常执行任务，并拍摄影像数据。

3. 航摄设计

根据航摄成图要求的比例尺确定地面分辨率。在保证精度的前提下，遵循提高效率、降低成本的原则，根据提取遥感指标信息选择相机为可见光相机、多光谱相机或高光谱。可见光相机有红、绿、蓝 3 个通道；多光谱相机和高光谱相机在记录红、绿、蓝信息的同时，还能够记录红边、近红外等光谱信息。

4. 航线参数设置

为保证影像质量、满足制图精度要求，通常采用传感器相机镜头垂直向下对断面进行拍摄的方式（俯仰角为 –90°）。航向重叠度设置为 75%，旁向重叠度为 70%～75%，在保证效率的前

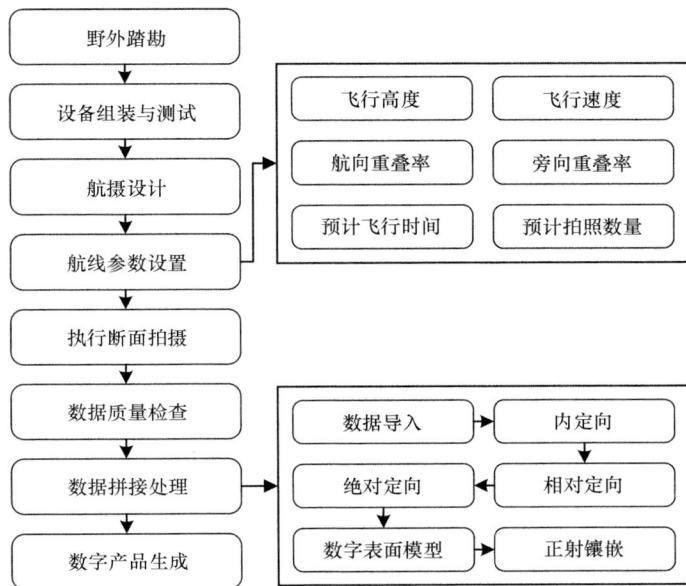

图 2-6　正射航拍技术流程

提下，可适当提高旁向重叠度和航向重叠度，建议航向重叠度大于或等于旁向重叠度。飞行高度根据观测目标的尺度，以及对拍摄影像分辨率的要求等进行设置。此外，为避免影像边缘畸变，在拍摄范围的基础上，需要将航线向外延伸至少一条，以保证拍摄断面全覆盖。参数设置完成后，可以看到航线的走势、无人机飞行路径，重点预计飞行时间、拍照数量，以保证飞行安全且相机存储器能够存储拍摄的影像。具体参数设置可参照如下。

飞行高度：100m（若河床底质的粒径很小，如粒径平均值小于 3cm，可将飞行高度降低至 50m）。飞行速度：可选默认速度，或根据实际情况进行设置，也可设置为最大值（飞行速度最大值受飞行高度和航向重叠度的影响，在改变飞行高度和航向重叠率后，需重新设置飞行速度为最大值）。完成动作：自动返航。航向重叠度：75%。旁向重叠度：70%（可根据预计飞行时间提示，适当提高至 75%）。边距：25m。预计飞行时间：一块电池大概能支撑执行 12min 的飞行任务，需要关注电池情况，保证安全飞行。预计拍照数量：与航摄完成后获得的实际照片张数进行对比，通常有少许差异。

航飞区域设置完成之后，可根据各承担单位的无人机型号所适用的航线规划软件，分别选择 DJI GS Pro（只适用于苹果 iPad iOS 系统安装）、DJI Pilot（只适用于安卓系统安装），或 DJI Terra（只适用于 PC 端，且仅适用于精灵 4 系列无人机的航线规划设置）三种航线规划软件，并进行航线规划参数设置（表 2-7）。待所有参数设置完成后，保存航线规划工程，等待起飞。航线预计飞行时间参考表 2-8。

5. 执行断面拍摄

根据设置的拍摄范围、航线参数等信息，对研究区所在河段进行断面拍摄。执行断面拍摄前应注意做好各项飞行准备，进行飞行前安全检查，选择适宜的起飞和降落场地。拍摄过程中确保飞行安全，关注飞行高度、图传、剩余电池

表 2-7　DJI GS Pro 航线规划参数设置

航线规划软件		参数设置	
DJI GS Pro	基础设置	相机型号	选择对应型号无人机
		相机朝向	平行于主航线
		拍照模式	等距间隔拍照
		航线生成模式	扫描模式
		飞行高度（m）	100
		飞行速度	可按默认
	高级设置	旁向重叠度（%）	70（可根据预计飞行时间适当降低至 65 或提高至 75）
		航向重叠度（%）	75
		主航线角度	可按默认
		云台俯仰角度（°）	−90（相机镜头垂直向下）
		边距（m）	25
		任务完成动作	自动返航
DJI Pilot	基础设置	相机选择	选择对应型号无人机
		飞行高度（m）	100
		起飞速度（m/s）	10
		航线速度	调至最大值
		完成动作	自动返航
	高级设置	旁向重叠度（%）	70（可根据预计飞行时间适当降低至 65 或提高至 75）
		航向重叠度（%）	75
		主航线角度	可按默认
		边距（m）	25
DJI Terra	基础设置	是否包含中心线	是
		同时调整外扩距离（m）	25
		任务高度（m）	100
		飞行速度	调至最大值
		完成动作	自动返航
	高级设置	旁向重叠度（%）	70（可根据预计飞行时间适当降低至 65 或提高至 75）
		航向重叠度（%）	75
	相机设置	相机型号	选择对应型号无人机
		云台俯仰角度（°）	−90

表 2-8　航线预计飞行时间统计参考表（以 DJI Pilot 航线规划参数设置的对应结果为例）

区域范围（m）	无人机型号	飞行高度（m）	分辨率（cm）	航向重叠度（%）	旁向重叠度（%）	预计拍照数量（张）	飞行速度（m/s）	航线长度（m）	预计飞行时间
以 900 长 ×100 宽的航摄区域为例	精灵 4 系列	100	2.74	75	65	82	9.9	1955	3min 35s
	悟 2 X7（35mm）	100	1.12	75	65	526	4.4	5826	15min 35s
	悟 2 X7（24mm）	100	1.63	75	65	246	6.5	3908	10min 27s
	御 2 Pro	100	2.34	75	65	142	10.6	2944	5min 8s
	精灵 4 系列	100	2.74	75	70	122	9.9	2944	5min 26s
	悟 2 X7（35mm）	100	1.12	75	70	608	4.4	6781	18min 12s
	悟 2 X7（24mm）	100	1.63	75	70	304	6.5	4875	13min 2s
	御 2 Pro	100	2.34	75	70	140	10.6	2931	5min 6s

注：悟 2 系列可通过提高飞行高度至 110～120m，或采用 DJI GS Pro 航线规划软件提高航线飞行速度，在双电池支持下可缩短单航次飞行时间；若仍无法保证单航次航线飞行时间缩短至 12min 以内，可采用断点续航功能完成航线拍摄计划。另外，若设置航线规划参数之后，单航次飞行时间远低于 10min，可适当提高旁向重叠度至 75%，或增加监测范围的长度和宽度。

电量、信号强弱、飞行姿态等信息，并确保人身安全。

1）飞行准备

了解航拍现场情况，查看天气、光照强度以及风力风向等信息，恶劣天气下请勿飞行，如大风（风速为四级及以上）、下雪、下雨、有雾天气等。

2）飞行前安全检查

首先检查外观，查看无人机在以往的使用及运输过程中是否有损坏。无人机上电前检查螺旋桨是否完好，表面是否有污渍和裂纹等（如有损坏应更换螺旋桨，防止飞行中因无人机振动太大出现意外）；检查螺旋桨旋转方向是否正确，安装是否牢固等；检查飞行器电池安装是否正确，电池电量是否充足等。在上电检测前，摘除飞行器上不必要的安全防护配件，如镜头卡扣等；遥控器在"P"挡。先开启遥控器电源，连接移动设备，然后开启无人机电源。打开DJI GO 或 DJI GO 4 飞控软件，待与飞行器连接成功之后，进入相机界面，查看无人机镜头传回图像是否清晰；检查遥控器手势。飞控参数设置：返航高度为100m；失控行为为返航；限高为120m。

3）起飞、降落场地选择

尽量选择在地面平整、周围空旷的地方（避免树木、电线等干扰），确保无人机起飞降落点周围无障碍物及无关人员。

4）起飞

如果人员靠近飞行器，无人机不得起飞，以保证安全。待搜寻卫星颗数足够、GPS 信号良好后方可起飞。起飞时，注意避免高压电线、高山等对信号的干扰与阻隔。在航线规划界面，编辑好航线规划工程。工程编辑或加载成功后，点击"起飞"按钮，待各项参数自检后点击"开始飞行"，无人机开始自动起飞并进入指定航线开始执行拍摄任务。

5）飞行过程中

无人机进入航线开始执行任务及任务执行完毕时均会有提示，拍照时亦有声音提示。应时刻关注飞行器的位置、姿态、距离、飞行高度、图传状况、信号强弱、飞行时间、剩余电量等重要信息，必须确保飞行器有足够的电量能够安全返航（无人机从起飞点至进入航线起始点，以及从航线结束点至返航落地的时间未计入航线规划软件的预计飞行时间之内）。执行任务过程中，若电池电量不足无法继续执行任务，需中断任务并返航，可先执行返航，待更换电池后，采用断点续航功能，重新"起飞"。若出现"从中断点开始／继续上次任务"选项，点击"继续上次任务"即可自动执行没有完成的任务；若飞行器发生较大故障而无法避免发生坠机的可能时，首先确保人员安全。

6）降落

自动返航时无人机可自动降落，接近地面时可改为手动降落，降落过程中注意避让障碍物。飞行器降落后，确保遥控器已加锁，然后先切断无人机电源，再关闭遥控器电源。

7）电池维护注意事项

锂电池长时间不使用时，应将电池放电／充电至65%左右，以便长时间存放，或使用大疆充电管家的存储模式。若存储超过 3 个月应充放一次电，以保持电池活性。

6. 数据质量检查

拍摄完成后获取多张照片，及时检查照片质量与数量，确保每张照片清晰可见，无模糊、缺少等现象，如果出现照片模糊、没有存储照片等情况，需要进行补拍。

2.2.3.2　数据处理

1. 数据拼接处理

对获取的多张照片进行拼接处理，将多张照片拼接成具有地理坐标的正射影像数据，主要方法包括内定向、相对定向、绝对定向、数字表面模型提取以及正射镶嵌。影像内定向可确定像平面坐标系与像素坐标系的转换关系，实现像平面坐标与像素坐标的转换；相对定向可恢复照片的相对位置并解算外方位元素；绝对定向是利用相机相对参数位置和位置信息，通过平移、旋转和缩放变化，使其具有地理坐标信息；利用点云内插方法得到数字表面模型，在此基础上，采用数字微分反解法实现影像的正射校正与镶嵌，最终得到具有地理坐标的正射影像和数字表面模型（图2-7）。

2. 数字产品生成

导出拍摄消落区断面的数字正射影像和数字表面模型，并进行影像质量检查。主要检查影像是否色彩自然、层次丰富，是否存在明显拼接痕迹，纹理是否清晰，各类参数是否能够满足遥感指标信息提取的要求。

2.2.4 全景拍摄数据获取与处理

全景拍摄技术流程如图2-8所示。主要包括：控制无人机到达最佳拍摄点位置、全景拍摄模式选择和切换、按照所选的全景拍摄模式调整云台相机拍摄方向、执行全景拍摄、拍摄状态监测、数据质量检查、安全返航和降落、数据导出与上传8个环节。

2.2.4.1 数据获取

1. 拍摄模式

通过旋转机身全方位地拍摄多张照片，拼接成全景图像，以全面记录和展示调查断面生境的立体场景。多款常用的轻型旋翼无人机通常自带球形、180°、竖拍、广角等多种类型的全景拍摄模式。

2. 全景拍摄模式选择和切换

在飞控软件中，将无人机拍摄模式切换至全景拍照模式。比如，当选中球

形全景后，拍摄键图标会变为球形全景图标，表示无人机相机已切换至球形全景拍照模式。点击拍摄键，或按下遥控器上的拍照键，会立即执行球形全景拍摄。另外，在执行球形全景和180°全景拍摄前，须检查无人机在设置中是否有"保存全景原片"项。若有，请打开该项，将原片保存为"*.jpeg"格式。

3. 执行全景拍摄操作流程

控制无人机到达最佳拍摄点位置。全景拍摄的最佳拍摄位置，是指在相对固定的高度和特定俯仰角条件下，能够获取河岸生境拍摄范围最完整和图幅构成比例最佳的位置。首先，操控无人机飞行至"按航线飞行断面"的水陆交界带，并靠近水体一侧的上空约30~40m的高度处。随后，将无人机机身调整至面向起飞点一侧的河岸方向，调整相机的俯仰角为−25°。接着，在保持上述所处高度、相机朝向、俯仰角不变的情况下，调整无人机距离河岸远近的平行位置，使得镜头所见的画幅构成比例满足如下标准：画幅中水面约占整个画幅的1/2，以及河岸和天空约占1/2，此时即为最佳的全景拍摄位置。最后，保持无人机处于该位置的悬停状态，进行全景拍摄模式的选择和切换，并完成拍摄。

在执行球形全景拍摄时，无需调整云台方向和镜头俯仰角，直接点击拍摄按钮进行拍摄，无人机将自动旋转机身和云台相机，按照内置确定的多个角度和方向进行球形全景拍摄。执行拍摄的过程中，勿操作或移动无人机，等待拍摄完成。在执行180°全景拍摄时，要手动旋转机身方向，分别以本岸（起飞点所在一侧的河岸）生境和对岸生境为拍摄目标，分别执行2次180°全景拍摄。

4. 数据质量检查

完成1次球形全景拍摄，时长约需2min。拍摄完成后，需对全景照原片的

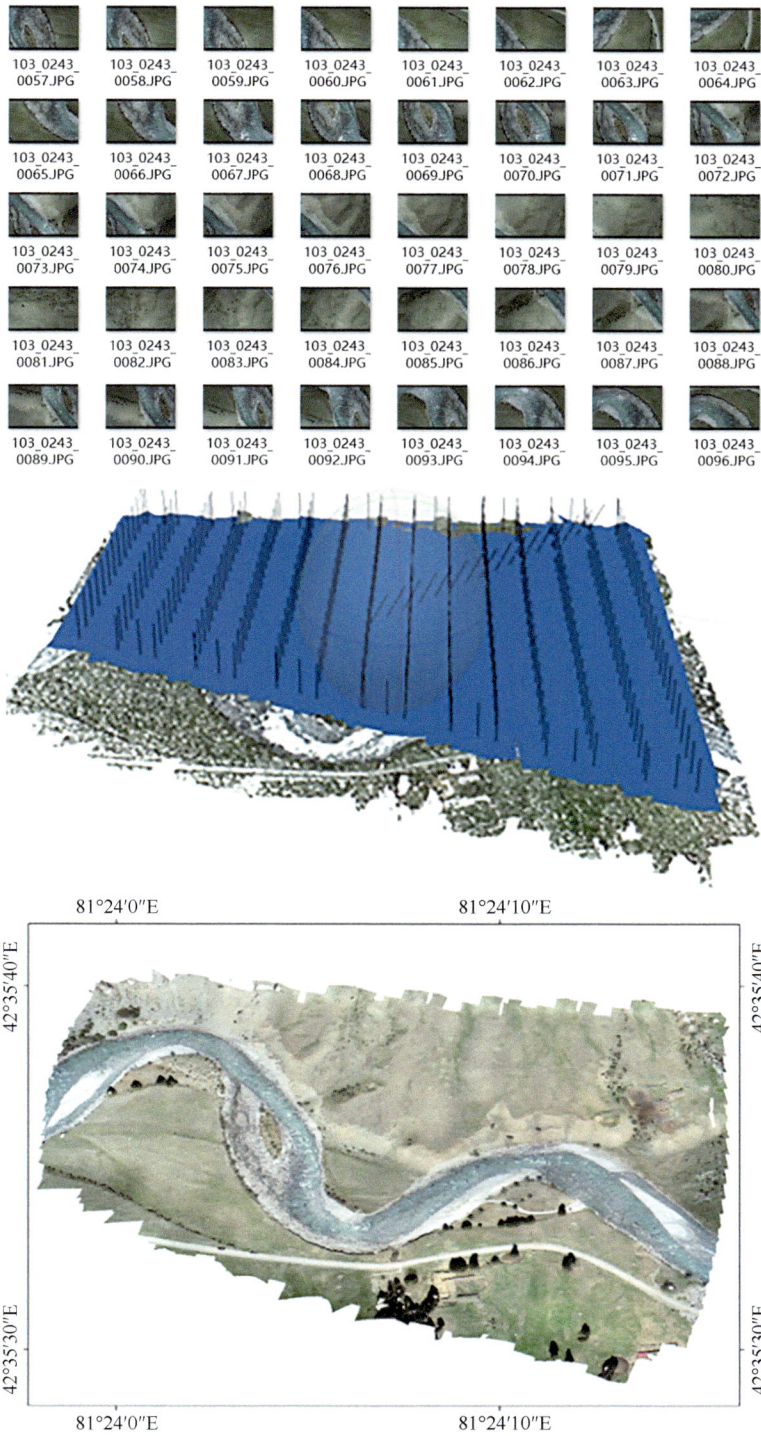

图 2-7　无人机数据拼接

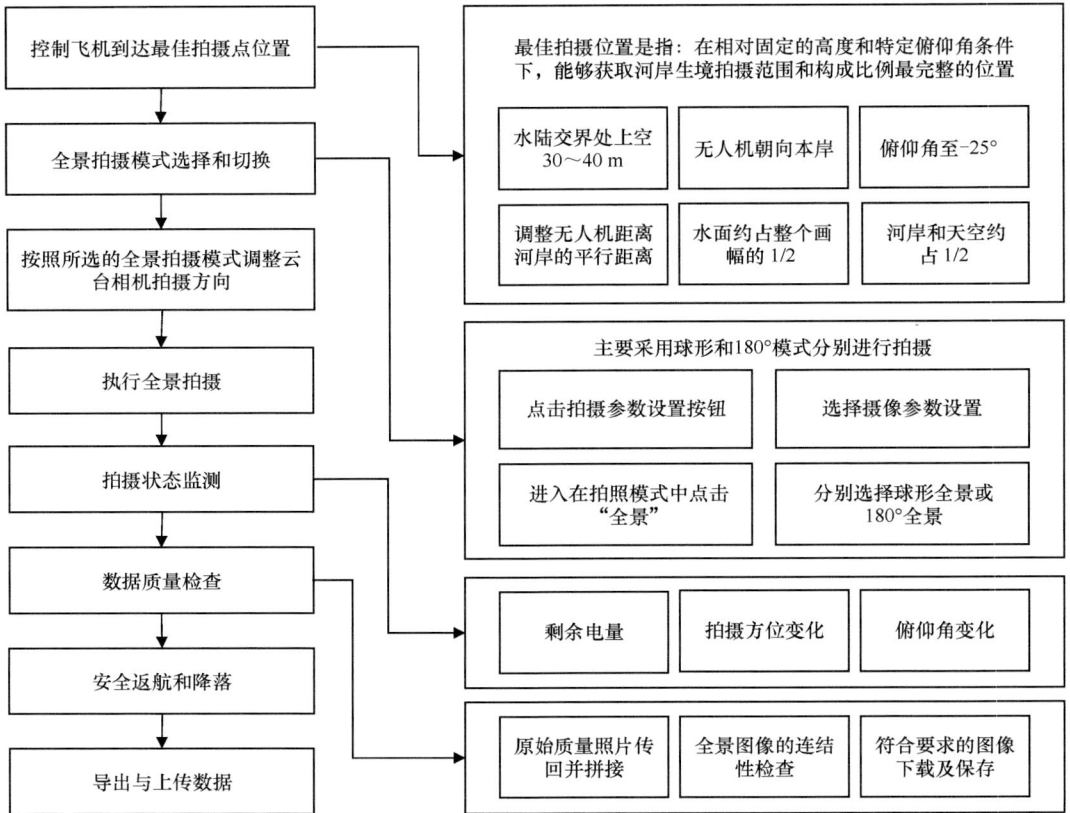

图 2-8　全景拍摄技术流程

清晰度和拼接生成的全景图像的连结性进行检查，若有模糊或空间不连续现象，需重新进行拍摄。完成全景模式的拍摄任务后，操控无人机返回，并安全降落。由于季节性水陆边界的变化，不同季节的全景最佳拍摄位置会随着水陆边界位置的变化而变化。

2.2.4.2　数据处理

1. 数据实时拼接

点击已拍摄的全景照片缩略图，等待无人机将原始质量的照片传回遥控器并完成拼接，耗时约为 1min。传输完成后将自动打开。通过拖动、缩放等操作查看全景照，检查数据质量是否符合要求。如果不符合，需重新拍摄。满足数据质量要求后，点击下载按钮，将拼接后的图像下载保存。下载后的图像保存在充当遥控器屏幕的移动设备中，如手机或平板电脑。

2. 数据导出

采用球形和 180° 模式拍摄的全景照片分别存储在无人机 SD 卡 DCIM 文件夹中的子文件夹"PANORAMA"和"100MEDIA"中。其中，"PANORAMA"文件夹中存储原始未拼接图片（各次全景照的原始图片保存在各自单独的文件夹下），"100MEDIA"文件夹中存储相应的拼接后图片（如御系列以"*.jpg"格式存储）或其索引文件（如精灵系列以"*.html"格式存储）。

不同型号无人机对全景原片的拼接处理及拼接后图片的存储位置稍有差异。如御系列在完成全景拍摄时，自动进行图片拼接，生成相应的拼接后全景图片，并直接保存在无人机的 SD 卡中；精灵系列则需进入飞控软件相册中，手动查看已拍摄的全景照，飞控软件将自动完成拼接，拼接完成后点击图片右下角的下载按钮，拼接后图片将保存在安装飞控软件的手机或 iPad 中。

2.2.5　视频采集数据获取与处理

2.2.5.1　数据获取

1. 拍摄模式

云台相机镜头设置为固定俯仰角，高山地区采用 −10°，平原和丘陵采用 −20°，按航点规划进行视频采集。

2. 拍摄目标确定

沿着水陆交界线，在采样点位置的上下游各 500m 范围内（即整体拍摄距离为 1km），设置航点从上游 500m 距离起始，至下游 500m 距离结束，沿河岸走向进行视频采集。

3. 航点设置方法

进入航点规划界面，通过选择跟随航线、航点动作、添加动作等对单个航点进行设置。比如，对起始点添加 2 个动作，云台相机镜头俯仰角为 −20°（高山地区设置为 −10°），开始录像；对结束点添加 1 个动作，如停止录像。

视频拍摄航线参数设置：飞行速度为 10m/s，飞行高度为 100m，飞行器偏航角为沿航线方向，云台控制为手动控制，完成动作为自动返航。

4. 数据质量检查

保证拍摄视频清晰连续。

2.2.5.2　数据处理

除了可以提供生境的立体观测之外，拍摄视频数据还可进一步抽取为多帧图像，用于获取多个空间方位的各项生境参数。

2.2.6　其他注意事项

（1）在相关法律或规定限制的限飞区域（如机场等），请勿使用无人机。

（2）恶劣天气下请勿飞行，如大风（风速四级以上）、下雪、下雨、有雾天气等。

（3）尽量选择开阔区域作为无人机起飞和降落场地，待 GPS 信号良好，搜寻卫星颗数大于 5 颗（执行非航线规划任务的其他普通飞行任务的最低要求）后方可起飞。

（4）在实际飞行中，请尽量保持通视性，避免高压电线、高山等对信号的干扰与阻隔。当 GPS 信号因遮挡而提示信号弱时，可根据实际飞行距离终止拍摄任务，使用一键返航或手动操控无人机尽快返航。

（5）无人机理想拍摄的天气状态是光线尽量充足，但无过分暴晒（如上午 9～11 点、下午 3～6 点，避开正午时间是因为正午时水体反射率异常），尽量选取无云的晴空天气进行拍摄。在阳光过分强烈条件下，可手动调节 iso、光圈以及快门速度等拍摄参数。

（6）按前述正射航拍、全景拍摄、视频采集三种模式进行拍摄，一个拍摄断面需 2～3 块电池。

2.2.7　其他地面同步调查数据采集

其他地面同步调查数据采集，通常包括生境参数调查及记录、典型栖息地水生生物资源调查、地面同步生境照片采集等。

生境参数调查及记录：如记录航摄断面起飞位置的经纬度、海拔、拍摄起始时间和结束时间及拍摄时的气象条件（如风速、天空晴朗状况等），消落带坡度（有条件的请使用坡度仪或测距仪测量，无条件的可目视估测）、河流宽度（使用测距仪测量）、岸边多点流速（使用激光流速仪或单点流速仪测量）、植被结构组成及覆盖度估测 [林地、灌丛、草地、湿地植被等，覆盖度估测（1 表示 0~25%，2 表示 25%~50%，3 表示 50%~75%，4 表示 75%~100%）] 等信息（附表 2-1）。

典型栖息地水生生物资源调查：如在开展无人机航摄测量的河段内，同步开展鱼类早期资源调查，做好记录并提交相应调查表（附表 2-2~附表 2-4）。

地面同步生境照片采集：拍摄方法是，在调查河段的采样条带断面位置，尽量靠近水陆交错岸带，按照"上游—对岸—下游—本岸—天空—水色—地面覆盖—人类活动"的顺序，各拍摄 5 张清晰的照片，每个断面最少拍摄 40 张照片。

2.2.8 数据命名及提交

数据命名：将无人机航摄测量数据（包括正射原始航拍数据、拼接正射图像、全景照片、沿岸带视频等）按"采样地点名称_调查河段编号_断面编号_采样时间"的方式命名，如"长江中游干流_1_2_20231208"代表"长江中游干流_第一个调查河段_第二个断面_2023年 12 月 8 日"采集的无人机航摄测量数据。每个文件夹可分为 5 个子文件夹：image（存放正射航拍数据）、pano（存放全景照）、video（存放沿岸带视频）、photo（存放同步生境照片）、table（无人机监测同步生境调查记录表及早期资源调查表）。

数据提交：进入已建立的相应河流文件夹之后，按照上述数据及文件夹的命名规则，建立每个调查河段的子文件夹，并上传相应数据。

2.2.9 微观生境观测

2.2.9.1 底质定量分析

底质类型包括非生物底质和生物底质，非生物底质包括黏土/淤泥、沙子、小砂砾/砾石、小卵砾石、中卵砾石、大卵砾石、巨砾、基岩，生物底质包括腐殖质、小型枝干、大型倒伏树干、水生生物、堆积物等。首先，根据研究目标确定非生物底质的分类标准，修正后的温特瓦底质类型分级表（表 2-9）为其中的一种；然后，结合需识别的最小底质粒径大小，确定无人机的航拍高度，并获取无人机正射影像；最后，可采用机器分类算法和目视解译相结合的方法对底质参数进行提取。

除此之外，还可以对底质嵌入水平进行分析，它主要反映大颗粒底质类型（巨砾、大卵砾石、中卵砾石）被沙、淤泥和黏土包围或覆盖的程度。在上述底质粒径组成分析设置的 10~15 个剖面中，可参照表 2-10 估算底质嵌入水平。

表 2-9 修正后的温特瓦底质类型分级表

底质类型	粒径大小范围（mm）	底质类型	粒径大小范围（mm）
巨砾	＞256	卵石	8~16
中巨砾	128~256	砾石	4~8
中砾	64~128	砂砾	2~4
大卵石	32~64	沙子	0.06~2
中卵石	16~32	黏土	＜0.06

资料来源：Mark and Nathalie，1999。

表 2-10 底质嵌入水平分析对照表

嵌入水平	种类和细沙覆盖率
可忽略	砂砾、卵石、大卵砾石和巨砾的表面被细沙覆盖率＜ 5%
低	砂砾、卵石、大卵砾石和巨砾的表面被细沙覆盖率为 5%～25%
中	砂砾、卵石、大卵砾石和巨砾的表面被细沙覆盖率为 25%～50%
高	砂砾、卵石、大卵砾石和巨砾的表面被细沙覆盖率为 50%～75%
很高	砂砾、卵石、大卵砾石和巨砾的表面被细沙覆盖率＞ 75%

2.2.9.2 流速和流态类型的分布

采用无人机挂载雷达流速仪来获取断面水体流速流量，同时结合可见光、多光谱传感器获取流态类型的解译数据，统计各类型所占的数量和面积比例。由于流速流量测量数据为点状，因此不对图像分辨率做特殊要求，无人机飞行高度应低于 40m。通常针对河流型消落区开展流速流量的无人机测量时，以 3m/s 的速度沿断面匀速航拍，获取距起测点一系列间隔的多个水体表层流速的测量数据，计算平均流速、断面面积及断面流量等。

如表 2-11 所示，流态类型包括急

表 2-11 流态类型表

1 急流	11 湍流	111 浅滩	1111 缓坡浅滩
			1112 陡坡浅滩
		112 小瀑布	1121 小瀑布
			1122 基岩缓流
	12 非湍流	121 非湍流	1211 岩石上的凹坑水
			1212 滑流
			1213 平流
			1214 阶梯流
			1215 边缘流
2 缓流	21 集水区	211 主河道集水区	2111 河道中间集水区
			2112 河道汇流集水区
			2113 阶梯集水区
		212 冲刷集水区	2121 倒木侧面冲刷集水区
			2122 树根形成的集水区
			2123 基岩侧面冲刷集水区
			2124 巨石侧面冲刷集水区
			2125 瀑布下形成的集水区
		213 回流集水区	2131 支流集水区
			2132 巨石形成的回水集水区
			2133 树根形成的回水集水区
			2134 倒木形成的回水集水区
			2135 大坝形成的回水集水区
			2136 堤岸形成的回水集水区

流、缓流（即集水区）。流态类型无人机航摄图像解译可采用机器分类、人工判读和地面同步调查相结合的方法。对流态类型的空间分布，可通过空间专题图、定性和定量描述的方式进行展示和表达。

2.3 声学遥感观测技术及数据处理方法

2.3.1 渔业声学技术

声波在水中具有比电磁波和光波更小的吸收衰减以及更远的传播距离，故声学技术现已成为水下远距离目标探测的最主要方法（Urick，1983；汤勇，2023）。渔业声学技术即利用声音在水下的传播，探测鱼类和其他海洋或淡水生物的分布、资源量及栖息地。相较于传统的渔业资源探测方法，声学技术具有速度快、成本低、覆盖面广、数据直观、不伤害渔业资源和生境等优点（郝桐锋等，2023）。最早的渔业声学探测可追溯到 1935 年，Sund 使用休斯（Hughes）公司的一台 16kHz 纸带记录式回声测深仪 Echo sounder 对海洋中鱼群的回声信号进行了资源评估（Sund，1935）。随着计算机技术、信息处理技术等的不断进步，以及硬件和软件的逐步创新，渔业声学技术也得到了空前发展，目前已被广泛应用于水体中鱼类、浮游生物、大型水生植物以及水体底部特征等方面的研究（Pollom and Rose，2016；Zhang et al.，2020）。

2.3.2 渔业声学设备

在渔业声学领域用于探测鱼群的设备泛称为"声呐"（Sonar），国内多称为"探鱼仪"（声呐与回声测深仪 Echo sounder 在概念上稍有差异，此处统称为声呐）（Simmonds and Maclennan，2005）。其工作原理是通过传感器将电子信号转化为声信号后，向水中发射脉冲超声波，当脉冲超声波在水体的传播过程中遇到障碍物时，发生散射和反射作用产生回波信号，换能器将接收的回波信号转换为电信号，以获取水体中的信息（郝桐锋等，2023）。经过多年的发展，目前的渔业声呐已有单波、双波、裂波、多波、多频、宽频等多种不同类型的回声系统（Chu，2011）。如表 2-12 所示，比较有代表性的渔业声呐设备包括挪威 Simrad、美国 BioSonics（附图 2-1）和 Sound Metrics，以及日本 Furuno 等公司的系列产品。

表 2-12 常用渔业声呐设备

公司	主要设备	波束类型	工作频率（kHz）	国别
西姆拉德（Simrad）	EK80	分裂波束	18、38、70、120、200、333	挪威
生物声学公司（BioSonics）	DT-X	分裂波束、单波束	38、70、120、200、420	美国
古野电气株式会社（Furuno Electric Co., Ltd.）	FSV-35	多波束	21～27	日本
声学度量公司（Sound Metrics）	Didson/ARIS	多波束	1100、1800	美国

2.3.3 渔业声学数据处理软件

各渔业声呐生产厂商均有配套的数据分析软件，如 Visual Analyzer、DidsonV5 和 EchoScape 等，但这些软件在数据解析能力方面有很大差异。挪威 Lindem Data Acquisition AS 公司生产的 Sonar5-Pro 软件以及澳大利亚 Myriax 公司的 Echoview 软件是目前分析渔业声呐数据的主流软件，具有丰富的功能及强大的数据解析能力。国内刊发的渔业声学相关论文，多数是用 Sonar5-Pro 和 Echoview 进行数据处理（贾春艳等，2022；宋聃等，2022）。

2.3.4　声学观测数据获取与处理

2.3.4.1　渔业声学调查流程

不同国家各个科学机构使用的渔业声呐通常由不同的制造商生产，以不同的声音频率运行，并具有一系列用户可定义的操作设置。为提高结果的可比性，2009 年美国纽约海洋补助金研究所（New York Sea Grant Institute）发布了五大湖地区渔业声学调查标准操作程序"*Towards a standard operating procedure for fishery acoustic surveys in the Laurentian Great Lakes, North America*"这一文件，规定了在北美五大湖流域开展渔业声学调查的标准作业程序，内容包括声学原理、设备部署、调查设计、系统校准、数据收集、数据处理

等。2014 年，英国标准协会（British Standards Institution）发布了"BS EN 15910: 2014 *Water Quality. Guidance on the Estimation of Fish Abundance with Mobile Hydroacoustic Methods (British Standard)*"，规定了使用部署在移动平台上的水声设备对大型河流、湖泊和水库中的鱼类种群进行数据采样和数据评估的标准化方法和程序，针对设备、调查设计（附表 2-5）、数据采集、数据和结果后处理以及报告提出了建议和要求。

渔业声学调查的完整步骤可归纳为 5 个部分，见图 2-9。

2.3.4.2　渔业声学数据分析

以 Sonar5-Pro 软件数据分析（图 2-10）流程为例，可直接导出水底深度数据，也可开展鱼类生物量分析、水生高等植物分析、底质分析等。

1. 前处理阶段

1）数据转换

利用 convert 功能，将渔业声呐采集

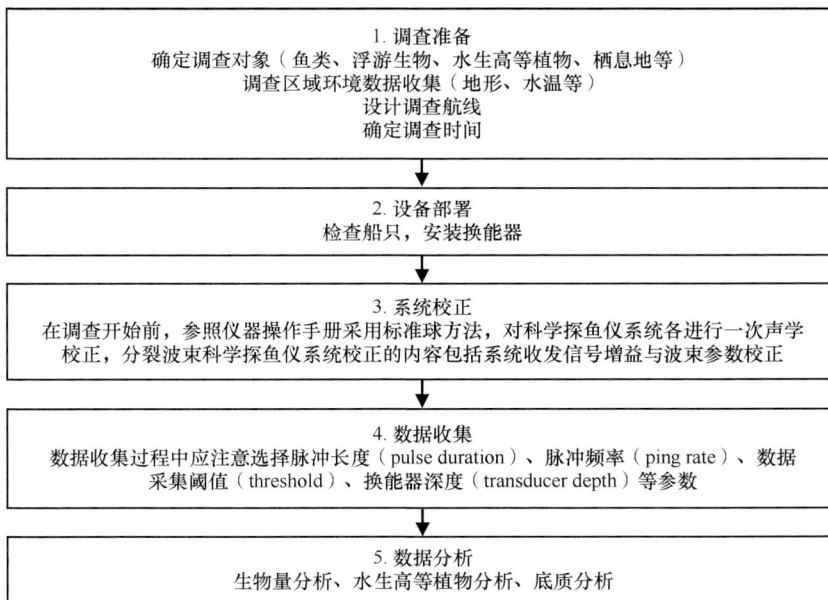

图 2-9　渔业声学调查流程

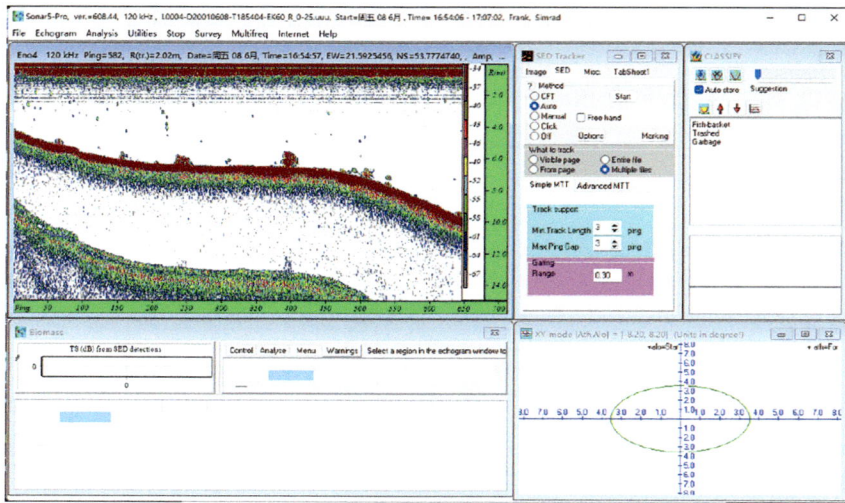

图 2-10　Sonar5-Pro 软件数据分析界面

的数据转换为 Sonar5-pro 支持的标准文件格式（*.uuu）。

2）划定分析区域

使用表层线（surface line）和底部线（bottom line）来设置表层水平线和底层线，以排除探测盲区和来自表层的水下噪声。

3）噪声处理

剔除噪声及非目标信号，包括气泡、杂物等偶尔出现的非生物来源回波信号，以及较明显的水下噪声部分。

2. 数据分析阶段

1）生物量分析（biomass analysis）

Sonar5-Pro 软件中鱼类密度分析方法有 4 种，包括体积散射强度／目标强度比例法（S_v/TS scaling）、回声计数法（echo counting）、追踪计数法（trace counting）和单波束法（single beam）。另外，设置单目标追踪的 TS 阈值、回声积分阈值、基本分析单元，提供鱼种大小和组成等相关信息，是开展生物量计算的基础。

2）水生高等植物分析（macrophyte analysis）

大型水生植物会在回声图的底部上方形成一层厚度变化的回声层（获取大型植物的底部和顶部），Sonar5-Pro 正是基于这一特征来提取水生植物的分布信息。检测根部和顶部是分析中最困难的部分，虽然 Sonar5-Pro 可以自动识别，但是水生植物自身、底质的坚硬程度、水深，以及换能器属性等多方面因素的影响，也可能导致自动分析的效果不好，需要进行手动纠正。对回声图进行平整（flatting）处理能有效提高自动识别边界线的准确率。

3）底质分析（substrate analysis）

Sonar5-Pro 采用最佳候选（best candidate）、图像分析（image analysis）和由下至上的图像分析（bottom up image analysis）3 种方法来进行底部识别，采用底质分析可获得底部硬度（hardness）、粗糙度（roughness）等 24 个参数，可为后续研究提供重要参考。

附表 2-1　渔业资源栖息地无人机监测同步生境调查记录表

调查格网_河段_断面编号	调查日期和时间	经度	纬度	海拔
说明：如填写 46SCC_1_2, 代表在 46SCC 格网第一个调查河段第二个正顶断面所采集的数据	如：20200530			

基础信息						
调查河段所处地区名称	天气（晴/阴）	雨量（无/小/中/大）	拍摄上空云量覆盖状况（无/低/中/高）	风速（无/低/中/高）	测量单位	记录人

地形/水文					
消落带坡度（℃）	河流水面宽度（m）	河床宽度（m）	水色透明度（cm）	岸边多点平均流速（m/s）	河道中心流速（m/s）（可使用激光流速仪测量）

水体理化特征						
水温（℃）	pH	电导率（µS/cm）	盐度（‰）	溶氧（mg/L）	溶氧（%）	氧化还原电位（mV）

无人机信息					
拍摄开始时间	拍摄结束时间	无人机起飞点经度	起飞点纬度	无人机品牌型号	相机型号

植被结构组成及覆盖度						
林地覆盖度	灌木覆盖度	草地覆盖度	挺水植被覆盖度	浮叶植被覆盖度	沉水植被覆盖度	其他

河床粒径组成结构及其百分比						
小于 0.2cm 的淤泥和沙	0.2~1.6cm 的碎石	1.7~6.4cm 的卵石	6.5~25.6cm 的鹅卵石	大于 25.6cm 的岩石、大卵石	不规则的河床基岩	其他

注：植被结构和河床粒径结构中，每种植被类型相应的覆盖度及河床底质粒径百分比参照以下分级填写相应数字 1 表示 1%~25%，2 表示 25%~50%，3 表示 50%~75%，4 表示 75%~100%；经纬度信息请记录到 GPS 所显示的经纬度坐标的最后一位小数。

附表 2-2 鱼卵鱼苗采集记录表（产漂流性卵鱼类）

断面所在网格编号：

水温： 透明度： 天气：

流量： 其 他：

编号	点位信息	经度（°）	纬度（°）	网型	采集开始时间（min）	采集持续时间（min）	距岸距离（m）	水层深度（cm）	网口倾角（°）	网口流速（m/s）	网口面积（m²）	鱼卵数（粒）	鱼苗数（尾）	备注

采集日期： 年 月 日 记录人： 调查单位：

注：点位信息请填写南岸（S）、北岸（N）和中间（M），同时标注表、中、底信息；网型用 Y 表示圆锥网；用 Q 表示敞网；网口倾角为采集时网口与河流横断面的夹角；网口流速中若网具未配置流速仪，请连续采集两次网口流速，并计算其均值。

附表 2-3 鱼卵鱼苗采集记录表（产黏性卵鱼类）

断面所在网格编号：

水温： 透明度： 天气：

流量： 其 他：

样方编号	点位信息	经度（°）	纬度（°）	采集时间（min）	采样面积（m²）	鱼卵数（粒）	鱼苗数（尾）	备注

采集日期： 年 月 日 记录人： 调查单位：

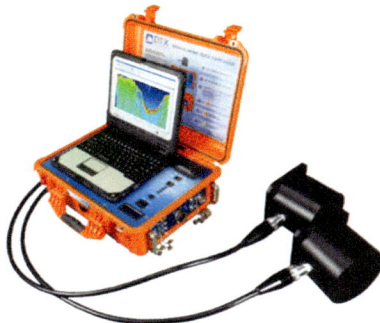

附图 2-1 BioSonics DT-X（图片来源：https://www.biosonicsinc.com/）

附表 2-4　鱼卵鉴定记录表

水域名称：

样本编号	鉴定方法	点位信息	采集时间	观察时间	卵膜直径（mm）	发育时期	鉴定结果
注：鱼苗鉴定也用此表。							

鉴定日期：　　年　月　日　　　　记录人：　　　　　调查单位：

附表 2-5　渔业资源声学调查记录表

调查区域：　　　　　　　调查单位：　　　　　　　调查设备：

调查船只：　　　　　　　天　气：　　　　　　　调查日期：

调查区域名称			起点经纬度	
调查时间段			终点经纬度	
编号	频率	声学记录文件	回声映像特征	备注

操作人：　　　　　　　记录人：　　　　　　　审核人：

　　填表说明：起点经纬度、终点经纬度的坐标精确到 0.0001″；调查时间段为北京时间，精确到分。

参考文献

陈前, 郑利娟, 李小娟, 等. 2019. 基于深度学习的高分遥感影像水体提取模型研究. 地理与地理信息科学, 35(4): 43-49.

段洪涛, 罗菊花, 曹志刚, 等. 2019. 流域水环境遥感研究进展与思考. 地理科学进展, 38(8): 1182-1195.

郝桐锋, 曲疆奇, 俞文钰, 等. 2023. 回声探测技术在我国渔业资源调查中的应用研究进展. 河北渔业, (3): 29-34, 43.

胡卫国, 孟令奎, 张东映, 等. 2014. 资源一号 02C 星图像水体信息提取方法. 国土资源遥感, 26(2): 43-47.

贾春艳, 王珂, 李慧峰, 等. 2022. 禁渔初期东洞庭湖鱼类资源的空间分布与密度变化. 南方水产科学, 18(3): 48-56.

姜义, 李建芬, 康慧, 等. 2003. 渤海湾西岸近百年来海岸线变迁遥感分析. 国土资源遥感, (4): 54-58, 78.

李丹, 吴保生, 陈博伟, 等. 2020. 基于卫星遥感的水体信息提取研究进展与展望. 清华大学学报(自然科学版), 60(2): 147-161.

李东颖, 杨文波, 王琳, 等. 2012. 基于 RS 数据的黄河三角洲湿地信息提取及湿地动态变化研究. 海洋湖沼通报, (1): 100-109.

李国胜, 王芳, 梁强, 等. 2003. 东海初级生产力遥感反演及其时空演化机制. 地理学报, (4): 483-493.

李欢, 万玮, 冀锐, 等. 2023. 中国卫星遥感地表水资源监测能力分析与展望. 遥感学报, 27(7): 1554-1573.

李继龙, 唐援军, 郑嘉淦, 等. 2007. 利用 MODIS 遥感数据探测长江口及邻近海域赤潮初步研究. 海洋渔业, 29(1): 25-30.

李瑶. 2017. 内陆水体水色参数遥感反演及水华监测研

究 . 北京 : 中国科学院大学博士学位论文 .

李禺 , 李杨帆 , 朱晓东 . 2008. 厦门市填海造地的遥感 PCA 识别及其驱动机制研究 . 自然资源学报 , 23(1): 161-169.

梁强 , 李国盛 , 李继龙 , 等 . 2003. 基于遥感的海洋初级生产力估算及东海初级生产力时空变化机制研究 . 中国地理学报 , 58(4): 483-493.

廖安平 , 陈利军 , 陈军 , 等 . 2014. 全球陆表水体高分辨率遥感制图 . 中国科学 : 地球科学 , 44(8): 1634-1645.

刘鹏 , 王庆 , 战超 , 等 . 2015. 基于 DSAS 和 FA 的 1959—2002 年黄河三角洲海岸线演变规律及影响因素研究 . 海洋与湖沼 , 46(3): 585-594.

马小奇 , 卢善龙 , 马津 , 等 . 2019. 基于地形参数的湖泊水储量估算方法——以纳木错为例 . 国土资源遥感 , 31(4): 167-173.

钱宁 , 张仁 , 周志德 . 1987. 河床演变学 . 北京 : 科学出版社 .

邱惠燕 , 曹文志 . 2009. 基于遥感影像的厦门市填海造地的进程研究 . 环境科学与管理 , 34(9): 25-28.

宋聃 , 都雪 , 金星 , 等 . 2022. 基于水声学探测的镜泊湖鱼类时空分布特征及资源量评估 . 湖泊科学 , 34(6): 2095-2104.

宋红 , 陈晓玲 . 2004. 基于遥感影像的深圳湾填海造地的初步研究 . 湖北大学学报 (自然科学版), 26(3): 259-263.

苏奋振 , 周成虎 , 邵全琴 , 等 . 2002. 海洋渔业地理信息系统的发展、应用与前景 . 水产学报 , 26(2): 169-174.

苏奋振 , 周成虎 , 仇天宇 , 等 . 2003. 东海水域中上层鱼类资源的空间异质性 . 应用生态学报 , 14(11): 1971-1975.

苏龙飞 , 李振轩 , 高飞 , 等 . 2021. 遥感影像水体提取研究综述 . 国土资源遥感 , 33(1): 9-19.

孙百顺 , 左书华 , 谢华亮 , 等 . 2017. 近 40 年来渤海湾岸线变化及影响分析 . 华东师范大学学报 (自然科学版), (4): 139-148.

汤勇 . 2023. 中国渔业资源声学评估研究与进展 . 大连海洋大学学报 , 38(2): 185-195.

王崇瑞 , 张辉 , 杜浩 , 等 . 2011. 采用 BioSonics DT-X 超声波回声仪评估青海湖裸鲤资源量及其空间分布 . 淡水渔业 , 41(3): 15-21.

王斐 , 樊伟 . 2020. 基于无人机的牡蛎礁表面宽波段比

辐射率观测估算研究 // 中国环境科学学会 . 2020 中国环境科学学会科学技术年会论文集 (第三卷). 中国水产科学研究院东海水产研究所 : 6.

王国华 , 裴亮 , 杜全叶 , 等 . 2020. 针对资源三号卫星影像水体提取的谱间关系法 . 遥感信息 , 35(3): 117-121.

王国伟 , 李继龙 , 杨文波 , 等 . 2010. 利用 MODIS 和 RADARSAT 数据对浒苔的监测研究 . 海洋湖沼通报 , (4): 1-8.

吴越 , 杨文波 , 王琳 , 等 . 2013. 曹妃甸填海造地时空分布遥感监测及其影响初步研究 . 海洋湖沼通报 , (1): 153-158.

徐涵秋 . 2005. 利用改进的归一化差异水体指数 (MNDWI) 提取水体信息的研究 . 遥感学报 , 9(5): 589-595.

徐进勇 , 张增祥 , 赵晓丽 , 等 . 2013. 2000-2012 年中国北方海岸线时空变化分析 . 地理学报 , 68(5): 651-660.

闫殿武 . 2003. IDL 可视化工具入门与提高 . 北京 : 机械工业出版社 .

易雨君 , 张尚弘 . 2019. 水生生物栖息地模拟 . 北京 : 科学出版社 .

张新伟 , 贺涛 , 赵晨光 , 等 . 2020. 高分七号卫星测绘体制与性能评估 . 航天器工程 , 29(3): 1-11.

朱高儒 , 许学工 . 2012. 渤海湾西北岸 1974～2010 年逐年填海造陆进程分析 . 地理科学 , 32(8): 1006-1012.

朱国强 , 苏奋振 , 张君珏 . 2015. 南海周边国家近 20 年海岸线时空变化分析 . 海洋通报 , 34(5): 481-490.

左志强 , 唐新明 , 李国元 , 等 . 2020. GF-7 星载激光测高仪全波形自适应高斯滤波 . 红外与激光工程 , 49(11): 124-134.

Bakun A. 2006. Fronts and eddies as key structures in the habitat of marine fish larvae: opportunity, adaptive response and competitive advantage. Scientia Marina, 70: S2.

Balch W, Evans R, Brown J, et al. 1992. The remote sensing of ocean primary productivity: use of a new data compilation to test satellite algorithms. Journal of Geophysical Research: Oceans, 97(C2): 2279-2293.

Beck M W, Heck K L, Able K W, et al. 2001. The identification, conservation, and management of estuarine and marine nurseries for fish and invertebrates.

BioScience, 51(8): 633-641.

Behling R, Milewski R, Chabrillat S. 2018. Spatiotemporal shoreline dynamics of Namibian coastal lagoons derived by a dense remote sensing time series approach. International Journal of Applied Earth Observation and Geoinformation, 68: 262-271.

Behrenfeld M J, Falkowski P G. 1997. Photosynthetic rates derived from satellite-based chlorophyll concentration. Limnology and Oceanography, 42(1): 1-20.

Behrenfeld M J, O'Malley R T, Siegel D A, et al. 2006. Climate-driven trends in contemporary ocean productivity. Nature, 444: 752-755.

Belkin I M, O'Reilly J E. 2009. An algorithm for oceanic front detection in chlorophyll and SST satellite imagery. Journal of Marine Systems, 78(3): 319-326.

Biancamaria S, Lettenmaier D P, Pavelsky T M. 2016. The SWOT mission and its capabilities for land hydrology// Cazenave A, Champollion N, Benveniste J, et al. Remote sensing and water resources. Cham:Springer, 117-147.

Birkett C M, Ricko M, Beckley B D, et al. 2017. G-REALM: a lake/reservoir monitoring tool for drought monitoring and water resources management. American Geophysical Union, Fall Meeting 2017.

Brown O B, Minnett P J, Evans R, et al. 1999. MODIS infrared sea surface temperature algorithm algorithm theoretical basis document version 2.0. Miami: University of Miami.

Brunsdon C, Fotheringham A S, Charlton M E. 1996. Geographically weighted regression: a method for exploring spatial nonstationarity. Geographical Analysis, 28(4): 281-298.

Chen D G, Hargreaves N B, Ware D M, et al. 2000. A fuzzy logic model with genetic algorithm for analyzing fish stock-recruitment relationships. Canadian Journal of Fisheries and Aquatic Sciences, 57(9): 1878-1887.

Chen J, Chen J, Liao A, et al. 2015. Global land cover mapping at 30 m resolution: A POK-based operational approach. ISPRS Journal of Photogrammetry and Remote Sensing, 103:7-27.

Chu D Z. 2011. Technology evolution and advances in fisheries acoustics. Journal of Marine Science and Technology, 19(3): 2.

Crétaux J F, Arsen A, Calmant S, et al. 2011. SOLS: a lake database to monitor in the Near Real Time water level and storage variations from remote sensing data. Advances in Space Research, 47(9): 1497-1507.

Dan L I, Baosheng W U, Bowei C, et al. 2020. Review of water body information extraction based on satellite remote sensing. Journal of Tsinghua University (Science and Technology), 60(2): 147-161.

Diamond J. 1988. Factors controlling species diversity: overview and synthesis. Annals of the Missouri Botanical Garden, 75: 117-129.

Fang Y, Li H, Wan W, et al. 2019. Assessment of water storage change in China's lakes and reservoirs over the last three decades. Remote Sensing, 11(12):1467.

Faure V, Inejih C A, Demarcq H, et al. 2000. The importance of retention processes in upwelling areas for recruitment of Octopus vulgaris: the example of the Arguin Bank (Mauritania). Fisheries Oceanography, 9(4): 343-355.

Feng L, Hou X J, Zheng Y. 2019. Monitoring and understanding the water transparency changes of fifty large lakes on the Yangtze Plain based on long-term MODIS observations. Remote Sensing of Environment, 221: 675-686.

Feng L, Hu C, Chen X L, et al. 2011. MODIS observations of the bottom topography and its inter-annual variability of Poyang Lake. Remote Sensing of Environment, 115(10): 2729-2741.

Gaboury M N, Patalas J W. 1984. Influence of water level drawdown on the fish populations of Cross Lake, Manitoba. Canadian Journal of Fisheries and Aquatic Sciences, 41(1): 118-125.

Gao B C. 1996. NDWI—A normalized difference water index for remote sensing of vegetation liquid water from space. Remote Sensing of Environment, 58(3): 257-266.

Gao H, Birkett C, Lettenmaier D P. 2012. Global monitoring of large reservoir storage from satellite remote sensing. Water Resources Research, 48(9):W09504.

Han Q, Niu Z. 2020. Construction of the long-term global surface water extent dataset based on water-NDVI spatio-temporal parameter set[J]. Remote Sensing,

12(17): 2675.

Hawkins B A, Field R, Cornell H V, et al. 2003. Energy, water, and broad‐scale geographic patterns of species richness. Ecology, 84(12): 3105-3117.

Herron R C, Leming T D, Li J L. 1989. Satellite-detected fronts and butterfish aggregations in the northeastern Gulf of Mexico. Continental Shelf Research, 9(6): 569-588.

Himmelstoss E, 2009. DSAS 4.0 Installation Instructions and User Guide. U.S. Geological Survey OpenFile Report 2008-1278, 3: 79.

Hsu C C, Chen M C, Chen L S. 2010. Integrating independent component analysis and support vector machine for multivariate process monitoring. Computers & Industrial Engineering, 59(1): 145-156.

Hu G J, Zhou M, Hou H B, et al. 2010. An ecological floating-bed made from dredged lake sludge for purification of eutrophic water. Ecological Engineering, 36(10): 1448-1458.

Ji L Y, Gong P, Wang J, et al. 2018. Construction of the 500-m resolution daily global surface water change database (2001-2016). Water Resources Research, 54(12): 10270-10292.

Ji Z W, Hu C H, Zeng Q H, et al. 1994. Analysis of recent evolution of the Yellow River Estuary by Landsat images. Journal of . Sediment Research, 3: 12-22.

Kavzoglu T, Colkesen I. 2009. A kernel functions analysis for support vector machines for land cover classification. International Journal of Applied Earth Observation and Geoinformation, 11(5): 352-359.

Knudby A, LeDrew E, Brenning A. 2010. Predictive mapping of reef fish species richness, diversity and biomass in Zanzibar using IKONOS imagery and machine-learning techniques. Remote Sensing of Environment, 114(6): 1230-1241.

Kooistra L, Wamelink W, Schaepman-Strub G, et al. 2008. Assessing and predicting biodiversity in a floodplain ecosystem: assimilation of net primary production derived from imaging spectrometer data into a dynamic vegetation model. Remote Sensing of Environment, 112(5): 2118-2130.

Kuenzer C, Klein I, Ullmann T, et al. 2015. Remote sensing of river delta inundation: Exploiting the potential of coarse spatial resolution, temporally-dense MODIS time series. Remote Sensing, 7(7): 8516-8542.

Lehner B, Döll P. 2004. Development and validation of a global database of lakes, reservoirs and wetlands. Journal of Hydrology, 296(1-4): 1-22.

Lewy P, Nielsen A. 2003. Modelling stochastic fish stock dynamics using Markov Chain Monte Carlo. ICES Journal of Marine Science, 60(4): 743-752.

Li H F, Zhang H, Yu L X, et al. 2022. Managing water level for large migratory fish at the Poyang lake outlet: implications based on habitat suitability and connectivity. Water, 14(13): 2076.

Li Y L, Zhang Q, Cai Y J, et al. 2019. Hydrodynamic investigation of surface hydrological connectivity and its effects on the water quality of seasonal lakes: insights from a complex floodplain setting (Poyang Lake, China). Science of the Total Environment, 660: 245-259.

Longhurst A R, Sathyendranath S, Platt T, et al. 1995. An estimate of global primary production in the ocean from satellite radiometer data. Journal of Plankton Research, 17(6): 1245-1271.

Mao Z H, Ding F, Yuan L L, et al. 2023. The classification of riparian habitats and assessment of fish-spawning habitat suitability: a case study of the Three Gorges Reservoir, China. Sustainability, 15(17): 12773.

MacCallum S N, Merchant C J. 2012. Surface water temperature observations of large lakes by optimal estimation. Canadian Journal of Remote Sensing, 38(1):25-45.

Mark B B , Nathalie J S. 1999. Aquatic habitat assessment: common methods. American Fisheries Society, Bethesda. 216.

McFeeters S K. 1996. The use of the normalized difference water index (NDWI) in the delineation of open water features. International Journal of Remote Sensing, 17(7): 1425-1432.

Messager M L, Lehner B, Grill G, et al. 2016. Estimating the volume and age of water stored in global lakes using a geo-statistical approach. Nature Communications, 7(1): 13603.

Miller P. 2004. Multi-spectral front maps for automatic detection of ocean colour features from SeaWiFS.

International Journal of Remote Sensing, 25(7-8): 1437-1442.

Miller P. 2009. Composite front maps for improved visibility of dynamic sea-surface features on cloudy SeaWiFS and AVHRR data. Journal of Marine Systems, 78(3): 327-336.

Mueller J L, Bidigare R R, Trees C, et al. 2003. Ocean optics protocols for satellite ocean color sensor validation, revision 5. Volume V: Biogeochemical and Bio-Optical Measurements and Data Analysis Protocols. Greenbelt, Maryland: Goddard Space Flight Space Center.

Mumby P J, Edwards A J. 2002. Mapping marine environments with IKONOS imagery: enhanced spatial resolution can deliver greater thematic accuracy. Remote Sensing of Environment, 82(2-3): 248-257.

Nieto K. 2009. Variabilidad oceánica de mesoescala en los ecosistemas de afloramiento de Chile y Canarias: una comparacio´n a partir de datos satelitales. Salamanca: University of Salamanca.

Ocean Biology Processing Group. 2007. SeaDAS Training Manual. Washington: National Aeronautics and Space Administration.

Odermatt D, Danne O, Philipson P, et al. 2018. Diversity II water quality parameters from ENVISAT (2002–2012): a new global information source for lakes. Earth System Science Data, 10(3): 1527-1549.

Olson D B, Hitchcock G L, Mariano A J, et al. 1994. Life on the edge: marine life and fronts. Oceanography, 7: 52-60.

Oram J J, McWilliams J C, Stolzenbach K D. 2008. Gradient-based edge detection and feature classification of sea surface images of the southern California Bight. Remote Sensing of Environment, 112(5): 2397-2415.

O'Reilly J E, Maritorena S, Mitchell B G, et al. 1998. Ocean color chlorophyll algorithms for SeaWiFS. Journal of Geophysical Research-Oceans, 103(C11): 24937-24953.

Pekel J F, Cottam A, Gorelick N, et al. 2016. High-resolution mapping of global surface water and its long-term changes. Nature, 540(7633): 418-422.

Phan V H, Lindenbergh R, Menenti M. 2012. ICESat derived elevation changes of Tibetan lakes between 2003 and 2009. International Journal of Applied Earth Observation and Geoinformation, 17: 12-22.

Pickens A H, Hansen M C, Hancher M, et al. 2020. Mapping and sampling to characterize global inland water dynamics from 1999 to 2018 with full Landsat time-series. Remote Sensing of Environment, 243: 111792.

Podolsky R. 1994. Ecological hot spots: A method for estimating biodiversity directly from digital Earth imagery. Earth Observation Magazine: 30-36.

Pollom R A, Rose G A. 2016. A global review of the spatial, taxonomic, and temporal scope of freshwater fisheries hydroacoustics research. Environmental Reviews, 24(3): 333-347.

Polovina J, Uchida I, Balazs G, et al. 2006. The Kuroshio Extension Bifurcation region: a pelagic hotspot for juvenile loggerhead sea turtles. Deep Sea Research II: Topical Studies in Oceanography, 53(3-4): 326-339.

Schwatke C, Dettmering D, Bosch W, et al. 2015. DAHITI–an innovative approach for estimating water level time series over inland waters using multi-mission satellite altimetry. Hydrology and Earth System Sciences, 19(10): 4345-4364.

Shen Q, Yao Y, Li J S, et al. 2019. A CIE color purity algorithm to detect black and odorous water in urban rivers using high-resolution multispectral remote sensing images. IEEE Transactions on Geoscience and Remote Sensing, 57(9): 6577-6590.

Simmonds J E, Maclennan D N. 2005. Fisheries acoustics: theory and practice: Second edition. Oxford: Blackwell Science, 12-68.

Stöcker S. 1999. Models for tuna school formation. Mathematical Biosciences, 156(1-2): 167-190.

Stoms D M, Estes J E. 1993. A remote sensing research agenda for mapping and monitoring biodiversity. International Journal of Remote Sensing, 14(10): 1839-1860.

Strand H, Höft R, Stritholt J, et al. 2007. Sourcebook on Remote Sensing and Biodiversity Indicators. Montreal:Secretariat of the Convention on Biological Diversity, 32.

Stritholt J, Miles L, Horning N, et al. 2007. Sourcebook on remote sensing and biodiversity indicators. Technical

Series, (32): 203.

Sund O. 1935. Echo sounding in fishery research. Nature, 135(3423): 953.

Tan Z Q, Wang X L, Chen B, et al. 2019. Surface water connectivity of seasonal isolated lakes in a dynamic lake-floodplain system. Journal of Hydrology, 579: 124154.

Tejera A, Garcia-Weil L, Heywood K J, et al. 2002. Observations of oceanic mesoscale features and variability in the Canary Islands area from ERS-1 altimeter data, satellite infrared imagery and hydrographic measurements. International Journal of Remote Sensing, 23(22): 4897-4916.

Tew-Kai E, Marsac F. 2010. Influence of mesoscale eddies on spatial structuring of top predators' communities in the Mozambique Channel. Progress in Oceanography, 86(1-2): 214-223.

Thrush S F, Gray J S, Hewitt J E, et al. 2006. Predicting the effects of habitat homogenization on marine biodiversity. Ecological Applications, 16(5): 1636-1642.

Tikhonov D A, Enderlein J, Malchow H, et al. 2001. Chaos and fractals in fish school motion. Chaos, Solitons & Fractals, 12(2): 277-288.

Trigg M A, Michaelides K, Neal J C, et al. 2013. Surface water connectivity dynamics of a large scale extreme flood. Journal of Hydrology, 505: 138-149.

Turner W, Spector S, Gardiner N, et al. 2003. Remote sensing for biodiversity science and conservation. Trends in Ecology & Evolution, 18(6): 306-314.

Urick R J. 1983. Principles of Underwater Sound: 3rd ed. New York: McGraw-Hill Book Company.

Vannote R L, Minshall G W, Cummins K W, et al. 1980. The river continuum concept. Canadian Journal of fisheries and Aquatic Sciences, 37(1): 130-137.

Vierling K T, Vierling L A, Gould W A, et al. 2008. Lidar: shedding new light on habitat characterization and modeling. Frontiers in Ecology and the Environment, 6(2): 90-98.

Wan W, Long D, Hong Y, et al. 2016. A lake data set for the Tibetan Plateau from the 1960s, 2005, and 2014. Scientific Data, 3(1): 160039.

Wang L, Dronova I, Gong P, et al. 2012. A new time series vegetation–water index of phenological–hydrological trait across species and functional types for Poyang Lake wetland ecosystem. Remote Sensing of Environment, 125: 49-63.

Wang X W, Gong P, Zhao Y Y, et al. 2013. Water-level changes in China's large lakes determined from ICESat/GLAS data. Remote Sensing of Environment, 132: 131-144.

Xia Z, Jia P, Lei Y, et al. 2007. Dynamics of coastal land use patterns of Inner Lingdingyang Bay in the Zhujiang River estuary. Chinese Geographical Science, 17(3): 222-228.

Yuan C, Gong P , Bai Y. 2020. Performance assessment of ICESat-2 laser altimeter data for water-level measurement over lakes and reservoirs in China. Remote Sensing, 12(5):770.

Zhang G Q, Chen W F, Xie H J. 2019. Tibetan Plateau's lake level and volume changes from NASA's ICESat/ICESat-2 and Landsat Missions. Geophysical Research Letters, 46(22): 13107-13118.

Zhang G Q, Xie H J, Kang S C, et al. 2011. Monitoring lake level changes on the Tibetan Plateau using ICESat altimetry data (2003–2009). Remote Sensing of Environment, 115(7): 1733-1742.

Zhang Y Q, Li Y F, Zhang L L, et al. 2020. Site fidelity, habitat use, and movement patterns of the common carp during its breeding season in the Pearl River as determined by acoustic telemetry. Water, 12(8): 2233.

第 3 章　观测数据获取与分析

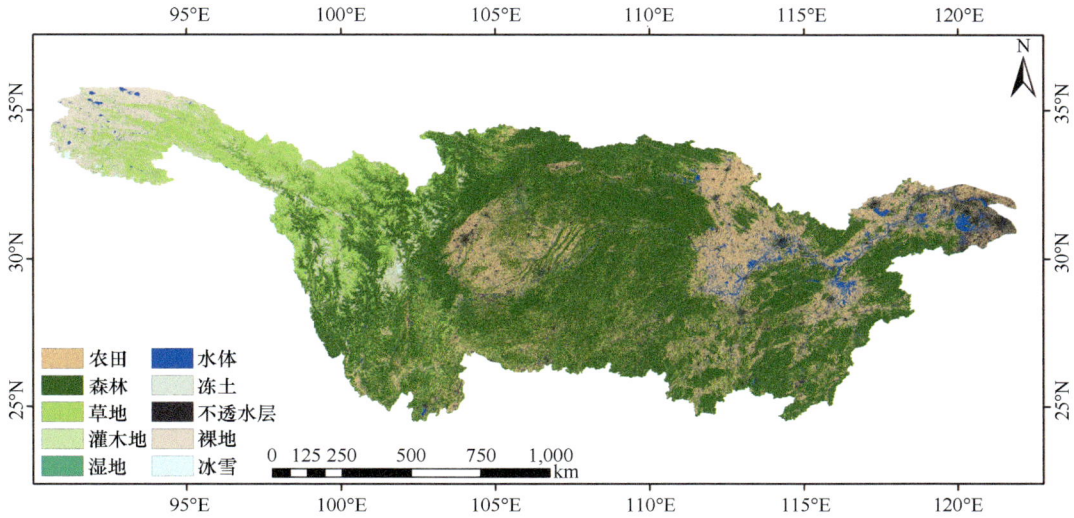

全球土地覆盖精细分辨率观测数据集

　　本章主要介绍消落区观测用到的多种数据源,涵盖时间序列卫星遥感数据、无人机航摄测量数据、卫星数据后处理生成的产品数据集,以及带有拓扑关系和属性信息的矢量地理空间数据集,同时包括地面水文实测数据等。这些数据的综合应用为消落区的观测提供了多维度、多尺度的信息,为水生生物多样性和栖息地保护研究提供了强有力的支持。

　　时间序列卫星遥感观测通过多次观测同一区域,形成一系列时间同步且覆盖范围较广的数据集。在消落区观测中,这些数据不仅能够用于地表生态环境参数的季节性和年际性变化监测,还可用于分析变化的驱动因素。无人机航摄测量数据为消落区生境的精细化监测提供了超高精度的地表信息,尤其是在研究频繁的水陆交界处的物质能量交换,以及消落区底质和植被等方面,为研究者提供了高质量的基础数据。地表水体生境参数的自动化提取算法的研发,使得快速分析区域乃至全球尺度的水生生物生境变化成为可能,大幅度提升了观测效率和准确程度,能够生产精确的标准化的观测数据集,包括消落区的植被覆盖度、水体变化和人类活动干扰等信息。矢量地理空间数据集以矢量形式描述地理实体,带有拓扑关系和属性信息。地面水文实测数据包括水位、降水量等实时监测的水文参数,与遥感和其他空间观测数据相结合,为消落区生物栖息地模拟及生境变化驱动因素分析提供更丰富的参考资料。综合应用上述数据,能够更全面、精准地理解消落区的动态过程。

3.1 多尺度卫星遥感观测数据获取与处理

收集和分析的多尺度卫星遥感观测数据，包含长江流域 1984～2020 年 30m 空间分辨率的 Global Water Surface 长时间序列水体分布数据、2017～2021 年 10m 高空间分辨率欧洲哨兵 2 号卫星数据、2017～2019 年 3m 高空间分辨率的 PlanetScope 卫星遥感图像、2020～2021 年 0.6～1m 超高空间分辨率的长江流域重点河段多个季节的亚米级 SkySat 卫星编程拍摄数据，及长江流域典型河（湖）多个断面的自主拍摄的低空无人机航摄测量数据。另外，2020～2021 年较为系统的开展了一周年的自沱沱河至长江口干流、7 条主要一级支流、洞庭湖、鄱阳湖的消落区实地调查，获得了大量地面实地调查生境照片、生境调查表等。综合利用上述数据，分析长江流域近 40 年水域变化状况、长江流域"一江两湖七河"重点水域的消落区现状，以及获取长江流域重要消落区名录（第 9～11 章）。此外，还收集了来自中国科学院空天信息创新研究院湿地遥感研究组发布的中国水域覆盖图（The China Water Cover Map，CWaC）（2020/10m）数据集（Yang and Niu，2022）、清华大学地球系统科学系宫鹏团队发布的全球 10m 精细分辨率土地覆盖监测数据集（Finer Resolution Observation and Monitoring of Global Land Cover，FROM-GLC）（Gong et al.，2019）、中国科学院空天信息创新研究院刘良云团队发布的全球 30m 分辨率土地覆盖精细分类数据集（Global land-cover product with fine classification system at 30m，GLC_FCS30-2020）（Zhang et al.，2021）、长江流域 SRTM 高程数据、开源地图数据集（OpenStreetMap，OSM）、全国 1:25 万基础地理数据库水系数据集、全球水库和大坝（Global Reservoirs and Dams，GRanD）数据集，以及 1949 年以来长江宜昌水文站和九江水文站的年最高水位和年平均水位数据，用于综合分析长江流域水生态结构变化的原因。数据信息如表 3-1 所示，总数据量超过 20TB。

表 3-1 研究区数据获取

序号	数据类型	空间分辨率	数据量	空间范围	时间范围
1	JRC 水体分布数据	30m	3 456 副	全流域	1984～2020 年每个月
2	Sentinel-2A 卫星数据	10m	1 388 景	全流域	2017～2021 年
3	PlanetScope 卫星数据	3m	4 856 景	31 个重点河段	2017～2019 年
4	SkySat 卫星数据	0.6～1m	93 副	31 个重点河段	2020～2021 年
5	无人机航拍数据	3cm	正射图像 110 958 张	85 个典型河（湖）段的 196 个断面（含第 4、5 项范围）	2020～2021 年
6	实地调查	—	256 份	85 个典型河（湖）段的 196 个断面	2020～2021 年
7	CWaC 数据集	10m	覆盖	全流域	2020 年
8	FROM-GLC10	10m	覆盖	全流域	2017 年
9	GLC_FCS30-2020	30m	覆盖	全流域	2020 年
10	长江流域 SRTM 高程数据	30m、90m	覆盖	全流域	2000 年
11	开源地图数据集	—	覆盖	全流域	2020 年
12	全国 1:25 万基础地理数据库水系数据集		覆盖	全流域	2015 年
13	GRanD 数据集		覆盖	全流域	2016 年
14	水文观测数据	—		宜昌、九江	1949～2020 年

注：JRC- 欧盟委员会联合研究中心；"—"表示不具备此类属性。

3.1.1　JRC 水体分布数据

本小节分析中采用欧盟委员会联合研究中心（JRC）的、空间分辨率为30m、时间分辨率为每月的长时间序列全球地表水（Global Surface Water，GSW）数据集（Pekel et al.，2016），获取长江流域1984～2020年的历史月度水体（monthly water history，MWH）数据共3456副，每幅水体分布数据中包含陆地、水体、无效观测三种类型值（图3-1）。

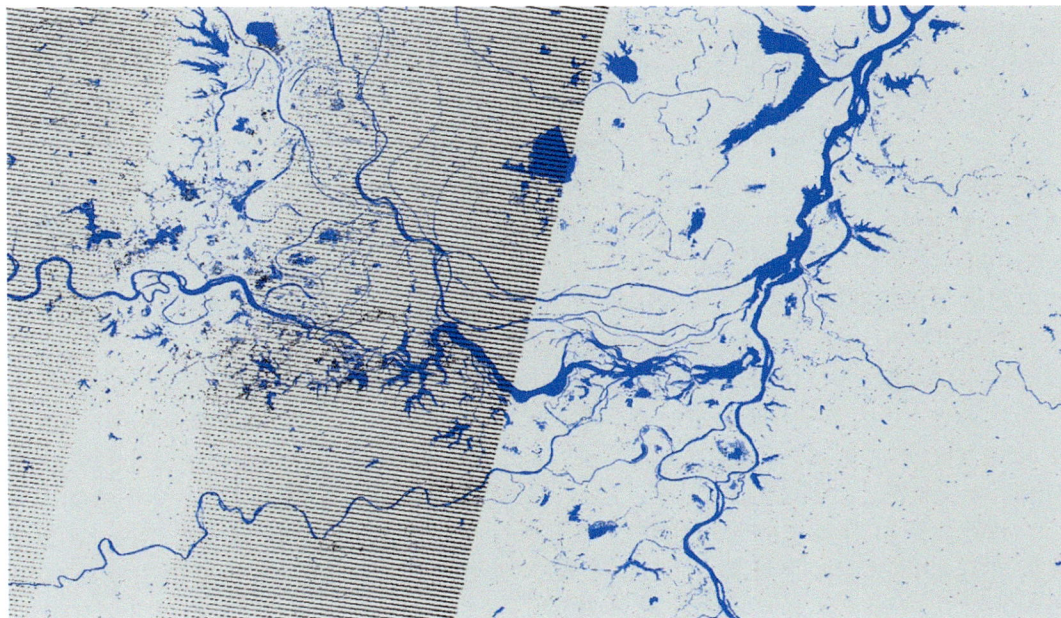

图 3-1　洞庭湖区域 2019 年 10 月水体分布数据
（灰色区域为陆地，蓝色区域为水体，黑色条纹为无效观测）

对所有数据进行标准图幅分割，计算逐月水体出现频率，确定水体出现频率增加和减少的区域，进而分析长江流域近40年水域变化状况。具体处理过程如下：

首先，对原始水体栅格数据按10 000×10 000像素范围进行标准图幅分割，将1984～2000年及2001～2020年两时段内所有年份中同一月份的水体观测（water detection，WD）数量之和，与对应月份的各年有效观测（valid observation，VO）数量之和相除，得到研究区每个像元所在位置两时段内的多年逐月水体出现频率（$ISWOF_{month,\ i}$）（公式（3-1）和公式（3-2），该数据表示在多年跨度上水体的出现概率。其中，各时段内多年逐月水体出现频率为0的，为永久性陆地；多年逐月水体出现频率为100%的，为永久性水体；介于两者之间的为年际间水体消长变化区。

其次，对两时段内多年逐月水体出现频率进行像素级差值计算［公式（3-3）］，并对各月差值进行加权平均，获得两时段间多年逐月水体出现频率增加和减少的百分比分布图（数值分布范围为 –100%～+100%，数值间隔为 ±1%）。将两时段内多年逐月水体出现频率差值变化的百分比分布图与2020年最大水体分布范围叠加，通过人工目视随机选取确定新增及减少水体的范围样本，分别统计新增水体及减少水体样本在水体出现频率差值变化百分比结果中的数值分布直方图，确定水体出现频率增加百分比高于 +30% 和减少低于 –30% 的分布范围作为永久性增加和减少的水体，变化率介于

+1%~+30% 及 –1%~–30% 之间的为季节性增加和减少的水体。

最后，对 1984～2020 年全部历史月度水体分布数据的分布范围做空间并集，

获得近 40 年全长江流域历史最大水面；做空间交集，获得历史最小水面；对上述二者最大和最小历史水面做空间差值获得最大消落区分布范围。

$$\text{ISWOF}_{\text{month},i(1984\sim2000)} = \sum_{n=1984}^{2000} \text{WD}_{\text{month},i} \bigg/ \sum_{n=1984}^{2000} \text{VO}_{\text{month},i} \qquad (3\text{-}1)$$

$$\text{ISWOF}_{\text{month},i(2001\sim2020)} = \sum_{n=2001}^{2020} \text{WD}_{\text{month},i} \bigg/ \sum_{n=2001}^{2020} \text{VO}_{\text{month},i} \qquad (3\text{-}2)$$

$$\text{ISWOF}_{\text{month},i\_\text{change}} = \text{ISWOF}_{\text{month},i(2001\sim2020)} - \text{ISWOF}_{\text{month},i(1984\sim2000)} \qquad (3\text{-}3)$$

式中，$\text{ISWOF}_{\text{month},i}$ 代表多年逐月水体出现频率；$\text{ISWOF}_{\text{month},i\_\text{change}}$ 代表 2001～2020 年及 1984～2000 年两时段内多年逐月水体出现频率的像素级差值；n 代表年份；i 代表研究区范围内某一像素；WD 代表观测值为水体像素；VO 代表观测值有效的像素。该组公式用于研究长江流域及其重要水域 2000 年前后两时段地表水体的长期消长变化状况，分析变化的成因。

另外，还可对每年的月度水体分布数据进行水体出现频率计算。其中，一年中水体出现频率为 0 且具有足够的有效观测数据的，为陆地；12 个月均是水体的，为年内永久水体；介于两者之间的，则为年内季节性消落区。以及，可进一步对任意两个年份之间的水陆转变情况进行制图分析。比如，两个年份之间相比，未发生改变的水面包括未受改变的永久水、未受改变的季节性消落区 2 类；在新增的水面中，包括从陆地转变为永久水、从陆地转变为季节性消落区、从季节性消落区转变为永久水 3 类；在减少的水面中，包括从永久水转变为陆地、从季节性消落区转变为陆地、从永久水转变为季节性消落区 3 类。同样，也可以对 1984～2000 年及 2001～2020 年两时段的水面变化情况进行制图分析。比如，两时段之间相比，未发生改变的水面包括未受改变的多年永久性水体、未受改变的年际间消落区 2 类；在新增的水面中，同样包括从陆地转变为永久水、从陆地转变为年际间消落区、从年

际间消落区转变为永久水 3 类；在减少的水面中，包括从永久水转变为陆地、从年际间消落区转变为陆地、从永久水转变为年际间消落区 3 类。

3.1.2 Sentinel-2 卫星数据

哨兵 2 号（Sentinel-2）是欧洲航天局"全球环境与安全监测"计划的第二颗高分辨率多光谱成像卫星，分为哨兵 -2A（Sentinel-2A）和哨兵 -2B（Sentinel-2B）两颗卫星，单颗卫星的重访周期为 10d，两颗互补，重访周期可达 5d。它可覆盖从可见光和近红外到短波红外的 13 个光谱波段，地面分辨率分别为 10m、20m 和 60m。它的幅宽高达 290km，在光学卫星数据中，哨兵 -2A 卫星数据是唯一在红边范围含有 3 个波段的数据，对监测植被非常有效（表 3-2）。目前该数据免费对全球用户开放（图 3-2），可通过 https://browser.dataspace.copernicus.eu/ 官网下载。

本书中所作的分析共筛选了长江流域 2017～2021 年多个季节的 10m 空间分辨率的哨兵 2 号卫星数据 1388 景。采用自主研发的海量卫星遥感数据自动化下载和预处理技术（图 3-3），对所有图幅网格内的所有单景影像进行图像质量筛选、时相筛选、自动下载，解压缩、辐射校正和大气校正预处理、格式转换、裁切、投影转换等，再进入水体和消落区分布自动提取程序（图 3-4），分析长江流域重点水域的消落区空间分布和消落区类型等。图 3-5 分别给出了长江流域

表 3-2　Sentinel-2A 卫星轨道、有效载荷、遥感数据基本参数

遥感基本参数	Sentinel-2A
轨道高度（km）	786
重访频率（d）	5～10
产品级别	Level-1C[大气层顶（TOA）反射率，具有正射校正及亚像元级几何精校正，产品中包含云和陆地 / 水面]、Level-2A（利用欧洲航天局官方提供的 Sen2cor 工具，对 Level-1C 产品进行大气校正得到的地表反射率产品）
空间分辨率	10m 的 4 个波段（蓝、绿、红、近红）、20m 的 6 个波段（植被红边、窄近红外、短波红外）和 60m 的 3 个波段 [沿海气溶胶、短波红外（水蒸气）、短波红外（卷云）]
光谱波段（nm）	沿海气溶胶（B01）：中心波长为 443.9，波段宽度为 20 蓝（B02）：中心波长为 496.6，波段宽度为 65 绿（B03）：中心波长为 560，波段宽度为 35 红（B04）：中心波长为 664.5，波段宽度为 30 植被红边（B05）：中心波长为 703.9，波段宽度为 15 植被红边（B06）：中心波长为 740.2，波段宽度为 15 植被红边（B07）：中心波长为 782.5，波段宽度为 20 近红外（B08）：中心波长为 835.1，波段宽度为 115 窄近红外（B08b）：中心波长为 864.8，波段宽度为 20 短波红外（水蒸气）（B09）：中心波长为 945，波段宽度为 20 短波红外（卷云）（B10）：中心波长为 1373.5，波段宽度为 30 短波红外（B11）：中心波长为 1613.7，波段宽度为 90 短波红外（B12）：中心波长为 2202.4，波段宽度为 180
幅宽（km）	290
定位精度	在几何定位方面，哨兵 2 号的星上相机通过利用精确的星历信息、姿态数据以及地面控制点（GCPs），能够实现亚像素级别的定位精度。据官方数据，无地面控制点时，几何定位精度约为 10m；借助地面控制点后，几何定位精度可以提高到亚米级别

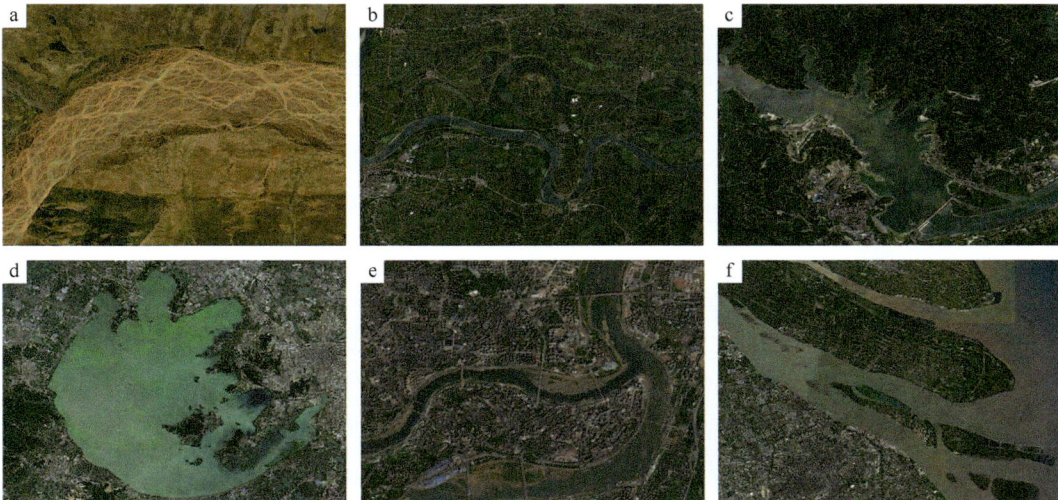

图 3-2　长江流域不同区域哨兵 2 号图像
a. 通天河；b. 长江中游故道群；c. 三峡大坝；d. 太湖；e. 嘉陵江汇入长江；f. 长江入海口

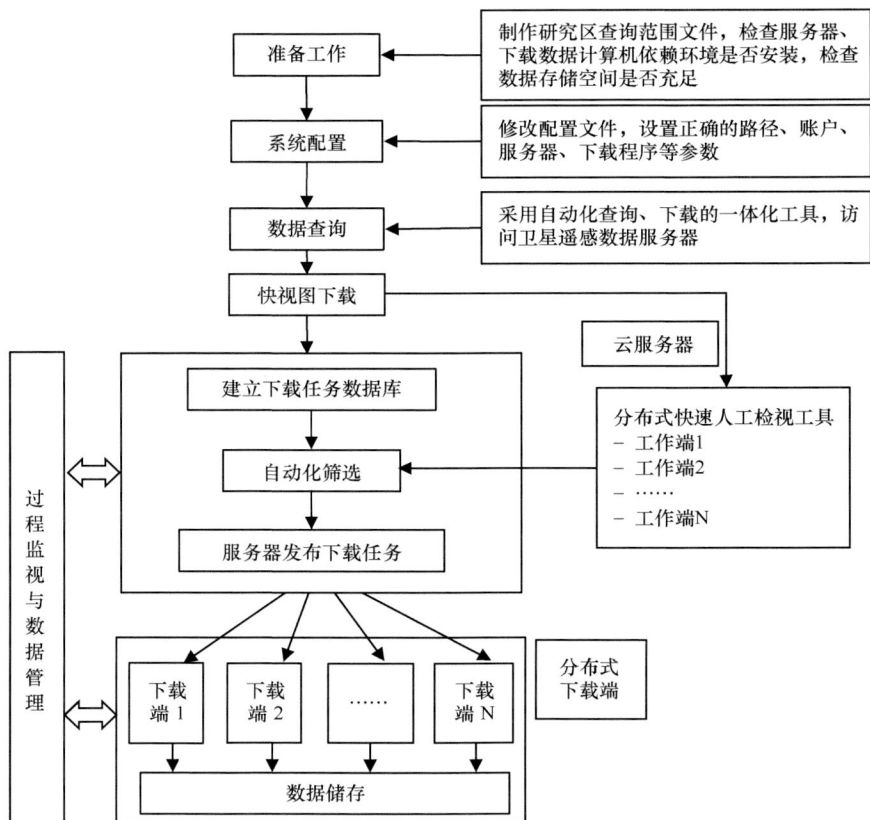

图 3-3　海量卫星遥感数据的自动化下载和预处理技术流程图

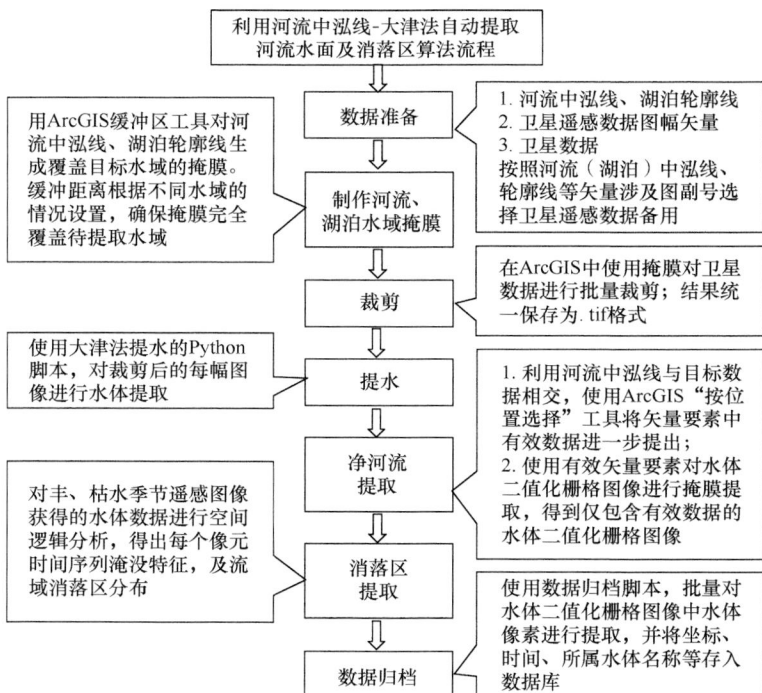

图 3-4　水体和消落区遥感信息自动化提取技术流程图

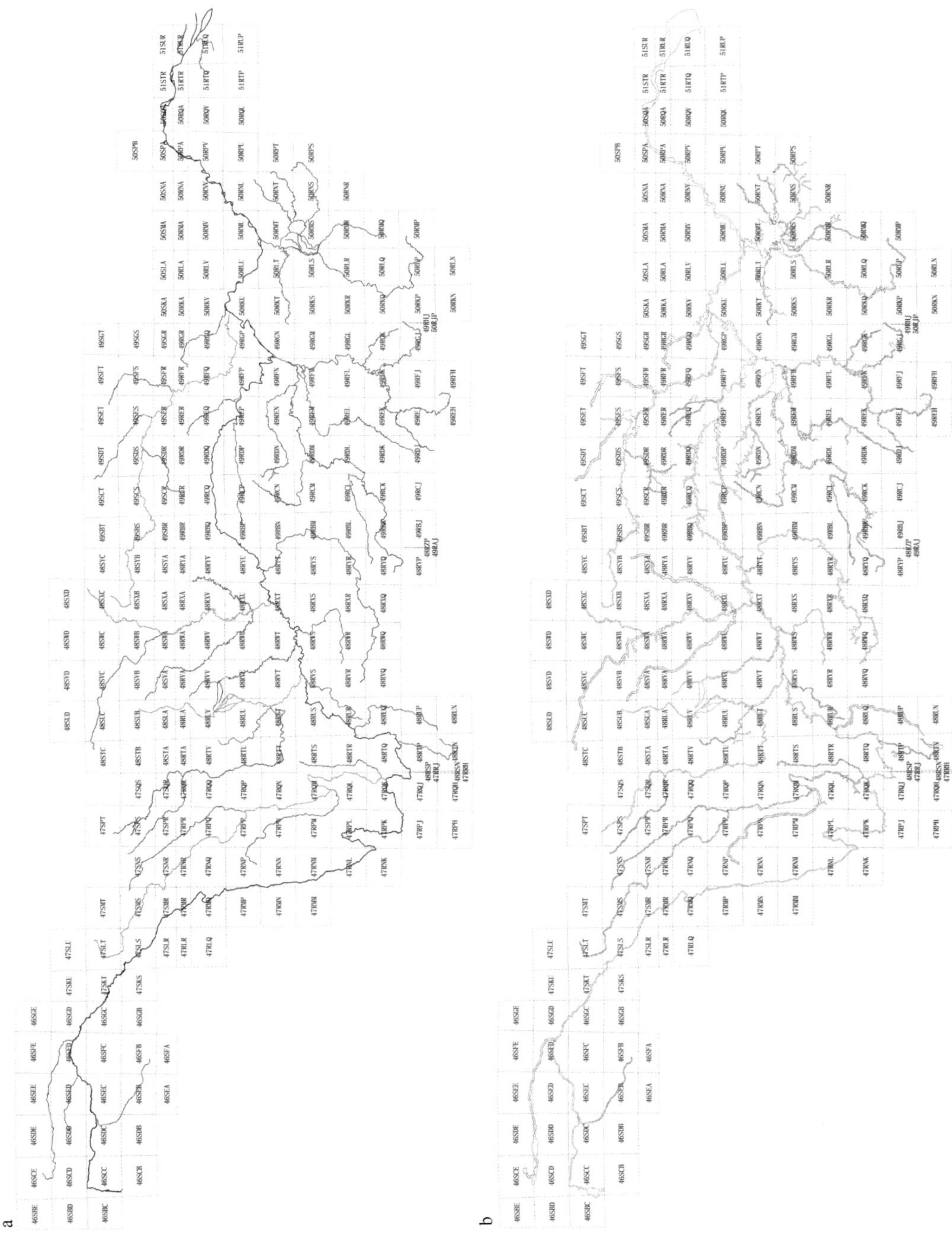

图 3-5 长江流域 1~4 级河流中泓线叠加卫星遥感数据图幅编号矢量 (a)、河流和湖泊轮廓线 10km 缓冲区叠加卫星遥感数据图幅编号矢量 (b)

1～4 级河流中泓线叠加卫星遥感数据图幅编号矢量（图 3-5a）、河流和湖泊轮廓线 10km 缓冲区叠加卫星遥感数据图幅编号矢量（图 3-5b）。

3.1.3 RapidEye、PlanetScope 及 SkySat 卫星星座数据

RapidEye 卫星星座是德国 RapidEye AG（2013 年更名为 BlackBridge）负责运行的 5 颗卫星群（图 3-6a1～a3），在 630km 高空对地面执行监测任务，卫星均匀分布在一个太阳同步轨道内，每颗卫星体积大小不到 1m³，总重为 150kg。每颗卫星都携带 6 台空间分辨率达 6.5m 的照相机，整个星座的日覆盖面积约为 400 万 km²，能够在 15d 内覆盖整个中国。RapidEye 卫星传感器图像在

400～850nm 有 5 个光谱波段，是全球首个能够提供红边波段的商业卫星。红边波段更有利于为植被分类和植被生长状态的监测提供有效信息。

Planet 公司是世界上在轨卫星数量最多的公司，其小卫星星座简称 PL 星群，共有 170 余颗卫星（图 3-6b1～b3），使全球对地观测进入"每日"时代，可实现全球每日覆盖；影像获取无须编程，上百颗卫星每天对全球进行自主拍摄，是世界上唯一具有全球高分辨率、高频次、全覆盖能力的遥感卫星星座。每个 PL 卫星成员都是一颗 3U 立方体（10cm×10cm×30cm）小卫星 Dove，Dove 航天器均装备一个光学系统和相机，能够拍摄地面分辨率为 3～4m 的多光谱影像。并且 Dove 卫星可以高频率升

图 3-6 三峡库区 RapidEye（a1～a3）、PlanetScope（b1～b3）及 SkySat（c1～c3）卫星星座数据

级和替换，每颗卫星的预期寿命是 3 年。Dove 如同扫描仪，全部卫星在太空环绕地球每日对地球进行自主拍摄，并保存大量的数据。

SkySat 卫星系列是美国 Planet 公司发展的高频成像对地观测小卫星星座（图 3-6c1～c3），是目前世界上卫星数量最多的亚米级高分辨率卫星星座，全色波段空间分辨率为 0.8m，多光谱波段（蓝、绿、红、近红外 4 个波段）空间分辨率为 1m。SkySat 卫星星座重访周期很短，在 1d 之内可对全球任意地点最多拍摄 3～4 次。SkySat 系列卫星均具有视频拍摄和静态图像拍摄两种工作模式，特定位置和时间的数据获取需要编程拍摄。

以上三种星座的基本参数如表 3-3 所示。目前三种卫星星座观测数据只能通过商业购买，或编程付费的方式获取。

本书所用材料包括 2017～2019 年 3m 高空间分辨率的 PlanetScope 卫星遥感图像资料合计 4856 景、2020～2021 年长江流域 31 个重点河段 3 个季节的、超高空间分辨率 0.6～1m 的，幅宽范围 20km×3km 的亚米级 SkySat 卫星数据，用于辅助分析长江流域重要消落区生境，制作重要消落区名录。

PL 星群数据和 SkySat 卫星数据的单景影像可以直接使用，也可根据应用目标进行镶嵌后再使用，即对辐射亮度图像，按照需求与工作区实际情况进行拼接镶嵌；按照河流或湖泊缓冲区矢量范围对镶嵌后的图像进行裁剪，再进行后续水生生物生境要素的精细信息提取和分析，部分生境信息的提取方法在第 6 章和第 8 章中有详细的阐述。

3.1.4　RADARSAT-2 雷达卫星数据

RADARSAT-2 是一颗搭载了 C 波段传感器的高分辨率商用雷达卫星，由加拿大太空局与雷达卫星国际公司 [之

表 3-3　RapidEye、PlanetScope 和 SkySat 卫星轨道、有效载荷、遥感数据基本参数

遥感基本参数	RapidEye 卫星星座	PlanetScope 小卫星星群	SkySat 卫星星座
轨道高度（km）	630	475	500～600
重访频率	每天（侧摆）/5.5d（星下点）	每天	每天 2 次，上午 10:30，下午 1:30
产品级别	1B 为经过传感器校正和辐射校正的产品，3A 为经过传感器校正、辐射校正和几何校正的产品	1B 为辐射定标产品、3B 为正射校正产品＋大气校正产品 *、3A 为正射校正拼接产品、月度匀色镶嵌底图产品	1B 为数字量化值 DN 产品、3B 为正射校正产品＋大气校正产品 *、3A 为正射校正拼接产品
空间分辨率（m）	5	3～4，月度镶嵌产品 4.77	全色 0.8，多光谱 1，融合产品 0.8
光谱波段（nm）	蓝、绿、红、红边、近红外 蓝：440～510； 绿：520～590； 红：630～685； 红边：690～730； 近红外：760～850	蓝、绿、红、近红外 蓝：455～515（中心波长：485） 绿：500～590（中心波长：545） 红：590～670（中心波长：630） 近红外：780～860（中心波长：820）	全色；多光谱：蓝、绿、红、近红外 蓝：450～515（中心波长：482.5） 绿：515～595（中心波长：555） 红：605～695（中心波长：650） 近红外：740～900（中心波长：820）
幅宽（km）	1B 产品 77，3A 产品 25×25	单景为 24×7	单景约为 3.2×1.35
定位精度（m）	平原区优于 5，山区优于 10（RMSE）		

"*" 表示大气校正产品为地表反射率扩大 10000 倍的 16 位无符号整型图像，少部分 3B 数据不包含大气校正产品。

后改名为麦克唐纳 - 德特威尔联合公司（MacDonald and Dettwiler Associates Limited，MDA）] 合作研制，并于 2007 年发射，其强大的成像功能远超越 RADARSAT-1 卫星，是目前国际上最先进的 SAR 系列商用卫星之一（李意和徐冰，2019）。目前只能通过商业购买，或编程付费的方式获取观测数据。

RADARSAT-2 卫星数据（图 3-7）具有以下三个方面的优势：其一，该卫星所有波束都可以根据指令进行左右两个视图的转换，大大缩短了重访周期；其二，RADARSAT-2 卫星在 RADARSAT-1 成像模式的基础上，又增加了四种成像方式，如超精细模式和多视精细模式等，能够在各个方面满足研究者的需求；其三，RADARSAT-2 卫星在 RADARSAT-1 卫星单一的 HH 双水平极化方式基础上，又增加了 VH、HV、VV 等多种极化方式（Wang et al.，2012）。该卫星的相关参数

详细信息如表 3-4、3-5 所示。

表 3-4　RADARSAT-2 卫星基本参数

基本参数	
所属国家	加拿大
设计寿命（年）	7～12
发射时间	2007 年 12 月 14 日
失效时间	—
卫星重量（kg）	2200
轨道类型	近极地太阳同步轨道
轨道高度（km）	798
轨道倾角（°）	98.6
运行周期（min）	100.7
每天绕地球圈数（圈）	14.4
降交点地方时	6:00
轨道重复周期（d）	24
传感器数量（个）	1
下行速率（Mbps）	105

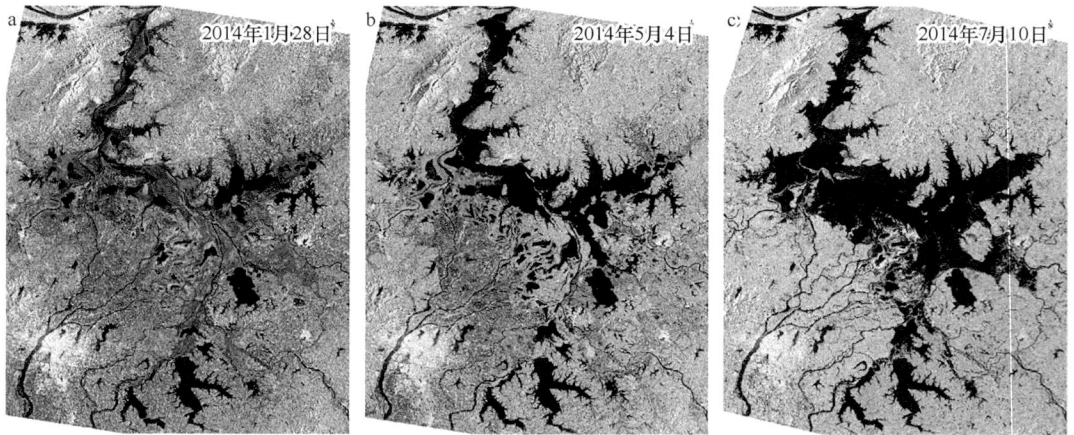

图 3-7　鄱阳湖地区 RADARSAT-2 卫星数据（a. 枯水期；b. 平水期；c. 丰水期）

表 3-5　RADARSAT-2 产品模式

波束模式	产品	像元大小（距离 × 方位）（m×m）	分辨率（距离 × 方位）（m×m）	幅宽（km×km）	入射角（°）	视数	极化方式
聚束模式 1 米	SLC	1.3×0.4	1.6×0.8	18×8	20～49	1×1	可选单极化（HH/HV/VV/VH）
	SGX	1×1/3					
	SGF	0.5×0.5	4.6～2.1×0.8				
	SSG、SPG	0.5×0.5					

续表

波束模式	产品	像元大小（距离×方位）（m×m）	分辨率（距离×方位）（m×m）	幅宽（km×km）	入射角（°）	视数	极化方式
超精细 3 米	SLC	1.3×2.1	1.6×2.8	20×20	20～49	1×1	可选单极化（HH/HV/VV/VH）
	SGX	1×1					
	SGF	1.56×1.56	4.6～2.1×2.8				
	SSG、SPG	1.56×1.56					
超精细宽* 3 米	SLC	1.3×2.1	1.6×2.8	50×50	30～50	1×1	可选单极化（HH/HV/VV/VH）
	SGF	1.56×1.56	3.3～2.1×2.8				
多视精细 5 米	SLC	2.7×2.9	3.1×4.6	50×50	30～50	1×1	可选单极化（HH/HV/VV/VH）
	SGX	3.13×3.13				2×2	
	SGF	6.25×6.25	10.4～6.8×7.6				
	SSG、SPG	6.25×6.25					
多视精细宽* 5 米	SLC	2.7×2.9	3.1×4.6	90×50	29～50	1×1	可选单极化（HH/HV/VV/VH）
	SGX	3.13×3.13				2×2	
	SGF	6.25×6.25	10.8～6.8×7.6				
精细 8 米	SLC	4.7×5.1	5.2×7.7	50×50	30～50	1×1	可选单、双极化（HH/HV/VV/VH 或 HH+HV/VV+VH）
	SGX	3.13×3.13					
	SGF	6.25×6.25	10.4～6.8×7.7				
	SSG、SPG	6.25×6.25					
精细宽* 8 米	SLC	4.7×5.1	5.2×7.7	150×170	30～45	1×1	可选单、双极化（HH/HV/VV/VH 或 HH+HV/VV+VH）
	SGF	6.25×6.25	10.4～7.7×7.7				
标准 25 米	SLC	8×5.1 或 11.8×5.1	9×7.7 或 13.5×7.7	100×100	20～49	1×1	可选单、双极化（HH/HV/VV/VH 或 HH+HV/VV+VH）
	SGX	8×8					
	SGF	12.5×12.5	26.8～18×24.7			1×4	
	SSG、SPG	12.5×12.5					
宽模式 30 米	SLC	11.8×5.1	13.5×7.7	150×150	20～45	1×1	可选单、双极化（HH/HV/VV/VH 或 HH+HV/VV+VH）
	SGX	10×10					
	SGF	12.5×12.5	40～19.2×24.7			1×4	
	SSG、SPG	12.5×12.5					
扫描窄模式 50 米	SCN	25×25	79.9～37.7×60	300×300	20～46	2×2	可选单、双极化（HH/HV/VV/VH 或 HH+HV/VV+VH）
扫描宽模式 100 米	SCW	50×50	160～72.1×100	500×500	20～49	4×2	可选单、双极化（HH/HV/VV/VH 或 HH+HV/VV+VH）
高入射角 25 米	SLC	11.8×5.1	13.5×7.7	75×75	49～60	1×1	单极化（HH）
	SGX	8×8					
	SGF	12.5×12.5	18.2-15.9×24.7			1×4	
	SSG、SPG	12.5×12.5					

波束模式	产品	像元大小（距离×方位）（m×m）	分辨率（距离×方位）（m×m）	幅宽（km×km）	入射角（°）	视数	极化方式
低入射角25米	SLC	8.0×5.1	9.0×7.7			1×1	
	SGX	10×10	52.7-23.3×24.7	170×170	10～23	1×4	单极化（HH）
	SGF	12.5×12.5					
	SSG、SPG	12.5×12.5					

"*"表示新增加模式。

SLC（Single Look Complex），即单视复型产品。它保留了SAR相位信息，以32bit复数形式记录图像数据。

SGF（SAR Georeferenced Fine Resolution），即SAR地理参考精细分辨率产品。对标准模式、宽模式、超低和超高模式均采用12.5m×12.5m的象元尺寸和4视处理；对于精细模式，采用6.25m×6.25m的象元尺寸和单视处理。图像数据为16 bit无符号整型。

SGX（SAR Georeferenced Extra Fine Resolution），即SAR地理参考超精细分辨率产品。该产品与SGF产品相仿，唯一的区别是SGX采用更小的象元尺寸，因而产品的数据量较大。

SCN（ScanSAR Narrow Beam），即窄幅ScanSAR产品。图像为25m×25m的象元尺寸，数据为8 bit无符号整型。

SCW（ScanSAR Wide Beam），即宽幅ScanSAR产品。图像为50m×50m的象元尺寸，数据为8 bit无符号整型。

SSG（SAR Systematically Geocoded），即SAR地理编码系统校正产品。SSG产品的图像数据为16 bit或8 bit无符号整型，由用户自行选择。

SPG（SAR Precision Geocoded），即SAR地理编码精校正产品。该产品与SSG产品相仿，不同之处在于采用地面控制点对几何校正模型进行修正，从而大大提高了产品的几何精度。产品的图像数据为16 bit或8 bit无符号整型，由用户自行选择。

雷达卫星图像的预处理主要包括多视处理、噪声滤波、几何校正、地理坐标投影转换、多时相后向散射校正等。其中，多视处理是对图像的距离向和方位向上的分辨率做平均，目的是抑制图像中的斑点噪声。多视处理后的图像提高了辐射分辨率，但同时会稍微降低其空间分辨率，因此需要对多视处理的参数进行实验和选择。为进一步有效降低图像斑点噪声，通常还需要进行滤波处理（如LEE滤波），是指将其方位向和距离向窗口大小设置为9，并进行滤波处理。

对于时间序列分析来说，通常还需要开展多时相雷达图像的几何校正和几何配准。由于雷达传感器系统是测量发射和返回脉冲的功率比，因此这个比值（即后向散射）被投影为斜距几何。为了更好地对比图像的几何和辐射特征，首先需将数据先从斜距或地距投影转换为地理坐标投影，然后对多景做过地理坐标投影转换后的雷达图像进行几何配准，以保证多时相遥感图像之间位置的精确匹配；最后进行多时相图像的后向散射校正，从时间序列雷达图像中选择一幅最清晰的、图像噪声最小的后向散射信号图像，以此作为其他图像校正的参考标准（R），并通过最小二乘法计算公式$R=a×BC+b$对其他图像上相同位置的像素值进行校正。

3.1.5　长江流域 SRTM 高程数据

航天飞机雷达地形测绘计划（Shuttle Radar Topography Mission，SRTM）由美国航空航天局（NASA）和美国国防部国家测绘局（NIMA）联合测量，可通过https://earthexplorer.usgs.gov/网址免费获取数据（图3-8a）。2000年2月11日开始，在11d的飞行中，美国发射的"奋进"号航天飞机上搭载了SRTM系统，共进行了222h23min的数据采集工作，获取了地理坐标范围56°N～60°S的总面积超过

1.19 亿 km² 的雷达干涉测量数据，覆盖地球 80% 以上的陆地表面和 95% 的居民区。该计划共耗资 3.64 亿美元，测量数据可覆盖中国全境。SRTM 系统获取的雷达影像的数据量约为 9.8 万亿字节，经过两年多的数据处理，制成了现在的 SRTM 地形产品数据，即数字地形高程模型（DEM），具有优于 16m 的绝对精度。SRTM 主要采用雷达干涉测量技术，两个雷达图像是从稍微不同的位置拍摄的，这些图像之间的差异允许计算地表高程或变化。通过计算 DEM 数据中相邻栅格像元的高程差及水平差，可以得到该栅格像元的坡度值（图 3-8b）。

采用数字高程模型，还可开展子流域分析，获得详细的流域特征（图 3-8c、d）。子流域分析是水文学和地理信息系统（GIS）领域的重要研究方法，用于研究水文过程、探索地表水系的分布和水的流向，服务水资源管理等。流域是雨水分散汇合与集中排出的区域，由确定的分水岭所围成。子流域是指一个水系中的一个相对独立的、由一条主要河流及其支流和附属流域组成的区域。

采用数字高程模型开展子流域分析的具体过程如下：首先，将获取的 DEM 数据进行异常值去除、洼地填充预处理后，根据 DEM 数据的坡度和流向信息使用流域分割算法确定分水岭，并将地表划分为不同的子流域。然后，通过识别河流沟谷的低洼区域，追踪水流的路径，在 DEM 上标记河流的流向，形成河流网络，根据流域分割和河流网络，将地表划分为一系列相对独立的子流域，这些子流域由主要河流及其支流包围。最后，可以提取每个子流域的面积、坡度、高程、河流长度、土地利用等特征，或建立水文模型，进行流域水文过程模拟和分析。

a

海拔（m）
7148
5326
3504
1682
−140

b

坡度（°）
0～5
5～15
15～25
25～35
35～80

c

d

图 3-8 长江流域 SRTM 数据及以此为基础生产的分析数据

a.SRTM 地形数据；b. 坡度数据；c、d. 子流域分析

3.2　无人机航摄测量及实地调查

在"长江渔业资源与环境调查（2017—2021）"专项的重点支持下，通过流域各调查单位共同参与，按照统一的规范获取重要河段的无人机航拍正射图像，建立长江流域的栖息地生境样本库和光谱库，为长江流域消落区生态环境长期监测提供了重要基础。无人机航摄测量及实地调查数据也同时用于水生生物生境要素的精细信息提取，并辅助制作长江流域重要消落区名录。

根据长江流域各调查单位的无人机航摄系统软硬件现状、应用情况和长江流域消落区无人机航测业务需求，因地制宜，参照无人机系统技术相关标准、数字航空摄影测量规范，本专项制定了长江流域消落区无人机航摄技术规程，该规程中的技术方法对于观测其他流域的水生生物生境同样适用。无人机航摄技术的标准化和普及应用，能够满足典型河段生境高精准特征信息的定量获取要求，着重关注水体消落区地表覆盖类型的季节变化特征。主要采取三种模式（第 2 章 2.2 节），获取三类拍摄数据。根据长江流域"一江两湖七河"重点禁渔水域消落区的分布位置和典型类型，选取了 70 个，由长江专项各个分水域的单位负责完成。

具体分配方案如下：青海省渔业环境监测站负责沱沱河和通天河，中国水产科学研究院长江水产研究所负责金沙江、长江干流三峡段、长江上游干流、长江中游干流，国家林业和草原局中南调查规划院负责长江中游干流部分，中国水产科学研究院淡水渔业研究中心负责长江下游干流，中国水产科学研究院东海水产研究所负责长江口，四川省农科院水产研究所负责岷江和大渡河，重庆市水产科学研究所和西南大学共同负责嘉陵江，湖北省水产科学研究所和华中农业大学共同负责汉江下游，贵州省

水产研究所负责乌江，云南省渔业科学研究院负责横江，中国科学院水生生物研究所负责赤水河，内江师范学院负责沱江，湖南省水产研究所负责洞庭湖，江西省水产科学研究所负责鄱阳湖。

在各单位的共同参与下，2020～2021 年共获取长江流域 85 个典型河（湖）段的 196 个航摄断面，累积开展航拍调查 543 次，获得正射图像 110 958 张、全景生境照片 3617 张、地面生境照片 13 032 张、实地生境调查表 256 份，以及采集视频 445 段。无人机航摄测量数据，包括正射原始航拍数据、拼接正射图像、全景照片（图 3-9）、沿岸带视频等，按"采样地点名称 _ 调查河段编号 _ 断面编号 _ 采样时间"的方式命名，分 5 个数据集进行汇总和管理：image（存放断面正射航拍数据）、pano（存放全景照）、video（存放沿岸带视频）、photo（存放同步生境照片）、table（无人机监测同步生境调查记录表及早期资源调查表）。

其他地面同步调查数据包括地面生境照片（图 3-10）、生境参数调查及记录表、典型栖息地水生生物资源调查数据等（第 2 章 2.2.7 节）。

3.3　其他数据收集与分析

3.3.1　OpenStreetMap 数据集

开源地图数据集（OpenStreetMap，OSM）是一个开源的世界地图和网上地图协作计划，由全世界志愿者通过在线合作方式自发创建与更新地图数据（图 3-11）。经注册的用户可以编辑地图资料与上传 GPS 路径，以及取用可编辑地图的向量数据。由于全球志愿者的不断更新，OSM 的数据比传统商业地图实时性更高。除此之外，逐渐普及的航空、卫星摄影测量图像数据和其他来自商业机构或政府机关的数据也是 OSM 重要的数

图 3-9 多季节无人机全景照

从上至下拍摄时间依次为 2021 年 1 月 22 日、2021 年 3 月 10 日、2021 年 6 月 21 日、2021 年 10 月 27 日

图 3-10　多季节无人机正射影像、地面照片

从上至下拍摄时间依次为 2021 年 1 月 22 日、2021 年 3 月 10 日、2021 年 6 月 21 日、2021 年 10 月 27 日

据来源。OSM 免费开放、覆盖全球、强调本地知识、持续更新等特点，使其成为 GIS 世界级数据的重要来源之一，不仅能够通过在线地图服务，为 GIS 应用提供背景地图，还能通过提供 GIS 矢量数据的下载功能为 GIS 应用的分析、导航提供数据支撑。

在本书中，OSM 数据集的应用包括长江流域河流中泓线的修正参考，以及道路干扰度指数的计算。以 OSM 的 gis_osm_waterways 数据集为基础，进行河流中泓线的修正。传统河流分级系统中，1～3 级河流的修正比例尺采用 1∶10 000～1∶8000，4～5 级河流采用 1∶5000～1∶3000。gis_osm_waterways 数据集存在明显的支流长度不足或中断问题，需要补充描绘完整的河流中泓线走势。另外，对于分汊型河流和游荡型河流，需要区分主河槽和分支，并将所有分支都要描绘进来，还需要特别注意与修正河流有公共交汇点的河流拓扑关系等。河流中泓线修正数据的属性修改主要包括：补充和更正河流名称 name 字段；河流级别 River_Level 属性按传统河流分级进行补充，即干流为 1 级，一级支流为 2 级，以此类推；河段类型 Branch_Type 分级：主河槽为 1 级、分支河道为 2 级、牛轭湖

为 3 级；由专人负责质量控制；修正底图统一选择天地图。

道路干扰度指数的计算方法和实例见第 7 章 7.5 节。

3.3.2 全国 1∶25 万基础地理数据库水系数据集

全国 1∶25 万基础地理数据库水系数据集（公众版）由自然资源部下属的数据平台"全国地理信息资源目录服务系统"提供，数据覆盖我国陆地范围和主要岛屿及其邻近海域（包括台湾岛、海南岛、钓鱼岛、南海诸岛）。按照《国家基本比例尺地形图分幅和编号》（GB/T 13989—2012）要求，数据以 15′（经差）×10′（纬差）为单元进行存储，共816 幅，可通过 https://www.webmap.cn/commres.do?method=result25W 网址免费获取。地理空间参考采用 2000 国家大地坐标系、1985 国家高程基准、经纬度坐标。通过地图保密技术，对整套数据进行了空间位置精度和属性内容的保密技术处理。

目前公开版数据的整体现势性为2015 年，共有 4 个数据集和 9 个数据层，内容包含水系、公路、铁路、居民地和自然地名等。使用的水系数据集包含湖泊、水库、双线河流等面状数据，单线

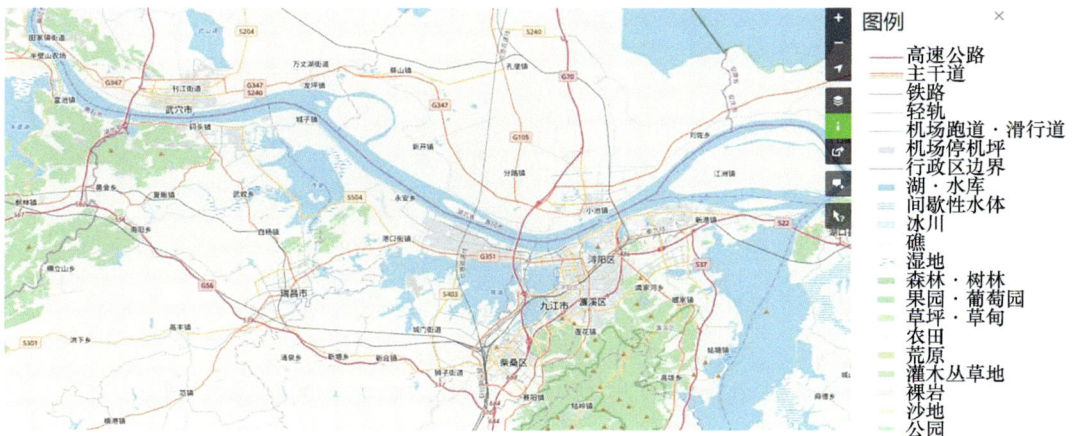

图 3-11 OpenStreetMap 数据示例

河流、沟渠、河流结构线等线状数据，以及泉、井等点状数据（图 3-12）。

本书中，主要采用该数据集中依据国家标准《基础地理信息要素数据字典 第 4 部分：1：250 000 1：500 000 1：1 000 000 基础地理信息要素数据字典》（GB/T 20258.4—2019）中 1:250 000 比例尺的 hydl 数据，用于提取流域自然水系的河网密度和河流频度以及水资源开发利用强度等参数，具体方法见第 7 章 7.5 节。

3.3.3   GRanD version 1.3 数据集

全球水库和大坝数据集（GRanD）是一个由全球水系项目发起的国际合作项目，旨在汇总现有的大坝和水库数据，为科学界提供一个单一、地理明确且可靠的数据库，可免费获取（图 3-13）。GRanD version 1.3 版本包含了 7320 个高度超过 15m 或水库库容超过 0.1km³ 的大坝的位置和属性数据，包括它们的名称、位置、尺寸、类型、河流、容量、建设日期、主要用途等方面，这些数据由 11 家机构提供。

GRanD 的数据可用于研究水库和河流管理，支持水资源管理、环境研究、气候研究、灾害管理、能源规划、地理信息系统分析、可持续发展规划等方向的各类研究。

本书主要参考该数据集中的长江流域大坝分布数据，结合 2019～2020 年 10m 空间分辨率哨兵 2 号卫星遥感图像进行更新，解译长江流域"一江两湖七河"重点禁渔水域的水利工程设施（包括堰、大坝和分水工程等），并分析梯级水库群建设对长江流域重点河流的纵向水文连通度的影响（具体见第 7 章 7.5 节）。

3.3.4   CWaC 数据集

中国科学院空天信息创新研究院湿地遥感研究组发布的 CWaC 数据集（Li and Niu，2022）可通过 https://cstr.cn/31253.11.sciencedb.00880 地址免费共享（图 3-14）。该数据集采用 WGS-84 坐标系统，主要包括河流、水库、湖泊、养殖池塘、季节性湿地、水稻田 6 种类型。Li 和 Niu（2022）详细介绍了该数据集的获取方法，即采用基于形状的和淹没频率的自动分类方法，并依托于遥感大数据云平台及 2020 年覆盖全国的时间序列 Sentinel-1 和 Sentinel-2 图像来获取。数据总体精度为 85.6%，卡

图 3-12   修水流域 1：25 万基础地理数据库水系数据示例

图 3-13　GRanD 数据下载网站

帕（Kappa）系数为 0.83。河流、水库、湖泊、养殖池塘，以及水稻田等类型的精度均超过 80%，季节性湿地的分类精度大于 70%。将 CWaC 数据集与现有的 7 种常用的水体分布数据产品进行比较，发现它们在数据精度方面较一致，但 CWaC 数据集在空间分辨率上有显著的优势。该数据集是中国首次尝试在 10m 空间分辨率下进行全国水体覆盖类型制图，为水资源管理，以及人类活动与水体覆盖类型转变之间的关系研究提供重要信息。

结合 CWaC 数据集和来自 JRC 的水体出现频率的改变，可通过水体覆盖类型和水体出现频率转变之间的转移矩阵，进一步剖析水体消长变化的成因。比如，20 世纪 80 年代与 2020 年现状相比，分析在不变的永久水体中，河流、水库、湖泊、养殖池塘、季节性湿地、水稻田等类型分别占比多少；在从陆地转变为永久水的水面增加范围内或在从永久水体转变为季节性消落区的水面减少范围

内，各类水体覆盖类型又占比多少。另外，该数据集还可用于流域湿地保有率的计算，具体方法见第 7 章 7.5 节。

3.3.5　FROM-GLC 数据集

全球土地覆盖精细分辨率观测和监测数据集（FROM-GLC）是 2012 年由清华大学地球系统科学系宫鹏团队使用 Landsat 专题制图器（TM）和增强型专题制图器 Plus（ETM+）数据，完成并共享的首批 30m 分辨率全球土地覆盖地图。在随后的几年中，该数据集经过持续的系统性方法改进和升级，其质量和精度不断提高。

2017 年，宫鹏研究组（Gong et al.，2019）基于 2011 年以来在全球 30m 分辨率地表覆盖制图中获得的经验以及在样本库建设方面的经验，并结合 10m 分辨率 Sentine1-2 全球影像的完整存储和免费获取，以及 Google Earth Engine 平台强大的云计算能力，开发出了世界首套 10m 分辨率的全球地表覆盖产品 FROM-

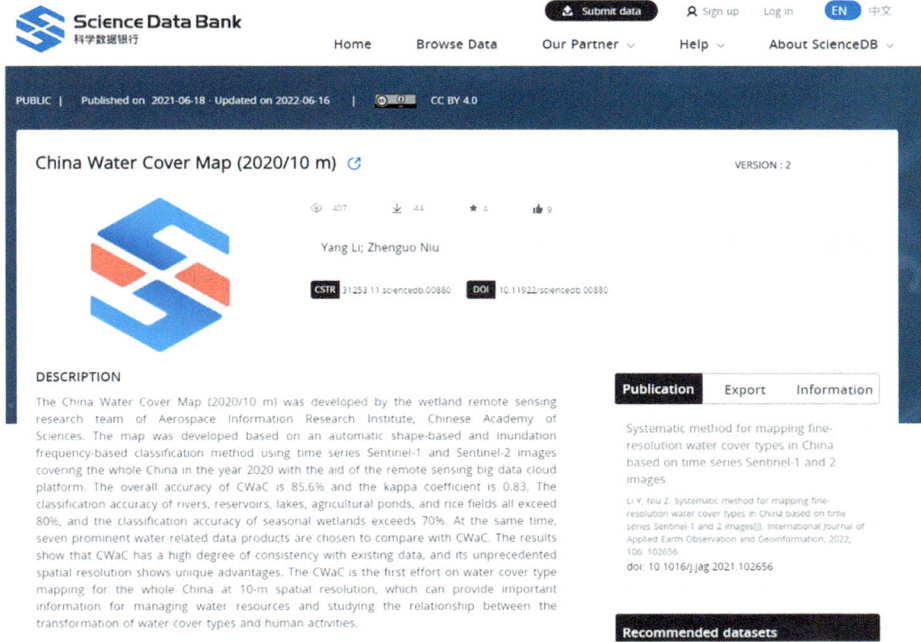

图 3-14　CWaC 数据下载网站

GLC10，数据可通过 http://data-starcloud.pcl.ac.cn/iearthdata/ 网址免费获取。该产品基于 Google Earth Engine 平台，使用了由专家解译得到的均匀覆盖全球的 13 万个多季节样本点，利用随机森林分类方法对 Sentinel-2 影像，进行了 10m 分辨率全球土地覆盖制图，总体精度达到 72.76%。该数据集将全球土地覆盖分为 10 个类型：农田、森林、草地、灌木地、湿地、水体、冻土、不透水层、裸地、冰雪（图 3-15）。

该数据集可用于计算流域景观多样性指数，流域农业面源污染强度、工业点源污染强度、以及生境破碎度等参数，具体计算方法见第 7 章 7.5 节。

农田　　　水体
森林　　　冻土
草地　　　不透水层
灌木地　　裸地
湿地　　　冰雪

图 3-15　长江流域 FROM-GLC10 数据示例

3.3.6　GLC_FCS30-2020 数据集

GLC_FCS30-2020 是由中国科学院空天信息创新研究院刘良云团队发布的 2020 年全球 30m 分辨率地表覆盖精细分类产品（刘良云和张肖，2021），数据可通过 https://zenodo.org/records/4280923 网址免费获取。该数据集是在 2015 年全球精细地表覆盖产品的基础上，结合 2019～2020 年时序 Landsat 地表反射率数据、Sentinel-1 SAR 数据、DEM 地形高程数据、全球专题辅助数据集以及先验知识数据集等获取反映了 2020 年全球陆地区域（除南极洲）的地表覆盖分布状况。

该数据集将全球土地覆盖分为 29 个类型：旱作耕地、草本覆盖耕地、乔木或灌木覆盖（果园）耕地、灌溉耕地、开阔的常绿阔叶林、封闭的常绿阔叶林、开放落叶阔叶林（植被覆盖度 0.15~0.4）、闭合落叶阔叶林（植被覆盖度＞0.4）、开放常绿针叶林（植被覆盖度 0.15~0.4）、闭合常绿针叶林（植被覆盖度＞0.4）、开放落叶针叶林（植被覆盖度 0.15~0.4）、闭合落叶针叶林（植被覆盖度＞0.4）、开放混交林（阔叶与针叶）、闭合混交林（阔叶与针叶）、灌木地、常绿灌木地、落叶灌木地、草地、地衣苔藓、稀疏植被（植被覆盖度＜0.15）、稀疏灌木（植被覆盖度＜0.15）、稀疏草本（植被覆盖度＜0.15）、湿地、不透水面、裸地、固化裸地、非固化裸地、水体、永久冰雪（图 3-16）。

与其他土地覆盖和土地利用数据产品相比，该数据集的优势主要在于对植被类型的精细刻画方面，因此本书主要采用该数据集结合植被覆盖度，对穿过林区的上游支流进行定位，分析其河道两岸处于各类林地下的面积和空间分布状况，具体见第 6 章 6.2 节。

3.3.7　水文数据及水动力模拟

水文数据通常来自流域水文站的观测数据，比如湖北水文网站提供了自 1949 年以来长江流域湖北省的 377 个河道站点、67 个水库站点及 29 个湖泊站点的水文观测数据（thhp://zy.cjh.com.cn/sqall.html）。

结合地形测量数据及同步的水文站水位数据，建立适宜分辨率的正交网格，使用三维环境流体动力学程序（environmental fluid dynamics code，EFDC）构建三维水动力模型，获得模拟河段的水深和流速分布特征。EFDC 模型能够精确模拟水动力状况，模型有关原理和数值方程的详细信息，以及底质

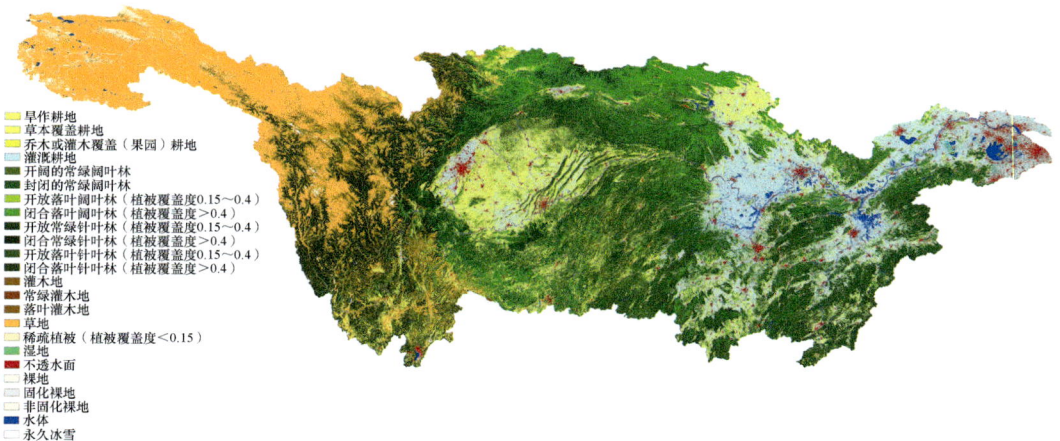

图 3-16　长江流域 GLC_FCS30-2020 数据示例

粗糙度和水平涡流黏度等关键参数可参考 Yu 等（2018）的研究。为检验三维水动力模型数据的准确性，可采用流速仪对部分断面的真实流速进行测量，通过实测流速对模拟流速进行检验（图 3-17）（$r=0.95$，$P<0.01$）。

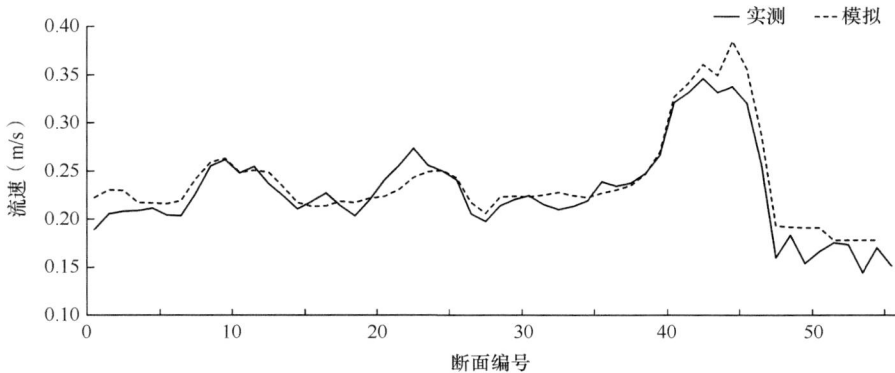

图 3-17　河槽平均流速模拟结果与实测结果的对比验证

参考文献

宫鹏. 2012. 拓展与深化中国全境的环境变化遥感应用. 科学通报, 57(16): 1379-1387.

李意, 徐冰. 2019. 加拿大"雷达卫星星座任务"及应用领域. 国际太空, (7): 30-34.

刘良云, 张肖. 2021. 2020 年全球 30 米地表覆盖精细分类产品 V1.0. 北京：中国科学院空天信息创新研究院.

刘宇晨, 高永年. 2022. Sentinel 时序影像的长江流域地表水体提取. 遥感学报, 26(2): 358-372.

Deng Y, Jiang W G, Tang Z H, et al. 2019. Long-term changes of open-surface water bodies in the Yangtze River basin based on the Google Earth Engine cloud platform. Remote Sensing, 11(19): 2213.

Gong P, Liu H, Zhang M N, et al. 2019. Stable classification with limited sample: transferring a 30-m resolution sample set collected in 2015 to mapping 10-m resolution global land cover in 2017. Science Bulletin, 64(6): 370-373.

Gorelick N, Hancher M, Dixon M, et al. 2017. Google Earth Engine: Planetary-scale geospatial analysis for everyone. Remote Sensing of Environment, 202: 18-27.

Li Y, Niu Z G. 2022. Systematic method for mapping fine-resolution water cover types in China based on time series Sentinel-1 and 2 images. International Journal of Applied Earth Observation and Geoinformation, 106: 102656.

Liu L Y, Zhang X, Chen X D, et al. 2020. GLC_FCS30-2020:Global Land Cover with Fine Classification System at 30m in 2020 (v1.2). Zenodo. https://doi.org/10.5281/zenodo.4280923.

Mutanga O, Kumar L. 2019. Google earth engine applications. Remote sensing, 11(5):591.

Oliphant A J, Thenkabail P S, Teluguntla P, et al. 2019. Mapping cropland extent of Southeast and Northeast Asia using multi-year time-series Landsat 30-m data using a random forest classifier on the Google Earth Engine Cloud. International Journal of Applied Earth Observation and Geoinformation, 81: 110-124.

OpenStreetMap. OSM History Dump © OpenStreetMap Contributors. Available online. (accessed on 1 October 2020).

Pekel J F, Cottam A, Gorelick N, et al. 2016. High-resolution mapping of global surface water and its long-term changes. Nature, 540 (7633): 418-422.

Wang L, Dronova I, Gong P, et al. 2012. A new time series vegetation–water index of phenological–hydrological trait across species and functional types for Poyang Lake wetland ecosystem. Remote Sensing of Environment, 125: 49-63.

Yang L, Niu Z G. 2022. China Water Cover Map (2020/10 m). V3. Science Data Bank. https://cstr.cn/31253.11.

sciencedb.00880

Yu L, Lin J, Chen D, et al. 2018. Ecological flow assessment to improve the spawning habitat for the four major species of carp of the Yangtze River: a study on habitat suitability based on ultrasonic telemetry. Water, 10(5):600.

Zhang X, Liu L Y, Chen X D, et al. 2021. GLC_FCS30: Global land-cover product with fine classification system at 30 m using time-series Landsat imagery. Earth System Science Data, 13(6): 2753-2776.

Zurqani H A, Post C J, Mikhailova E A, et al. 2018. Geospatial analysis of land use change in the Savannah River Basin using Google Earth Engine. International Journal of Applied Earth Observation and Geoinformation, 69: 175-185.

第4章 海量空间观测数据数字化管理

渔业海量遥感数据管理平台

　　近年来，海量空间观测技术取得了突破性的进展，其产生的多源异构数据为全球多学科领域提供了高价值信息资产和科学认知支撑。卫星遥感技术的进步使得人类能够以前所未有的分辨率和全球覆盖范围观测地球表面，从而监测气候变化、自然灾害、城市发展等方面的动态。同步发展的无人机技术革新了低空观测范式，配合分布式传感器网络的智能化部署，推动多尺度实时监测成为可能。技术融合催生的 PB 级数据洪流，与大数据挖掘、人工智能算法的深度耦合，显著提升数据处理效率与解析精度。海量空间观测技术不仅提供了前所未有的机会，也为科学研究、环境保护、资源管理等领域带来了全新的可能性，为人类更好地理解和管理地球提供了强有力的工具。本章以"长江重点水域渔业资源与环境调查"项目中的空间观测数据有效管理为目标，研究空间观测大数据的全生命流转过程。分析在科研过程中以遥感观测数据为主的渔业空间数据资源从产生、传输、存储到调用、分析、展现的整个数据交互和转化过程，结合国际通用的大数据处理经验，构建一种高效的渔业资源遥感数据数字化管理技术方法，全面提高渔业资源学科在遥感大数据应用过程中的流转效率和计算效率，提升信息化管理水平，并且为更进一步针对其他学科大数据数字化管理技术的研究奠定理论基础。

4.1 海量遥感数据的数字化管理

4.1.1 遥感空间数据数字管理技术的发展现状与趋势

4.1.1.1 海量空间观测数据管理技术

2005 年，Google 以"让每个人都能找到自己家的屋顶"为口号推出了 Google Earth。目前它已经能够高效地提供覆盖全球 1/3 人口地区的高分辨率卫星影像，部分地区的影像分辨率甚至达到了 0.5m 这种几年前通过军用侦查手段都难以达到的水平。经过多年在网页搜索领域的积累，Google 开发出了以 Google Cluster、GFS、Bigtable（Chang et al.，2008）、MapReduce（Dean and Ghemawat，2008）、Chubby（Burrows，2006）和 Sawzall 等技术为支撑的全套 PB 级数据存储解决方案。特别是在非结构化数据管理方面更是做了大量有针对性的工作，取得了卓越的成果。谷歌地球引擎（Google Earth Engine，GEE）更是成为民用级遥感数据综合管理平台框架实质意义上的"标准"（Yang et al.，2022）。

此外，自 1995 起，美国 HPSS 系统就以每年 1 个版本的速度进行着快速迭代（Coyne et al.，1993）。高性能存储计划（HPSS）是美国加速计算战略创新计划（ASCI）中的一个协作开发项目，包括国际商业机器公司（IBM）、美国能源部实验室、联邦实验室等超过 20 个研究机构参与了此项目。在全球范围内，有 25 个研究机构安装并使用 HPSS 系统，提供横跨美国和欧洲的存储服务。在 ASCI 计划中，HPSS 提供的数据归档能力已超过 PB，支持每次运行产生 15TB 数据的 ASCI 程序。目前，HPSS 不仅被 ASCI 计划研究组织使用，还被全球多个研究机构应用于遥感数字图像库、超级计算中心、科学数据档案和大学的大型存储系统中，已成为存储、归档、检索大规模科学数据的解决方案之一。虽然 HPSS 相较于 GEE 用户不是很多，但二者保存的遥感图像数据已超过全世界数据存储总量的 50%。

在军事方面，美国航空航天局（NASA）喷气推进实验室于 2003 年 4 月实现的 RAID 阵列复用式存储系统（raid again storage using commodity hardware and linux，RASCHAL）存储了 Onearth WMS Mosaic 项目产生的超过 15TB 的全球卫星遥感影像全图。该系统直接构建于磁盘阵列之上，使用了自主设计的影像文件格式、索引结构和影像数据访问协议在磁盘上直接检索，并通过虚拟影像（Virtual Image Server）摘要服务器将分布在 10 个存储节点上的影像数据组织成一个逻辑整体，没有采用形如 DBMS 等商用数据库或其他空间数据引擎作为存储中间件，空间信息检索效率远超传统检索方法。

国内从"九五"期间便开始着手进行相关研究工作，取得了丰硕的成果，其中最著名的就是由武汉吉奥研制的 GeoImageDB，现已在国家遥感中心和中国遥感卫星地面站投入使用。除此之外，还有袁帅等人基于 ARCSDE 和 Oracle8i 开发的 GIS 海量影像管理系统、中国地质大学吴信才等人开发的基于 SqlServer 的海量影像管理系统、浙江大学冯杭建等人开发的基于 Oracle Spatial 的分布式海量空间处理平台。这些系统采用的技术路线均通过对传统关系型数据库进行中间件扩展的方式进行索引，尽管能够较好地支持 GIS 的应用，但并没有从根本上解决海量数据的存储和管理问题，其存储的数据量和数据传输速度与当今海量遥感数据存储与管理的国际先进水平还有不小的差距。近年来还出现了基于分布式文件系统的蓝鲸 1000 海量存储系统（BWIK），蓝鲸系统是由中科院计算所在"十五"期间研制成功的海量存储系统,现已作为奥运卫星"北京一号"的遥感影像数据存储系统运行。

综上所述,国内对海量遥感数据的存储管理主要从两个方面入手:①对关系型数据库管理系统(DBMS)进行空间扩展,使其具有存储栅格影像数据的能力;②通过在关系型数据库管理系统上实现空间数据引擎中间件,提供管理和处理海量遥感影像数据的能力。

但是,随着原始遥感影像数据的海量级增加,常规的商用数据库管理引擎难以实现高效的空间检索以及海量栅格数据的存储管理。关系型数据库在对海量数据的存储方面表现出许多的不足:①对海量数据的快速访问和查找能力明显不足;②对非结构化数据的存储管理能力较弱;③存储及维护成本难以控制;④数据库迁徙难度大,文件占用的空间和数据库记录相比完全不是一个数量级;⑤对海量数据的备份和灾难恢复机制能力远远不足。

4.1.1.2　遥感影像空间数据索引定位技术

地球空间数据是指与地球参考空间(二维或三维)位置有关、表达地理客观世界中各种实体和过程状态与属性的数据。地球空间元数据则是对地球空间数据外部形式和内部特征的详细描述。空间元数据的内容比其他元数据更复杂,对遥感影像元数据检索的研究基础就是对元数据的研究。为满足当前应用的需求,从最早的四叉树到后面的 KD 树及其变种,国内外专家学者对空间索引技术做了大量的探索。Guttman(1984)提出一种空间动态索引结构——R 树,之后国内外研究人员基于 R 树进行了一系列的变种。郭菁等(2003)提出了一种面向大型空间数据库的 QR 树索引方法;蔡浴泓和孙蕾(2008)通过分析 QR 树和 R 树的空间数据索引技术的特点,改进并实现了 R*Q– 树索引方法中的索引构

造算法。龚俊等(2015)通过摒弃传统的从根结点开始自上而下的节点选择方案,采用全新的 R 树节点选择算法(即先基于树的叶节点层开始自下而上,再自上而下,来选择节点),在一定程度上优化了由同层节点重叠引起的查询性能较差的缺点。

在应用方面,Infomix 的 Geo Spatial 是基于 R 树作为空间索引结构的。而中科院的 Super Map 以及中国地质大学的 Map GIS 都是采用四叉树空间索引结构。ESRI 与 Oracle 公司合作推出的空间数据库引擎则基于大型的商用数据库实现图形数据与特征属性的共同管理。

资源环境状态的调查、分析与跟踪离不开海量地理信息数据的支持,在诸多资源环境调查分析方法中,卫星遥感信息和通过各种手段进行实地采样占据了绝大多数比例。这些遥感数据从获取到应用,经过了很多环节,包括处理、存储、传输、可视化表达等,是一个从数据到信息的转换过程。随着数据量爆炸性增长,如何更有序、更高效地存储与管理海量遥感数据并形成统一的存储组织标准(基准、尺度、时态、语义),以及实现数据信息的快速定位、查找与分发,成为阻碍资源环境监测分析工作朝着自动化、实时化、智能化方向进一步发展的障碍之一。

在空间数据库索引技术与前沿信息科技的结合下,Hong 等(2016)将高效的 R 树索引应用于方案服务器的云存储系统中,探索出一种新型实用方法来为以不同服务器为中心的云存储系统构建两层索引,该方案能够进行高效的数据查询,通过在亚马孙的 EC2 平台上进行针对性实验,发现其查询效率明显高于传统方案,展现了潜在的实用性。

任何一种索引都有其优缺点,需结合每个系统与平台的特点,研究最适合的索引方式以满足其性能要求。

4.1.1.3 遥感影像可视化及数据描述标准

近几十年来，基于计算机图形学和图像处理技术的可视化程序在地理信息学领域被广泛应用，大量的可视化程序被开发出来用于影像数据的可视化。国际上行业巨头美国 ESRI 公司的 ArcGIS 软件、ENVI 软件，在海量遥感数据的快速显示技术上几乎成了世界通用标准。而国内比较著名的空间地理信息企业，如超图软件公司、武汉中地公司，也已经对海量遥感数据的快速显示技术进行了升级改造，很好地迎合了市场的需求。

Web 技术的迅速发展，既提供了强大的图形图像处理能力，又保证了良好的可视化效果和流畅的交互性。在 Web 场景下，预生成图片和地图（快视图和瓦片地图）成为目前主流的影像数据交互可视化的技术方案。影像地图服务（如 Google Maps、百度地图、高德地图、天地图等）和数字地球系统 [如中国数字海洋、DEPS/CAS（中国科学院遥感应用研究所，2012）等] 均以预生成地图瓦片的方式提供影像地图服务，通过预先将大规模的影像渲染成多级、多分辨率的图片，并依据某种研究内容与目标规则切割成地图瓦片，来提供瓦片地图服务。这种影像可视化方法受限于预置的波段组合、固定的数据表达形式、静态的地图内容等，难以实时反映地表的发展变化。

海量空间信息数据的存储、应用研究近年来向着分布式、高性能并行处理的方向发展，试图利用并行计算解决数据展示实时性差的问题。但是在大区域的影像可视化应用场景中，遥感数据的数据量过于庞大，传统方法数据检索读取极其耗时，因此先进的分布式云计算技术提高了空间信息数据存储、管理和应用能力，却难以实现遥感数据的实时渲染和交互可视化。

4.1.2 渔业遥感观测调查数据的智能入库存储

在卫星数据、无人机低空航摄测量和实地调查数据中，各类元数据的结构混杂，粗放的管理方式为研究人员之间的资源共享带来了极大的困难，严重影响了科学研究的效率。因此，如何有效利用人工智能技术对这些分散的文件进行多层次的系统分类，这对各类数据的科学管理是至关重要的。

前人在文件分类任务的执行中总结了很多技术方法。这些方法主要可以归纳为两个方向：第一种方向是通过分析文件名和后缀，预测文件格式，并根据格式对文件进行分类。例如，Konaray 等（2019）通过实验分析文件扩展名特征，并利用机器学习算法匹配文件后缀和文件的三字节魔法头信息，从而实现对文件类型的准确分类。Germain 和 Angichiodo（2023）利用生成式对抗网络（GANs）识别文件内容，然后对文件内容的特征摘要进行分类。通过对抗网络模型不断对文件内容识别结果进行监督学习来完成自我迭代，从而进行准确的文件分类。

第二种方向是对文件内容及其相似性进行聚类。Ostendorff 等（2022）提出了一种基于内容相似性的专用文件嵌入方法，将文件内容表示为通用嵌入（Common Word Embeding），将文件相似性视为特定嵌入空间中的向量相似性问题。利用专门的文件嵌入聚类设计来实现基于内容的文件分类。

此外，还有许多只关注数据内容的分类方法。例如，Ren 等（2019）通过 Word2Vec 词嵌入模型方法或 BERT 模型方法对文件内容进行矢量化预处理，然后利用双向长短时记忆网络（BiLSTM）对文件内容进行分类。Shi 等（2016）首先分析了最短匹配路径的词性特征，然后在数据集上使用递归神经网络（RNN）

将该路径上的词性嵌入特征转化为特征图像，最后利用卷积神经网络（CNN）对特征图像进行分类，从而实现文件内容的识别和分类。

在前人工作的基础上，本书提出了一种通过多头关注机制优化的多模态文件分类模型，该模型通过融合文件路径和内容的分类决策结果，完成了渔业资源遥感考察数据的多级分类任务。这种模型的提出，对提高遥感数据的科学管理效率具有重要的理论和实践意义。总的来说，这是一个重要的里程碑，将推动遥感数据的存储和分析工作向前发展。

4.1.2.1　利用 BERT 模型对文本类型遥感数据进行分类

对于文本类型的原始数据，首先利用 BERT 模型提取和增强数据特征，然后利用 BiLSTM 模型作为分类器，完成数据的分类信息提取，最后将分类映射到地理空间坐标系中。入库过程以文本类型数据的原始的路径、文件名、文本内容为输入数据，推理文本数据所属空间坐标、时序信息和标记信息，并将推理结果写入索引集合。

双向编码器表征模型（Bidirectional Encoder Representations from Transformers，BERT）是由谷歌提出的一种预训练语言模型，旨在通过深度双向理解来增强机器对文本上下文信息的处理能力，其创新性的训练方法主要包括两个部分：掩码语言模型（Masked Language Model，MLM）和后续语句预测模型（Next Sentence Prediction，NSP）。

MLM 部分的目标是通过随机屏蔽一定比例（通常是 15%）的输入词汇，然后利用剩余的上下文信息来预测被屏蔽的词汇。掩码语言模型的预测过程必须考虑到词汇的双向上下文关系，因此 BERT 能够学习到更加丰富的词汇表征。

NSP 部分则是通过改变句子的顺序，来预测一句话是否是另一句话的下文。NSP 预测过程使得 BERT 能够更好地理解句子间的关系，从而在需要理解两个或更多句子之间关系的任务中表现出色。

BERT 模型在多种自然语言处理（NLP）任务中取得了显著的成绩，包括但不限于文本分类、问答系统、文本摘要和语义相似度评估。它的成功在于能够生成深层次的、双向的语言表征，这些表征能够被用于各种下游任务，并通过微调（Fine-Tuning）来适应特定的应用场景。

在文本类型数据的数据增强和特征提取过程中，BERT 模型可以通过预训练阶段学习到的语言表征来对文本样本的特征进行建模。如图 4-1 所示，每个文本样本都可以被转换成一个文本特征向量，这个向量包含了文本的语义信息。完成数据增强和信息抽取后，词向量被送入基于 RNN 的 BiLSTM 模型进行分类递归。

递归神经网络（RNN）是一种强大的神经网络架构，在处理文本分类这种序列数据任务时表现出色。然而，RNN 在处理长文本数据时存在一定的局限性，尤其是在处理具有较长距离的上下文依赖的信息方面。双向长短时记忆网络

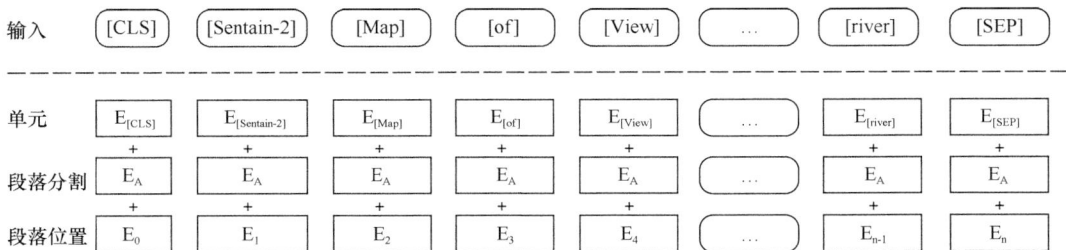

图 4-1　样本的文本特征向量建模

（BiLSTM）则有效地解决了这一局限性。BiLSTM 通过引入前向和后向两个独立的长短时记忆网络（LSTM）层，同时考虑过去和未来的上下文信息，从而更好地捕捉文本中的长距离上下文依赖关系。

此外，BiLSTM 模型（图 4-2）还集成了注意力机制，这是一种能够让模型专注于文本数据中表意核心部分文本的技术，这种注意力机制通过计算模型输出的各个时序特征向量的加权和，从而选择性地关注那些对预测结果影响最大的文本内容。这种方法不仅提高了模型对长文本的处理能力，还增强了模型对无效信息的过滤能力，进一步提升了模型的准确性和效率，能够更好地理解和预测文本信息所属的类别。

4.1.2.2 利用 BEiT 模型对图像类型遥感数据进行分类

对于图像类型的原始数据，首先使用 BEiT 抽取图像的二进制数据特征向量并标注特征向量在语义空间的权重，然后使用 CNN 卷积模型作为分类器，完成数据的分类信息提取，最后将分类映射到地理空间坐标系中。入库过程原始的路径、文件名、图像体为输入数据，推理图像所属的空间坐标及临接关系，并将推理结果写入索引集合。

双向图像表征模型（Bidirectional Encoder representations from Image Transformers，BEiT）是由 Bao 等（2021）提出的一种自监督视觉表征模型，它基于 BERT 模型的架构进行了改进，以适应图像处理任务。在 BEiT 的预训练过程中，每幅图像都被处理成两种形式：图像补丁和视觉标记。首先，模型使用变分自编码器（VAE）将原始图像转换成一系列视觉标记，这些标记是图像的离散化表现形式。随后，模型随机屏蔽一部分图像补丁，这些补丁是由图像分割成的小块，大小通常是 16 像素×16 像素。最后，屏蔽后的图像补丁被输入到主变换器（Transformer）中。预训练的目标是利用剩余的未屏蔽补丁来预测和恢复被屏蔽补丁的原始视觉标记。

通过这种自监督学习方法，BEiT 模型能够学习到图像的深层次特征，并在下游任务中通过微调（Fine-Tuning）来进一步提升模型的性能。在图像分类和语义分割等任务中，该模型展现出了优异的性能，证明了其在视觉任务中的有效性和潜力。

所有非文本数据，如图像和视频，都可以通过 BEiT 模型抽取特征向量。这些向量捕捉了数据的视觉特征信息，为后续的分析和处理提供了基础。如图 4-3 所示，这些特征向量可以被用于多种视觉任务，包括但不限于图像识别、目标检测和图像生成。完成数据的增强和信息抽取后，图向量被送入 CNN 分类模型中进行分类递归（图 4-4）。

卷积神经网络（CNN）是一种在图像识别和分类领域广泛使用的模型，因其卓越的性能而闻名。该模型通过学习图像的层次特征来实现高效的图像处理，在处理二进制文件时，利用 BEiT 模型的嵌入功能，将二进制文件统一按照图像格式进行预处理，将二进制临接关系转

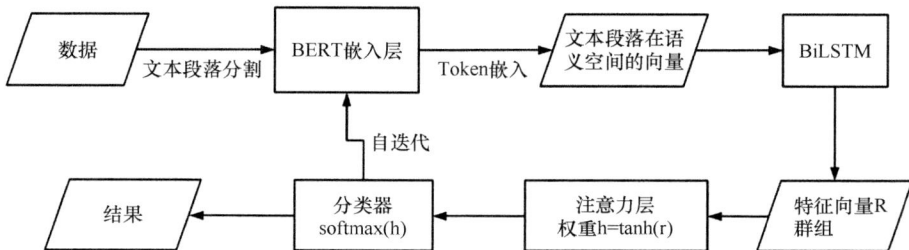

图 4-2　构建和训练用于文本数据分类的改进型 BiLSTM 模型

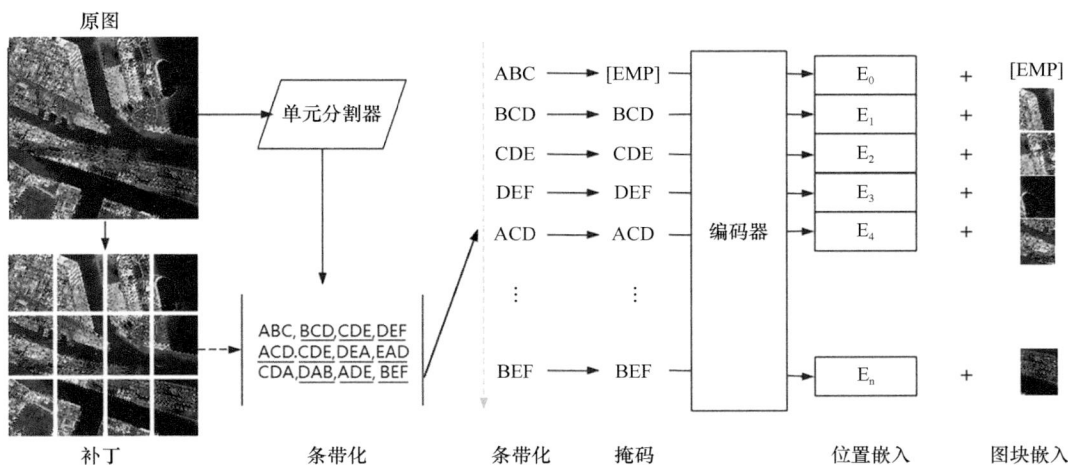

图 4-3　样本的图像特征向量建模

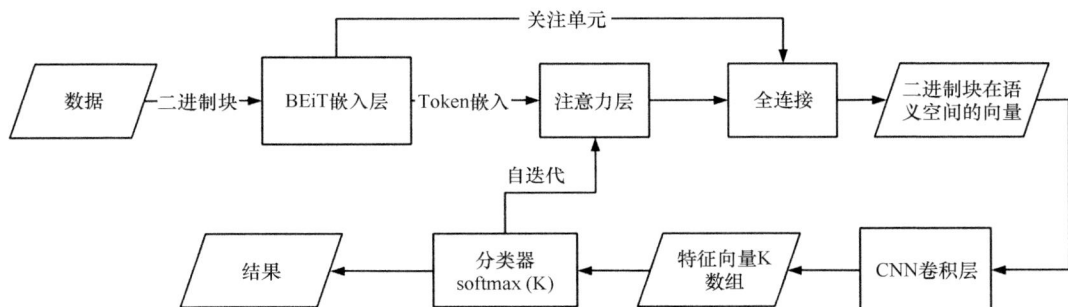

图 4-4　构建和训练用于非文本数据分类的改进型 CNN 模型

换为像素临接关系。然后将二进制图像编码为特征向量，从而为 CNN 提供了丰富的特征表示。此外，BEiT 模型也引入了注意力机制，通过在 CNN 的卷积层之前加入自我注意力层，使得模型能够专注于重要信息，避免了数据中无效信息干扰，从而提高了分类的准确性和效率。

图像分类任务结束后，根据有限的摘要信息（路径、文件名、图像的摘要）的文本特征进行分类特征的双模态融合，共同构成遥感图像信息的分类结果，模态融合公式如下。

$$p(c\,|\,x) = \frac{1}{N}\sum_{i=1}^{N} p_i(c\,|\,x) \qquad (4\text{-}1)$$

式中，模态计数 N 根据信息来源决定，通常为常量 2；$p_i(c\,|\,x)$ 为单模态（文本分类或图形分类）的预期分类结果；$p(c\,|\,x)$ 为最终分类结果。

4.1.3　渔业空间遥感数据的查询与索引

4.1.3.1　渔业空间遥感元数据索引模型

为解决渔业科研中遥感数据调阅查找效率低下的问题，需要设计一种高效的渔业空间遥感元数据索引模型构建数据索引，渔业空间遥感元数据索引模型以满足渔业科研人员的查询需求为目标，基于 GeoJSON（Butler et al.，2016）数据标准进行改进，并且特别针对卫星图像、无人机图像等遥感数据内容在组织、存储、管理等方面的应用场景进行了查询逻辑优化。

索引模型适用于渔业空间遥感元数据的数据存储和地理位置检索。数据字段定义参考了欧洲标准化委员会（CEN/TC 287）、美国联邦地理数据委员会

（FGDC）和国际标准化组织地理信息技术委员会（ISO/TC 211）出台的定义标准，以及《光学遥感测绘卫星影像产品元数据》（GB/T 35643—2017）、《地理信息 时间模式》（GB/T 22022—2008）中相关的标准定义。在保证兼容性最大化的前提下，以中国国家标准为优先，完成索引模型设计。

1. 概念定义

索引数据由点、线、面 3 个基本单元构成。点数据（Point）：通过一个坐标来表示地图上的位置点（即位置）。线数据（LineString）：通过一个由两个或更多位置组成的数组来表示地图上的线段。面数据（Polygon）：通过一个或多个线性环来表示地图上区域的轮廓，面数据包含的第一个轮廓是外边缘（外环），其他线性环表示面内被排除的区域（孔）。

除了基本单元，索引数据还包含众多"部件"的概念。术语"几何类型"指的是七个区分大小写的字符串：Point、MultiPoint、LineString、MultiLineString、Polygon、MultiPolygon 和 GeometryCollection。术语"非标类型"指的是九个区分大小写的字符串：Feature、FeatureCollection 以及上面列出的七种几何类型。

在坐标表示方面，模型规定了以下六个约定：①坐标顺序为经度在前、纬度在后，并且坐标值必须是 WGS84 坐标系中的经纬度值；②线段在笛卡尔坐标系下为直线，不遵循球面测地线；③可选的第三个维度表示海拔高度；④要求坐标精度在千分之一度量级；⑤规定了坐标跨越 180° 经线的分割原则；⑥给出了坐标区间范围的定义，以及表示北极南极区域的坐标表示方法。

2. 空间元数据索引模型

1）坐标参考系统

所有遥感空间坐标拥有同一个 WGS84 基准的地理经纬度坐标参考系统。该基准以按照开放地理空间协会标识的坐标引用系统 CRS84（URN:OGC:def: crs: OGC::CRS84）的技术要求，以十进制经纬度小数为单位。除了经纬度以外，高度元素是可选的第三位元素，它是 WGS84 参考椭球体以上或以下的高度（单位：m）。在没有高程值的情况下，对高度或深度敏感的应用程序应该将第三位元素解释为在该坐标的地面或海平面的高度。

2）180° 经线切割

任何穿过 180° 经线的几何体都应该被切割成两部分。在描述跨越 180° 经线的形状或区域时，应通过分割和调整它们的几何形状，沿 180° 经线进行切分。

3）遥感空间文本

遥感空间文本是 JSON 文本，每个 JSON 文本都是一个遥感空间对象。

4）遥感空间对象

遥感空间对象表示一个几何对象、特征或特征的集合。每个遥感空间对象必须包含名为"type"的成员，该成员的值必须是九种遥感空间类型之一。此外遥感空间对象可能包含一个"bbox"成员，该成员的值是一个边界框。

5）几何对象（Geometry）

几何对象用于在坐标空间中表示点、曲线和曲面。几何对象的"type"成员的值必须是七种几何类型之一。除了"GeometryCollection"类型以外，任何类型的几何对象都有一个名为"coordinates"的成员，"coordinates"成员的值是一个数组，数组中元素的结构由"type"成员的值决定。当"type"成员的值是 Point 时，是一个位置。当"type"成员的值是 LineString 或 MultiPoint 时，是位置数组。当"type"成员的值是 Polygon 或 MultiLineString 时，是由 LineString 或 LinearRing 构成的数组。当"type"成员的值是 MultiPolygon 时，是由 Polygon 构成的坐标数组。

6）位置（Point）

位置是基本的几何构造。一个位置至少包含经度 (easting) 和纬度 (northing) 两个元素，这两个数据的位置是有序的；第三个要素则是可选的，可以是海拔或高度。

两个位置之间的直线是笛卡尔坐标系下的直线，也就是坐标系中两点之间最短的直线。换句话说，在（lon0，lat0）和（lon1，lat1）之间的一条直线上的每个点都不会穿过 180° 经线，这些点可以计算为

$$F(\text{lon},\text{lat}) = \left(\text{lon0} + (\text{lon1} - \text{lon0}) * t, \text{lat0} + (\text{lat1} - \text{lat0}) * t\right) \tag{4-2}$$

式中，t 是大于等于 0 且小于等于 1 的实数。这条线可能明显不同于沿着参考椭球体曲面的测地线路径。

7）多边形（Polygon）

为了准确地描述多边形区域，多边形使用线性环来框选多边形的范围。线性环是由四个以上位置所构成的闭合 LineString 数组。第一个位置和最后一个位置的值是相同的。线性环是球形曲面的外边界或曲面上孔的外边界。线性环的描述必须遵循右手法则，即逆时针方向排列的位置所构成的 Polygon 描述外边缘（外环），顺时针方向排列的位置所构成的 Polygon 描述孔。

8）边界框（bbox）

几何对象、特征对象或特征对象集合类型的遥感空间对象可能包含一个名为"bbox"的可选成员。bbox 成员的值必须是一个长度为 $2 \times n$ 的数组，其中 n 是对象所包含的几何图形个数（维数）。bbox 的坐标轴顺序遵循几何图形的坐标轴顺序，即顺时针为外环，逆时针为坑。

边界框的连接线是对象的外接矩形的四个边。在地理空间表示上，边界框可描述为"西至"、"南至"、"东至"和"北至"（四至）。以"北"边界线为例，连接线上的每一点都可以表示为

$$(\text{lon},\text{lat}) = \left(\text{west} + (\text{east-west}) \times t, \text{north}\right), \ 0 \leqslant t \leqslant 1 \tag{4-3}$$

9）几何对象集合（GeometryCollection）

几何对象集合类型自身也是一个几何对象。它有一个名为"geometries"的成员，"geometries"成员的值是一个由多个几何对象构成的数组。与上面描述的其他几何类型不同，GeometryCollection 是一些异构几何对象的组合（如小写罗马字体"i"形状的几何对象可以由一个 Point 和一个 LineString 组成）。

GeometryCollection 的结构与单类型几何对象（Point、LineString 和 Polygon）和多类型几何对象（MultiPoint、MultiLineString 和 MultiPolygon）不同，虽然 GeometryCollection 对象没有"coordinates"成员，但它包含了位置和坐标，集合内所有的位置和坐标都属于该集合。GeometryCollection 的

"geometries"成员描述了这个集合的各个构成部分。

GeometryCollection 集合内部不能嵌套 GeometryCollection 作为其子对象。此外，如果子对象不是异构的，应避免使用 GeometryCollection，而是直接使用对象的数组。

10）特征对象（Feature）

特征对象表示一个空间上有界的遥感空间对象，可以出现在遥感空间描述文本的任何位置。每个特征对象有一个名为"type"的"Feature"类型成员，一个名为"Geometry"的集合对象成员和一个名为"Properties"的 JSON 对象成员。Geometry 成员的值应该是前文定义的几何对象，或者在功能未定位的情况下为空值。Properties 成员的值是一个 JSON 对象或空值。

当特征对象拥有索引标识符时，这个标识符应包含在名为"Id"的成员中。标识符可以是 JSON 字符串或数字。

11）特征集合对象（FeatureCollection）

特征集合对象是特征对象的集合。FeatureCollection 对象有一个名为"Features"的成员，成员内容是由前文定义的特征对象构成的 JSON 数组。

4.1.3.2 渔业空间遥感元数据的地理信息检索

虽然遥感空间数据的类型繁多，每种类型的属性都较为复杂，但在检索方面核心问题仍然是遥感数据的时空定位。若解决了指定空间坐标和时间坐标的数据检索定位问题，结合其他元数据，就可以快捷便利地确定某一空间位置的数据集合。

在地理信息检索方面，业内应用较广泛的 ArcGIS 软件和开源软件 QGIS 是检索标准的主要贡献者。接下来以 QGIS 所兼容的 NoSQL-BSON 文档型数据库架构为主要媒介，来介绍检索模型是如何运作的。

1. 数据存储

文件索引以子文档的形式存入元数据模型，使用 bind 字段将文件与元数据关联起来。Bucket 地址是 S3 存储系统中作为实际数据文件的唯一标识，元数据模型将 bind 字段的值设置为文件的 Bucket 地址，实现文件和元数据条目的关联。元数据模型最小集合为 type 和 coordinates 两个字段，若缺少该字段将无法写入和查询。

2. 数据索引的编制

在搜索和数据定位方面，主要利用共性字段：空间坐标和时间坐标，进行条目检索。检索出条目后，根据条目绑定文件的唯一标识符，来找到具体的数据文件。数据库引擎根据 Manifest 描述，

针对 geometry 字段建立 2dsphere、2d 和 geoHaystack 三种空间索引，以支持不同类型的地理位置查询。其中，2dsphere 索引支持球面查询，适用于经纬度数据；2d 索引支持平面查询，适用于笛卡尔坐标系；geoHaystack 索引用于优化小区域查询。

1) 2dsphere 索引

2dsphere 索引是专为地球或类似球体表面的地理空间查询而设计的，允许用户确定特定区域内的点，计算到指定点的接近度，以及对坐标查询进行精确匹配。该索引支持对遥感空间对象和传统坐标对象进行索引编制和检索，并且可以作为更复杂的复合索引的一部分，特别适合于需要在球面上进行地理空间计算的应用场景，如在地图上定位附近 500km 内的采样站或者标记点。

2dsphere 索引支持查询球面几何实体对象，支持坐标系为 WGS84 的经纬度数据的所有查询操作。

以 NoSQL 为例，创建一个 2dsphere 索引的语句如下。

Db.collection.createIndex({ < location field > : "2dsphere" })

2) 2d 索引

2d 索引是为检索二维平面上的点设计的，适用于传统的坐标对查询。这种索引类型主要用于平面几何计算，如在分析河流在形态走向上的相似性，或者在二维地图上计算两点之间距离。该索引在复合索引中只能作为后缀，并且只能与操作描述字段（如 $near 等）一起引用。

以 NoSQL 为例，创建一个 2d 索引的语句如下。

Db.collection.createIndex({ < location field > : "2d" })

3) geoHaystack 索引

geoHaystack 索引是一种特殊索引，用于优化小面积内复杂图形的检索效率。

提高在平面进行几何（geometry）查询的性能。

对于使用球面的几何查询，2dsphere 索引是比 geoHaystack 索引更好的选择，因为 2dsphere 索引允许字段重新排序。

geoHaystack 索引要求第一个字段为 location 字段。此外，该索引仅可通过命令使用，无法与其他索引形式联合构成复杂索引结构。

4.1.3.3　空间信息检索

空间地理信息模型的搜索方式支持 24 种上下文关联方式，数据框架及指令主要接口如表 4-1 所示。

表 4-1　主要的空间地理信息模型的搜索命令

查询类型	操作符	参数类型	索引	查询内容	说明
临近查询	$near	遥感空间质心点在这个 line 和下一个 line	2dsphere	球面	另请参阅 $nearSphere 运算符，该运算符在与 2dsphere 索引一起使用时，提供相同的功能
			2d	平面	同上
	$nearSphere	遥感空间点	2dsphere	球面	提供与使用遥感空间点和 2dsphere 索引的 $near 操作相同的功能。对于球面查询，可能最好使用与 $near 操作相同的功能；对于球面查询，可能最好使用 $nearSphere，它明确指定名称中的球形查询而不是 $near 运算符
			2d	球面	使用遥感空间点来代替
范围查询	$geoWithin	遥感空间几何对象	2d	球面	查询完全在参数指定地理空间内的文档
				平面	只能查询 box 框住的点
			2dsphere	平面	同上
			2d	平面	同上，点加半径（弧度值）
			2dsphere	球面	支持查询框住的遥感空间对象
			2d	球面	支持查询框住的遥感空间对象
交集查询	$geoIntersects	遥感空间对象	全部	球面	查询与参数给定几何对象有交集关系的文档

1. 临近查询

邻域查询指令为 $near、$nearSphere，用于查找离指定点最近的对象。其中，$nearSphere 查询主要针对的是球面空间的遥感空间点，$near 查询则可适配空间索引和平面索引两种索引方式。

查询命令：db.collection.find({ location : { $near : [x,y] } })

2. 范围查询

范围查询指令为 $geoWithin，用于查找在指定形状内的对象。

查询命令：db.collection.find({location: {$geoWithin:{$geometry:{type:"Polygon", coordinates:[…]}}}})

3. 交集查询

交集查询指令为 $geoIntersects，用于查找与指定形状有交集的对象。相较于临近查询和范围查询，交集查询用途较广泛且复杂，主要用于搜索地理空间属性与指定遥感空间对象相交的对象，即数据和指定对象的交集是非空的。

$geoIntersects 运算符使用 $geometry 运算符，来指定一个遥感空间对象作为参数。使用默认坐标系（CRS84）指定多边形或多边形的使用语法如下。

```
{
  空间数据字段名 : {
  $geoIntersects: {
```

```
$geometry: {
    type: "<遥感空间对象类型
>",
    coordinates: [ < coordinates > ]
  }
 }
 }
}
```

对于 $geoIntersects 查询，当指定的遥感空间几何对象大于半个球面时，使用默认坐标系（CRS84）会导致在查询结果中出现互补的几何对象。

4.1.3.4 使用可编程接口对遥感数据信息进行管理

渔业数据可编程接口参考谷歌地球引擎（Google Earch Engine，GEE）的交互式编程框架逻辑进行设计，提供了一系列方法，旨在满足科研人员对渔业遥感数据管理的需求，方便数据分析，以及研究人员在分析软件中直接使用这些工具。

该接口主要的使用场景为：渔业科研人员需要对遥感调查获得的卫星图像、无人机图像等进行组织、存储、管理，以便进行后续的分析处理。通过使用接口提供的各种方法，可以实现数据的高效录入、标注、索引、检索，有助于推动渔业领域多源异构数据的共享应用。

在接口的设计上，包含了获取、添加、更新、删除渔业遥感数据等操作的基本方法，可以灵活进行基础数据库行为（Create Read Update Delete，CRUD）操作。此外，还提供了搜索数据、上传新数据、获取图像块、分析图像、制作资源地图等功能，这些功能均针对渔业遥感数据的特点专门定制，以提高工作效率。主要的 9 个可编程命令结构如下。

1.get_data(id)

get_data(id) 接口允许通过指定的唯一 ID 来获取数据。这个接口接受一个字符串类型的 ID 作为参数，并返回一个包含渔业遥感数据的 DataFrame 对象。例如，使用 data = interface.get_data('123')可以检索 ID 为 '123' 的数据条目。

2.add_data(data)

add_data(data) 接口用于添加新的数据到系统中。这个接口接受一个 DataFrame 对象作为参数，该对象包含了要添加的新渔业遥感数据。此接口不返回任何值，示例用法为 interface.add_data(new_data)，其中 new_data 是一个 DataFrame 实例。

3.update_data(id, data)

update_data(id, data) 接口使用户能够更新现有的渔业遥感数据条目。它需要两个参数：一个是数据条目的唯一 ID，另一个是包含更新数据的 DataFrame 对象。此接口同样不返回任何值，示例用法为 inter-face.update_data('123', updated_data)。

4.delete_data(id)

delete_data(id) 接口用于删除指定 ID 的渔业遥感数据。它接受一个字符串类型的 ID 作为参数，并不返回任何值。示例用法为 interface.delete_data('123')，用于删除 ID 为 '123' 的数据条目。

5.search_data(attributes, values, search_type)

search_data(attributes, values, search_type) 接口允许用户根据特定的属性和值来搜索渔业数据。它接受三个参数：一个属性名列表、一个对应值的列表以及一个字符串描述的搜索类型。此接口返回一个包含匹配数据条目唯一 ID 的列表，示例用法为 ids = interface.search_data(['location', 'date'], [(120.1, 30.2), '2022-01-01'], 'exact')。

6.upload_data(data, metadata)

upload_data(data, metadata) 接口用于上传新的渔业遥感数据及其相关元数据。它接受一个 DataFrame 对象和一个描述数据结构的字典作为参数。此接口不返回任何值，示例用法为 interface.upload_data(new_data, metadata)。

7.get_image_chunk(longitude_range, latitude_range)

get_image_chunk(longitude_range, latitude_range) 接口用于获取指定经纬度范围内的遥感图像块。它接受两个元组作为参数，分别表示经度和纬度的范围，并返回一个包含图像数据的 ndarray 对象。示例用法为 image_chunk = interface.get_image_chunk((120.0, 120.2), (30.0, 30.2))。

8.analyze_satellite_image(image_id)

analyze_satellite_image(image_id) 接口用于分析指定 ID 的卫星图像。它接受一个字符串类型的图像 ID 作为参数，并返回一个包含分析结果的字典。示例用法为 result = interface.analyze_satellite_image('123')。

9.map_fishery_resources(data_id)

map_fishery_resources(data_id) 接口用于制作指定 ID 的渔业资源地图。它接受一个字符串类型的数据 ID 作为参数，并返回一个字符串，表示生成的地图文件路径。示例用法为 map_path = interface.map_fishery_resources('123')。这个接口有助于渔业资源数据的可视化，为用户提供直观的地图展示。

4.2 遥感数据管理平台及可视化

4.2.1 平台概述

渔业遥感科学数据管理系统，基于 API 编程接口和书存储管理模型，实现了对渔业遥感数据的统一组织管理。通过自定义的元数据描述体系、高效的数据检索功能，以及专业的用户权限管理机制，有效地提升了不同渔业科研人员之间数据共享和协同的效率。

在总体设计方面，渔业遥感科学数据管理系统采用 B/S 架构，使用支持可扩展文档查询的 MongoDB 数据库作为系统数据存储工具。系统服务端使用 Java 语言实现，数据交互格式为 JSON，使用 RESTful 接口风格。客户端实现了主要的功能界面，使用 Vue 框架开发，元素库采用 ElementUI。系统部署在 Linux 服务器上，使用 Nginx 作为 Web 服务器。在网络架构上，通过服务器集群确保业务的高可用性和 TB 级数据存储的支持。存储服务器与应用服务器采用分离部署的模式，利用磁盘存储集群为数据库提供 S3-like 文件存储功能，并与 MongoDB 数据库结合，实现文件的检索查询和反馈。同时系统实行了完善的日志记录和监控机制，方便管理员跟踪系统的使用情况和运行状态。在功能设计上，系统主要提供了数据管理、数据检索、用户管理、角色管理等功能，针对渔业科研人员使用场景进行了优化设计，具体功能如下。

4.2.1.1 数据管理模块

数据管理模块支持遥感影像数据的上传和删除；自定义元数据，统一描述影像属性，包括成像时间、影像类型、传感器类型等字段；实现高效的空间数据检索，通过行政区域、经纬度等条件检索所需影像；支持数据快速浏览和下载，生成影像缩略图，一键保存所需数据等功能。

4.2.1.2 数据检索模块

数据检索模块提供基础检索功能，可按时间、空间范围、云量等条件检索数据；支持高级检索，细化检索范围，提高查找精准度；查询结果以列表形式展示，可快速浏览和下载所需数据。

4.2.1.3 用户管理模块

用户管理模块支持用户账户的增、删、改、查管理，实现用户状态、角色的管理；控制用户数据和功能访问权限，支持组合条件查询，快速定位用户信息。角色管理模块提供角色的增、删、改、查管理功能，可配置角色权限，实现对用户访问系统权限的统一管理，支持快速定位角色及批量授权用户。

渔业遥感科学数据管理系统实现了对海量遥感数据的高效组织管理和可视化展现：通过支持多角度高效检索，实现了快速浏览和下载等功能；并通过为渔业用户场景而设计的权限管理机制，有效地提升了不同科研人员间的数据共享和协同效率。

4.2.2 主要功能

4.2.2.1 登录

在浏览器内输入渔业遥感数据管理系统网址，进入用户登录页面，输入用户名、密码后进入系统（图4-5）。

4.2.2.2 控制台

1. 用户管理

登录系统后，点击【控制台—用户管理】，可以进入用户管理模块。在此模块，

管理员可以通过筛选条件查找用户、创建用户、编辑用户信息、查看用户详情、重置用户密码、停用/启用用户、删除用户等操作，来管理用户信息（图4-6）。

2. 数据入库

点击【数据入库—生物资源与环境】，支持上传"*.xls""*.xlsx"格式的文件，点击【上传文件】，在弹出框中选择要上传的文件，点击【提交】，提示上传成功（图4-7）。

3. 数据管理

点击【数据管理】，通过输入检索条件，包括：项目名称、成像时间，点击【搜索】，即可查看影像的相关信息（图4-8）。

点击【高级搜索】（图4-8），对数据进行更精细的检索。通过输入检索条件，包括：卫星检索、其他检索、空间范围三大模块。在卫星检索中勾选光学、高光谱、雷达，对应还有二级可选条件；在其他检索中调节云量，撰写分辨率；点击【空间范围】，在弹出界面选择水资源、行政区、图块编号、自定义4种筛选（图4-9）。

图4-8中，点击【重置】可清空之前设置的检索条件，重新设置检索条件进行查询；点击【批量删除】可对数据进行批

图4-5 用户登录界面

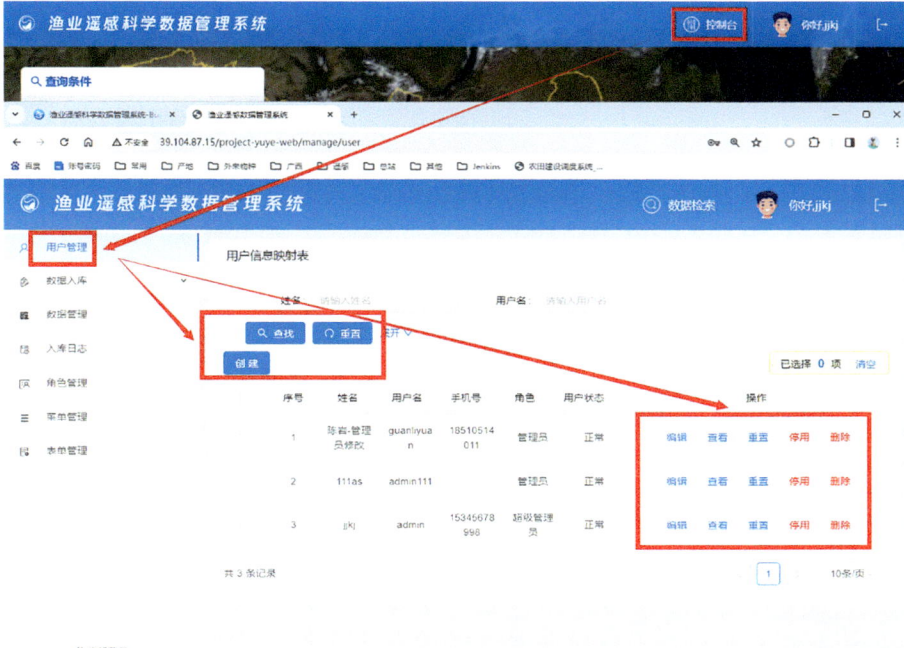

图 4-6　用户管理界面

图 4-7　数据入库—生物资源与环境数据入库界面

图 4-8　数据管理搜索界面

图 4-9　数据管理—高级搜索—空间范围界面

量删除；点击【详情】可查看影像详情，包括影像名称、卫星名称、传感器名称、文件大小、成像时间、云量、坐标系类别（WKID）、坐标系名称、入库时间、经度、纬度等信息（图 4-10）。根据检索结果下载数据。

4. 入库日志

点击【入库日志】可查看卫星数据入库的名称、开始时间、完成时间、入库状态、数据路径、文件大小、提交人等详细信息，点击【失败原因】可查看入库失败

原因和详情（图 4-11）。通过筛选条件查找数据，如通过数据名称、入库状态、入库时间 3 个筛选条件，来查找对应的入库数据日志，支持单条件查询或组合查询，显示对应的入库数据日志。

5. 角色管理

角色管理是指管理员在系统中查询角色，用于统一管理在系统中具有相同角色身份的用户，可以实现对用户权限的批量管理。如图 4-12 所示，点击【角色管理】以列表的方式显示当前系统中

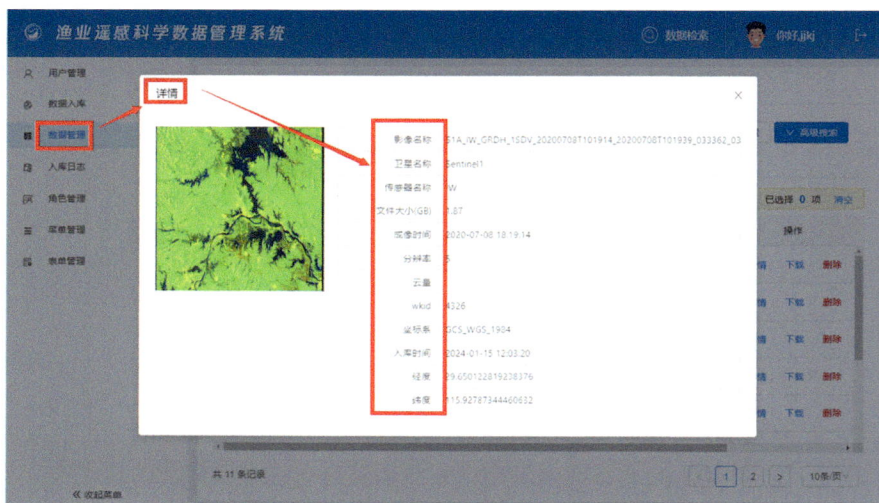

图 4-10　数据管理—详情界面

图 4-11　入库日志—失败原因界面

图 4-12　角色管理查询界面

的所有角色信息，并提供查询角色、创建角色、编辑角色、删除角色、角色授权等功能。角色授权能够控制角色访问某个（些）系统的权限，实现对用户系统权限的批量管理。

4.2.2.3　数据检索

1. 检索面板

基础的检索功能可按照项目名称、成像时间、传感器类型（光学、雷达、无人机）、云量、空间分辨率、空间范围（水资源、行政区、图块编码、自定义）等筛选条件，进行数据检索（图 4-13～图 4-17）。

2. 查询结果面板

查询结果面板可以查看快视图列表

（图 4-18）、数据详情（图 4-19）和下载数据（图 4-20）。将满足检索条件的影像数据以列表的形式展示给用户，统计查询结果数量，用户可点击表头根据分辨率和成像时间对列表进行"升序"或"降序"排列（图 4-21）。

点击查询结果中的【生物资源与环境数据】或【生态灾害数据】，将默认把全部数据都显示在地图上，数据列表可以根据"时间"升序或降序排序，点击任意一个具体的数据，地图缩放到对应位置，显示该数据的经纬度、时间、评级、描述等具体信息（图 4-22 和图 4-23）。

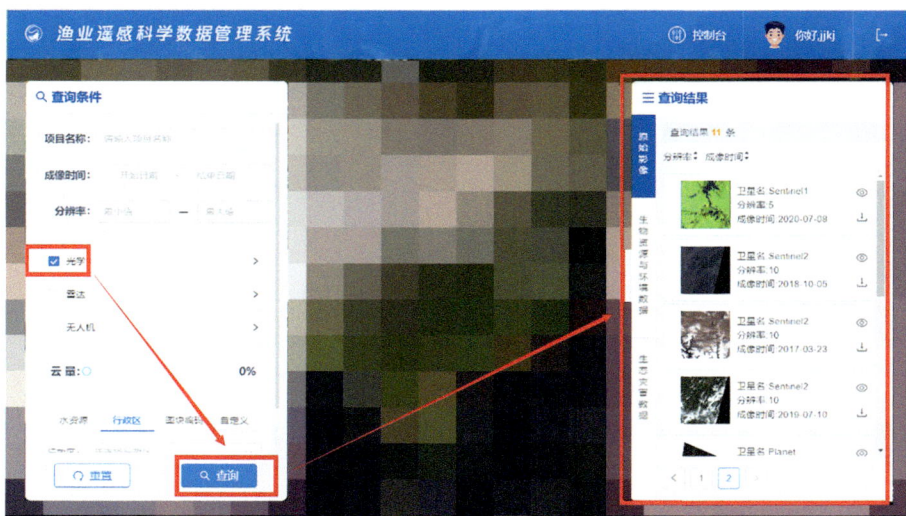

图 4-13　筛选条件查询界面

图 4-14　类型检索界面

图 4-15　空间范围—水资源—流域界面

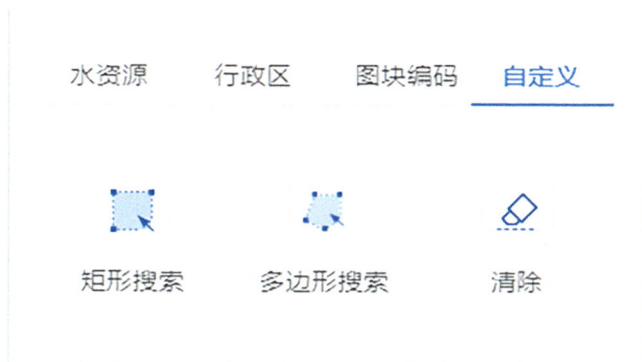

图 4-16　自定义区域检索界面

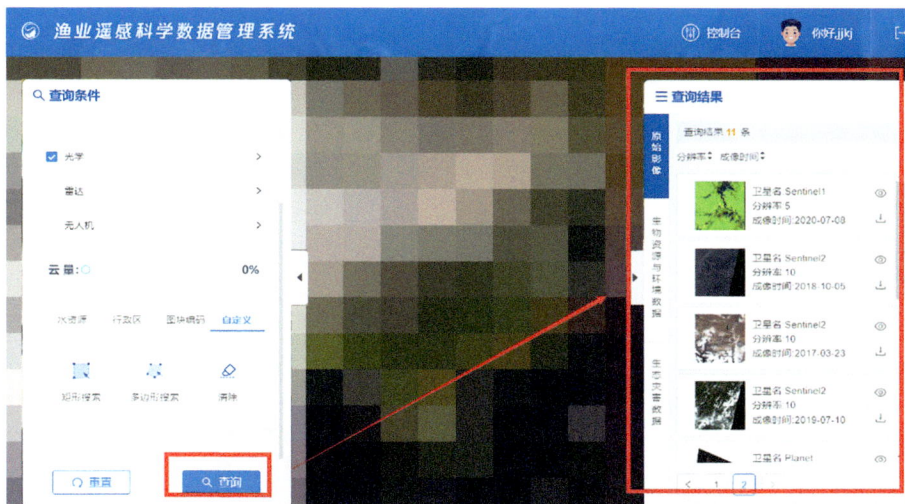

图 4-17　检索结果界面

图 4-18　影像快视图界面

图 4-19　查看影像数据详情界面

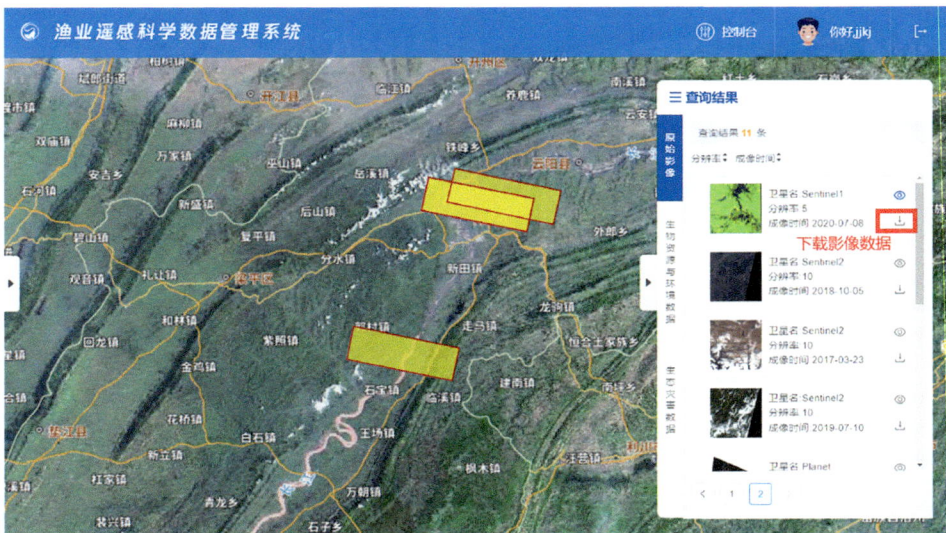

图 4-20　下载数据界面

图 4-21　查询结果排序界面

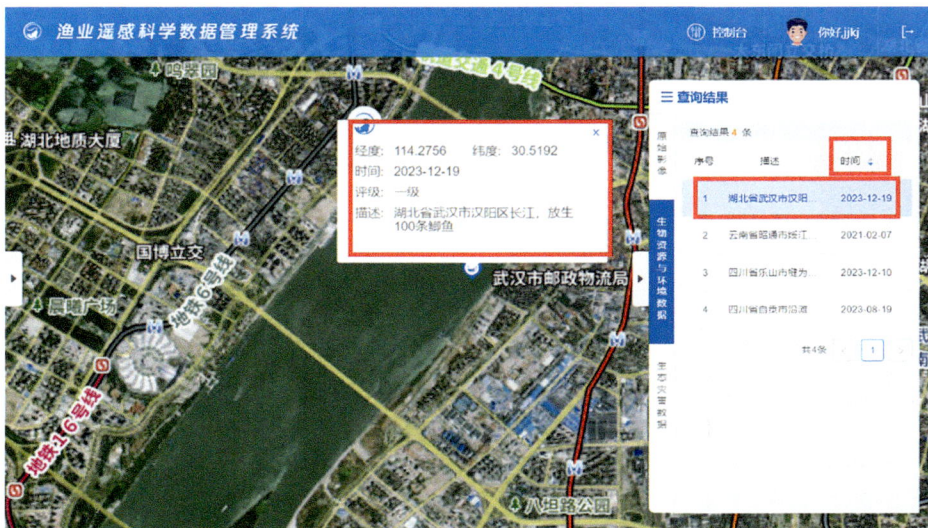

图 4-22　查询结果—生物资源与环境数据展示界面

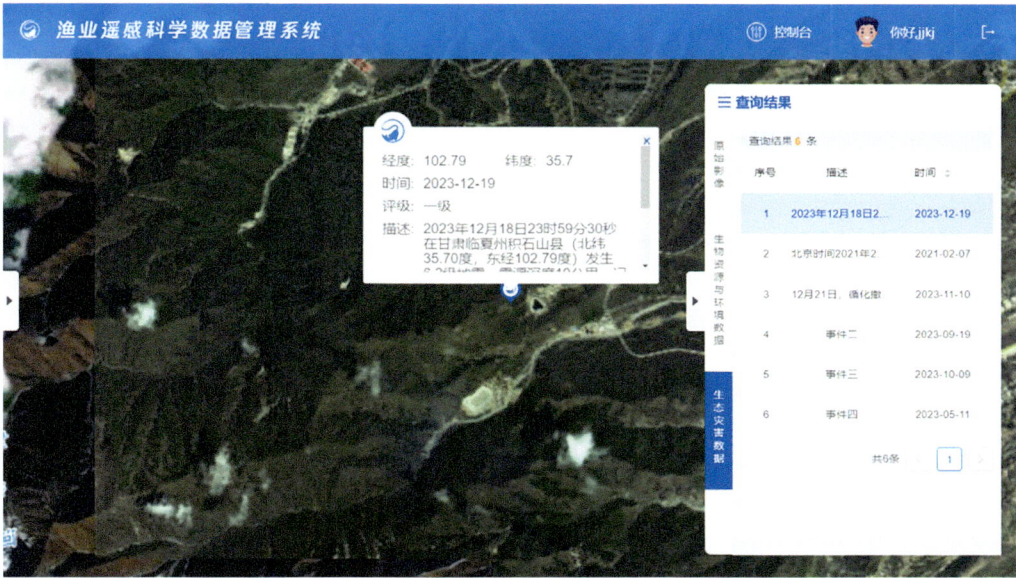

图 4-23　查询结果—生态灾害数据展示界面

4.2.2.4　登出界面

点击界面右上角的 [→，会弹出二次

确认框，确定是否退出登录，点击"确定"，退出系统到登录界面（图 4-24）。

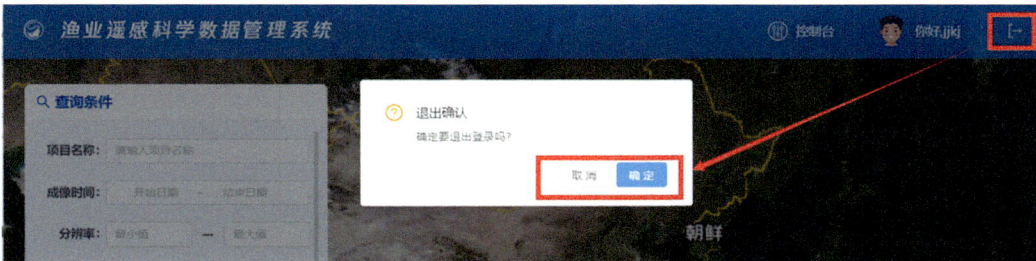

图 4-24　退出系统界面

参考文献

蔡浴泓，孙蕾．2008．基于 R 树的空间数据索引技术的探索．计算机应用与软件，25(12): 169-171, 179.

龚俊，柯胜男，朱庆，等．2015．一种集成 R 树、哈希表和 B* 树的高效轨迹数据索引方法．测绘学报，44(5): 570-577.

郭菁，郭薇，胡志勇．2003．大型 GIS 空间数据库的有效索引结构 QR- 树．武汉大学学报 (信息科学版)，(3): 306-310.

郭华东．2009.数字地球原型系统 (DEPS/CAS) 及其作

用和发展.遥感学报,13(s1):38-45.

张小川，戴旭尧，刘璐，冯天硕．2020．，融合多头自注意力机制的中文短文本分类模型．计算机应用，40(12): 3485.

Bao H B, Dong L, Piao S H, et al. 2021. BEit: Bert pre-training of image transformers. arXiv preprint: arXiv:2106.08254.

Burrows M. 2006. The Chubby lock service for loosely-coupled distributed systems. Proceedings of the 7th symposium on Operating systems design and implementation: 335-350.

Butler H, Daly M, Doyle A, et al. 2016. The GeoJSON Format Specification. RFC 7946. Internet Engineering Task Force.

CEN/TC 287 - Geographic Information. (n.d.). iTeh Standards. Retrieved from https://standards.iteh.ai/catalog/tc/cen/9db592e4-9c2e-4874-8788-b854976afd16/cen-tc-287.

Chang F, Dean J, Ghemawat S, et al. 2008. Bigtable: A distributed storage system for structured data. ACM Transactions on Computer Systems (TOCS), 26(2): 1-26.

Chen S P, Guo H D. 1999. Earth observation and digital earth—understanding and development. Hong Kong: The 20th Asian Conference on Remote Sensing,

Coyne R A, Hulen H, Watson R. 1993. The high performance storage system. Proceedings of the 1993 ACM/IEEE conference on Supercomputing: 83-92.

Craglia M, Goodchild M F, Annoni A, et al. 2008. Next-Generation Digital Earth. A position paper from the Vespucci Initiative for the Advancement of Geographic Information Science. International Journal of Spatial Data Infrastructures Research. 2008;3:146-167.

Dean J, Ghemawat S. 2008. MapReduce: simplified data processing on large clusters. Communications of the ACM, 51(1): 107-113.

Federal Geographic Data Committee. (n.d.). Geospatial Standards. Retrieved from https://www.fgdc.gov/standards.

Germain K S, Angichiodo J. 2023. Adversarial Networks and Machine Learning for File Classification. arXiv preprint: arXiv:2301.11964.

Gewin V. 2004. Mapping opportunities. Nature, 427(6972): 376-377.

Goodchild M F. 2007. Citizens as sensors: the world of volunteered geography. GeoJournal, 69: 211-221.

Guo H, Fan X, Wang C. 2009. A digital earth prototype system: DEPS/CAS. International Journal of Digital Earth, 2(1): 3-15.

Guttman A. 1984. R-trees: a dynamic index structure for spatial searching. ACM SIGMOD Record, Volume 14, Issue 2: 47-57.

Hong Y, Tang Q W, Gao X F, et al. 2016. Efficient R-tree based indexing scheme for server-centric cloud storage system. IEEE Transactions on Knowledge and Data Engineering, 28(6): 1503-1517.

Kaliyar R K. 2020. A multi-layer bidirectional transformer encoder for pre-trained word embedding: a survey of bert//2020 10th International Conference on Cloud Computing, Data Science & Engineering (Confluence). IEEE: 336-340.

Kang C, Huazheng F, Yong X. 2018. Malicious URL detection based on deep learning. Computer Systems & Applications., 27: 27-33.

Konaray S K, Toprak A, Pek G M, et al. 2019. Detecting file types using machine learning algorithms//2019 Innovations in Intelligent Systems and Applications Conference (ASYU). IEEE: 1-4.

Li S, Dragicevic S, Castro F A, et al. 2016. Geospatial big data handling theory and methods: a review and research challenges. ISPRS Journal of Photogrammetry and Remote Sensing, 115: 119-133.

NASA. 2003. RASCHAL: Raid Array of Inexpensive Disks for Storage of Commodity Hardware and Linux. Retrieved from NASA website.

Nicherson B G, Teng Y, Xiao J. 2001. A framework for ready accessibility to geospatial data using the WWW. Proceedings of the 2nd International Symposium on Digital Earth.

Ostendorff M, Blume T, Ruas T, et al. 2022. Specialized document embeddings for aspect-based similarity of research papers. Proceedings of the 22nd ACM/IEEE Joint Conference on Digital Libraries: 1-12.

Pham-Duc B, Nguyen H, Phan H, et al. 2023. Trends and applications of google earth engine in remote sensing and earth science research: a bibliometric analysis using scopus database. Earth Science Informatics, 16(3): 2355-2371.

Ren F, Jiang Z, Liu J. 2019. A bi-directional lstm model with attention for malicious url detection. 2019 IEEE 4th Advanced Information Technology, Electronic and Automation Control Conference (IAEAC). IEEE: 300-305.

Shi B, Bai X, Yao C. 2016. An end-to-end trainable

neural network for image-based sequence recognition and its application to scene text recognition. IEEE Transactions on Pattern Analysis & Machine Intelligence, 39(11), 2298-2304.

Xue Y, Wang J, Sheng X. 2003. Building digital earth with grid computing technology-the preliminary results.

Proceedings of the 3rd International Symposium on Digital Earth: 75.

Yang L P, Driscol J, Sarigai S, et al. 2022. Google Earth Engine and artificial intelligence (AI): a comprehensive review. Remote Sensing, 14(14): 3253.

第 5 章　长江流域水体消长变迁与渔业资源变动

流域水体出现频率空间观测（Pekel et al.，2016）

定量化地分析水体的消长变化及其驱动因素，对维护流域生态与环境安全具有十分重要的意义。对大空间范围来说，遥感是唯一可行的环境变化监测手段（宫鹏，2012）。特别是近年来，随着谷歌地球引擎（Google earth engine，GEE）等云计算遥感数据服务平台的不断发展（Gorelick et al.，2017；Zurqani et al.，2018；Kumar and Mutanga，2019；Oliphant et al.，2019），以区域乃至全球的卫星观测数据为支撑的水体空间分布制图研究成为可能（Deng et al.，2019；Li and Niu，2022；刘宇晨和高永年，2022）。本章采用多尺度遥感观测技术与实地调查相结合的方式，对长江流域水体消长的历史变迁进行了监测与分析，对长江流域重点水域的消落区现状进行空间制图，并探讨近 40 年来长江流域水生态结构的转变对渔业资源衰退的潜在影响，以及反季节性消落区对土著鱼类"三场"关键栖息地丧失的影响。

5.1　概述

Pekel 等（2016）的全球地表水体变化研究结果表明，1984～2015 年全球共损失了约 90 000km² 的永久性水体，同时新增了 184 000km² 的永久水面，除气候变化影响之外，其中大部分增加的水面面积来自水库充填。Donchyts 等（2016）采用全球卫星遥感数据开展了关于全球地表水体变化的研究，结果显示1985～2015年全球约173 000km²的水体转变为陆地，同时115 000km²的陆地转变为水体。上述两项研究结果之间存在的巨大差异除Pekel等（2016）采用了空间分辨率更高的卫星遥感数据外，其研究还将水体进一步划分为永久性水体和季节性水体，并开展了永久水、季节水及陆地之间转变的过程分析。水陆之间的变化是地表变化中最剧烈和频繁的过程之一，刘宇晨和高永年（2022）对长江流域地表水体提取和分析的研究结果显示，仅2017～2020年长江流域处于水陆季节性变化的水体面积即达13 403.86km²。因此，分析地表水的类型组成结构及其改变对水生生物生境支持功能的影响时，必须考虑季节性水体消落的巨大影响，并根据水体消长变化是否与自然水文周期涨落一致，进一步区分自然水文情势消落区和反季节性消落区，特别是要关注由河流水库充填形成的新型反季节性消落带。库区反季节性消落带不仅没有维护生物多样性及支持生物栖息地生境的功能，反而可能引发一系列环境问题，因此需要对其开展长期的治理和修复工作（戴方喜等，2006；江进辉等，2020）。

5.2　长江流域水体消长变化及成因

5.2.1　流域水体消长变迁

采用第3章3.1.1节给出的研究方法，对长江流域的水体消长变化进行分析，结果表明近40年来，长江流域历史最大水面面积约为63 360km²，历史最小水面面积约为26 396km²，历史最大消落面积约为36 964km²，这一消落面积约占历史最大水面面积的58%。

2001～2020年和1984～2000年两时段相比，约8750km²的水体转变为陆地，同时约18 700km²的陆地转变为水体；若

同时考虑季节性消落区分别向陆地和永久性水体转变的面积变化，则长江流域减少的水体面积约达10 000km²，增加的水体面积约达20 000km²。

图5-1展示了2001～2020年和1984～2020年两时段相比长江三级子流域地表水总面积增加和减少的空间分布。具体而言，图5-1a显示，通天河流域和巢滁皖诸河流域的净新增水体面积最大，增加面积均在1670km²左右，这些新增水体主要分布在长江流域河源区及中下游长江干流沿线；同时自葛洲坝沿长江干流至金沙江石鼓以下江段，也有一定程度的水面面积增加。如图5-1b所示，巢滁皖诸河流域也是地表水总面积净减少最显著的子流域，两时段相比约减少1350km²；其次是洞庭湖环湖区流域，约减少1000km²。水面面积减少的区域相对集中地分布在长江中下游干流沿线。

近40年来，长江上游、中游、下游的水体面积变化表现出不同的结构特征，受到不同的驱动因素的影响。长江上游宜昌至河源区的水体面积呈现出以6300km²增加为主的趋势，面积增加和减少的比例约达5：1，主要原因是高山雪水融化造成河源区湖泊的面积增加（图5-2a），以及水库充填造成河流的面积增加（图5-2b）。长江中游湖口至宜昌的水面增加面积约为9000km²，而水面减少面积约为4500km²，面积增加和减少的比例约为2：1；其中增加的水面以水稻田和养殖池塘的开发为主（图5-2c），而减少的水面则受多种因素的影响，包括气候变化、三峡大坝建设、湖泊围垦及湿地先锋植物定植扩张等，洞庭湖和鄱阳湖就是这一趋势的典型代表区域。近几十年来，这些湖泊流域呈现出永久水面面积不断减少、消落区面积不断增加的趋势，关于这一变化趋势还会在后续的分析中进行讨论（图5-2d）。此外，河流水坝建设造成的坝下河段减水也是水

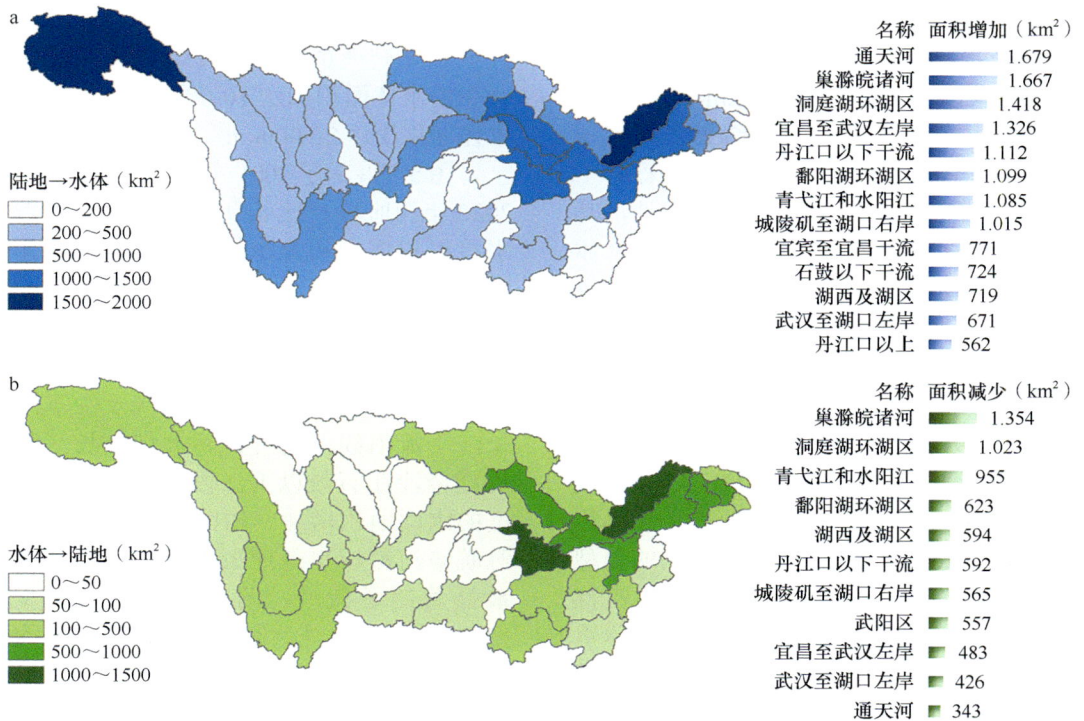

图 5-1　1984～2000 年和 2001～2020 年两时段间长江流域按三级子流域总和的地表水面积增加和减少的空间分布图（蓝色代表增加，绿色代表减少）

面面积减少的因素之一（图 5-2e）。长江下游流域水面增加和减少的面积均在 4000km² 左右，比例约为 1∶1，其中增加的水面主要来自养殖池塘的开发，而减少的水面除了来自湖泊围垦造成的消落区减少之外，还受到建设用地占用水面等因素的影响（图 5-2f）。

5.2.2　重点河流水体消长变迁

近 40 年来，长江流域 1～4 级重点河流的水体最大总面积约为 16 900km²。2000 年前后两时段相比，水体出现频率保持不变的面积仅约为 2100km²，净增加水面面积约为 6280km²，净减少水面面积约为 2060km²，其多年水面消长情况也与整个长江流域水面面积变化情况相似，均呈现出总体增加的趋势。如图 5-3 所示，长江流域上游的通天河、楚玛尔河、当曲、金沙江上游干流、杜柯河、鲜水河及赤水河等水域面积的增量约

为 770km²，这一增量主要是因为气候变暖条件下高山雪水融化导致河流径流增加。其余约 5510km² 的增量基本来自水库充填造成的河流水面面积增加，约占总增量的 89%。其中，三峡、葛洲坝库区充填陆域面积最大，约为 674.98km²；其次是汉江上游丹江口水库，其充填陆域面积为 435.68km²；金沙江下游梯级水库群充填陆域面积 409.54km²。

如图 5-3 所示，河流水面面积减少主要集中在长江中下游干流，其中长江下游干流、长江中游干流、汉江下游、赣江下游、府河、澧水、抚河、资江下游等水域的水面面积减少较为显著。水面面积减少的河段还集中分布在大型水库的下游，这些河段是受上游水库调度影响而形成的减水河段（图 5-2e）。如图 5-4 所示，宜昌至金沙江石鼓的长江干流上游江段梯级水库建设造成水面面积增加，以及宜昌以下至长江口干流江段

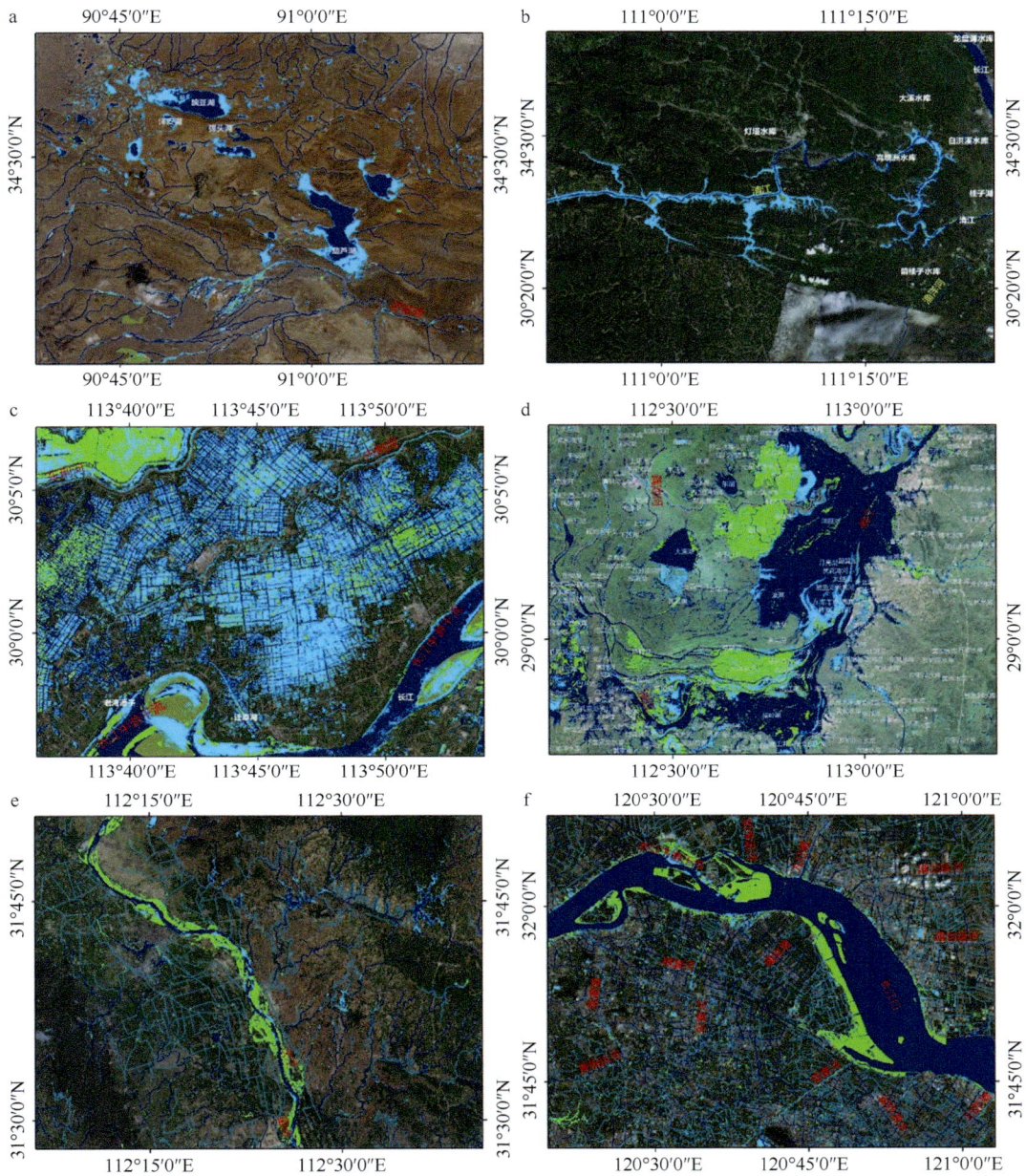

图 5-2　1984～2000 年和 2001～2020 年两时段间长江流域地表水演变的实例（蓝色代表增加，绿色代表减少）

的水面面积减少，二者空间分布对比特征十分显著。另外，长江下游干流的水面面积减少还来自城市化建设对沿江水面的侵占（图 5-2f）。

5.2.3　重点水域季节性消落现状

采用第 3 章 3.1.2 节给出的研究方法，对长江流域重点水域的季节性消落现状进行分析，结果表明，2019～2020 年长江流域重点水域的最大水面面积为 19 663km^2（包括洞庭湖和鄱阳湖），最小水面面积约为 14 281km^2，消落区总面积为 6337km^2，其中典型的反季节性消落区面积约为 633km^2，主要来自三峡库区和

水面面积变化（km²）

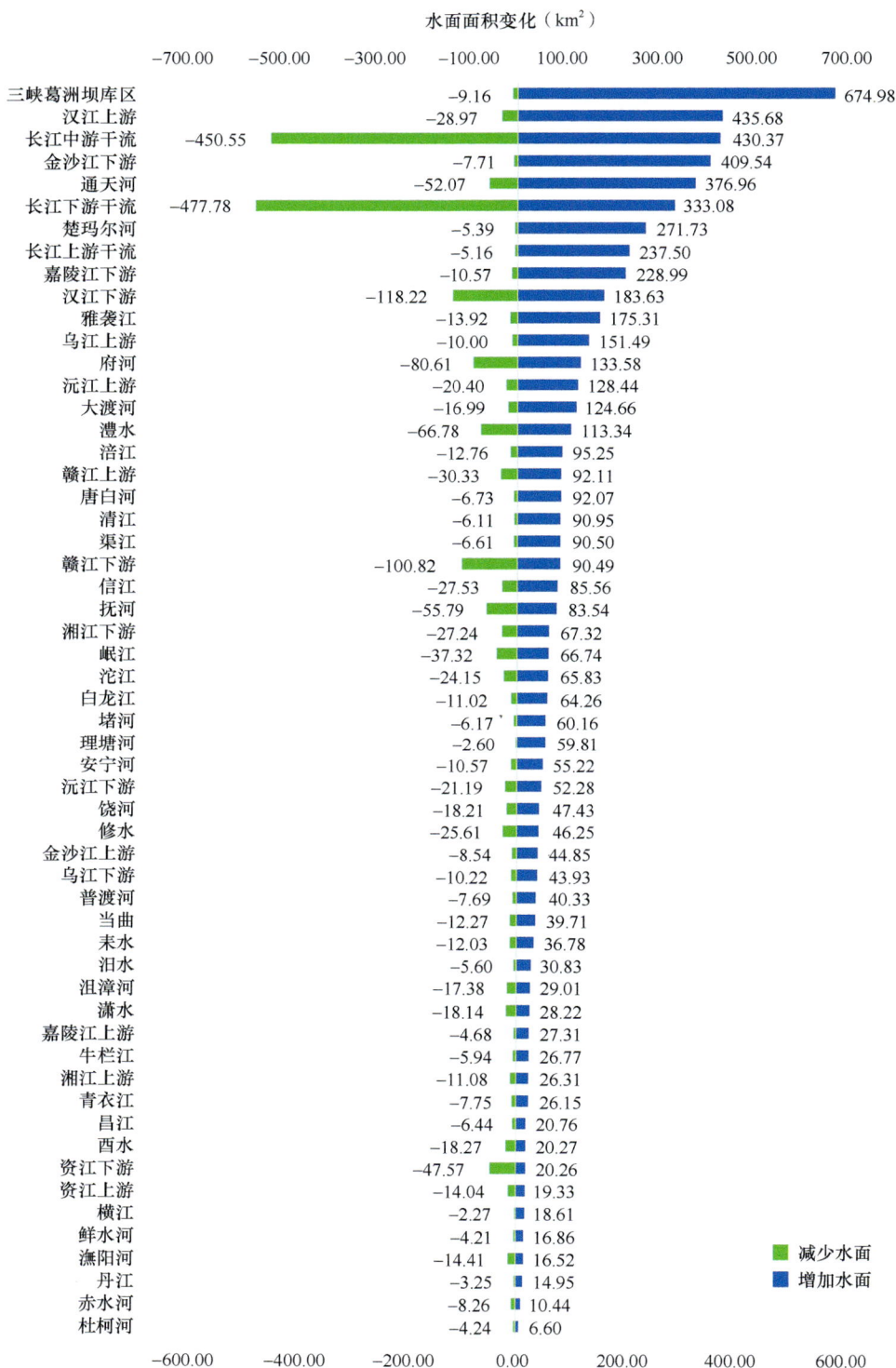

图 5-3　1984~2000 年和 2001~2020 年两时段长江流域重要河流净减少水面面积和新增充填的陆域
水面面积（蓝色代表增加，绿色代表减少）

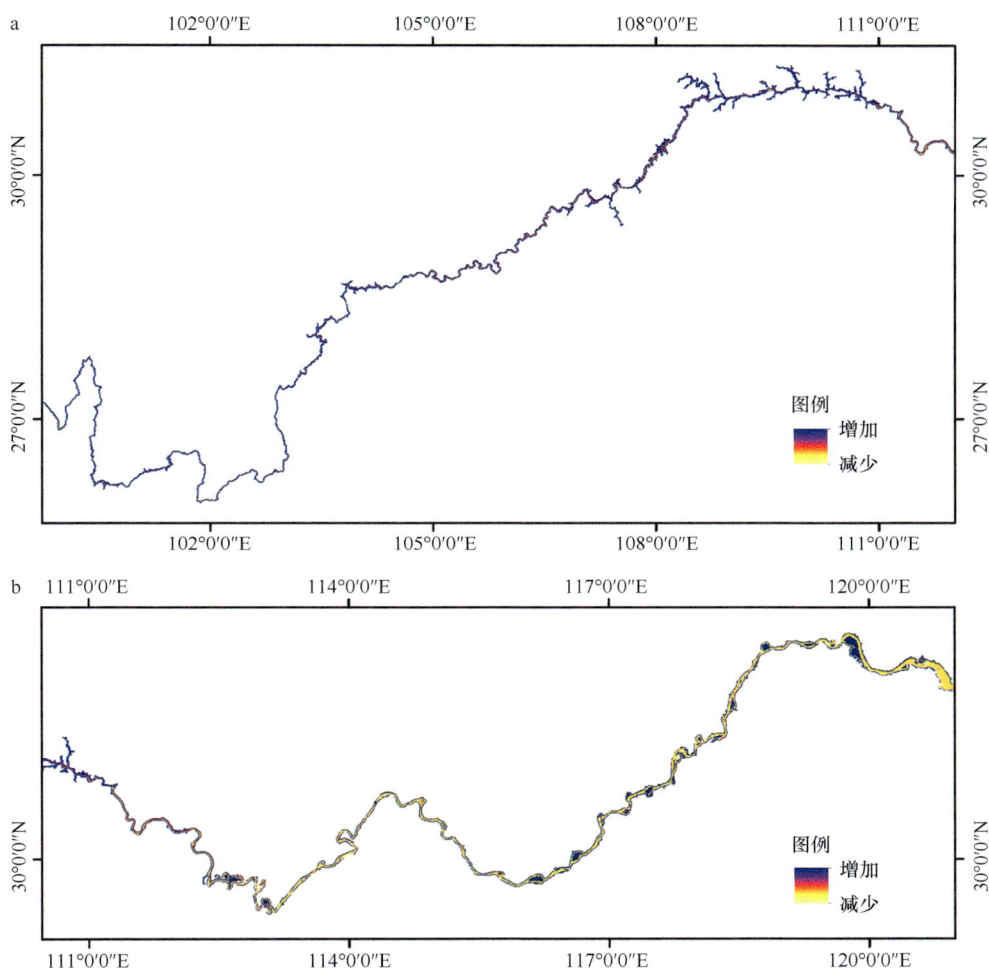

图 5-4　长江干流水面变化情况示意图（a）宜昌至金沙江石鼓的长江干流上游江段梯级水库建设造成的水面增加；（b）宜昌以下至长江口干流江段的水面减少

丹江口水库。

图 5-5a 给出了长江流域重点水域的春夏水体面积。干流中，长江下游干流水体面积占比最大，其夏季水面达2000 余 km²；各主要支流中，汉江上游水体面积冬季超过上千平方千米，其次是两湖流域的汉江、沅江、湘江等，夏季水体面积均在 500km² 上下，是长江流域主要的水域分布区。重点水域的季节性消落状况分析显示（图 5-5b），在长江干流，中游江段的消落区面积最大，达332km²，但仍以具有自然或复杂水文势的自然消落区为主。标准河长下，金

沙江江段的消落区面积最小，其中具有自然或复杂水文情势的消落区面积为91.27km²，主要分布在攀枝花市以上河段，反季节性消落区面积为42.81km²，主要来自溪洛渡水库。三峡、葛洲坝库区全部为反季节性消落区，消落区总面积约为157.61km²。在长江主要支流中，汉江的反季节性消落区面积最大，为238.31km²，主要来自丹江口水库的反季节性消落区。

5.2.4　大型通江湖泊消落区演变

近年来，受气候变化和人类活动

的双重影响，鄱阳湖的常年有水区域面积不断缩小（闵骞和闵聃，2010），且其水文节律的年内季节变化模式也发生显著改变。如秋季水位显著下降，同时期水体面积也明显减少，这与三峡库区9～11月初的蓄水时间一致（Wang et al.，2014；Zhang et al.，2015）；秋季退水期的提前造成低海拔湿地草洲定植面积的持续增加并向湖心逐步扩展（游海林等，2016；谭志强等，2016；Han et al.，2018；Mu et al.，2020），这些变化将很可能对鄱阳湖水生生物生境，特别是对江豚及其他河流性和江湖洄游性鱼类的栖息生境产生强烈的影响（张志永等，2011；胡茂林等，2011；Huang et al.，2020）。本小节采用欧盟委员会联合

研究中心（Joint Research Centre，JRC）提供的全球地表水数据集（Global Water Surface，GSW）中的历史月度水体数据集（Monthly Water History，MWH）作为水文节律变化自动检测（Hydrological Rhythm Alteration Detection，HRAD）方法的输入数据。按研究区域的范围对MWH进行提取，获得1985～2020年432幅鄱阳湖历史月度水体分布数据。另外，选取2019年丰水期（7月）和枯水期（12月）共16幅10m空间分辨率的Sentinel-2卫星L2A级图像，经去云处理后（Zupanc，2017）进行水体提取（Gao，1996）。这些提取结果用于随机验证样本的选取，以及对水文节律检测结果的精度评价。

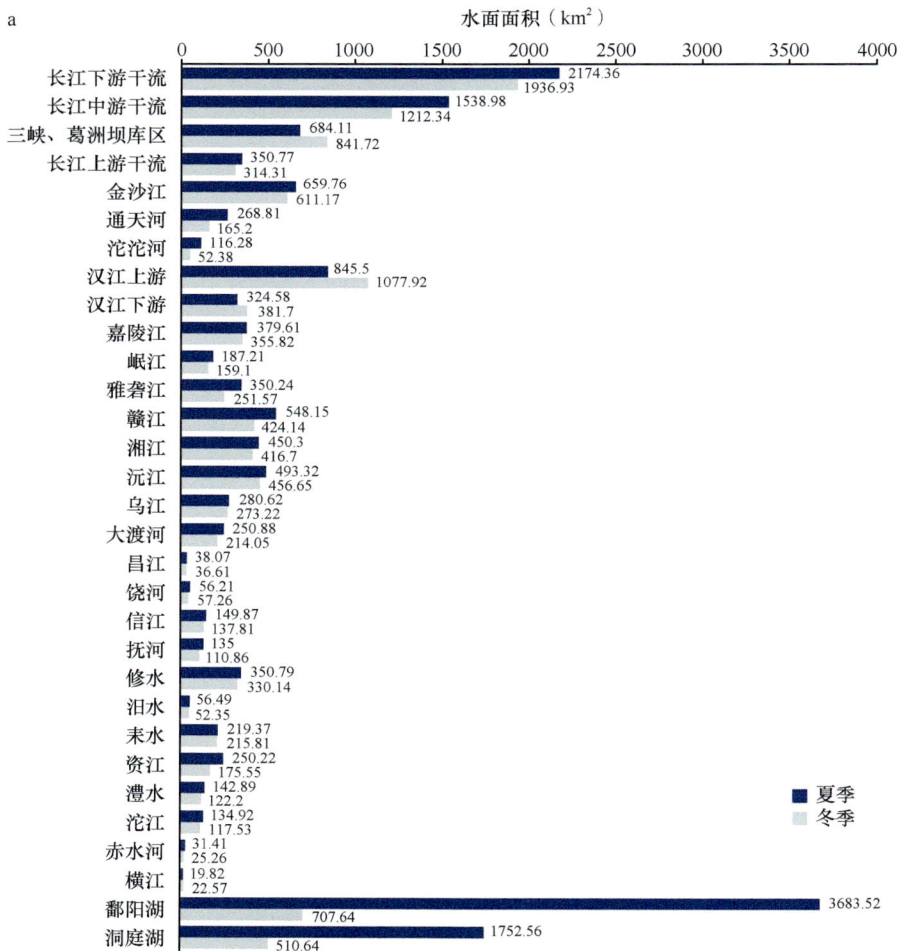

b

水面面积（km²）

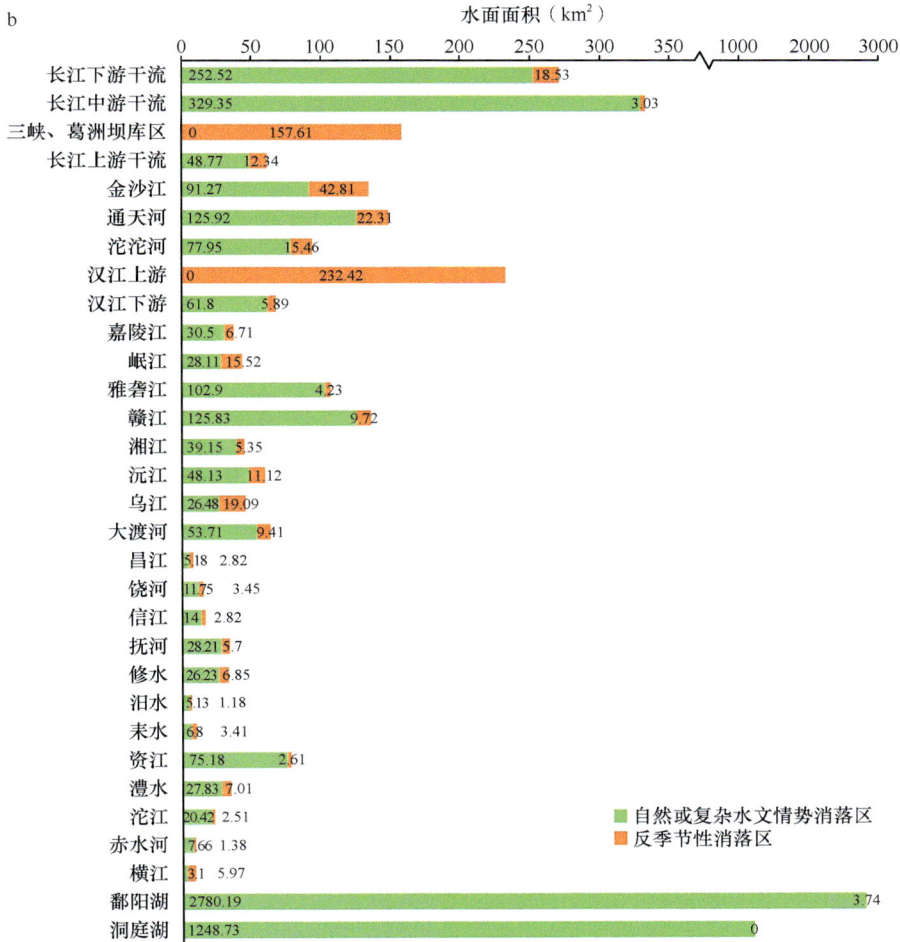

图 5-5　长江流域重点河流夏季、冬季水体面积及消落区状况

5.2.4.1　鄱阳湖水体出现频率变化

鄱阳湖主湖区各月份在 1985～2000 年及 2000 年后每 5 年水体出现频率积分均值年际变化如图 5-6 所示。在鄱阳湖湖口，丰水期和枯水期水位长期变化趋势呈轻微上涨，而在年平均水位总体呈微弱下降趋势的背景下（图 5-7），鄱阳湖地表水体的出现频率整体呈现衰退的趋势。具体来说，在 9～11 月退水期，鄱阳湖地表水体的出现频率显著下降（图 5-6j～l）；在 12 月至次年 3 月枯水期，整体上也呈现下降趋势，但主要集中在 12 月和次年 2 月（图 5-6a、c）；在洪水期，呈现微弱的下降趋势；在涨水期，4 月呈现波动下降的趋势（图 5-6e），5 月则出现较大幅度的下降（图 5-6f）。特别值得关注的是，9 月退水期和 5 月涨水期地表水体的出现频率均在 2006～2010 年出现大幅度下降，分别下降了约 24% 和 25%，且在 2001～2015 年的总体下降率均接近 30%。

另外，在去除各年份永久性水体范围后，从仅保留年内水位波动变化的季节水体来看，水体出现频率在丰水期保持相对稳定略有下降的情况下，2001～2020 年与 1984～2000 年两时段相比，枯水期水体出现频率则出现显著抬升，同时 9 月退水期季节性水体出现频率也大幅度下降（图 5-8）。

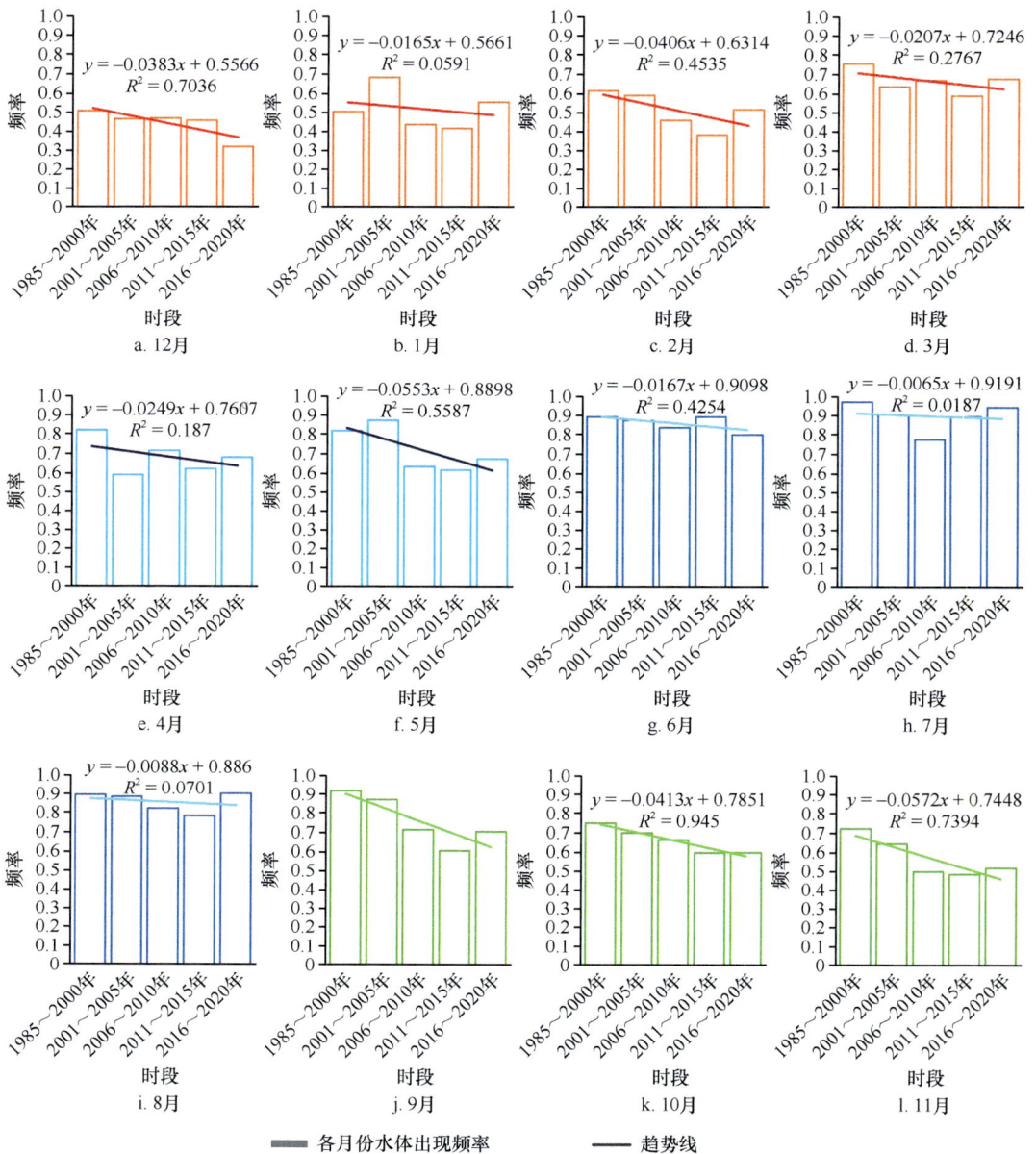

图 5-6 鄱阳湖主湖区各月份在 1985～2000 年及 2000 年后每 5 年水体出现频率积分均值年际变化

5.2.4.2 鄱阳湖不同消落区生境中永久性水体及季节性水体面积变化

近 40 年来，鄱阳湖流域的永久性水体面积减少超过 1600km²，其中近一半的减少量发生在 2001～2010 年，而同期季节性水体（包含自然水文情势消落区、反季节性消落区）面积扩大了一倍多（图 5-9）。其中，永久性水体面积的锐减主要来自湖盆敞水区，其面积从 2000 年

之前的约 900km² 下降至 2016～2020 年时段的不足 200km²，下降率达 78%。同时，各消落区生境中的季节性水体均呈现增加的趋势，且主湖区的季节性水体面积的增加主要来自永久性水体出现频率下降，通江水道、湖盆敞水区、碟形子湖和人控湖汉永久性水体面积减少和区域季节性水体面积增加呈现显著的对称性特点（图 5-10）。在 2000 年之前，

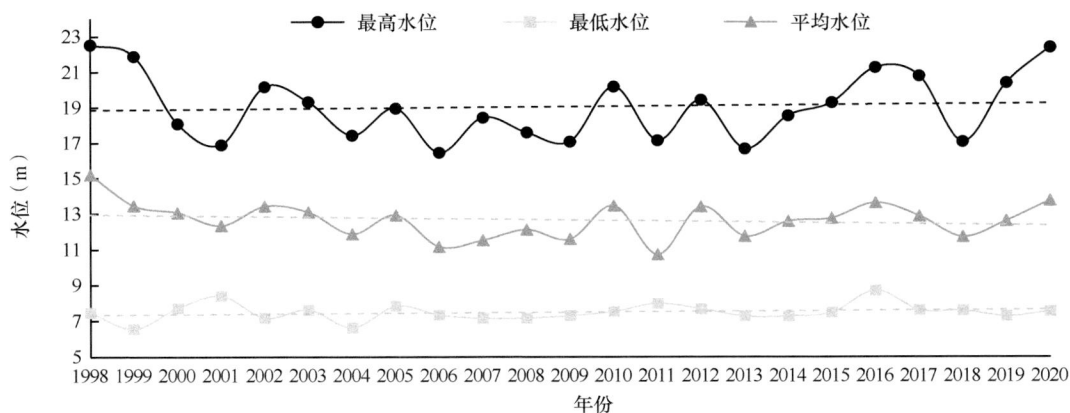

图 5-7　鄱阳湖湖口水文站 1998～2020 年水位变化情况

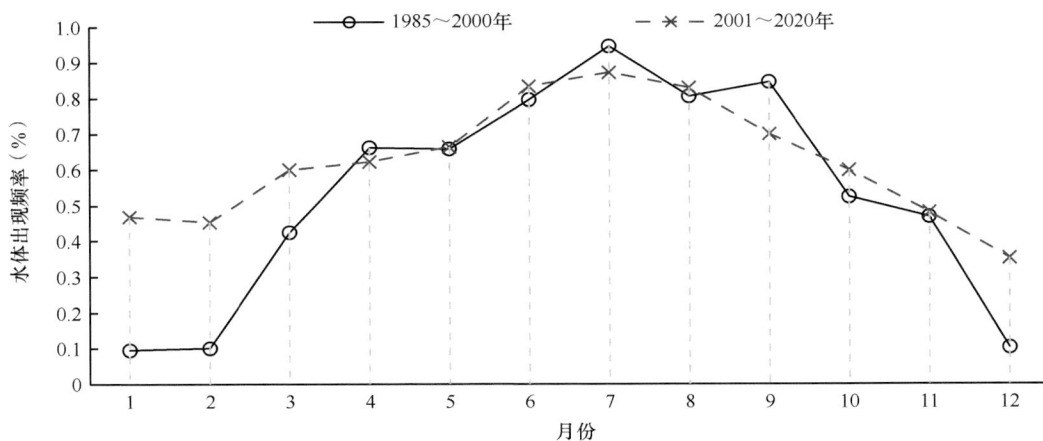

图 5-8　2001～2020 年与 1985～2000 年鄱阳湖
多年平均季节性水体出现频率年内变化模式对比

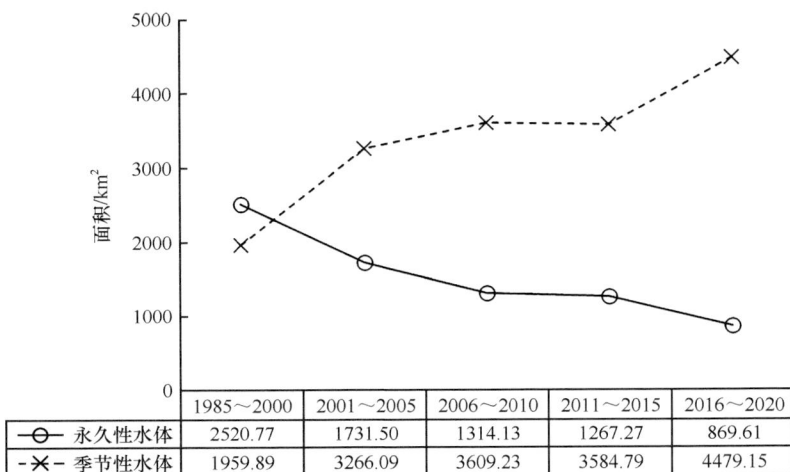

	1985～2000	2001～2005	2006～2010	2011～2015	2016～2020
—○— 永久性水体	2520.77	1731.50	1314.13	1267.27	869.61
-✕- 季节性水体	1959.89	3266.09	3609.23	3584.79	4479.15

图 5-9　各时段的永久性水体和季节性水体面积变化

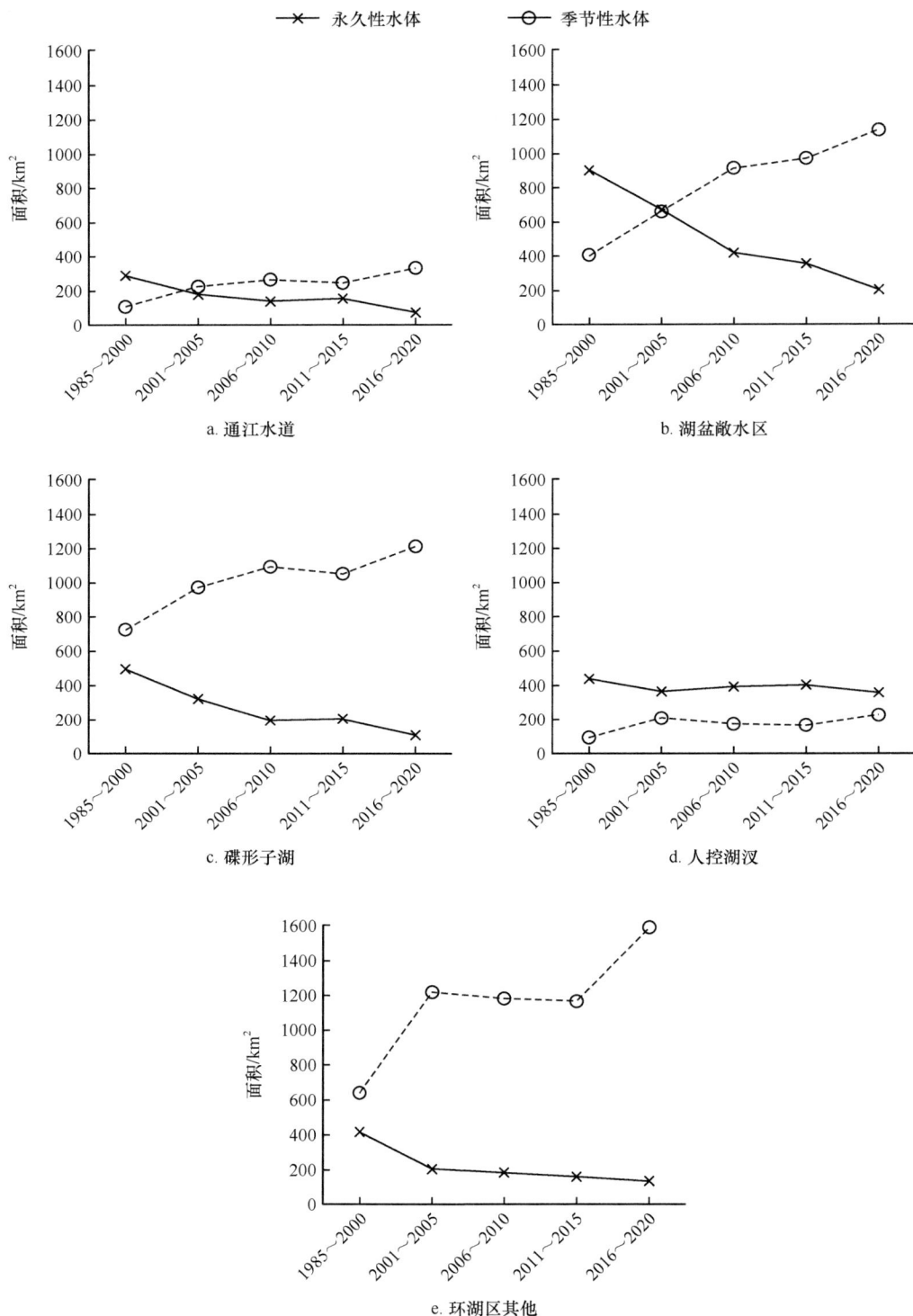

图 5-10 不同消落区生境类型中永久性水体及季节性水体的面积变化

关于各类消落区生境描述见第 8 章 8.1 节

通江水道和湖盆敞水区永久性水体面积原本超过季节性水体面积的一倍。然而，自 2000 年起，特别是 2006 年之后这种组成结构被彻底改变，且随时间推移二者差距不断拉大，到 2016~2020 年永久性水体面积已不足季节性水体面积的 1/5。

5.2.4.3　鄱阳湖消落区的"自然水文情势"和"反季节性"改变

三峡大坝建成蓄水以前鄱阳湖消落区的水文情势相对自然。该时期（1985~2000 年）及其后每 5 年水文情势变化空间分布如图 5-11 所示。由图可见，鄱阳湖永久性水体的萎缩和主湖区内部自然水文情势消落区的扩张非常显著，而主湖区外的反季节性消落区在 2000 年之后面积也存在较大幅度的增长。

在通江水道、湖盆敞水区和碟形子湖，永久性水体出现频率不断下降，所形成的新增消落区基本仍以自然水文情势为主（图 5-12），其年内涨落状况与自然水文变动规律一致，在景观上表现为与自然水文变化相似的、空间上连续的梯度带状分布格局（图 5-11 中绿色系区域），是由多年地表水量缓慢下降而产生的水文节律的退化性量变和渐变，改变速率约为 33km²/a。

反季节性消落区面积从 2000 年之前的 580km² 上升至最近时段的 1300km²，其中约 970km² 主要分布在人控湖汊和环湖区，且主要在环湖区（图 5-12），其年内水文周期表现为显著偏离自然规律的变动状态（图 5-13），空间景观特征表现

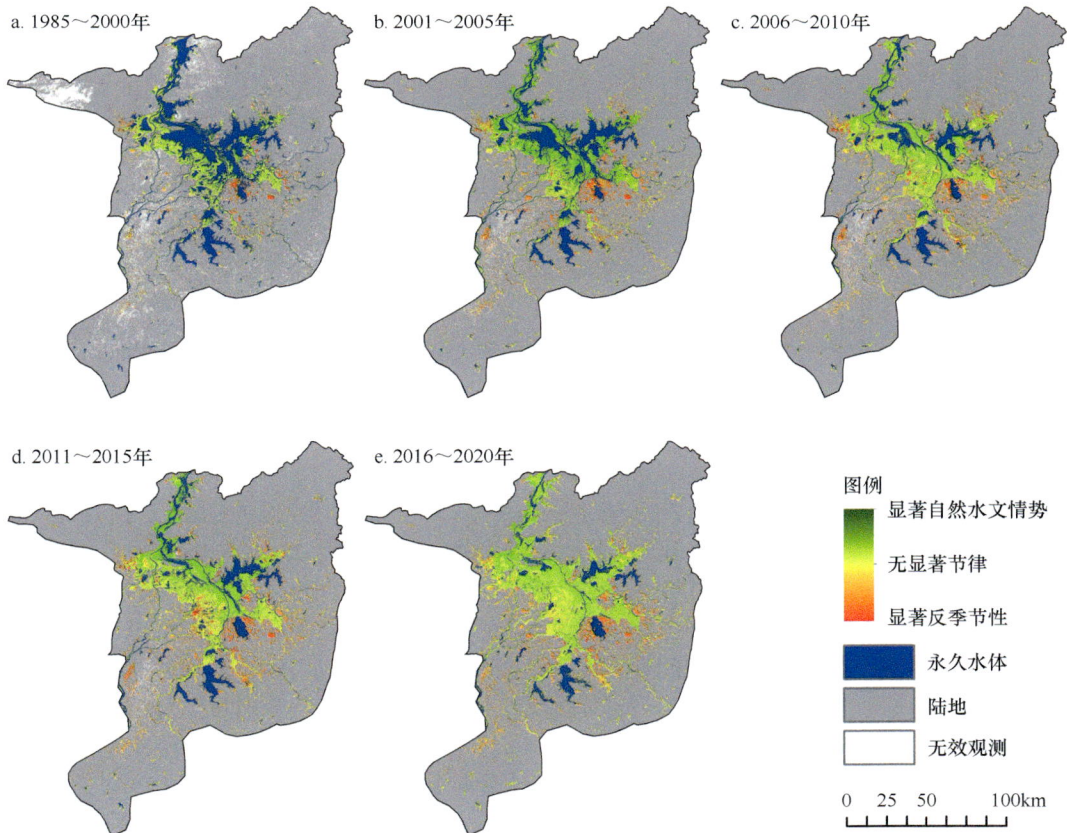

图 5-11　相对自然时期（1985~2000 年）及其后每 5 年水文情势变化空间分布
深蓝色代表各时段的永久性水体分布状况，不同饱和度的绿色代表不同强度的自然水文情势消落区，
不同饱和度的橘黄色代表不同强度的反季节性消落区

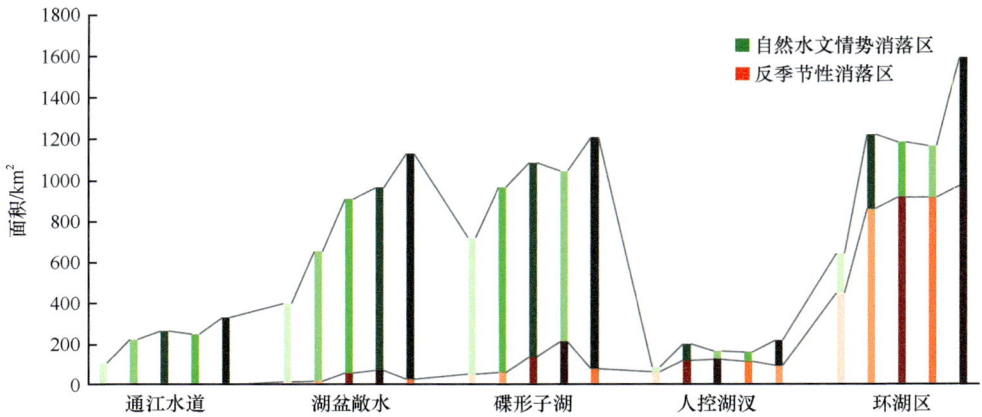

每种生境类型从左到右依次为：1985～2000年、2001～2005年、2006～2010年、2011～2015年、2016～2020年

图 5-12　各生境类型水域中自然水文情势、反季节性水体的面积变化

图中用同一色系的不同深浅表达面积大小程度，颜色越浅代表面积越小，面积越大颜色越深

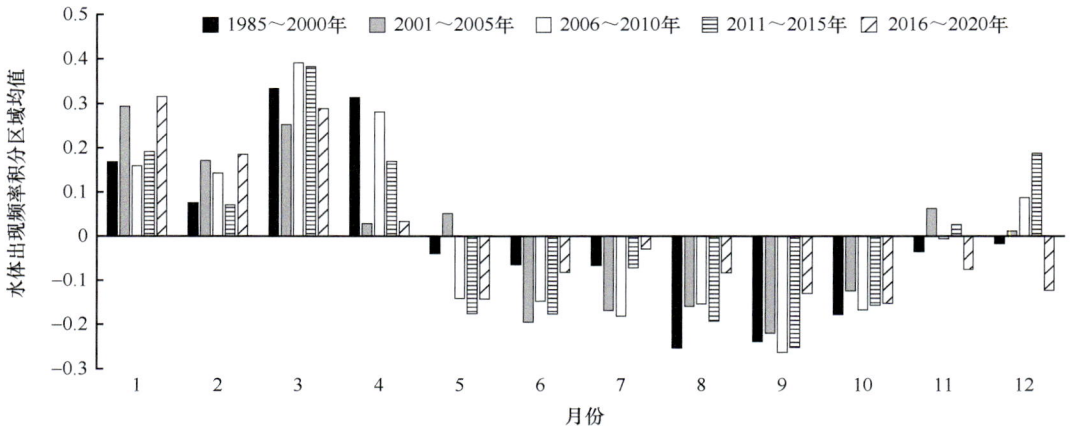

图 5-13　环湖区 1985～2000 年及其后每 5 年逐月水体出现频率区域积分 (Integral monthly surface water occurrence frequency, ISWOF$_{month}$) 的距平直方图（反季节性消落区的周年水文节律变化）

为破碎度较高的斑块状分布格局（图 5-11 中橘黄色系区域），是由人类活动干扰造成的水文节律的质变和突变。比如，在占研究区反季节性水文改变总数约 85% 的环湖区，其面积在 2001～2005 年快速增加，增速约为 80km²/a，此期间面积增长近一倍。

5.2.4.4　洞庭湖长时间序列水情变化特征

1. 径流量变化

洞庭湖多年（1960～2014 年）平均入湖年径流量为 2733.9×10⁸m³。其中，四水入湖年径流量为 1658.5×10⁸m³，占 60.7%；三口入湖年径流量为 790.7×10⁸m³，占 28.9%（图 5-14）；区间入湖年径流量为 284.7×10⁸m³，占 10.4%。四水中以湘江、沅水年径流量较大。在径流的年内分配上，湘江、资水汛期为 4～6 月；沅江、澧水汛期稍后，为 5～7 月；三口汛期与长江上游相同；为 7～9 月。

1960 年以来，四水年径流量总体上无明显趋势性变化（图 5-15）。三口年径流量则随着三口河道的萎缩不断减小，其中以藕池口减小最多。伴随分流量减小，三口河道出现断流加长、年内径流量分配更集中于汛期的现象。洞庭湖城陵矶出湖年径流量多年变化亦呈减小趋势，其减小值与三口减小值基本相当，说明洞庭湖的年径流量减小主要由三口年径流量的减小所致。

2000 年后，长江上游、洞庭湖流域均进入枯水期，宜昌、四水年径流量与多年（1960～2014 年）平均值相比分别减小 5.1%、3.1%（图 5-16），在径流的年内分配上则呈现出秋季减少、冬季增加的特点。

2. 水位变化

洞庭湖流域 4 月进入雨汛期，随入湖流量增大，湖泊水位不断上涨，7 月长江进入主汛期，由于江湖洪水顶托，湖泊水位继续壅高并长期维持高水位，年内最高水位一般出现在 7～8 月，9 月以后受长江退水的影响，湖区水位逐渐下降，年内最低水位一般出现在 1 月前后。湖泊水位的上涨速度主要由湖泊流域来水情况决定，洪峰水位的高低和洪水消

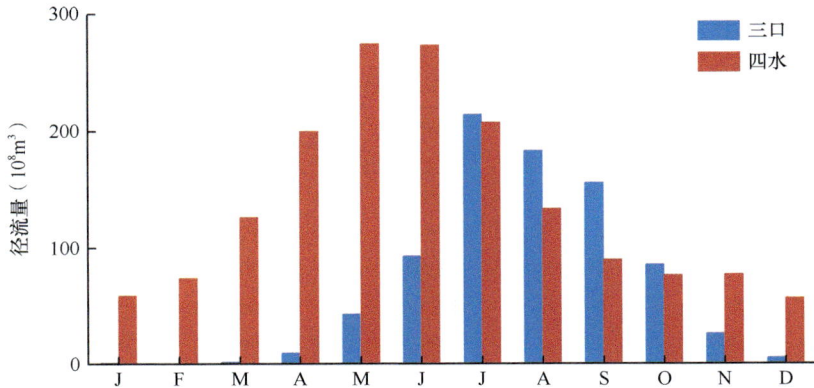

图 5-14　洞庭湖入湖径流量年内分配

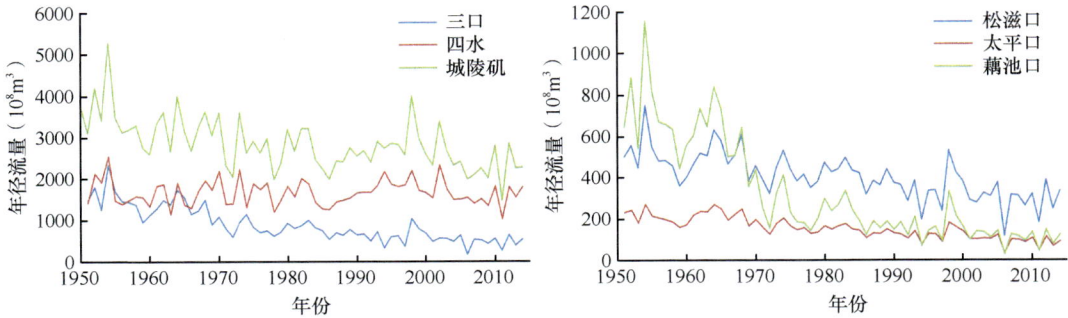

图 5-15　洞庭湖入出湖、三口年径流量变化

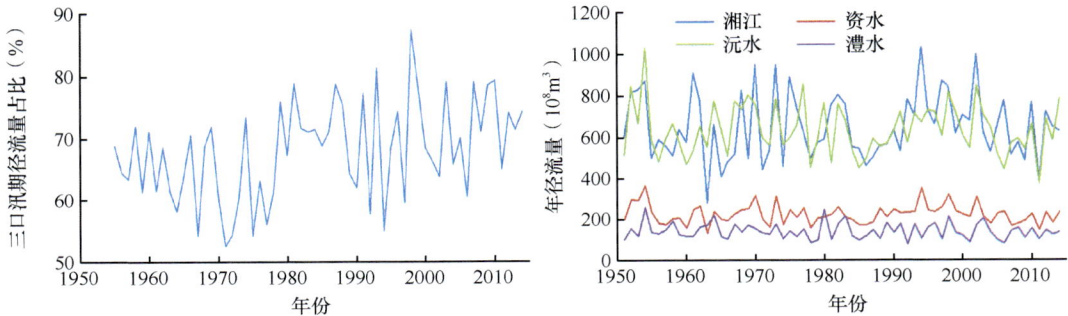

图 5-16　三口汛期径流量占比变化、四水年径流量变化

退的快慢则主要受长江洪水的制约。

洞庭湖水位年内变幅巨大，湖内各站平均水位变幅为5.36～12.73m（表5-1），呈现由洞庭湖出口城陵矶向上游逐渐减小与由西洞庭湖入口南嘴向下游逐渐减小并存的情形。一般地，河流入湖后由于坡降变缓、过水断面增大，水位变幅逐渐减小，但是湖泊出口的长江水位比洞庭湖水位变化剧烈，在长江的顶托或拉空作用下，出口城陵矶的水位变幅加大，这一作用随湖泊上游距湖口距离的增加而衰减。南洞庭湖距湖泊出口较远，加之主要承纳

西洞庭湖来水，本身入流较小，致使年内水位变化最为平缓。

洞庭湖汛期受长江顶托，上下游水位落差较小，南嘴-城陵矶多年平均最小落差为1.34m。枯季落差增大，南嘴-城陵矶多年平均最大落差为8.44m，湖盆地形导致枯水期湖泊上下游间水面出现跌落现象，其主要表现在南洞庭湖的万子湖和东洞庭湖之间。

2000年前洞庭湖水位一直呈波动上升趋势，以湖区各站的年最高水位多年变化最为明显（图5-17），洞庭湖城陵

表5-1 洞庭湖水位特征值

水文站	平均水位（m）	最高水位（m）	发生时间（年.月.日）	最低水位（m）	发生时间（年.月.日）	平均变幅（m）
南嘴	30.11	37.62	1996.7.21	27.11	1983.12.31	6.31
小河嘴	30.00	37.57	1996.7.21	27.81	1992.12.9	5.86
沅江	29.97	37.09	1996.7.21	27.90	1992.12.24	5.36
杨柳潭	29.06	36.67	1996.7.21	26.48	1992.12.24	5.85
营田	26.65	36.54	1996.7.22	20.99	2004.2.1	11.13
鹿角	25.77	36.14	1998.8.20	18.98	1961.2.4	11.73
城陵矶	24.90	35.94	1998.8.20	17.27	1960.2.16	12.73

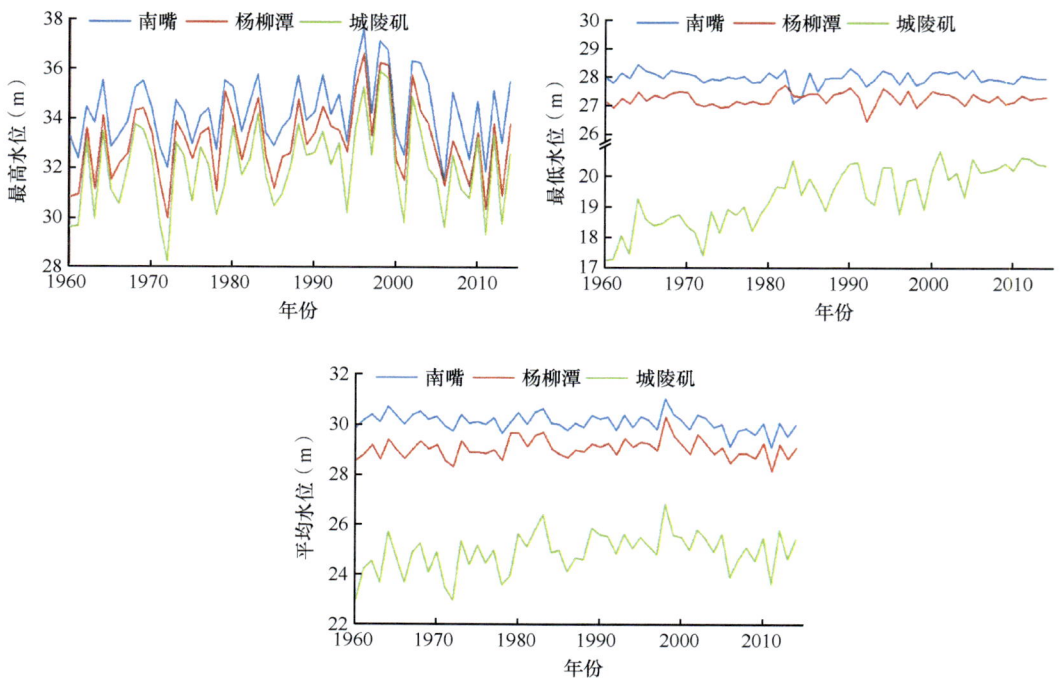

图5-17 洞庭湖水位特征值变化

矶站上升率为 0.069m/a，在 1998 年达到历史最高的 35.94m，杨柳潭站上升率为 0.062m/a，南嘴站上升率为 0.045m/a；年平均水位城陵矶站呈上升趋势，杨柳潭站、南嘴站变化不显著。

2000 年后，特别是 2003 年后，湖水位上升趋势发生逆转，城陵矶平均水位与 20 世纪 90 年代相比下降 0.54m，最高水位下降幅度更大，与 1960~2002 年相比，2003~2016 年最高水位平均降幅达 2.35m（表 5-2）。2003 年后的洪水年份如 2010 年、2012 年的最高水位分别为 33.28m 和 33.38m，与 20 世纪 90 年代水平相差甚大，而枯水年份 2011 年的最高水位仅为 29.38m，仅次于历史上水位最低的 1972 年。但洞庭湖各站的最低水位呈现出不同的变化特征，南嘴、杨柳潭的最低水位多年来没有明显的趋势性变化，年际差异很小，2003 年后各站的最低水位均未创出历史新低。而城陵矶的最低水位多年来持续上升，2003 年后仍然维持之前的上升趋势。2003 年后洞庭湖水情变化的另一

个现象是 10 月的水位大幅度下降，与前期比较，水位平均降低 2.05m，降幅最大的 2009 年则达到 4.71m。

3. 水面落差变化

湖内水面落差变化反映湖泊水动力变化。1960 年以来，主汛期南嘴 - 城陵矶的水面比降有下降趋势，监利 - 城陵矶的水面比降则有增加趋势（图 5-18），反映出荆江裁弯后下荆江流速增大，而洞庭湖的平均流速有所减小。三峡水库汛后蓄水导致下泄流量减小，降低了干流水位，从而对洞庭湖形成了拉空效应，如近年 10 月的南嘴 - 城陵矶水面比降明显增加，洞庭湖平均流速加快。

5.2.4.5　洞庭湖消落区长时序遥感监测

基于湖盆 DEM 数据，结合城陵矶水位观测资料，将 DEM 的 1985 国家高程基准转换到城陵矶实测水位的吴淞高程基准，生成了不同水位条件下洞庭湖的水面分布模式，见图 5-19 和图 5-20。

表 5-2　洞庭湖水位变化（单位：m）

水文站	1960~2002 年			2003~2016 年		
	平均水位	最高水位	最低水位	平均水位	最高水位	最低水位
南嘴	30.20	37.62	27.11	29.78	36.27	27.79
杨柳潭	29.12	36.67	26.48	28.87	34.34	27.03
城陵矶	24.89	35.94	17.27	24.93	33.59	19.32

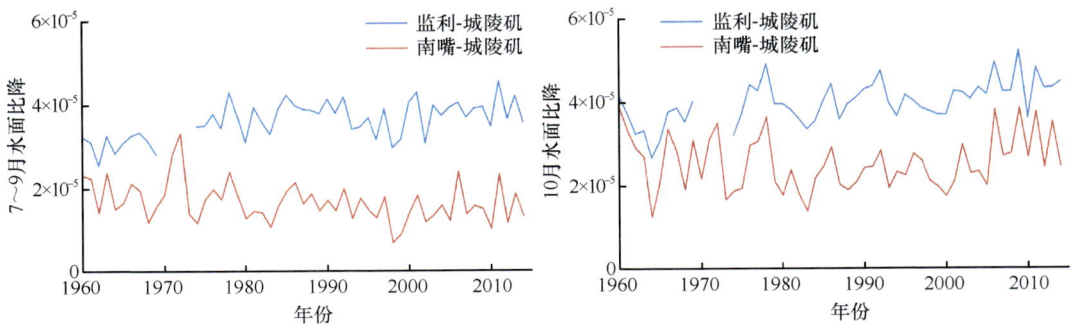

图 5-18　江湖水面比降变化

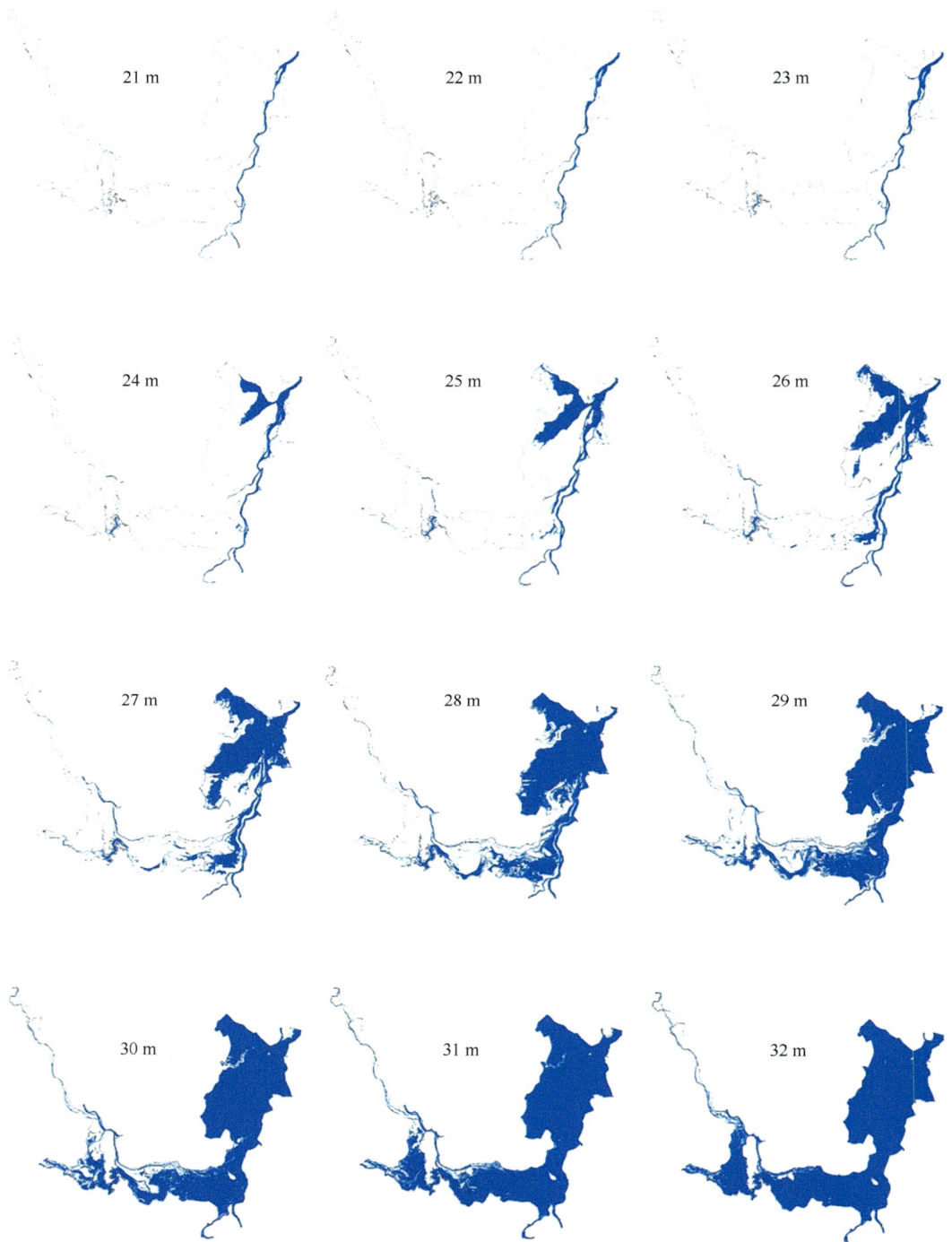

图 5-19　基于 DEM 不同水位条件下的洞庭湖淹没空间变化

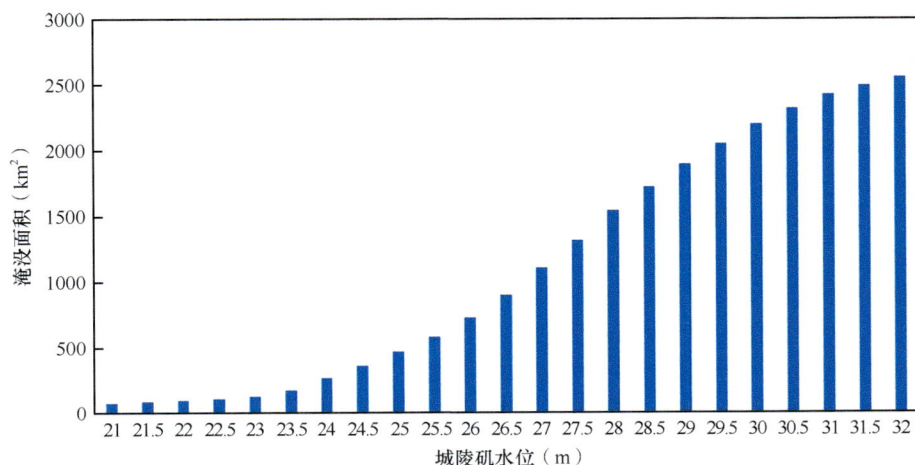

图 5-20　基于 DEM 不同水位条件下的洞庭湖面积时序变化

5.3　长江流域水体消长变化与渔业资源变动

5.3.1　流域水生态结构的转变及其对天然渔业资源种群结构改变和渔业资源量衰退的潜在影响

从全流域来看，新增水面面积主要包括陆地至永久性水体、陆地至消落区及消落区至永久性水体（水体出现频率增加）等几类改变（表 5-3），其中以陆地向消落区的变化为主，增加的总面积为 14 643.98km²，包括 3314.51km² 的河流消落区、926.85km² 的水库消落带、1100.00km² 的湖泊消落区（基本为江湖阻隔的人控湖泊）、2096.22km² 的湿地消落区、1614.59km² 的养殖池塘消落区和 5591.81km² 的水稻田消落区等。陆地向永久性水体的转变面积为 4207.01km²，其中河流永久性水体面积增加 2331.23km²，占 55% 以上。另外，还有 1549.34km² 的消落区转变为永久性水体。而面积净减小约 8747.62km² 的自然水面中，超过 90% 转变为农田利用地，另外有 1556.20km² 的永久性水体由于出现频率下降而转变为消落区。

水域类型组成结构和空间分布结构的改变是长江流域近几十年来水域变化

表 5-3　1984~2000 年和 2001~2020 年两时段间不同水生态类型的水体消长变化　（单位：km²）

水生态类型	不变水面面积		新增水面面积			减少水面面积		
	未改变的永久性水体	未改变的消落区	陆地至永久性水体	陆地至消落区	消落区至永久性水体	永久性水体至陆地	消落区至陆地	永久性水体至消落区
河流	6 533.16	874.43	2 331.23	3 314.51	636.02	14.19	104.30	248.56
水库	3 276.97	1 874.59	565.16	926.85	429.51	5.09	163.27	240.78
湖泊	9 281.03	1 660.63	513.48	1 100.00	189.13	1.53	14.46	280.83
湿地	712.98	3 204.33	284.96	2 096.22	109.53	37.92	361.73	581.16
养殖池塘	900.88	1 225.79	401.50	1 614.59	156.05	4.00	134.25	123.05
水稻田	108.64	1 002.61	110.69	5 591.81	29.10	345.14	7 561.74	81.82
合计	20 813.66	9 842.38	4 207.01	14 643.98	1 549.34	407.87	8 339.75	1 556.20

最核心的特征之一。至 21 世纪 20 年代自然水体的面积占比不足 30%，与 20 世纪 80 年代相比下降了 1/2。除净减少了约 8750km² 的自然水体之外，还有 1556.20km² 的水面从永久性水体衰退为消落区，这是长江流域天然渔业资源环境容量的绝对衰减，并且面积减小的水面基本分布在长江流域渔业资源最丰富的长江中下游流域，特别是两湖流域。在约 20 400km² 新增水面中，包括约 7900km² 的养殖水面和水田、3720km² 的非通江湖泊和水库、6280km² 的新增河流和 2490km² 的季节性湿地，并且新增河流的 6280km² 中有约 5640km² 为河流水库建设充填陆域而来，另外 640km² 新增的河流水面以及绝大多数的新增湖泊和湿地仅分布在长江上游部分山区河段及通天河流域的高原湖泊周边，它们对长江流域天然渔业资源的生境支撑功能非

常有限。

20 世纪 80 年代长江流域自然水面面积和人工水面面积的比例约为 2：1，目前转变为约 1：2，长江流域水域类型的组成结构从自然水体主导转变为人工水面主导，使得天然渔业资源的栖息环境容量被大幅度挤占，而这一变化与长江流域渔业资源量的持续衰退趋势一致。从鱼类资源现存量来看，仅相当于 20 世纪 50 年代的 27.30%、60 年代的 30.89%、80 年代的 58.70%（杨海乐等，2023），与 20 世纪 80 年代相比也下降了 1/2。若从极端丰水、枯水年份造成水面面积变化的影响来看（图 5-21），资源量与水文情势变化之间存在显著的依存关系，如 1954 年极端丰水年份的历史最高产量为 42.7 万 t，而 2011 年极端枯水年份最低产量仅 4.7 万 t。上述分析显示在叠加极端气候事件的影响下，具有自然

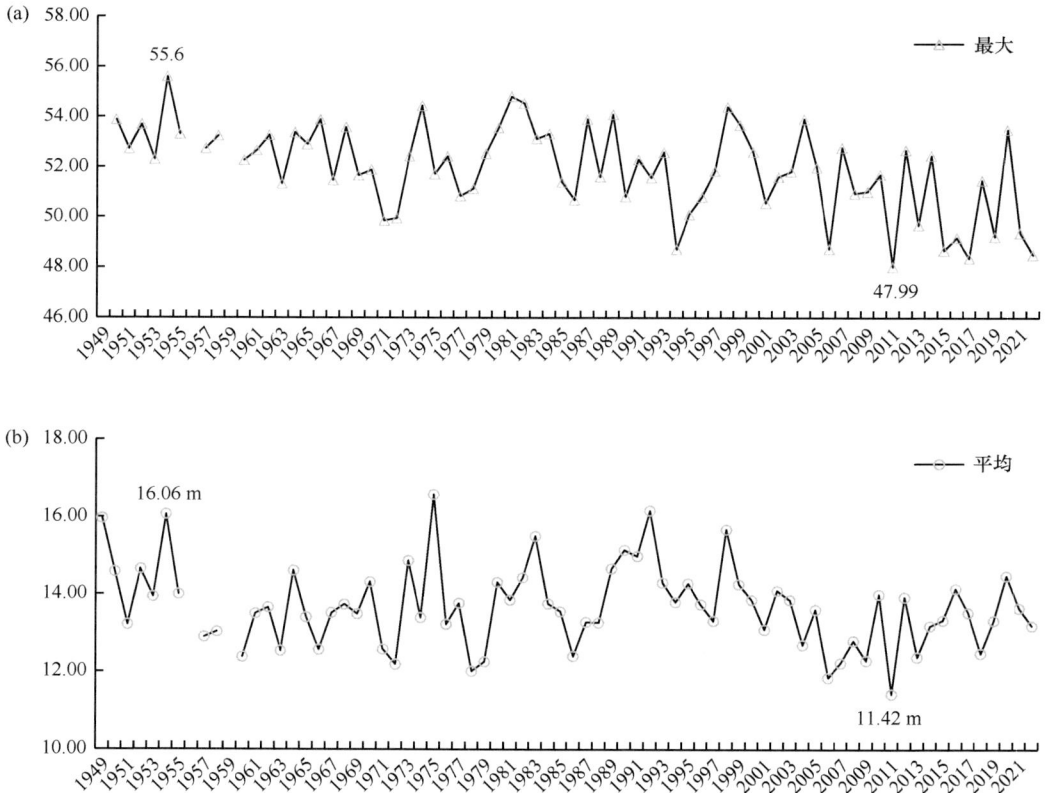

图 5-21　1949 年以来长江流域宜昌水文站年最高水位（a）和九江水文站年平均水位（b）变化

水文情势的水体消落区的丧失与长江流域渔业资源长期衰退趋势具有明显的同步性。

另外，梯级水库的建设使长江流域重要河流形成了约 5500km² 的新增充填水面，这对自然水文情势的逆转效应和迟滞效应（黎云云等，2014；段唯鑫等，2016），如造成上游水量显著增加及下游河段水量显著减少（图 5-4），以及随之而来的水体生境的破碎化（杨志等，2012）、流水向静水环境的改变、水位波动率和水体温度的改变（郭文献等，2009a）、水质的下降（卓海华等，2017）、泥沙的输移规律改变（陈进和黄薇，2005；易雨君，2008）及洪枯水周期和持续时间的改变等（郭文献等，2009b），使水域生态系统的生物生境支持功能严重受损，进而对渔业资源组成结构及其优势物种分布的改变产生了极大的影响。长江水生生物资源与环境本底状况调查结果显示（杨海乐等，2023），鲤、鲫、鲢、黄颡鱼、短颌鲚、鲌、蛇鮈、草鱼、光泽黄颡鱼、鳖、鳜、铜鱼、翘嘴鲌、鳊、鳙为流域性优势种，渔获重量占比达到 50%，数量占比达到 45%。从历史变迁的角度来看，长江鱼类资源定居性鱼类比例处于持续增加趋势。比较不同水域，区域优势类群变化最为明显的均处在水利工程建设形成的水库水域，如三峡库区铜鱼类渔获比例大幅度下降，短颌鲚、银鱼等域内外来种渔获比例大幅度上升；金沙江下游梯级库区蓄水后四大家鱼、鲇等鱼类比例持续上升，原分布种圆口铜鱼、裂腹鱼类等特有物种比例持续下降；长江中下游鲂属鱼类有较大比例上升，原经济鱼类如四大家鱼、鳡等资源持续下降；长江口鱼类资源量持续下降，近年中华绒螯蟹资源量有一定恢复；两湖仍维持鲤、鲫等定居性鱼类为主要经济鱼类。

5.3.2　消落区性质转变及其对鱼类"三场"关键栖息地功能的影响

近年来，大型水库建设催生了一种新型的反季节性人工消落带，这种变化对岸带生态环境造成了巨大影响，使之成为消落区生态环境治理和生物生境修复关注的热点问题（谭淑端等，2008）。尤其是梯级水库群的建设，造成水文情势的逆转和径流量的改变，导致土著鱼类关键栖息地加速丧失。比如，金沙江中下游已建成的 10 座水电站，共造成 410.17km² 的永久性水体和反季节性消落区的增加（表 5-4）。其中，下游已建成的溪洛渡水电站充填面积最大，为 110.09km²；其次是乌东德水电站和向家坝水电站，充填面积分别为 79.21km² 和 77.24km²；金沙江中游的鲁地拉水电站充填陆域面积为 44.71km²。梯级水电工程建设极大地改变了金沙江的水文形势，对金沙江圆口铜鱼和裂腹鱼类等的重要生活史过程的完成产生了根本性的影响（高少波等，2013；李婷等，2020）。20 世纪 70 年代，圆口铜鱼是长江上游重要的经济鱼类之一，在重庆、宜宾等地区可占鱼产量的 7%～8%，在金沙江下

表 5-4　金沙江中下游已建成水电站陆域充填面积

序号	水电站名称	充填陆域面积（km²）	建成时间
1	梨园	11.11	2016 年 8 月
2	阿海	16.12	2014 年 6 月
3	金安桥	14.67	2011 年 3 月
4	龙开口	12.79	2014 年 1 月
5	鲁地拉	44.71	2013 年 6 月
6	观音岩	40.17	2021 年 12 月
7	金沙	3.43	2021 年 10 月
8	乌东德	79.21	2021 年 6 月
9	溪洛渡	110.09	2015 年 10 月
10	向家坝	77.24	2014 年 7 月
	合计	410.17	

游数量更多，是当地渔业的主要捕捞对象，约占鱼产量的50%以上。历史调查资料（湖北省水生生物研究所鱼类研究室，1976；刘乐和等，1990）显示，圆口铜鱼的产卵场在金沙江四川省屏山县以上至云南省鹤庆县朵美地区之间均有分布，其中以红岩子至石溪滩、新市镇至冒水孔、桧溪至锅圈滩等处较为集中。然而，杨志等（2009）在2007年和2008年的早期资源调查结果表明，溪洛渡水库在2007年11月7日第一次截流之后，圆口铜鱼规模最大的产卵场的位置向上移动了约200km。至2010年，唐会元等（2012）的调查发现，金沙江中游鲁地拉水电站下游圆口铜鱼产卵场发生了向下游移动的情况。随着2011~2021年金沙江下游向家坝、溪洛渡、乌东德及观音岩等水电站的相继建设，金沙江下游的圆口铜鱼产卵场目前主要分布在溪洛渡坝址下游江段（高少波等，2015）及观音岩以下部分江段（王导群等，2019）。而自巧家至宜宾柏溪之间的江段，未发现有其产卵场分布（何勇凤等，2022）。再如，金沙江裂腹鱼类通常喜好在砾石底质的急流浅滩处产卵（陈永祥和罗泉笙，1997），这类浅滩通常分布在河流坐弯处的凸岸消落区，产卵下沉后被水冲入砾石缝隙中发育。据颜文斌等（2017）开展的金沙江裂腹鱼类全人工模拟产卵试验判断，历史上整个金沙江干流的河湾凸岸砾石滩均散布有裂腹鱼类的产卵场，然而由于当前金沙江中下游地区水电开发密集，这些区域已基本不存在适合裂腹鱼类产卵的适宜场所。

鄱阳湖作为中国最大的洪泛平原淡水湖泊，因其枯水一线、丰水一片的自然水体消落变化景观享誉世界（Dronova et al.，2011；Wang et al.，2012），同时也是长江流域资源现存量和捕捞量最大的水域（杨海乐等，2023）。长江流域近40年水域变化分析结果（图5-1）显示，鄱阳湖流域的水面面积增减变化同时发生，且变化幅度均较大。目前关于鄱阳湖水体长期变化趋势研究中已形成的共识是，近年来鄱阳湖永久性水体淹没面积在不断下降（Li et al.，2021）。本研究进一步分析表明，近40年来鄱阳湖永久性水体面积减少超过1600km²，其中近一半的减少量发生在2001~2010年，而同期季节性水体（包含自然水文情势消落区、反季节性消落区）面积扩大了一倍多（图5-9），同时秋季水位显著下降（图5-6j），而同时期的水体面积也明显减小，这与三峡库区9~11月初的蓄水时间一致（Wang et al.，2014；Zhang et al.，2015）。随着主湖区永久性水体向消落区的转变，在每年4~6月需要一定水深支持的鱼类产卵季节，特别是5月，鄱阳湖水体出现频率近40年来也呈现显著的下降趋势（图5-6f），揭示了在自然通江洪泛湖泊中，即使是永久性水体向着具有自然水文情势消落区的转变，也是水域栖息地功能退化的表现，特别是鄱阳湖春夏之际的这一改变，将使流域内鱼类早期资源补充过程受损。上述改变将造成鄱阳湖鱼类栖息地的直接丧失，使鄱阳湖作为长江中下游河流性鱼类和海河洄游性鱼类越冬场、索饵场和洄游通道（李慧峰等，2022），及湖区定居性鱼类的产卵场、索饵场的功能不断下降（张志永等，2011）。根据长江水生生物资源与环境本底状况调查结果（杨海乐等，2023），当前长江中下游四大家鱼的年产卵总量仅相当于20世纪80年代的24.86%，早期资源量的衰退较长江流域总资源量的下降更为严重。

Zhang等（2015）基于鄱阳湖流域1956~2009年16个水文站的日平均径流和水文数据，以及1957~2009年83个站点的日降水量数据开展了研究。研究结果表明，在过去的60年里，鄱阳湖流域共经历了6次极端干旱期，其中 20 世纪 60 年代和自 2000 年开始的最近一次干旱期是历次中最严重的两个。在长期干旱的大背景下，三峡大坝的运行进一步加剧改变了鄱阳湖流域的水文季节循环模式，并且由于库区 9～11 月的蓄水调度，长江下游干流的秋季水位显著降低。因此认为鄱阳湖流域正在经历的极端干旱期叠加三峡水库调度，是造成现阶段鄱阳湖持续低水位的主要原因。Gao 等（2013）的研究结果显示，三峡大坝建设对下游流量造成显著影响是在 2006～2008 年的正式和全库容运行之后，使其下游 6～10 月特别是 9～10 月的流量普遍减小，但 2003～2005 年三峡库区的水位调节幅度非常有限（135～139m），因此该时期还不会对下游水文情势变化产生较大影响。鄱阳湖水体出现频率的长期分析结果也显示，在长江流域 2001、2004 年的严重干旱事件影响下，2001～2005 年鄱阳湖 9～11 月水体出现频率与 2000 年同期相比下降了约 5%～8%，而在其后的 2006～2010 年，三峡库区的全库容正式运行之后，鄱阳湖流域秋季水体出现频率出现了显著的下降（图 5-6j、l），其中 9 月水体出现频率与 2000 年同期相比降幅达 16%，11 月的降幅达 15%，并且在接下来的 2011～2015 年再次持续的干

旱期和三峡库区调蓄双重影响下，鄱阳湖 9 月的水体出现频率严重衰退至 60%，2006～2015 年秋季水体出现频率较 2000 年之前下降了 32% 之多。

Li 等（2013）及李峥嵘等（2022）的分析认为，2006～2007 年发生的极端干旱事件是长江流域自 1960～2016 年面临最严重的一次，而降水的异常偏少是造成此次长江中下游极端干旱事件的主要原因。但李峥嵘等（2022）的分析也表明，三峡库区的调蓄运行减少了蓄水期和汛末径流量，增加了枯水期径流量，通过蓄洪补枯作用减轻了冬春出现的旱情，即抬升了冬春枯水期的水体出现频率，同时因汛末蓄水减少河道径流量，加重下游水文干旱程度，降低了秋季水体出现频率，使两湖流域的秋季枯水期提前，造成了诸如本研究图 5-8 所显示出的鄱阳湖流域水体出现频率的季节模式的改变。由于三峡库区的调蓄运行，下游河道径流对降水变化的响应关系发生明显变化（李峥嵘等，2022）。在相对自然的状态时，鄱阳湖同时期湖口水位的高低与湖泊淹没面积应呈现高度的相关性（Huang and Zhong，2004；Zhang et al.，2015），在 2006 年之前，这一趋同关系确实存在（图 5-22），然而自 2006 年之后则发生了显著改变，无

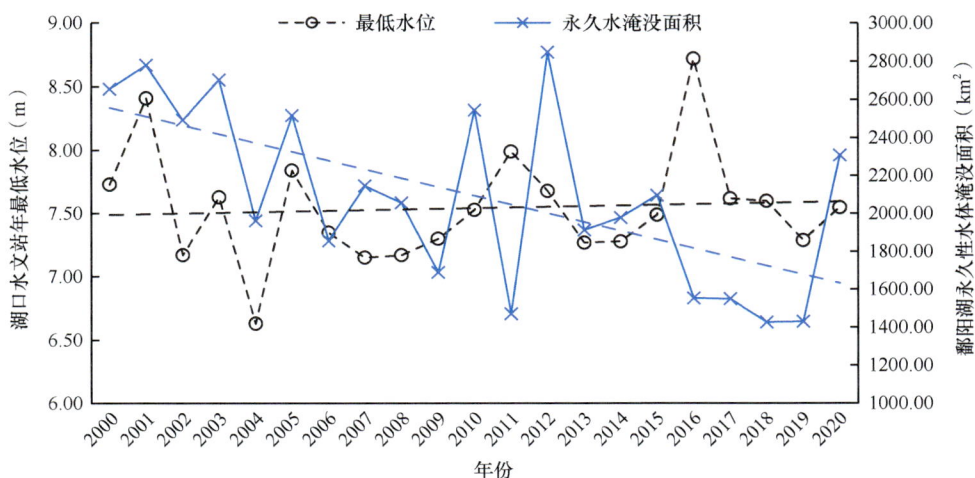

图 5-22　2000 年以来鄱阳湖年最低水位与年永久性水体淹没面积的变化趋势

论是在 2006～2008 年的极端枯水年、2010～2013 年的旱涝急转年段，还是在2016～2018 年的相对平水期，湖口水文站的年最低水位和湖泊年内永久性水体淹没面积之间甚至表现出相反的变化趋势，并且 2000 年以来，在多年最低水位整体变化趋势较为稳定的同时，流域的年内永久性水体的覆盖面积却表现出显著的减小趋势。

湖区永久性水体萎缩，新形成的周期性出露的区域以自然水文节律的消落区为主，这一过程使湖区越来越多的地形低洼之处的年际暴露时间延长，并逐步被湿地草洲前缘地带的先锋植物物种所定植占领（游海林等，2016；谭志强等，2016；Han et al.，2018；Mu et al.，2020），此消彼长，湿地植被生物量的增加进一步造成泥沙淤积抬高湖底高程，使其所处区域暴露水体的时间更长，因此主湖区水文节律的下降区域向着湖心地带逐步推进。综上所述，2000 年以来，特别是 2006～2007 年的极端干旱事件是近 20 年来鄱阳湖子流域水文年际节律整体趋于下降、偏离其自然状态的根本原因。具体表现为鄱阳湖主湖区永久性水体面积的不断萎缩，自然水文情势的消落区随着洲滩湿地前缘先锋植被的不断定植，逐步向湖心地带扩展。同时，三峡水库的调蓄运行，特别是 2006～2008 年的全库容运行，进一步造成了鄱阳湖流域的水文月运节律和季节节律向着非自然状态的转变。具体表现为三种水文节律类型所处范围的丰水期水体出现频率下降，枯水期水体出现频率上升，丰枯水期之间差异缩小，水文的年内周期性变化减弱。

5.3.3 水体消长变化空间观测的误差分析和应用展望

本小节中采用的 GSW 数据集（Pekel et al.，2016）的精度评价结果显示，不同数据源提取的水体分布用户精度分别为 99.45%（Landsat 5）、99.35%（Landsat 7）和 99.54%（Landsat 8），生产者精度分别为 97.01%（Landsat 5）、95.79%（Landsat 7）和 96.25%（Landsat 8），可满足本研究对水体分布输入数据的精度要求。此外，本文还采用哨兵 -2 号 10m 高空间分辨率卫星遥感数据提取了2019～2020 年长江流域重点水域水体分布数据，其结果全部经过人工目视检查和修正，可作为评价其他数据成果精确度的参考样本集。同时，本研究所获取的 3m 空间分辨率 PlanetScope 卫星遥感图像、0.6～1m 超高空间分辨率的 Skysat 卫星编程拍摄数据，以及来自全长江流域 26 家单位共同完成的大量低空无人机航摄测量数据，均可为中 - 大尺度水体分布数据的提取和精度验证提供丰富的训练样本集和验证样本集（宫鹏等，2016）。

地表水体变化的复杂性及渔业资源与环境定量观测需求的增长，对基于高时频海量遥感数据驱动的水生生物生境定量分析提出了新的需求。Song 和 Ke（2014）等认为，卫星遥感数据无法为长期变化行为提供精度可靠的信息，这是因为在过去很长一段时间中，同时具备高空间分辨率、高时间分辨率，且不依赖于大气条件所限制的卫星观测能力相对缺乏，同时有效观测积累的长时间序列卫星数据在解决区域整体问题时，其支撑能力仍稍显不足。然而，在现阶段海量遥感观测数据爆发式增长、高度集成的强大的云计算平台日新月异的发展背景下（董金玮等，2020），绕过包含大量参数和精细复杂地表物理过程模拟，直接从观测数据到定量产品的方法，目前在全球尺度研究中已取得了不菲的成绩（Pekel et al.，2016；Jia et al.，2018；Murray et al.，2019；Yang et al.，2020；Nienhuis et al.，2020）。特别是，随着未来纳群卫星星座及低轨卫星技术的不断发展（刘洁和于洋，2022），以及低空无人机技术大范围应用成本的不断下降（吴永亮等，2017），将很可能诞生以"日更新"的高频纳群卫星星座数据，乃至厘米级无人机航摄测量数据支撑的高性能云计算平台，届时将可能获取近实时的超高精度水体分布观测数据，从而使基于空间观测方法的渔业资源与环境监测精度得到巨大的提升，获得传统监测方法无法获取的新认识。

5.4　结论

　　水体消长变化是地表变化中最频繁且复杂的过程之一，不同频率的输入能量（水文节律变化）为物种提供了不同生境的机会，对区域生物多样性的维持至关重要。然而，近年来河流水库充填及水田开发等对天然渔业水域，特别是对自然消落区的挤压，对渔业资源的衰退造成了巨大的影响。本文对长江流域水域长期变化及消落区变化进行了分析，结果显示，流域地表水在总体增加多于减少的趋势背景下，水域类型的组成结构发生了巨大的改变。自 1984～2020 年以来，长江流域减少的 10 000km² 水体中，超过 80% 来自具有自然水文情势消落区面积的损失。至 21 世纪 20 年代自然水体的面积占比不足 30%，与 20 世纪 80 年代相比下降了约 1/2。除净减少了 8750km² 的自然水体之外，还有约 1500km² 的水面从永久性水体衰退为消落区，这是长江流域天然渔业资源环境容量的绝对衰减，并且面积减少的水面基本分布在渔业资源量最丰富的长江中下游流域，特别是两湖流域。而面积增加的水面中，水库充填导致的河流水面面积增加了 5500km²，致使长江流域的水域类型组成结构从自然水体主导转变为人工水面主导（20 世纪 80 年代长江流域自然水面面积和人工水面面积的比例约为 2：1，目前转变为 1：2）。这一转变使得天然渔业资源的栖息环境容量被大幅挤占，鱼类资源现存量衰退至 20 世纪 80 年代的 1/2，而早期资源现存量更仅剩余当时的 1/4。水生态系统结构决定了水生态系统功能，要提高受水生态系统功能支持的渔业资源环境容量并恢复资源量，需要全流域各有关部门的共同重视与努力。

参考文献

陈进，黄薇. 2005. 梯级水库对长江水沙过程影响初探. 长江流域资源与环境，14(6): 786-791.

陈永祥，罗泉笙. 1997. 四川裂腹鱼繁殖生态生物学研究——Ⅴ、繁殖群体和繁殖习性. 毕节师专学报，(1): 1-5.

戴方喜，许文年，陈芳清. 2006. 对三峡水库消落区生态系统与其生态修复的思考. 中国水土保持，(12): 6-8.

邓红兵，王青春，王庆礼，等. 2001. 河岸植被缓冲带与河岸带管理. 应用生态学报，12(6): 951-954.

董金玮，李世卫，曾也鲁，等. 2020. 遥感云计算与科学分析：应用与实践. 北京：科学出版社.

段唯鑫，郭生练，王俊. 2016. 长江上游大型水库群对宜昌站水文情势影响分析. 长江流域资源与环境，25(1): 120-130.

高少波，唐会元，陈胜，等. 2015. 金沙江一期工程对保护区圆口铜鱼早期资源补充的影响. 水生态学杂志，36(2): 6-10.

高少波，唐会元，乔晔，等. 2013. 金沙江下游干流鱼类资源现状研究. 水生态学杂志，34(1): 44-49.

宫鹏. 2012. 拓展与深化中国全境的环境变化遥感应用. 科学通报，57(16): 1379-1387.

宫鹏，张伟，俞乐，等. 2016. 全球地表覆盖制图研究新范式. 遥感学报，20(5): 1002-1016.

郭文献，王鸿翔，夏自强，等. 2009a. 三峡-葛洲坝梯级水库水温影响研究. 水力发电学报，28(6): 182-187.

郭文献，王鸿翔，徐建新，等. 2009b. 三峡梯级水库对长江中下游水文情势影响研究. 中国农村水利水电，(12): 7-10.

何勇凤，朱永久，龚进玲，等. 2022. 金沙江中下游圆口铜鱼遗传多样性与种群历史动态分析. 水生生物学报, 46(1): 37-47.

胡茂林, 吴志强, 刘引兰. 2011. 鄱阳湖湖口水域鱼类群落结构及种类多样性. 湖泊科学, 23(2): 246-250.

湖北省水生生物研究所鱼类研究室. 1976. 长江鱼类. 北京: 科学出版社.

江进辉, 杨荣华, 王凯. 2020. 水库消落区生态保护与治理方案研究. 水电与新能源, 34(2): 20-22.

黎云云, 畅建霞, 涂欢, 等. 2014. 黄河干流控制性梯级水库联合运行对下游水文情势的影响. 资源科学, 36(6): 1183-1190.

李慧峰, 曹坤, 汪登强, 等. 2022. 鄱阳湖通江水道越冬时期鱼类群落的栖息地适宜性分析. 中国水产科学, 29(3): 341-354.

李婷, 唐磊, 王丽, 等. 2020. 水电开发对鱼类种群分布及生态类型变化的影响——以溪洛渡至向家坝河段为例. 生态学报, 40(4): 1473-1485.

李峥嵘, 彭涛, 林青霞, 等. 2022. 三峡水库影响下长江中下游水文干旱演变及对气象干旱的响应. 湖泊科学, 34(05):1683-1696.

刘洁, 于洋. 2022. 商业遥感卫星及应用发展态势. 中国航天, (8): 24-30.

刘乐和, 吴国犀, 王志玲. 1990. 葛洲坝水利枢纽兴建后长江干流铜鱼和圆口铜鱼的繁殖生态. 水生生物学报, (3): 205-215.

刘宇晨, 高永年. 2022. Sentinel 时序影像的长江流域地表水水体提取. 遥感学报, 26(2): 358-372.

刘云峰. 2005. 三峡水库库岸生态环境治理对策初探. 重庆工学院学报, 19(11): 79-82.

闵骞, 闵聃. 2010. 鄱阳湖区干旱演变特征与水文防旱对策. 水文, 30(01):84-88.

潘晓洁, 万成炎, 张志永, 等. 2015. 三峡水库消落区的保护与生态修复. 人民长江, 46(19): 90-96.

钱宁, 张仁, 周志德. 1987. 河床演变学. 北京: 科学出版社.

谭淑端, 王勇, 张全发. 2008. 三峡水库消落带生态环境问题及综合防治. 长江流域资源与环境, 17(S1): 101-105.

谭志强, 张奇, 李云良, 等. 2016. 鄱阳湖湿地典型植物群落沿高程分布特征. 湿地科学, 14(4): 506-515.

唐会元, 杨志, 高少波, 等. 2012. 金沙江中游圆口铜鱼早期资源现状. 四川动物, 31(3): 416-421, 425.

王导群, 田辉伍, 唐锡良, 等. 2019. 金沙江攀枝花江段产漂流性卵鱼类早期资源现状. 淡水渔业, 49(6): 41-47.

王鲁海, 黄真理. 2020. 中华鲟 (Acipenser sinensis) 生存危机的主因到底是什么？湖泊科学, 32(4): 924-940.

吴永亮, 陈建平, 姚书朋, 等. 2017. 无人机低空遥感技术应用. 国土资源遥感, 29(4): 120-125.

颜文斌, 朱挺兵, 吴兴兵, 等. 2017. 短须裂腹鱼产卵行为观察. 淡水渔业, 47(3): 9-15.

杨海乐, 沈丽, 何勇凤, 等. 2023. 长江水生生物资源与环境本底状况调查 (2017-2021). 水产学报, 47(2): 3-30.

杨志, 乔晔, 张轶超, 等. 2009. 长江中上游圆口铜鱼的种群死亡特征及其物种保护. 水生态学杂志, 2(2): 50-55.

杨志, 陶江平, 唐会元, 等. 2012. 三峡水库运行后库区鱼类资源变化及保护研究. 人民长江, 43(10): 62-67.

易雨君. 2008. 长江水沙环境变化对鱼类的影响及栖息地数值模拟. 北京: 清华大学博士学位论文.

游海林, 徐力刚, 刘桂林, 等. 2016. 鄱阳湖湿地景观类型变化趋势及其对水位变动的响应. 生态学杂志, 35(9): 2487-2493.

张建春. 2001. 河岸带功能及其管理. 水土保持学报, (S2): 143-146.

张志永, 刘枚, 彭安成, 等. 2011. 鄱阳湖鱼类生境面临的主要问题及修复措施探讨. 水生态学杂志, 32(1): 134-136.

卓海华, 吴云丽, 刘旻璇, 等. 2017. 三峡水库水质变化趋势研究. 长江流域资源与环境, 26(6): 925-936.

Crosato A. 2008. Analysis and Modelling of River Meandering. Amsterdam: IOS press.

Deng Y, Jiang W G, Tang, Z H, et al. 2019. Long-term changes of open-surface water bodies in the Yangtze River basin based on the Google earth engine cloud platform. Remote Sensing, 11 (19): 2213.

Donchyts G, Baart F, Winsemius H, et al. 2016. Earth's surface water change over the past 30 years. Nature Climate Change, 6(9): 810-813.

Dronova I, Gong P, Wang L. 2011. Object-based analysis and change detection of major wetland cover types and their classification uncertainty during the low water period at Poyang Lake, China. Remote Sensing of

Environment, 115(12): 3220-3236.

Gao B, Yang D, Yang H. 2013. Impact of the Three Gorges Dam on flow regime in the middle and lower Yangtze River. Quaternary International, 304: 43-50.

Gao B C. 1996. NDWI—A normalized difference water index for remote sensing of vegetation liquid water from space. Remote Sensing of Environment, 58(3): 257-266.

Gorelick N, Hancher M, Dixon M, et al. 2017. Google earth engine: planetary-scale geospatial analysis for everyone. Remote Sensing of Environment, 202: 18-27.

Gregory S V, Swanson F J, McKee W A, et al. 1991. An ecosystem perspective of riparian zones. Biomaterials Science, 41(8): 540-551.

Han X X, Feng L, Hu C M, et al. 2018. Wetland changes of China's largest freshwater lake and their linkage with the Three Gorges Dam. Remote Sensing of Environment, 204: 799-811.

Huang S, Zhong M S. 2004. Study of water flooding model of Poyang Lake based on basin precipitation. Journal of Applied Meteorological Science, 15(4): 494-499.

Huang J, Mei Z, Chen M, et al. 2020. Population survey showing hope for population recovery of the critically endangered Yangtze finless porpoise. Biological Conservation, 241: 108315.

Jia K, Jiang W G, Li J, et al. 2018. Spectral matching based on discrete particle swarm optimization: a new method for terrestrial water body extraction using multi-temporal Landsat 8 images. Remote Sensing of Environment, 209: 1-18.

Kumar L, Mutanga O. 2019. Google earth engine applications.

Li Q Y, Lai G Y, Devlin A T. 2021. A review on the driving forces of water decline and its impacts on the environment in Poyang Lake, China. Journal of Water and Climate Change, 12(5): 1370-1391.

Li S, Xiong L H, Dong L H, et al. 2013. Effects of the Three Gorges Reservoir on the hydrological droughts at the downstream Yichang station during 2003–2011. Hydrological Processes, 27(26): 3981-3993.

Li Y, Niu Z G. 2022. Systematic method for mapping fine-resolution water cover types in China based on time

series Sentinel-1 and 2 images. International Journal of Applied Earth Observation and Geoinformation, 106: 102656.

Li Y, Niu Z G. 2022. China Water Cover Map (2020/10 m). Science Data Bank.

Liu L Y, Zhang X, Chen X D, et al. 2020. GLC_FCS30-2020:Global Land Cover with Fine Classification System at 30m in 2020 (v1.2). Zenodo. https://doi.org/10.5281/zenodo.4280923.

Mu S J, Li B, Yao J, et al. 2020. Monitoring the spatio-temporal dynamics of the wetland vegetation in Poyang Lake by Landsat and MODIS observations. Science of the Total Environment, 725: 138096.

Murray N J, Phinn S R, Dewitt M, et al. 2019. The global distribution and trajectory of tidal flats. Nature, 565(7738): 222-225.

Nienhuis J H, Ashton A D, Edmonds D A, et al. 2020. Global-scale human impact on delta morphology has led to net land area gain. Nature, 577 (7791): 514-518.

Oliphant A J, Thenkabail P S, Teluguntla P, et al. 2019. Mapping cropland extent of Southeast and Northeast Asia using multi-year time-series Landsat 30-m data using a random forest classifier on the Google earth engine cloud. International Journal of Applied Earth Observation and Geoinformation, 81: 110-124.

Otsu N. 1979. A threshold selection method from gray-level histograms. IEEE Transactions on Systems Man and Cybernetics, 76: 62-66.

Pekel J-F, Cottam A, Gorelick N, et al. 2016. High-resolution mapping of global surface water and its long-term changes. Nature, 540 (7633): 418-422.

Pusey B J, Arthington A H. 2003. Importance of the riparian zone to the conservation and management of freshwater fish: a review. Marine and Freshwater Research, 54(1): 1-16.

Richardson J S, Taylor E, Schluter D, et al. 2010. Do riparian zones qualify as critical habitat for endangered freshwater fishes? Canadian Journal of Fisheries and Aquatic Sciences, 67(7): 1197-1204.

Sayre R, Karagulle D, Frye C, et al. 2020. An assessment of the representation of ecosystems in global protected areas using new maps of World Climate Regions and World Ecosystems. Global Ecology and Conservation,

21: e00860.

Song C Q, Ke L H. 2014. Recent dramatic variations of China's two largest freshwater lakes: Natural process or influenced by the Three Gorges Dam? Environmental Science & Technology, 48(3): 2086-2087.

Wang J D, Sheng Y W, Tong T S D. 2014. Monitoring decadal lake dynamics across the Yangtze Basin downstream of three Gorges Dam. Remote Sensing of Environment, 152: 251-269.

Wang L, Dronova I, Gong P, et al. 2012. A new time series vegetation–water index of phenological–hydrological trait across species and functional types for Poyang Lake wetland ecosystem. Remote Sensing of Environment, 125: 49-63.

Yang X, Pavelsky T M, Allen G H. 2020. The past and future of global river ice. Nature, 577(7788): 69-73.

Ye S W, Li Z J, Liu J S, et al. 2011. Distribution, endemism and conservation status of fishes in the Yangtze River basin, China// Grillo O, Venora G. Ecosystems Biodiversity. Janeza Trdine: InTech: 41-66.

Zhang H, Kang M, Shen L, et al. 2020. Rapid change in Yangtze fisheries and its implications for global freshwater ecosystem management. Fish and Fisheries, 21(3): 601-620.

Zhang Z X, Chen X, Xu C Y, et al. 2015. Examining the influence of river–lake interaction on the drought and water resources in the Poyang Lake basin. Journal of Hydrology, 522: 510-521.

Zupanc A. 2017. Improving cloud detection with machine learning.

Zurqani H A, Post C J, Mikhailova E A, et al. 2018. Geospatial analysis of land use change in the Savannah River Basin using Google earth engine. International Journal of Applied Earth Observation and Geoinformation, 69: 175-185.

第 6 章   长江流域河流消落区生境空间观测

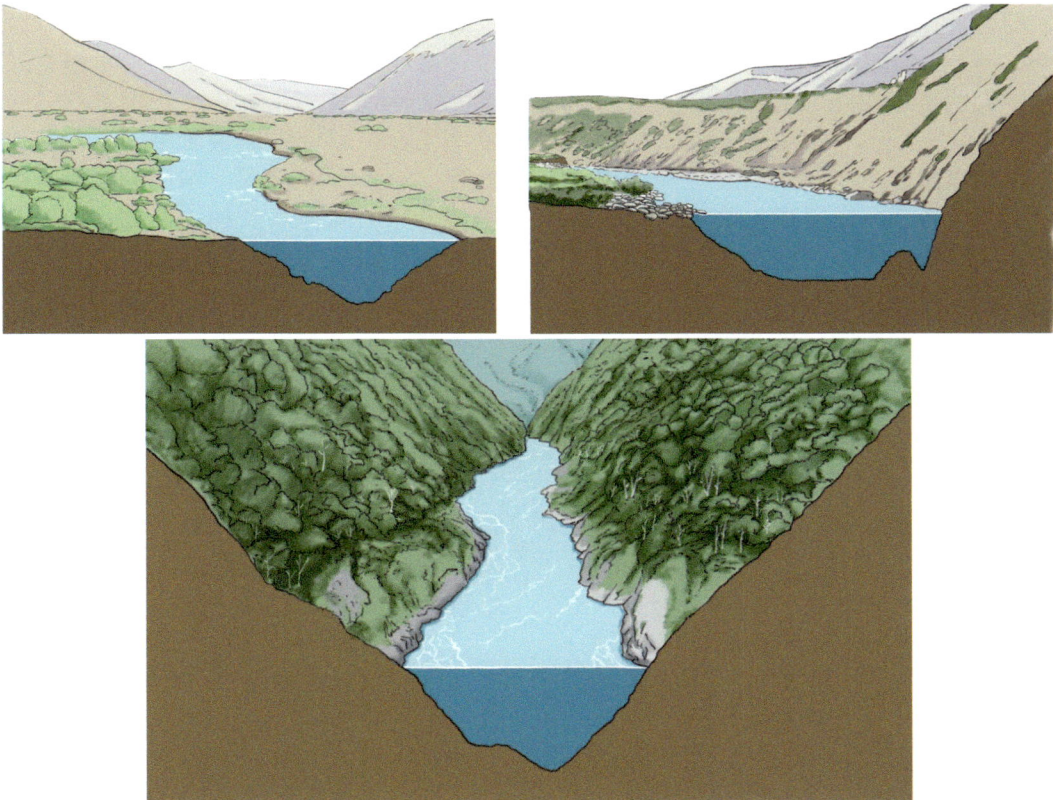

a.“U”形河谷河流岸带消落区生境；b. 不对称阶地河流岸带消落区生境；
c.“V”形峡谷河流岸带消落区生境

本章重点对河流地貌的研究尺度和研究进展，平原河流、山区河流的洪泛消落区生境类型和成因，河流消落区生境要素空间观测方法，以及长江流域不同河型的河流消落区生境沿程变化观测方法等进行详细地阐述。

6.1   研究尺度和研究进展

包括河流行洪河道及岸带洪泛消落区在内的河流地貌单元（geomorphic unit）（Brierley and Fryirs，2005），或称为形态单元（morphologic unit）（Wyrick and Pasternack，2014）、物理生态单元

（physical biotope unit）（Padmore，1998；Newson and Newson，2000）、生境单元（habitat unit）（Bisson et al.，1982；Hawkins et al.，1993）等，其研究尺度介于几米至几百米，与鱼类在重要生活史过程中对中观生境的需求息息相关（Wyrick and Pasternack，2014；Belletti et al.，2017）。除河海洄游性鱼类之外，河流地貌单元是将生物过程与河流水文过程联系起来、开展鱼类栖息地适宜性评估的最佳研究尺度（Knight and Bain，1996；Wyrickand Pasternack，2014；易雨君和乐世华，2011；Belletti et al.，2017；易雨君和张尚弘，2019；Li et al.，2022）；而河海洄游性鱼类在生活史过程中涉及对海洋、河口、内陆淡水河流甚至湖泊等更广泛的水域生态系统的生境要求，因此往往需要在更大的研究尺度上开展综合分析（张辉等，2007）。

同一种河型（如游荡型、蜿蜒型）的河段，通常表现出相似的地貌单元组成结构，包括河道内（如浅滩、深潭、点滩和心滩等）和河流洪泛消落区（如阶地、牛轭湖）等，其最适宜的研究范围为 0.1～20 倍的河宽（Gurnell et al.，2016）。

图 6-1 为不同能级洪泛河流的横向、纵向地貌单元变化特征，显示了伴随着河流能级连续体（由流量和坡度决定）、河谷限制状况及沉积物粒径/质地变化状况的典型洪泛平原地貌单元的沿程变化特征（Nanson and Croke，1992；Brierley and Fryirs，2005；Fryirs and Brierley，2013）。如图 6-1a 所示，在高能级洪泛河流系统中，两岸的粗粒洪泛消落区通常以垂向加积和侵蚀过程为主，如洪泛区剥离产生的地貌单元类型，如行洪通道、跌水生境（Nanson，1986）。如图 6-1b 所示，在中能级洪泛河流系统中，河流及其洪泛消落区的地貌单元组合主要来自垂向加积、侧向加积以及占主导

地位的河流再造过程，最终形成如天然堤、沼泽湿地、牛轭湖及古河道等地貌单元类型（Brierley et al.，1997；Farrell，1987）。如图 6-1c 所示，在低能级洪泛河流系统中，通常垂向加积过程产生如沼泽湿地、支流湿地、河谷堆积以及不连续河槽等一系列地貌单元类型（Knighton and Nanson，1993；Williams and Fryirs，2020）。

图 6-2 为不同类型河流的地貌单元及其关系，给出了一种区分不同河型地貌（生境）单元集合的简要逻辑概念模型，包括生境单元集合、共同具有的生境单元及广泛分布的生境单元，可帮助理解河流多样性谱系中不同的地貌（生境）单元的组成和结构。例如，在以基岩为边界的峡谷型限制性河段，其诊断性地貌单元通常包括瀑布（台阶式跌水）和串联跌水，急滩、基岩深潭、基岩浅滩等则为所有受限制或部分限制性河段共同具有的地貌单元，而基岩滑水则广泛地分布其中，随处可见。但这些地貌单元组合与侧向不受限的、分汊或游荡型河段出现的地貌单元截然不同，后者通常以主要受冲刷作用的细颗粒底质的地貌单元为诊断性和共有性特征。

如图 6-2 所示，在某些类型的河流中，地貌单元的数量少，丰富度低，河流通常具有简单的特征和行为（Phillips，2017），如由不连续的水塘及河谷堆积作用形成的不连续河床；而另一些类型的河流则由极高丰富度的地貌单元组成，并产生复杂的河流特征和行为，如在受基岩边界控制而部分受限的河流中，可能既存在基岩和冲积地貌单元，又存在一系列汉道、附加边滩等地貌单元。

在 Brierley 和 Fryirs（2005）的 *Geomorphology and River Management: Applications of the River Styles Framework* 中，对河流行为的定义是"由一系列侵蚀和沉积机制引起的河流形态调整，通

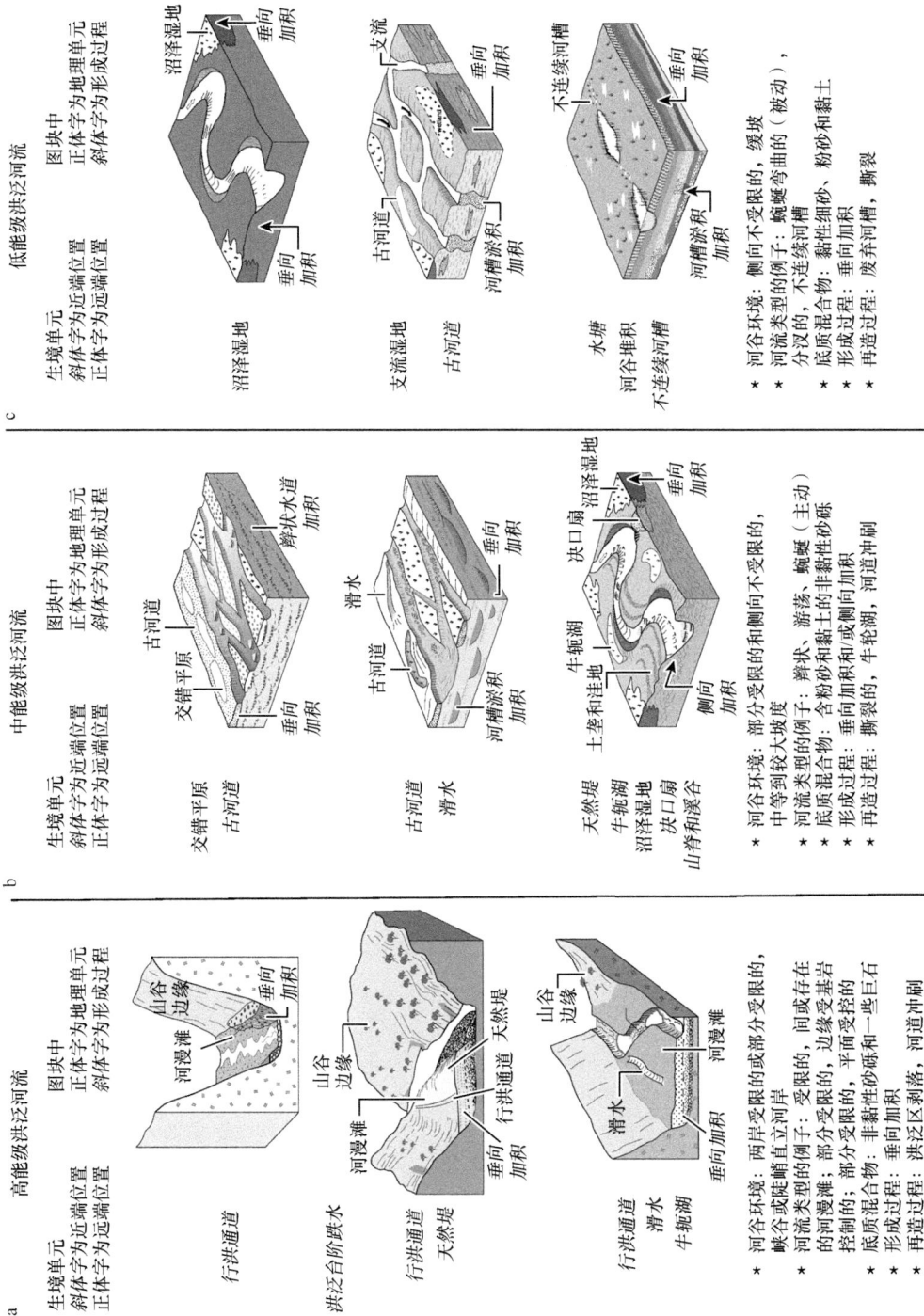

图 6-1　不同能级洪泛河流的横向、纵向地貌单元变化特征（选自 Fryirs and Brierley，2022）

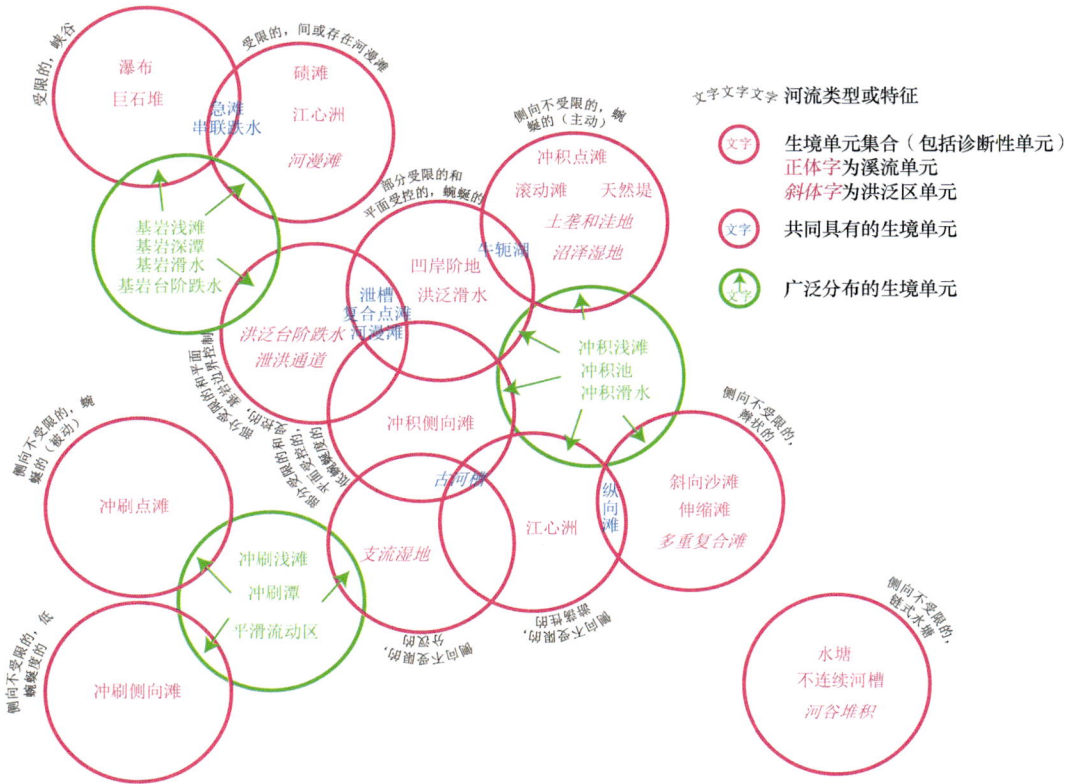

图 6-2　不同类型河流的地貌单元及其关系（选自 Fryirs and Brierley，2022）

过这些机制，水流将塑造、改造和重塑河流地貌，产生河段尺度的地貌特征组合"。通常河流形态调整发生在较长的时间尺度上，主要受自然环境变化驱动，它不同于第 7 章中所阐述的，由人类活动如水库修建、河流渠化等因素所驱动的河型转变。

多样化的河流及洪泛消落区中尺度地貌和生态单元的类型、组成及空间结构特征等，决定了河流水生生物栖息地的生境多样性特征，为鱼类重要生活史过程的完成提供了首要的物理基础。例如，深潭、浅滩是研究最多、最典型的河流地貌单元类型，由深潭 - 浅滩组合而成的空间序列，为鱼类提供了越冬、产卵和育肥等重要的物理栖息地。尽管研究者越来越认识到，河流的物理组分和生物组分之间存在关系（Maddock et al.，2013），但受限于目前对河流物理栖息地特征的地面调查方法，尤其是对多时空尺度交互作用下的物理和生物过程及其关系的分析缺乏行之有效的方法（Friberg et al.，2011），因此目前对河流生物 - 生境之间的具体作用过程仍知之甚少，能够将识别大型河流系统特征的可变性和复杂性的空间观测和模拟技术与现有调查方法进行深度集成应用的研究仍然十分缺乏（Belletti et al.，2017；Fryirs and Brierley，2022）。

6.1.1　Belletti GUS 分类系统与空间观测

Belletti 等（2015，2017）在欧盟第七框架计划（7th Framework Programme，FP7）资助的恢复河流以实现有效流域管理项目（REstoring rivers FOR effective catchment Management，REFORM） 支持下，设计了一套基于多尺度、多层

级结构的地貌单元调查和分类系统（geomorphic unit survey and classification system，GUS）。该分类系统依据不同的调查目标，分别从宏观单元、单元、亚单元三个空间尺度，以及平滩河道、洪泛河漫滩两个空间范围，开展广泛的、基本的和详细的三种不同细致水平的地貌单元特征信息采集和描述（表 6-1）。

根据研究尺度、范围、详细程度的需求，将传统实地调查与多尺度遥感观测相结合，并依据具体的研究目标（如采集河段特征、进行河流评估和监测等）和可供利用的数据（如图像分辨率）进行了灵活性和适应性设计，适用于大部分的河流条件（图 6-3，图 6-4）。通过对自然栖息地及河流不同尺度的形态特征进行

表 6-1　调查空间单元尺度、方法、需采集的信息以及应用 GUS 方法在三种水平上获得的特征

细致水平	广泛的水平	基本的水平	详细的水平
空间单元尺度	宏观单元	宏观单元（部分） 单元	宏观单元（部分） 单元 亚单元
方法	遥感	实地调查 遥感（亚米级卫星及无人机图像）	实地调查 无人机正射图像
需采集的信息	出现 / 不出现（最低水平）	出现 / 不出现（最低水平）	出现 / 不出现 （亚类型 / 亚单元）
特征	面积（可选） 变化频率（%） 大型河流 不受限 / 部分受限的大型河流（洪泛消落区单元）	数量 线性的或面积扩展（%） 不受限的单股蜿蜒的或小型溪流 不受限的分汊河流或过渡性河道	数量 有重大影响的过程，形态特征等 水利条件，植被类型，沉积物 特殊观测 不受限的

资料来源：Belletti et al.，2017。

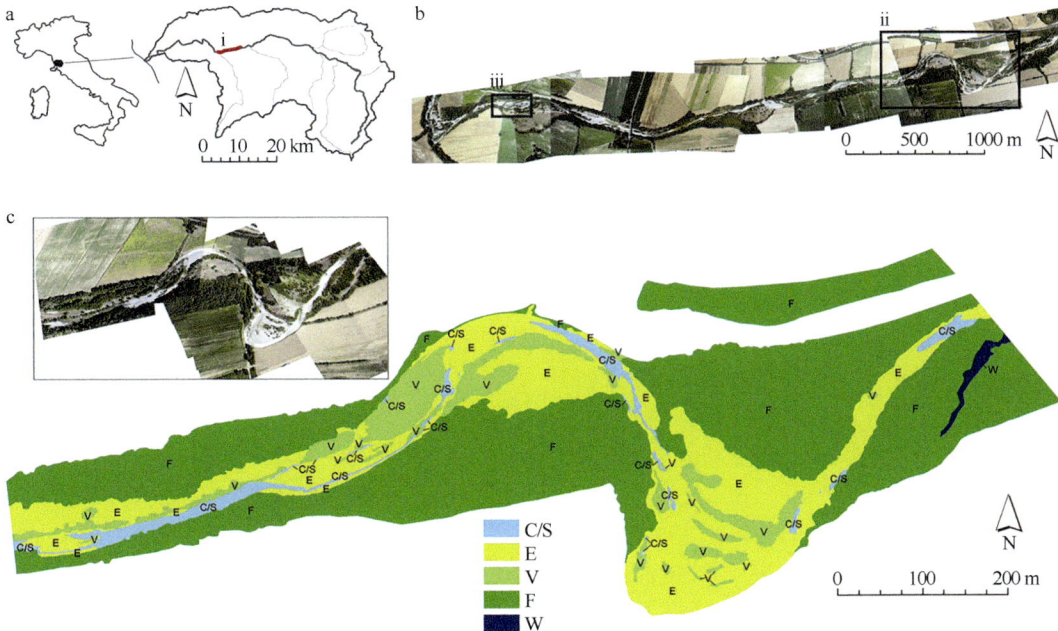

图 6-3　意大利切奇纳（Cecina）河在亚河段范围上的宏观单元示例（Belletti et al.，2017）

C/S. 基流水位河道淹没范围；E. 出露的底质单元；V. 河道内植被单元；F. 河岸带；W. 洪泛消落区水生生物分布区
a. 切奇纳河子流域中河段 i 所处的位置；b. 河段 i 的航空影像图及子河段 ii 所处的位置（子河段 ii 在 c 中制图，详细的制图结果见图 6-4）；c. 子河段 ii 广泛水平下的宏观单元制图分析

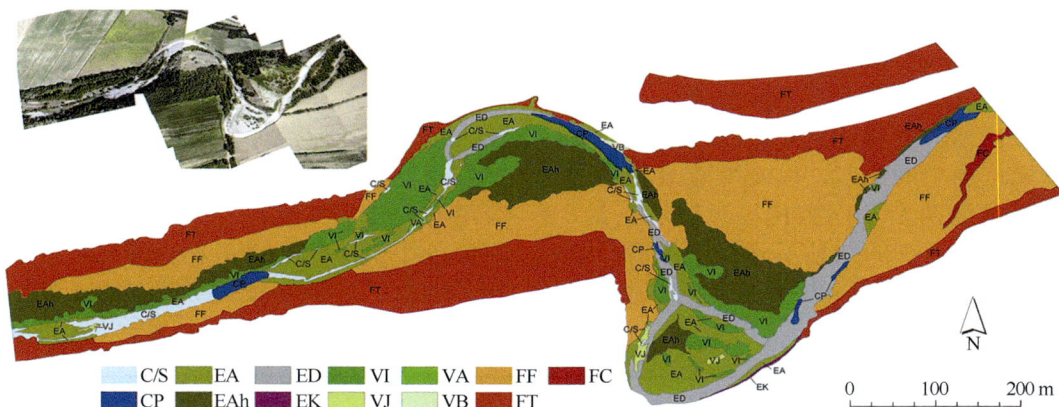

图 6-4 在基本的水平上通过 GUS 方法在切奇纳河的子河段 ii 的应用结果（Belletti et al.，2017）

采用航空影像图对子河段地貌单元进行制图分析。C/S. 基流 / 次级河道；CP. 深潭；EA. 附加滩；EAh. 高位附加滩；ED. 干涸河道；EK. 无植被河岸；VI. 江心洲；VJ. 大型植物垭工坝；VA. 水生植被；VB. 阶地；FF. 现代河漫滩；FT. 新近阶地；FC. 次级河道（位于河漫滩内）

定量分析，更好地建立宏观河段尺度的水文形态结构、中观地貌单元特征及生物群落之间的联系。

6.1.2 Fryirs 和 Brierley 地貌单元分类体系

Fryirs 和 Brierley（2022）将河流洪泛落区地貌分为冲积与侵蚀的基岩和巨石单元、河道中段沉积单元、滨岸沉积单元、冲积与侵蚀的细粒单元四大类（图 6-5），包括瀑布、跌水 - 深潭、点滩等 42 种亚类（Fryirs and Brierley，2022）。

位于河流上游的冲积与侵蚀的基岩和巨石单元通常包括台阶跌水（bedrock step）、跌水 - 深潭（step-pool）、串联跌水（cascade）、急滩（rapid）、基岩滑水（bedrock run）、基岩浅滩（bedrock riffle）、基岩深潭（bedrock pool）、跌水潭（plunge pool）、壶穴（pot hole）等地貌（生境）单元（于子铖等，2023）。该河段通常具有高势能，底质以推移质为主，水流和泥沙及成型的淤积体只能在其周围进行局部调整，河槽通常在峡谷中穿行，河流岸带直立陡峭（具有高运输能力）。

河道中段沉积单元主要包括多重复合滩（compound mid-channel bar）、巨石丘（boulder mound）、碛滩（bedrock core bar）、伸缩滩（expansion bar）、深潭 - 浅滩（pool-riffle）、碎石垫层（gravel sheet）、小砂层（sand sheet）、横向沙滩或舌状沙滩（transverse bar or linguoid bar）、斜向沙滩（diagonal bar）、心滩（medial bar）、强制心滩（forced mid-channel bar）、江心洲（island）等地貌（生境）单元（于子铖等，2023）。该段基本由中尺度地貌单元组成，其长度通常与河宽尺度相当或稍大，高度与所在断面的平均水深相当，具有中等势能、中等坡度，底质以砾石和砂为主。

河流中下游的滨岸沉积单元可包括侧向滩（lateral bar）、点滩（point bar）、滚动滩（scroll bar）、溪口滩或支流汇入滩（tributary confluence bar）、土垄和洼地（ridge and chute channels）、坡道和点沙丘（ramp and point dune）、阶梯和点阶梯（bench and point bench）、岩架（ledge）、块石护岸（boulder berm）、凹形护岸阶地（concave bank bench）、复合附加滩（compound bank-attached bar）、强制附加滩（forced bank-attached bar）等地貌（生境）单元（于子铖等，

砾石和砂为主。

　　冲积与侵蚀的细粒单元主要包括侧向侵蚀滩（sculpted lateral bar）、冲刷潭（scour pool）、岩／砂架（ledge）、平滑流动区（sculpted run）等几种地貌（生境）单元（于子铖等，2023）。冲积与侵蚀的细粒单元通常由于缺乏可塑性较强的底质成分，其空间发展范围受限，当沉积物从河岸顶部被侵蚀，又在河岸底部受冲刷时，会形成河岸顶底交替相连的特征。

　　可采用高分辨率卫星影像或无人机影像，对河流中观尺度和微观尺度的上述河道及洪泛消落区地貌（生境）单元的空间分布特征和空间结构特征进行详细的制图描绘（图 6-6），获取各类地貌单元的空间分布特征。可从以下四个方面进行分析：①解译河流纵向断裂或地形变化的形状和边界；②绘制河谷、河床底部和河槽边界以及溪流内部和洪泛区地貌单元的空间分布；③关注特定部位，如溪流内部（滨岸、河槽中心）、洪泛消落区（近端、远端）及不同形状的邻接地带中可识别的沉积物类型和结构组成；④采用统一的分类体系或命名准则对上述地貌单元进行分类和命名。

　　掌握详细的河流地貌（生境）单元分布特征以后，可以此为基础进一步分析不同水位时期的河流洪泛消落区生境演变的行为过程（图 6-7）。可以从以下三个方面进行分析：①确定每个地貌单元是如何形成和／或被重塑的。对于每个地貌单元，是由侵蚀主导和／或由沉积主导？②解译每个水位时期的流速分布序列，并分析各地貌单元组合之间的交互作用。③分析河流在低流量时期（如部分河流单元仍被淹没）、满槽时期（溪流内部所有地貌单元均参与水陆交互作用）、溢流时期（洪泛区的形成和再造，以及所有河流过程）的行为（李倩，2013；杨帆等，2022；于子铖等，2023）。

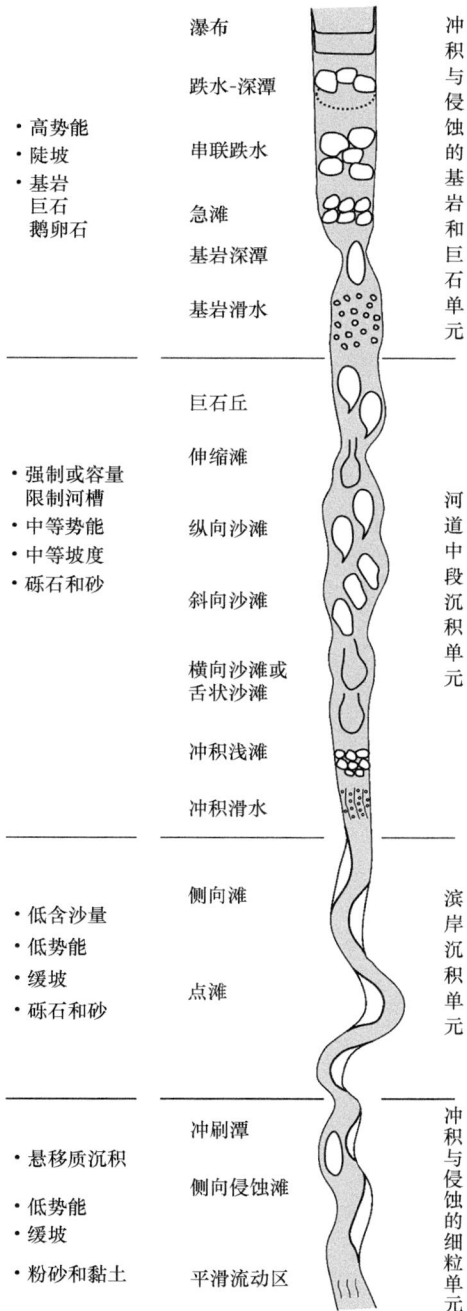

图 6-5　典型的河流连续体地貌单元序列（选自 Fryirs and Brierley，2022）

2023）。河道滨岸的成型淤积体几何形状是河岸侵蚀和沉积过程综合作用的结果，丰水期河流行洪漫滩产生的加积作用，形成一系列的滨岸沉积地貌，底质仍以

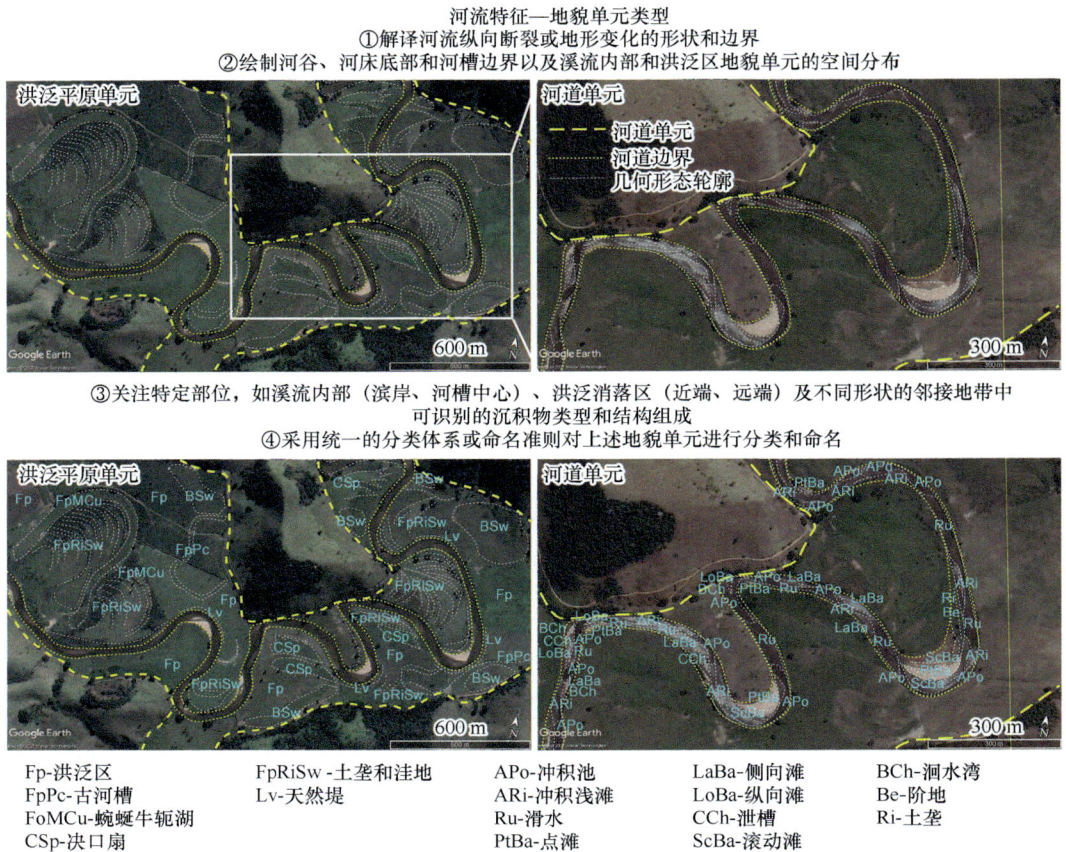

河流特征—地貌单元类型
①解译河流纵向断裂或地形变化的形状和边界
②绘制河谷、河床底部和河槽边界以及溪流内部和洪泛区地貌单元的空间分布

③关注特定部位，如溪流内部（滨岸、河槽中心）、洪泛消落区（近端、远端）及不同形状的邻接地带中可识别的沉积物类型和结构组成
④采用统一的分类体系或命名准则对上述地貌单元进行分类和命名

Fp-洪泛区	FpRiSw-土垄和洼地	APo-冲积池	LaBa-侧向滩	BCh-洄水湾
FpPc-古河槽	Lv-天然堤	ARi-冲积浅滩	LoBa-纵向滩	Be-阶地
FoMCu-蜿蜒牛轭湖		Ru-滑水	CCh-泄804	Ri-土垄
CSp-决口扇		PtBa-点滩	ScBa-滚动滩	

图6-6　对河流地貌单元的河流特征精细化空间观测（Fryirs and Brierley，2022）

6.2　河流消落区生境类型和成因

6.2.1　平原河流消落区生境类型和成因

平原河流消落区最主要的生境类型为靠近主槽，洪水时淹没、中水时出露的河漫滩。平原河流中广阔的河漫滩在河流调节洪水、储存泥沙、影响主槽冲淤并形成类型多样的大、小成型淤积体（钱宁等，1987），以及为鱼类等水生生物提供栖息地等方面起到了重要的作用。另外，消落区的生境类型还包括弯曲型河流的凸岸点滩、凹岸深潭以及两个交替活动点滩之间连接部位的各类浅滩；河流蜿蜒摆动形成畸弯后，通过撇弯切滩或自然裁弯所形成的牛轭湖及周边湿地；分汊河道的心滩和江心洲的汊首沙嘴、汊尾舌状沙洲、江心洲岸带沙滩，以及两个江心洲之间的心滩和各类浅滩；顺直河段犬牙交错的侧向滩等（Fryirs and Brierley，2022）。

6.2.1.1　弯曲或分汊河流深潭-浅滩及鬃岗地形滚动滩

平原弯曲河流沿程表现出深潭-浅滩相间排列的特征（图6-8），即凹岸冲刷深潭-凸岸淤积点滩（也称为活动点滩），并且在两个弯道之间的过渡河床出现浅滩。其中，凸岸点滩和部分浅滩在中枯水位时会露出水面，在中高水位时会被淹没（杨帆等，2022）。

另外，发生较大洪水，水流经过弯道时，顶冲凹岸造成河岸坍塌，岸线后退；同时在水流横向环流的作用下，把凹岸底部的泥沙带向凸岸一侧，并在凸

（A）河流行为——过程形式-关联分析
①确定每个地貌单元是如何形成和/或被重塑的。对于每个地貌单元，是由侵蚀主导和/或由沉积主导？

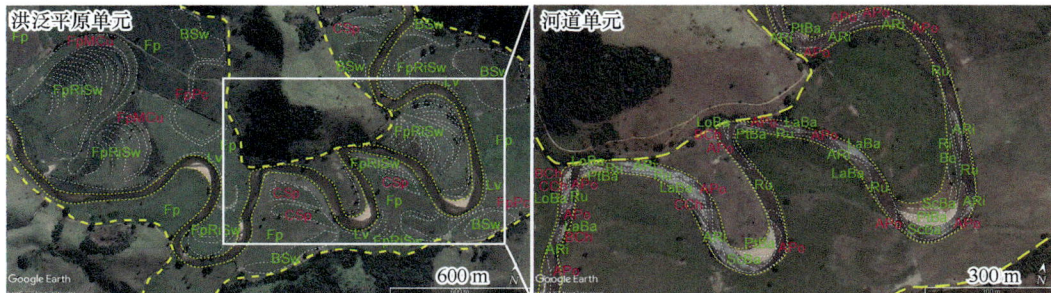

洪泛区范围内与过程形式相联系的各类地貌（生境）单元

AA-侵蚀过程主导　　Fp-洪泛区　　　　　CSp-决口扇
AA-沉积过程主导　　FpPc-古河槽　　　　FpRiSw-土垄和洼地
　　　　　　　　　FpMCu-蜿蜒牛轭湖　　Lv-天然堤

洪泛区范围内与过程形式相联系的各类地貌（生境）单元

AA-侵蚀过程主导　　APo-冲积池　　　　CCh-泄动滩
AA-沉积过程主导　　ARi-冲积浅滩　　　ScBa-滚动滩
　　　　　　　　　Ru-滑水　　　　　　BCh-洞水湾
　　　　　　　　　PtBa-点滩　　　　　Be-阶地
　　　　　　　　　LaBa-侧向滩　　　　Ri-土垄
　　　　　　　　　LoBa-纵向滩

（B）河流行为——低水位，满槽及溢流时期行为集合
②解译每个水位时期的流速分布序列，并分析各地貌单元组合之间的交互作用
③分析河流在低流量时期（如部分河流单元仍被淹没）、满槽时期（溪流内部所有地貌单元均参与水陆交互作用）、溢流时期（洪泛区的形成和再造，以及所有河流过程）的行为

低水位时期的河流行为集合
APo-冲积池　　　　　特定流量阶段的淹没范围
ARi-冲积浅滩
Ru-滑水

满槽时期的河流行为集合
APo-冲积池　　LoBa-纵向滩　　特定流量阶段的
ARi-冲积浅滩　CCh-泄槽　　　淹没范围
Ru-滑水　　　ScBa-滚动滩
PtBa-点滩　　BCh-洞水湾
LaBa-侧向滩　Be-阶地
　　　　　　Ri-土垄

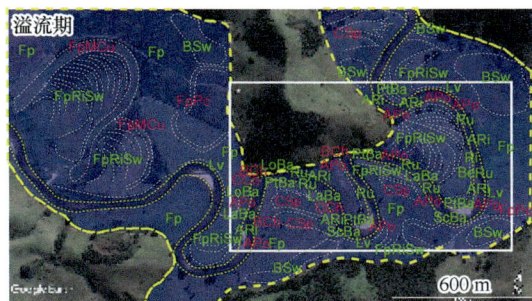

溢流时期的河流行为集合
APo-冲积池　　CCh-泄槽　　　FpPc-古河槽
ARi-冲积浅滩　ScBa-滚动滩　　FpMCu-蜿蜒牛轭湖
Ru-滑水　　　BCh-洞水湾　　　CSp-决口扇
PtBa-点滩　　Be-阶地　　　　FpRiSw-土垄和洼地
LaBa-侧向滩　Ri-土垄　　　　Lv-天然堤
LoBa-纵向滩　Fp-洪泛区

低流量阶段从凹岸拍摄蜿蜒弯曲的景观

特定流量阶段的淹没范围

图 6-7　对河流在低水位时期、满槽时期、溢流时期行为过程的精细化空间观测
（Fryirs and Brierley，2022）

图 6-8　汉江下游龚家湾和肖家湾河段的凸岸点滩和凹岸深潭

a. 龚家湾和肖家湾河段的凸岸点滩和凹岸深潭（部分原有的凸岸点滩已被开垦利用，从活动点滩转变为固定点滩）；b～g. 对应 a 中红框范围内无人机拍摄正射影像及俯视图像；b.2020 年 12 月 8 日正射影像；c.2021 年 5 月 14 日正射影像；d.2021 年 9 月 3 日正射影像；e.2020 年 12 月 8 日俯视图像；f.2021 年 5 月 14 日俯视图像；g.2021 年 9 月 3 日俯视图像

岸堆积形成自然堤，在每一次较大的洪水来袭后重复进行这一过程，将在凸岸形成一组由天然堤及夹在其间的狭长的局部洼地（即一系列土垄和洼地）组成的扇形景观，被形象地称为鬃岗地形，也称为滚动滩。

最外侧一层的土垄（自然堤）也称为滩唇，自滩唇向谷壁方向的倾斜，使得洪水漫滩后，鬃岗地形中的洼地布满大大小小的独立封闭水域，部分区域可能出现沼泽化；在地势较低的河槽沙洲中，上覆由风力搬运而来形成的沙丘。

浅滩位于上下两个边滩之间，或上下弯道之间的过渡直段河床中，根据上下两个边滩的位置，浅滩通常可分为正常浅滩、交错浅滩、复式浅滩和散滩等类型。其中，正常浅滩位于上下边滩的滩面高程较高、彼此不交叉，且二者之间过渡河段较长的河段；交错浅滩则位于上下边滩的滩面高程低、河流较宽，且二者之间过渡河段较短的弯曲型河段；复式浅滩是"浅滩群"，即上下多个距离较近的凸岸点滩 - 凹岸深潭交替出现，上下浅滩之间有共同的点滩和深潭，河流整体较为顺直，或是弯曲河段中距离较长的顺直过渡河段；散滩通常出现在水流分散、河槽宽深比很大的河段，如游荡型河段。

　　凸岸点滩和浅滩是弯曲河流上的大型成型淤积体，是成型淤积体"沙洲"中的组成部分，它们的变化将直接影响河床形态和水文条件，如主流的纵向流路和流速的横向分布等。在自然水文情势的河流中分布的大型成型淤积体，以及凸岸点滩-凹岸深潭等生境，为鱼类的产卵、育幼、索饵、洄游等重要生活史过程提供了重要的栖息生境（李倩，2013）。但河流渠化造成的成型淤积体消亡，意味着此类生境中的土著种将失去生存环境，这很可能导致其资源衰退（田佳佳等，2022）。

6.2.1.2　裁弯取直牛轭湖故道及周边湿地

　　当河流高度蜿蜒时，连续河湾逐渐接近，不可避免地会发生颈部裁弯现象（Jagers，2003），它是该河段自我组织系统的一部分（Hooke，2004）。裁弯取直使得河流的弯曲度受到限制，这被视为弯曲型河流长期变化过程中的一种自我稳定现象（Camporeale et al.，2005）。

　　受围垦及护岸大堤等工程的影响，许多能自然通江的牛轭湖已无法与干流连通。阻隔湖泊受大堤围垦的影响，逐渐远离主河道，受洪水的影响日趋减少，其自然消落面积正在迅速减少。尚能自然通江的牛轭湖，通常在洪水漫滩，枯水阻隔。而人工控制的非自然连通的通江牛轭湖故道，目前多数主要通过灌江纳苗和防洪排水等方式与干流连通。

　　例如，长江中游的下荆江河道蜿蜒摆动，部分河段经历多重裁弯，在其周边形成了牛轭湖群。长江中游故道群湿地的形成与演化主要受荆江河曲的自然演变以及人为扰动的影响。唐宋以前，下荆江段是典型的分汊型河床；明朝隆庆年间，下荆江的单一河床基本形成；之后由于下游壅水和洞庭湖的顶托，河曲自由发展；清代时，监利市境内河段最多时曾有八处弯曲；由于下荆江弯道多，19世纪末至20世纪末，荆江河曲经过了几次重大的裁弯过程，最终在自然和人为作用下形成了现在的故道群湿地（图6-9）（蔡晓斌等，2013）。

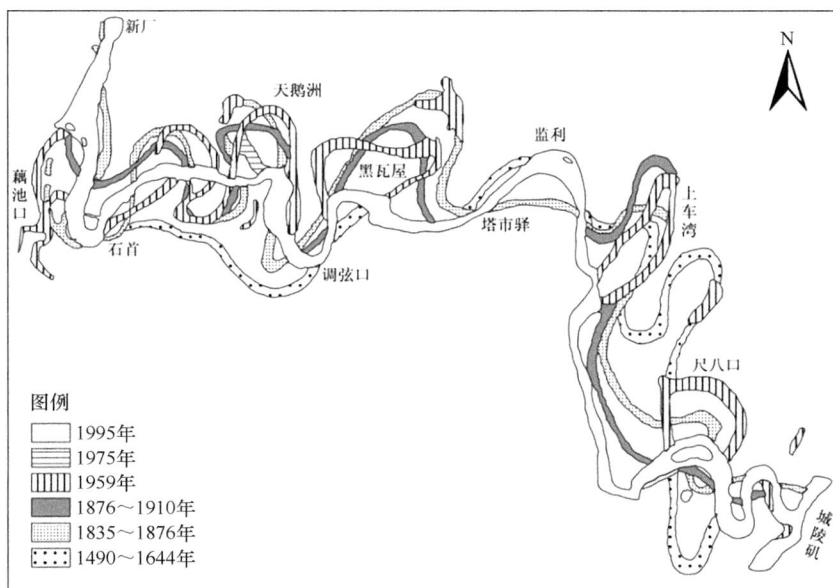

图 6-9　下荆江江段演变历史

6.2.1.3 分汊河流的心滩和江心洲

江心洲的形成及河流汊道类型的变化,主要受特大洪水引起的水体上涨和泥沙落淤的影响。如图6-10所示,分汊河道形成的过程为:枯水期也不会露出水面的雏形心滩,逐渐淤涨到枯水期露出水面的心滩;经历了几次较大的洪水后,心滩超过平滩水位,进而形成江心洲;由于长时间露出水面,江心洲上滋生了植物,最后被人类开垦并定居。稳定的分汊河流的形成通常需要较长的时间。例如,长江中游干流的天兴洲、长江下游干流的潜洲和八卦洲等都是这种形成方式。

分汊河道的另一种形成方式是:面积广阔的边滩被水路切割,与河岸分离,进而形成江心洲。这种方式在长江中下游也相当普遍,如武汉市以下的叶家洲、李家洲、人民洲、王家洲,以及板子矶河段的上、下复兴洲等,都是边滩被切割后形成的江心洲,但由于城市化建设

目前其中部分江心洲已与岸带重新连接。

6.2.2 山区河流消落区生境类型和成因

由于受到构造运动的影响,山区河流流域内水系格局通常表现为受构造方向限制的格状水系,或支流呈垂直入江的特征。受不同方向交叉断裂的控制,干流通常形成大规模的几乎近直角的转折河湾(沈玉昌,1965)。由于河道沿程的构造和岩性变化,使河道宽窄相间,呈现出"藕节状"的平面形态。在两岸受峡谷地形限制的河段,山谷陡峭,岸坡垂直,河床基岩裸露,水体的涨落呈垂直型,在遥感影像获取的水体分布上通常表现为极窄的沿岸消落区,甚至没有消落面积;而在开阔的宽谷江段,两岸岸坡平缓,或者阶地发育,河道通常形成分汊,其间纵向心滩和江心洲发育,岸边多分布宽阔的河漫滩,素有"大水阻于峡,小水阻于滩"的说法。受上游来水来沙情况的影响,山区河流形成了

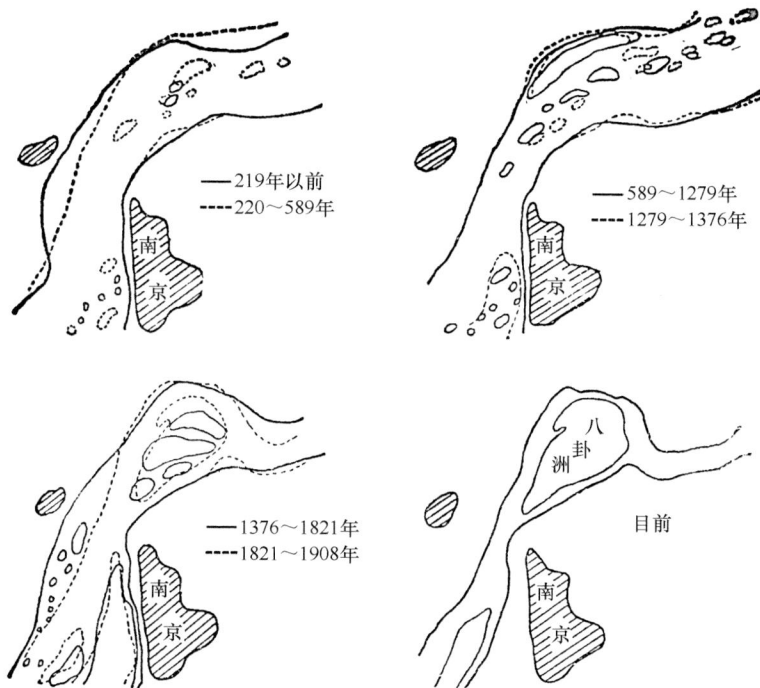

图6-10 长江下游干流的南京八卦洲形成和演变过程(选自钱宁等,1987)

多样化的河流自然消落区生境类型，为生活史需求不同的鱼类和其他水生生物提供了特殊的河床物理结构和水文环境条件。对这些类型的细致了解，是进行鱼类栖息地识别和生境修复的基础。

6.2.2.1　冲（洪）积扇溪口滩（溪流汇入滩）

山区河流沿程分布大量溪沟，溪沟汇入干流后，在沟口处通常会形成冲（洪）积扇，其中伸入干流的部分成为溪口滩，通常在山区河流的宽谷河段内广泛分布，且规模较大。例如，在长江三峡地区，大坝未建成之前，溪口滩十分发育。每年洪水来临之前，暴雨山洪挟带大量卵石入江，自奉节至香溪区间 48 条溪沟的卵石入江量每年达到 15 万～

22 万 m³，与整个长江干流的来石量相当（钱宁等，1987）。流域面积小、河流长度较短的溪沟比降较大，搬运的物质较粗，因此形成的溪口滩的滩体范围较小、位置高，只有在中水位以上时才会被淹没，进而形成中洪水消落区；而流域面积大、河流长度较长的溪沟则比降较小，搬运到溪口的卵石直径通常在 30cm 以下（有少量直径达 1m 的中砾石），因此形成的溪口滩滩体面积较大、高程较低，为中枯水消落区。三峡库区建成后，即便是中枯水位，原来发育良好的溪口滩也不复存在，除受到岸线硬质化的影响之外，原溪口滩所处位置的开阔滩面被水体淹没后，进而形成反季节性的洄水湾型消落带（图 6-11）。

图 6-11　2000 年 11 月（a）和 2022 年 10 月（b）三峡奉节县永安街道至梅溪河口的卫星图像

6.2.2.2 纵向水面线折点岩滩或碛滩

山区河流往往是急滩和缓流相间，水面线上存在很多折点，这些水面线的沿程折点即急滩所在处。例如，金沙江下游的梯级水电站建设之前，自石鼓镇以下至新市镇段共有滩险 400 余处，其水面线沿程变化如图 6-12 所示。但随着梯级水电站的建成，目前这 1000 多千米河段内仅存梨园水电站上游的 31 处滩险，梨园库尾至向家坝电站之间已无流水河段。

6.2.2.3 U 型河谷断面的侧向滩和心滩

山区河流的河谷断面通常表现为 V 型或 U 型。其中，V 型对应峡谷江段，中高水位之间的河流水面俯视形态几乎没有差别；而 U 型河谷为宽谷江段，河床开阔，存在由不同粒径大小的卵砾石及泥沙等底质组成的河漫滩（图 6-13）。这类河漫滩的成因与平原河流的河漫滩相似，都是由于河流摆动、心滩淤积与河岸连接等；并且中高水位时洪水漫滩也会对河漫滩产生加积作用，但加积作用的程度取决于含沙量的多少。在少沙河流中，其对河漫滩的加积作用甚微，因此滩槽高差不会出现较大变化。

图 6-14a 为金沙江巨甸镇附近较为顺直江段的犬牙交错的侧向滩；图 6-14b 为石鼓镇长江第一湾由于岩石走向与河流走向垂直，岩体伸入河流使水流急剧转折形成的急弯，江心发育良好的纵向沙洲心滩。

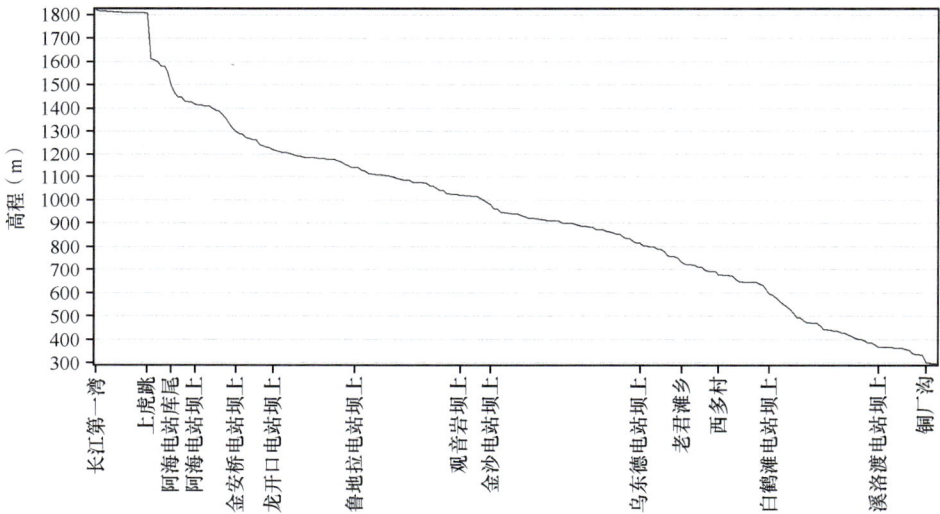

图 6-12　金沙江石鼓镇以下至新市镇河流水面急滩缓流沿程相间
（金沙江梯级电站建设之前的水面线变化）

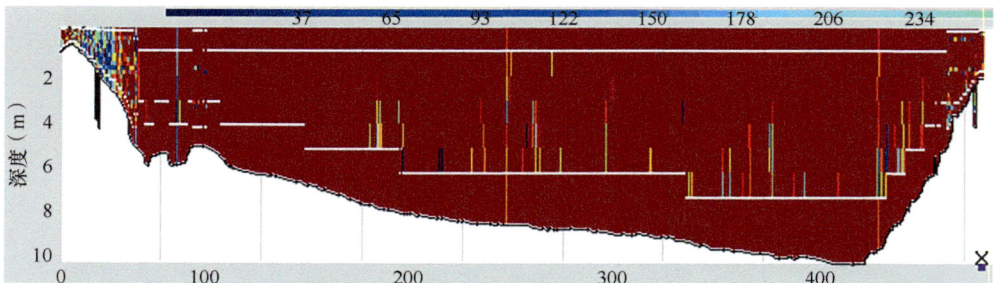

图 6-13　典型的 U 型河谷洪水期河床断面形态

图 6-14　金沙江巨甸镇侧向滩（a）及石鼓镇长江第一湾的边滩和心滩（b）的卫星图像

图 6-15 为采用无人机拍摄的赤水河中游茅台镇附近的边滩影像，图 6-15a～c 分别为枯水期、平水期、汛期。枯水期消落区坡度为 65°，水色透明度为 90cm，岸边平均流速为 0.45m/s，水温为 11.6℃，pH 为 8.51，盐度为 0.21‰，溶解氧含量为 8.72mg/L；此段植被结构组成以灌木和草地为主，河床粒径组成

以直径小于 0.2cm 的淤泥和沙、直径为 0.2～1.6cm 的砾石及直径为 1.7～6.4cm 的卵石为主。

6.2.2.4　弯曲深切河曲的河流阶地

弯曲型河流深切入地面，使得整个谷地呈现河曲的形态，称为深切河曲，是一种山区中的常见的类型，如在长江

161

图 6-15　赤水河中游茅台镇附近边滩不同时期的无人机影像

a. 2020 年 12 月 22 日正射拼接影像；b. 2021 年 5 月 20 日正射拼接影像；c. 2021 年 7 月 23 日正射拼接影像；
d. 2020 年 12 月 22 日全景照；e. 2021 年 5 月 20 日全景照；f.2021 年 7 月 23 日全景照

流域的嘉陵江、渠江、沱江等河流中都能见到非常典型的深切河曲分布。很多山区仍处于相对抬升、河流不断侵蚀下切的过程中，水流挟带泥沙的含量会发生变化，这导致侧蚀和下切可能交替主导该过程。因此，在河流下切时，由于岩性不同，两岸通常会出现不对称的阶地，河流阶地通常由阶地表面和阶地斜坡两部分组成。其中，阶地表面代表着河流下切时以侧蚀作用为主的阶段，该阶段中河谷被剥蚀而后退展宽，形成了宽阔的河漫滩；而阶地斜坡代表河流以下切作用为主的阶段，当下切到一定程度，阶地表面在洪水时不再受到水流的影响，而完全出露于水面之上，成为后期观察到的阶地地貌。

阶地实际上就是年代古老的河漫滩，它反映的是流域古气候变迁、新构造运动及河流侵蚀基准面的升降过程。因此在正常情况下，阶地通常与当前的河流作用没有直接联系。研究表明，阶地通常每隔 3 年以上才有可能被淹没一次（Howard et al.，1968）；然而水库的充填会造成历史河谷阶地被水淹没，频繁地参与到当前河流的水陆交互作用过程中，如三峡库区的河流阶地消落区。

图 6-16 是由无人机拍摄的三峡库区万州江段瀼渡镇不同时期的河流阶地影像，从上到下分别为 2021 年 3 月 11 日中高水位（165.98m）正射拼接影像及俯视图（图 6-16a、b）、2021 年 7 月 30 日低水位（147.83m）正射拼接影像及俯视图（图 6-16c、d）、2021 年 10 月 28 日高水位（174.76m）正射拼接影像及俯视图（图 6-16e、f）、低水位时期阶地消落区完全出露时的全景影像（图 6-16g）。

中水位消落区坡度为 5°～45°，水色透明度为 160cm，岸边平均流速为 0.1m/s，水温为 14.6℃，pH 为 7.88，盐度为 0.22‰，溶解氧含量为 9.13mg/L；低水位消落区坡度为 5°～20°，水色透明度

为 20cm，岸边平均流速为 0.3m/s，水温为 26.2℃，pH 为 7.98，盐度为 0.18‰，溶解氧含量为 6.9mg/L；高水位消落区坡度为 60°，水色透明度为 130cm，岸边平均流速为 0m/s，水温为 20.2℃，pH 为 7.85，盐度为 0.16‰，溶解氧含量为 9.24mg/L。此段植被结构组成以草地、灌木和挺水植物为主，河床粒径组成以直径小于 0.2cm 的淤泥和沙、直径为 0.2～1.6cm 的砾石为主。

6.2.2.5　弯曲河流深潭 - 浅滩和凸岸点滩

除了河床主要由漂石或更粗的物质组成的山区河流的上游，宽谷河段的弯曲河段也与平原弯曲河流类似，沿程会出现深潭 - 浅滩的序列特征，在凸岸形成活动点滩，在凹岸形成深潭，上下两个点滩中间的过渡河段分布着浅滩，排列十分规律（图 6-17）。图 6-18 为 2021 年 7 月 18 日拍摄的嘉陵江深潭 - 浅滩，及凸岸点滩无人机影像。

6.2.2.6　游荡河流的河槽多重复合滩

由于河床宽浅、两岸缺乏限制，当上游床沙质来量过多时，易造成旧有河槽的淤积，水流在滩上冲出新的流路，致使主河槽在每次洪峰来临时发生摆动，形成游荡型河流，也称为辫状河流。各瓣带河槽之间分布着数量众多、面积较小、植被稀少、不稳定的多重复合滩，或称散滩。特大洪水时水面可达满槽，枯水时多股河槽穿行其中，外形十分散乱，如长江河源区的沱沱河和通天河均能见到此类消落区生境类型（图 6-19）。

6.2.2.7　林区天然坲工坝形成的下游江心洲或牛轭湖湿地

穿过林区的上游支流，由于大量的落叶、树干等落入河流，随水流被带向下游，在河身束窄处聚集，造成透水性坲工坝，形成水生生物栖息的天然遮蔽场所和随机深潭。当洪水暴发时，坲工

图 6-16　三峡库区万州江段瀼渡镇河流阶地的无人机影像

a.2021 年 3 月 11 日正射拼接影像；b.2021 年 3 月 11 日俯视图；c.2021 年 7 月 30 日正射拼接影像；d.2021 年 7 月 30 日俯视图；e.2021 年 10 月 28 日正射拼接影像；f.2021 年 10 月 28 日俯视图；g.低水位河流阶地全景影像

坝聚集物被带往干流，由于河流宽阔，这些有机物质已不能聚集，被洪水带往宽阔的边滩，因此穿过林区的河流的河床通常会出现大型有机物质随机聚集、集中在河流束窄处形成堵塞及散落在河漫滩上的景观。这类消落区生境的存在可能造成河流下游局部河流分汊、裁弯取直、下游河道淤积，形成连续跌水生境等，生活在林区溪流中的鱼类往往对这类生境有一定的偏好性。

长江流域各类林区的分布如图 6-20 所示，其中河道两岸 1km 范围内处于繁茂（植被覆盖度＞0.4）的常绿阔叶林区的河流包括清江、汉江上游、澧水、葛洲坝及三峡库区等，处于繁茂的落叶阔叶林区的河流有丹江、白龙江、汉江上游、唐白河等，处于繁茂的针叶林区的河流有雅砻江、大渡河、理塘河、金沙江上游等（表 6-2）。这些河流包括其支

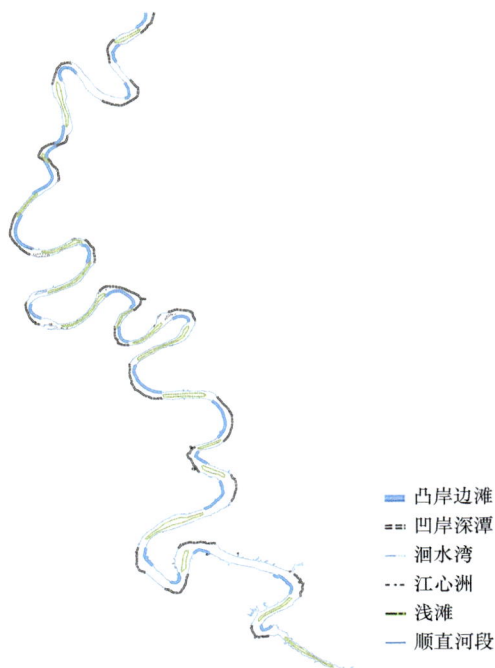

图 6-17　弯曲河流深潭 - 浅滩序列分布示意图

图例：
━━ 凸岸边滩
═══ 凹岸深潭
─── 洄水湾
⋯⋯ 江心洲
━━ 浅滩
─── 顺直河段

图 6-18　嘉陵江深潭 - 浅滩无人机影像（2021 年 7 月 18 日拍摄）

a. 正射拼接图像；b. 正射水陆边界图像；c. 深潭；d. 凸岸点滩

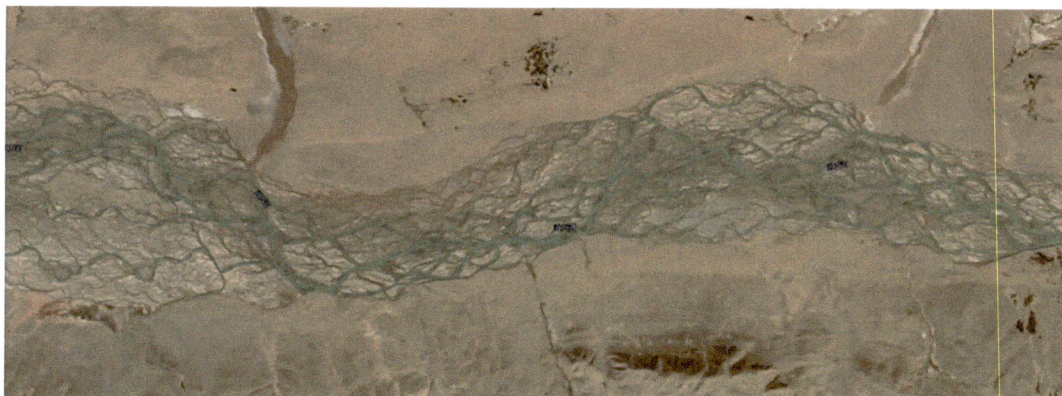

图 6-19　通天河游荡河段的多重复合滩的卫星图像

图 6-20　长江流域各类林区的分布

表 6-2　河道 1km 范围内处于繁茂的各类林区的河流面积（单位：km²）

河道 1km 范围内处于繁茂的常绿阔叶林地的河流	河流面积	河道 1km 范围内处于繁茂的落叶阔叶林地的河流	河流面积	河道 1km 范围内处于繁茂的针叶林地的河流	河流面积
清江	975.36	丹江	405.20	雅砻江	926.29
汉江上游	771.91	白龙江	400.05	大渡河	785.91
澧水	758.54	汉江上游	279.56	理塘河	748.74
葛洲坝和三峡库区	603.82	唐白河	253.74	金沙江上游	583.43
沅江上游	550.65	乌江上游	249.00	白龙江	490.96
乌江上游	500.42	雅砻江	202.81	沅江上游	465.99
堵河	473.72	嘉陵江上游	198.74	牛栏江	417.40
渠江	444.89	涪江	193.13	乌江上游	366.22
沅江下游	424.29	堵河	181.73	葛洲坝和三峡库区	365.55
修水	382.65	大渡河	177.40	金沙江下游	331.83

注：繁茂是指植被覆盖度 > 0.4，本表采用中国科学院空天信息创新研究院土地覆盖和土地利用数据进行统计

流的上游大多在茂密的林区中穿行，大型树干、大量落叶等为河流带来了丰富的有机物质输入，遮蔽物为鱼类营造了丰富的产卵和索饵等栖息场所。

6.2.2.8　泥石流、滑坡等地质灾害造成的沟口堆积扇及上游堰塞湖

受泥石流、大型滑坡等自然灾害影响的河流会呈现出特殊的景观和生境，如金沙江流域的一级支流小江，其所在的东川地区是中国受泥石流灾害影响的主要地区之一，小江河谷沿程大小溪沟达几十余条（图 6-21），一次泥石流就会搬运数百万立方米的固体颗粒堆积物进入小江流域，是金沙江重要的泥沙来源。

泥石流造成小江河谷特殊的流域景观，如沿程分布的沟口泥石流堆积扇造成的葫芦状河道平面形态，以及河槽纵向水面线折点对应的急滩 - 缓流纵剖面形态特征，河床淤积速度甚至超过黄河下游的堆积速度一倍（赵席文，1983）。大型泥石流或者大型滑坡等地质灾害造成大量粗颗粒沉积物向下游倾泻，易引发大个体鱼类的大量死亡，底栖动物主要由具有风险躲避能力和快速恢复能力的物种组成（朱鹏辉，2020）；另外，当洪水不能疏导泥石流或滑坡带来的堆积物，导致其堵塞河道时，这种情况会使上游水位抬升数十米，甚至形成长期保存的堰塞湖。

图 6-21　金沙江小江流域溪沟分布

6.3 河流消落区生境要素空间观测

6.3.1 河流宽度及横断面生境多样性

6.3.1.1 术语释义

河流宽度变化及横断面生境多样性对鱼类在河流及其横向连接生境之间的洄游和生境利用具有重要影响，详细释义见本书第 2 章 2.1.4.2 节。河流横断面生境多样性的遥感信息提取可通过河流断面分析来完成。首先，以河宽为尺度，对河流设置垂直于河流岸线以河宽为距离的穿过河道的多个断面。其次，提取河流沿该断面方向上的几何形态特征，主要包括河道宽度和河道分汊数。其中，河道宽度包括河床总宽度、各分汊的河面宽度、江心洲宽度，以及多重复合滩、活动点滩的宽度等。而河道分汊数则包括纵剖面上的河道分汊数量、分汊河流的数量，以及断面穿过的江心岛或河漫滩的数量等。最后，在此基础上进一步计算上述各个参数的宽度占比和数量占比。

从几何图形的角度看，断面是考察位置处与河道垂直方向上的一条跨河线段，它与河道及江心岛（滚动滩等）的轮廓形成偶数个交点，且至少有 2 个是与河流左右岸线的交点。如图 6-22 所示，断面 P1、P2、P3、P4 与河道及江心岛分别有 2 个、12 个、2 个、6 个交点；在断面上，岸线和江心岛依次把水面分隔成了 1 股、6 股、1 股、3 股，出现陆地的次数依次是 0 块、14 块、0 块、2 块；通过断面分析可以解析出每个交点的坐标，还可以根据距离公式计算出断面上每股水道、每块陆地的宽度。

6.3.1.2 方法思路

河流横断面分析的过程分为三个步骤。

（1）计算断面与河流矢量要素的交点。首先，可以使用 ArcGIS 软件"分析工具包"内的"相交工具"，提取出断面与多边形（polygon）型河流要素外环（河流为带孔洞的多环要素）相交的子线段；然后，调用 ArcPy 站点包的折点处理函数解析出各线段的端点坐标，或者直接提取断面与折线（polyline）型河流要素的交点；最后，使用折点处理工具解析交点坐标。这是一个可行的方法，但本书要介绍另一种更便捷高效的实现方式——Python 第三方库 GeoPandas。

（2）计算断面上水、陆出现段数及各段长度。如果断面上没有江心岛，那么交点就只有 2 个，分别在两条岸线上，水、陆段数分别是 1 段和 0 段，河流宽度即水面宽度，如图 6-22 中 P1、P3 的情形；如果断面上出现若干个江心岛，以图 6-22 中 P4 断面为例，沿断面方向，交点 k1~k6 的分布规律是"由陆入水点"和"由水登陆点"交替出现，且首尾点分别是"由陆入水点"和"由水登陆点"。因此，可以基于这个规律对断面上水、陆分段做以下归类：所有排序为奇数的点与下一个点连成的线段对应水面，排序为偶数的点与下一个点连成的线段对应陆地。按照这个规律统计水、陆出现的数量，同时，将相应的交点坐标（一次参数）代入距离公式可以计算出各段长度。

（3）数据加工。在（2）中计算出的参数基础上，计算出河床宽度、河流宽度、各类占比等参数，其中河床宽度等于断面上全部河流汊道、陆地的宽度之和，河流宽度等于断面上全部河流汊道的宽度之和，河流汊道比等于河流汊道数除以所有汊道数之和，河流宽度比等于河流宽度除以河床宽度。

6.3.1.3 实例应用

长江流域"一江七河"的河流宽度和河床宽度及其变异性（表 6-3）监测结果显示，金沙江、长江上游干流、赤水河的河流宽度占河床宽度的比例超过

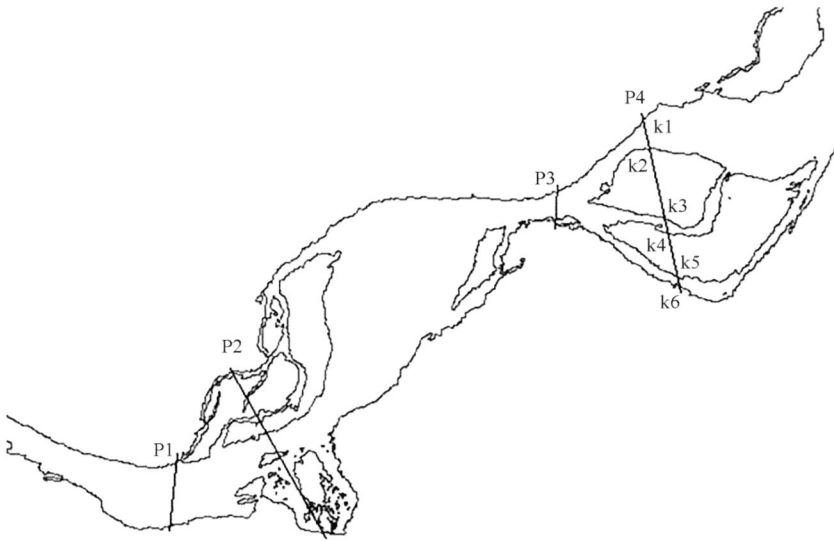

图 6-22　河流横断面生境多样性分析示意图

90%，横向剖面上的变异性低，表明其沿岸带水平形态的消落区面积小，沿河流横断面方向上能提供的河漫滩、高地边缘过渡带等栖息生境的功能相对较低；而沱沱河、通天河、汉江、岷江在河流横向上的栖息生境变化更为丰富。从河

表 6-3　长江流域"一江七河"的河流宽度和河床宽度及其变异性

序号	名称	河流等级	平均河流宽度 / 米	平均河床宽度 / 米	河流宽度占比 /%	河流宽度变异 / 米	河床宽度变异 / 米	河流宽度变异率 /%	河床宽度变异率 /%
1	沱沱河	1	411.56	790.38	0.52	385.45	745.02	0.94	0.94
2	通天河	1	505.59	801.36	0.63	438.16	768.18	0.87	0.96
3	金沙江	1	298.55	326.99	0.91	276.11	383.40	0.92	1.17
4	长江上游干流	1	753.84	831.95	0.91	239.97	492.09	0.32	0.59
5	三峡库区干流	1	1090.92	1540.27	0.71	604.19	1337.42	0.55	0.87
6	长江中游干流	1	1600.69	1957.26	0.82	598.58	1141.36	0.37	0.58
7	长江下游干流	1	2371.21	3352.53	0.71	1021.26	1764.47	0.43	0.53
8	汉江	2	524.27	756.19	0.69	551.39	902.23	1.05	1.19
9	嘉陵江	2	364.90	420.27	0.87	290.53	434.67	0.80	1.03
10	岷江	2	283.11	426.53	0.66	275.20	560.41	0.97	1.31
11	乌江	3	281.66	357.46	0.79	313.19	526.56	1.11	1.47
12	大渡河	3	245.01	298.69	0.82	292.01	425.60	1.19	1.42
13	沱江	4	210.66	271.76	0.78	126.75	355.23	0.60	1.31
14	赤水河	4	83.39	85.01	0.98	40.04	43.91	0.48	0.52

流宽度和河床宽度沿河流纵向的变异性来看，沱沱河、通天河、汉江、嘉陵江、岷江等存在较高程度的纵向差异，河流从上游至下游宽窄相间，变化较为丰富，在纵向上易于形成深潭-浅滩、急流、洄水湾等多样化的生境，为鱼类的纵向洄游提供较丰富的生境选择性。

长江干流河流宽度纵向梯度变化如图 6-23 所示，河流宽度沿程展宽和束窄交替变化，并逐渐增加，河流宽度均值变化范围为 400~2400m。其中，金沙江段的河流断面突然展宽是水库造成的河

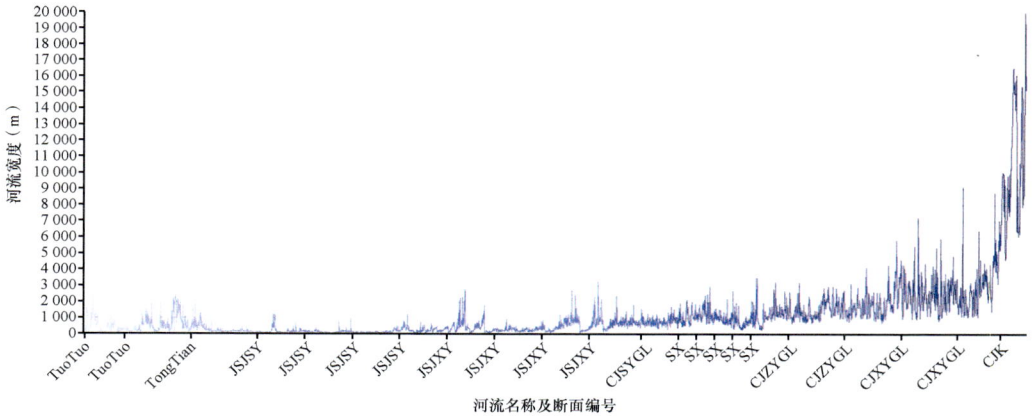

图 6-23　长江干流河流宽度纵向梯度变化

TuoTuo：沱沱河；TongTian：通天河；JSJSY：金沙江上游（以石鼓为界）；JSJXY：金沙江下游；CJSYGL：长江上游干流；SX：三峡库区；CJZYGL：长江中游干流；CJXYGL：长江下游干流；CJK：长江口

流断面异常快速展宽。

6.3.2　河流蜿蜒度

6.3.2.1　术语释义

河流蜿蜒度（sinuosity）也称为河流弯曲度，它是从地理信息系统学中线状地物的弯曲度概念中发展而来的，它是描述河流走势弯曲程度的参数。地理信息系统学将线状地物的弯曲度 Ka 定义为曲线长度 L 与曲线两端点定义的线段长度 s 之比，即

$$Ka=L/s \qquad (6-1)$$

$$s = \sqrt{(x_0 - x_1)^2 + (y_0 - y_1)^2} \qquad (6-2)$$

式中，(x_0, y_0) 和 (x_1, y_1) 是曲线两端点的坐标。由 L、s 二者几何关系可知，当考察河段为完全顺直的河段时，Ka 等于 1；河流曲线长度 L 可以是沿河流深泓

线、中泓线或河道中心线测量的河段长度，通常按照考察河段的范围是按照河床宽度的 10~20 倍距离来确定。

Brice（1984）认为，弯曲型河流的弯曲度系数大于 1.25；Leopold 和 Langbein（1966）以及 Rosgen（1994）认为，弯曲型河流的弯曲度系数下限值为 1.5；Crosato（2008）则认为，对于由一系列相对半圆连接而成的河流平面，其弯曲度为 π/2 ≈ 1.57。

6.3.2.2　方法思路

按照以上定义和几何描述，只要给定考察点，就能按照以下步骤计算该考察点对应的河段弯曲度。

（1）测量考察点所处河流横断面的河床宽度 w，根据设定的倍数 m，得到考察河段的长度 $L=mw$。

（2）以考察点为起点，沿河道分别

向河流上游、下游移动 $L/2$ 长度的路程，确定考察河段的两个端点。

（3）将两端点坐标带入距离公式（6-2），计算出直线距离 s。

（4）代入河流弯曲度定义公式（6-1），计算该段河流的弯曲度系数 Ka。

在流域尺度的研究中，一般会沿河流中泓线按一定的间距 d 设置考察点，按河流蜿蜒度算法对各河段进行测算，然后对弯曲度系数序列求均值，获得河流整体的蜿蜒度值。这里可以分两种计算方法。第一种是按照全河平均河宽的 m 倍长度，在河流中泓线上等间距布设考察点，并划分为等长度的考察河段，计算各段的弯曲度系数，再计算各段的算术平均值。第二种是采用滑动自适应的方法计算河宽，根据研究需要在河流中泓线上布设考察点（可以等间距，也可以不等），然后自动获取各考察点的河宽 w，进而确定相应的考察河段长度 L，再计算该河段弯曲度。第一种算法使用定长河宽等分全河，对河宽变化较大的河流不适用，还存在将河流中完整生境强行切分的风险；第二种算法能够自适应地使用各个河段的河宽，来确定局部的河长范围，更符合生态学的研究需求，并且当考察间距 d 足够小时，能有效避免将相对完整的生境强行切分。因此，在工作中推荐采用第二种方法。

6.3.2.3　实例应用

长江流域"一江七河"中，通天河、长江上游干流、长江中游干流、汉江丹江口水库上游、嘉陵江、沱江为弯曲型河流，其中嘉陵江蜿蜒度最大，达 1.61；而沱沱河、金沙江、三峡库区和葛洲坝、长江下游干流、汉江丹江口水库下游、岷江、大渡河、乌江、赤水河均是顺直型河流（表 6-4）。按河型分类，沱沱河为游荡型河流，一般游荡型河流的河床

表 6-4　长江流域"一江七河"河流蜿蜒度

序号	河流名称	河流等级	蜿蜒度	类型
1	沱沱河	1	1.20	顺直型河流
2	通天河	1	1.43	弯曲型河流
3	金沙江直门达至石鼓	1	1.14	顺直型河流
4	金沙江石鼓下游干流	1	1.18	顺直型河流
5	长江上游干流	1	1.48	弯曲型河流
6	三峡库区和葛洲坝	1	1.18	顺直型河流
7	长江中游干流	1	1.35	弯曲型河流
8	长江下游干流	1	1.25	顺直型河流
9	汉江丹江口水库上游	2	1.32	弯曲型河流
10	汉江丹江口水库下游	2	1.27	顺直型河流
11	嘉陵江	2	1.61	弯曲型河流
12	岷江	2	1.17	顺直型河流
13	大渡河	3	1.21	顺直型河流
14	乌江	3	1.13	顺直型河流
15	赤水河	4	1.15	顺直型河流
16	沱江	4	1.43	弯曲型河流

比较顺直，但在纵向上比降较大。

例如，长江干流荆江段的河流弯曲度纵向梯度变化如图 6-24 所示。其中，上荆江段的河流蜿蜒度均值为 1.25，沿程蜿蜒度变化范围为 1.01～1.88；下荆江段的河流蜿蜒度均值为 1.65，最大值为 3.8，位于石首市调关镇，超过 50% 的断面河流弯曲度系数 > 1.5。

6.3.3 河流岸线复杂度

6.3.3.1 术语释义

与河流蜿蜒度类似，河流岸线复杂度的信息提取是一个重要的研究领域，对于理解河流地貌、生态环境以及水资源管理具有重要意义。本书提出河流岸线复杂度指数，是为了更好地评估河流岸线的复杂性。这个指数可以帮助更好地理解河流的演化过程，预测河流的变化趋势，并为河流保护和管理提供科学依据。

为了构建这个指数，首先需要明确河流岸线的定义。河流岸线是指河流与其相邻陆地之间的交界线，是河流地貌的重要组成部分。河流岸线的复杂性反映了河流地貌的多样性，以及河流与周边环境的相互作用程度。该指数是通过河流岸线长度与河流中线长度的比值来表示的。其中，河流岸线长度是指河流岸线在一定地形条件下的实际长度，河流中线长度是指河流在同一地形条件下的中心线长度。这个比值可以直观地反映出河流岸线的复杂程度，比值越大，说明河流岸线越复杂。

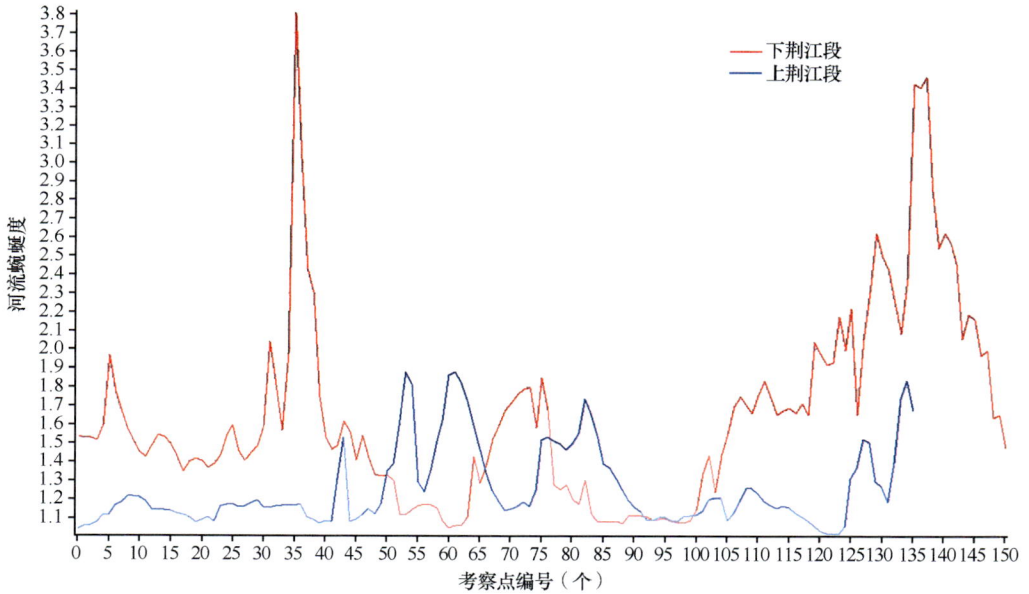

图 6-24　长江干流荆江段的河流弯曲度系数纵向梯度变化

6.3.3.2 方法思路

在实际应用中，可以通过遥感技术、地形分析方法和高程数据分析等手段来获取河流岸线的长度和河流中线长度。计算河流岸线复杂度指数的技术路线如图 6-25 所示。

首先，选取研究区域的遥感影像，可以是光学、雷达以及地形等遥感数据，由于不同时期水体信息存在变化，因此要注意选择遥感数据的时间。其次，通过阈值分割、分类、水体矢量面转线、目视解释等方法提取岸线和河流中线。

最后，计算河流岸线长度和河流中线长度的比值，获得岸线复杂度指数，进而可基于不同的岸线复杂度对河流岸带生境进行划分和定量统计分析。

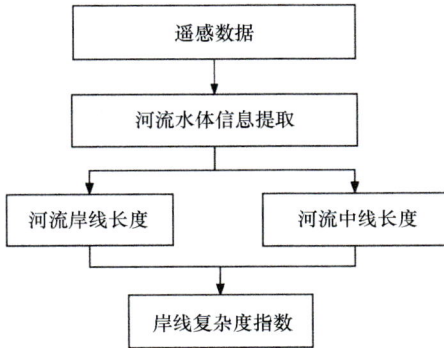

图 6-25　计算河流岸线复杂度指数的技术路线图

如研究对象是大型河流（如整个长江干流），往往需要对河流进行分段计算岸线复杂度，此时应注意数据的时效性，要尽可能地保证选取的遥感图像处于同一水文周期内，以获得可进行沿河流纵向比较的岸线复杂度计算结果。

另外，在获取水体分布数据之后，通常还应进行后处理和优化。常见的方法包括去除孤立的像素、去除细小水体以及融合相邻水体等，提高水体信息的完整性和水体边界的连续性。

6.3.3.3　实例分析

以长江流域三峡库区干流为例，开展岸线复杂度信息提取的应用分析，其计算结果如图 6-26 所示。三峡库区干流河流岸线复杂度指数最大值约为 39.29，均值约为 3.23。结果显示，忠县附近的河流岸线复杂度较高，而云阳县到奉节县河段的河流岸线复杂度较低。

6.3.3.4　问题探讨

河流岸线复杂度信息提取的准确度会受到以下几个因素的影响。

首先，河流水体信息提取的精度问题。一方面，由于遥感影像分辨率及水体信息提取算法的影响，会出现错分和漏分的现象，影响岸线长度计算，进而影响岸线复杂度指数的计算。

其次，若研究区域包括汇入支流，会影响汇入口处河流岸线长度的计算，进而影响支流汇入口处的河流岸线复杂度。因此在提取河流岸线复杂度信息时，应区分支流和干流，分别进行河流岸线复杂度信息的提取。

最后，针对不同时期的遥感影像，

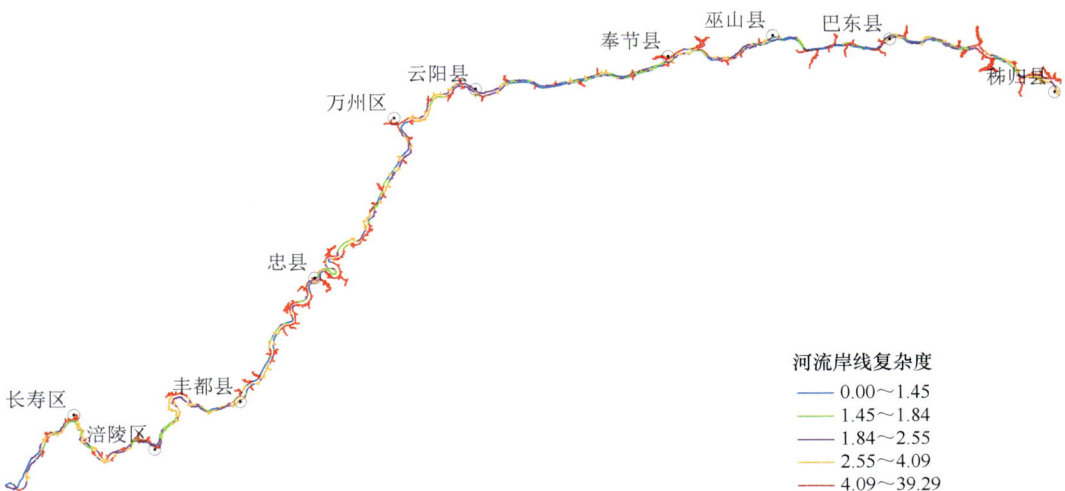

图 6-26　三峡库区干流河流岸线复杂度

应分别提取河流中线。由于不同时期河流水体信息的变化，河流中线也会发生变化，为了更准确地提取河流岸线复杂度信息，应提取同一时期的河流岸线和河流中线，再进行岸线复杂度指数的计算。

6.3.4 底质定量分析

6.3.4.1 术语释义

底质由河床物质、有机质残骸及植被组成，是底栖生物、底层鱼类和卵石-砂砾石产卵鱼类的重要栖息场所，直接或间接地为鱼类提供饵料来源，如以附生在卵石上的着生藻类为食的鱼类（Webster and Hart，2004）。河床形态及底质是影响物种分布和丰度的重要生境参数，特别是山区型河流鱼类。在本小节中，重点关注非生物底质的定量分析。

6.3.4.2 方法思路

以栖息地底质定量分析为例，探讨无人机遥感数据生境参数的专题信息提取方法，其基本思路如下。

结合渔业资源调查数据、研究目标，确定底质类型分级标准及需要识别的最小底质粒径大小，确定无人机野外观测的飞行高度，并获得目标河段无人机正射影像。采用机器分类算法和目视解译相结合的方法进行底质参数定量提取，包括底质类型、底质粒径、结构组成等。

在研究山区卵石河床裂腹鱼类栖息地的产卵底质生境需求时，由于河段底质粒径随海拔和河槽纵比降的沿程变化较大，且不同粒径大小的组成结构可能直接决定了鱼类产卵场或育幼场是否存在，因此底质粒径大小和结构组成通常是研究的重点。例如，重点关注卵砾石、中卵石、大卵石、中砾、中巨砾及巨砾的沿程分布变化情况，以及是否存在由不同卵砾石以一定结构比例组成，形成

的急流岸边缓水区域。

具体可采用在正射影像上布设样点，测量记录采样点位置粒径大小，统计不同粒径范围的频率分布并开展对比分析的方法，进行底质定量分析。

6.3.4.3 方法解析

首先，在消落区断面无人机正射影像上，按照枯水期最低水陆交叉点设置10～15个"Z"字形的底质类型解译剖面，使整体剖面布设充满正射影像沿岸带方向的全部范围，在每条剖面上设置10个采样点，总体底质类型采样点超过150个。

其次，对每个采样点对应的经纬度位置测量图像中对应的底质粒径中等轴的尺寸并进行记录，绘制所有粒径数据的累积频线图，所有采样点底质粒径大小是50%的累积粒度百分比对应的粒径中轴长度大小。

最后，结合粒径大小范围，分别统计不同粒径大小区间的粒径数量、每种底质粒径所占比例、优势粒径等参数，并对比分析不同区域底质粒径组成的差异，开展产卵生境底质定量分析。

6.3.4.4 实例分析

结合水生生物资源调查，展示无人机航摄测量数据，无人机飞行轨迹、单张影像、部分数据列表，以及通过数据拼接得到的正射影像如图6-27所示。其中，图6-27a中的"点"表示无人机拍摄照片的位置，不同点之间的距离由影像的重叠度决定；图6-27b为拍摄的单张影像；图6-27c为获取的部分单张影像的数据列表，在每个点的位置拍摄一张；图6-27d为基于单张影像拼接得到的正射影像，每个像素的空间分辨率为1.5cm，即一个像素的大小代表地面的实际距离为1.5cm；图6-27e、f为正射影像的局部，可以清晰地看到细节信息，如底质、植被、流态分布等信息。

本例中的无人机影像大小约为450m×300m，覆盖区域包括河流、沿岸带林地、草地、裸地、鹅卵石滩等；开展航摄测量河段的河宽约为18m，河水流速较大，图6-27中河道内的白色区域为急流滑水浅滩，且两岸植被较少，覆盖度低。

在本研究实例中，通过对底质粒径大小进行监测（图6-28），发现该河段底质粒径偏大，不同尺寸的底质粒径交错排列，卵石之间存在间隙，有较大的巨砾遮挡，可以降低河水流速，形成缓水区，为鱼类提供良好的栖息生境。在无人机影像上随机均匀布设采样点，统计了约600个粒径的大小，按照小于3.2cm、3.2～6.4cm、6.4～12.8cm、12.8～25.6cm以及大于25.6cm进行了频率统计，不同区间底质粒径的频数及累积百分比如图6-29所示，部分底质粒径大小如表6-5所示。

对粒径大小的统计结果（图6-29）显示，粒径尺寸较大的底质类型占比较高。其中，粒径大小大于25.6cm的占比最高，约为51%；其次为12.8～25.6cm，占比约为33%；几乎不存在长度小于3.2cm的底质类型。当累积占比达到50%时，底质粒径大小处于大于25.6cm的范围内。

6.3.4.5 问题探讨

下一步的核心问题在于研发底质定量识别的自动算法。可尝试采用分割一切模型（Segment Anything Model，SAM）的单点模式（one-point模式），对图像中采样点集对应的目标进行分割，得到目标掩膜集合，用有效区域掩膜排除测量区域外无效目标；使用机器学习算法对剩余目标进行识别，排除测量区域内无效目标（阴影、空地、水面、杂物等）；利用交并比（Intersection over Union，IOU）最小原则，对剩余目标

中重合度较大的进行优选，排除重复目标，得到有效目标掩膜集合。在底质粒径大小的计算方面，需发展可实现逐个计算有效目标的几何参数，如长度、宽度、面积、周长、边缘平滑度等，其中长度即为底质粒径大小（单位为像素数pixels）。在底质结构组成和分布统计方面，通过建立标准的粒径分级参考，根据实际需要统计粒径数据，并可描绘任意粒径统计数据的分布曲线，用不同的"粒径谱"描述不同的底质结构卵砾石滩的类型。

6.4　长江流域不同河型的河流消落区生境空间观测

长江流域实施"长江十年禁渔"的主要河流中，长江荆江段特别是以下荆江、嘉陵江、沱江、汉江为典型的弯曲型河流，其中下荆江段和嘉陵江的平均弯曲度系数均超过1.6。荆江、汉江下游为平原自由河湾的弯曲河流；嘉陵江上游及其支流渠江、沱江上游、通天河登艾龙曲汇入口以下等河段是深切弯曲河曲。沱沱河、通天河中可见到典型的游荡型河流；长江自城陵矶至江阴、赣江自峡江以下、湘江自株洲以下则为分汊型河流；金沙江、岷江、乌江、赤水河是顺直型河流。本节以长江流域上述典型河流为例，阐述不同河型河流消落区生境的沿程变化特征。

6.4.1　弯曲型河流和顺直型河流

6.4.1.1　长江流域两种河型的蜿蜒度沿程变化与消落区类型对比

以典型的弯曲型河流嘉陵江和顺直型河流乌江为例，对蜿蜒度沿程变化及其主要消落区类型进行对比。以20倍自适应河宽测量的嘉陵江河流蜿蜒度均值为1.61，最大值为7.46，位于嘉陵江钱塘镇附近江段，且97%的江段弯曲度系数大

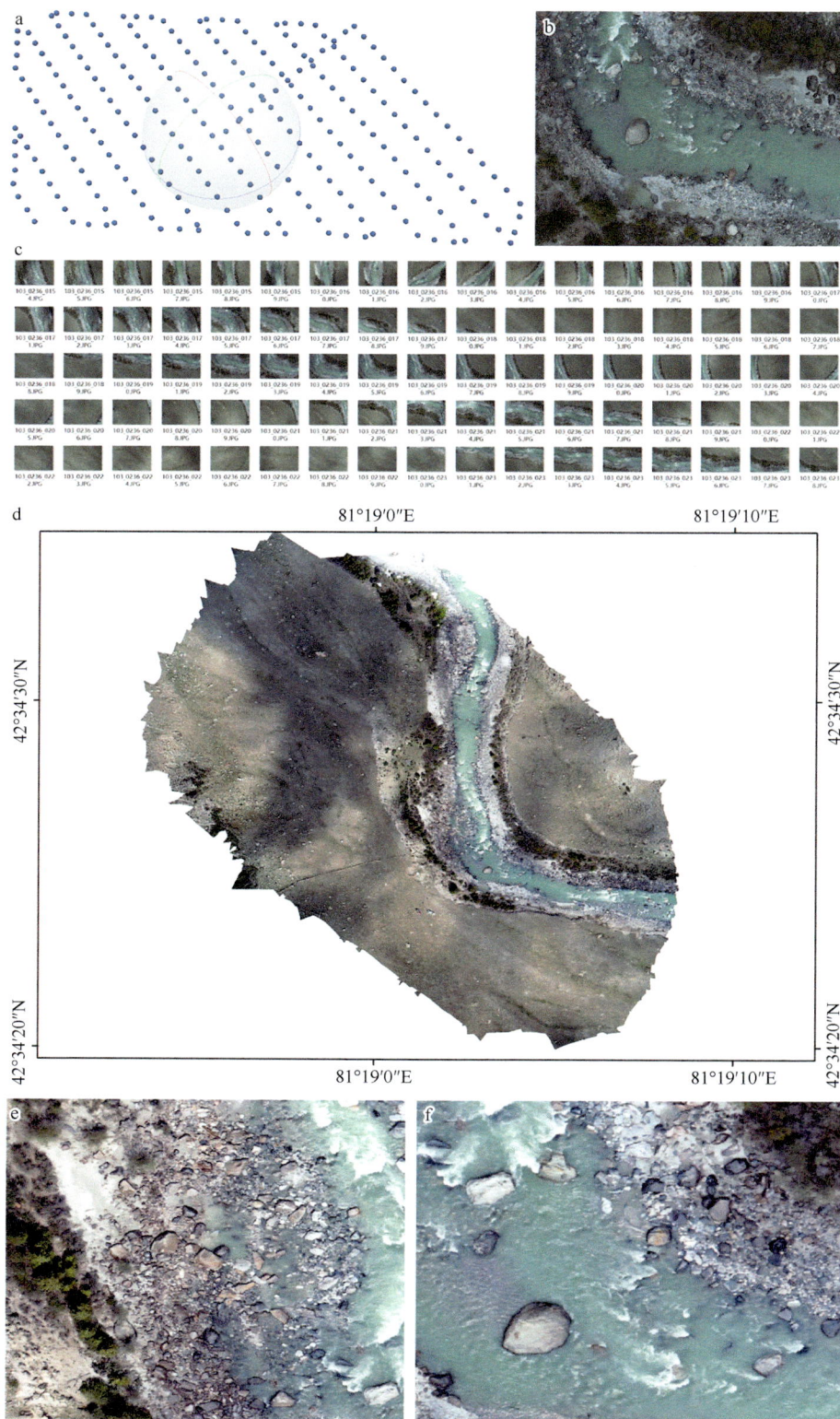

图 6-27　无人机航摄测量数据

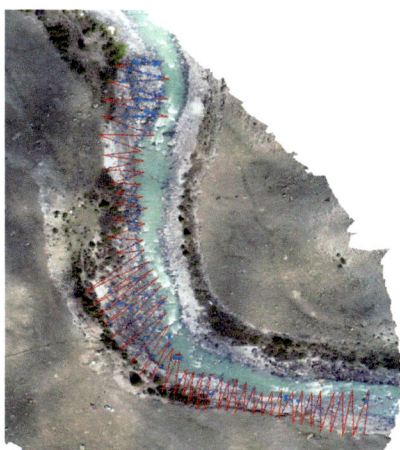

图 6-28　底质粒径监测图

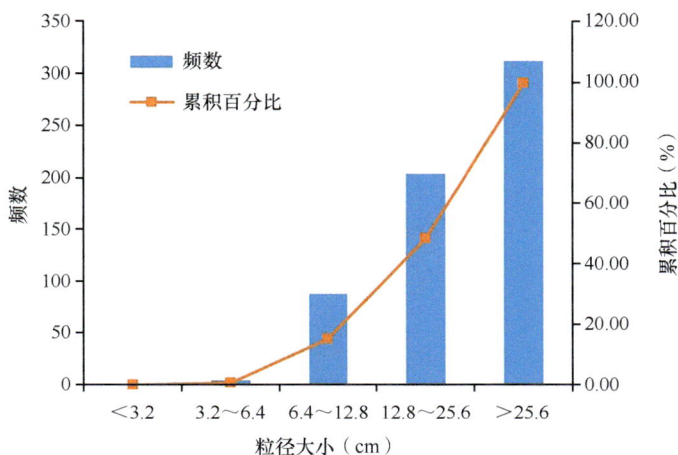

图 6-29　底质粒径频率分布

表 6-5　底质粒径的中等轴长度（部分数据）（单位：cm）

序号	粒径长度	序号	粒径长度	序号	粒径长度	序号	粒径长度
1	182.45	11	16.03	21	10.58	31	11.10
2	273.55	12	61.07	22	12.51	32	12.56
3	61.03	13	54.13	23	9.92	33	8.61
4	35.83	14	17.48	24	29.17	34	16.20
5	14.78	15	15.61	25	12.20	35	13.58
6	26.94	16	20.62	26	21.25	36	11.69
7	29.33	17	13.44	27	19.06	37	13.26
8	27.04	18	8.49	28	24.07	38	6.60
9	21.46	19	10.84	29	16.75	39	17.60
10	120.90	20	9.57	30	12.85	…	…

于 1.25。乌江的河流蜿蜒度均值为 1.13,最大值为 2.79,位于普定电站上游江段,仅 10% 的江段弯曲度系数大于 1.25。

嘉陵江、乌江的河流蜿蜒度沿程变化如图 6-30 所示。嘉陵江河流蜿蜒度沿程逐渐增大,从上游的均值 1.28 增大至中下游的均值 1.75(图 6-30a、c);而乌江河流蜿蜒度沿程变化较为均匀,上游空间变化频率较高,下游较为平缓,大部分弯曲度系数较大的江段处于山区水库内的河流坐弯处(图 6-30b、c)。由于上述河流蜿蜒度的特点,弯曲型河流嘉陵江在非水库的河段消落区表现为自然交替活动点滩(图 6-31a、b);而顺直型河流乌江的消落区在自然河段表现为犬牙交错的点滩,但由于梯级水库的建设,大部分为库区为反季节性消落带(图 6-31c、d)。

6.4.1.2　弯曲型河流的深潭 - 浅滩分布

如前述生境类型介绍,除了河床主要由漂石或更粗的物质组成的河段,不论是平原河流还是山区河流或溪流,均会出现深潭 - 浅滩生境。如图 6-32 所示,嘉陵江上游燕子河的凸岸为堆积碎石点滩,粒径大小以 6.4～25cm 和 25～50cm 为主,组成结构约为 6∶4,在点滩对岸河流冲刷形成深潭,两岸山体及河床中基岩裸露,水深为 3～4m。其中,深潭为静水区,基本无流速;而上、下交替活动点滩间的过渡浅滩段,流速约为 1m/s;浅滩上水浅流急,在流水的作用下,浅滩上叠加的沙波清晰可见,沙波波峰线为浅滩滩脊线所在的位置。这些凸岸点滩和浅滩在中枯水位时露出水面,而在中高水位时被淹没,是弯曲型河流中最为重要的中尺度消落区生境类型,也是重要的山区河流鱼类及水陆两栖野生动物的关键栖息地(Thomson et al.,2001)。

据文献调查,自有资料记载以来的五六十年内,长江流域内尚未发现浅滩

自然消失过,因此只要河床形态不发生根本性变化,浅滩便不会自然消失,这些自然的成型淤积体对亲流性鱼类的产卵非常重要。

6.4.1.3　下荆江段牛轭湖故道群

自由河湾型通常会在河漫滩上出现裁弯后留下的古河道,如下荆江段牛轭湖故道(图 6-33)。目前长江中游牛轭湖故道湿地群主要包括北碾子湾故道、黄家拐湖、天鹅洲故道、黑瓦屋故道、上车湾故道、东港湖、老江河故道,以及老湾故道 8 处(表 6-6)。除了老湾故道湿地位于洪湖以下江段,其他 7 处集中分布在石首至城陵矶之间。另外,仅黄家拐湖位于荆江右岸,其余 7 个均分布于长江左岸。

从通江状况来看,受围垦及护岸大堤等工程的影响,目前自然通江的有黑瓦屋故道、上车湾故道与老湾故道,涵闸控制通江的有北碾子湾故道、天鹅洲故道与老江河故道,黄家拐湖和东港湖两条故道已与荆江失去直接连通(表 6-6)。下荆江故道周边形成的湿地消落区内已建成三个国家级自然保护区、两个国家级亲鱼原种基地、一个国家湿地公园以及一个省级自然保护区。例如,天鹅洲故道建有豚类国家级自然保护区和石首麋鹿国家级自然保护区;老江河故道建有长江水系四大家鱼种质资源库和国家湿地公园;上车湾故道建有何王庙长江江豚省级自然保护区,北碾子湾故道建有石首老河长江"四大家鱼"原种场;东港湖故道建有黄鳝国家级水产种质资源保护区;老湾故道处于长江新螺段白鱀豚国家级自然保护区内,并正在此建设江豚等水生动物野化训练基地。故道群湿地中,作为长江江豚迁地保护的成功典范区与麋鹿引种回归中国的示范地,天鹅洲故道的生态地位与研究价值尤为突出。

天鹅洲长江故道湿地位于湖北省石

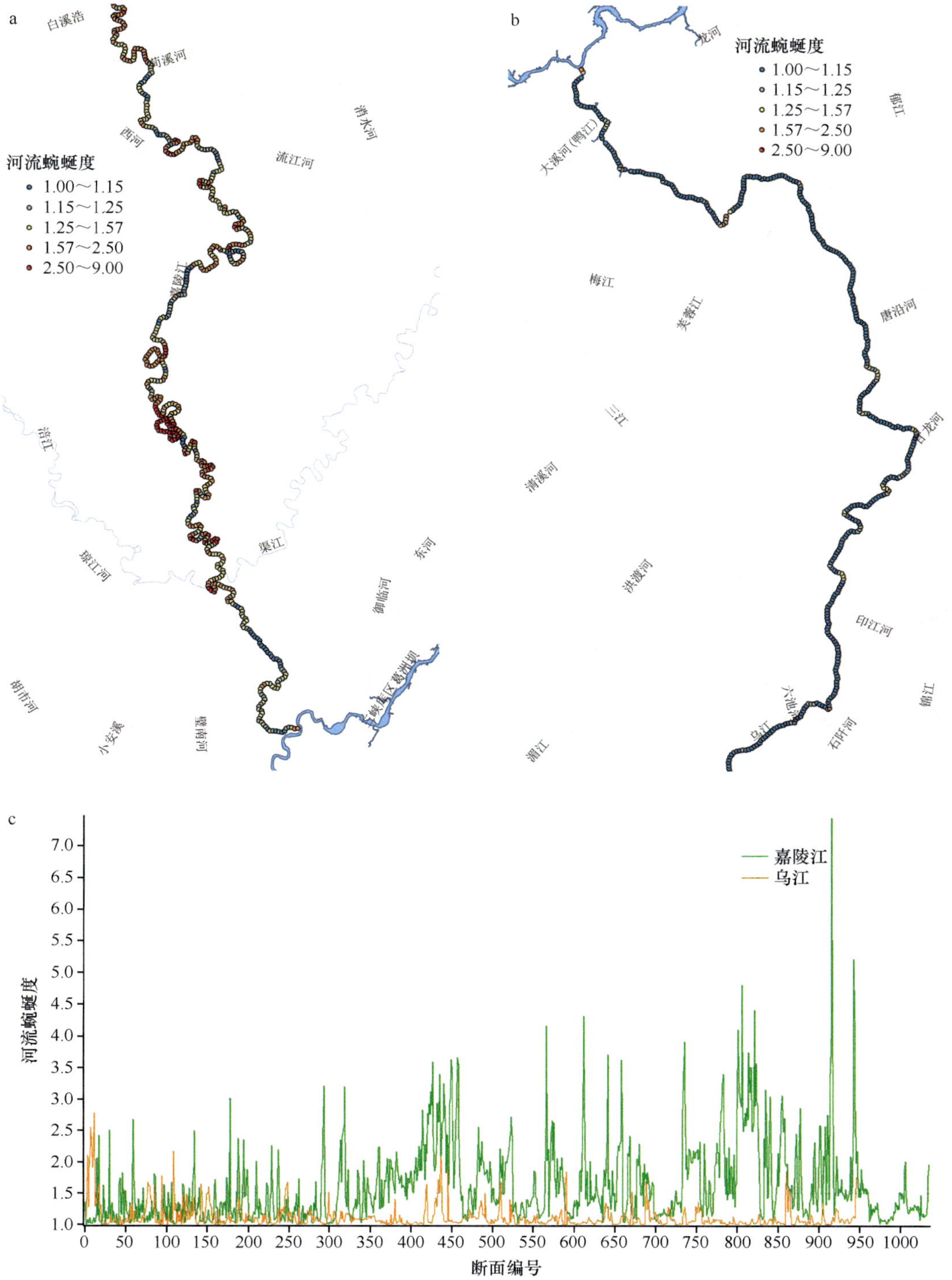

图 6-30　嘉陵江、乌江的河流蜿蜒度沿程变化

a. 嘉陵江下游河流蜿蜒度空间变化特征；b. 乌江下游河流蜿蜒度空间变化特征；

c. 嘉陵江、乌江的河流弯曲度系数的沿程变化曲线

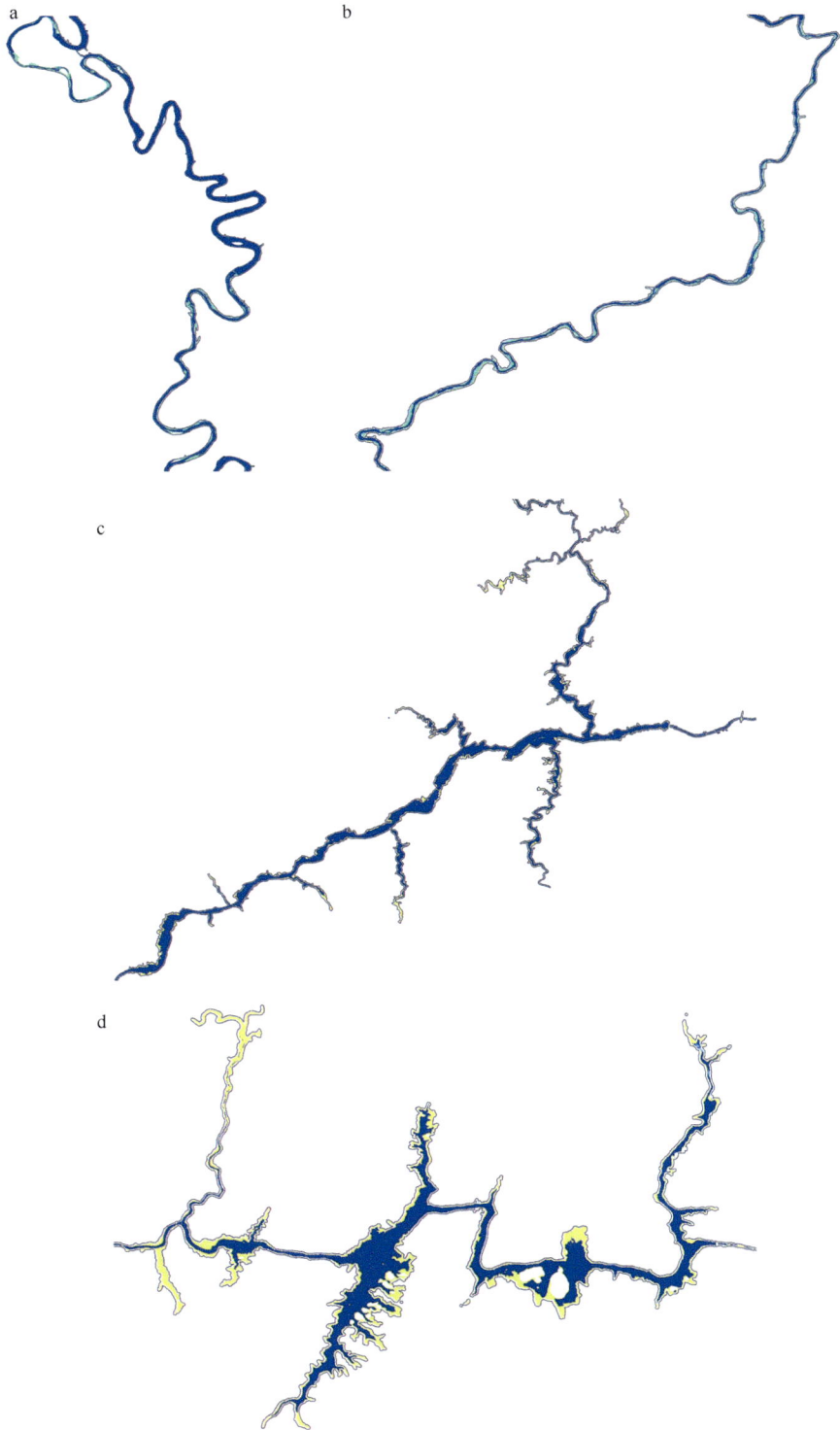

图 6-31　嘉陵江、乌江的蜿蜒度差异与主要消落区类型

a. 嘉陵江中游蜿蜒河段的裁弯取直牛轭湖内滩和自由交替滩；b. 嘉陵江上游蜿蜒河段的自由交替滩；c. 乌江的乌江渡水库反季节性消落带；d. 乌江普定电站梭筛水库的反季节性消落带。图 a 和图 b 中的亮蓝色以及图 c 和图 d 中的黄色分别为自然消落区和库区人工消落带

图 6-32　嘉陵江上游燕子河深潭 - 浅滩序列（无人机正射影像）

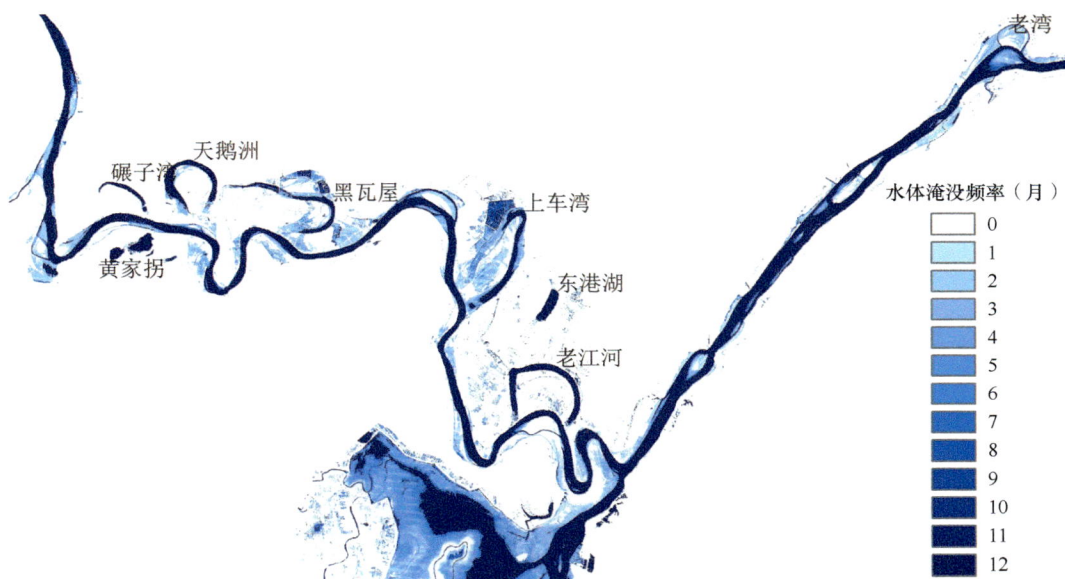

图 6-33　下荆江段牛轭湖故道及其水淹频率

表 6-6　长江中游主要故道湿地基本情况表

故道名称	别名	面积（km²）	形成年份	江湖连通	方位
北碾子湾故道	筻子口故道、老河故道	4.2	1949	控制通江	左岸
黄家拐湖	—	3.2	1960	阻隔	右岸
天鹅洲故道	沙滩子故道、六合垸故道	15.8	1972	控制通江	左岸
黑瓦屋故道	中洲子故道、杨波坦故道	14.7	1966	自然通江	左岸
上车湾故道	何王庙故道	21.9	1968	自然通江	左岸
老江河故道	尺八口故道	18.1	1909	控制通江	左岸
东港湖	通江湖	6.1	明末	阻隔	左岸
老湾故道	陆溪口汊道	3.9	1934	自然通江	左岸

"—"表示无数据

首市东北部，丰水期水面面积为 18～
26km²，枯水期水面面积为 15km²，最宽
处达 1500m，平均水深为 4.5m，最深处
可达 15～25m。自 1972 年长江自然裁弯
取直后形成，每年汛期（5～10 月）与
长江相通，枯水期（11 月至次年 4 月）
上口与长江隔断，而下口常年与长江相
通。1998 年大洪水后在下口修筑了沙滩
子拦江大堤，水位受人为控制，由流水
环境转变为静水环境。鱼类区系组成包
括河流性、湖泊性以及河湖洄游性三大
类群：湖泊定居性鱼类，如鲤、鲫和乌
鳢等；河湖洄游性鱼类，如青鱼、草鱼、
鲢、鳙；河流性鱼类，如三角鲂及铜鱼
等。此外，水陆相间的洲滩生境是麋鹿
及众多珍稀鸟类的自然栖息地，孕育了
丰富的物种。天鹅洲白鱀豚国家级自然保
护区于 1992 年成立，主要负责长江石首
江段的 89km 及天鹅洲故道的长江豚类及
其生境监测与保护，是世界上对鲸类动
物进行迁地保护的唯一成功范例。

6.4.2 游荡型河流

6.4.2.1 长江流域河源区游荡型河流的宽度及多重复合滩沿程变化

长江流域河源区的沱沱河和通天
河均分布着游荡型河流。沱沱河河流宽
度和多重复合滩数量的沿程变化特征如
图 6-34 所示。沱沱河游荡型河流存在
两处束窄河段，如断面 21～26、89～
101 及 109～138 等，河流宽度为 38.3～
170.05m；在河流宽度不受限制的河段，
如 40～89 及大于 140 的断面，河流宽度
为 45.18m～2.88km，均值达到 493.05m
（表 6-7）。河流横断面的主流摆幅（一
次洪水的主要行洪河槽）沿程变化较大，
呈现出显著的游荡型特征。

沱沱河缺乏束窄作用的游荡型河
段中，多重复合滩总数达 1509 个之
多，单个沙洲面积小，沉积物颗粒粗，

植被覆盖度较低；最大消落区面积约
为 77.95km²，占丰水期消落区总面积的
67%。沱沱河的河流多重复合滩数量与河
流宽度有很好的空间变化一致性，具有
良好的沿程连续变化特征，说明河床演
变主要受自然因素的影响，受人类活动
干扰较小。

通天河的河流宽度和河漫滩数量的
沿程变化如图 6-35 所示，整体表现为
游荡型（断面 352～642）—分汊型（断
面 643～801）—弯曲型（断面 802～
1097）—顺直型（断面 1098～1136）的
纵向河型序列结构。其中，游荡型河段
和分汊型河段之间由短距离的弯曲型河
段过渡连接。由此，其消落区的成型淤
积体亦是按上述规律，由多重复合滩—
江心洲和心滩—交替活动点滩—侧向滩
的序列组成，其中多重复合滩中还同时
分布着数量众多的纵向沙洲形式的散滩，
过渡性的弯曲连接河段则主要分布斜向
沙洲或交错浅滩，弯曲型河段的交替活
动点滩之间和顺直型河段则主要分布着
正常浅滩或复式浅滩。

通天河上游的游荡型河段同样存在
着对河势进行约束的束窄河段，如断面
365～370、458～484 及 559～567 等，束窄
河段的河宽为 106.59～608.71m；而游荡型
河段河宽为 25.06m～2456.02km（表 6-7），
通天河束窄河段对游荡型河段的整体走
势具有很强的约束作用。游荡型河段的
河床物质通常缺乏黏性颗粒，抗冲能力
很弱，并且经常发生淤积，导致复合滩
和散滩处于极不稳定的状态；在束窄河
段中，由于水流速度加快，河床物质主
要以冲刷为主，但相对游荡型河段，其
物质组成和结构更为稳定。游荡型河流
这种稳定—不稳定河段的交替分布特征，
导致河床底质构成、底栖生物种类组成
和丰富度发生相应的交替改变，使得鱼
类通常选择在束窄河段觅食和生存，在
交替过渡河段产卵，而在极不稳定的沙

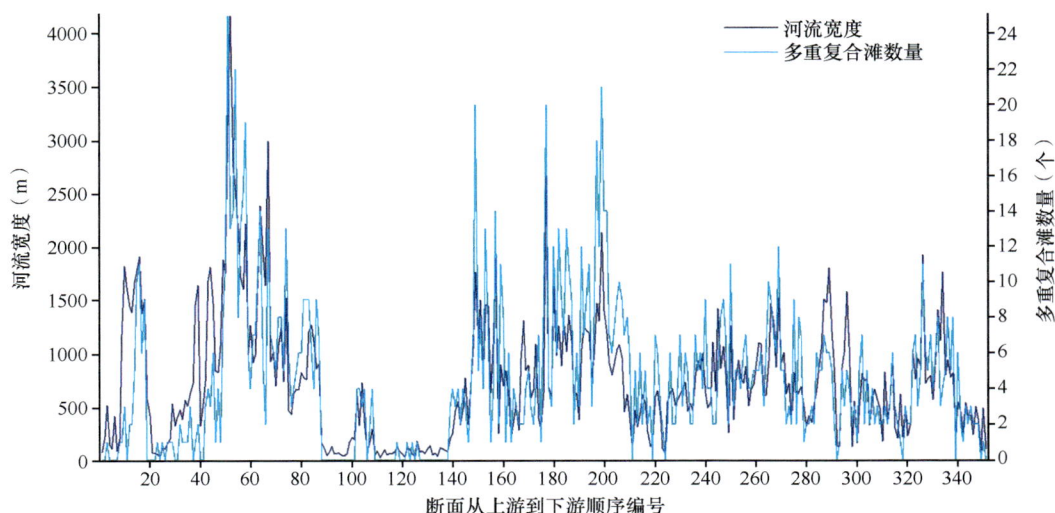

图 6-34　沱沱河的河流宽度和多重复合滩数量的沿程变化

表 6-7　沱沱河和通天河的河流宽度及横断面生境多样性沿程变化

河流名称	河型	河流水面宽度（m）			河床宽度（m）			河流水面占河床的比例（%）	单个剖面河漫滩数量（个）		河段长度（km）	河段长度占比（%）
		均值	最大值	最小值	均值	最大值	最小值		均值	最大值		
沱沱河	游荡型	493.05	2883.82	45.18	862.38	4167.33	66.16	59.22	5.15	25	300	86.71
	束窄节点	91.45	170.05	38.29	92.96	192.72	38.29	98.95	0.11	1	46	13.29
通天河	游荡型	831.96	2456.02	25.06	1534.44	6310.61	25.05	62.85	4.99	25	241	31.26
	束窄节点	204.55	608.71	106.59	218.28	806.63	106.59	96.16	0.31	2	51	6.61
	分汊型	638.86	2228.99	183.23	765.08	2875.14	183.23	87.95	1.01	7	114	14.79
	弯曲型	194.06	823.08	84.68	203.58	870.30	84.68	97.40	0.22	4	330	42.80
	顺直型	128.39	209.21	82.26	131.37	229.23	82.26	98.43	0.17	0	35	4.54

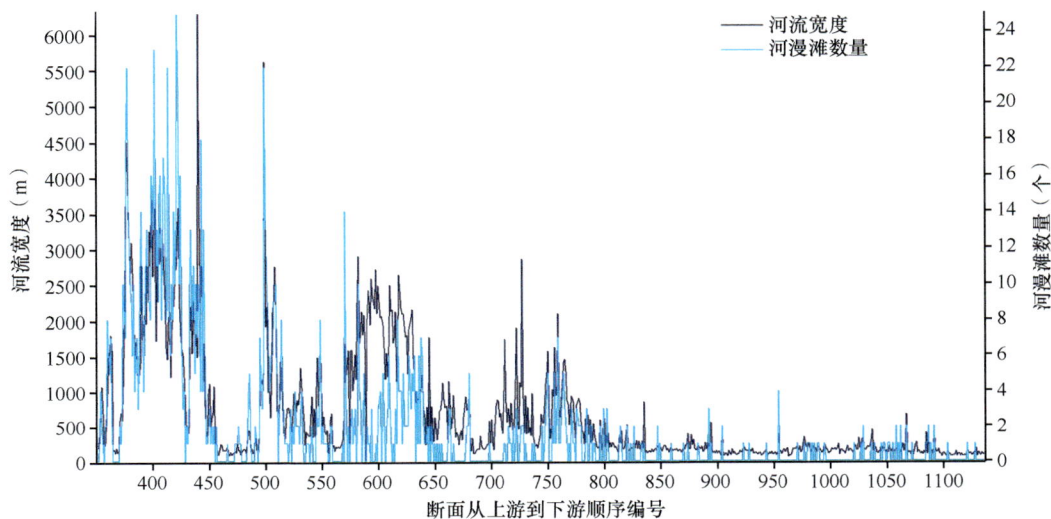

图 6-35　通天河的河流宽度和河漫滩数量的沿程变化

底质为主的游荡型河段通常生物多样性和丰度均较低。

在通天河游荡型河段，多重复合滩总数达数千个，分汊河段、弯曲河段及顺直河段的江心洲、边滩数量数十至数百个，最大消落区面积约为125.92km²，占丰水期消落区总面积的47%，其河漫滩的数量与河流宽度也存在良好的沿程变化一致性，说明受人类活动干扰亦较小。

6.4.2.2 多重复合滩的季节性消长状况及主槽的摆动

相比于其他河型，游荡型河段受季节性水位变化的影响更加显著，如表6-8所示，在沱沱河 - 通天河江段的游荡型河段，多重复合滩年际最大出露面积为222.4km²，季节性淹没面积为52.3km²，占比达23.5%；而同江段的分汊、弯曲、顺直河型的河漫滩的季节性淹没面积占比仅1.7%～8.0%。游荡型河段的束窄过渡河段基本为弯曲型，季节性水位升高的平面淹没区面积明显减小，但相对于非束窄河段的弯曲型河流来说，其季节性淹没面积的占比仍较高。

长江源的沱沱河和通天河游荡型河段具有显著的"小水坐湾、大水趋中"的特点（图6-36），枯水期水流沿深泓线迂回曲折，丰水期水流满槽流路趋

于顺直，在水位变化的过程中，主槽的流向也发生较快的变化。另外，尽管游荡型河段流路散乱，但仍能清晰分辨出几支主槽，且由于冲淤变化，主槽流向在年际之间会发生幅度较大的往复摆动（图6-37）。沱沱河和通天河的游荡型河段在过去的近40年内，整体呈现非束窄河段的河槽不断展宽，以及地表水面积不断增加的趋势（图6-38），如近40年沱沱河和通天河净增加水面370km²以上，楚玛尔河净增加水面270km²以上，当曲净增加水面约40km²。

6.4.3 分汊型河流

6.4.3.1 长江中下游干流汊道类型及形态特征

河流的河岸组成物质较粗，并且受两岸节点对河道摆动最大宽度的限制的影响，较低的含沙量和很低的河流比降是分汊型河流形成的主要原因。长江中下游干流特别是城陵矶以下、赣江、湘江等是长江流域典型的分汊型河流（图6-39）。

分汊型河流的形态一般可分为三类，即顺直型、微弯型及鹅头型，其形态特征如图6-40所示。其中，鹅头分汊型河流仅分布在长江中下游干流，而顺直分汊型河流和微弯分汊型河流则在长江流域各分汊河段普遍存在。顺直分汊型河流的江心

表6-8　沱沱河 - 通天河江段不同河型的河漫滩的季节性出露对比

河型	河漫滩最小出露面积（km²）	1月	2月	3月	4月	5月	6月	7月	8月	9月	10月	11月	12月	河漫滩最大出露面积（km²）	季节性淹没面积（km²）	季节性淹没面积占比（%）
游荡	170.1	7.1	8.7	9.4	10.7	6.7	4.7	3.0	1.6	0.3	0.0	15.9		222.4	52.3	23.5
束窄	40.0	0.3	0.3	0.3	0.3	0.2	0.1	0.1	0.0	0.0	0.0	2.2		41.6	1.6	3.8
分汊	336.2	2.6	3.6	5.1	6.5	5.2	3.0	1.9	0.8	0.3	0.2	31.1		365.5	29.3	8.0
弯曲	499.4	1.1	1.5	1.9	1.7	1.4	0.8	0.5	0.2	0.0	0.0	42.7		508.6	9.2	1.8
顺直	77.6	0.3	0.2	0.2	0.3	0.2	0.1	0.0	0.0	0.0	0.0	4.3		78.9	1.3	1.7

a

b

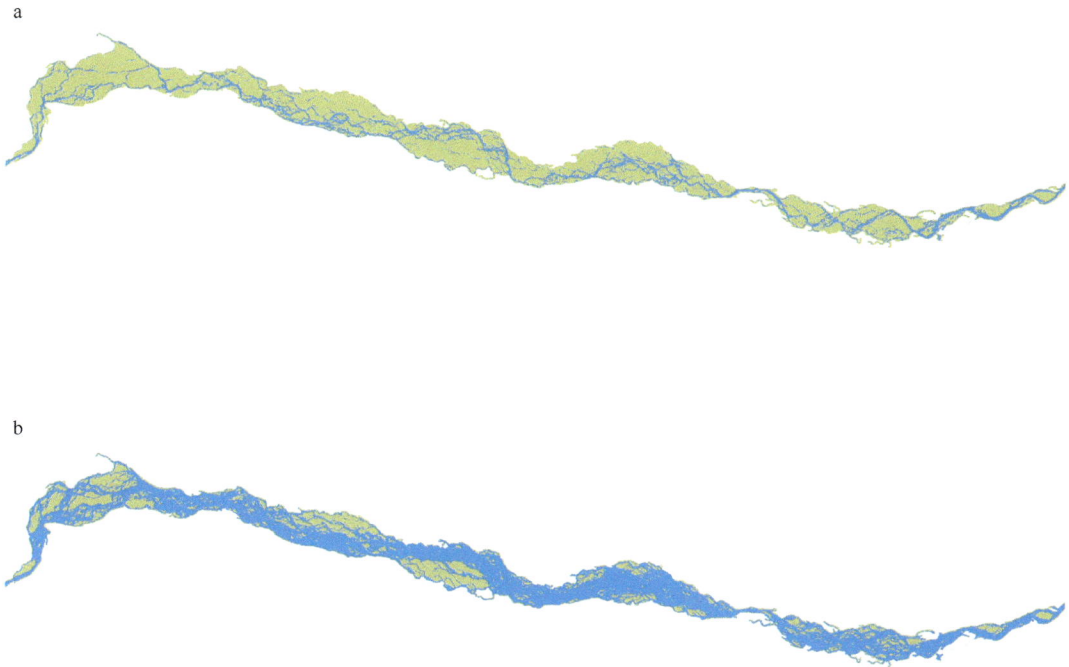

图 6-36　通天河游荡型河段枯水期（a）、丰水期（b）的水流流路

洲通常是沿河道顺序排列，且江心洲两侧的汉道宽度基本相当（图 6-40a），这种类型的汉道通常在汉首和汉尾各分布有一对地形自然险工或人工修建的护坡护岸等控制节点，使河流走势在发育过程中发展形成两支宽度和弯曲度均相近的汉道；微弯分汉型河流的汉道宽度通常分布不均，河流向一侧汉道展宽，造成弯曲度增加，或两个并列或前后交互的江心洲形成复式汉道（图 6-40b），这类汉道的控制节点往往在汉首和汉尾的左右岸交替分布，使河势因绕行节点而发生转向，从而形成弯曲的汉道，弯道的壅水作用也是江心洲形成的主要原因；鹅头分汉型河流通常由两个或两个以上的江心洲形成，分汊度在三支及以上，其中一股汉道具有相当大的弯曲度，呈"鹅头"状（图 6-40c），使汉道与干流形成近垂直型交角，尤其是

在尾汉出口处，造成很高的汉道放宽率（表 6-9）。

顺直、微弯、鹅头三种汉道类型相比，汉道数、江心洲数、汉道放宽率等均逐步增大。如表 6-9 所示，长江中游干流顺直型、微弯型和鹅头型三种类型的汉道放宽率依次为 1.36、2.02 和 3.97，汉道数和江心洲数分别为 2.00～2.67 和 1.00～1.67，且依次增大；长江下游干流顺直型、微弯型和鹅头型三种类型的汉道放宽率分别为 1.48、2.59 和 4.54，汉道数和江心洲数分别为 2.09～3.00 和 1.18～2.20，同样依次增大，鹅头分汉型河流的汉道放宽率较前两种汉道类型显著增加。

6.4.3.2　长江流域分汉河段的特征对比

如表 6-10 所示，长江下游干流的汉

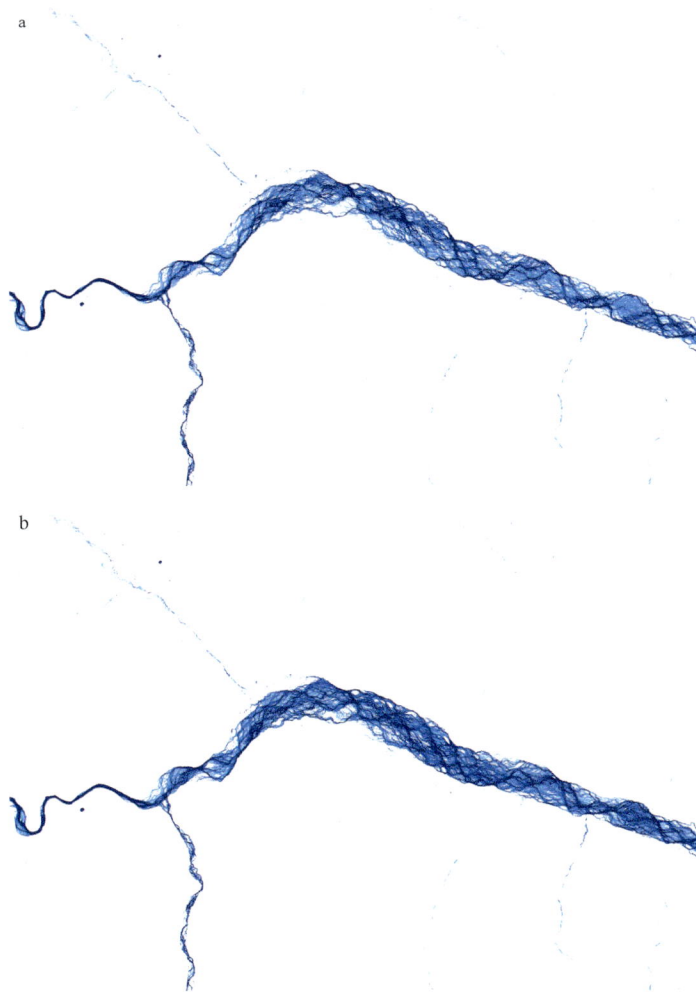

图 6-37　通天河游荡型河段 2020 年（a）和 2021 年（b）主槽的年际摆动（深蓝色为主槽流路）

图 6-38　近 40 年通天河游荡型河段的河床展宽及地表水面积增加趋势
（图中绿色为地表水增加的范围，红色为地表水减少的范围）

a

b

c

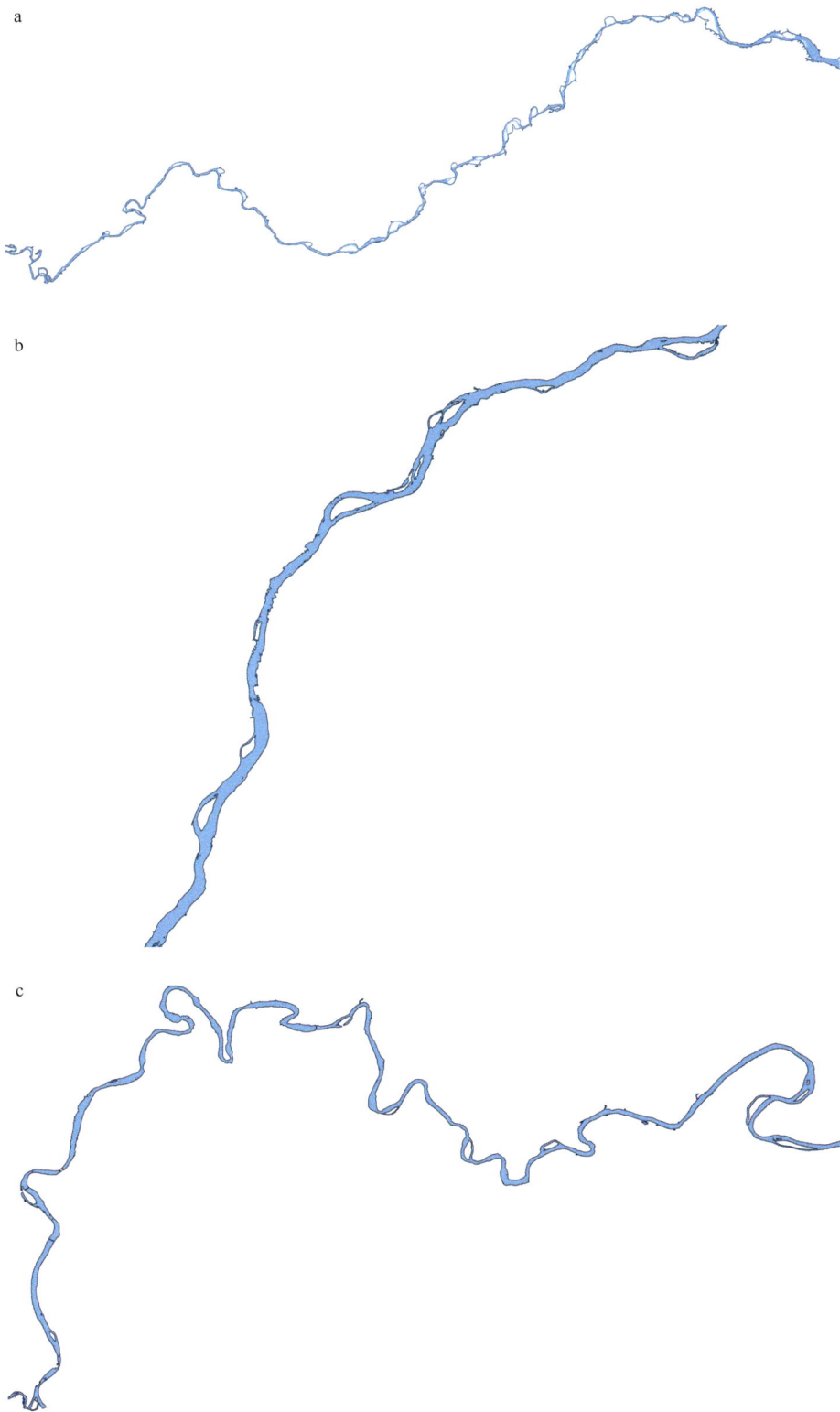

图 6-39　长江中下游干流中的典型分汊型河流。（a）城陵矶至江阴市江段、
（b）赣江新干县至丰城市江段、（c）湘江永州市至常宁市江段

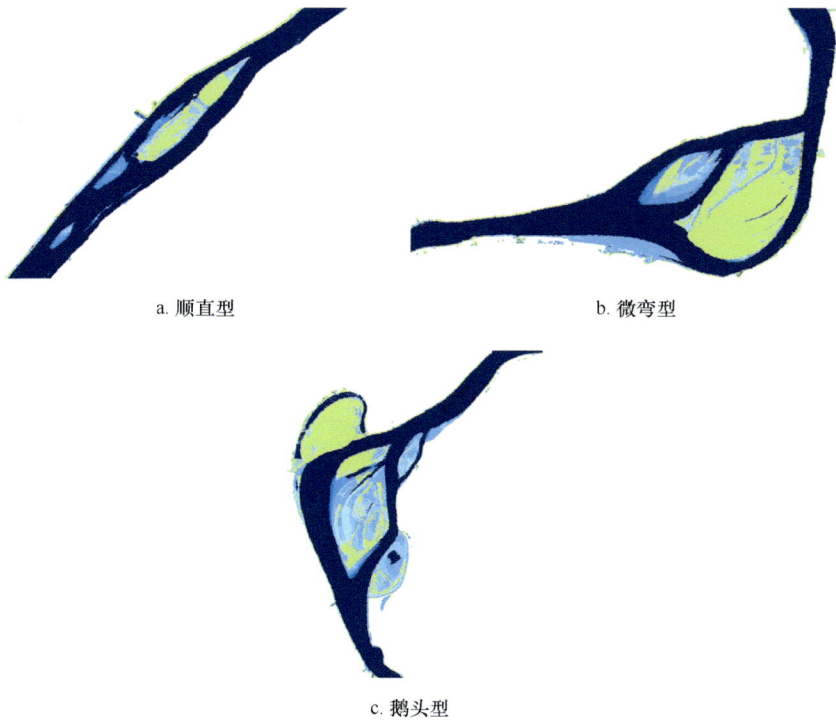

a. 顺直型

b. 微弯型

c. 鹅头型

图 6-40　三种汊道类型示意图（不同饱和度的蓝色代表水体淹没频率，饱和度越高淹没时间越长，浅蓝色代表消落区），绿色代表常年出露的洲滩

表 6-9　长江中下游不同类型的分汊河段的几何形态参数

河段	汊道类型	分汊河段的特征均值							
		长度（km）	最大宽度（km）	长宽比	汊首宽度（km）	汊尾宽度（km）	汊道放宽率%	汊道数（个）	江心洲数（个）
长江中游干流	顺直型	3.66	2.19	1.67	1.98	1.61	1.36	2.00	1.00
	微弯型	5.96	3.15	1.86	2.19	1.60	2.02	2.16	1.21
	鹅头型	6.69	6.69	0.98	3.30	1.93	3.97	2.67	1.67
长江下游干流	顺直型	7.99	4.48	1.81	3.55	3.12	1.48	2.09	1.18
	微弯型	12.09	6.40	1.82	3.58	2.51	2.59	2.69	1.94
	鹅头型	12.88	8.99	1.44	2.72	2.17	4.54	3.00	2.20

道总长度、分汊河段的长度和最大宽度都是长江中游干流的 2 倍左右，且汊道总数、江心洲总数更多，以及由多个江心洲组成的复合汊道占比更大（表 6-11），如碗船洲和长沙洲群、漳家洲和紫沙洲群、太兴洲 - 小黄洲群、三茅 - 兴隆洲等，其中最大的江心洲群的长度和宽度分别达 32.71km 和 13.40km，分布了 8 个左岸展宽的鹅头分汊型江心洲，它也是长江流域仅在中下游干流呈现的特殊的分汊类型，这表明长江下游干流是发育更为成熟的分汊型河流。

　　长江中下游汊道名录及其形态特征参数如表 6-11 所示。无论是在长江中游还是长江下游，微弯型江心洲都是最主要的类型。长江中游的 33 个江心洲中，有 18 个为微弯型，占比约为 55%，总长度约为 106km，占总河段长度的 21%；长江下游的 32 个江心洲中，有 16

个是微弯型，占比约为 50%，总长度达 193km，占下游总河段长度的 58%。

6.4.3.3　长江中下游干流江心洲及心滩在不同水位下的消长状况

长江流域分汊型河流基本属于少洲

表 6-10　长江流域典型分汊河段的特征对比

河段	河长（km）	汊道总长度（km）	汊道总数（个）	江心洲总数（个）	汊道长度占河长的比例（%）	每千米的汊道数（个）	每百千米的江心洲数（个）	分汊河段的特征均值						
								长度（km）	最大宽度（km）	长宽比	汊首宽度（km）	汊尾宽度（km）	汊道放宽率	汊道数（个）	江心洲数（个）
长江中游干流	879	173.6	71	39	19.7	8.1	4.4	5.3	3.2	1.7	2.2	1.6	1.9	2.2	1.2
长江下游干流	663	335.3	78	52	50.56	11.8	7.8	10.5	6.1	1.7	3.5	2.7	2.5	2.4	1.6

表 6-11　长江中下游汊道名录及其形态特征参数

江段	江心洲名称	形态类型	长度（km）	最大宽度（km）	长宽比	汊首宽度（km）	汊尾宽度（km）	汊道放宽率	汊道数（个）	江心洲数（个）
宜昌市至城陵矶	—	顺直型	5.01	1.62	3.09	1.12	1.21	1.34	2	1
	关洲	微弯型	3.04	2.71	1.12	2.67	2.07	1.31	3	2
	水府庙洲	顺直型	3.49	1.78	1.96	1.76	1.37	1.30	2	1
	—	顺直型	4.40	1.75	2.51	1.33	1.95	0.90	2	1
	—	顺直型	1.63	1.56	1.04	1.46	1.52	1.03	2	1
	—	顺直型	2.56	2.21	1.16	1.76	1.55	1.43	2	1
	—	顺直型	0.96	1.43	0.67	1.47	1.37	1.04	2	1
	南兴洲	微弯型	5.20	3.29	1.58	3.16	1.29	2.55	2	1
	—	微弯型	4.23	1.75	2.42	1.68	1.18	1.48	2	1
	—	微弯型	4.15	2.37	1.75	1.64	1.67	1.42	2	1
	—	微弯型	4.36	3.07	1.42	1.89	1.29	2.38	3	2
	—	微弯型	7.46	1.81	4.12	1.45	1.36	1.33	2	2
	—	微弯型	1.81	1.66	1.09	1.52	1.25	1.33	2	1
	—	微弯型	0.76	1.71	0.44	1.59	1.67	1.02	2	1
	—	微弯型	7.82	3.28	2.38	2.07	2.23	1.47	2	1
	—	微弯型	5.72	2.82	2.03	1.51	1.19	2.37	2	1
	—	微弯型	1.51	1.81	0.83	1.58	1.71	1.06	2	1

江段	江心洲名称	形态类型	长度（km）	最大宽度（km）	长宽比	汊首宽度（km）	汊尾宽度（km）	汊道放宽率	汊道数（个）	江心洲数（个）
城陵矶至湖口县	一	顺直型	2.93	3.22	0.91	2.93	1.97	1.63	2	1
	南门洲	顺直型	9.31	3.41	2.73	2.88	1.60	2.13	2	1
	护洲	微弯型	6.04	3.41	1.77	1.96	0.84	4.06	2	1
	中洲	鹅头型	3.84	6.42	0.60	3.10	1.73	3.71	3	2
	白沙洲	顺直型	7.41	3.83	1.93	2.59	1.64	2.34	2	1
	一	顺直型	2.78	2.43	1.14	2.29	1.73	1.40	2	1
	团洲	微弯型	3.97	4.45	0.89	3.32	1.70	2.62	2	1
	一	顺直型	1.68	2.47	0.68	2.42	1.65	1.50	2	1
	天兴洲	微弯型	11.55	3.82	3.02	2.91	2.26	1.69	2	1
	团风李家洲和鸭蛋洲	鹅头型	10.74	7.19	1.49	3.20	1.21	5.94	3	2
	一	微弯型	2.43	2.45	0.99	2.45	1.49	1.64	2	1
	戴家洲	微弯型	12.47	3.95	3.16	2.60	2.45	1.61	2	1
	一	微弯型	5.51	2.19	2.52	1.90	1.13	1.94	2	1
	新洲	鹅头型	5.50	6.45	0.85	3.61	2.84	2.27	2	1
	一	顺直型	5.54	2.25	2.46	2.38	1.77	1.27	2	1
	湖口江洲	微弯型	17.74	9.56	1.86	3.03	2.00	4.78	3	2
湖口县至入海口	三号洲	微弯型	7.02	4.93	1.42	2.73	2.75	1.79	3	2
	夜字号	微弯型	7.22	3.89	1.86	3.15	1.72	2.26	2	1
	棉船洲	微弯型	19.53	10.01	1.95	3.99	2.53	3.96	3	2
	天生洲	顺直型	2.64	3.34	0.79	3.27	3.09	1.08	2	1
	玉带洲和棉花洲	顺直型	8.61	4.49	1.92	3.29	1.98	2.27	2	1
	一	微弯型	4.41	2.70	1.63	2.55	1.26	2.14	3	2
	清洁洲和小江心洲	微弯型	8.86	6.52	1.36	3.13	1.92	3.40	2	2
	一	微弯型	3.16	3.01	1.05	1.38	1.72	1.75	2	1
	官洲	鹅头型	5.40	7.21	0.75	2.74	0.98	7.36	2	1
	鹅毛洲	微弯型	8.69	7.63	1.14	6.82	2.13	3.58	3	2
	铁板洲	鹅头型	5.69	6.34	0.90	4.52	2.37	2.68	2	1
	碗船洲和长沙洲群	微弯型	16.09	8.85	1.82	2.85	2.17	4.08	5	4
	和悦洲	微弯型	7.24	3.75	1.93	2.56	1.79	2.09	2	2
	成德洲	顺直型	13.88	5.03	2.76	3.50	3.30	1.52	2	1
	漳家洲和紫沙洲群	鹅头型	21.04	8.51	2.47	2.01	2.23	3.82	4	3

续表

江段	江心洲名称	形态类型	长度（km）	最大宽度（km）	长宽比	汉首宽度（km）	汉尾宽度（km）	汉道放宽率	汉道数（个）	江心洲数（个）
湖口县至入海口	天然洲和黑沙洲	鹅头型	10.45	10.99	0.95	3.72	2.82	3.90	2	2
	—	顺直型	3.47	2.57	1.35	2.83	2.08	1.24	2	1
	陈桥洲 - 曹姑洲	微弯型	10.41	4.74	2.20	3.29	2.51	1.89	3	3
	太兴洲 - 小黄洲群	微弯型	28.11	7.80	3.60	3.34	2.90	2.69	4	4
	新济洲 - 子汇洲	顺直型	13.09	4.56	2.87	2.98	3.41	1.34	3	3
	子母洲	顺直型	5.70	3.16	1.80	2.91	1.81	1.75	2	1
	江心洲	微弯型	11.93	4.68	2.55	2.13	2.56	1.83	2	1
	潜洲	顺直型	2.99	2.88	1.04	3.82	1.60	1.80	2	1
	八卦洲	鹅头型	11.40	9.38	1.22	2.28	2.64	3.55	2	1
	世业洲	微弯型	13.32	6.10	2.18	3.12	1.86	3.28	2	1
	—	顺直型	11.30	3.63	3.11	2.76	2.46	1.48	2	1
	江心洲	微弯型	5.83	6.17	0.94	5.56	2.66	2.32	2	1
	三茅 - 兴隆洲	微弯型	32.71	13.40	2.44	5.82	4.96	2.70	2	2
	雷公咀	顺直型	5.36	3.09	1.73	3.55	3.52	0.88	2	1
	双山沙	微弯型	8.83	8.14	1.08	4.79	4.73	1.72	2	1
	民主滩	顺直型	8.30	6.09	1.36	6.83	4.76	1.28	2	1
	长青沙	顺直型	12.59	10.48	1.20	3.27	6.35	1.65	2	1

注：在上述列出的名录中，仅统计发育成熟的江心洲形成的汉道，未统计面积较小的心滩汉道。"—"代表未命名的江心洲。

稳定型，一侧汉道被完全淤堵造成江心洲被冲失的情况基本未发生过，并且河槽的自然摆幅非常小，因此长江流域分汉型河流的河槽内部消落区的分布较为稳定，主要的变化是每年来水来沙的变化造成水体淹没频率的改变，从而造成季节性的消落区面积变化（图 6-41）。

分汊型河流河槽内部的季节性消落区通常分布在江心洲附近，如江心洲汉首的沙嘴、沙洲岸带的沙滩，一些发育尚不成熟的江心洲在洪水期出现较大面积的水流漫滩情况，特别是鹅头分汉型的复合江心洲，与鹅头江心洲邻近的江心洲上普遍存在洪水漫滩状况（图 6-40）。

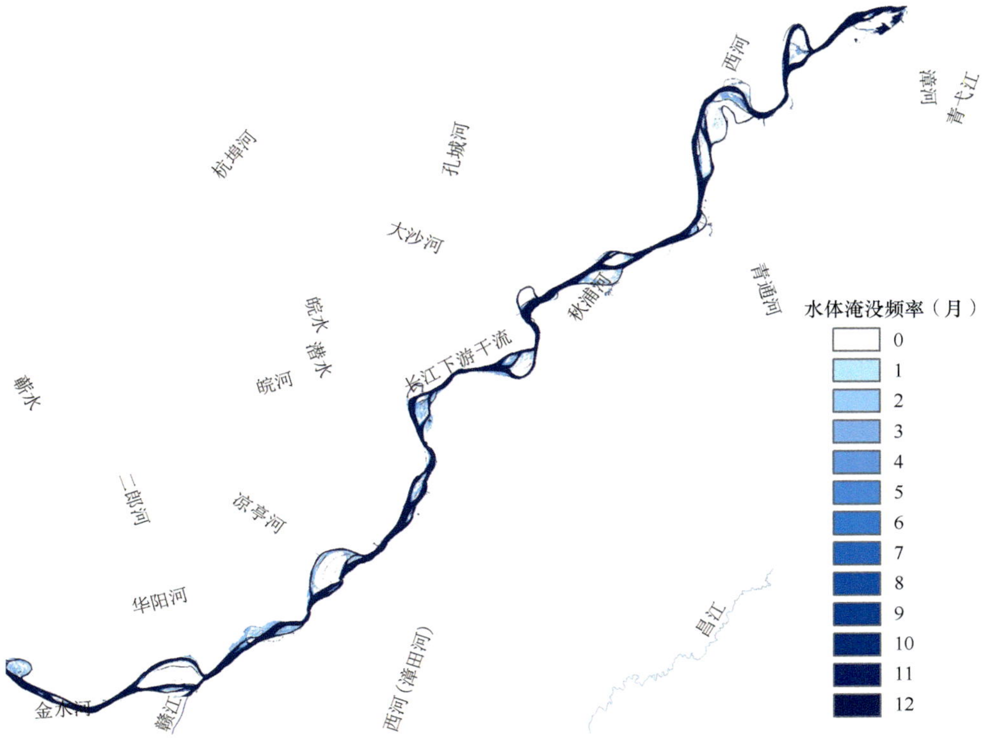

图 6-41　长江湖口下游干流少洲稳定型江心洲的水体淹没频率分布
（不同饱和度的蓝色代表年内的 1～12 月的淹没时长）

参考文献

蔡晓斌，燕然然，王学雷．2013．下荆江故道通江特性及其演变趋势分析．长江流域资源与环境，22(1)：53-58.

李倩．2013．长江上游保护区干流鱼类栖息地地貌及水文特征研究．北京：中国水利水电科学研究院硕士学位论文.

钱宁，张仁，周志德．1987．河床演变学．北京：科学出版社.

沈玉昌．1965．长江上游河谷地貌．北京：科学出版社.

田佳佳，冯兴无，蒲德永，等．2022．嘉陵江渠化对主要经济鱼类产卵场的影响．水生态学杂志，43(3)：9-17.

杨帆，何报寅，冯奇，等．2022．长江中游水位下降引起的浅滩出露及其对产粘性卵鱼类繁衍的潜在影响探讨——以 2020 年春季为例．华中师范大学学报（自然科学版），56(2)：354-362.

易雨君，乐世华．2011．长江四大家鱼产卵场的栖息地适宜度模型方程．应用基础与工程科学学报，19(S1)：117-122.

易雨君，张尚弘．2019．水生生物栖息地模拟方法及模型综述．中国科学（技术科学），49(4)：363-377.

于子铖，邓睿，张晶，等．2023．基于过程－形式关系的河流地貌单元分类与识别．人民珠江，44(12)：87-93.

张辉，危起伟，杨德国，等．2007．葛洲坝下中华鲟自然繁殖流速场的初步观测．中国水产科学，14(2)：183-191.

赵席文．1983．小江流域泥石流输沙及河床演变 //《全国泥石流防治经验交流会论文集》编审组．全国泥石流防治经验交流会论文集．重庆：科技文献出版社重庆分社：133-138.

钟亮，戴思遥，廖尚超．2020．山区弯曲河道鱼类产卵栖息地适宜度的分布特征．水运工程，(7)：26-33.

朱鹏辉．2020．云南小江流域典型泥石流沟中底栖动物对河流地貌的响应研究．西安：西安理工大学硕士学位论文.

Belletti B, Rinaldi M, Buijse A D. 2015. A review of assessment methods for river hydromorphology. Environmental Earth Sciences, 73(5): 2079-2100.

Belletti B, Rinaldi M, Bussettini M, et al. 2017. Characterising physical habitats and fluvial hydromorphology: a new system for the survey and classification of river geomorphic units. Geomorphology, 283: 143-157.

Bisson P A, Nielsen J L, Palmason R A, et al. 1982. A system of naming habitat types in small streams, with examples of habitat utilization by salmonids during low streamflow. Acquisition and utilization of aquatic habitat inventory information. American Fisheries Society, Western Division, Bethesda, Maryland: 62-73.

Brice J C. 1984. Planform properties of meandering rivers.// Elliott C M. River Meandering. Reston: American Society of Civil Engineers: 1-15.

Brierley G J, Ferguson R J, Woolfe K J. 1997. What is a fluvial levee? Sedimentary Geology, 114(1-4): 1-9.

Brierley G J, Fryirs K A. 2005. Geomorphology and River Management: Applications of the River Styles Framework. Oxford: Blackwell Publication.

Camporeale C, Perona P, Porporato A, et al. 2005. On the long-term behavior of meandering rivers. Water Resources Research, 41(12): W12403.

Crosato A . 2008. Analysis and modelling of river meandering. Amsterdam: Ios Press.

Farrell K M. 1987 Sedimentology and facies architecture of overbank deposits of the Mississippi River, False River region, Louisiana//Etheridge F G, Flores R M, Harvey M D. Recent Developments in Fluvial Sedimentology, Vol. 39. Louisiana: Special Publication of the Society for Economic Palaentology and Minerology: 111-121.

Friberg N, Bonada N, Bradley D C, et al. 2011. Biomonitoring of human impacts in freshwater ecosystems: the good, the bad and the ugly. Advances in Ecological Research, 44: 1-68.

Fryirs K, Brierley G. 2022. Assemblages of geomorphic units: a building block approach to analysis and interpretation of river character, behaviour, condition and recovery. Earth Surface Processes and Landforms, 47(1): 92-108.

Fryirs K A, Brierley G J. 2013. Geomorphic Analysis of River Systems: An approach to Reading the Landscape. Chichester: John Wiley & Sons.

Gurnell A M, Rinaldi M, Belletti B, et al. 2016. A multiscale hierarchical framework for developing understanding of river behaviour to support river management. Aquatic Sciences, 78(1): 1-16.

Hawkins C P, Kershner J L, Bisson P A, et al. 1993. A hierarchical approach to classifying stream habitat features. Fisheries, 18(6): 3-12.

Hooke J M. 2004. Cutoffs galore!: occurrence and causes of multiple cutoffs on a meandering river. Geomorphology, 61(3-4): 225-238.

Howard A D, Fairbridge R W, Quinn J H. 1968. Terraces, fluvial—introduction. Encyclopedia of Earth Science: 1117-1124.

Jagers H R A. 2003. Modelling planform changes of braided rivers. Enschede: University of Twente.

Knight J G, Bain M B. 1996. Sampling fish assemblages in forested floodplain wetlands. Ecology of Freshwater Fish, 5(2): 76-85.

Knighton D A, Nanson G C. 1993. Anastomosis and the continuum of channel pattern. Earth Surface Processes and Landforms, 18(7): 613-625.

Leopold L B, Langbein W B. 1966. River meanders. Scientific American, 214(6): 60-73.

Li H F, Zhang H, Yu L X, et al. 2022. Managing water level for Large migratory fish at the poyang lake outlet: implications based on habitat suitability and connectivity. Water, 14(13): 2076.

Maddock I, Harby A, Kemp P, et al. 2013. Ecohydraulics: An Integrated Approach. New Jersey: Wiley-Blackwell.

Nanson G C. 1986. Episodes of vertical accretion and catastrophic stripping: a model of disequilibrium flood-plain development. Geological Society of America Bulletin, 97(12): 1467-1475.

Nanson G C, Croke J C. 1992. A genetic classification of floodplains. Geomorphology, 4(6): 459-486.

Newson M D, Newson C L. 2000. Geomorphology, ecology and river channel habitat; mesoscale approaches to basin-scale challenges. Progress in Physical Geography, 24(2): 195-217.

Padmore C L. 1998. The role of physical biotopes in determining the conservation status and flow requirements of British rivers. Aquatic Ecosystem Health and Management, 1(1): 25-35.

Phillips J D. 2017. Geomorphic and hydraulic unit richness and complexity in a coastal plain river. Earth Surface Processes and Landforms, 42(15): 2623-2639.

Rosgen D L. 1994. A classification of natural rivers. Catena, 22(3): 169-199.

Thomson J R, Taylor M P, Fryirs K A, et al. 2001. A geomorphological framework for river characterization and habitat assessment. Aquatic Conservation: Marine and Freshwater Ecosystems, 11(5): 373-389.

Vannote R L, Minshall G W, Cummins K W, et al. 1980. The river continuum concept. Canadian Journal of Fisheries and Aquatic Sciences, 37(1): 130-137.

Ward J V, Stanford J A. 1983. The serial discontinuity concept of lotic ecosystems.// Fontaine T D, Bartell S M. Dynamics of Lotic Ecosystems. Ann Arbor: Ann Arbor Science Publishers:29-42.

Webster M M, Hart P J B. 2004. Substrate discrimination and preference in foraging fish. Animal Behaviour, 68(5): 1071-1077.

Williams R T, Fryirs K A. 2020. The morphology and geomorphic evolution of a large chain-of-ponds river system. Earth Surface Processes and Landforms, 45(8): 1732-1748.

Wyrick J R, Pasternack G B. 2014. Geospatial organization of fluvial landforms in a gravel–cobble river: beyond the riffle–pool couplet. Geomorphology, 213: 48-65.

第 7 章　长江流域河川水库消落带生境空间观测

三峡库区消落带

拦河筑坝修建水库无疑是人类改造自然的活动中规模最大，影响最深远的活动之一。不像天然的河床演变需要经历很长的时间，河川水库的建设往往在较短的时间内就改变了河流的原有生境，进而导致水生生物的物种组成和结构也发生相应的改变。国际上，19世纪中叶即开始了修建水库的工程，至20世纪70年代达到最高峰，而中国的水利建设至20世纪80年代才开始蓬勃发展，但此后的发展速度相当快，至2000年初，世界上在建的60m以上的大坝中，中国约占1/4（贾金生等，2004）。1980~2011年，长江流域的水库总数从4.80万个增加到5.16万个，其中大型水库从105个

增加到282个，总库容从$6.7 \times 10^{10} m^3$增加到$1.8 \times 10^{11} m^3$（陈进，2018）。特别是长江上游流域，主要表现为水电开发规模大、梯级密、水坝高等特点（姚磊等，2016）。水库及其他河道整治工程的修建，在改善水资源空间分布不均、降低洪涝灾害风险以及充分开发和调节水资源利用方面发挥了重要作用，但这些工程同时也会对水生生物及生态平衡产生许多负面的影响。比如，原生境中枯水期河流既有水深流缓的深潭，也有水浅流急的浅滩，且浅滩类型多样，为鱼类提供了多样化的产卵、繁殖和躲避天敌的生境；洪水期存在遮蔽区，可使鱼类免受高速湍流的冲击；在自然浅滩和

边滩上,存在底质粒径的自然分选,为多种鱼类提供了赖以生存的空间结构和觅食环境;两岸的植被天然倒伏形成的遮蔽环境是鱼类天然的栖息场所。然而,河川水库、河道渠化工程的修建,使库区及其上下游、岸带生境遭到不同程度的破坏,造成物种灭绝及生物和生境多样性的丧失,破坏了生态系统的天然平衡。因此,往往需要开展长期深入的研究来修复和重建受损的生态系统。

7.1 河川水库类型及其生态影响

按运行方式分类,水库通常包括调节型水库和径流式水库两大类,其中调节型水库根据调节周期又可分为年/月调节型蓄水水库、日调节型蓄水水库;径流式水库也称作滞洪水库。不同类型水库的修建会对库区、水库上游和水库下游的水文情势、河岸及河床形态、水质等造成不同的影响,进而造成水生生物资源发生相应的变化。表 7-1 对这些影响和改变进行了简要的总结,如库区内泥沙淤积导致底质沿程分布的改变(图 7-1),进而引起底栖生物物种多样性和丰度的下降,同时浮游植物群落结构也会发生变化(韩德举等,2005);水体中悬浮泥沙的增加改变水体溶解氧含量,进而造成鱼类资源量的下降。库区下游洪峰削减,枯水期提前和水量增加等现象,会显著改变下游河段及附属湖泊的水文情势(柏慕琛等,2017),造成下游湖泊湿地先锋植物物种占领低海拔

表 7-1 不同运行方式的水库对库区及其上下游河床形态和消落带生境的影响

水库运行类型	所处位置	对水文情势、河岸及河床形态和水质的影响	对水生生物及消落带生境的影响
各种类型	库区	库区泥沙淤积、底质粒径沿程分布的改变	底栖生物及浮游生物的物种多样性和丰度下降;食物链结构破坏
		水体中悬浮泥沙增加,改变水体溶解氧含量	鱼类资源量下降
		水库充填造成自然河漫滩的淹没,以及反季节性的人为控制消落造成河岸带生态系统的退化	岸带植被生物多样性下降、物种改变、产卵量降低
		流水环境向静水环境的改变	土著种和特有种消失、鱼类区系和种群结构改变
		水体污染	鱼类资源减少或灭绝
	水库上游	库区淤积并不断向上游延伸	底栖生物及浮游动植物物种多样性和丰度下降;营养级结构破坏
年/月调节型蓄水水库	水库下游	江河阻隔	洄游物种上游栖息地丧失,无法完成生活史,种群数量下降甚至灭绝
		洪峰出库流量大幅度降低、中水流量持续时间延长、枯水期水量显著增加	水文情势或水文节律改变造成栖息地沿程移动,若叠加下游干旱会造成丰水期提前返枯,先锋植被向低海拔滩地定植进一步造成水位下降等
		含沙量显著降低、河床冲刷和粗化	栖息地改变、底栖生物及鱼类区系改变
		河槽比降调整、河流宽度及横断面生境改变、河型转化(从游荡型向弯曲型转变)	生物多样性及丰度下降、物种组成改变、栖息地丧失
日调节型蓄水水库	水库下游	水面比降减小、水深均匀化、河流坐湾处横向缓流减弱	河流纵向及横断面趋于均匀化、生境多样性丧失
		深潭淤积、浅滩冲失或浅滩类型均一化	深潭-浅滩生境丧失、"三场"关键栖息地退化或消失
滞洪水库	水库下游	沙峰落后洪峰、中枯水期含沙量增大、水沙峰不相适应、河型转变(向加剧游荡化转变)	底栖生物和鱼类区组成改变或物种消失

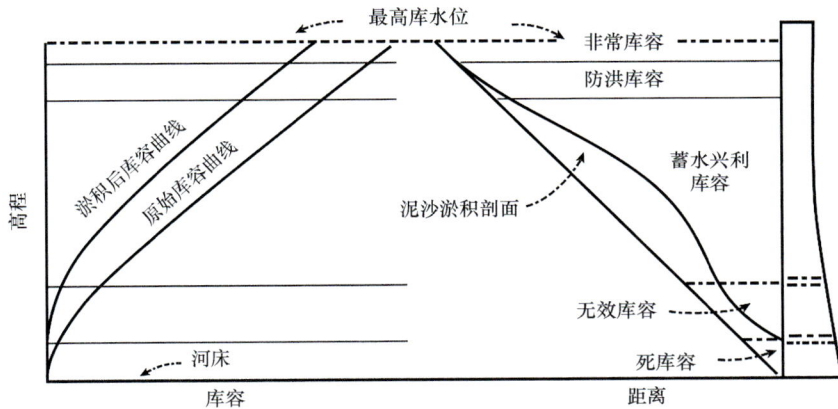

图 7-1 水库淤积物的沿程分布（选自钱宁等，1987）

滩地，加速湖泊的退化进程等（余莉等，2011），更不用说江河阻隔或河湖阻隔，损害河流连续体，造成洄游物种丧失上游栖息地，无法完成其生活史过程，进而造成种群数量的下降，甚至灭绝（常剑波，1999；危起伟等，2005；张辉等，2007）。

自 1968 年蓄水以来，汉江丹江口水库在洪峰期间出库流量仅为入库流量的 1/10，洪峰调平，水库下游的输沙能力减小约 40%（童中均，1982），导致下游含沙量显著降低，河床冲刷和粗化明显，河流横断面和河宽也发生了较大改变。据黎力明（1982）研究，自丹江口水库建成至 20 世纪 80 年代，水库下游的河流断面以变窄深为主，从黄家港至襄阳河段，河床以下切为主，河槽宽深比减小；而自襄阳至宜城河段，河流展宽，河槽宽深比增加。自 20 世纪 80 年代以来，这些断面转变的情形又发生了进一步调整。如图 7-2 所示，丹江口水库下游自丹江口市至宜城市王集镇河段河流以展宽为主，宜城市王集镇至钟祥市河段河槽以变窄深为主，而钟祥市至泽口河段则同时存在主河槽的冲刷加深与河床的展宽，泽口以下河段由于是受人为控制的限制性弯曲河段，因此这一河段变化不大。上述变化促使水库下游河段的河型发生转化，河床的纵向和横向

变化减小，支汊淤积，原游荡型河段向着分汊型或顺直型变化，弯曲型河段则由于洪峰流量调平，主流脱离凹岸，转而切割凸岸的活动点滩，并向下游移动，整体河道向着规顺、均一化转变，河流生境多样性也因此下降。

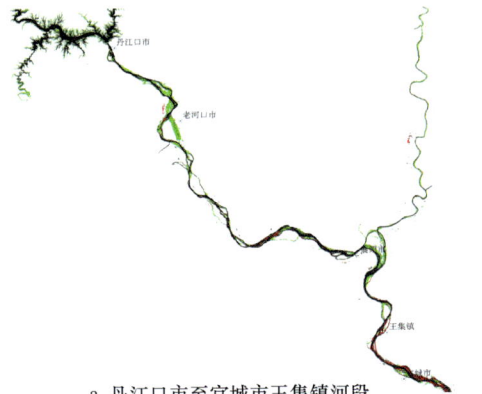

a. 丹江口市至宜城市王集镇河段

b. 宜城市王集镇至钟祥市河段

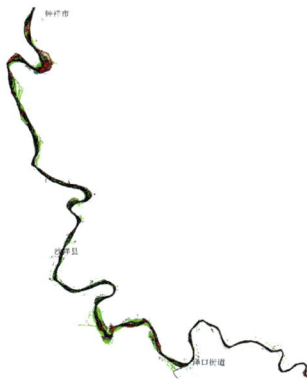

c. 钟祥市至泽口河段

图 7-2 丹江口水库下游近 40 年河床及生境变化（图中绿色代表河流水面增加，红色代表水面减小）

7.2 河川水库消落带生境特征

7.2.1 消落带生境的横断面海拔梯度格局

水文节律是河岸带植物群落演替的主要驱动因子。在水淹干扰梯度上，海拔梯度、水淹持续时间及水淹强度是决定岸带植被物种组成及物种分布的主要环境参数（拉琼等，2014），在人工修建水库所形成反季节性消落带中，水文节律是决定消落带植被海拔梯度群落格局的主要因素（何蕊廷等，2020）。比如，有研究结果表明，三峡库区消落带以苍耳+狗牙根群落、狗牙根群落、狗牙根+香附子群落、狗牙根+酸模叶蓼群落、苍耳+藿香蓟群落等为优势的植物群落，表现出明显的对水位涨落的适应性分布特征（苏琴琴等，2020）。与自然河岸带不同的是，受人工调节形成的库区消落带群落组成更趋于单一化（刘维暐等，2012）。

7.2.2 消落带生境的纵向梯度格局

调节型水库沿河方向的形态决定了库区生境纵向梯度格局的显著性，通常情况下，库区沿程距离越长，其纵向梯度效应越显著。就库区整体生境特征而言，三角洲泥沙淤积向锥体淤积的纵向

梯度发展进程，伴随着微生物群落组成、繁殖、生物量累积的纵向变化模式，进而影响水体富营养化程度和鱼类种群在坝前区-过渡区-库尾的纵向梯度变化。在坝前区，通常水库水表展宽最大，水深也最大，除泄洪期之外基本无流速，悬浮物浓度最低，水体透光层最深；而三角洲淤积的前坡段是库区流速急剧降低的区段，进入此段的泥沙颗粒呈现自由落淤的状态，当发展为锥体淤积时，这一段比降将变得十分平缓，前坡段与顶坡段连为一体，因此这一段也成为水库生境变化的过渡段，水体透明度较高，且水体藻类光合作用通常最高，水域生产力主要依靠内源性营养物质颗粒有机物（Particulate Organic Matter，POM）和固着藻类（李斌等，2013）；在库尾到上游自然河段交界的激流区，流速较大，由于挟沙水流处于超饱和状态，因此推移质和悬移质中的粗颗粒在这里迅速落淤，河道比降变化较快，水体透明度较低，但由于水流混合作用，溶解氧含量较高（Bernot et al.，2004）。

伴随着水库生境的纵向格局，其消落带也表现出类似的特征，如从干流坝前面积较小的窄长垂直型消落带，到过渡段坡度较为平缓的洄水湾及边滩，以及库尾的常年回水区及回水变动区等。当沿岸有大型支流汇入时，通常会在汇入支流的上游形成面积广阔的支流回水消落区。除沿程受到限制性地形的影响之外，消落带的坡度从坝前至库尾逐渐平缓，消落带植被物种丰富度随距大坝里程的增加而逐渐升高（图 7-3）（苏琴琴等，2020）；同时，消落带生境类型复杂度及鱼类潜在产卵场的面积均表现出从库首到库尾逐渐增加的趋势；鱼类物种多样性水平，特别是土著性鱼类的物种多样性，随着临近大坝而下降（Oliveira，2005；林鹏程等，2018），且通常在水库的过渡带，喜流水和静水的鱼类均能生存，从而具有更高的鱼类物种丰富度（Agostinho et al.，1999；王珂等，2012；解崇友等，2018）；产漂流性卵的河流性鱼类早期资源量主要来自库尾上游的自然流水河段（黎明政等，2019）等。

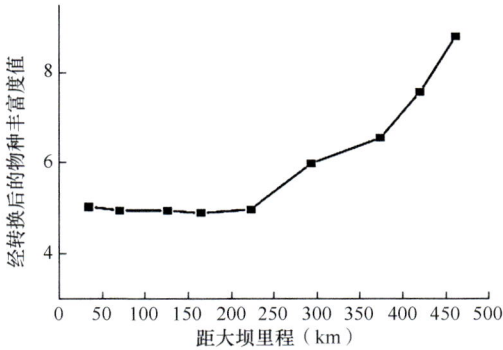

的水体出现频率空间观测数据，来揭示河流的周年自然水文节律变化特征（图 7-4）。

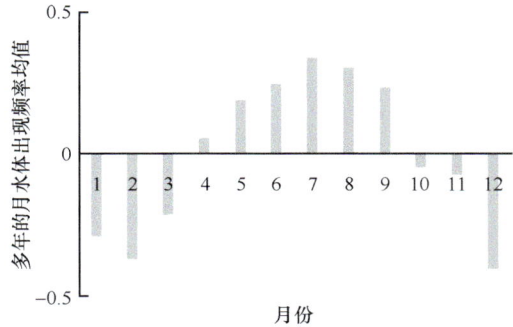

图 7-3　三峡水库干流消落带植物物种丰富度的沿程变化（选自文献苏琴琴等，2020）

图 7-4　逐月水体出现频率区域积分直方图距平

7.2.3　库区反季节性消落的水文节律变化特征

流域的水文节律通常随着时间的推进，受人类活动干扰逐渐增大，因此在保证有效空间观测数据充足的前提下，采用河流水库修建之前年份所记录

在长江中下游流域气候类型下，自然水文节律的水体出现频率呈现与自然水文周期相似的周年变化特征，即 5～9 月汛期被水覆盖，1～3 月及 11～12 月枯水期出露，4 月、10 月受区域降水的影响，地表状态表现为出露与淹没的自然波动变化状态（图 7-5a）。而反季节性水库消落带的水文节律变化则与自然水情周期恰好相反，即在汛期 5～10 月

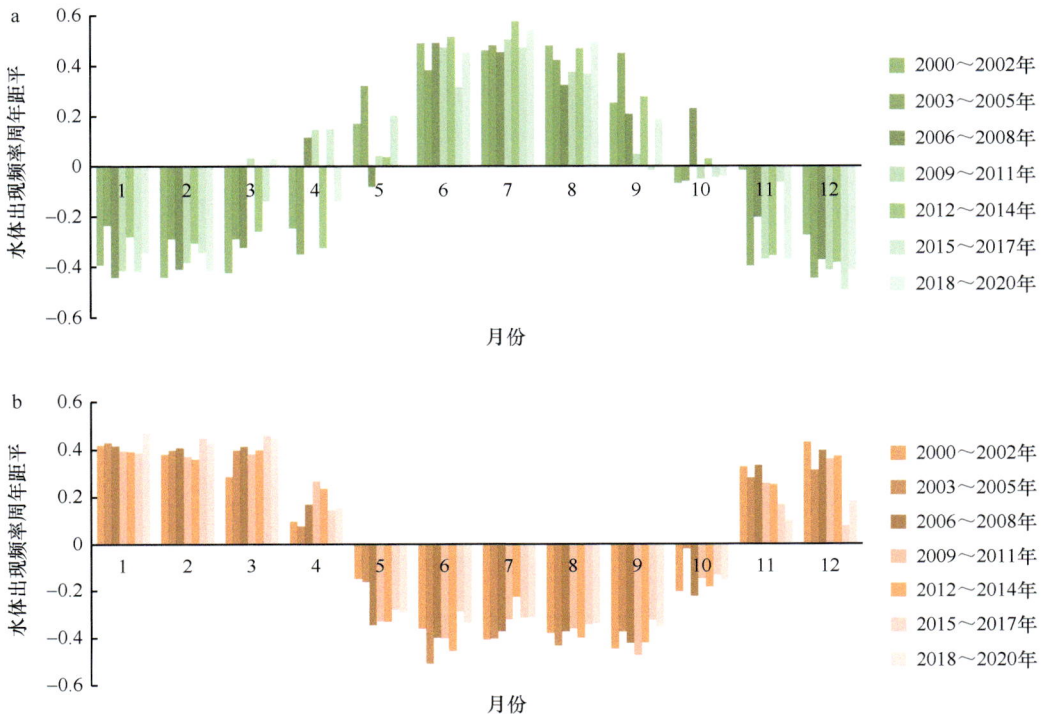

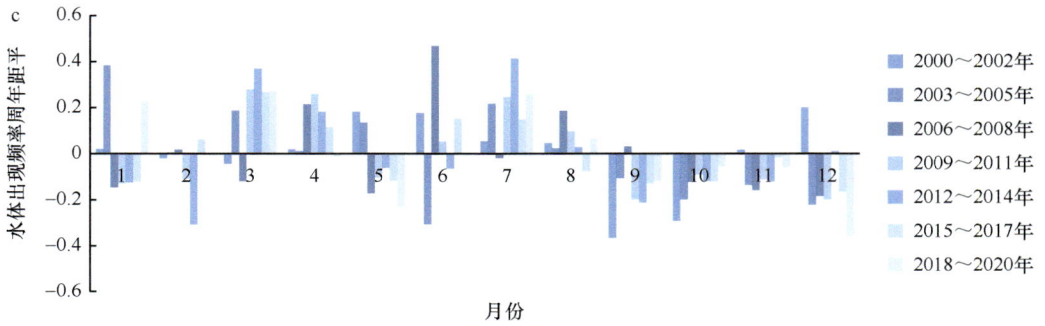

图 7-5　3 种水文节律类型的水体出现频率周年距平变化

a. 自然水文节律；b. 反季节性水文节律；c. 复杂节律型

水位下降，使岸带及回水区露出水面，而 11～12 月及 1～4 月则由于水库蓄水，消落带被水淹没（图 7-5b）。此外，还存在一种因调节方式复杂而形成的复杂节律型，其所处区域的水情变化频繁，不具备显著的水文周期性变化规律（图 7-5c）。

天然河流或湖泊的消长变化通常需要经过几十年甚至几百年的时间，才能产生足够的可观察到的改变。然而，大型水利工程建设往往可在很短的时间内就改变流域的水文情势，并使河流及其上下游河段与附属湖泊发生快速的调整和变化。近 20 年来鄱阳湖流域水文节律均值变化（图 7-6）显示，在经历了长江流域 2001 年、2004 年的严重干旱事件影响下，流域水文节律的均值总体呈下降趋势，但 2005 年之前各年度的流

域水文节律均值基本高于 7，而在其后的 2006～2010 年，在三峡库区的全库容正式运行之后出现大幅度下降，分别于 2011 年、2018 年和 2019 年出现 4.5～4.9 的极低值，该时段的流域水文节律均值与 2006 年之前时段相比，下降了约 1.6，表明在人类活动干扰下，库区下游流域的水文节律偏离其自然状态的整体态势正在加剧。

7.2.4　库区反季节性降水的损失影响

以三峡库区为例，分析其反季节性降水对鱼类产卵损失的影响。三峡库区的水位从每年 3 月的 175m 逐步降低至 6 月底的 145m，而库区绝大部分以植物性介质为卵巢的产黏（沉）性卵鱼类的产卵时间恰恰集中在每年 4～6 月。库区降水过程与产卵时间的同步，导致植物性

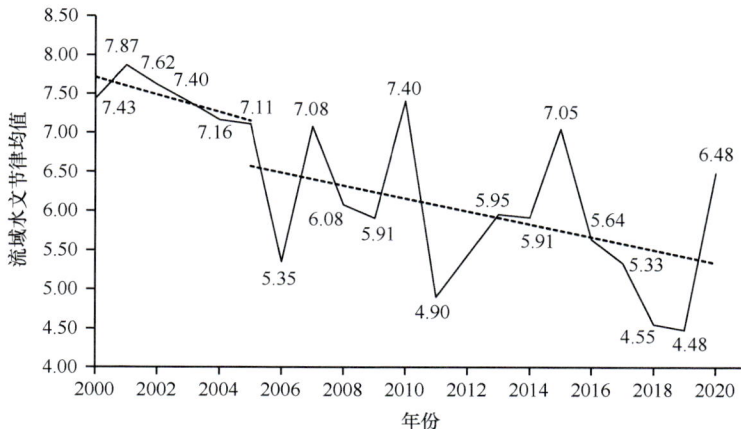

图 7-6　近 20 年来鄱阳湖流域水文节律均值变化

介质卵巢及鱼卵暴露于水面之外而孵化失败，或使得仔稚鱼滞留在独立浅水滩中，最终干涸致死，对鱼类早期资源的补充造成了严重的影响。为缓解这一影响，2020 年 5 月 5 日，三峡库区首次开展了为期 5d 的产黏（沉）性卵鱼类自然繁殖生态调度试验，尝试通过控制水位降幅，为库区以鲤、鲫为优势种的产黏（沉）性卵鱼类的产卵过程创造适宜的水位和生境条件。

三峡库区 2017 年 1 月～2020 年 7 月各水文站水位变化情况如图 7-7 所示，其中，每年 3 月 1 日至 7 月 1 日约 120 天，是考察库区降水调节导致鱼卵孵化损失的重点时段。库区每年自 3 月的高水位开始降水，至 6 月底水位降至最低的过程中，降水速率在时间上及空间上并非持续一致。在时间特征上，当库区某个水文站所代表的河段连续一定天数内的降水速率大于黏（沉）性卵的孵化速率时，该时段内的黏（沉）性卵将可能完全孵化失败而损失；当连续一定天数内的降水速率远小于卵的孵化速率时，该时段内已产的黏（沉）性卵基本能够成功孵化，不会受到降水的影响；当降水速率介于二者之间时，需要根据降水速率确定损失调节系数，其取值因每年降水过程的水文变化特点而异。采用库区

范围内自库首至库尾的寸滩、武隆、涪陵（清溪场）、万州、三峡大坝等 5 个水文站的水位数据，依据公式（7-1），计算三峡库区整体的降水速率损失调节系数。

$$
k = \begin{cases} 0, & \dfrac{L_{ti}-L_{tj}}{0.8} \leq 0; \\[3mm] P_{k(0\sim1)} \times \mu_{k(0\sim1)}, & 0 < \dfrac{L_{ti}-L_{tj}}{0.8} < 1; \\[3mm] P_{k(\geq1)} \times 1, & \dfrac{L_{ti}-L_{tj}}{0.8} \geq 1; \end{cases} \quad (7\text{-}1)
$$

式中，k 是库区反季节性降水速率损失调节系数；$P_{k(0\sim1)}$ 和 $P_{k(\geq1)}$ 分别为 $0 < \dfrac{L_{ti}-L_{tj}}{0.8} < 1$ 和 $\dfrac{L_{ti}-L_{tj}}{0.8} \geq 1$ 时的天数占整个降水过程总天数的比例；$L_{ti}-L_{tj}$ 为黏（沉）性卵的自然孵化时间对应起始水位和结束水位的下降幅度；$\mu_{k(0\sim1)}$ 为 $0 < \dfrac{L_{ti}-L_{tj}}{0.8} < 1$ 时，$\dfrac{L_{ti}-L_{tj}}{0.8}$ 的均值。

具体地，若连续 5d 水位下降幅度远远小于 0.8m 或水位上升，则该时段内所产的黏性卵视为无损失，即连续 5d $\dfrac{L_{ti}-L_{tj}}{0.8} \leq 0$ 的，其对应时段的 $k=0$；若

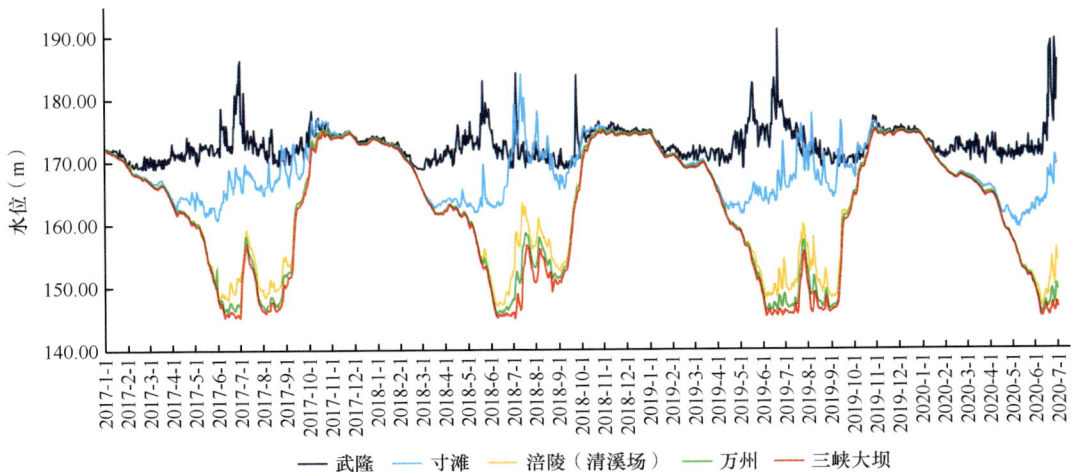

图 7-7　三峡库区 2017～2020 年各水文站水位变化情况

连续 5d 水位下降幅度大于或等于 0.8m，则该时段内所产的黏性卵视为完全损失，即连续 5d $\frac{L_{ti}-L_{tj}}{0.8}\geqslant 1$ 的，其对应时段的 $k(\geqslant 1)=P_{k(\geqslant 1)}\times 1$；介于二者之间的，即连续 5d $0<\frac{L_{ti}-L_{tj}}{0.8}<1$ 的，其对应时段的 $k(0\sim 1)=P_{k(0\sim 1)}\times\mu_{k(0\sim 1)}$。整体的降水速率损失调节系数 $k=k(\geqslant 1)+k(0\sim 1)$。其中，$L_{ti}-L_{tj}$ 孵化时间依据试验结果设定为 5d，0.8m 为通常情况下长江流域产黏（沉）性卵鱼类产卵时的最大水深。

三峡库区 2017~2020 年产卵季节各水文站降水速率损失调节系数变化如图 7-8 所示，各水文站黏（沉）性卵在降水速率所处各区间内的天数、百分比、k 值分布等如表 7-2 所示。从产卵季节降水造成黏（沉）性卵损失的整体变化特征上看，除距离三峡大坝最远的寸滩干流段在个别年份外，其他各河段黏（沉）性卵快速降水造成的完全损失率均大于部分损失率（图 7-8a），在降水总损失率中占主导地位（图 7-8b）。

从空间变化特征上看，产卵季节 k 值各区间对应的损失天数，从距离大坝最远的库尾至大坝，无损失天数所占的百分比呈现依次降低的趋势，而完全损失天数所占的百分比则基本表现出逐渐增加的趋势，且万州上下游河段由于快速降水造成的完全损失率高于库尾和库首，表明该河段受到降水过程的影响最大，这与解崇友等（2018）、Perera 等（2014）、Yang Z（2021）、阮瑞等（2017）从鱼类群落结构、鱼类组成动态及早期资源等方面受库区降水影响的调查研究结果一致。

从时间变化特征上看，2017~2020 年库尾寸滩河段的总损失率变化范围为 0.33~0.44，库首三峡大坝河段的总损失率变化范围为 0.53~0.64，三峡库区整体损失率均值变化范围为 0.49~0.62。近年来，

降水速率的变化造成的损失率大小顺序为 2019 年＞2020 年＞2017 年＞2018 年。

7.3 基于库区岸线生境分类的消落带鱼类产卵生境适宜性评价

河流生境分类随着人们对河流结构、过程和功能的深入理解而逐步发展。早期研究主要基于河流平面形态（Leopold and Wolman，1957）或水动力学过程特征（Schumm，1977），在宏观尺度上进行分类研究，随后河流分类方法逐渐从宏观扩展到微观尺度。国外的河流生境分类主要基于河流地貌、水文、生态等特征，以 Rosgen（1994）河流生境分类为代表，将河流分为 Ⅰ、Ⅱ、Ⅲ 类。Bisson 等（1982）主要基于水深、流速、河床地形、水面坡度等对河段生境进行分类。我国对河流生境分类的研究起步较晚，成果主要集中在 2000 年以后。相关研究基于坡降、蜿蜒度、河网密度、河流等级、河段比降、断流风险以及盐度形态学和生物学特征（黎璇，2009；孔维静等，2013；徐彩彩等，2015；孙然好等，2018），构建了河流物理生境分类指标体系和分类方法。河流生境可分为河道生境和河岸生境两大类，上述研究多针对河道内的生境单元，利用河流岸线形态开展分类研究相对较少。

河流生境分类是对河道地形、河岸形态等的描述和管理，而生境功能的研究可建立生境因子和鱼类关键栖息地（如产卵场）之间的联系。在对生境功能的研究中，通过生境因子适宜性分析可预测鱼类分布的可能区域，并评估不同生境的适宜性。例如，Jones 等（2018）基于水深、底质和流速等参数分析了虹鳟鱼的产卵生境适宜性，有助于定位河流产卵种群；孙霄等（2020）基于水温、盐度、水深等开展了短吻红舌鳎产卵生境适宜性分析，栖息地适宜度指数能够很好地反映短吻红舌鳎的产卵生境适宜

表 7-2　三峡库区 2017～2020 年产卵季节各水文站降水速率变化

站位	区间	2017年 天数	百分比(%)	k	2018年 天数	百分比(%)	k	2019年 天数	百分比(%)	k	2020年 天数	百分比(%)	k
武隆	<0	69	56.10	0	64	52.03	0	58	47.15	0	64	52.03	0
	0~1	21	73.17	0.09	17	65.85	0.06	23	65.85	0.07	26	73.17	0.10
	>1	33	26.83	0.27	42	34.15	0.34	42	34.15	0.34	33	26.83	0.27
				0.36			0.40			0.41			0.37
寸滩	<0	51	41.46	0	60	48.78	0	52	42.28	0	53	43.09	0
	0~1	35	69.92	0.13	44	84.55	0.18	30	66.67	0.11	49	82.93	0.19
	>1	37	30.08	0.30	19	15.45	0.15	41	33.33	0.33	21	17.07	0.17
				0.43			0.33			0.45			0.36
涪陵	<0	33	26.83	0	48	39.02	0	29	23.97	0	30	24.39	0
	0~1	42	60.98	0.16	31	64.23	0.15	32	48.76	0.12	47	62.60	0.21
	>1	48	39.02	0.39	44	35.77	0.36	62	50.41	0.50	46	37.40	0.37
				0.55			0.51			0.62			0.58
万州	<0	30	24.39	0	44	35.77	0	25	20.66	0	27	22.31	0
	0~1	42	58.54	0.15	35	64.23	0.15	35	47.93	0.13	48	60.33	0.20
	>1	51	41.46	0.41	44	35.77	0.36	63	51.22	0.51	48	39.02	0.39
				0.57			0.51			0.64			0.59
三峡大坝	<0	27	21.95	0	36	29.27	0	25	20.33	0	25	20.33	0
	0~1	47	60.16	0.18	40	61.79	0.15	39	52.03	0.16	45	56.91	0.19
	>1	49	39.84	0.40	47	38.21	0.38	59	47.97	0.48	53	43.09	0.43
				0.58			0.53			0.64			0.62
均值	<0	35	28.46	0	50	40.65	0	28	22.76	0	30	24.39	0
	0~1	42	62.60	0.16	32	66.67	0.16	39	54.47	0.16	54	68.29	0.24
	>1	46	37.40	0.37	41	33.33	0.33	56	45.53	0.46	39	31.71	0.32
				0.53			0.49			0.62			0.56

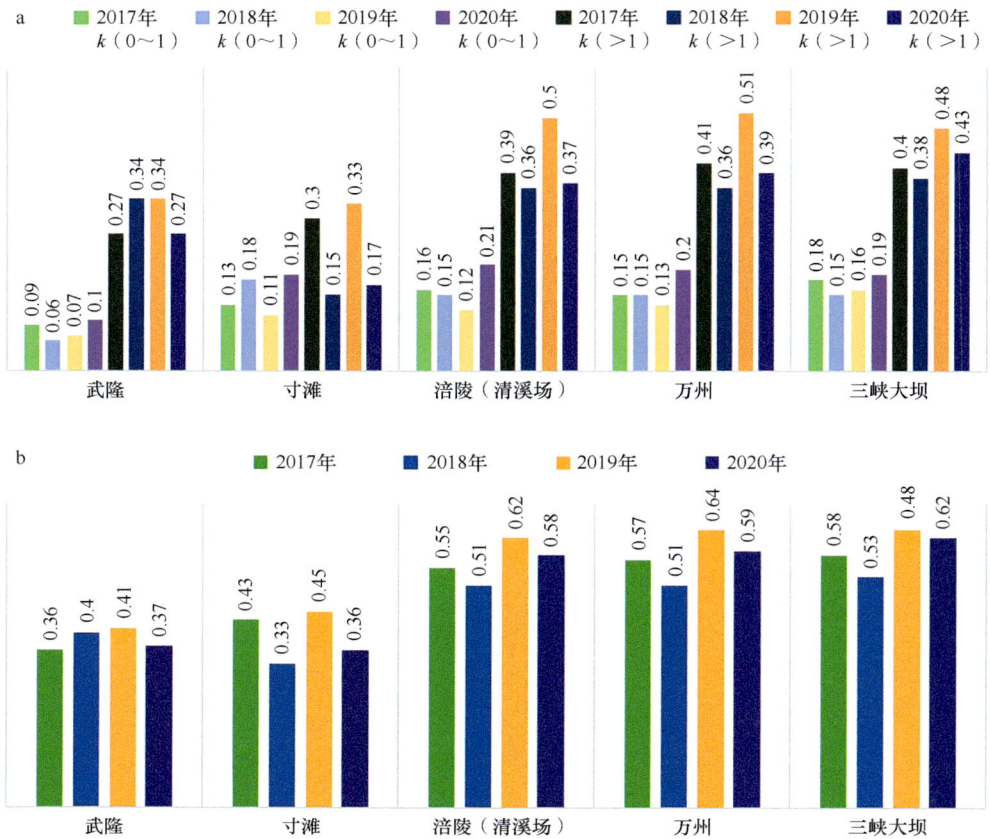

图 7-8　三峡库区 2017～2020 年产卵季节各水文站降水速率变化

a. 部分损失和完全损失情况下 k 值对比；b. 各水文站及不同年份 k 值对比

性情况；易雨君和乐世华（2011）、李建等（2013）基于水量、水位、水温以及流速等参数分析了中华鲟和四大家鱼栖息地适宜性，较合理地描述了栖息地的适合程度。上述对生境适宜性的研究多采用水深、底质、水流、河床形态等水文学特征和水体理化等环境特征，而基于生境分类开展产黏性卵鱼类栖息地适宜性评价的研究较少。

三峡大坝作为开发和治理长江的关键性工程，是我国重要的生态敏感区之一，水库于 2003 年开始正式蓄水，2010 年达到标准蓄水位 175m，具有防洪、发电、旅游等综合经济和社会效益。三峡大坝按照"冬蓄夏泄"的调度模式蓄水，每年冬季蓄水至高水位，夏季水位降低，形成"冬高夏低"的反季节性周

期水位变化，水体从"河流相"向"湖泊相"的剧烈转变，导致其生态系统结构、过程及功能发生了巨大变化。近年来，对三峡水库生态系统和生境的研究越来越多，主要包括三峡水库生境质量评价（陈淼等，2019）、栖息地适宜性分析（Yi et al.，2010b；Perera et al.，2014；阮瑞等，2017）、水库生态调度研究（徐薇等，2020；戴凌全等，2022；田盼等，2022）、消落带植被多样性分析（徐建霞等，2015）等。三峡库区包含水库及众多入库支流（解崇友等，2018），生境特点和生态系统虽较为复杂，但消落带的生境的纵向梯度特征仍十分显著，鱼类群落也表现出显著的纵向梯度变化特征（林鹏程等，2018）。本节以三峡库区干流为研究范围，基于遥感观测技术，

提出了一种基于河岸形态特征的生境分类的新思路，对三峡水库岸线进行生境分类。在此基础上，基于产卵场调查数据，构建单因子生境适应曲线，进而获得栖息地适宜性指数。这一指数被用于开展产黏性卵鱼类生境适宜性分析，以期为三峡水库生境管理、水生生物栖息地的保护提供科学依据，为其他水库、河流生境分类提供新思路，对岸线生境分类研究具有重要现实意义。

7.3.1　数据与方法

7.3.1.1　研究区

　　三峡水库处于长江上游，属中亚热带湿润季风气候，年平均气温 17—19℃。库区水位至 175 m 时，水域面积为 1084 km²，总库容 393 亿 m³。长江干流自西向东横穿三峡库区段，本文研究区域西起重庆江木洞镇（106°47′56.789″ E、29° 35′29.962″ N），东至湖北宜昌市的三峡大坝（111°00′0.068″ E、30° 49′34.815″ N），研究区域干流长度约为 573.46 km（图 7-9）。

7.3.1.2　卫星数据获取与预处理

　　利用与实地调查数据同时期的 RapidEye 和 Sentinel-2 卫星数据提取三峡水库水体信息，卫星数据光谱信息如表 7-3 所示。RapidEye 数据光谱范围为 440-850 nm，共 5 个波段，空间分辨率 5m；Sentinel-2 数据包含 13 个光谱波段，空间分辨率有三种，分别为 10m、20m 和 60m，本文利用 10m 空间分辨率的蓝、绿、红和近红外波段。对影像进行正射校正、几何校正、大气校正、分辨率重采样等预处理，获取地表反射率数据。

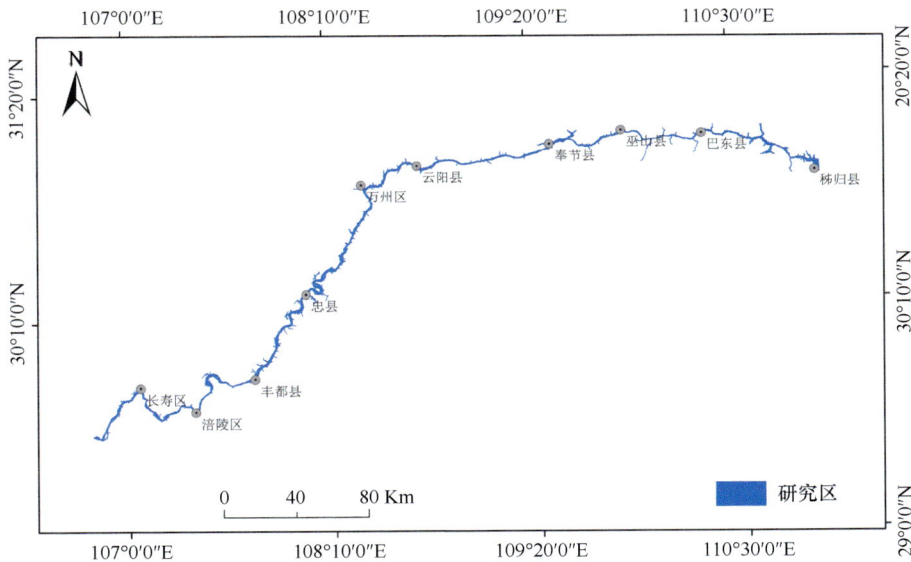

图 7-9　研究区

表 7-3　RapidEye 和 Sentinel-2 卫星波段光谱参数

波段	RapidEye			波段	Sentinel-2		
	中心波长 /(nm)	波段宽度 /(nm)	空间分辨率 /(m)		中心波长 /(nm)	波段宽度 /(nm)	空间分辨率 /(m)
蓝	475	70	5	蓝	490	65	10
绿	555	70	5	绿	560	35	10
红	657.5	55	5	红	665	30	10
红边	710	40	5	红边			
近红外	805	90	5	近红外	842	115	10

长江流域消落区生态环境空间观测

7.3.1.3　水体信息提取

对每景图像计算归一化水体指数（NDWI），即利用水体在近红外波段和对其他地物反射率的差异，基于 RapidEye 和 Sentinel-2 卫星遥感影像计算归一化水体指数，该指数利用绿波段和近红外波段的组合构建而成，能够凸显水体信息，抑制植被信息，计算方法见下式：

$$NDWI = \frac{\rho(Green) - \rho(NIR)}{\rho(Green) + \rho(NIR)} \quad (7\text{-}2)$$

式中，$\rho(Green)$ 代表绿波段的反射率；$\rho(NIR)$ 代表近红外波段的反射率；NDWI 的取值范围为 [–1,1]。基于 NDWI，利用大津法（Otsu，1979）提取水体信息。

7.3.1.4　河流中线

河流中线能够描述河流走势，并用于辅助计算河流长度、河流纵比降及河流弯曲系数等参数。本研究基于水体矢量数据提取河流中线，进而估算河宽（约 939 m），为河段尺度河岸生境分类提供基础数据。

7.3.1.5　实地调查数据

2017 年 3—4 月，在三峡水库万州至云阳河段，采用普查方法沿岸搜集暴露于水面或残留在浅水滩的鱼卵和仔稚鱼，并在调查时间内进行循环收集样品，以此确定产卵场，然后以生境类型为研究单元，对调查到的产卵生境进行统计分类。

7.3.2　库区消落带岸线生境类型提取

在河段尺度上，根据河流岸线形态，将河岸生境类型划分为洄水湾、侧向滩、顺直河岸、凸岸点滩和凹岸深潭 5 类。洄水湾是指水流回转而流速缓慢的平缓区域，它可能出现在弯曲河段，也可能出现在顺直河段；侧向滩表现为顺直河道上犬牙交错的侧向滩，也有孤立的侧向滩；在水流坐弯处的凸岸形成的活动点滩，其临水面坡度平缓，在凹岸

冲刷形成深潭（钱宁等，1987）。由于洄水湾、侧向滩和顺直河岸这三种生境类型的岸线长度存在较大差异，本研究根据第 2 章 2.1.4.2 节和第 6 章 6.3.3 节给出的河流岸线复杂度指数的计算和获取方法，利用河流岸线长度和中线长度构建岸线复杂度指数（coastal complexity index，CCI），应用于河岸生境分类，计算方法如下：

$$CCI = C/L \quad (7\text{-}3)$$

式中，C、L 分别代表某河段岸线的长度和河流中线长度。CCI 值越大，表明岸线复杂度越高。当 CCI 大于等于 2 时，河岸生境类型定义为洄水湾；当 CCI 大于等于 1.5 且小于 2 时，为侧向滩；当 CCI 小于 1.5 时，为顺直河岸。侧向滩和顺直河岸两种岸线生境类型是针对顺直河段的，在弯曲河段，则根据凹岸形成深潭、凸岸形成点滩的一般性特点，按照岸线的几何形态（岸线弯向河流内部为凸岸，岸线弯向陆地的为凹岸）将岸线生境类型分为凹岸深潭和凸岸点滩。

7.3.3　产卵场生境适宜性评价

利用 CCI、坡度和植被覆盖度（Gutman and Ignatov，1998；穆少杰等，2012）三个生境因子，结合产黏性鱼类产卵场调查数据构建生境适宜度曲线，开展三峡水库鱼类产卵场生境适宜性分析研究。坡度数据通过 90m 分辨率的 DEM 计算获得。首先基于生境利用法和生境偏好法构建单变量生境适宜度曲线（易雨君等，2013），获得使用值和偏好值，然后结合多个因子的适宜度曲线，利用算术平均法计算生境适宜度指数（habitat suitability index，HSI）（Hess and Bay，2000；Yi et al.，2010a），HSI 取值范围为 0～1，值越大，适宜性越高。本书将 0～0.25 定义为低质量产卵生境，将 0.25～0.5 定义为中质量产卵生境，将

206

0.5～0.75 定义为较高质量产卵生境，将 0.75～1 定义为高质量产卵生境。将基于生境利用法计算的 HSI 记作 HSI_ 使用值，将基于偏好法计算的 HSI 记作 HSI_ 偏好值。

7.3.4　三峡水库生境类型空间分布特征

分类结果显示，基于 CCI 可较好地进行三峡水库生境分类。结合 CCI 和岸线形态，将三峡水库生境分为 5 类，生境类型空间分布如图 7-10 所示，图 7-10a 为三峡水库干流生境类型空间分布，图 7-10b 和图 7-10c 分别为万州 - 奉节河段和巫山 - 秭归河段生境类型空间分布。可以看出，洄水湾生境分布范围广，侧向滩和顺直河岸分布相对较少。在巴东 - 秭归河段，洄水湾长度和规模较大；而在云阳 - 奉节河段，洄水湾规模相对较小；反之，在云阳 - 奉节河段，侧向滩和顺直河岸分布较广。凸岸点滩和凹岸深潭这两种生境主要分布在涪陵、忠县以及万州等河段。

对三峡水库各生境类型数量、占比、密度（平均每千米河长某种生境类型的数量）进行统计分析，三峡水库生境类型以洄水湾为主，共 230 个，占生境类型总数的 43.3%，平均每千米 0.40 个；其次为侧向滩，共 97 个，占生境类型总数的

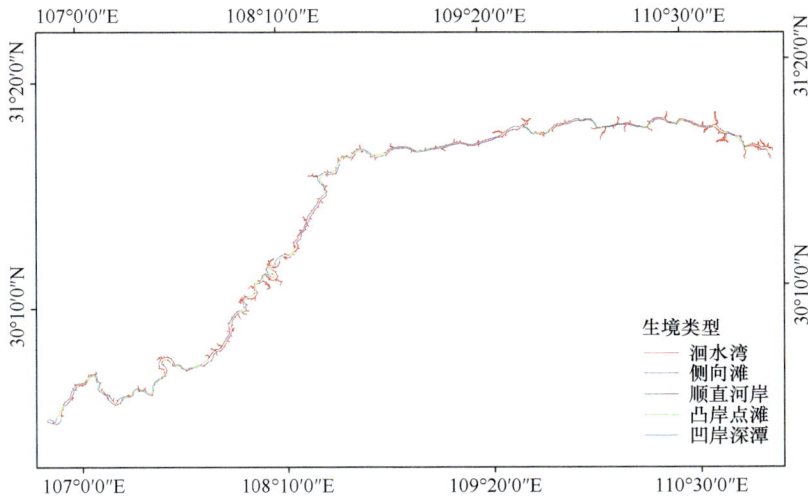

a. 三峡水库干流生境类型空间分布

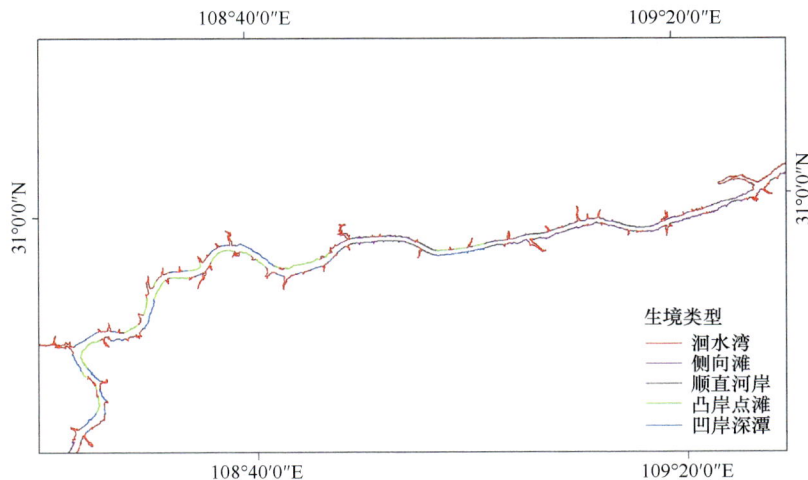

b. 万州-奉节河段生境类型空间分布

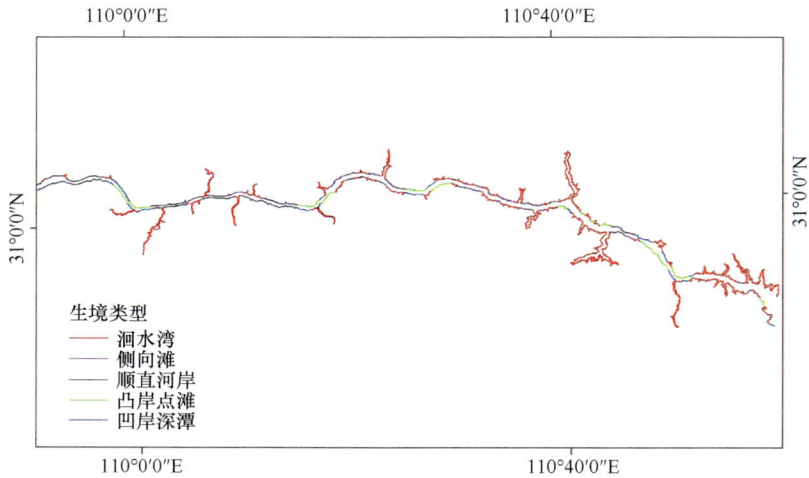

c. 巫山-秭归河段生境类型空间分布

图 7-10　三峡水库生境类型空间分布

18.3%，平均每千米 0.17 个；顺直河岸共 92 个，占比为 17.3%。凹岸深潭和凸岸点滩基本呈对称分布，分别为 57 个和 55 个，数量占比十分接近，分别为 10.7% 和 10.4%，平均每千米 0.10 个（表 7-4）。

表 7-4　三峡水库生境类型统计表

生境类型	数量（个）	占比（%）	密度（个/km）
涧水湾	230	43.3	0.40
侧向滩	97	18.3	0.17
顺直河岸	92	17.3	0.16
凸岸点滩	55	10.4	0.10
凹岸深潭	57	10.7	0.10

注：密度为平均每千米河长某种生境类型的数量。

7.3.5　产黏性卵生境因子分析

以生境类型为研究单元，实地调查结果显示，共调查到产黏性卵鱼类产卵场 27 个，其中位于涧水湾生境的有 14 个，位于侧向滩生境的有 2 个，位于顺直河岸生境的有 2 个，位于凸岸点滩生境的有 5 个，位于凹岸深潭生境的有 4 个。

调查河段产卵场生境类型及生境因子统计结果见表 7-5，坡度和岸线复杂度在不同生境类型之间差异较大，而植被覆盖度差异较小。其中，所有生境类型的坡度整体上均小于 35°，最小值为约 8.98°，出现在涧水湾，凸岸点滩和凹岸深潭最小值低于 15°，侧向滩和顺直河岸的坡度较大。对于植被覆盖度，各生境类型的植被覆盖度均不低于 30%，其中涧水湾、凸岸点滩和凹岸深潭最大值不低于 60%，涧水湾整体的植被覆盖度最大，最大值为 73%。对于 CCI，涧水湾的岸线复杂度最高，最大值为 8.98；侧向滩和顺直河岸的 CCI 小于 2，且顺直河岸的岸线结构最简单；凸岸点滩 CCI 的范围小于凹岸深潭。

表 7-5　调查河段产卵场生境类型及生境因子统计表

生境类型	产卵场数量	坡度（°）		植被覆盖度（%）		CCI	
		最小值	最大值	最小值	最大值	最小值	最大值
涧水湾	14	8.98	23.02	39	73	2.16	8.98
侧向滩	2	25.64	32.12	41	52	1.52	1.77
顺直河岸	2	26.15	30.40	48	49	1.34	1.45
凸岸点滩	5	13.03	21.71	30	65	1.59	2.30
凹岸深潭	4	14.86	20.82	52	63	2.40	4.66

注：坡度和植被覆盖度为生境单元 50m 缓冲区河岸范围内的平均值。

为进一步分析坡度、植被覆盖度和 CCI 三种生境因子不同区间产卵场的分布情况，统计了各生境因子不同区间产卵场的数量，结果如图 7-11 所示。已探明产卵场的坡度集中在 10°～20°，植被覆盖度主要集中在 40%～60%，CCI 集中在 2～4，产卵场数量均不少于 13 个，约占产卵场总数的 50%。植被覆盖度在 60% 以上的产卵场有 6 个，约占产卵场总数的 22%；坡度为 20°～30° 的产卵场有 8 个，占比约为 30%；CCI 为 1.5～2 的主要为侧向滩和凸岸点滩，共 5 个，占比约为 19%。

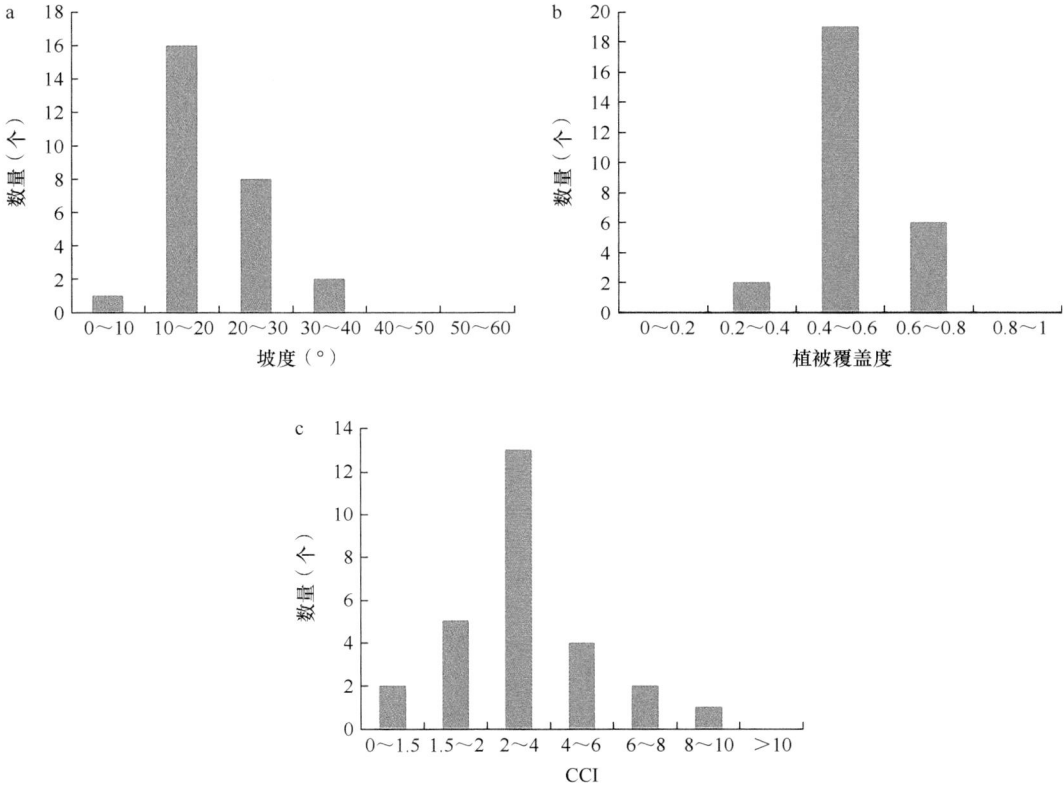

图 7-11　坡度（a）、植被覆盖度（b）和 CCI（c）三种生境因子不同区间产卵场分布

7.3.6　单因子生境适宜性曲线

分别采用生境利用法和生境偏好法统计产黏性卵鱼类产卵场对坡度、植被盖度和 CCI 三个生境因子的使用值和偏好值，结果如图 7-12 所示，使用值和偏好值越大，适宜性越高。从图 7-12 可看出，两种方法计算的坡度和植被覆盖度的使用曲线及偏好曲线变化趋势基本一致，随着坡度和植被覆盖度的增大，使用值和偏好值呈现先升高后降低的趋势，两曲线吻合较好，而 CCI 的两条曲线虽然均呈现先升高后降低的趋势，但曲线所处区域差异较大。

从适宜性上看，当坡度为 10°～20° 时，使用值和偏好值最大，当坡度为 20°～30° 和 30°～40° 时，两种方法计算的值差异较大，使用值分别为 0.50、0.13，偏好值分别为 0.72、0.70。对于植被覆盖度，两种方法均为 40%～60% 的值最大，当植被覆盖度为 60%～80% 时，使用值和偏好值差异最大，分别为 0.32、0.61。与坡度和植被覆盖度不同的是，虽

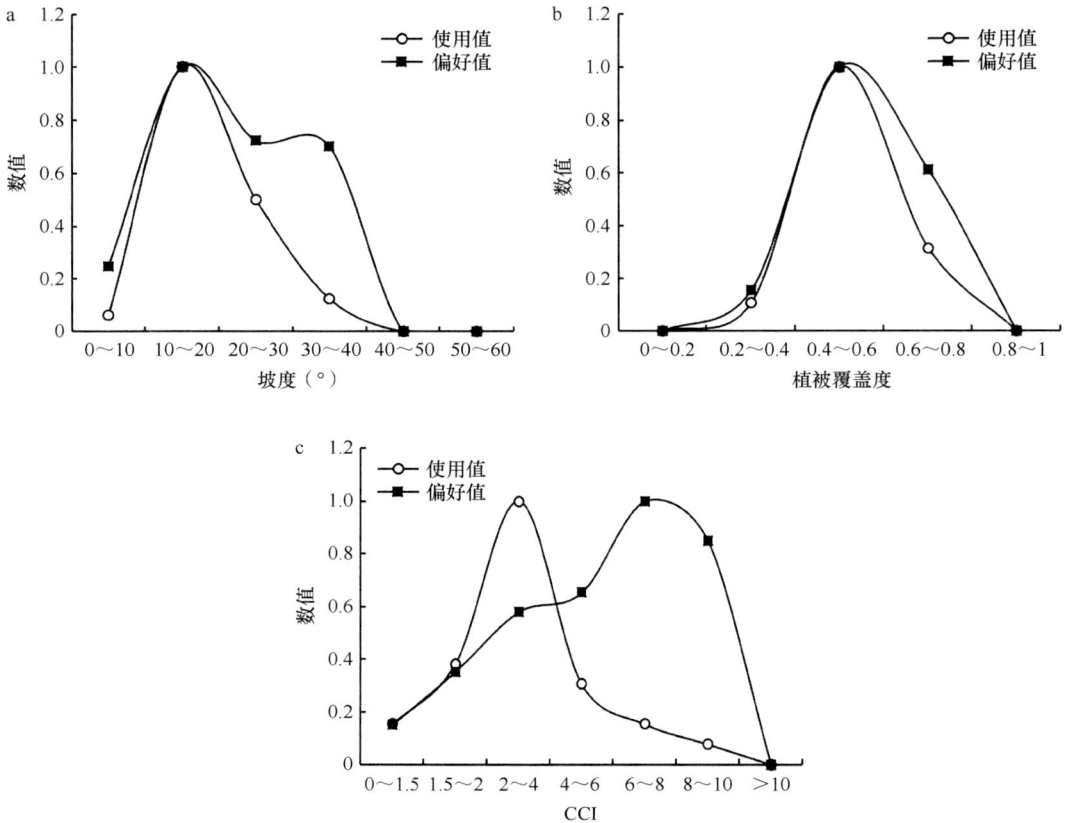

图 7-12 产黏性卵鱼类产卵场使用曲线和偏好曲线

a. 坡度；b. 植被覆盖度；c. CCI

然随着 CCI 的增大，使用值和偏好值呈现先增大后减小的趋势，但使用值最大对应 CCI 的区间为 2~4，而偏好值最大对应的区间为 6~8，在 2~4，偏好值约为 0.58，而在 6~8 使用值较小，仅约 0.15。

7.3.7　产卵生境适宜性空间分布

利用 HSI 对三峡水库产黏性卵鱼类的产卵生境适宜性进行预测，结果如图 7-13 所示，其中图 7-13a 为基于 HSI_使用值的预测结果，图 7-13b 为基于 HSI_偏好值的预测结果。两种方法对产卵生境适宜性预测结果的变化趋势基本相同，预测结果均为较高质量产卵生境多，涪陵至云阳河段产卵生境适宜性较高。但 HSI_偏好值略高于 HSI_使用值，前者预测结果处于低质量产卵生境的区域较少。

进一步分析不同生境类型的适宜性，对比各生境类型差异，图 7-14 统计了低质量、中质量、较高质量以及高质量产卵生境下各生境类型的数量。洄水湾、凸岸点滩和凹岸深潭的产卵生境质量集中在较高质量和高质量区域，在较高质量和高质量产卵生境中，采用 HSI_使用值和 HSI_偏好值两种方法，洄水湾数量占比分别为 74.35% 和 81.30%，凹岸深潭的占比均为 90%，凸岸点滩的占比约为 70%。侧向滩的产卵生境质量集中在中质量和较高质量区域；对于顺直河岸，没有高质量的产卵生境，主要集中在低质量和中质量产卵生境，采用 HSI_使用值和 HSI_偏好值方法计算的占比分别为 75.00% 和 58.70%。

综上所述，两种方法均能够较好地预测三峡水库产黏性卵鱼类产卵生境适

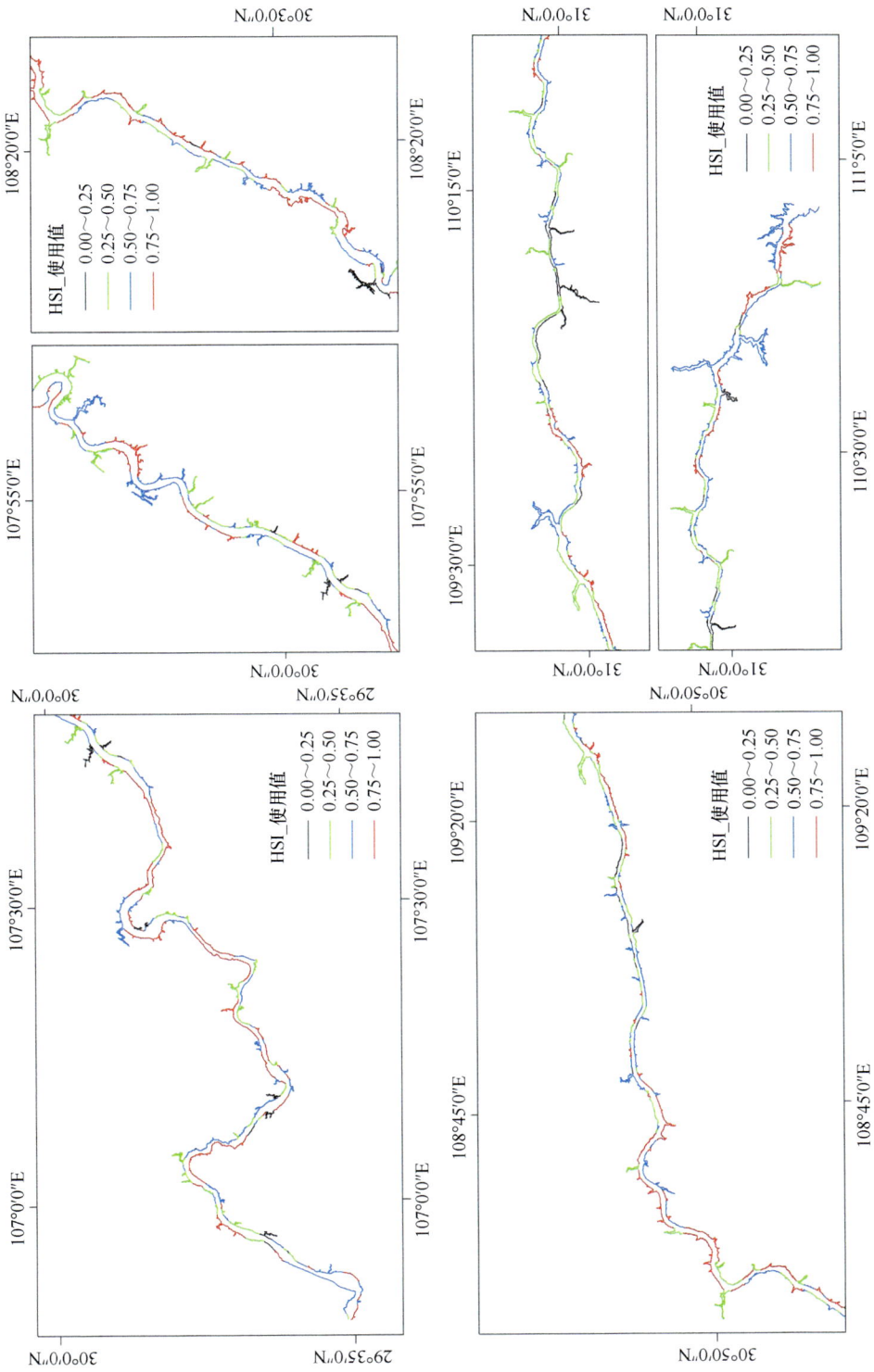

a. 基于HSI_使用值的预测结果

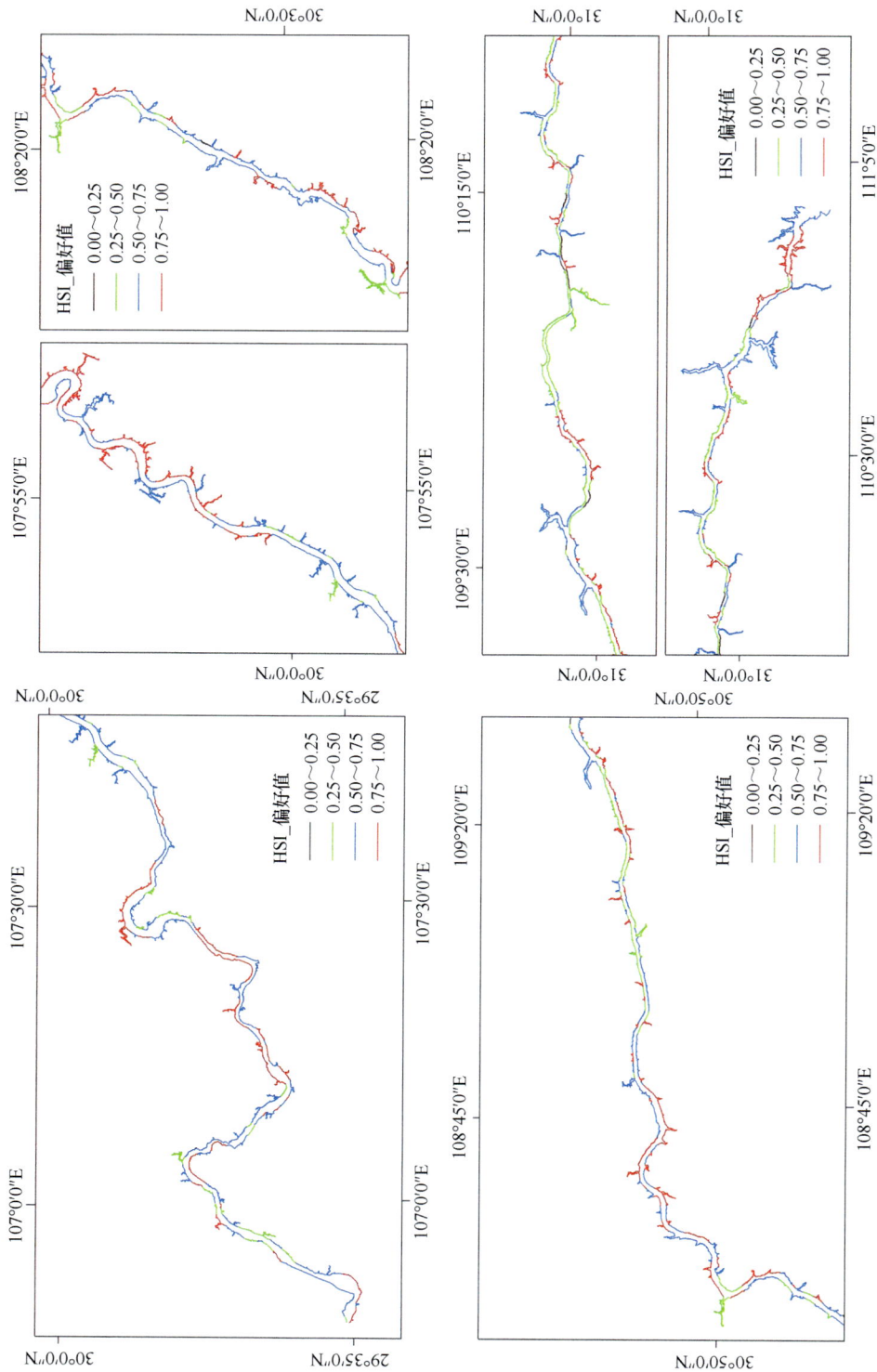

b. 基于HSI_偏好值的预测结果

图 7-13 三峡水库产黏性卵鱼类产卵生境适宜性空间分布

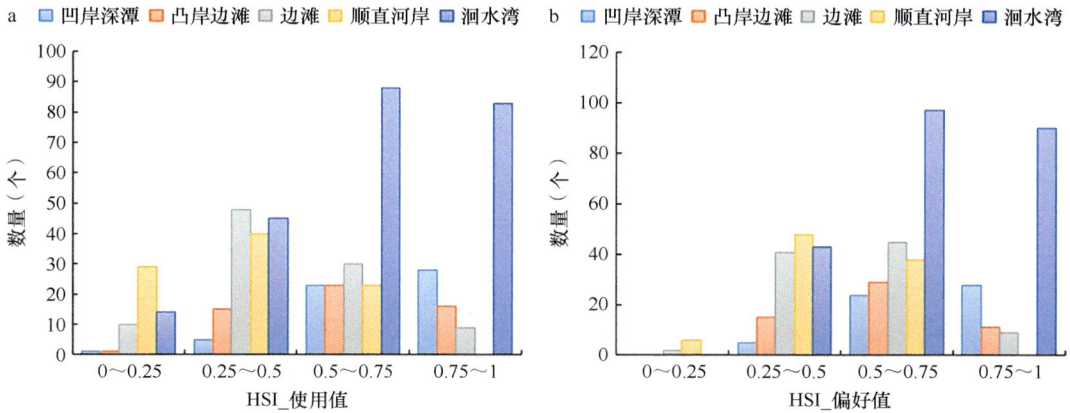

图 7-14　三峡水库鱼类产卵生境适宜度统计

宜性，其中洄水湾、凸岸点滩和凹岸深潭的产卵生境质量集中在较高质量和高质量区域，主要在涪陵至云阳河段，而侧向滩和顺直河岸的生境适宜性较低。

7.3.8　讨论

由于河流生境的复杂性及研究学者不同的学科背景和应用目的，对河流生境的理解呈现多元化的特点。河流生境特征受地貌、降水、温度、发育历史等因素的影响（Benda et al.，2004；Allan et al.，2022），各因素的空间异质性使河流生境分类没有统一的标准（Cohen et al.，1998）。有研究利用坡降、蜿蜒度、河网密度、河流等级、断流风险等指标，将太子河流域生境分为源头陡峭生境、平原支流密集河网生境、干流蜿蜒河流生境等 8 种类型（孔维静等，2013），将海河流域生境分为低蜿蜒度急流常年有水河流生境、中蜿蜒度缓流季节断流河流生境等 15 种类型（孙然好等，2018）。此外，还有基于河道地貌单元形态和水利属性，将生境分为急流单元和缓流单元（Hawkins et al.，1993）。而针对水库的研究中，基于水位、地形地貌、岸坡将三峡水库消落带生境类型分为经常性水淹型、半淹半露型和经常性出露型等 6 类（雷波等，2012）。上述研究无论是指标选择，还是分类结果均呈现多元化。

本文结合三峡水库岸线特征和产黏性卵鱼类产卵生境特点，构建岸线复杂度指数（CCI），该指标能够有效描述岸线的复杂程度，结合河流形态参数，将河岸生境分为洄水湾、侧向滩、顺直河岸、凸岸点滩和凹岸深潭 5 种类型。该分类方法对三峡水库河流岸线生境分类取得了较好结果，对于其他水库（尤其是河流型水库）岸线分类具有参考价值。在接下来的研究中，将对自然河流河岸生境分类中的适用性开展进一步检验。

关键因子适宜性曲线的构建是鱼类功能性生境适宜性评估中的重要工作（易雨君等，2013；杨志等，2017b），通过文献分析发现，在生境适宜性因子选择上，常用的有水深、流速和底质、植被覆盖度和坡度（康鑫等，2011；Nukazawa et al.，2011；Belgiorno et al.，2013；Li et al.，2022）等水文环境因素及物理生境因子。本文选择了 CCI、植被覆盖度和坡度构建生境适宜性曲线，其特点在于不需要野外测量，3 个指标均可通过遥感数据快速获得，可实现大范围连续观测。另外，CCI 是基于河流岸线和河流中线构造的一种岸线复杂度指数，可在一定程度上表征河流岸线复杂度及岸边流速特征，CCI 值越大，表明河流岸线越复杂，岸边流速越小。

在构建生境适宜度曲线的方法

选择上，基于生境利用法的研究较多（Vayghan et al.，2013；佟佳琦等，2018；李慧峰等，2022），但该方法以频率分布为基础，由目标物种特定生命阶段的栖息地使用情况得出，没有考虑某一有限生境类型的可获取性。本研究对比了生境利用法和生境偏好法（图7-12），前者仅考虑了产卵场调查数据，而后者综合了三峡水库生境的总体分布情况。对于生境因子坡度和植被覆盖度，两种方法的最适宜范围是一致的，但是在其他区间生境偏好法的值更大；对于生境因子CCI，两种方法的最适宜区间范围不同，CCI为在2~4调查的产卵场数量最多，且综合考虑三峡水库生境的空间分布特征，该区间范围的生境数量也最多，导致其使用值最大，但偏好值降低。此外，如果可获得数据比例降低，也将会导致偏好值偏高。在实际应用中，应根据不同目的，不同研究尺度，选择合适的指标与方法并进行栖息地模拟计算。

随着对河流的开发利用，水利工程的不断发展，水库数量越来越多，科学保护水库的鱼类资源已引起国内外学者关注（Guo et al.，2011；巴家文和陈大庆，2012）。三峡水库鱼类大部分产黏性卵（杨少荣等，2010；杨志等，2017a），本文对产黏性卵鱼类产卵生境适宜性预测结果表明，在三峡水库230个洄水湾中，约75%的洄水湾，其HSI值大于0.5，为较高或高质量产卵生境。本研究结果还显示三峡水库洄水湾生境多，分布范围广，且大多为适宜的产黏性卵鱼类产卵场，因此未来应该加大对洄水湾栖息生境的保护力度。

此外，干流水位抬升并向支流河口进行回水，使支流流速变缓，支流也将由河流态河道变成洄水库湾，其水环境，物种多样性等也将受到影响（赵莎莎等，2015；陈紫娟等，2018）。在栖息生境保护工作中，除关注水库本身，其入库支流也将是鱼类完成生活史的关键场所，

如果将入库支流、库区流域和河流流域等综合考虑进来，将有助于提高对水库鱼类种群、群落及其栖息生境管理的有效性。本节主要针对三峡水库干流开展了研究，对于入库支流乃至河流流域的研究，仍可参照本书提出的生境分类方法。在接下来的研究中，我们将重点关注不同入库支流生境类型的差异，为水生生物资源、产黏性卵鱼类的栖息地保护提供科学依据。

本节提出的河流生境分类方法，通过对水库岸线生境进行分类，获取水库洄水湾、侧向滩、顺直河岸、凸岸点滩和凹岸深潭5种生境类型的空间分布，然后构建了产黏性卵鱼类产卵生境适宜性预测模型，对比了不同方法预测结果，模型输入参数包括CCI、坡度和植被覆盖度。三峡水库生境类型以洄水湾为主，栖息地适宜性指数能够较好地反映出水库产黏性卵生境适宜性情况，洄水湾、凸岸点滩和凹岸深潭生境适宜度高，侧向滩和顺直河岸生境适宜度低。本研究也为其他水库及河流生境分类提供了思路，可为三峡水库管理及水生生物栖息生境保护提供重要的科学依据。

7.4 入库支流回水消落区生境特征

支流是库区流域的重要组成部分，通常来说，水库的大型入库支流会对水库的生境、物种组成、水生生物群落结构等产生较大的影响。在建库前，库区大部分土著鱼类喜流水性环境，并且具有上溯支流产卵的习性，水库建成后这些鱼类仍然保持这种习性，并且由于水库干流由流水向静水环境的转变，更多的河流性鱼类进入支流栖息，特别是上游具有广阔消落冲刷和充水冲刷的回水区河段栖息。库区上游大型支流及与其相连的消落区河漫滩为多种库区鱼类提供了繁殖和庇护场所（Agostinho et al.，1999），在这些支流中，沼泽区、回水区、牛轭湖等消落区中的幼鱼密度通常是库区的10~100倍（Meals and

Miranda，1991）。因此，保护和修复库区支流上游的回水栖息地是水库管理的重要内容之一。

以三峡库区的 31 条主要支流为例，其中御临河、龙溪河、澎溪河、大宁河 4 条支流的消落区面积较大（表 7-6，图 7-15），但御临河、龙溪河的消落区主要分布在支流的水库岸带，而非支流上游自然河段的河漫滩（图 7-16a），澎溪河和大宁河的消落区则以自然河段的河漫滩为主（图 7-16b、c），且澎溪河消落区类型更为多样，除河漫滩之外，还包括上游汉丰湖的湖泊消落区、湿地沼泽等多种类型（图 7-16c），为亲流水、缓水及静水的各种鱼类提供了丰富的生境（陈小娟等，2020）。

表 7-6 三峡库区支流水系参数

序号	汇入经度 （°E）	汇入纬度 （°N）	支流名称	河流长度 （km）	汇入河口宽度 （m）	高水位面积 （km²）	低水位面积 （km²）	消落带面积 （km²）
1	106.829	29.58	五步河	205.79	144.00	2.34	0.40	1.94
2	106.888	29.66	御临河	757.81	149.00	28.93	13.31	15.62
3	107.07	29.823	桃花溪	251.90	110.00	2.04	0.70	1.34
4	107.085	29.812	龙溪河	723.87	182.00	56.53	27.93	28.60
5	107.189	29.669	油江河	650.16	215.00	4.63	1.02	3.61
6	107.399	29.716	乌江	18.62	518.00	11.67	9.36	2.31
7	107.489	29.903	渠溪河	196.39	234.00	2.68	0.82	1.86
8	107.741	29.883	龙河	510.78	353.76	10.62	5.25	5.37
9	108.048	30.312	甘井河	346.96	304.05	3.63	1.09	2.54
10	108.136	30.399	汝溪河	234.65	635.55	4.40	2.12	2.28
11	108.313	30.598	瀼渡河	76.97	849.46	1.48	0.28	1.20
12	108.383	30.815	苎溪河	60.38	695.06	1.23	0.36	0.87
13	108.654	30.952	澎溪河	1628.87	1897.69	52.19	14.54	37.65
14	108.907	30.956	汤溪河	476.71	467.99	7.71	2.21	5.50
15	108.938	30.936	磨刀溪	589.24	451.19	16.81	5.30	11.51
16	109.096	30.947	石芦河	174.01	447.06	6.43	3.41	3.02
17	109.456	31.01	朱衣河	79.83	630.33	1.62	0.37	1.25
18	109.526	31.05	梅溪河	489.84	1843.51	13.39	4.89	8.50
19	109.629	31.006	墨溪河	311.12	1308.82	5.05	4.02	1.03
20	109.568	31.048	铁柱溪	155.56	1273.65	5.82	3.68	2.14
21	109.881	31.075	大宁河	1159.11	1139.17	35.55	16.91	18.64
22	110.005	31.02	红岩河	74.77	364.46	1.38	0.76	0.63
23	110.322	31.052	神农溪	33.79	510.32	5.30	4.75	0.55
24	110.393	31.051	店子河	136.45	585.89	1.30	0.89	0.41
25	110.603	31.005	泄滩河	26.35	461.14	0.76	0.01	0.76
26	110.625	30.994	清岗河	221.61	819.55	5.46	3.77	1.69
27	110.683	31.006	咤溪河	186.77	555.59	4.21	2.74	1.47
28	110.736	30.959	童庄河	71.85	407.05	6.79	4.65	2.14
29	110.75	30.965	香溪河	1185.82	734.63	14.85	10.34	4.51
30	110.841	30.887	九畹溪	157.18	257.15	1.26	1.08	0.18
31	110.954	30.877	百岁溪	58.22	595.60	1.86	1.25	0.61

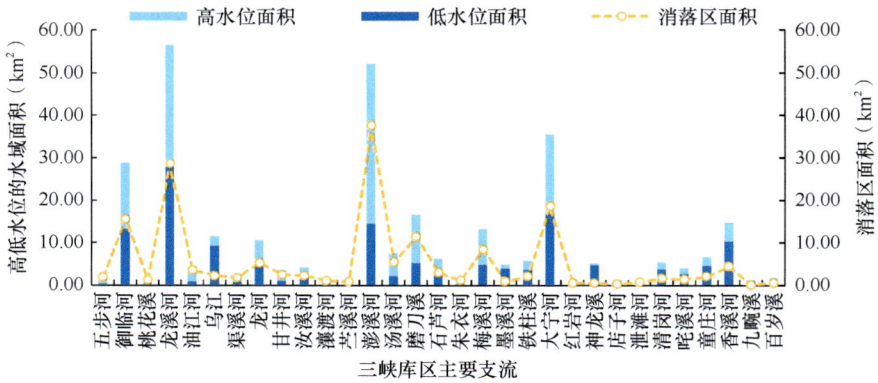

图 7-15　三峡库区主要支流高水位、低水位、消落区面积

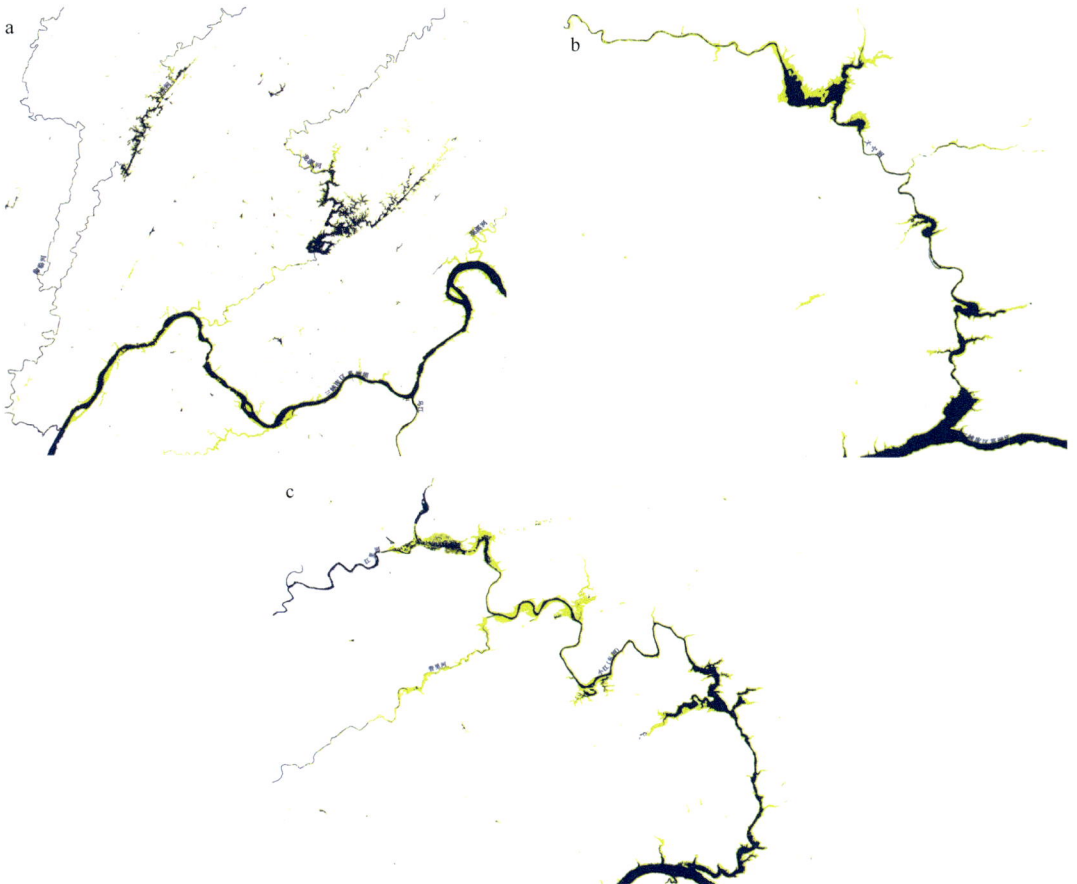

图 7-16　三峡库区支流御临河和龙溪河（a）、大宁河（b）、澎溪河（c）的消落带空间分布

解崇友等（2018）对三峡库区 36 条支流的鱼类多样性调查结果显示，澎溪河的渔获物种类、中国特有种和长江上游特有种在库区所有支流中的数量均最多；而王敏等（2017）对汉丰湖的鱼类群落调查结果显示，澎溪河上游的汉丰湖栖息了包括瓦氏黄颡鱼（*Pelteobagrus vachelli*）、蛇鮈（*Saurogobio dabryi*）、银鮈（*Squalidus argentatus*）、鲫（*Carassius auratus*）、光泽黄颡鱼（*Pelteobagrus nitidus*)、鲤（*Cyprinus carpio*）和贝氏鳘（*Hemiculter bleekeri*）等多种湖泊定居性鱼类，湖泊生境尤其是水位的变化对汉丰湖鱼类群落结构的影响较为明显。

Gido 等（2002）对泰克瑟马湖的研究发现，依据水库支流的长度可对沿岸带的鱼类群落组成进行很好的预测，这种可预测性主要是由于不同鱼类物种对水库理化生境的梯度变化的响应，这很

可能与长度较大或流域面积较大的支流具有更高比例的沿岸和回水消落区有关。图 7-17 给出了三峡库区主要支流河流长度和消落区面积的散点关系，可以看出，支流河流长度与消落区面积之间存在较高的相关性，若去除坝前区以陡峭裸岩型消落带为主的支流香溪河，以及支流水库消落带面积较大的龙溪河，则两者之间的相关系数可达 0.88。

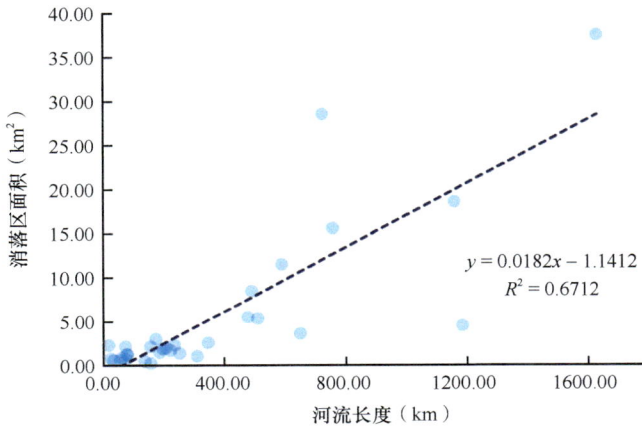

图 7-17　三峡库区主要支流河流长度和消落区面积的散点关系

7.5　库区流域生态环境质量评估

库区流域是指包括水库及所有汇入水库的支流构成的完整集水单元。消落带作为库区流域的一个组成部分，其生态环境状况是由所在的整个集水区的状况决定的。因此，要了解库区消落带的生态环境质量，必须对所在库区流域有整体的认识。

就库区流域的自然生态环境而言，流域气候因素、地质地形条件、表层土壤的抗冲刷能力、植被条件等会造成流域水系切割状况的不同，通常在雨量丰沛、土壤渗透力高、植被条件较好的流域，其水系切割程度较低，河网密度一般较小，反之，则河网密度可以很大。植被通过拦截雨水、叶面蒸腾、根系对土壤的固结作用等，对流域径流产生很大的影响，植被覆盖度越低，降水造成的库区水位上升速度越快，形成的洪峰流量越大，冲刷作用越强烈。

库区流域的土地覆盖和土地利用的改变、面源污染问题以及生活和工业点源污染等，都是在流域尺度上对库区及其消落带生态环境造成影响的重要因素（Ren et al.，2015）。库区流域的土地覆盖和土地利用改变，如森林砍伐、农田开垦、城市和不透水层建设、廊道建设、河道整治等，会对地表流量及其分布产生影响，增加营养物质向水库的输入，改变鱼类群落的组成及种群关系。耕地输出的养分含量通常是林地和草地的数倍，水库水体的悬浮物浓度与流域内耕地的占比呈显著的正相关关系，而与林地覆盖度呈负相关关系（Jones and Knowlton，2005），但相比之下，被城市不透水层建设包围的水库，其营养物浓度通常高于农业水库。库区消落带是调节水库与库区流域交互作用的关键生态区域，它与自然河流的河岸带功能相似，

在坝前由于地形落差和蓄水填充的影响，往往不具备有效功能的消落带，其生态环境问题更突出。

传统的宏观生境评价通常必须先获得微观或中观栖息地生境要素的状况，再通过整个流域的微观或中观生境加权平均方法来评估流域生境的综合状况，这需要细致的实地观测来支持。本节提出一种基于地理信息空间加权模型的评估方法，各生境要素数据均来自开源数据集，适宜进行快速、大范围的流域宏观质量评价，能够快速识别造成库区流域及消落带生态环境质量下降的主要因素及人类活动影响的空间格局，从阐明流域整体需求的角度出发，该方法能为库区消落带环境治理提供灵活、快速且综合性的评价手段。

7.5.1 评价指标计算及分布格局分析

将流域宏观尺度生态环境影响因子根据其性质分为两类：一类是代表流域自然本底状况的因子；另一类是表达人类活动影响的因子。通过空间制图分析，获得各因子的空间分布格局。

7.5.1.1 库区流域自然生态环境

1. 自然水系河网密度

自然水系河网密度是指单位流域面积内自然河流的水系总长度。采用国家基础地理信息中心发布的《基础地理信息要素数据字典 第4部分：1∶250 000 1∶500 000 1∶1 000 000 比例尺》（GB/T 20258.4—2019）中提供的1∶250 000比例尺的210101常年河-地面河流、210104常年河-消失河段、210200时令河、210300干涸河床等自然水系数据（数据下载自全国地理信息资源目录服务系统），计算公式如下：

$$D_{u21} = \frac{L_{21}}{A_u} \quad (7-4)$$

式中，D_{u21}是级别为u的单位面积上的

自然河流水系的密度；L_{21}为各子流域的自然河流水系的长度总和；A_u是级别为u的各子流域的面积。

2. 自然水系河流频度

自然水系河流频度是指单位流域面积上自然河流的水系数目，仍采用计算自然水系河网密度的数据，计算公式如下：

$$F_{u21} = \frac{(\sum N)_u}{A_u} \quad (7-5)$$

式中，F_{u21}是级别为u的单位面积上的自然河流水系的频度；$(\sum N)_u$是级别为u的流域中自然河流水系的总数。

3. 流域湿地保有率

流域湿地保有率是指单位流域面积内的河流、湖泊、季节性湿地等地表水体面积之和。采用CWaC数据集（见第3章3.3.4节），计算公式如下：

$$A_w = A_{rivers} + A_{lakes} + A_{wetlands}$$
$$P_w = \frac{A_w}{A_u} \quad (7-6)$$

式中，P_w是各子流域的自然湿地面积总和占子流域面积的比例；A_{rivers}、A_{lakes}、$A_{wetlands}$分别是河流、湖泊、季节性湿地的面积。

4. 流域及消落带自然植被覆盖度

植被覆盖度的计算方法见第2章2.1.4.1节。具体地，流域自然植被覆盖度（FVC_n），是采用重点关注时期的卫星数据获取植被覆盖度，并剔除农业种植作物和城镇人工栽种植被之外的自然植被计算获取。

库区河流消落带自然植被覆盖度（FVC_{rb}），是以库区流域范围内各级河流的消落带范围为统计单元，统计各子流域河流消落带范围内的自然植被覆盖度均值。

5. 自然景观多样性指数

首先，可采用诸如最大似然法、专家决策树、支持向量机等遥感分类方法，

或面向对象的分类方法（Dronova et al.，2011，2012）等，来提取流域内重点关注时期受人类活动干扰程度较低时期的自然景观类型的分布；其次，在获取其空间分布情况后，对各流域范围内，或库区消落带范围内的各种景观类型的面积及数量占比进行统计；最后，计算景观多样性指数，用来度量自然系统结构组成的复杂程度，其计算方法如下：

$$H_n = -\sum_{k-1}^{n} P_k \ln(P_k) \qquad (7\text{-}7)$$

式中，P_k 为某一景观类型 k 在景观中出现的概率（通常以该类型占有的像元数占研究区像元总数的比例来估算，或是以面积比例估算）；n 为景观中包含的景观类型的总数。对于给定的 n，当各类斑块的面积比例相同时（即 $P_k=1/n$），H_n 达到最大值。随着 H_n 的增加，景观结构组成的复杂性也趋于增加。

7.5.1.2　库区流域人类活动影响

1. 水资源开发利用强度

水资源开发利用强度用单位流域面积内运河、人工河渠等河流总长度表示。仍采用国家基础地理信息中心提供的 1:250 000 比例尺的 220100 运河、220200 干渠、220300 支渠、220400 坎儿井 4 类人工河网数据（数据下载自全国地理信息资源目录服务系统），使用如下公式计算获取各子流域人工河网密度分布状况：

$$D_{u22} = \frac{L_{22}}{A_u} \qquad (7\text{-}8)$$

式中，D_{u22} 为级别为 u 的单位面积的人工河网密度；L_{22} 为每个子流域的各类人工河网长度总和；A_u 为级别为 u 的各子流域的面积。

2. 农业面源污染强度

农业面源污染强度用各子流域的农业用地面积与子流域面积之比表示。采用清华大学地球系统科学系宫鹏团队发布的 10m 分辨率的全球地表覆盖产品 FROM-GLC10 数据集（参见第 3 章 3.3.5 节），计算研究区各子流域的农业用地面积与子流域面积的比值：

$$\text{ANSPI} = \frac{A_{\text{crop}}}{A_u} \qquad (7\text{-}9)$$

式中，ANSPI 为农业面源污染强度；A_{crop} 为各子流域农业用地面积。

3. 生活和工业点源污染强度

各子流域居民区及城市建设用地面积与子流域面积之比。采用清华大学地球系统科学系宫鹏团队发布的 10m 分辨率的全球地表覆盖产品 FROM-GLC10，计算各子流域的不透水层面积与子流域面积的比值，来表达生活和工业点源污染强度的空间分布状况：

$$\text{DIPSPI} = \frac{A_{\text{imprevious}}}{A_u} \qquad (7\text{-}10)$$

式中，DIPSPI 代表生活和工业点源污染强度；$A_{\text{imprevious}}$ 为各子流域不透水层的面积。

4. 道路干扰强度

道路干扰强度用各子流域内道路（公路、铁路等）总长度与子流域面积之比表示，还可增加运河、人工河渠等，来综合表达廊道景观干扰度，当流域内人工水资源利用方式强度较低时，这一指标主要反映道路交通建设对自然景观的扰动强度，即道路干扰度强度。采用 Open Street Map 数据集（https://download.geofabrik.de/）中的铁路、公路数据集，计算各子流域的铁路、公路等的交通建设工程的长度总和与子流域面积的比值，来表达各子流域道路工程建设造成的景观干扰度状况：

$$D_t = \frac{L_{\text{railway}} + L_{\text{road}}}{A_u} \qquad (7\text{-}11)$$

式中，D_t 为道路密度；L_{railway} 为各子流域铁路的长度；L_{road} 为各子流域公路的长度。

5. 河道整治及人造工程干扰频度

河道整治工程通常包括裁弯工程、护岸工程、导流工程、束窄工程、渠化工程等，人造工程包括闸坝工程、引水工程、桥渡工程、采砂石工程、弃置尾矿等。干扰分布是指不同干扰类型的空间分布，可采用面向对象解译及目视解译的方法对工程干扰类型的空间分布进行专题制图，最后对各类工程的数量进行统计。河道整治及人造工程干扰频度计算如下：

$$F_r = \frac{\left(\sum N_r\right)_u}{A_u} \tag{7-12}$$

式中，F_r 为河道整治及人造工程干扰频度；$\left(\sum N_r\right)_u$ 为级别为 u 的流域中各类河道整治及人造工程的总数。

6. 生境破碎度

首先，采用遥感分类方法提取流域内重点关注的消落带生境的空间分布状况；其次，对各流域范围内、河流和湖泊沿岸带一定缓冲区范围内或消落带缓冲范围内的各种生境类型的面积及数量占比进行统计；最后，计算生境破碎度，计算方法如下：

$$FN_i = (n_i - 1)/NC_i \tag{7-13}$$

式中，FN_i 为第 i 类生境类型的破碎化程度，取值范围为 $[0\sim1]$，0 表示生境完整度高，未受干扰或破坏，1 表示生境破碎度极高，其完整性和连续性完全被破坏；$NC_i = A_{min}$ 表示第 i 类生境的总面积与最小生境斑块面积的比值；n_i 为第 i 类生境类型的斑块数量。

7.5.2 库区流域生态环境质量综合评价

首先，对自然生态环境和人类活动影响各因子之间进行空间相关性检验，排除高度共线的影响因子，保留对流域生境格局具备较高解释力（空间格局差异较大）且彼此不共线（相关度为中等相关性以下）的因子；随后，采用空间几何加权分析，获得库区流域生态环境状况评价结果的空间分布状况。

空间几何加权分析主要通过两个指数来实现，第一个是表达库区流域自然生态环境状况的综合性指数 NHHI，第二个是表达人类活动影响状况的综合性指数 HIFI。首先，对 NHHI 和 HIFI 分别进行空间计算，获得两个综合评估指数的空间分布格局；其次，对 NHHI 按人类活动干扰强度 HIFI 进行生态环境质量干扰控制计算，获得经过人类活动干扰的 H_NHHI。比如，其中一种可能的计算模型如下：

$$NHHI = \left(\prod_{j=1}^{J} NHHI_j\right)^{\frac{1}{J}} = \left(\frac{1}{D_{u21}} \times H_n \times \cdots\right)^{\frac{1}{J}}$$

$$HIFI = \left(\prod_{j=1}^{J} HIFI_j\right)^{\frac{1}{J}} = \left(D_{u22} \times ANSPI \times DIPSPI \times \cdots\right)^{\frac{1}{J}} \tag{7-14}$$

$$H\_NHHI = NBHHI - NBHHI \times HIFI$$

分别对 NHHI、HIFI、H_NHHI 的计算结果进行五级分级制图。例如，NHHI 包含极高适宜区、高度适宜区、中度适宜区、低度适宜区、不适宜区；HIFI 分别对应极高干扰区、高度干扰区、中度干扰区、低度干扰区、无干扰区，以及不同人类活动干扰强度下的适宜区分极等。通过上述方法分别获取自然生态环境格局、人类活动干扰格局以及人类活动干扰下的库区流域生态环境格局分布状况。

7.5.3 三峡库区流域生态环境评价

以三峡库区流域为例，对上述方法开展实例应用。库区流域自然生态环境因子及人类活动影响因子的分布格局如图 7-18 所示。

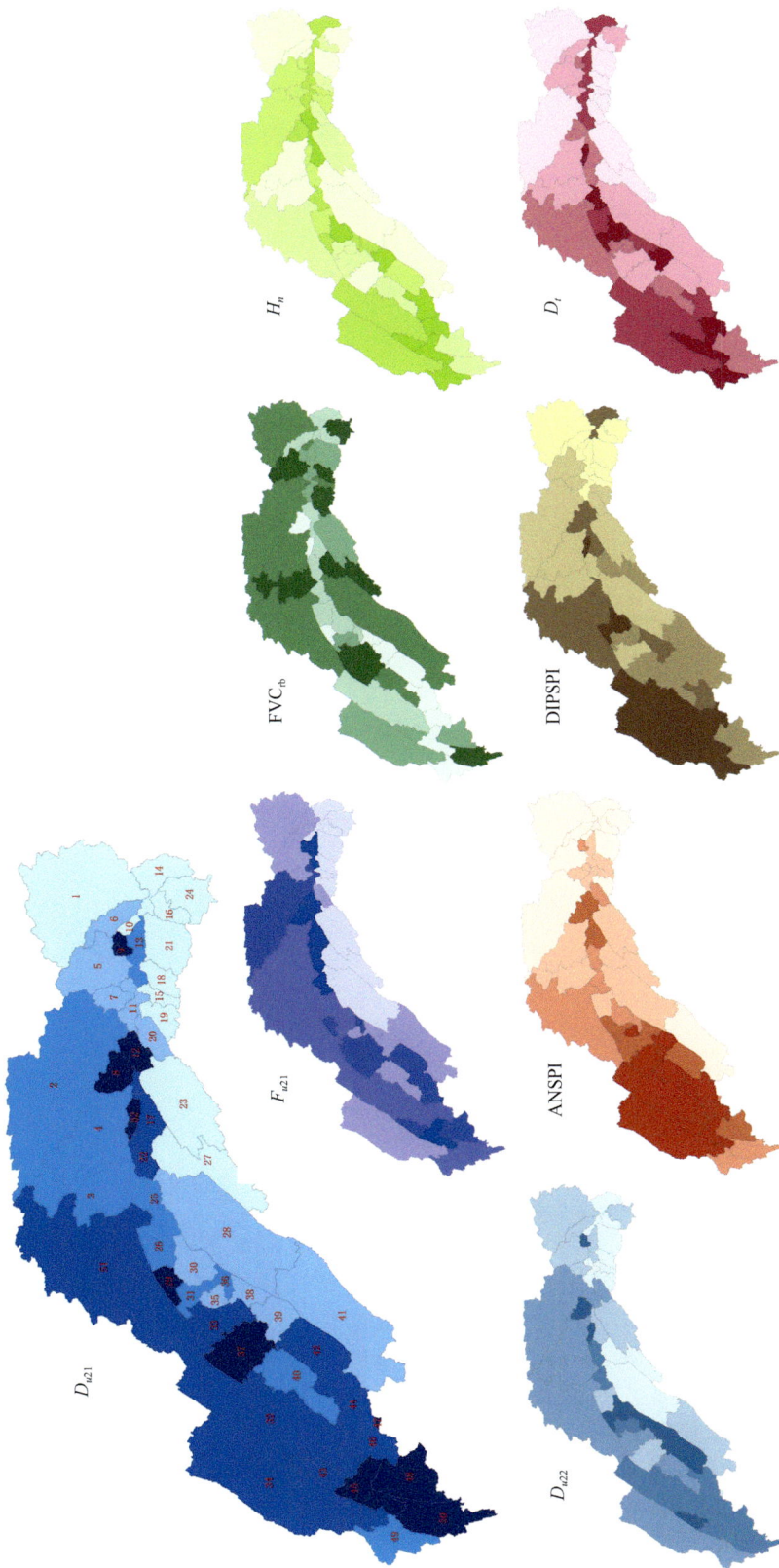

图 7-18　三峡库区自然生态环境因子及人类活动影响因子的流域分布格局

1. 香溪; 2. 大宁河; 3. 汤溪河; 4. 梅溪河; 5. 神农河; 6. 咋溪河 (龙船河); 7. 三溪河; 8. 铁柱溪; 9. 店子河 (草堂河); 10. 泄滩河 (小河); 11. 干流巫山县下段; 12. 干流巫山县上段; 13. 干流巴东县段; 14. 干流秭归县段; 15. 小溪河段; 16. 童庄河; 17. 干流奉节县下段; 18. 万福河; 19. 拖龙洞 (官渡河); 20. 红岩河; 21. 清岗河 (链子溪); 22. 干流龙洞乡段; 23. 墨溪河 (大溪河); 24. 九畹溪; 25. 干流万州下段; 26. 干流云阳县段; 27. 石庐河 (长滩河); 28. 磨刀溪; 29. 苎溪河; 30. 干流万州上段; 31. 灌渡溪; 32. 龙溪河; 33. 汝溪河; 34. 御临河; 35. 石桥河; 36. 干流燕山乡段; 37. 甘井河 (黄金河); 38. 干流忠县段; 39. 干流石宝镇段; 40. 渠溪河; 41. 龙河; 42. 干流丰都县下段; 43. 桃花溪; 44. 干流丰都县上段; 45. 干流风城段; 46. 干流涪陵段; 47. 乌江; 48. 油江河 (黎香溪); 49. 干流寸滩段; 50. 五步河; 51. 彭溪河; 52. 朱衣河

河网密度和河流频度可从不同角度描述流域水系的切割程度,它们之间具有明确的相关关系(图7-19),三峡库区流域河网密度和河流频度均排前列的几个子流域包括铁柱溪、店子河、乌江、朱衣河、干流凤城段、干流巫山县上段等,但这些子流域的植被覆盖度与整个库区流域相比较低。

流域自然植被覆盖度与消落带自然植被覆盖度正相关(图7-20),但也存在几个子流域,如墨溪河、清岗河、咤溪河等流域,整体覆盖度超过90%,但消落带自然植被覆盖度较低,这几个入库支流的岸带缺乏植被对降雨和营养物质的有效拦截。

三峡库区流域受水资源开发利用

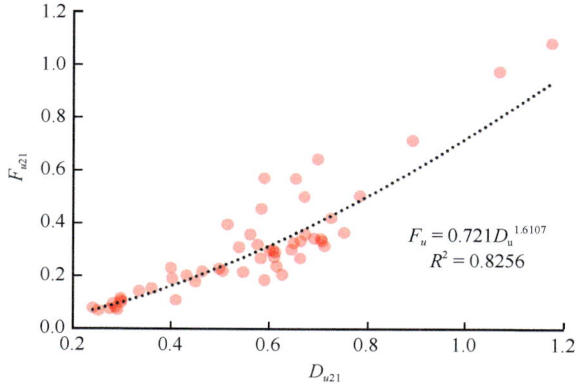

图7-19 三峡库区子流域河网密度与河流频度的相关性

$$F_u = 0.721D_u^{1.6107}$$
$$R^2 = 0.8256$$

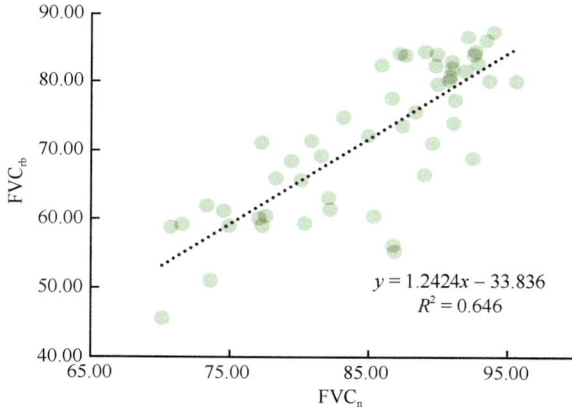

图7-20 三峡库区流域自然植被覆盖度与库区消落带自然植被覆盖度的相关性

$$y = 1.2424x - 33.836$$
$$R^2 = 0.646$$

影响最大的主要位于干流丰都县至万州上段,以及店子河、朱衣河、铁柱溪、苎溪河和桃花溪等支流;受农业面源污染影响最大的主要位于库区上游的干流凤城至忠县段,以及汇入这一段干流的几条支流,如御临河、龙溪河、渠溪河、甘井河等;受生活和工业点源污染较强的主要包括干流寸滩至涪陵的库区上游段,以及中游干流的万州上游段和坝前的秭归县河段,支流主要包括汇入库区上游干流的御临河、龙溪河、桃花溪,以及汇入万州干流段的苎溪河、汇入奉节段的朱衣河等;受道路干扰较强的基本沿着除丰都县河段下段之外的长江干流沿线子流域分布。在各支流中,御临河、龙溪河、桃花溪等几条支流受各种人类活动影响的程度均较大。

通过各生境因子的空间异质性对比及空间相关性检验（图 7-21，图 7-22），筛选出以下三峡库区流域生态环境状况代表性因子，包括自然河流河网密度（D_{u21}）或河流频度（F_{21}）选其一，库区消落带自然植被覆盖度（FVC_{rb}）和流域自然植被覆盖度（FVC_n）选其一，以及对库区流域生态环境具有较大影响的人类活动因素，包括人工河网密度（D_{u22}）、农业面源污染强度（ANSPI）、道路干扰强度（D_t）等。

三峡库区流域生态环境评价如图 7-23 所示。干流相对支流的本底生态环境更好。入库各支流中，库首的香溪河、咤溪河、小河，汇入干流云阳 - 奉节段的梅溪河、汤溪河，汇入干流丰都县 - 万州段的苎溪河、瀼渡河、汝溪河、黄金河，以及汇入上游的黎香溪和五布河等支流的本底生态环境更脆弱，这些支流的流域坡度均值都在 15° 以上，营养盐更易随支流汇集向干流。库区上游的人类活动干扰相对更强，由于流域本底环境及土地利用活动，受农业面源污染及生活和工业点源污染的风险更高（图 7-23c）（谭路等，2010），尤其是紫色土坡耕地开垦造成的土壤硝态氮溶解和径流输入，以及泥沙吸附的磷输入，这些因素是库区水体富营养化的主要来源（Ouyang et al., 2017; Feng et al., 2021）。

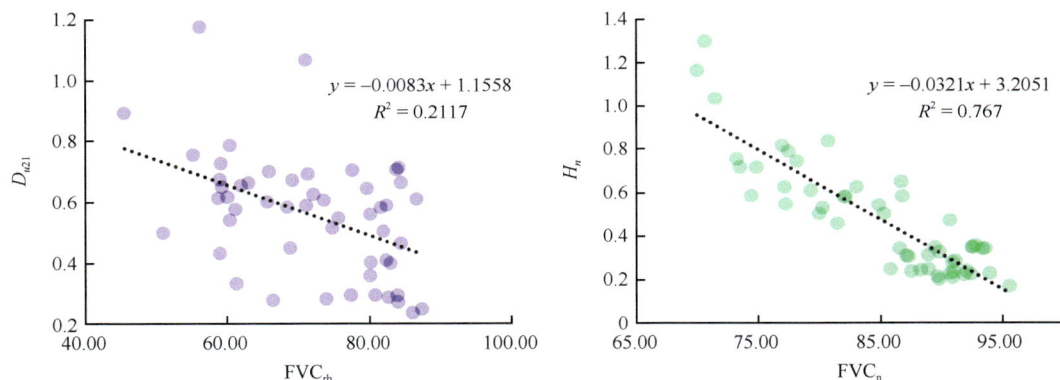

图 7-21　三峡库区消落带自然植被覆盖度与河网密度及流域自然植被覆盖度与自然景观多样性指数的相关性

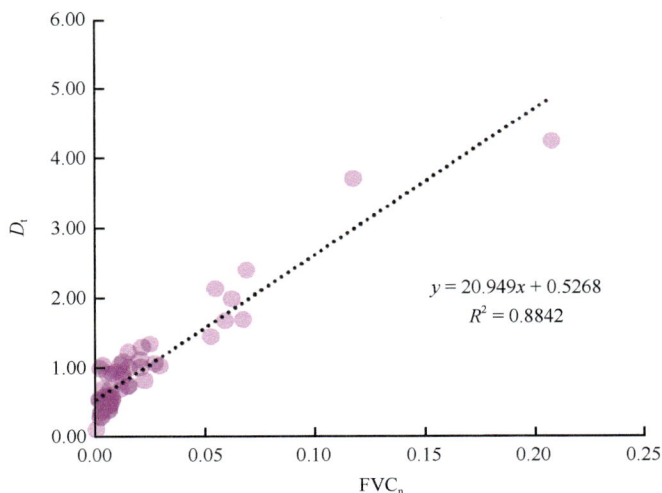

图 7-22　三峡库区子流域生活和工业点源污染强度与道路干扰强度的相关性

a

b

c

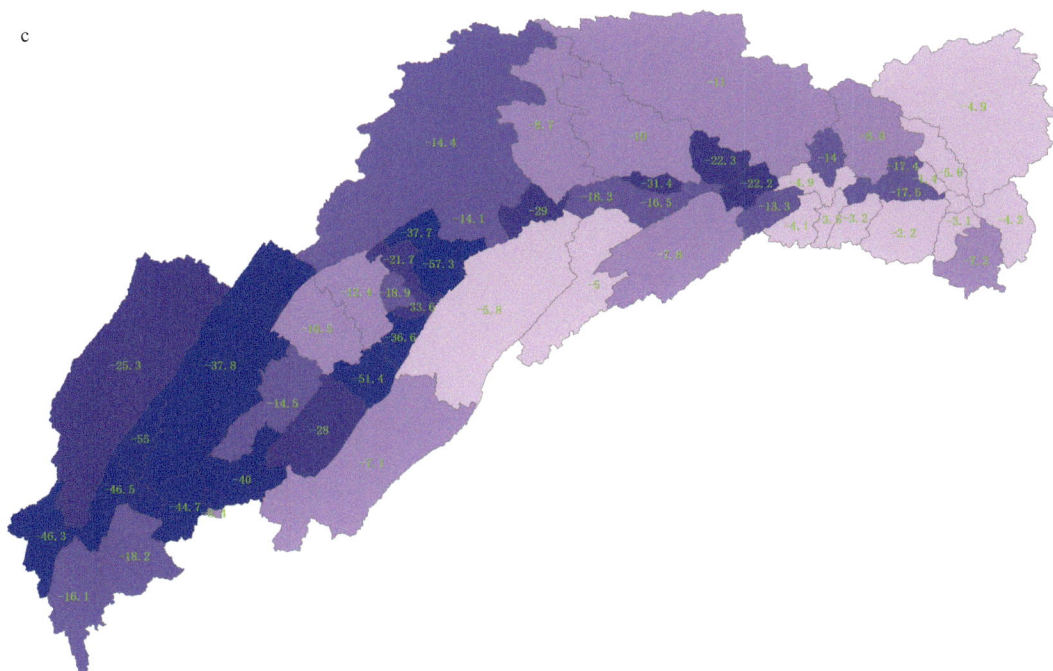

图 7-23　三峡库区流域生态环境评价
a. NHHI；b. H_NHHI；c. H_NHHI 与 NHHI 比较的下降百分比

　　库区消落带生态环境脆弱，人为调蓄造成的水位反季节性涨落会导致岸带生物多样性下降和生境均质化，更易受到流域环境的影响，流域生态环境质量的下降会进一步影响库区消落带的生态环境质量。部分研究表明，三峡库区消落带的全氮、全磷含量已高于长江中下游典型湖泊底泥中的全氮、全磷含量（郭劲松等，2010）；经过多年的反季节性调蓄后，库区消落带土壤表现为对有机质和全磷的源，以及对全氮的汇（张彬，2013），库区的 19 条支流的回水区均已出现中度至重度污染（朱爱民等，2013）。

7.6　梯级水库群的建设对河流纵向水文连通度的影响

7.6.1　长江重点禁捕水域"一江两湖七河"堰、大坝、分水工程空间分布

　　参 考 GRanD version 1.3 数 据 集（Lehner et al.，2011，见第 3 章 3.3.3 节），并结合 2019～2020 年 10m 空间分辨率哨兵 2 号卫星遥感图像对其进行更新，至 2020 年底对"一江两湖七河"水域的水利工程设施（包括大型堰、大坝和分水工程）共解译出 114 个（图 7-24）。其中，长江干流除三峡大坝和葛洲坝之外，其余 10 个水利工程均分布在金沙江段，建设时间主要集中在 2012～2016 年。七河支流中，除赤水河无水利工程外，其余河流均受到不同程度的干扰。其中，大渡河干流共分布 14 个水利工程设施，岷江共分布 20 个，沱江 19 个，嘉陵江 18 个，汉江 13 个，乌江 14 个。此外，鄱阳湖环湖区共分布 4 个水利工程设施。在所有 114 个水利工程中，金沙江溪洛渡水库的坝高最高，为 286m；葛洲坝的坝长最长，为 2561m。

7.6.2　梯级水利工程建设对河流纵向水文连通度的影响

　　在进行水文连通度分析前，首先对

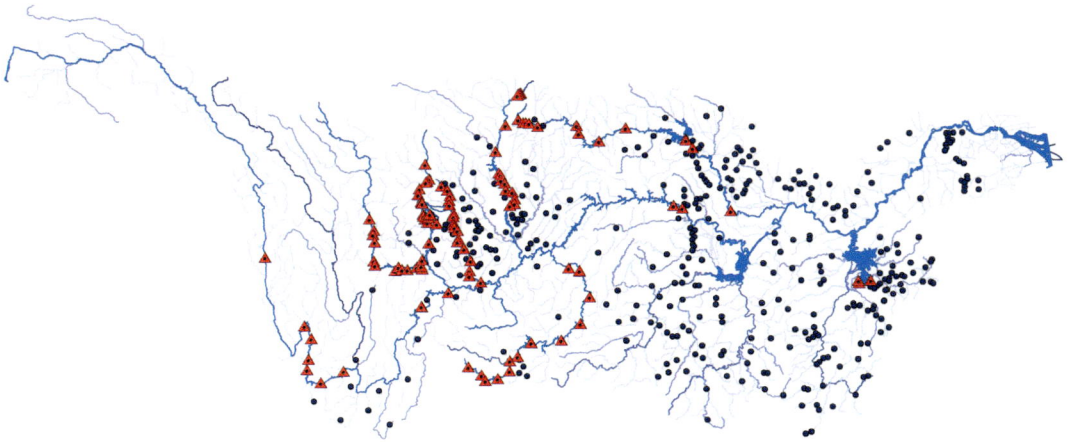

图 7-24　长江流域水利工程设施空间分布图

黑色标记为长江流域水利工程设施分布，红色标记为分布于"一江两湖七河"的水利工程设施

提取的河流矢量进行修正，对其中由跨河建筑如桥梁等造成的河流矢量中断进行修复，使其恢复连通，对因水利工程造成的地表水连通性中断的位置，确保使其中断。随后，将修复之后的河流矢量作为数据输入，采用 Trigg 等（2013）

水文连通度分析程序的 python 语言改写版，进行"一江七河"水文连通度分析。表 7-7 给出了受水利工程活动影响的"一江七河"的水文连通度现状监测结果，建设水利工程前长江干流各河段及支流的水文自然连通度均接近 1。

表 7-7　"一江七河"干流各河段及七河支流的水文连通度现状监测结果

河流	水文连通度现状监测结果

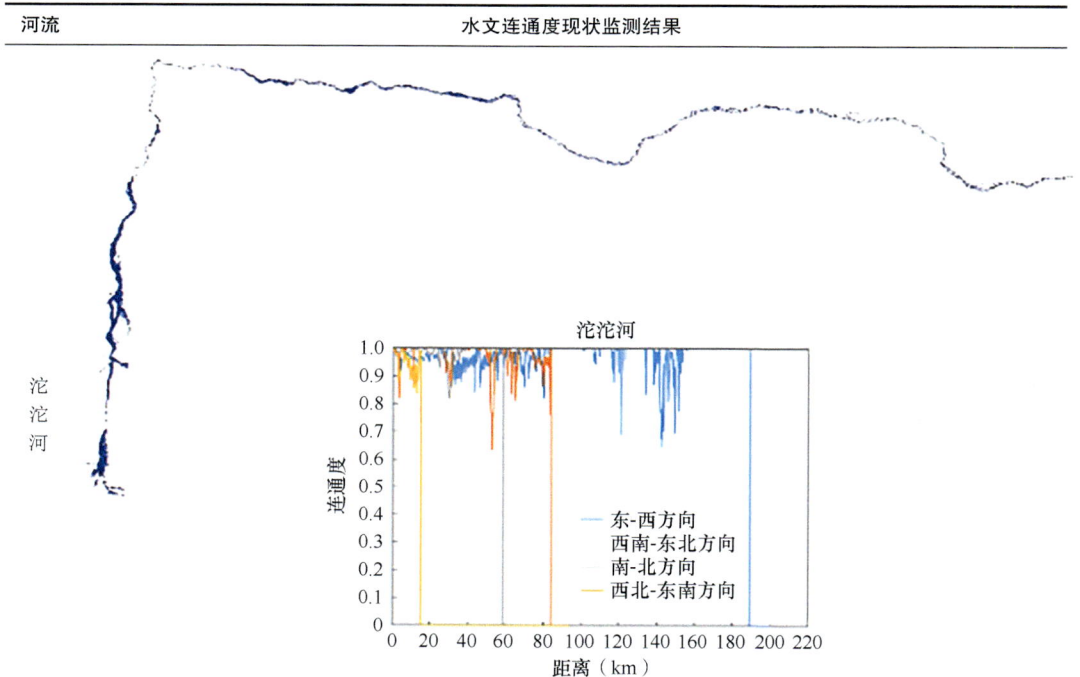

东 - 西方向的最大连通距离约 190km，连通度均值为 0.97；其次是西南 - 东北方向，最大连通距离约为 85km。最大连通斑块面积占河流总面积的 98%，仅 2% 的独立河流斑块块未与主流相连。沱沱河地表水资源的水文连通状况未受人类活动干扰的影响，连通性优良。

河流	水文连通度现状监测结果

通天河

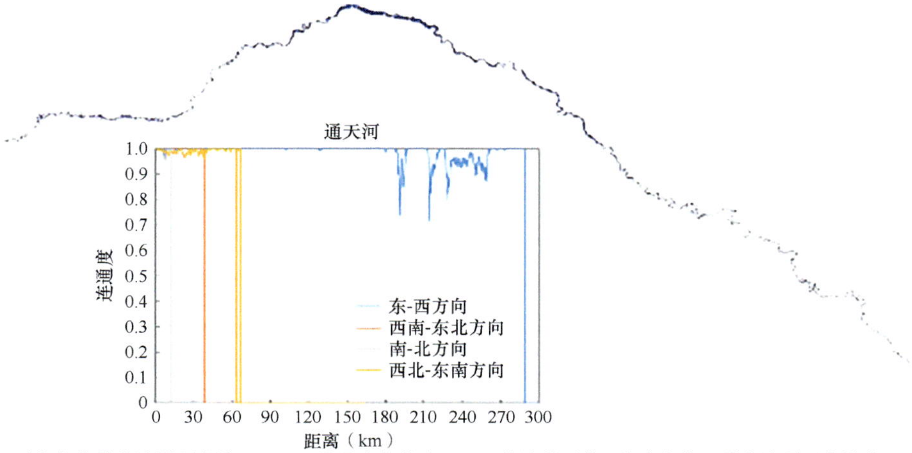

东 - 西方向的最大连通距离约 285km，连通度均值为 0.99；其次是西北 - 东南方向，最大连通距离约为 65km。最大连通斑块面积占河流总面积的 99.8%，仅 0.2% 的独立河流斑块未与主流相连。通天河地表水资源的水文连通状况极好。

金沙江

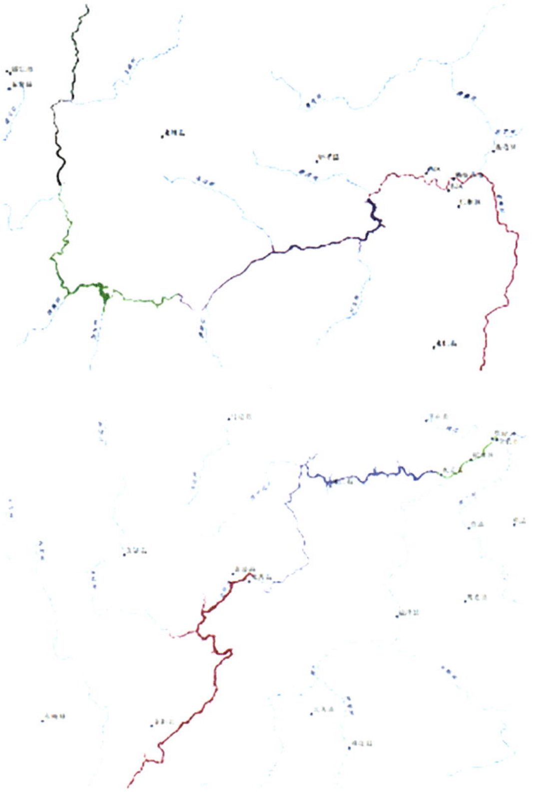

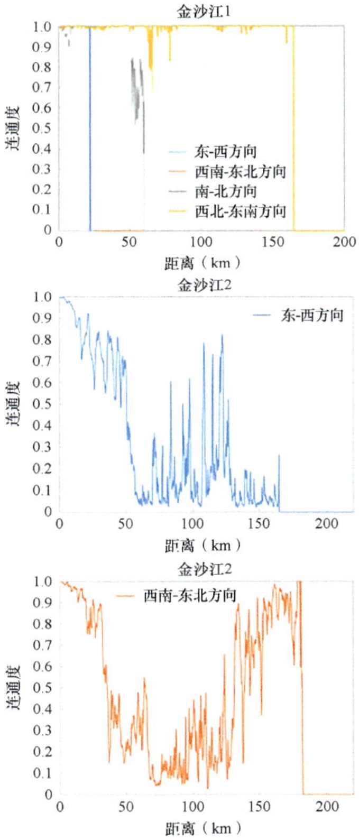

根据此次遥感解译结果，金沙江分布有 10 个已建成的水利工程设施，在这些设施的影响下，金沙江直门达至石鼓段最大连通距离为西北 - 东南方向，为 170km，连通度均值约为 0.99；而石鼓下游河段最大连通距离为东北 - 西南方向，约 180km，仅占河段总长度的 13.6%，连通度均值约为 0.47，其次是东 - 西方向，约 165km。最大连通斑块为攀枝花市下游至雷波县上游河段，连通面积为 233.2km²，占金沙江河流总面积的 35.5%；连通面积最小的连通斑块为玉龙纳西族自治县至鹤庆县河段，面积仅约 14km²，占金沙江总面积的 2.16%。金沙江石鼓下游段干流连通性破坏较为严重。

河流	水文连通度现状监测结果

长江上游干流段

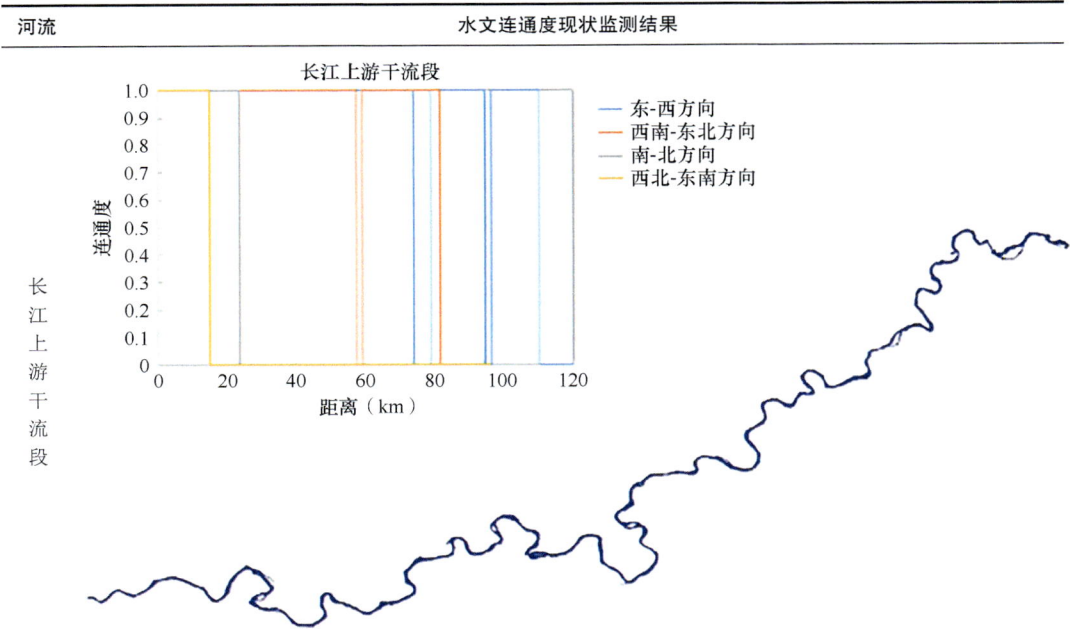

东 - 西方向的最大连通距离约 110km；其次是西南 - 东北方向，约 80km。该河段干流河流连通性优。

三峡库区和葛洲坝干流段

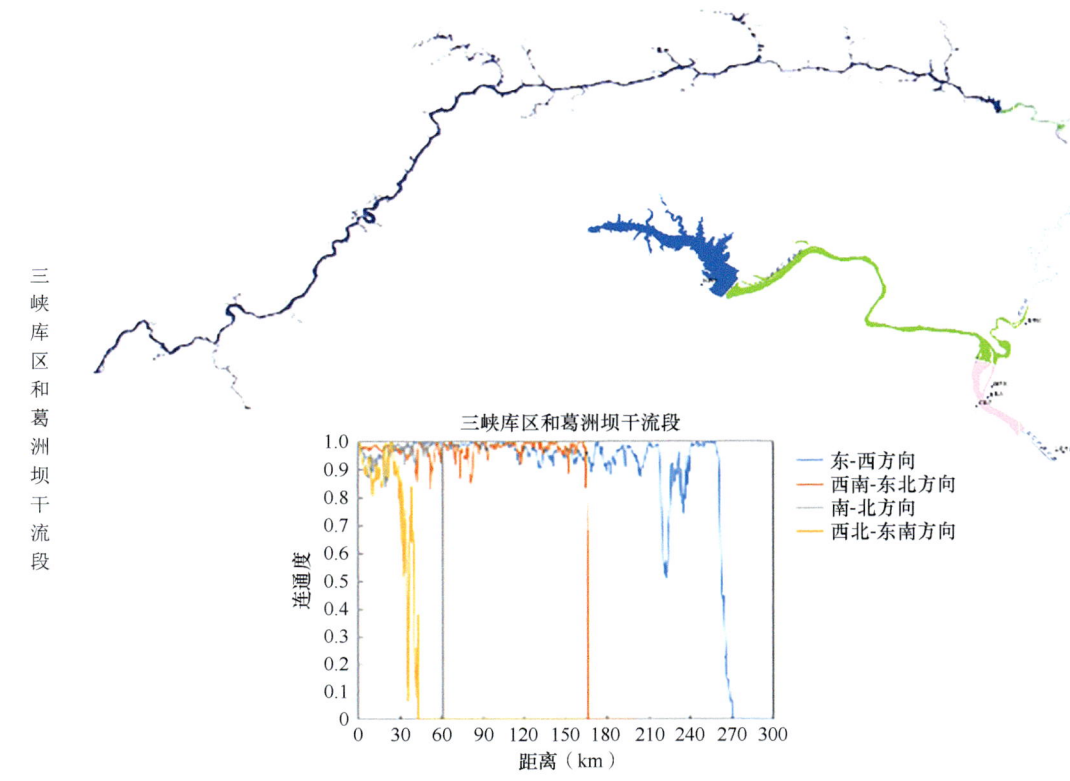

最大连通距离为东 - 西方向，约 270km。三峡库区和葛洲坝干流段由 2 个不连通的斑块组成，即三峡库区河段和葛洲坝河段，面积分别约 754km² 和 26km²。

河流	水文连通度现状监测结果

长江中游干流段

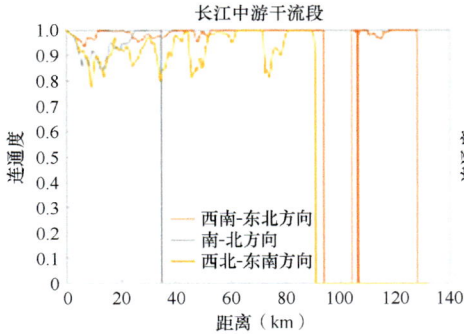

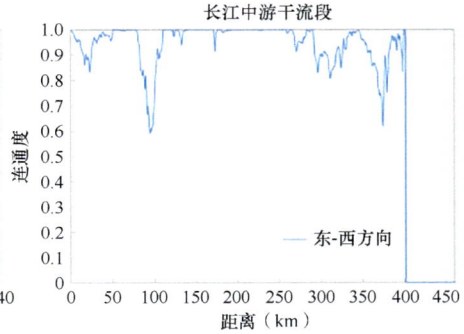

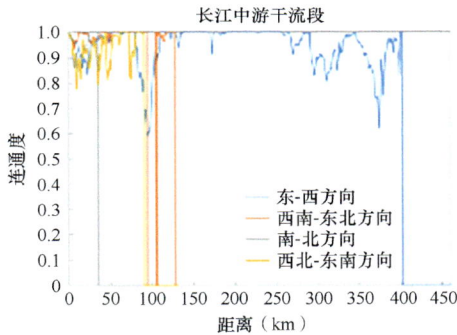

长江中游干流段

长江中游干流段

最大连通距离为东 - 西方向，约 400km。干流全部连通，最大连通域面积约 1370km²，占河段总面积的 96.7%；未连通水域主要为裁弯取直的长江故道牛轭湖，如老河、天鹅洲、黑瓦屋、老江河等。河流连通性优。

长江下游干流段

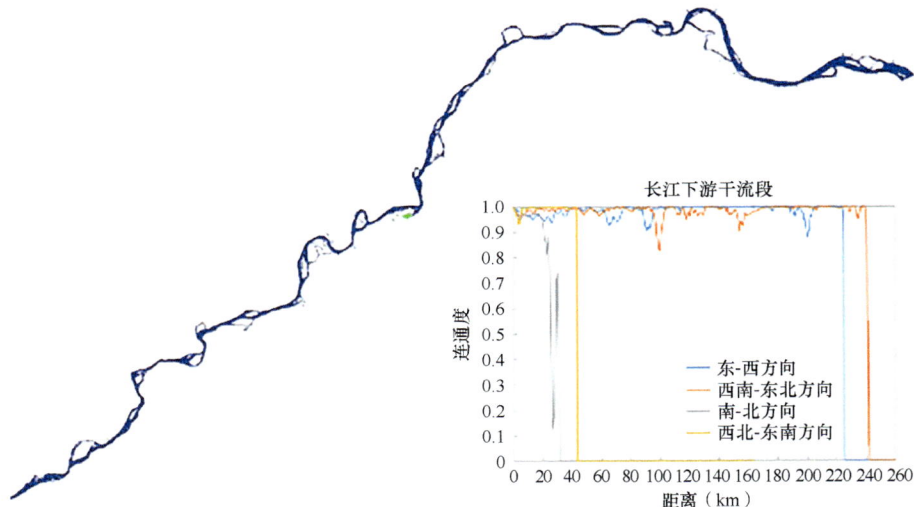

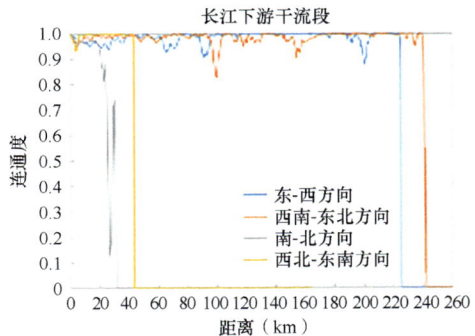

长江下游干流段

最大连通距离为西南 - 东北方向，约 240km，其次为东 - 西方向，约 225km。干流全部连通，连通面积约 1645km²，占河段总面积的 98.5%。河流连通性优。

河流	水文连通度现状监测结果

汉江丹江口水库以上

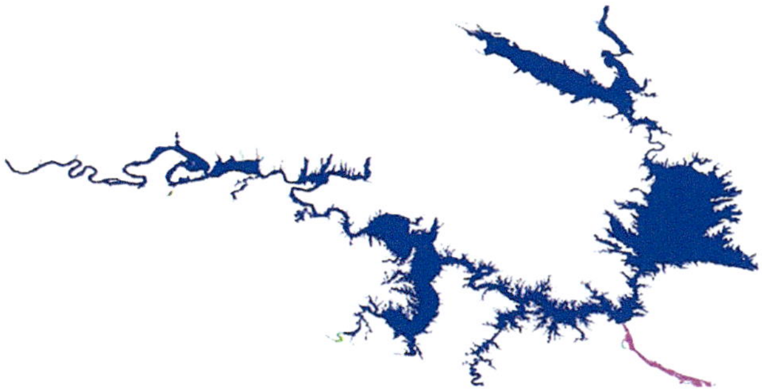

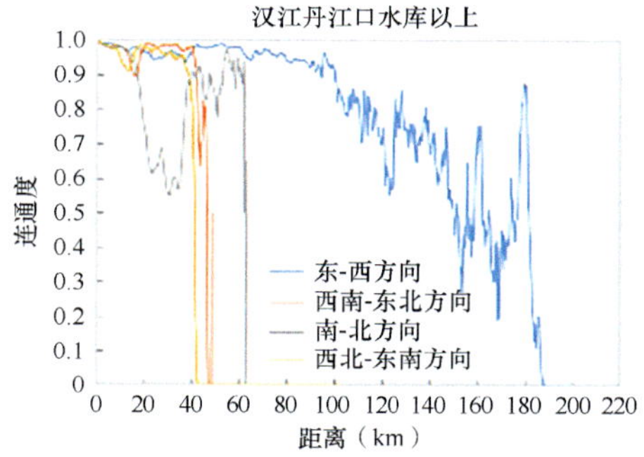

汉江丹江口水库以上

汉江丹江口水库以上分布有 11 个大型水利工程设施。最大连通距离为东 - 西方向，约 185km，连通度均值为 0.85；其次为南 - 北方向，约 60km。最大连通斑块为蜀河汇入口至丹江口市河段，连通面积约 874km²，占汉江丹江口水库以上河流总面积的 81.3%，受丹江口水库水面所占比重的影响，连通河段的长度仅为丹江口水库以上河段长度的 35%；连通面积最小的连通斑块为勉县河段，面积仅约 7km²，占汉江丹江口水库以上河流总面积的 0.6%。河流连通性受到一定程度的破坏。

汉江丹江口水库以下

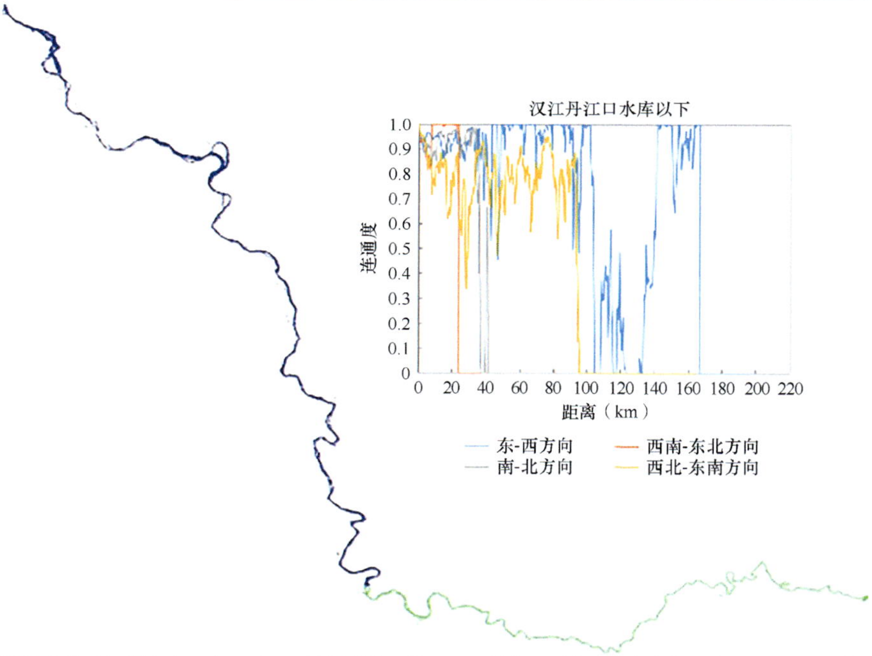

汉江丹江口水库以下

最大连通距离为东 - 西方向，约 165km，连通度均值为 0.76；其次为西北 - 东南方向，约 95km。干流被阻隔为两段，即丹江口市至沙洋县以下河段和沙洋县至河口段。河流连通性破坏较大。

河流	水文连通度现状监测结果

嘉陵江

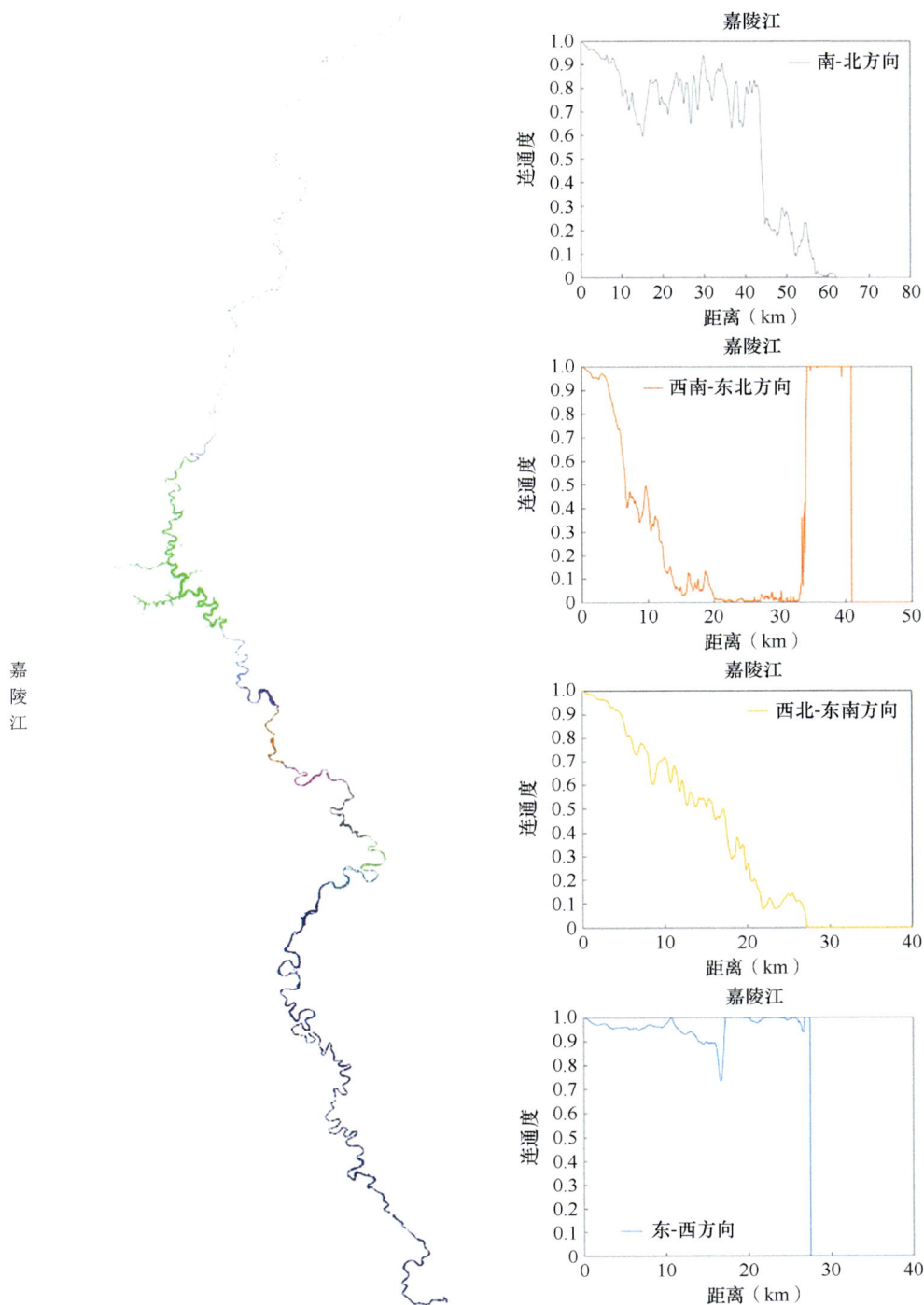

嘉陵江干流共分布有 18 个水利工程设施。最大连通距离为南 - 北方向，约 60km，且在连通距离约 45km 处，连通度陡然下降，该方向连通度均值为 0.23；其次为东北 - 西南方向，约 40km。干流最大连通河段为重庆市至南充市河段，连通面积约 140km²，占干流总面积的 37%。河流连通性受到严重破坏。

河流	水文连通度现状监测结果

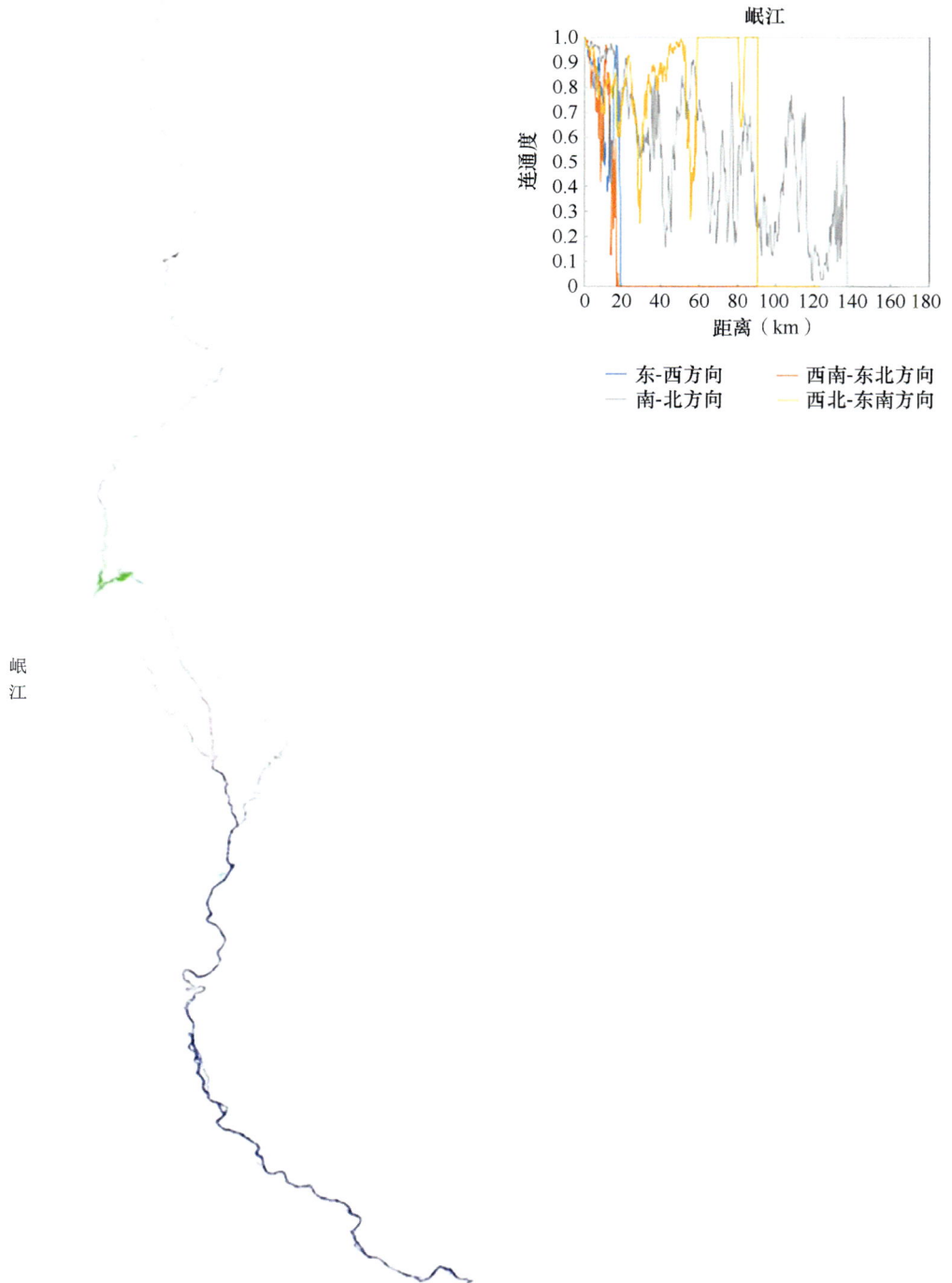

岷江

岷
江

岷江干流共分布有 20 个水利工程设施。最大连通距离为南 - 北方向，约 140km，该方向连通度均值为 0.44；其次为西北 - 东南方向，约 90km。干流最大连通河段为下游新津县至河口河段，连通面积约 132km²，占干流总面积的 67%。河流连通性破坏较为严重。

河流	水文连通度现状监测结果

大
渡
河

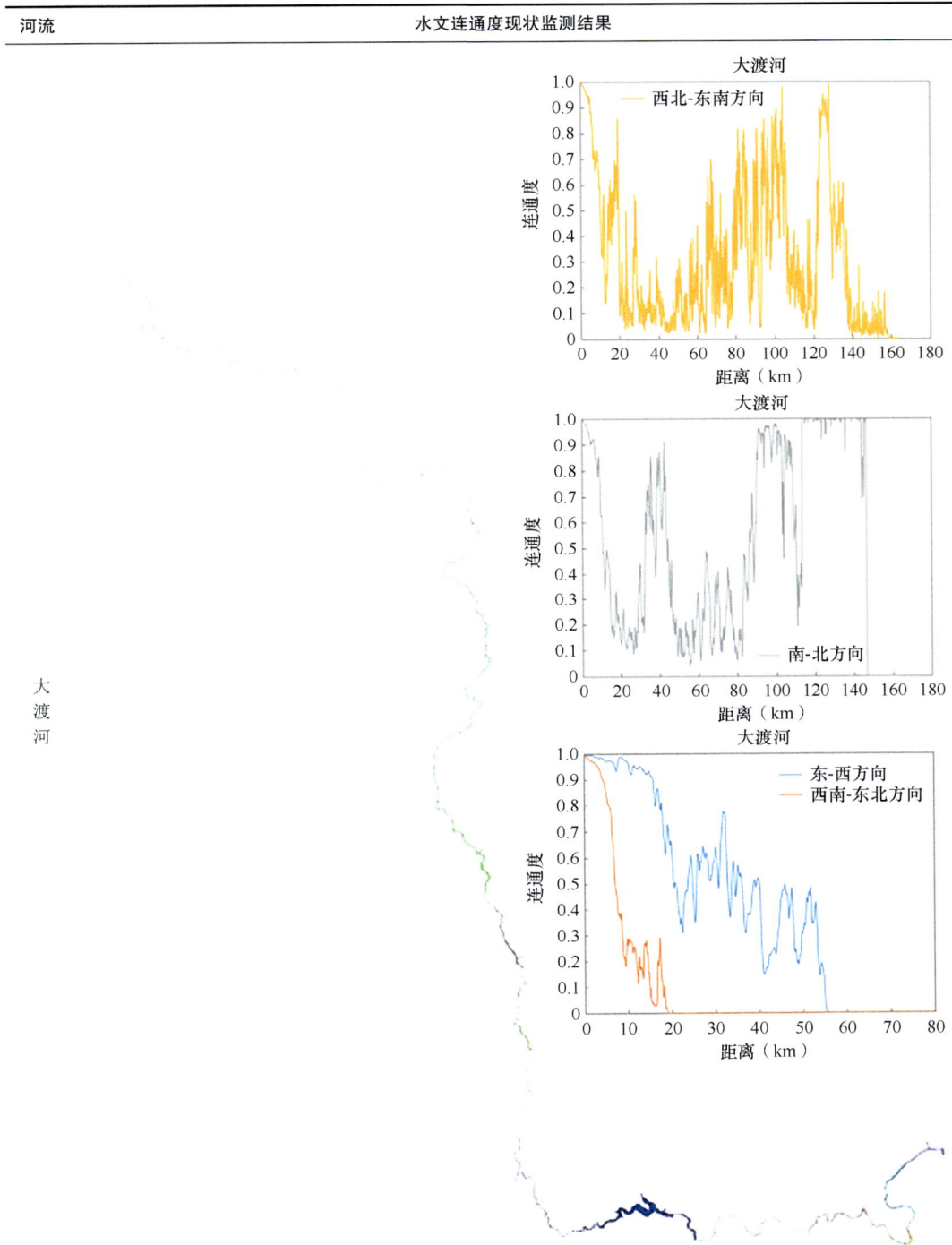

大渡河干流共分布有 14 个水利工程设施。最大连通距离为西北 - 东南方向，约 160km，该方向连通度均值为 0.30；其次为南 - 北方向，连通距离约 145km。干流被阻隔为 15 段，最大连通河段为石棉县上游河段至瀑布沟水库，连通面积约 78.07km²，占干流总面积的 30%；第二大连通河段为河源区至丹巴水电站，连通面积约 65.84km²，占干流总面积的 26%。河流连通性破坏严重，且目前仍有拟建电站。

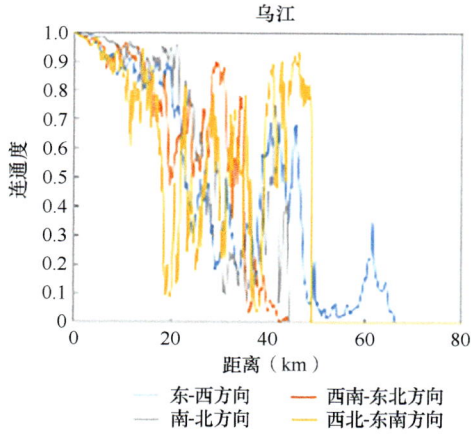

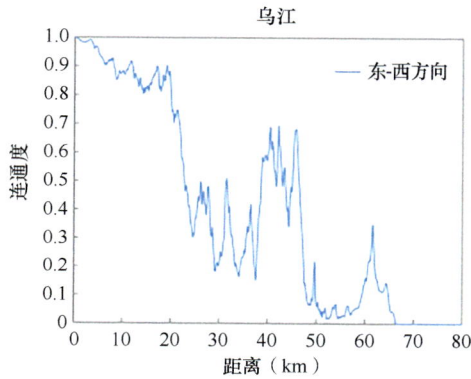

河流	水文连通度现状监测结果

乌江

东-西方向　　西南-东北方向
南-北方向　　西北-东南方向

乌江

东-西方向

乌江

　　乌江干流共分布有14个大型水利工程设施。最大连通距离为东-西方向，约68km，该方向连通度均值为0.19；其次为西北-东南方向，连通距离约50km。干流最大连通河段为乌江渡电站至构皮滩电站之间的干流河段，连通面积约66km²，占干流总面积的23%；第二大连通河段为索风营电站至乌江渡电站之间的干流河段，连通面积约41km²，占干流总面积的14%。河流连通性破坏严重。

河流	水文连通度现状监测结果

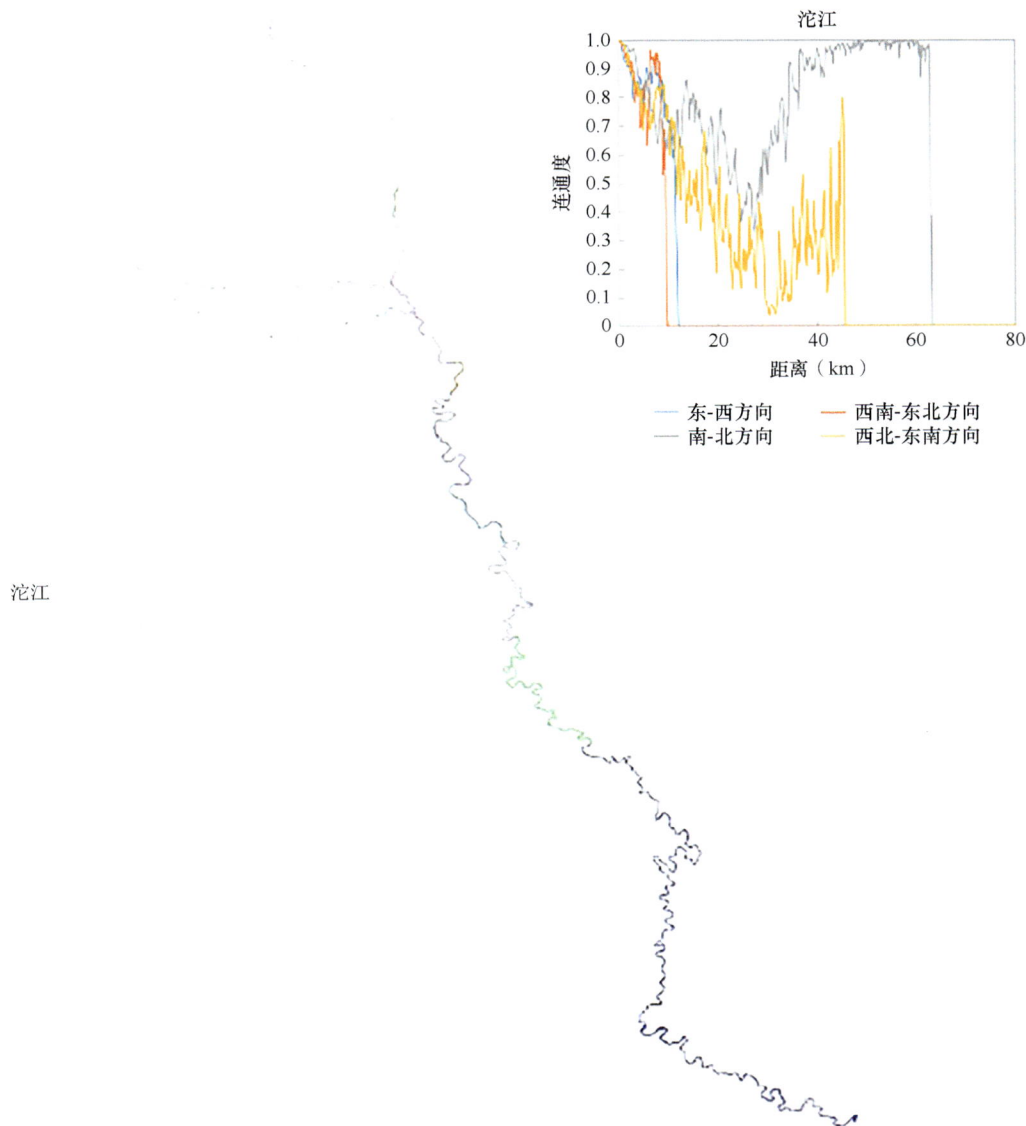

沱江干流共分布有 19 个大型水利工程设施。最大连通距离为南 - 北方向，约 63km，该方向连通度均值为 0.31；其次为西北 - 东南方向，连通距离约 45km。河流连通性破坏严重。

参考文献

巴家文，陈大庆 . 2012. 三峡库区的入侵鱼类及库区蓄水对外来鱼类入侵的影响初探 . 湖泊科学，24(2): 185-189.

柏慕琛，班璇，DIPLAS Panayiotis，等 . 2017. 丹江口水库蓄水后汉江中下游水文时空变化的定量评估及其生态影响 . 长江流域资源与环境，26(9): 1476-1487.

常剑波 . 1999. 长江国华鲟繁殖群体结构特征和数量变动趋势研究 . 武汉：中国科学院水生生物研究所博士学位论文 .

陈进 . 2018. 长江流域水资源调控与水库群调度 . 水利学报，49(1): 2-8.

陈淼，苏晓磊，黄慧敏，等 . 2019. 三峡库区河流生境质量评价 . 生态学报，39(1): 192-201.

陈小娟，唐会元，杨志，等 . 2020. 三峡水库支流小江鱼类早期资源现状 . 三峡生态环境监测，(1): 42-47.

陈紫娟，宋献方，张应华，等．2018．三峡水库低水位运行时干流回水对支流水环境的影响．环境科学，39(11)：4946-4955．

戴凌全，王煜，汤正阳，等．2022．三峡水库枯水期补水调度对洞庭湖越冬白鹤 (Grus leucogeranus) 摄食栖息地的影响．湖泊科学，34(4)：1208-1218．

郭劲松，贺阳，付川，等．2010．三峡库区腹心地带消落区土壤氮磷含量调查．长江流域资源与环境，19(3)：311-317．

韩德举，胡菊香，高少波，等．2005．三峡水库 135m 蓄水过程坝前水域浮游生物变化的研究．水利渔业，25(5)：55-58，112．

何蕊廷，杨康，曾波，李瑞，等．2020．三峡水库消落区植被在差异性水淹环境中的分布格局．生态学报，40(3)：834-842．

贾金生，袁玉兰，李铁洁．2004．2003 年中国及世界大坝情况．中国水利，(13)：25-33．

康鑫，张远，张楠，等．2011．太子河洛氏鱥幼鱼栖息地适宜度评估．生态毒理学报，6(3)：310-320．

孔维静，张远，王一涵，等．2013．基于空间数据的太子河流生境分类．环境科学研究，26(5)：487-493．

雷波，杨春华，杨三明，等．2012．基于 GIS 的长江三峡水库消落带生态类型划分及其特征．生态学杂志，31(8)：2082-2090．

黎力明．1982．丹江口水库下游河床变形初步分析//长江流域规划办公室水文局．汉江丹江口水库下游河床演变分析文集．武汉：长江流域规划办公室水文局：144-164．

黎明政，马琴，陈林，等．2019．三峡水库产漂流性卵鱼类繁殖现状及水文需求研究．水生生物学报，43(S01)，84-96．

黎璇．2009．山地河流生境的生态学研究——以重庆澎溪河为例．重庆：重庆大学硕士学位论文．

李斌，王志坚，杨洁萍，等．2013．三峡库区干流鱼类食物网动态及季节性变化．水产学报，(7)：1015-1022．

李慧峰，曹坤，汪登强，等．2022．鄱阳湖通江水道越冬时期鱼类群落的栖息地适宜性分析．中国水产科学，29(3)：341-354．

李建，夏自强，戴会超，等．2013．三峡初期蓄水对典型鱼类栖息地适宜性的影响．水利学报，44(8)：892-900．

林鹏程，刘飞，黎明政，等．2018．三峡水库蓄水后长江上游鱼类群聚沿河流 - 水库梯度的空间格局．水生生物学报，42(6)：1124-1134．

刘维暕，王杰，王勇，等．2012．三峡水库消落区不同海拔高度的植物群落多样性差异．生态学报，32(17)：5454-5466．

穆少杰，李建龙，陈奕兆，等．2012．2001-2010 年内蒙古植被覆盖度时空变化特征．地理学报，67(9)：1255-1268．

钱宁，张仁，周志德．1987．河床演变学．北京：科学出版社．

阮瑞，张燕，沈子伟，等．2017．三峡消落区鱼卵、仔稚鱼种类的鉴定及分布．中国水产科学，24(6)：1307-1314．

苏琴琴，俞幸池，覃红玲，等．2020．三峡水库消落区不同生活史类型植物群落的空间分布格局．生态学报，40(13)：4507-4515．

孙然好，程先，陈利顶．2018．海河流域河流生境功能识别及区域差异．生态学报，38(12)：382-390．

孙霄，张云雷，徐宾铎，等．2020．海州湾及邻近海域短吻红舌鳎产卵场的生境适宜性．中国水产科学，27(12)：1505-1514．

田盼，李亚莉，李莹杰，等．2022．三峡水库调度对支流水体叶绿素 a 和环境因子垂向分布的影响．环境科学，43(1)：295-305．

佟佳琦，陈锦辉，高春霞，等．2018．基于栖息地适应性指数的长江口刀鲚时空分布特征．上海海洋大学学报，27(4)：584-593．

童中均．1982．汉江丹江口水库下游河道综合调查报告//长江流域规划办公室水文局．汉江丹江口水库下游河床演变分析文集．武汉：长江流域规划办公室水文局：1-16．

谭路，蔡庆华，徐耀阳，等．2010．三峡水库 175m 水位试验性蓄水后春季富营养化状态调查及比较．湿地科学，8(4)：8．

王珂，李翀，段辛斌，等．2012．三峡水库 175m 蓄水前鱼类分布特征研究．淡水渔业，(3)：5．

王敏，朱峰跃，刘绍平，等．2017．三峡库区汉丰湖鱼类群落结构的季节变化．湖泊科学，29(2)：9．

危起伟，陈细华，杨德国，等．2005．葛洲坝截流 24 年来中华鲟产卵群体结构的变化．中国水产科学，12(4)：452-457．

解崇友，牛亚兵，罗德怀，等．2018．三峡库区重要支流鱼类多样性初探．长江流域资源与环境，27(12)：

2747-2756.

徐彩彩, 张殷波, 张远, 等. 2015. 辽河流域河流的分类. 生态学杂志, 34(6): 1723-1730.

徐薇, 杨志, 陈小娟, 等. 2020. 三峡水库生态调度试验对四大家鱼产卵的影响分析. 环境科学研究, 33(5): 1129-1139.

徐建霞, 彭刚志, 王建柱. 2015. 三峡库区香溪河消落带植被多样性及分布格局研究. 长江流域资源与环境, 24(08):1345-1350.

杨少荣, 高欣, 马宝珊, 等. 2010. 三峡库区木洞江段鱼类群落结构的季节变化. 应用与环境生物学报, 16(4): 555-560.

杨志, 唐会元, 龚云, 等. 2017a. 正常运行条件下三峡库区干流长江上游特有鱼类时空分布特征研究. 三峡生态环境监测, 2(1): 1-10.

杨志, 张鹏, 唐会元, 等. 2017b. 金沙江下游圆口铜鱼生境适宜度曲线的构建. 生态科学, 36(5): 129-137.

姚磊, 陈盼盼, 胡利利, 等. 2016. 长江上游流域水电开发现状与存在的问题. 绵阳师范学院学报, 35(2): 91-97.

易雨君, 程曦, 周静. 2013. 栖息地适宜度评价方法研究进展. 生态环境学报, 22(5): 887-893.

易雨君, 乐世华. 2011. 长江四大家鱼产卵场的栖息地适宜度模型方程. 应用基础与工程科学学报, 19(S1): 117-122.

余莉, 何隆华, 张奇, 等. 2011. 三峡工程蓄水运行对鄱阳湖典型湿地植被的影响. 地理研究, 30(1): 134-144.

张彬. 2013. 三峡水库消落带土壤有机质、氮、磷分布特征及通量研究. 重庆：重庆大学博士学位论文.

张辉, 危起伟, 杨德国, 等. 2007. 葛洲坝下中华鲟自然繁殖流速场的初步观测. 中国水产科学, 14(2): 183-191.

赵莎莎, 叶少文, 谢松光, 等. 2015. 三峡水库香溪河鱼类资源现状及渔业管理建议. 水生生物学报, 39(5): 973-982.

朱爱民, 胡菊香, 李嗣新, 等. 2013. 三峡水库长江干流及其支流枯水期浮游植物多样性与水质. 湖泊科学, 25(3): 378-385.

Agostinho, LE Miranda, LM Bini, et al. 1999. HI Suzuki Theoretical reservoir ecology and its applications, (0): 227-265.

Allan J D, Castillo M M, Capps K A.2022. Stream ecology: structure and function of running waters. 3, Netherland:Springer International Publishing.

Belgiorno V, Naddeo V, Scannapieco D, et al. 2013. Ecological status of rivers in preserved areas: effects of meteorological parameters. Ecological Engineering, 53: 173-182.

Benda L, Poff L N, Miller D, et al. 2004. The network dynamics hypothesis: how channel networks structure riverine habitats. BioScience, 54(5): 413-427.

Bernot R J, Dodds W K, Quist M C, et al. 2004.Spatial and temporal variability of zooplankton in a great plains reservoir. Hydrobiologia 525: 101-112.

Bisson P A, Nielsen J L, Palmason R A, et al. 1982. A system of naming habitat types in small streams, with examples of habitat utilization by salmonids during lqw stream flow. Acquisition and utilization of aquatic habitat inventory information. American Fisheries Society, Western Division, Bethesda, Maryland: 62-73.

Cohen P, Andriamahefa H, Wasson J G. 1998. Towards a regionalization of aquatic habitat: distribution of mesohabitats at the scale of a large basin. Regulated Rivers: Research & Management, 14(5): 391-404.

Dronova I , Gong P , Wang L .2011.Object-based analysis and change detection of major wetland cover types and their classification uncertainty during the low water period at Poyang Lake, China.Remote Sensing of Environment, 115(12):0-3236.

Dronova I, Gong P, Clinton N E, et al. 2012. Landscape analysis of wetland plant functional types: The effects of image segmentation scale, vegetation classes and classification methods. Remote Sensing of Environment, 127:357-369.

Feng M D, Zhang D Y, He B H, et al. 2021. Characteristics of Soil C, N, and P stoichiometry as affected by land use and slope position in the Three Gorges Reservoir Area, Southwest China. Sustainability, 13(17): 9845.

Gido, Keith, B. 2002. Interspecific comparisons and the potential importance of nutrient excretion by benthic fishes in a large reservoir. Transactions of the American Fisheries Society, 131(2), 260-270.

Guo W X, Wang H X, Xu J X, et al. 2011. Ecological operation for Three Gorges Reservoir. Water Science and Engineering, 4(2): 143-156.

Gutman G, Ignatov A. 1998. The derivation of the green vegetation fraction from NOAA/AVHRR data for use in numerical weather prediction models. International Journal of Remote Sensing, 19(8): 1533-1543.

H.A.C.C.Perera, LI Zhong-Jie, ,S.S.De Silva, et al. 2014. Effect of the distance from the dam on river fish community structure and compositional trends, with reference to the Three Gorges Dam, Yangtze River, China. Acta Hydrobiologica Sinica, 38(3): 438-445.

Hawkins C P, Kershner J L, Bisson P A, et al. 1993. A hierarchical approach to classifying stream habitat features. Fisheries, 18(6): 3-12.

Hess G R, Bay J M. 2000. A regional assessment of windbreak habitat suitability. Environmental Monitoring and Assessment, 61(2): 239-256.

Jones J R , Knowlton M F.2005.Suspended solids in Missouri reservoirs in relation to catchment features and internal processes.Water Research, 39(15):3629-3635.

Jones N E, Parna M, Parna S, et al. 2018. Evidence of lake trout (*Salvelinus namaycush*) spawning and spawning habitat use in the Dog River, Lake Superior. Journal of Great Lakes Research, 44(5): 1117-1122.

Lehner B, ReidyLiermann C,et al. 2011. Global Reservoir and Dam Database, Version 1 (GRanDv1): Reservoirs, Revision 01 (Version 1.01) [Data set]. Palisades, NY: NASA Socioeconomic Data and Applications Center (SEDAC).

Leopold L B, Wolman M G. 1957. River channel patterns - braided, meandering and straight. Washington, D.C.: U.S. Government Printing Offic, 9: 39-85.

Li H F, Zhang H, Yu L X, et al. 2022. Managing water level for large migratory fish at the Poyang lake outlet: implications Based on habitat suitability and connectivity. Water, 14(13): 2076.

Meals K O, Miranda L E. 1991. Abundance of Age-0 Centrarchids in Littoral Habitats of FloodControl Reservoirs in Mississippi. North American Journal of Fisheries Management. 11: 298-304.

Mu S J, Li B, Yao J, et al. 2020. Monitoring the spatio-temporal dynamics of the wetland vegetation in Poyang Lake by Landsat and MODIS observations. The Science of the Total Environment, 725: 138096.

Nukazawa K, Shiraiwa J I, Kazama S. 2011. Evaluations of seasonal habitat variations of freshwater fishes, fireflies, and frogs using a habitat suitability index model that includes river water temperature. Ecological Modelling, 222(20-22): 3718-3726.

Oliveira E F, Minte-Vera C V, Goulart E. 2005. Structure of fish assemblages along spatial gradients in a deep subtropical reservoir (Itaipu Reservoir, Brazil-Paraguay border). Environmental Biology of Fishes, 72(3): 283-304.

Otsu N. 1979. A threshold selection method from gray-level histograms. IEEE Transactions on Systems Man & Cybernetics, 9(1): 62-66.

Ouyang W, Li Z, Liu J, et al. 2017. Inventory of apparent nitrogen and phosphorus balance and risk of potential pollution in typical sloping cropland of purple soil in China—A case study in the Three Gorges Reservoir region. Ecological engineering, 106:620-628.

Rosgen D L. 1994. A classification of natural rivers. Catena, 22(3): 169-199.

Schumm S A. 1977. The Fluvial System. Chichester and NewYork: John Wiley and Sons.

Trigg M A, MichaelideS K, Neal J C, et al. 2013. Surface water connectivity dynamics of a large scale extreme flood. Journal of Hydrology, 505: 138-149.

Vayghan, A. H. , Poorbagher, H et al. 2013. Suitability indices and habitat suitability index model of *Caspian kutum* (*Rutilus frisii kutum*) in the southern Caspian Sea. Aquatic Ecology, 47(4): 441-451.

Yang Z, Pan X, Hu L,et al.2021.Effects of upstream cascade dams and longitudinal environmental gradients on variations in fish assemblages of the Three Gorges Reservoir. Ecology of Freshwater Fish, 10:1-16.

Yi Y J, Wang Z Y, Yang Z F. 2010a. Two-dimensional habitat modeling of Chinese sturgeon spawning sites. Ecological Modelling, 221(5): 864-875.

Yi Y J, Wang Z Y, Yang Z F. 2010b. Impact of the Gezhouba and Three Gorges Dams on habitat suitability of carps in the Yangtze River. Journal of Hydrology, 387(3-4): 283-291.

第8章 长江流域大型通江湖泊消落区空间观测

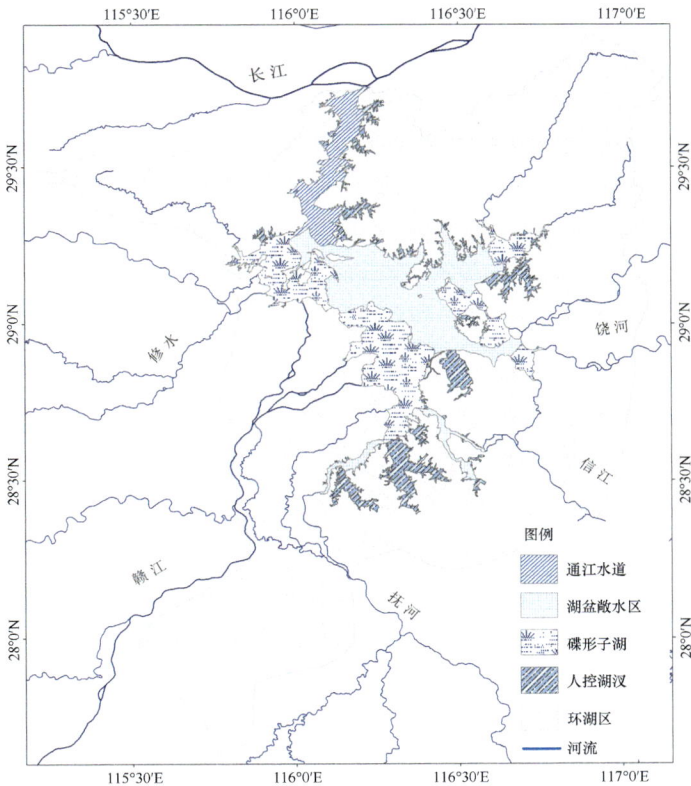

大型通江湖泊消落区的生境类型——以鄱阳湖为例

据估计，热带和亚热带河流中拥有洪泛平原河流的鱼产量是无洪泛平原河流的100倍。鄱阳湖是长江干流最大的洪泛平原湖泊，其周围拥有数千平方千米未被开垦的天然湿地。每逢夏季台风季节，各支流汇水和长江水位升高引起江水倒灌入湖，鄱阳湖的湖水面积可达4000km²以上；冬季缺乏支流水量补给和长江水位降低引起湖水外泄，水域收缩为河流状湖泊，面积仅数百平方千米，露出巨大的湖底湿地和季节性草滩。近年来，由于水利工程兴建、外来物种入侵、过度捕捞、地下水开采、河漫滩阻隔、点源和面源污染等人类活动的影响及气候变化，大量土著种鱼类及传统优势经济鱼类的栖息环境发生了极大的变化，表现为生境的丧失、破碎化和同质化等，进而造成鱼类种群的遗传隔离及物种丰度和多样性的下降，并最终成为渔业长期可持续发展的瓶颈。越来越多的渔业科学家和管理者意识到渔业健康持续的发展离不开对栖息地关键生境的保护，良好的生境不仅是鱼类生存、繁衍的基本条件，更是渔业发展的命脉。

8.1 生境类型和功能

大型通江湖泊的洪泛消落区按照生境类型划分，通常包括通江水道、入湖河流、湖盆敞水区、碟形子湖、人控湖汊、洪泛调节区等。例如，鄱阳湖通江水道为松门山以北连接湖泊与长江的狭窄水道区域；湖盆敞水区为松门山以南且与长江自然连通的主湖盆区域；碟形子湖（静水子湖）为湖盆敞水区周边连接五河与湖区的浅水碟形洼地，在丰水期与湖盆敞水区连接成为一体；人控湖汊为鄱阳湖主湖区周边因人工圩堤围垦与主湖区失去连通性的汊湖；洪泛调节区为主湖区外围区域的环湖区（图 8-1）。

8.1.1 通江水道

通江水道与长江之间保持着频繁的物质和能量交换，加上静水和流水生境的相互作用，该区域的鱼类资源相当丰富，它既为江湖洄游性鱼类提供了重要的摄食和育肥场所，也是某些过河口洄游性鱼类的繁殖通道或繁殖场，对长江鱼类种质资源的保护及种群的维持具有重大意义。

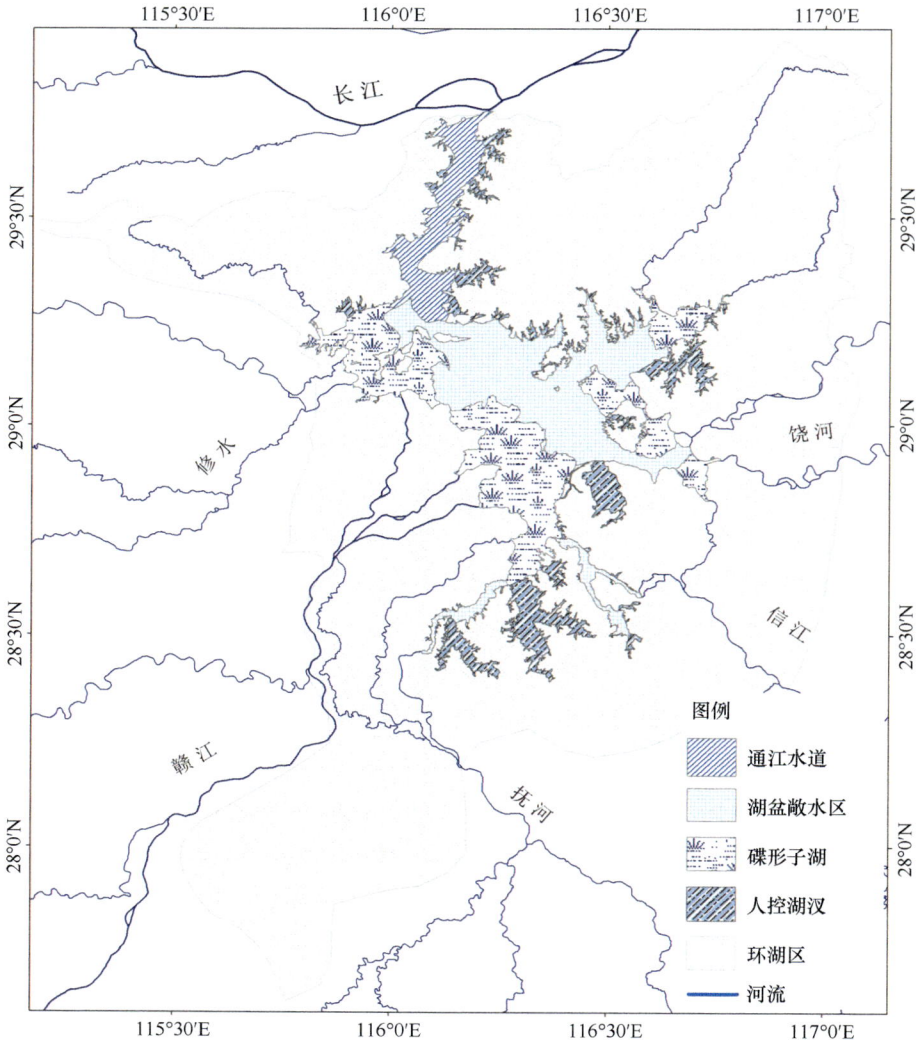

图 8-1 大型通江湖泊消落区的生境类型——以鄱阳湖为例

通江水道的年内水域面积变化最小，平均淹没频率最高，全年植被指数最低，夜间灯光指数最高，受人类干扰最重。通江水道是鄱阳湖与长江相连的唯一通道，是长江干流中的江湖洄游性鱼类进入鄱阳湖索饵育肥的必经之路，以"四大家鱼"为典型代表的鱼类在此完成早期的成长和发育。鄱阳湖处于高水位时期，大量性成熟鱼类和完成早期江湖洄游性鱼类在长江中游进行产卵繁殖活动，鱼卵随水漂流发育成幼鱼后，会经过通江水道进入鄱阳湖进行索饵育肥活动（郭治之等，1964；胡茂林等，2011）。此后，秋季降水减少、湖水减退，鄱阳湖水域面积逐步减小，部分鱼类又会经通江水道回到长江干流（范海霞等，2016）。相关调查显示，秋季具有随水出湖行为的鱼类除了以"四大家鱼"为主的江湖洄游性鱼类之外，还包括鲤、鲫、鲌等湖泊定居性鱼类，以及铜鱼和圆尾拟鲿等河流性鱼类（黎明政，2012）。冬季鄱阳湖渔业资源调查和研究表明，由于水位进一步下降，枯水期鱼类多集中在与通江水道连通的深水港、河道深潭中越冬（张堂林和李钟杰，2007）。因此，为满足鱼类对洄游和越冬生境的需求，保持江湖连通具有重要意义（贺刚等，2014）。

以繁殖或摄食为目的进行一定距离的洄游是许多鱼类的重要生活史特征（王成友，2012；杨庆等，2019；茹辉军，2012）。长江流域许多鱼类如"四大家鱼"、鳡（*Elopichthys bambusa*）、鲸（*Luciobrama macrocephalus*）、刀鲚（*Coilia ectenes Jordan et Seale*）等均具有江湖洄游特性，江湖连通是这些物种完成生活史过程的重要保障（金斌松等，2012；Lai et al.，2016）。在鄱阳湖消落区的几种生境中（图8-1），通江水道受到的人类活动干扰最大，由于特殊的地理位置和自然条件，采沙活动频繁（刘茜和David G R，2008），部分研究标明，这一活动严重影响了通江水道作为鱼类洄游通道的生态功能（贺刚等，

2016）。除此之外，拟建闸坝也可能对洄游性鱼类产生严重威胁（吴斌等，2014）。

在气候变化及人类活动的双重影响下，深入调查湖泊通江水道的鱼类资源、种类组成、种群动态和生境状况，掌握洄游性鱼类的生活史特征及其与水文水动力等生境因子的关系，定量分析通江水道中的鱼类"三场"及其变化，探讨通江水道的鱼类栖息地功能，可为制定科学合理的鱼类资源保护和渔业资源管理策略提供重要科学依据（Li et al.，2016；易雨君和王兆印，2009）。

8.1.2　碟形子湖

在春夏之际，静水子湖区通常为湖泊定居性鱼类提供了重要的产卵和育幼场所，对湖泊鱼类多样性的维持和渔业资源可持续发展具有重要意义。在鄱阳湖三个主要的碟形子湖集中分布区域（西南子湖区、西北子湖区、东北子湖区）中，西南子湖区的年内水域面积变化最大，淹没频率最低，年均植被指数也最高。从鄱阳湖多年各月的平均水面分析得出（周辉明等，2015），冬季枯水期大部分的西南碟形子湖区与主湖区分隔，湖底大面积出露，使西南子湖区在冬季丧失了鱼类栖息功能，但区域植被指数较高（0.22～0.26）（邵波，2017）；随着春季雨季来临，主湖区水位上升淹没草洲，各子湖逐步与主湖区相连，浅水草滩密布，成为鲤鱼和鲫鱼等产黏性卵鱼类理想的产卵场（熊国勇等，2018）。相关调查发现，春季西南子湖区的渔获物多见性腺发育成熟或即将成熟的亲鱼，在浅水草滩中的植物和水体中也调查到大量黏附在薹草等优势植物上的鱼卵，以及在浅水处刚孵化的仔稚鱼（曾泽国等，2015；胡振鹏等，2015）。因此，春季碟形子湖区是产黏性卵鱼类优良的产卵场和育幼场。

8.1.3　湖盆敞水区和入湖河流

鄱阳湖丰水期时，碟形子湖与主

湖区连成一片，水域面积可达 2500～4000km²，成为鱼类理想的索饵场和育肥场。此时整个长江流域都处于汛期，随着赣江、抚河、信江、饶河、修水五大支流的注入，水域面积大幅度增加，湖区会持续较长时间的高水位（胡茂林，2009），主湖区和碟形子湖的秋冬季优势植物（莎草科等）被淹没进入休眠期，而夏季优势植物类群（沉水植物和浮叶植物）进入生长旺期。相关研究发现，此时主湖区和碟形子湖的大型底栖动物的平均生物量可达 150g/m² 以上（邹亮华等，2021），为河流中入湖的鱼类提供了丰富的饵料资源，此时期各种生态类型的鱼类都会进入鄱阳湖进行育肥和索饵。因此，渔民常用"水涨三尺，鱼涨三丈"来形容鄱阳湖水域面积与鱼类资源之间的关系（胡茂林等，2005）。

8.1.4 人控湖汊及洪泛区

人控湖汊及主湖区外围的洪泛区，主要承担经济品种养殖和渔业增殖、流域泄洪防洪和调节气候、纳污和景观文化等多方面功能（崔丽娟，2004；Jiang et al.，2015；Xie et al.，2017；张奇，2021；王洪铸，2021）。洪泛湖泊周边的大面积土地历来容易受到洪水的影响，因此围湖修建圩堤是为了应对洪水风险，保护洪泛平原居民的生命和财产安全。但是在改造的过程中，同时也会伴随着大量湿地被开垦为农田，以及城镇化发展的过程，这些土地利用方式的改变会减弱洪泛区的泄洪防洪的作用，增加流域遭受洪水风险的脆弱性。鄱阳湖流域过去几十年的流域土地覆盖和土地利用变化表明，流域管理政策将重点放在洪水管理和防洪上，流域抵御洪水影响的能力得到提升，大多数新建或扩建城市地区和农田开垦，选址在海拔高于有记录以来的最高洪水的位置，或位于最不可能遭受坍塌堤坝的保护中，城市地区在最小、最脆弱的圩区中的相对比例显著下降（Jiang et al.，2015）。

8.2 生境空间观测

8.2.1 水文连通度

8.2.1.1 术语释义

如前所述，河湖连通性是决定河流、湖泊各个单元内的种群能否交错联系的重要因素，同时也是决定洄游种群能否完成其生活史过程、达到维持种群生存和繁衍目的的重要因素。对于该生境因子的详细解释见第 2 章 2.1.4.1 节。

8.2.1.2 方法思路

采用水文连通度计算方法（Trigg et al.，2013；Li et al.，2019；Tan et al.，2019），用 python 语言重新对算法进行组织编写和改进。从研究区的水陆二值化图像出发，计算研究区水域在南-北、东-西、西北-东南及东北-西南四个方向上各个步长距离下的水域连通度，结果以一条连通度曲线的形式呈现（图 8-2）。

通过连通度曲线，可以获取研究区在各个距离上的连通性强弱，也可以读取研究区的最远连通距离。算法脚本可以同时计算一个时间序列的连通度曲线，通过各个时期连通度曲线的对比研究，可以获得研究区在不同时间的水域连通性强弱关系的变化，算法思想如下。

（1）读取研究区水陆二值化图像后，首先要计算水域斑块，并给各个斑块的水体像元赋相同的序号值，在后续的计算中将利用序号值作为判别两个像元是否属于同一个斑块的依据。

（2）旋转图像，将要计算的方向旋转至水平向。

（3）逐行取出图像像元集合，统计水体像元对的数量，这是算法脚本的核心内容。分两次统计，第一次是统计该行中各步长下像元对的总数量，第二次是统计该行中各步长下属于同一个斑块的像元对数量，将所有行的统计结果累加，直至遍历完所有行。

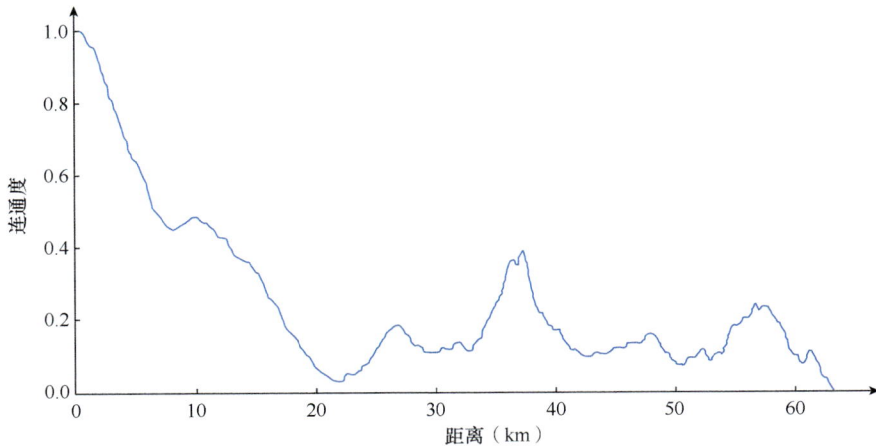

图 8-2　南 - 北方向连通度变化

（4）分步长计算连通度，对于同一步长，用属于同一个斑块水体像元对的数量除以像元对的总数量，即可得到该步长下连通度（Connectivity Fuction，CF）值，此时得到一个平面上各个步长的 CF 数据集合，将它绘制成图，即连通度曲线。将上述过程作用于一个时间序列的图像，即可得到不同时间的连通度曲线集。

8.2.1.3　实例分析

1. 鄱阳湖

图 8-3 为鄱阳湖最大水文连通区域的时间序列变化图，其中蓝色代表各水

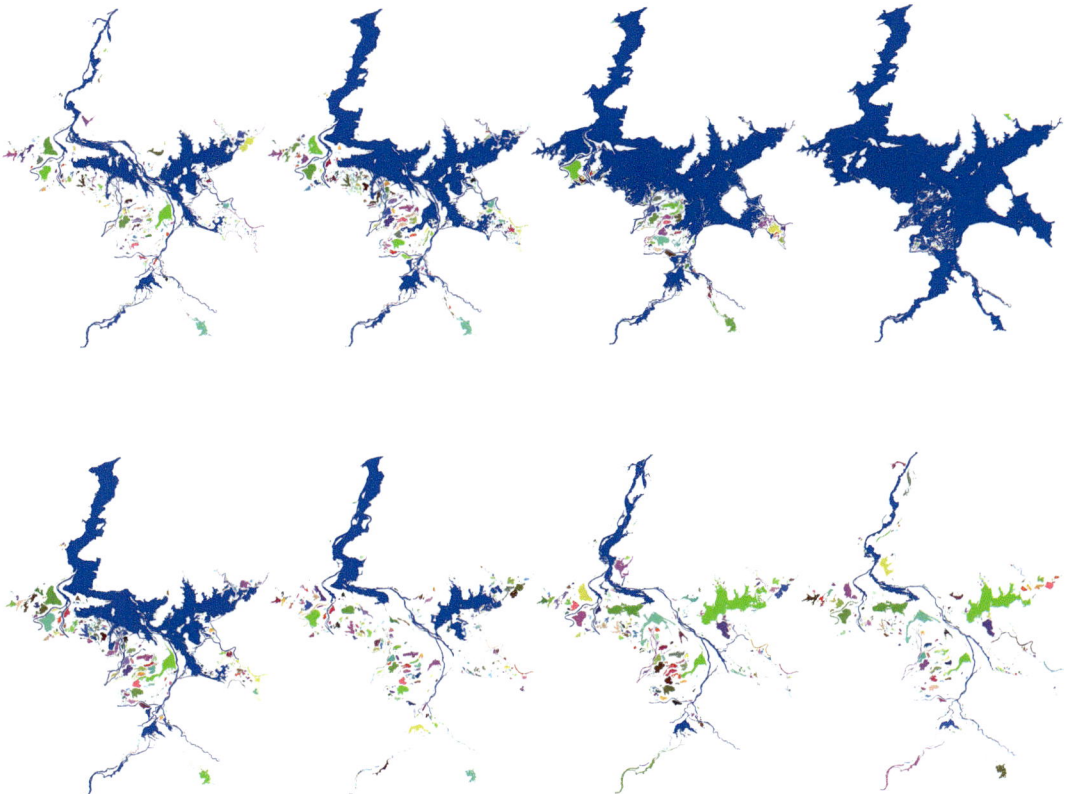

图 8-3　鄱阳湖最大水文连通区域的时间序列变化图

位时期的最大连通面积及其空间分布状况。鄱阳湖南 - 北方向和东 - 西方向的水文连通度变化曲线如图 8-4 所示。

分析结果表明，枯水期鄱阳湖最大连通区域仅为通江水道区域，随着水位的上升，连通面积逐渐增大，各子湖因地形高低逐渐与主湖区连通。洪水期水位快速上升，鄱阳湖东 - 西方向最大连通距离可达 100km，连通曲线也逐步转变为下凹型，代表水文连通性的快

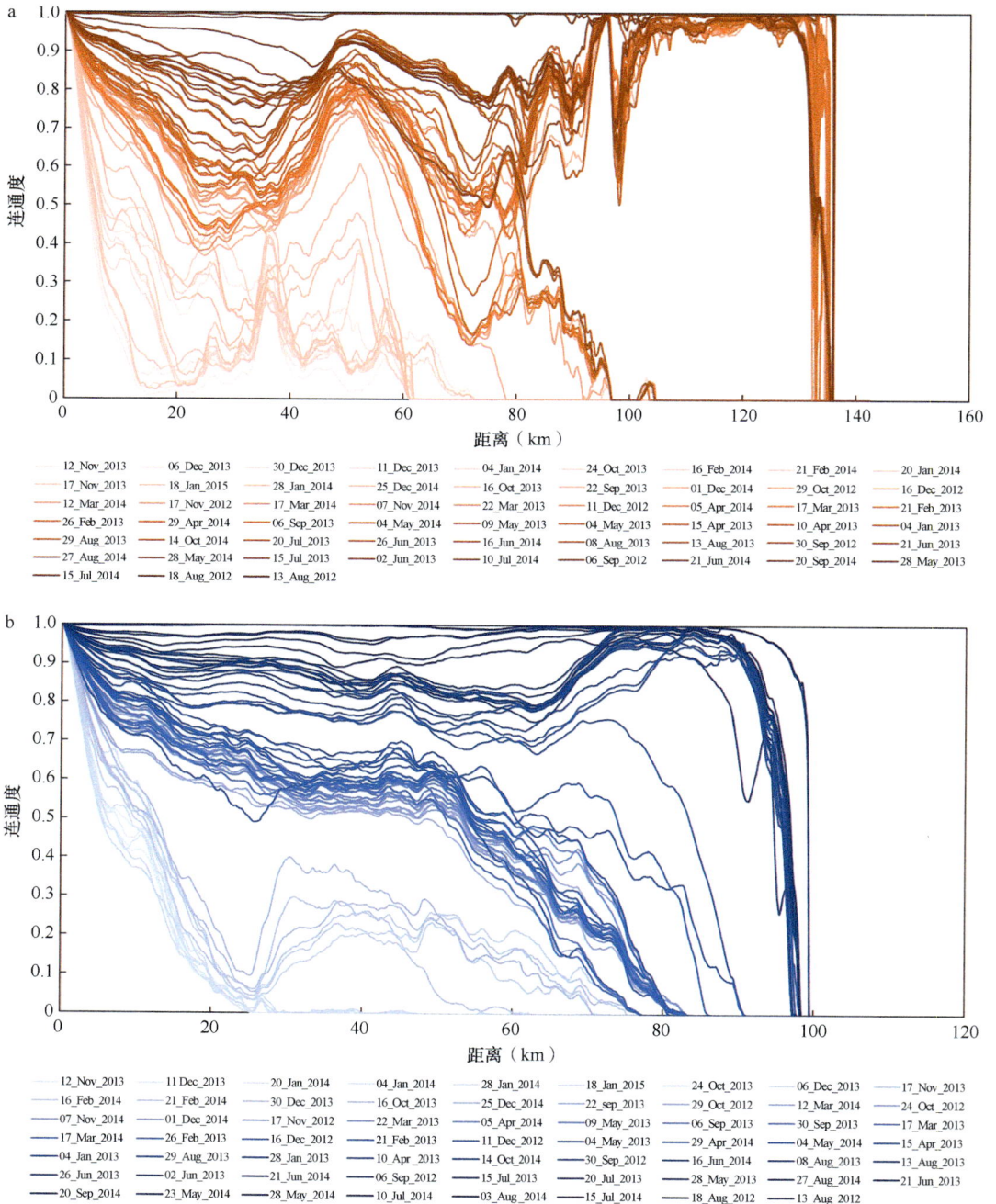

图 8-4　鄱阳湖南 - 北方向（a）和东 - 西方向（b）的水文连通度变化曲线

速扩展；南 - 北方向的最大连通距离达 140km，南北 100～140km 为洪水的快速淹没区域。

2. 洞庭湖

图 8-5 为洞庭湖夏季、冬季水文连通度的空间变化图，其中蓝色区域代表了其在不同水文时期的最大连通面积及空间分布状况。洞庭湖东 - 西、南 - 北、

西北 - 东南及东北 - 西南四个方向的水文连通度变化曲线如图 8-6 所示。

分析结果表明，枯水期洞庭湖最大连通面积仅为通江水道区域，随着水位的上升，连通面积增大。洞庭湖东 - 西方向的最大连通距离约 118km，南 - 北方向的最大连通距离约 82km，东北 - 西南方向的最大连通距离约 71m，西北 - 东南方向的最大连通距离约 42km（图 8-6）。

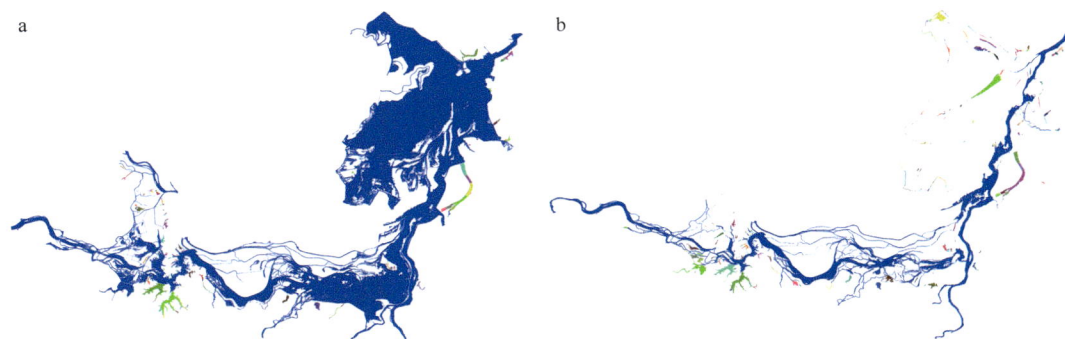

图 8-5　洞庭湖夏季（a）、冬季（b）水文最大连通距离的空间变化图

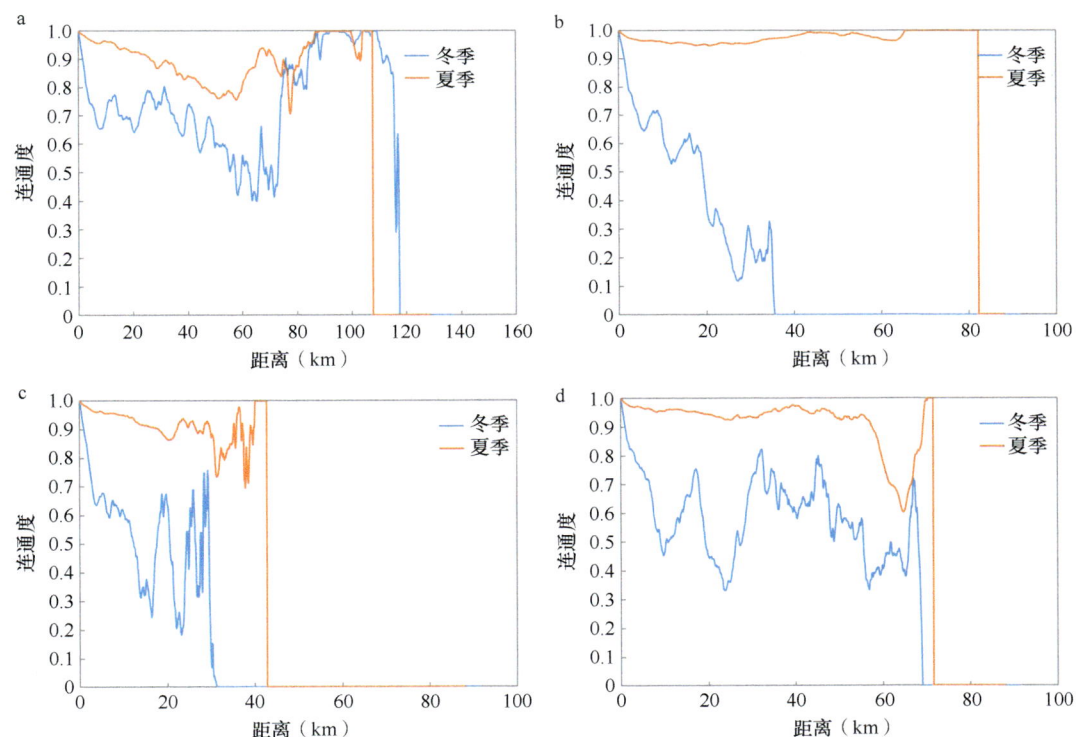

图 8-6　洞庭湖东 - 西（a）、南 - 北（b）、北西 - 南东（c）及北东 - 南西（d）四个方向的水文连通度变化曲线

8.2.1.4　问题探讨

现有算法仅支持四个主要方向的水文连通度计算，分析结果可分别显示这四个方向的连通度变化情况。未来还需进一步改进，设计能够自适应的算法，可同时对 360° 所有方向的水文连通度进行计算，使结果能更真实地反映研究区域的整体连通性的空间分布状况。

8.2.2　水下地形空间分布

8.2.2.1　术语释义

雷达卫星遥感：又被称为微波遥感，它能够穿透云层和克服恶劣天气，不受光照和时间限制进行全天时和全天候观测，因此可有效提高水域边界提取的时间分辨率。如前文所述，雷达遥感技术主要获取的是地物的后向散射信号，因此它主要反映了地表的粗糙度、起伏变化，及水分含量信息。

遥感水边线：指通过遥感技术识别和提取的水域边界信息，通常用于监测水域面积变化、评估水域生态状况水生态功能等。遥感水边线是水域监测的重要基础参数之一，在某种程度上可将其视为等高程水边线。

辐射定标：是遥感数据处理中的一项重要技术，能够将传感器接收到的原始辐射亮度数据转换为地表实际反射率。通过辐射定标，可有效消除传感器自身系统误差、大气干扰等因素对数据的影响，提高数据的精度和可靠性。同时，辐射定标也是实现不同传感器、不同时相遥感数据相互比较和融合的前提条件，对遥感数据的定量分析和应用具有重要意义。

滤波处理：是遥感影像处理中的关键步骤，主要用于消除图像噪声、提高影像质量。通过选择合适的滤波器和技术参数，可增强目标地物特征，改善图像的可读性，广泛应用于目标识别、目标检测、地表覆盖分类和变化检测等。

克里金空间插值：又称为空间局部插值，是一种跟据已知点数值来估计未知点数值的空间统计插值方法。在地形分布制图中应用广泛，因为它能够考虑空间相关性进而将离散的观测点数据平滑成连续的表面，提高了插值精度，更好地反映地形的变化趋势。

数字高程模型（digital elevation model，DEM）：是一种描述地球表面地形地貌的数字表达形式。它通过离散的数据点表示地形的高度，并生成连续的数字表面模型，从而精确地反映地形起伏变化。通过对数字高程模型的分析和处理，可以提取如水深、坡度、地貌形态等信息。数字高程模型的应用不仅限于地形制图，还广泛应用于土地利用规划、城市规划、地质勘查、环境保护等领域。

坡度：在 DEM 中，坡度通常表示为地形表面各点相对于水平面的倾斜度数值，单位为度数或百分比。就水下地形而言，它反映了水底地形的变化剧烈程度和水流的强度。在鱼类栖息地研究中，坡度的计算和分析对于了解水下地形和水流特征至关重要。坡度的变化可影响水流的状态，进而影响水中物质的迁移和沉积，以及水生生物的分布和生态行为。

8.2.2.2　方法思路

结合船载声呐采集的水深数据，以及通过多时相光学、雷达卫星，或无人机观测数据等提取的水边线矢量，并参考地形测量期间邻近水文站的水位数据，对遥感水边线（等深线）进行高程赋值，开展水下地形分布模拟和制图分析。

首先，选取水位具有代表性意义的遥感图像，提取每景图像中的水边线，根据遥感图像获取当日邻近水文站的水位观测数据，对水边线进行高程赋值，在地理信息系统软件中对高程赋值后的水边线进行栅格化及等距离间隔的离散化处理后，将其转换为高程点数据。对于遥感最低水边线以内的区域，采用声呐测深数据计算的高程数据进行克里金空间插值，从插值结果生成等高线之后，按照相同距离间隔进行线转点。

然后，结合所有点数据共同进行克里金插值，得到高空间分辨率的湖底数字高程模型 DEM 数据。

最后，采用实测值，对模拟结果在横剖面精确性，以及纵向连续性两方面的准确性，进行对比验证。整体技术流程见图 8-7。基于生成的 DEM 数据，可进一步使用地理信息系统软件计算获得湖底坡度的空间分布状况。

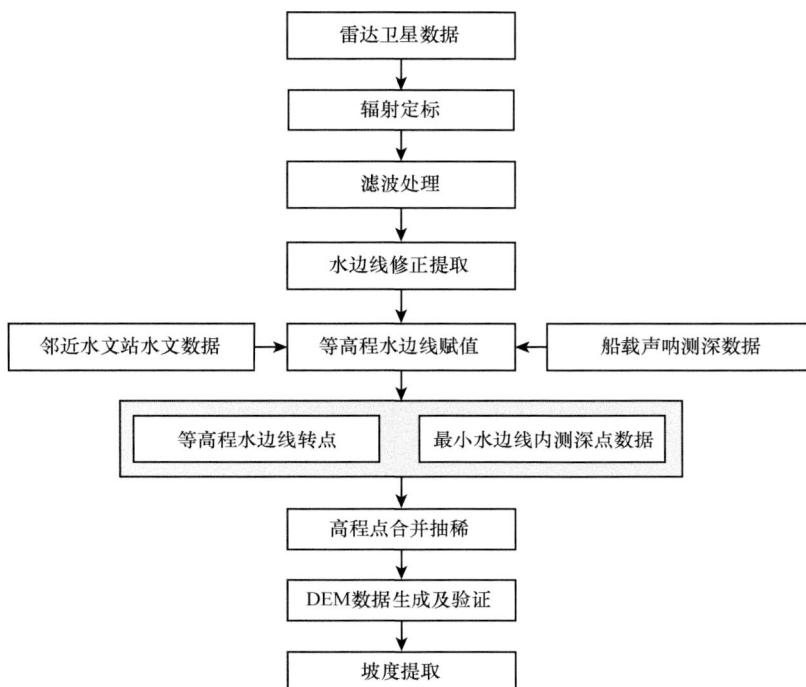

图 8-7　水下地形分布制图技术路线

8.2.2.3　方法解析

首先，需要对光学或雷达图像数据进行预处理，其中雷达数据预处理方法如第 3 章 3.1.4 节所述。其次，进行水边线提取及水边线高程赋值。在较为宽广的水域中，成像水面往往并非平面，而是有一定的倾斜角度，因此需将多时相影像中提取的水边线离散成点数据。对离散点及水文站逐日的水位信息进行多维度的综合性水文分析，并在此基础上进行经/纬向校正。可采用双线性内插的空间插值方法对水边线上的每个坐标点进行高程赋值。最后，对构建的 DEM 数据开展精度验证。在构建 DEM 时所使用遥感影像的最高与最低水位观测高程值会直接影响模型的高程范围。为评估雷达遥感

提取的水边线与声呐测深数据构建形成的 DEM 数据的准确性，可将 DEM 模拟结果进行横向精确性和纵向连续性对比分析。

8.2.2.4　实例分析

采用 30m 空间分辨率的多时相 Radarsat-2 雷达数据，结合船载双频回声探测仪采集的湖底高程数据，以鄱阳湖通江水道为例，进行水下地形模拟的实例分析。

首先，选取水位有代表性的雷达遥感图像进行预处理（图 8-8），提取每景图像中的水边线（图 8-9）；对所有图像获取时间对应的鄱阳湖区主要水文站的水位数据进行分析，选取南北水位标准差小于 0.25m 的水边线，采用对应日期

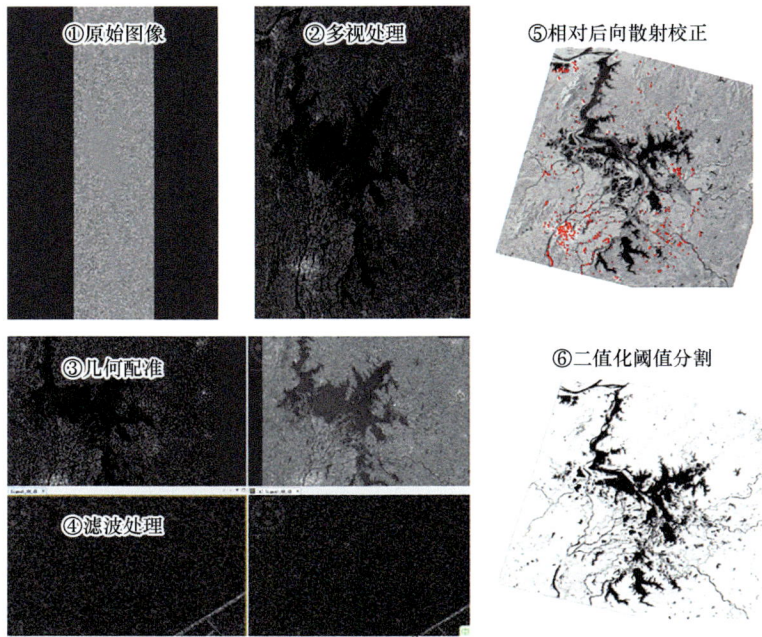

图 8-8　Radarsat-2 雷达卫星数据预处理

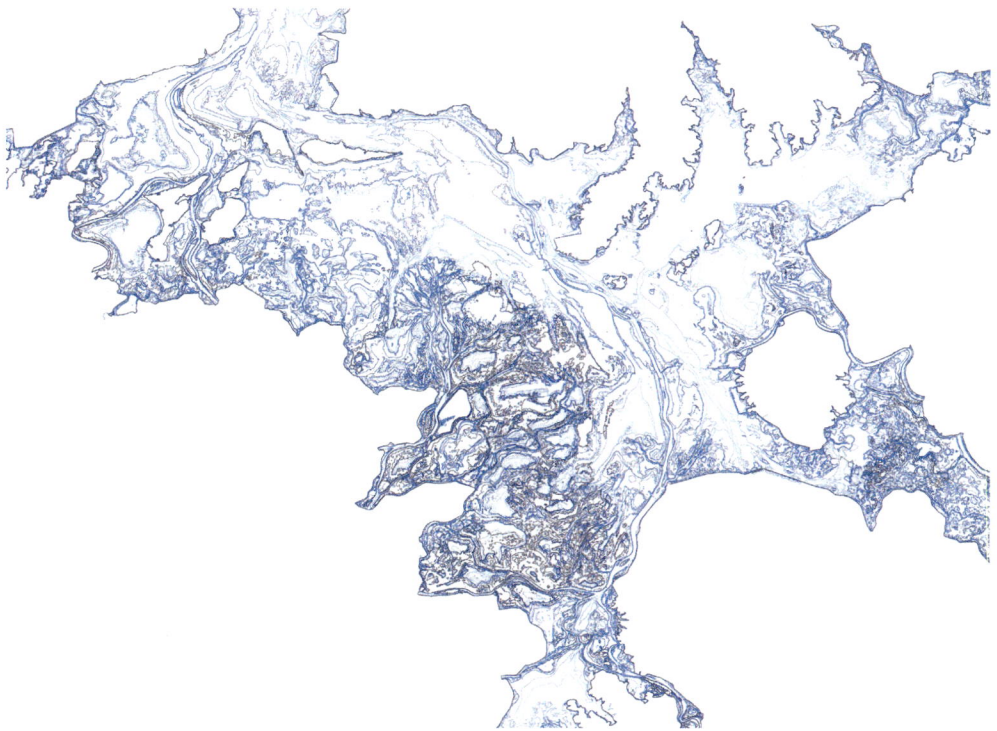

图 8-9　鄱阳湖时间序列遥感水边线示例

各水文站的水位均值对上述水边线进行高程赋值；在地理信息软件中对高程赋值后的水边线进行等距离间隔的离散化处理，将其转换为高程点数据。其次，合并最小水陆边界线以内区域实测的高程数据并进行抽稀，对抽稀后的离散点数据进行克里金插值，得到鄱阳湖碟形子湖的湖底数字高程地形数据。

8.2.2.5 问题探讨

在构建水下地形的高程模型过程中，误差来源的探讨对于提高模型精度至关重要。研究中发现误差主要来源于水边线位置精度和区域地形复杂度两个方面。

水边线位置精度是影响模型精度的关键因素。遥感影像的空间分辨率决定了水边线提取的精度，分辨率越高，提取的水边线位置越准确。

区域地形的复杂度也对模型精度产生影响。在水下地形起伏较大、高程变化剧烈的区域会增加模型构建的难度和误差。

此外，多时相遥感水边线模拟的高程模型存在应用局限，无法获取一些常年淹没水域的最小水边线以内的水底部分的水边线，因此水下高程模型反演方法无法应用于这些区域。为了解决这个问题，可以采用声呐测量、地形测量等方法进行补充，共同构建水下数字高程模型。因此，实际应用中需综合运用多种测量方法，以更全面地获取水下地形数据，提高模型的精度和可靠性。

8.2.3 深潭 – 浅滩序列

8.2.3.1 术语释义

河流横断面的多样性表现为河道的宽窄相间，对应着河流交替出现的浅滩和深潭。这些特征是维持河流生物群落多样性的重要基础。河床宽阔处或支流河口附近是浅滩最发育的河段，水流减缓泥沙淤积，易形成浅滩。沿河交替分布的浅滩和深潭，是描述河流消落区鱼类栖息地

时需要考虑的重要因素，许多鱼类偏好在深潭及其周边水域进行越冬。浅滩又分为急流浅滩和缓流浅滩，汛期形成的急流浅滩通常是鱼类产卵喜好的场所，由不同粒径底质组成的缓流浅滩则为幼鱼提供了躲避捕食的避难场所。浅滩的类型如第 6 章 6.2.1.1 节所述，主要包括正常浅滩、交错浅滩、复式浅滩和散滩等类型。

8.2.3.2 方法思路

河流深潭 - 浅滩的识别方法均基于河床地形，主要包括：深泓线线性回归法、横截面对称指数法、局部高程差异法。Richards（1976）提出深泓线线性回归法，该方法的具体过程为：首先沿河道深泓线等间距进行河床高程测量，然后采用描述河床高程值随河段长度拟合方程的计算结果，选择负残差值即深潭，正残差值即浅滩。Knighton（1981）提出横截面对称指数法，由横截面中间线两侧的面积差占横截面总面积的比例 A 来判断，当 A 在 –0.1 和 0.1 之间时认为其对称，为浅滩，否则为深潭。O'Neill 和 Abrahams（1984）提出局部高程差异法，是对深泓线线性回归法的进一步改进，基础数据是由河道深泓线按照流向排列的等间距断面上的最深点连接而成，一般定义 $T=k×Sd$ 为识别深潭或浅滩所需的最小的绝对值，其中 k 值范围为 $0.5\sim2.0$。

8.2.3.3 方法解析

深泓线线性回归法：首先，加载研究区的高程数据，这些数据通常以数字高程模型（DEM）的形式呈现，其中每个像素或栅格代表一个地形单元，并包含相应的河床高程信息。然后，沿着河道深泓线等间距选择一系列点，提取这些点对应的河床高程值。最后，使用统计分析软件构建描述河床高程随河段长度变化的回归方程（一次方程、二次方程或三次方程）。通过拟合的方程，可以计算出每个点的预测高程值。根据计算

结果，负残差值对应的区域被识别为深潭，而正残差值对应的区域被识别为浅滩。其中，上述沿深泓线等间距的设定应根据河流的规模大小、水流速度、河流比降等因素来综合考虑，通常情况下可以参考以 5～7 倍的河宽来设定间距（张辉，2011）。但对于河流比降较大、水流较急的河段，间距可适当缩小，以便于更加精细地捕捉到沿河流深泓线河床高程的变化。另外，也需要根据河流深泓线高程起伏变化的复杂程度，来调整回归方程的形式和参数，以提高识别结果的准确性。例如，在某些顺直型的河段中，河床高程沿深泓线方向的变化相对平稳，那么选择一次方程就能较好地拟合其变化；而在高度弯曲的河段（或类似湖泊通江水道河段），深潭和浅滩交替出现，深泓线高程变化复杂，则可能需要选择二次方程或三次方程，来提高拟合的准确性。

横截面对称指数法：首先，需要准备研究区的高程数据。然后，选择合适的横截面进行分析，这些横截面通常垂直于河道中心线，且需要覆盖研究区的主要地形变化。对于每个横截面，计算中心线两侧的横截面面积的差值面积差。接下来，根据面积差计算横截面对称指数，公式为

$$A^* = (A_1 - A_2)/A \tag{8-1}$$

式中，A 为横断面总面积，A_1 和 A_2 分别为河道中心线两侧的横截面面积。根据公式（8-1），可以计算出每个横截面对称指数 A^* 的值。根据计算出的 A^* 值，在 GIS 软件中使用不同的颜色、符号或标签对研究区进行深潭和浅滩的分类标注。通常，$-0.10 \leq A^* \leq 0.10$ 被认为是浅滩，而其他 A^* 值则被认为是深潭。注意的是，选择合适的横截面是关键。比如根据河流的走向、地形变化等因素进行判断，以获得有代表性的判断结果。

局部高程差异法：首先，确定深泓线的位置，根据深泓线等间距设置断面，并提取每个断面的最深值 B_1、B_2、B_3 等。

其次，计算每两个相邻断面的最深值差值，形成局部高程差异序列，计算这些差值的标准差 Sd，并根据 Sd 计算限度值 T，即 $T = k \times Sd$，$k \in [0.5, 2]$。T 是识别深潭或浅滩所需的最小绝对值。最后，计算每个断面（或起始断面）的最深值 B_n 与其上游最邻近的已确定为深潭或浅滩断面（或起始断面）的最深值 B_m 的差异值或差异的累加值 $\sum E_i$。将 $\sum E_i$ 与 T 进行比较，若 $\sum E_i$ 的绝对值大于 T，则结合深泓线的高程演变方向确定为深潭或浅滩，演变方向增加的是浅滩；反之，则为深潭。若在深泓线演变方向未变的情况下，连续有若干断面 $\sum E_i$ 的绝对值大于 T，则定义深泓线演变方向改变之前最后一个断面处为绝对的深潭或浅滩，其他 $\sum E_i$ 的绝对值大于 T 的断面处为相对的深潭或浅滩。

8.2.3.4 实例分析

1. 方法对比

以鄱阳湖通江水道为例，将上述三种方法识别的河道深潭-浅滩分布进行对比。在深泓线线性回归法中，采用如下方程来描述河床深泓线高程随河段长度的变化：

$$y = 8.768x^{10}-7x^3-5.435x^{10}-4x^2 \\ +8.128x^{10}-2x-0.629 \tag{8-2}$$

通过比较分析，在本例中通过深泓线线性回归法共识别出处于深潭的河流断面 166 个、处于浅滩的河流断面 217 个（图 8-10a）。以 $-0.10 \leq A^* \leq 0.10$ 为对称、其他值为非对称作为标准，通过横截面对称指数法共识别出处于深潭的河流断面 141 个（$-0.50 \leq A^* \leq -0.10$ 和 $0.10 \leq A^* \leq 0.30$）、处于浅滩的河流断面 242 个（$-0.10 \leq A^* \leq 0.10$ 之间）（图 8-10b）。通过局部高程差异法（$T = 0.5 \times Sd = 0.498m$）共识别出处于深潭的断面河流 40 个、处于浅滩的河流断面 42 个；其中，处于绝对深潭的断面 33 个，处于绝对浅滩的断面 32 个（图 8-10c）。

选取局部高程差异法（$T=0.5\times Sd$）识别出的 65 个绝对深潭或浅滩所在断面为基准，将各种方法的判别结果进行对比。由对比结果可知，共有 39 个断面在三种判别方法中存在明显差异，经统计可以分为 6 种类型：RPP（R 代表 riffle，浅滩；P 代表 pool，深潭）、RRP、RPR、PRR、PRP、PPR。在 RPP 中，随机选取两个断面 38 和 101，水深分别为 8m 和 9.98m，与其前后两个断面的水深 7.35m、

5.93m 及 8.8m、9.22m 相比，该断面水深相对较深；再结合地形图进行分析，综合判定为深潭较为合适，并对 RPP 类型中剩余 10 个断面进行逐一分析，均支持该判定结果。同理，对 RRP、RPR、PRR、PRP、PPR 类型中的判别结果差异面进行对比分析，判定结果分别为：P、R、R、P、R。如果以（$T=0.5Sd$）局部高程差异法辨识的深潭或浅滩为基准，深泓线线性回归法的辨识结果相似度为 70.7%，横

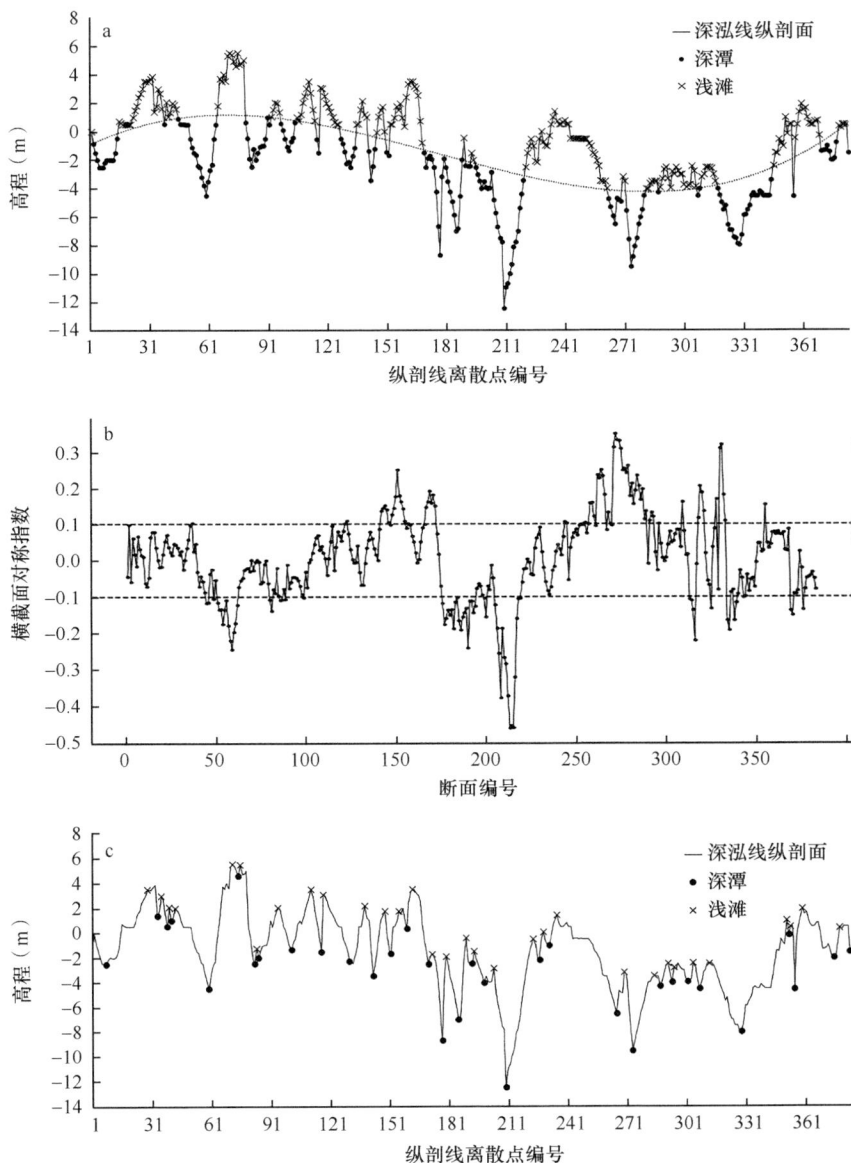

图 8-10 不同方法识别的深潭 - 浅滩分布

a. 深泓线线性回归法；b. 横截面对称指数法；c. 局部高程差异法（$k=0.5$）

251

截面指数法的相似度仅为 55.4%。

2. 结果对比

考虑到通江水道内部水深差异较大，分别选取 k=0.5、1、1.5、2 进行识别结果的对比分析。由于深潭 - 浅滩交替出现，因此 k 越小，识别出的深潭浅滩个数就越多。如图 8-11 所示，对不同 k 值鄱阳湖通江水道的深泓线纵剖面进行对比分析，图中虚线框标出的是地形识别

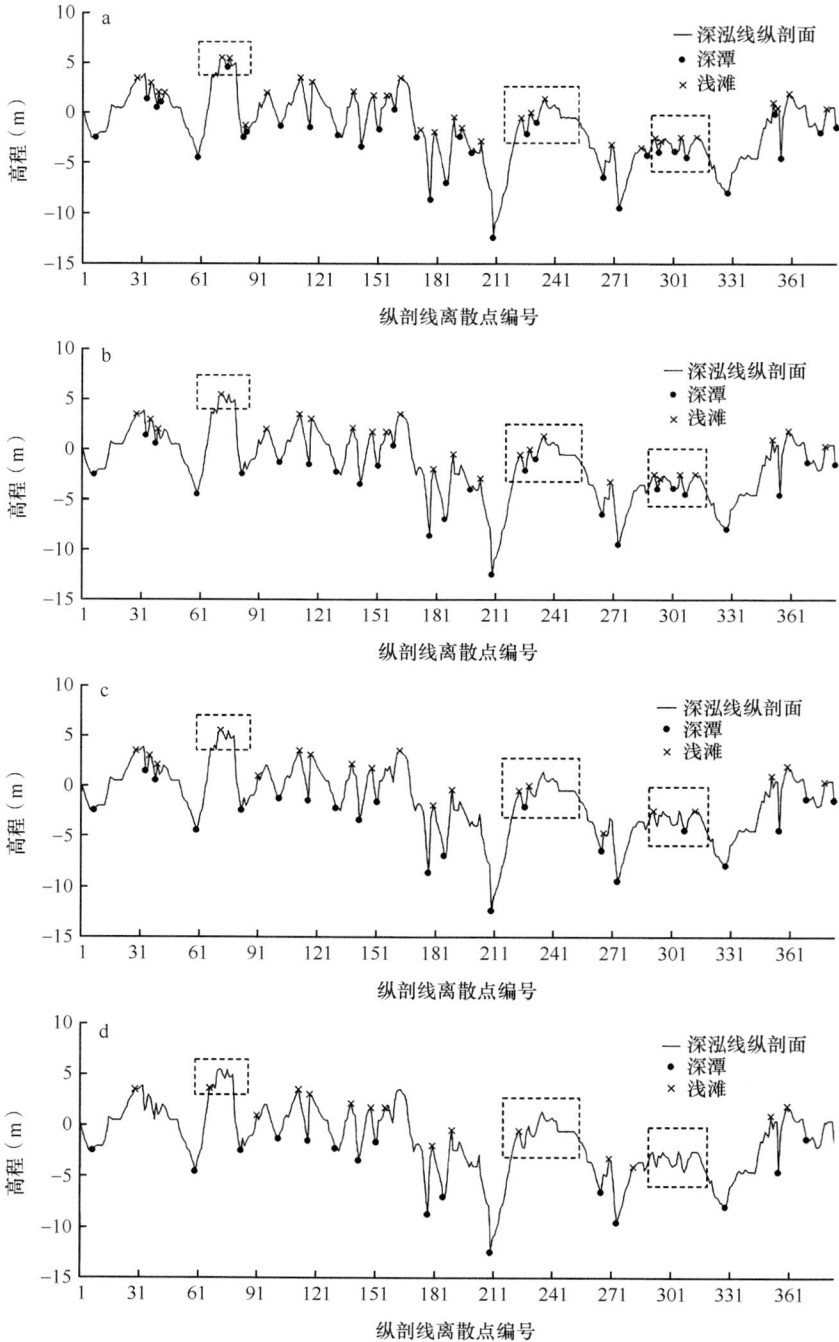

图 8-11　不同 T 值对深潭的识别结果

a. T=0.5Sd；b. T=1.0Sd；c. T=1.5Sd；d. T=2.0Sd

最典型的 T 值的 3 种不同的情况。

如情况 1 所示，当 $k=0.5$ 时，局部高程法共判断出 1 个深潭和 2 个浅滩。从深泓线剖面来看，该深潭的波谷点前后断面的高程都较高，且地形起伏变化不大，而当 $k=1$、1.5、2 时，该断面的深潭均未被识别出。

如情况 2 所示，当 $k=0.5$ 和 $k=1$ 时，局部高程法共识别出 3 个浅滩和 2 个深潭。从深泓线剖面来看，附近河流底部的高程较高，处于连续波峰顶部；而当 $k=1.5$ 时，共识别出 2 个浅滩和 1 个深潭；当 $k=2$ 时，只识别出 1 个浅滩。

如情况 3 所示，当 $k=0.5$ 和 $k=1$ 时，局部高程法共识别出 3 个深潭和 3 个浅滩，从深泓线剖面来看，周围所处的地势均比较低，而此处正处于连续波谷的最底部；当 $k=1.5$ 时，共识别出 1 个深潭和 2 个浅滩；而 $k=2$ 时，深潭浅滩均未被识别出。

对于在通江水道中越冬的鱼类来说，在分析鱼类对深潭和浅滩的选择时，大片浅滩集中分布区的深潭不是鱼类越冬易于获取的栖息地，因此对于情况 1 来说深潭识别意义不大。对于情况 2 和情况 3 来说，在海拔较低的深潭 - 浅滩序列中的深潭，有利于鱼类在冬季获得更加适宜的栖息水温，躲避天敌，此时局域的深潭和浅滩均不能忽略。因此，当 $k=1$ 时，局部高程法能够更加真实地反映河床的底部形态，对局部较小的地形起伏进行准确判断，从而提高鱼类越冬栖息地识别的准确率。因此，将局部高程法（$T=1.0\times Sd=0.99\text{m}$）的情况视作更有利于分析鄱阳湖通江水道越冬场的地形特征的方法，图 8-12 为鄱阳湖通江水道深潭 - 浅滩局部差异法识别结果（$k=1$）。

8.2.3.5　问题探讨

在深潭 - 浅滩识别方法中，目前仍存在一些尚未解决的问题需要进一步的研究和改进。首先，方法的自动化程度有待提高。目前的深潭浅滩识别方法大

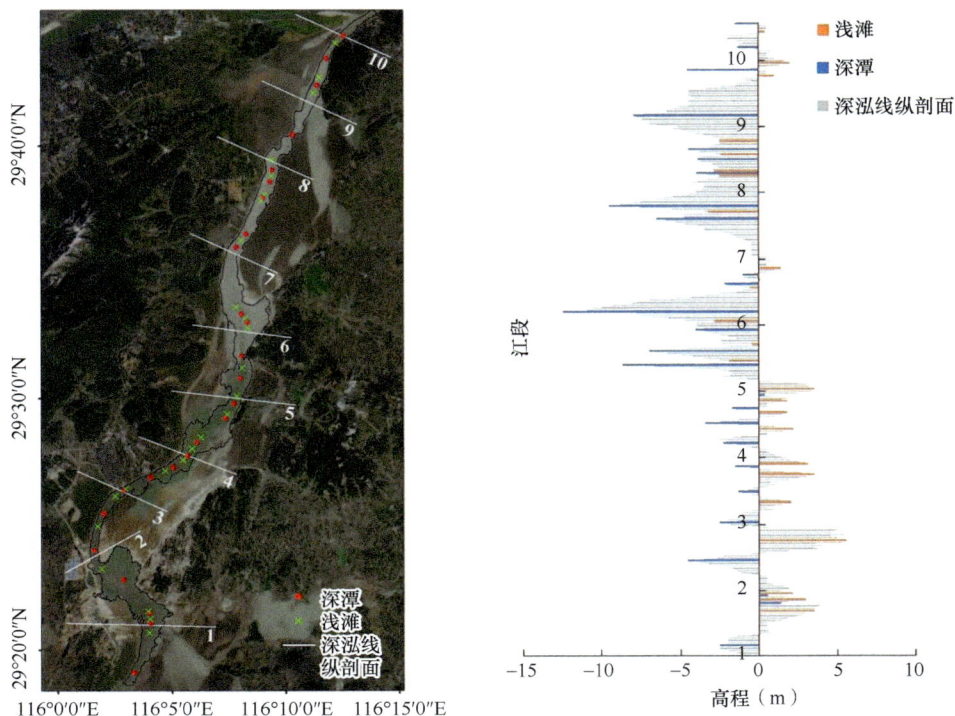

图 8-12　鄱阳湖通江水道深潭 - 浅滩局部差异法识别结果（$k=1$）

多需要人工干预,如参数设定、阈值选择等。这不仅增加了工作量,还可能引入主观误差。未来的研究可以探索自动化程度更高的识别方法,力求减少人工干预,从而提高识别效率。其次,方法的精度和可靠性也有待提高。虽然现有的深潭 - 浅滩识别方法在一定程度上能够取得较好的效果,但在复杂地形、水动力条件多变等情况下,也可能会出现误判或漏判的情况。未来的研究可以通过引入更先进的技术手段(如高分辨率遥感影像、激光雷达等),提高地形数据的获取精度,进而提高识别方法的精度和可靠性。

为了进一步完善和提升深潭 - 浅滩识别方法,未来的研究可以通过深入研究河床地形的形成机制和演化规律,从自动化程度、适应性、精度和可靠性等多个方面进行考虑,引入更加先进的技术手段和算法模型。

8.3 水生植物空间观测

8.3.1 水生植物功能型分类

鉴于光学和雷达图像对地表不同特征的反映,本节采用"北京一号"小卫星的时间序列遥感数据,结合时间序列雷达数据开展分析,以获得对湖盆敞水区及碟形子湖大型水生植物空间分布状况更为全面的认识。通过研究将实现以下目标:①提出一种雷达数据的校正方法以满足时间序列分析的要求;②以前期鄱阳湖水生植物功能型分类体系研究结果为基础,寻找不同类型水生植物群落的冠层高度、含水量、下垫面土壤背景湿度、生物量及物候特征等与时间序列光谱特征和后向散射特征之间的关系;③基于上述关系,建立基于规则的 GIS 分类方法,并检验其在水生植物功能型空间分布制图上的能力。

8.3.1.1 图像获取与预处理

"北京一号"小卫星于 2005 年 10 月 25 日成功发射,卫星上搭载了 1 个 4m 全色和 2 个 32m 分辨率的多光谱传感器。多光谱传感器可以提供 3 个 8bit 的波段数据(绿、红、近红),其幅宽可达 320km。本次研究中,共使用了 2007 年至 2008 年期间 10 景不同时相的多光谱数据(图 8-13a,表 8-1)。为满足时间序列分析的要求,所有获取的原始图像数据都需要转换为地面表观反射率值,以消除太阳高度角造成的影响。由于较早期"北京一号"搭载的多光谱传感器没有提供将灰度值转换为反射率值的星上参数,因此采用基于经验线性模型的伪目标法对多时相图像之间进行相对辐射校正(Gong et al.,1994)。

ENVISAT 卫星由欧洲航天局于 2002 年 3 月 1 日发射,卫星上搭载的 ASAR(增强型合成孔径雷达)仪器是运行在 C- 波段(5.3GHz),并且拥有双水平(HH)、双垂直(VV)、水平发射 - 垂直接收(HV)以及垂直发射 - 水平接收(VH)等多种极化方式的传感器,其入射角大小、空间和辐射分辨率依不同的功能模式而不同(European Space Agency,2007),ASAR 目前提供两种运行模式的数据,一种是传统的条带模式(成像和微波模式),另一种为扫描模式(全球监测模式,宽幅模式,交换极化模式)(Torres et al.,1999;Zink,2002),本次研究中,使用 2007 年至 2008 年期间 11 景不同时相的 ASAR 宽幅(WSM)模式数据(图 8-13b),其中包括 9 景 HH 极化数据及 2 景双垂直 VV 极化数据(表 8-1),空间分辨率为 150m,入射角为 43°。Freeman 和 Durden(1998)使用空载雷达遥感数据研究热带森林发现,对二次后向散射信号探测的能力使双水平极化数据比双垂直极化数据具有更强的后向散射信号。而 Kwoun 和 Lu(2009)的研究也说明,C- 波段双水平极化数据相比 C- 波段双垂直极化数据对不同湿地植物的结构特征更敏感。

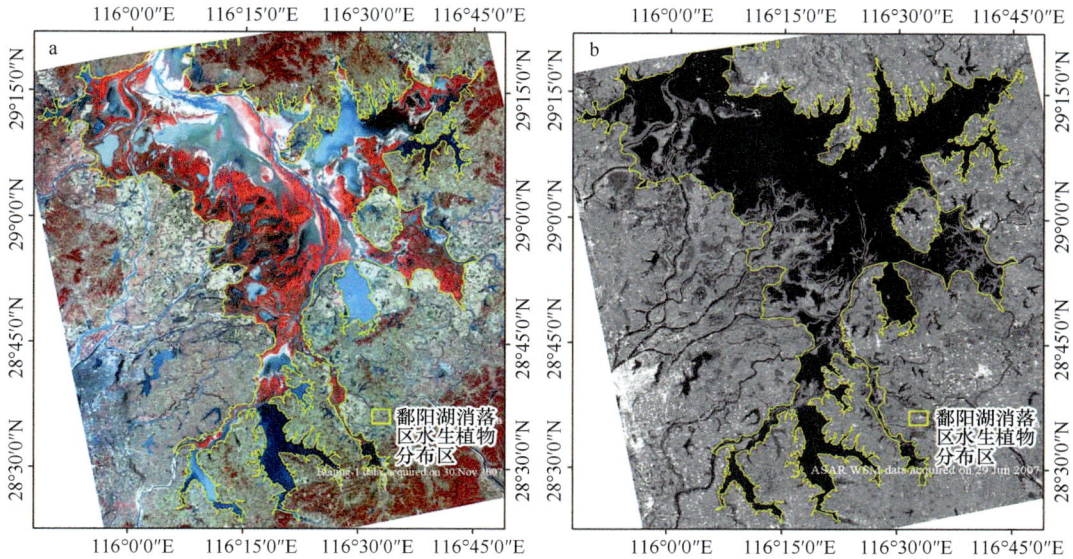

图 8-13　使用的数据举例

a. "北京一号" 光学卫星图像示例, 获取时间 2007-11-30; b. ENVISAT ASAR-WSM 雷达卫星图像示例, 获取时间 2007-6-29

表 8-1　使用的数据

卫星	水位 (m)	GCP	云量/是否覆盖鄱阳湖	RMSE
"北京一号" 多光谱数据	10.78,13.04,17.02, 17.53,11.94,8.71	21,315,28, 26,25,24	0,<2%/否,0,<2%/否,<2%/ 是,0	0.48,0.93,0.43, 0.49,0.50,0.41
	8.59,9.61, 8.89,12.75	28,28, 25,32	0,0,0, <2%/是	0.89,0.45, 0.34,0.45
ASAR 宽模式雷达数据	10.22,12.84,15.98, 17.57,16.16, 9.95,8.20	23,22,19, 20,18, 30,27	不受云雾的影响	0.36,0.32,0.33, 0.31,0.43, 0.45,0.49
	8.51,10.73, 11.62,13.55	46,30, 33,25		0.43,0.38, 0.49,0.36

注: 采用 10 景 "北京一号" 多光谱数据, 空间分辨率为 32m; 11 景 ASAR 宽模式数据, 空间分辨率为 150m。地面控制点 (GCP) 和均方根误差 (RMSE) 分别指用于几何校正的控制点的数量以及几何校正的误差。另外, 使用 1 景 1999 年 12 月 10 日获取的美国陆地卫星数据, 空间分辨率为 28.5m, 作为参考图像对其他图像进行几何精校正。

首先采用 B.E.S.T 软件将 ASAR WSM 原始强度数据转换为后向散射系数数据 (σ^0), 详细转换算法见 Laur 等 (1998)。然后, 用 9×9 窗口的增强自适应滤波方法 (Lee Adaptive Filtering Method, Lee Filter) 对图像进行噪声抑制。另外, 在开展时间序列分析之前, 需要对雷达自身条件变化造成的误差进行校正。由于在理想状况下, 不论环境如何变化, 人工建筑如城市居民地或大型广场等可被当作永久散射体, 其后向散射信号在同种极化方式数据之间几乎不随时间发生变化, 因此可用其后向散射系数作为参考值消除同种极化方式数据之间的系统误差。而对于鄱阳湖全年不变的水体 (永久性水体), 它们对应着整个鄱阳湖流域的最低高程, 那些区域的冬夏水位差在 8m 以上, 其后向散射系数在全年均是以镜面散射为主导的低值特征, 因此该区域可作为永久吸收体, 其后向散射信号也不随时间发生变化。以上两种类型 (即人工建筑和永久性水体) 的后向散射系数, 分别对应整个区域范围内的最高值和最低值。

因此，这里提出一种两步校正法来处理雷达数据。第一步，用密度分割和阈值法对每景雷达数据中提取人工建筑区域，并通过多景图像的空间叠加获取重叠分布范围，共提取出 4319 个像素，统计这些像素在 11 景图像上的后向散射系数均值、最大值和最小值。人工建筑公共区域后向散射系数均值的季节性系统误差见图 8-14。可以看出，同种极化方式数据之间系统误差不大，而不同极化方式数据之间系统误差较大。基于此结果，分别使用双水平极化和双垂直极化各自人工建筑公共区域的后向散射系数均值作为参考，进行同种极化方式数据的系统误差校正（通过加/减人工建筑区域后向散射系数均值与每景图像对应区域均值的差值获得）。

第二步，用同样方法提取所有雷达数据的不变水体区域，并用这一区域作为掩膜图像对 11 景雷达数据进行空间裁切，从而得到公共不变水体区域。分别统计该区域在 11 景图像上后向散射系数的均值、最大值、最小值和标准差，其随时间的变化曲线见图 8-15。采用经验线性模型的伪目标法对雷达数据进行不同极化方式图像之间的相对辐射校正。经验线性模型如下：

$$R = a \times BC + b \qquad (8-3)$$

式中，R 是相对后向散射系数；BC 为待校正图像中样点像素的后向散射系数的最大值、最小值及均值；a 是增益，b 是位移，这两个参数与卫星系统所处状态有关，使用最小二乘法可得到每景图像对应的参数 a 和 b，并根据这两个参数对所有图像进行相对辐射校正。最后，使用 IDL/ENVI 软件（Research Systems Inc.），以 1999 年 12 月 10 日获取的 1 景美国陆地卫星为参考图像，对其他所有图像进行几何配准，并重采样为 32m 分辨率的数据。

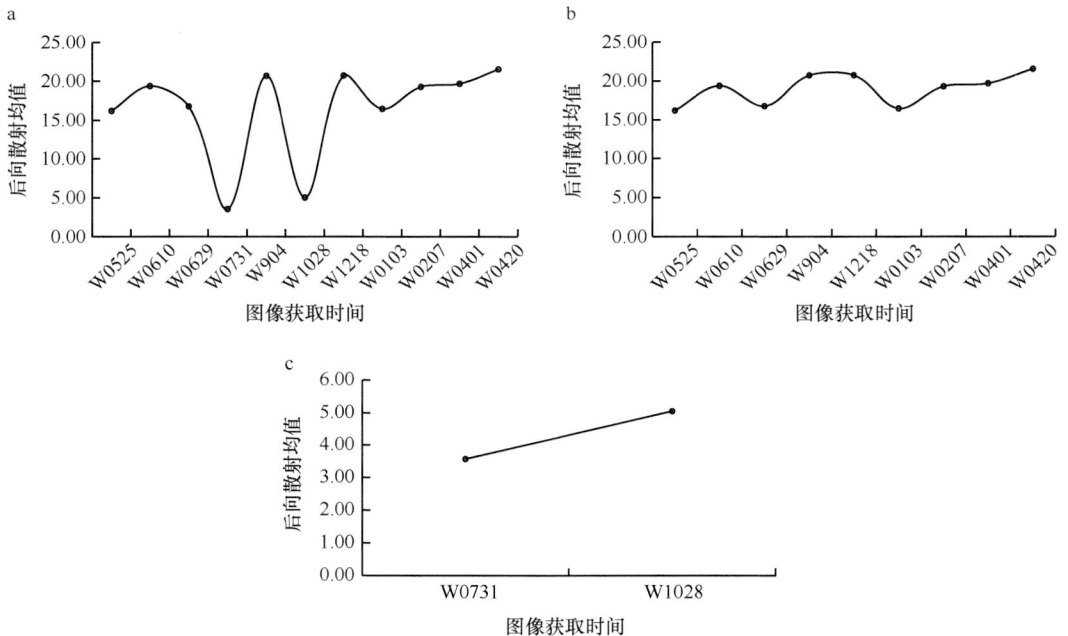

图 8-14 人工建筑公共区域后向散射系数均值的季节性系统误差

a. 所有时间序列图像；b. 双水平极化数据；c. 双垂直极化数据

图中横轴为所选图像及其具体获取时间，分别为 2007 年 5 月 25 日、2007 年 6 月 10 日、2007 年 6 月 29 日、2007 年 7 月 31 日、2007 年 9 月 4 日、2007 年 10 月 28 日、2007 年 12 月 18 日、2008 年 1 月 3 日、2008 年 2 月 7 日、2008 年 4 月 1 日和 2008 年 4 月 20 日，可覆盖鄱阳湖一个完整的水文周期

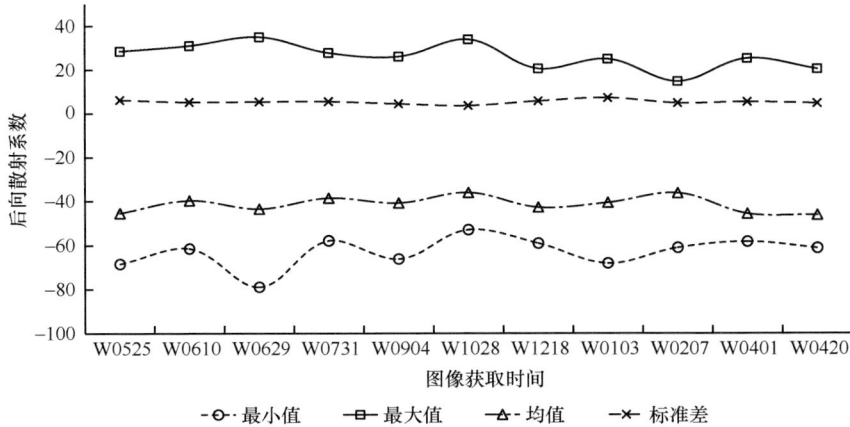

图 8-15 全年不变水体区域后向散射系数的季节性变化

图中横轴为雷达卫星所选图像及其具体获取时间，具体见图 8-14

8.3.1.2 时间序列分析

为评价"北京一号"小卫星时间序列遥感数据对于各类植物功能类型的区分度，对比了两组生态指数：一组是时间序列植被指数，该指数通过绿度的差异主要表征水生植物功能型的物种组成、物候、生物量、叶片叶绿素含量及冠层的光合有效辐射特征（Peñuelas et al.，1993）；另一组是新提出的时间序列植被 - 水分指数，该指数则主要表征水生植物功能型耐受水淹能力的差异。

时间序列植被指数的获取是通过对 10 景"北京一号"小卫星数据的植被指数图像进行简单的图层打包（layer stacking）。同样地，由 11 景 ASAR 雷达数据通过简单的图层打包获取时间序列后向散射系数图像（TSBC）。雷达后向散射系数与水生植物的高度、冠层结构、冠层含水量及土壤背景湿度等有关，同时也反映了雷达入射角、极化、波长特性等。时间序列后向散射系数图像则代表了上述特征在一年中随气候、水位条件变化的特征。

采集实测地面样本点位置对应的时间序列植被指数及时间序列后向散射系数，用于下列分析：①比较各种植物功能类型光谱反射率随时间的变化特征；②评价时间序列植被 - 水分指数图像及时间序列后向散射系数图像区分不同植物功能类型的能力。

图像训练和检验样本选取的原则是，所有像元对应的地面样方的特定植物种类的地面覆盖度要不低于 80%，样方周围 60m×60m 范围内的植被景观类型连续且保持同质。根据选取出的每种植物功能类型的多个样本像素，分别计算出其在两种时间序列指数图像的一些基本统计量（如最大值、最小值、均值和方差）。采用均值组成时间序列曲线，这些曲线代表了各种植物功能类型的光谱反射率和物候等随时间的变化特征，这里分别称作时间序列植被指数曲线（TSNDVI）和时间序列后向散射系数曲线（TSBC）。最后，采用盖姆斯 - 豪威尔后检验（Games-Howell Post Hoc Test）的单向方差分析对每种功能类型在两组指数上的曲线进行两两对比分析，以评价两组时间序列指数图像对各种植物功能类型的识别能力。

训练样本分别对应 C4 型高草草甸、挺水植物、C3 莎草和其他 C3 草本植物（由于 C3 型莎草植物和其他低矮的 C3 型草本植物在功能特征上具备很高的相似度，因此将其合并为一类，由于在本章节中广泛使用，以下简称"C3 莎草和草本"）、浮叶植物、沉水植物、泥滩、水体和沙地。用于分类的样本像素被随机地分成训练样本组和检验样本组，每组分别包含 540 个像素, 这些样本均来自各种植物功能型的植物种群地面实测样方, 同时也包含了非植被类型。具体地, 分别包含 32 个、37 个、53 个、47 个、40 个、85 个、76 个、81 个、89 个训练样本和 55 个、33 个、72 个、41 个、67 个、93 个、44 个、61 个、74 个检验样本, 对应于 C4 型高草草甸、挺水植物、C3 莎草和草本、浮叶植物、沉水植物、泥滩、水体、沙地等类型。在 TSNDVI 和 TSBC 图像上, 提取上述 5 种主要的水生植物功能型在训练样本空间位置处对应的取值所构成的曲线, 也可被称为 "植物物候曲线" 和 "植物高度 / 水分曲线"(图 8-16)。通过对这两组曲线的对比分析, 探讨其变化的机制和相互作用关系, 形成分类所需的知识。这些将被进一步用于建立基于规则的 GIS 分类模型以及决策树模型, 以实现对鄱阳湖消落区水生植物功能型的空间分布进行遥感制图。

2007 年 4 月 19 日至 5 月 25 日, 都昌水文站的水位数据显示, 水位从 10.7m 涨到 13.7m, 浮叶植物在经历了半个月左右的高速生长(图 8-16a), 5 月 25 日水位回落至 10.22m(图 8-17a), 该时间获取的 ASAR 数据中, 浮叶植物的生长区域由于水域范围的回退, 表现出由粗糙地面表面散射为主导的较高的后向散射特征, 其平均后向散射为 −20dB。相比之下, 2008 年 4 月 20 日(图 8-16b)获取 ASAR 数据时, 对应水位为 13.55m, 由于水面的镜面散射, 浮叶植物表现出和同样受镜面散射主导的沉水植物相似的较低的后向散射特征, 其平均后向散射为 −39dB。由此推出, 在 C - 波段雷达后向散射图像上, 浮叶植物及沉水植物在高水位时期尽管具有较高的生物量或密度, 但它们均表现出类似较低的后向散射特征, 并且无法从 ASAR 图像中被提取出来。然而, 在水位消涨时期, 可能通过获取其间歇性低水位时期对应的雷达图像, 将浮叶植物的分布范围从水域或沉水植物区域中分辨出来。

相比浮叶植物和沉水植物, 4 月至 6 月初其他 3 种植物功能型由于生长期的高生物量, 均表现出高后向散射特征。对于挺水植物和 C4 型高草草甸, 这一时期植物下层土壤比较湿润, 减少了 C- 波段 ASAR 数据的透射, 并且高大而密集的种群同样增强了以体散射为主导的后向散射信号, 其平均后向散射为 −17dB。对于 C3 莎草和草本植物, 在处于较高的地势时, 尽管其植株高度平均 60cm 左右, 但是由于具有很高的地面覆盖度, 因此表现出由体散射为主导的后向散射特征; 而处于较低的地势且地面覆盖度不高的该类植物, 此时期通常会被浅水淹没或处于土壤水分饱和的状态, 其细长且近似水平的叶片形态, 由于增加了水面与植物之间的二次散射, 同样增强了其在 HH 极化方式的后向散射信号, 表现出高后向散射特征。6 月 10 日后随着水位不断升高, C3 莎草和草本植物被淹没的范围逐步扩大; 直至 6 月底、7 月初, C3 莎草和草本植物被洪水完全淹没, 这使得雷达信号很难有机会再穿透水体, 并在水体与植物冠层之间发生交互作用, 导致接收到很弱的后向散射信号, 平均值约为 −42dB; 同时 C3 莎草和草本植物的 NDVI 值也降至最低。与之相反的是, 受洪水干扰较少且在洪水期仍具有相对较高的生物量, 可以挺出水面生长的 C4 型高草草甸和挺水植物(图 8-16a), 由于强烈的植物冠层体散射仍保持较高的后向散射特征。

在退水期, 都昌水文站水位从 2007 年 9 月 4 日的 16.16m 快速下降到 10 月 28 日的 9.95m(图 8-17c), C3 莎草和草本植物也很快出露于水面, 其生物量和植物密度都有所增加(图 8-16a), 因此同时期该功能型植物的后向散射信号也增长很快, 从 −38dB 提高到 −27dB。而对于浮叶植物和沉水植物来说, 它们

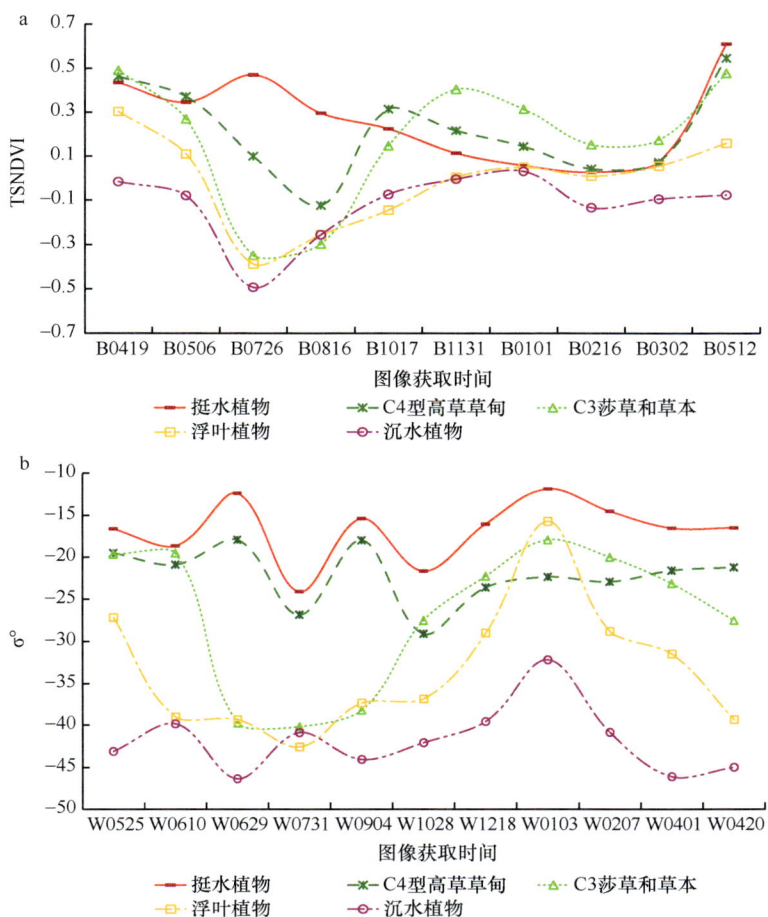

图 8-16　由时间序列"北京一号"光学图像及时间序列 ASAR 雷达图像提取的不同植物功能型变化曲线

a. 从 TSNDVI 图像中获取的各功能型水生植物的"植物物候曲线"；b. 从时间序列 ASAR 后向散射图像中获取的"植物高度/水分曲线"；a 图中横轴为"北京一号"卫星所选图像及其具体获取时间，分别为 2007 年 4 月 19 日、2007 年 5 月 6 日、2007 年 7 月 26 日、2007 年 8 月 16 日、2007 年 10 月 17 日、2007 年 11 月 31 日、2008 年 1 月 1 日、2008 年 2 月 16 日、2008 年 3 月 2 日和 2008 年 5 月 12 日；b 图中横轴为雷达卫星所选图像及其具体获取时间，具体见图 8-14

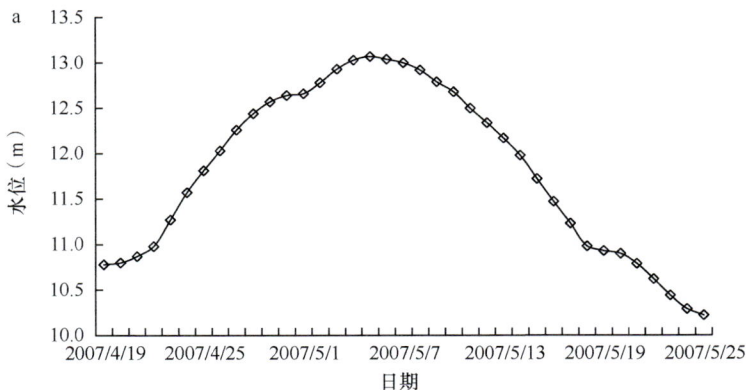

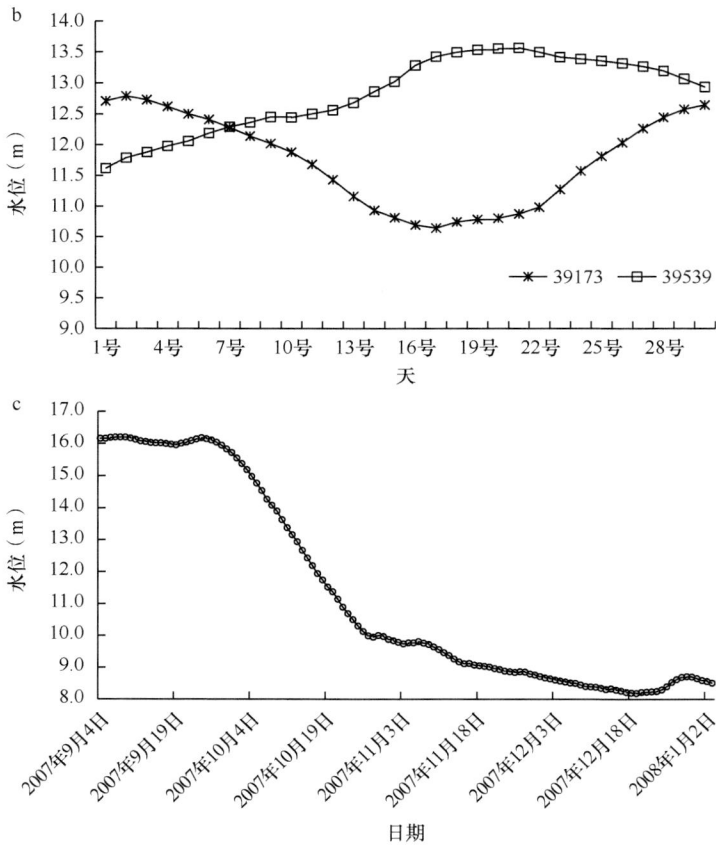

图 8-17　都昌水文站的水位日变化曲线

a. 2007 年 4 月 19 日至 5 月 25 日的水位日变化曲线；b. 2007 年 4 月与 2008 年 4 月的水位日变化曲线比较；
c. 2007 年 10 月 28 日至 2008 年 1 月 3 日水位日变化曲线

的后向散射信号没有太大的改变，保持在 –37dB 的较低水平，主要是由于其后向散射仍然由镜面散射为主导。挺水植物及 C4 型高草草甸的后向散射信号分别从 2007 年 9 月 4 日的 –15dB 和 –17dB 降低至 –22dB 和 –29dB，这种变化可能是水位的降低使冠层与水体间的二次散射减少所造成。随着接下来 2007 年 10 月 28 日至 2008 年 1 月 3 日水位的进一步下降，不同水生植物功能型的后向散射又表现出不同程度的增加。浮叶植物后向散射系数的增长主要是由于水位的进一步下降，本来由水体覆盖的区域逐步转变成具有饱和含水量的裸露泥滩，较高的介电常数减少了透射而增强了地表的雷达信号的回射，长时间出露而枯萎的各种浮叶植物也起到了

增加地面粗糙度的效果，这进一步使后向散射信号得到增强。这一原因同样适用于沉水植物分布区域的后向散射信号的变化。而对于地面覆盖度变化不大且此时期已基本不受水位波动干扰的 C4 型高草草甸及 C3 莎草和草本植物，其后向散射信号在该时期内的变化也不大。

8.3.1.3　分类模型建立

结合"植物物候曲线"和"植物高度 / 水分曲线"，建立一种基于规则的 GIS 水生植物功能型分类方法（图 8-18）。为了评价和比较模型的效率，同时采用决策树分类方法对鄱阳湖水生植物功能型空间分布进行制图。基于规则的 GIS 分类方法详述如下。

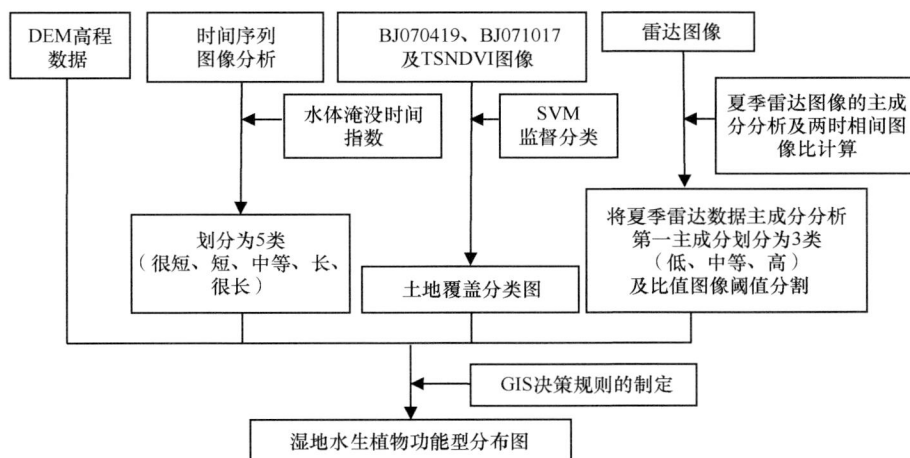

图 8-18　基于规则的水生植物功能型 GIS 分类流程图

1. 湖底 DEM 高程

　　鄱阳湖洪泛湿地区域坡度小于 2°，且水生植物沿着水深及淹没时间的变化呈现自湖岸至湖心的梯度带状分布特征。因此，DEM 高程数据可作为确定湿地分布范围的重要依据，同时也是区分不同水生植物功能型的重要参数之一。本文使用前述湖底高程测量结合水陆等深线分析获取的 DEM 高程数据，根据野外调查结果分别选取 22m 作为挺水植物及 C4 型高草草甸分布范围的上界，选取 18m 作为 C3 莎草和草本植物分布范围的上界，选取 16m 作为浮叶植物和沉水植物分布范围的上界。

2. 水体淹没时间指数

　　水体淹没时间指数（STI）的计算公式如下，它反映了水生植物功能型的空间分布与水位动态变化之间的关系，依据该指数将鄱阳湖水体淹没时间划分为 5 种类型：很短（1～59.5d）、短（59.5～93.5d）、中等（93.5～158d）、长（158～223d）、很长（大于 223d）：

$$\text{STI}(\omega) = \frac{1}{n} \sum_{t=1}^{n} \omega_t \qquad (8\text{-}4)$$

式中，STI(ω) 代表一年内每个像素受水淹没的时间估计；ω_t 为可体现水体变化

特征的某个具体时相的图像提取的水体分布数据在每个像素上的值（一般为二值化栅格图，1 表示水体，0 表示陆地）；t 是采用图像的具体时间；n 为参与该指数计算所使用的图像数量。由于高程较低处淹没时间更长，因此水体淹没时间指数可以反映水深的动态波动情况。为更好地反映水体的波动特征，参与计算的图像以充分覆盖整个水文变化周期，并尽量在整个水文周期内均匀分布为宜。

3. 土地覆盖制图

　　对不同季节的光学遥感图像分析结果表明，区分浮叶植物和沉水植物的最好时期是涨水和退水的时期，并且涨水期图像（BJ0419）更适合提取浮叶植物（最适探测水位在 11m 附近），该景图像中浮叶植物空间分布的制图精度可达 93.13%，而退水期（BJ1017）则是提取沉水植物（最适探测水位在 12m 附近）的最佳时间，该景图像中沉水植物空间分布的制图精度可达 85.38%。另外，Wang 等（2012）的研究成果表明，时间序列植被 - 水分指数图像（time-series VWI）可很好地描绘各功能型水生植物的空间分布情况。因此结合涨水期、退水期以及时间序列植被 - 水分指数图像，采用支持向量机分类算法开展土地覆盖

类型的分类，除获取 5 种主要水生植物功能类型的空间分布情况外，同时对农田、森林、泥滩以及无水生植物生长的开阔水体进行制图。

4. 主成分分析及时相比分析

由于体散射和部分二次散射，C4 型高草草甸和挺水植物在夏季的雷达数据后向散射信号明显高于其他几种类型的水生植物，并且前人的研究成果表明 C- 波段雷达数据更适合于探测冠层下部被水淹没的植物。因此，选取 2007 年 6 月 29 日、7 月 31 日以及 9 月 4 日的 ASAR 雷达数据进行主成分分析，对第一主成分（PCA1）采用密度分割和阈值法进一步划分为 3 类，即低后向散射区域、中等后向散射区域和高后向散射区域。最后，进行图像比值分析，即采用 6 月 10 日和 6 月 29 日的图像进行比值计算（WSM610/WSM629），用于提取 C3 莎草和草本植物。

5. 基于规则的 GIS 分类

在上述工作基础上，建立起一套基于规则的 GIS 分类体系，其中一些具体规则如下。

（1）当一个像素在 TSNDVI 土地覆盖分类结果中为挺水植物、C4 型高草草甸或 C3 莎草和草本植物，且夏季 ASAR PCA1 为高后向散射区域、水体淹没时间指数类型为很短、DEM ≤ 22m 时，这个像素被标记为挺水植物。

（2）当一个像素在 TSNDVI 土地覆盖分类结果中为挺水植物、C4 型高草草甸或 C3 莎草和草本植物，且夏季 ASAR PCA1 为中等后向散射区域、水体没淹时间指数类型为短、DEM ≤ 20m 时，这个像素被标记为 C4 型高草草甸。

（3）当一个像素在 TSNDVI 土地覆盖分类结果中为挺水植物、C4 型高草草甸、C3 莎草和草本植物或浮叶植物，且 WSM610/WSM629 ≤ 0.85、水体淹没时间指数类型为中等、DEM ≤ 18m 时，这

个像素被标记为 C3 莎草和草本植物。

（4）当一个像素在 BJ070419 土地覆盖分类结果中为浮叶植物、沉水植物或农田，且夏季 ASAR PCA1 为低后向散射区域、水体淹时间指数类型为长、DEM ≤ 16m 时，这个像素被标记为浮叶植物。

（5）当一个像素在 BJ071017 土地覆盖分类结果中为沉水植物或在 BJ070419 土地覆盖分类结果中为沉水植物，且夏季 ASAR PCA1 为低后向散射区域、水体淹时间指数类型为长或很长，且 DEM ≤ 16m 时，这个像素被标记为沉水植物。

6. 决策树分类

根据已获取的信息，采用决策树算法进行水生植物功能型空间分布制图。决策树分类方法和基于规则的 GIS 分类方法之间的区别在于，决策树分类方法不是在模型建立的过程中考查各个局部规则各自的特点，而是直接产生全局性的结果。部分决策树分类过程如下。

（1）用 DEM ≤ 22m、夏季 ASAR PCA1 ≥ 3 且夏季 ASAR PCA1 ≤ 30 等条件，将鄱阳湖洪泛湿地区域划分为挺水植物和其他类。

（2）用 DEM ≤ 20m、夏季 ASAR PCA1 ≥ –12 且夏季 ASAR PCA1 < 3 等条件，并且排除那些在空间上已被判别为挺水植物的区域，将上一判别过程中得到的其他类进一步划分为 C4 型高草草甸和其他类。

（3）用 DEM ≤ 18m、WSM610/WSM-629 ≤ 0.85、NDVI1130 ≥ 0.2 等条件，并且排除那些在空间上已被判别为挺水植物和 C4 型高草草甸的区域，将上一判别过程中得到的其他类进一步划分为 C3 莎草和草本植物和其他类。

（4）首先用 DEM ≤ 16m、秋冬春季 ASAR 图 像（包 括 WSM1028、WSM-1218、WSM0103、WSM0207、WSM-

0401、WSM0420 等）主成分分析的 PCA1 ≤ –25 等条件，可将水生植物区域从上一判别过程中得到的其他类区分出来；然后用 NDVI070419 ≥ 0.08 且 NDVI070419 ≤ 0.41，且 NDVI1130 ≤ 0.3 等条件，并且排除那些在空间上已被判别为挺水植物、C4 型高草草甸、C3 莎草和草本植物的区域，将浮叶植物区分出来。

（5）用 DEM ≤ 16m、NDVI1017 ≥ –0.07、秋冬春季 ASAR 图像主成分分析的 PCA1 ≤ –25、4 个图像（包括 NDVI-070419 及 NDVI1017 及 NDVI1130 及 NDVI0101）主成分分析的第二主成分（PCA2）≥ –0.1 等条件，并且排除那些在空间上已被判别为挺水植物、C4 型高

草草甸、C3 莎草和草本植物及浮叶植物的区域，提取出沉水植物的分布范围。

图 8-19 给出了部分参与规则制定的图像及 5 种水生植物功能型分别采用两种方法分类的结果。采用地面真实样点对以上两种方法的分类结果进行精度评价，地面真实样本如前文对检验样本组的描述。基于规则的 GIS 分类方法及决策树分类方法分类结果间的生产者精度和用户精度比较见图 8-20。可以看出，除沉水植物的用户精度出现少量降低外，基于规则的 GIS 分类的结果相比基于决策树的分类结果，其他功能型水生植物的生产者精度和用户精度均有不同程度的提高。

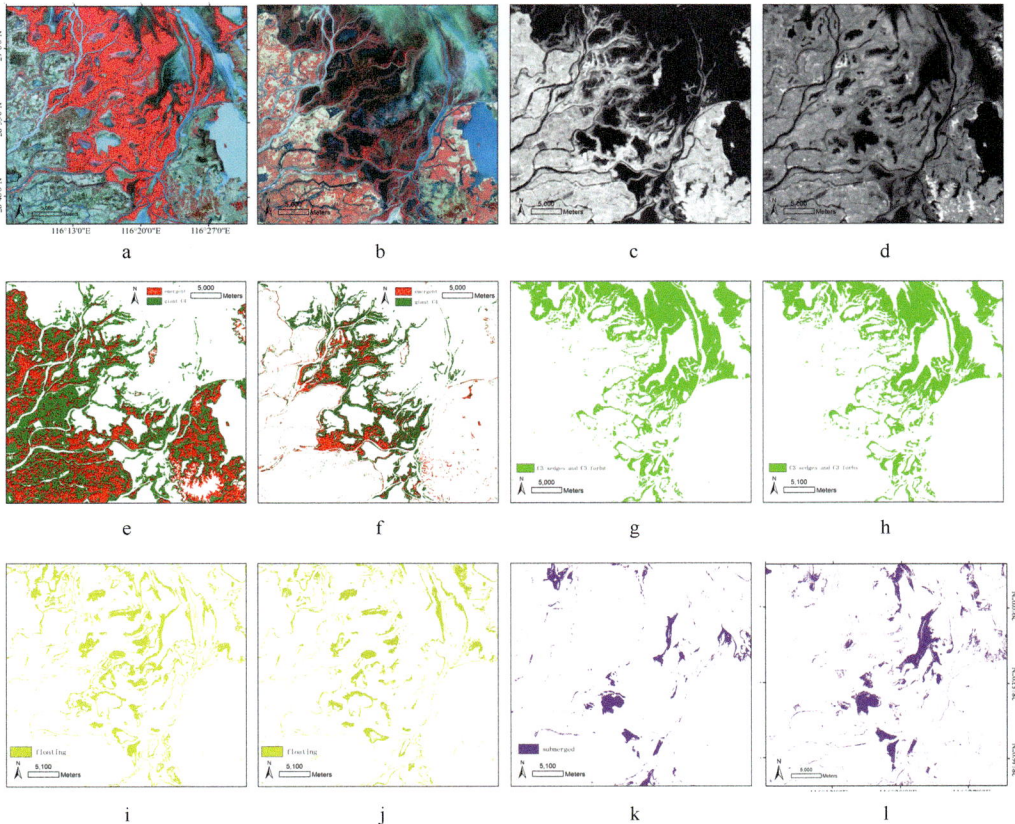

图 8-19　部分参与规则制定的图像及 5 种水生植物功能型分别采用两种方法分类的结果

a. "北京一号" 2007 年 4 月 19 日图像的部分区域；b. "北京一号" 2007 年 10 月 17 日图像的部分区域；c. 夏季 ASAR WSM 图像主成分分析的第一主成分的部分区域；d. 冬季 ASAR WSM 图像主成分分析的第一主成分的部分区域；e. 挺水植物和 C4 型高草草甸基于决策树分类的部分结果；f. 挺水植物和 C4 型高草草甸基于规则的 GIS 分类的部分结果；g. C3 莎草和草本植物基于决策树分类的部分结果；h. C3 莎草和草本基于规则的 GIS 分类的部分结果；i. 浮叶植物基于决策树分类的部分结果；j. 浮叶植物基于规则的 GIS 分类的部分结果；k. 沉水植物基于决策树分类的部分结果；l. 沉水植物基于规则的 GIS 分类的部分结果

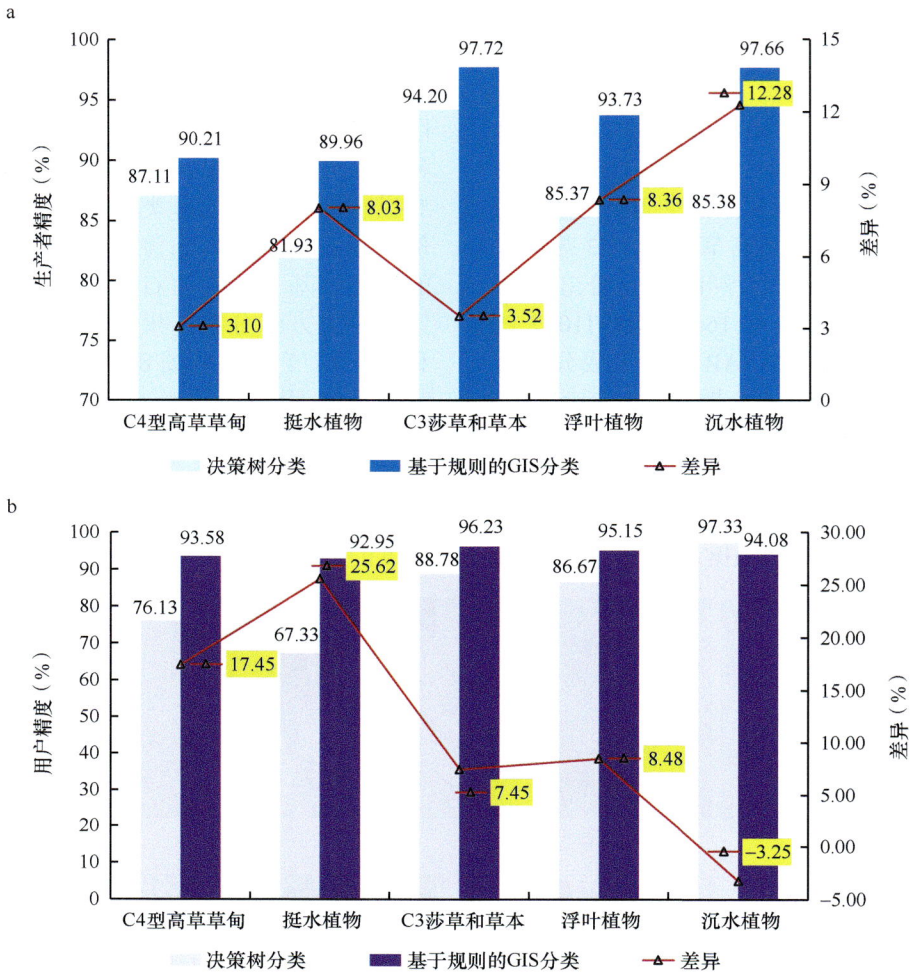

图 8-20　基于规则的 GIS 分类方法及决策树分类方法的精度对比

a. 生产者精度；b. 用户精度

　　基于规则的 GIS 分类结果相比基于决策树的分类结果，C4 型高草草甸、挺水植物、C3 莎草和草本植物、浮叶植物和沉水植物的生产者精度（图 8-20a）分别提高了 3.10 个百分点、8.03 个百分点、3.52 个百分点、8.36 个百分点和 12.28 个百分点。其中，沉水植物的生产者精度提高最为显著，从 85.38% 增长到 97.66%（图 8-20a）；而在基于决策树分类中，沉水植物更易于与 C3 莎草和草本植物混淆，且存在较大的类别漏分的情况（图 8-19k、l）。然而，基于规则的 GIS 分类结果中，沉水植物的用户

精度降低 3.25 个百分点（图 8-20b），这可能是因为基于规则的 GIS 分类方法在提高其数量精度的同时，却引入了少量位置描述的误差。基于决策树的分类结果中用户精度最低的两种植物功能型分别是挺水植物（用户精度为 67.33%）和 C4 型高草草甸（用户精度为 76.13%），从分类结果及原始图像的比较中可发现（图 8-19a、b、e、f），这主要是由于两种植物功能型具有与自然湿地周边农田作物相近的淹没时间、湿度状况以及 NDVI 值，因此决策树分类无法将这两种植物功能型与主要由雨水灌溉补

给的农田作物区分开；结合了时间序列"北京一号"光学图像土地覆盖分类的基于规则的 GIS 分类方法，则有效地解决了这一问题，大大提高了分类精度，使挺水植物和 C4 型高草草甸的用户精度分别提高了 25.62 个百分点和 17.45 个百分点。

8.3.2　季节性动态变化

在枯水期，鄱阳湖消落区以苔草（Carex spp.）为主体的湿生植物群落和以芦苇、南荻等挺水和高大禾本科植物为主的植物群落成为主要景观，而在洪水期，洲滩被淹没，以眼子菜、苦草、黑藻等为主体的沉水植物群落和菱、荇菜等为主体的浮叶植物群落成为主要景观。这种周期性出现的植物群落演替现象，是鄱阳湖消落区植物的主要特点。每当洪水退却时，天然堤由高到低不同高程逐渐显露水面，加上鄱阳湖优越的光热条件和富含有机质的草甸土，淹水时处于休眠期的非永久性湿地植物随着退水相继萌发，水生植物则退缩到地势最低的积水洼地。而汛期来临时，随着涨水过程，植物则向着相反的方向演替。植物自身丰富的季相变化以及由水位波动引起的地表覆盖类型的变化，使鄱阳湖消落区在各个季节呈现丰富多彩的景观特征。时间序列遥感图像客观地记录了这些变化过程，利用遥感变化探测方法也使这些变化得以定量地标记和呈现出来。鄱阳湖消落区水生植物对应遥感图像中各种变化类型含义及特点见表 8-2。本项研究旨在通过时间序列光学图像探测变化区域，并将由地表覆盖类型的变化或植物构成的变化导致的"真实的变化"与由植物的物候变化导致地"虚假的变化"区分开来。

采用图像间回归分析法来对时间序列植被指数图像进行标准化，基于此可进一步分析出鄱阳湖消落区植物功能型的物候变化率。接下来通过植被指数差值法来提取变化区域。植被指数差值法使用植被指数的变化来区分土地覆盖类型中的变化/非变化区域，它是变化检测中一个非常流行的方法，特别是采用归一化植被指数。例如，在比较了基于3 个时相的美国陆地卫星多光谱扫描系统（Landsat Multispectral Scanner System，Landsat MSS）图像，分别计算了 7 个植

表 8-2　鄱阳湖消落区水生植物对应遥感图像中各种变化类型含义及特点

	由光谱指数特征分析被标记为"变化"	由光谱指数特征分析被标记为"非变化"
地表植物组成或覆盖类型发生变化	"真实的变化"：指由光谱指数探测到的地表覆盖类型的变化或植物构成的变化。 例如，由4月到7月，某一特定像素的覆盖类型从植物变化为水域；或由冬夏水位变化造成的植物功能型之间的演替等。 特点：这类变化对应于鄱阳湖由水位变化引起的各植物功能型空间分布区域的地表覆盖的变化及植物自身的季节性变化导致的地表覆盖的变化，适合于年内动态变化检测的范围，并且属于本章中定义为"覆盖类型变化"的区域	未探测出的"真实变化"：指植物的组成确实发生了变化，但是相似的冠层密度和结构、叶绿素含量及湿度特征使其光谱指数特征未发生明显的改变。 例如，非永久性湿地各种植物功能型中一年生优势植物物种组成的变化，如某一像素由以 C4 型高草草甸为优势转变成以 C3 莎草和草本植物为优势的情况。 特点：这类变化通常需要多年的演替才能出现，适合于多年动态变化检测的范围，超出本章的研究范围
地表植物组成或覆盖类型未发生变化	"虚假的变化"：指由植物的物候变化导致光谱指数检测标记为变化，但是其实际地面的植物组成或地表覆盖未发生变化。 例如，某种植物功能型植物物种在生长季的密度、高度或生物量的增加；凋萎期植物的干枯，休眠导致光谱特征的变化，但实际地面覆盖类型或植物组成并未发生变化；由水体泥沙含量的增加导致的水体光谱指数的变化，但实际仍为水体覆盖的区域。 特点：这类变化对应于植物自身的物候变化，适合于年内动态变化检测的范围，并且属于本章中定义为"物候变化"的区域	"真实的未变化"：指某像素对应的光谱指数及地面真实状况均表现为未变化。 例如，常年水域的分布区域；常年无植物分布的湖区的沙地岛屿。 特点：这类情况更适合于研究区内非植物覆盖的类型，如沙地、泥滩、水域等。这些类型只作为本章研究的辅助考察类型

被指数用于变化检测时，Lyon等（1998）认为归一化植被指数差值法得到的变化检测结果最理想。Hayes和Sader（2001）利用归一化植被指数差值法、主成分分析法以及红、绿、蓝彩色合成归一化植被指数（RGB-NDVI）法来对热带森林的采伐和再生长进行变化检测，发现RGB-NDVI法结果的总体精度最高（85%）。为检测植物对于洪水干扰的响应，Michener和Houhoulis（1997）基于NDVI的多时相变化分类、光谱数据主成分分析变化检测法以及多变量NDVI图像差值分析等，对光谱-时相变化分类进行了比较，结果显示多变量NDVI图像差值分析最为准确地判断出了植物的变化区域。另外，NDVI图像差值分析自身及相关的多时相NDVI图像标准化处理过程都会进一步降低图像间由空间分辨率、波段宽度、大气条件等造成的辐射差异，而这些因素所导致的变化是在提取真实变化前首先应该被去除的。

首先，在两个时相的图像间建立起一个基于对应像素光谱值的线性方程，该线性方程用于对两景图像进行标准化，之后采用归一化植被指数差值及阈值法进一步确定出变化的区域，并通过最小距离法区分不同的变化类型。在进行图像间标准化过程中，某一时间某个像素的NDVI值可看成另一时间该像素NDVI值的线性方程，本章中采用的线性方程可表示为：$y=ax+b$，这里变量x和y分别对应两景植被指数图像（X图像和Y图像）中同一像素分别对应的植被指数值，系数a和b以前述分析得到的植物功能型空间分布图的冬季不变区域中提取的已知类型的样本点通过最小二乘法估计出来。a和b一旦确定，即可用该线性方程$y_{pred}=ax+b$及实际图像X的值x来预测图像Y的值y_{pred}，植被指数差值则可由实际图像值（y）与预测图像值（y_{pred}）的差得到。理想条件下，当两景图像中存在变化信息时，那么实际图像值（y）与预测图像值

（y_{pred}）的差值应存在大于或小于0的值。然而，在现实情况下，需要使用一个基于均值及标准差计算的阈值来从NDVI图像差值中提取出真正的变化信息。

随着一系列不同阈值的确定，针对各种功能型植物的一系列变化（包含覆盖类型的变化或植物功能型之间的变化）/非变化（包含物候变化区域与真实不变区域）像素被标记出来。这里，使用不同的标准来确定变化/非变化的分割阈值。对于那些NDVI差值图像的直方图呈现基本对称分布的，说明由于NDVI增加而变化的像素数量与由于NDVI降低而变化的像素数量基本相当，在这种情况下，针对相应的NDVI差值图像，采用一套一致的均值与标准差来计算阈值；而对于那些NDVI差值图像的直方图呈现非对称分布的，针对相应的NDVI差值图像，分别采用其增加部分的均值和标准差及减少部分的均值和标准差来分别计算增加部分和减少部分各自的阈值。例如，对于C3莎草和草本植物的2月实际与2月预测的NDVI差值图像，其直方图具有基本对称的分布特征，因此变化区域为小于其左侧阈值（Mean$-c\times$Sd），并大于其右侧阈值（Mean$+c\times$Sd）的范围；而对于类似C3莎草和草本植物的5月实际与5月预测的NDVI差值图像，由于其直方图呈现不对称分布，因此变化区域为小于左侧阈值（Mean$_d-c_d\times$Sd$_d$），并大于其右侧阈值（Mean$_i+c_i\times$Sd$_i$）的范围。这里，c、c_d、c_i分别对应整个NDVI差值图像中整个直方图、降低部分和增加部分适当的调节系数。这一调节系数通过反复实验确定，它使得对结果的精度评价可获取最大的卡帕系数（Kappa）。Mean和Sd是指针对整个直方图的总体均值和标准差，而Mean$_d$、Mean$_i$和Sd$_d$、Sd$_i$是指分别针对其直方图降低部分和增加部分的均值及标准差。

当用于区分变化/非变化的统计阈值确定之后，一系列变化/非变化图即可随

之产生了。接下来需要进一步确定不同的变化类型，由于最小距离法不仅可用于处理多光谱数据，还可用于处理由多光谱数据计算得到的其他参数，如植被指数及其他具有物理含义的参数等，因此这里采用最小距离法来进一步确定不同的变化类型。首先确定出所有可能的变化类型，其次为各种变化类型选择一些准确的样本点，将其作为最小距离法提取变化类型的种子点，然后计算各个被确定为变化的像素到这些种子点的欧氏距离，最终运用最小距离规则确定出

$Y_{\text{ndvi-5}}=0.467X_{\text{ndvi-4}}+60.88$ 　　R²: 0.9758
$Y_{\text{ndvi-7}}=-0.027X_{\text{ndvi-5}}+81.26$ 　　R²: 0.935
$Y_{\text{ndvi-8}}=0.372X_{\text{ndvi-7}}+8.92$ 　　R²: 0.9753
$Y_{\text{ndvi-10}}=2.468X_{\text{ndvi-8}}+101.8$ 　　R²: 0.7971
$Y_{\text{ndvi-11}}=1.884X_{\text{ndvi-10}}+172.3$ 　　R²: 0.905
$Y_{\text{ndvi-1}}=0.538X_{\text{ndvi-11}}+51.35$ 　　R²: 0.9967
$Y_{\text{ndvi-2}}=0.883X_{\text{ndvi-1}}+47.73$ 　　R²: 0.9982
$Y_{\text{ndvi-3}}=0.643X_{\text{ndvi-2}}+48.55$ 　　R²: 0.9971

这些线性方程的系数 a 基本上反映了两两时相的图像之间植物功能型的物候变化率。例如，对于 C3 莎草和草本植物的 NDVI 图像对 $Y_{\text{ndvi-10}}$ 和 $X_{\text{ndvi-8}}$ 以及 $Y_{\text{ndvi-11}}$ 和 $X_{\text{ndvi-10}}$，其冬季不变区域的 NDVI 系数分别为 2.468 和 1.884，这种增长趋势正好与 10 月相对于 8 月由于水位下降该植物功能型逐步露出水面并具有较高的生长率相吻合，从 11 月相对 10 月的 NDVI 来看，其生物量及植物密度仍然呈现增长的趋势。对于图像对 $Y_{\text{ndvi-5}}$ 和 $X_{\text{ndvi-4}}$，冬季不变区域由于水位的升高、植物冠层下部被淹没、植物生物量及光谱反射率降低，NDVI 系数为 0.4665。对于图像对 $Y_{\text{ndvi-7}}$ 和 $X_{\text{ndvi-5}}$，由于该种植物功能型在 7 月的图像上被完全淹没，其植物地上部分处于休眠状态或死亡，NDVI 非常低，其相应的系数为 –0.027。

使用这些线性方程以图像 X 为基础来预测图像 Y，之后将实际图像 Y 与其

所有的变化类型的空间分布。

从前述分析得到的植物功能型空间分布图中提取已知类型的样本点，来计算每对 NDVI 图像的系数 a 和 b。样本点包含了 5 种功能型植物：C4 型高草草甸、挺水植物、C3 莎草和草本植物、浮叶植物和沉水植物。其中，每种功能型分布区域中用于计算系数 a 和 b 的样本点均超过 5000 个像素。

例如，针对 C3 莎草和草本植物的线性方程（95% 的可信度）如公式（8-5）至公式（8-12）所示：

RMSE: 1.545 　　（8-5）
RMSE: 0.06155 　　（8-6）
RMSE: 0.2923 　　（8-7）
RMSE: 1.245 　　（8-8）
RMSE: 0.6106 　　（8-9）
RMSE: 0.631 　　（8-10）
RMSE: 0.1949 　　（8-11）
RMSE: 0.1464 　　（8-12）

对应的预测图像 Y_{pred} 相减，得到水生植物的 NDVI 差值图像。例如，图 8-21 给出了 C3 莎草和草本植物归一化植被指数实际图像与该月预测图像的差值图像的直方图。

图 8-22 给出了 C3 莎草和草本植物的变化（覆盖类型的变化及植物功能型之间的变化）/ 非变化（物候变化与真实不变区域）随时间变化的空间分布。

表 8-3 给出了 C3 莎草和草本植物的年内动态变化矩阵，表中的行列表示了各种可能的变化类型分别对应的变化数量。例如，C3 莎草和草本植物在 2007 年 4 月 19 日共有 608 706 个像素（面积为 623.4km²），从 2007 年 4 月 19 日到 5 月 6 日，共有 407.6km² 的 C3 莎草和草本植物分布区域未发生变化，而由于此期间水位迅速从 10.7m 上升到 5 月 5 日的 13.7m（都昌水文站测量的水位），有 180.9km² 的 C3 莎草和草本植物分布区域从植物覆盖转变成水域覆盖，而此期间

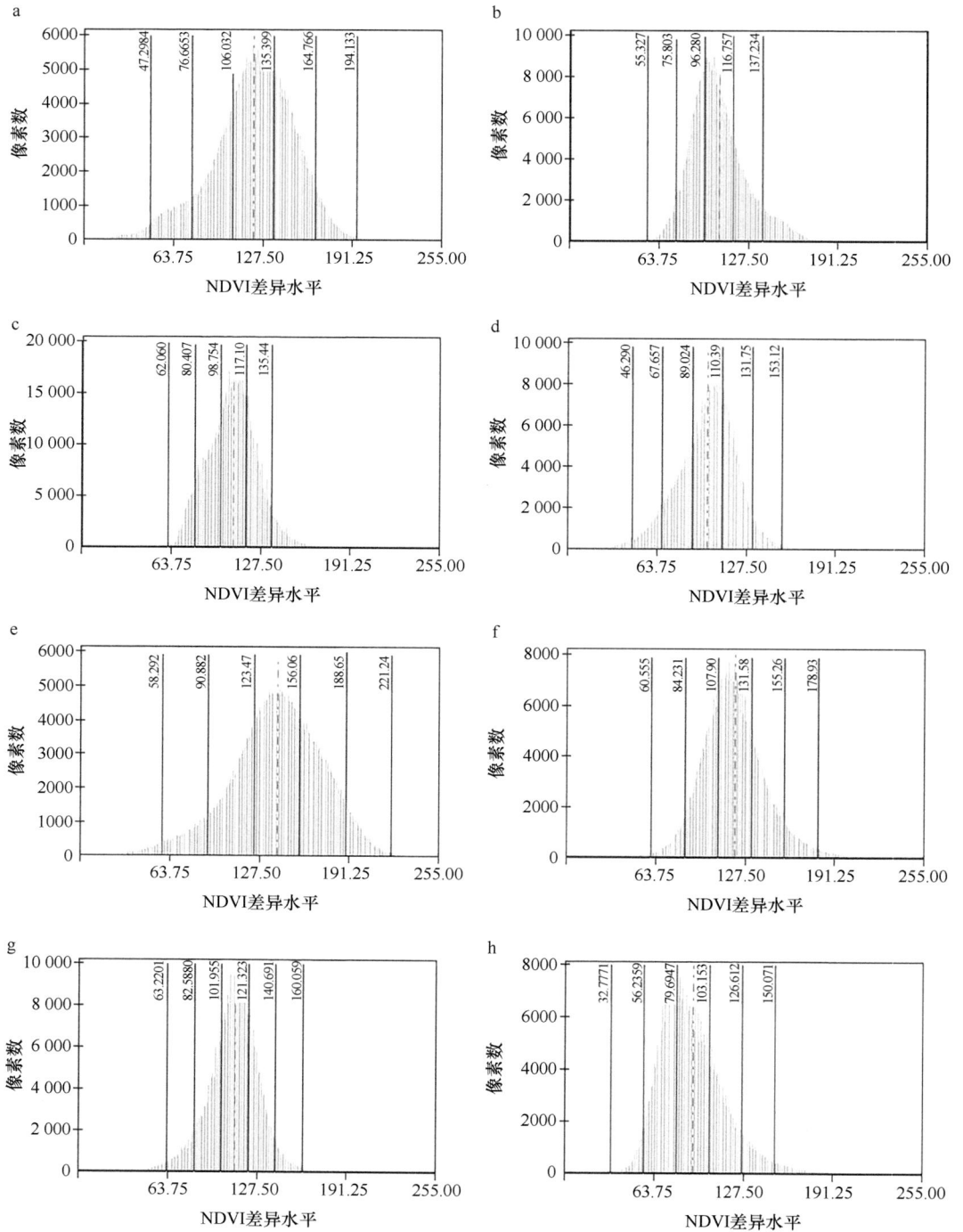

图 8-21　C3莎草和草本植物归一化植被指数实际图像与该月预测图像的差值图像的直方图

a. 2007 年 5 月差值图像的直方图；b. 2007 年 7 月差值图像的直方图；c. 2007 年 8 月差值图像的直方图；d. 2007 年 10 月差值图像的直方图；e. 2007 年 11 月差值图像的直方图；f. 2008 年 1 月差值图像的直方图；g. 2008 年 2 月差值图像的直方图；h. 2008 年 3 月差值图像的直方图

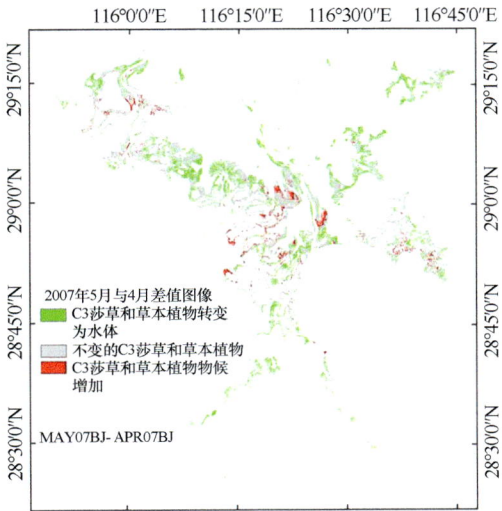

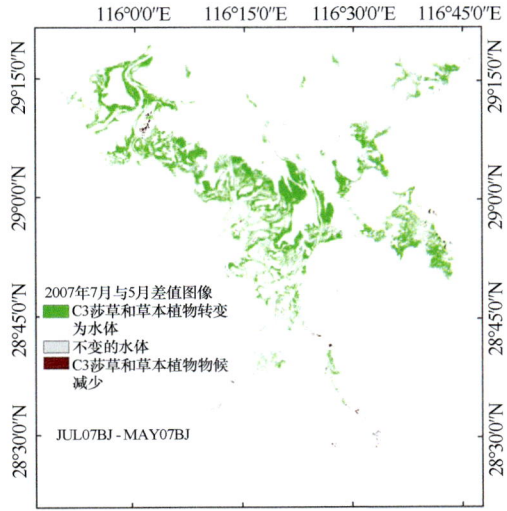

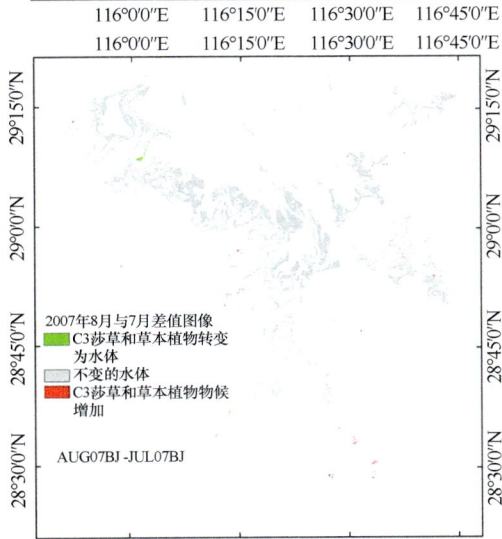

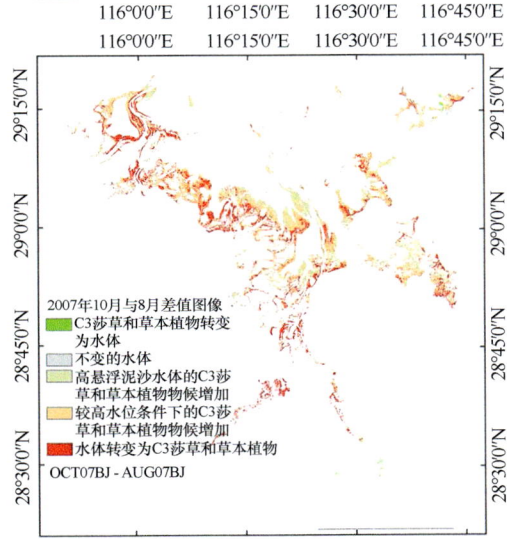

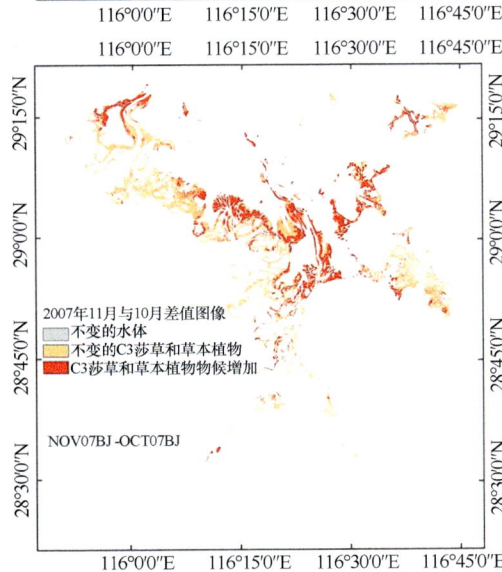

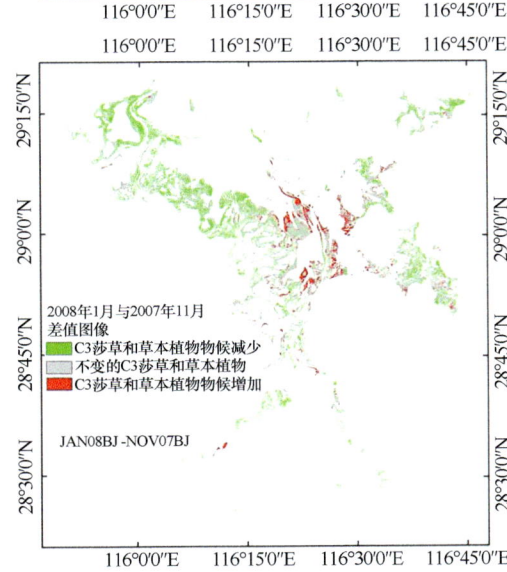

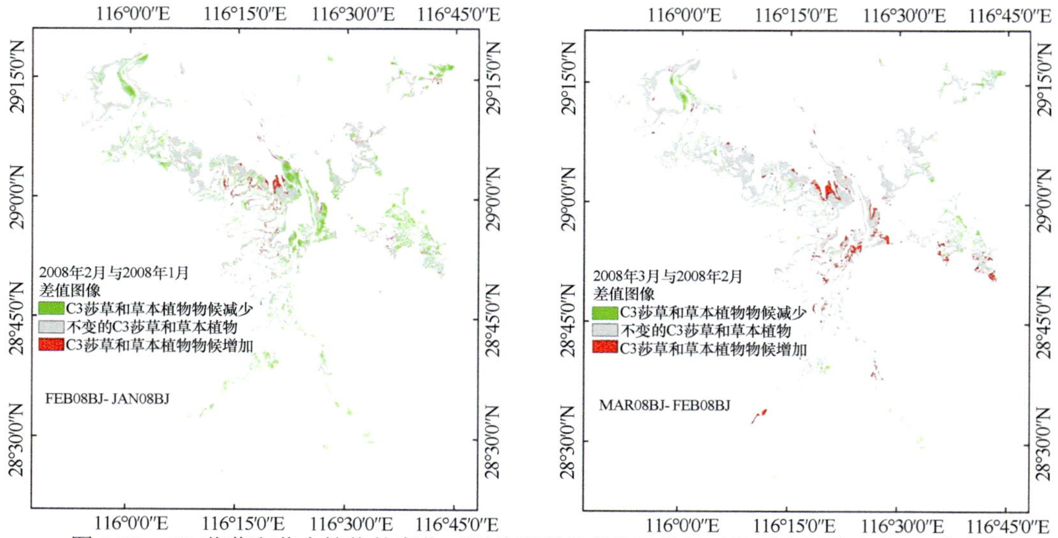

長江流域消落区生态环境空间观测

图 8-22 C3 莎草和草本植物的变化（覆盖类型的变化及植物功能型之间的变化）/ 非变化
（物候变化与真实不变区域）空间分布图

JAN08BJ 指 2008 年 1 月 1 日获取的"北京一号"光学图像，FEB08BJ 指 2008 年 2 月 16 日获取的"北京一号"
光学图像，APR07BJ 指 2007 年 4 月 19 日获取的"北京一号"光学图像，以此类推

表 8-3 C3 莎草和草本植物的年内动态变化矩阵

2007 年 4～5 月的面积及像素个数变化（km²）				
类别	C3 莎草和草本	水域	物候减少	物候增加	2007 年 4 月像素
C3 莎草和草本	407.6	180.9	0	34.9	608 706
水域	0	0	0	0	0
2007 年 5 月像素	398 000	176 612	0	34 094	608 706

2007 年 5～7 月的面积及像素个数变化（km²）				
类别	C3 莎草和草本	水域	物候减少	物候增加	2007 年 5 月像素
C3 莎草和草本	0	427.7	14.8	0.00	432 094
水域	0	180.9	0	0	176 612
2007 年 7 月像素	0	594 280	14 426	0	608 706

2007 年 7～8 月的面积及像素个数变化（km²）				
类别	C3 莎草和草本	水域	物候减少	物候增加	2007 年 7 月像素
C3 莎草和草本	0	1.6	0	7.3	8 664
水域	0	614.5	0	0	600 042
2007 年 8 月像素	0	601 584	0	7122	608706

2007 年 8～10 月的面积及像素个数变化（km²）				
类别	C3 莎草和草本	水域	物候减少	泥沙沉积且物候增加	2007 年 8 月像素
C3 莎草和草本	0	7.3	0		7 122
水域	167.9	20.3	257.4	170.5	601 584
2007 年 10 月像素	163 993	26 887	251 372	166 454	608 706

2007 年 10～11 月的面积及像素个数变化（km²）				
类别	C3 莎草和草本	水域	物候减少	物候增加	2007 年 10 月像素
C3 莎草和草本	404.2	0	0	191.6	581 819
水域	0	27.6	0	0	26 887
2007 年 11 月像素	394 754	26 887	0	187 065	608 706

270

2007 年 11 月至 2008 年 1 月的面积及像素个数变化（km²）				
类别	C3 莎草和草本	水域	物候减少	物候增加	2007 年 11 月像素
C3 莎草和草本	384.3	0	193.9	45.2	608 706
水域	0	0	0	0	0
2008 年 1 月像素	375 297	0	189 363	44 046	608 706

2008 年 1～2 月的面积及像素个数变化（km²）				
类别	C3 莎草和草本	水域	物候减少	物候增加	2008 年 1 月像素
C3 莎草和草本	429.6	0	164.5	29.3	608 706
水域	0	0	0	0	0
2008 年 2 月像素	419 521	0	160 592	28 593	608 706

2008 年 2～3 月的面积及像素个数变化（km²）				
类别	C3 莎草和草本	水域	物候减少	物候增加	2008 年 2 月像素
C3 莎草和草本	552.1	0	35.9	35.4	608 706
水域	0	0	0	0	0
2008 年 3 月像素	539 109	0	35 042	34 555	608 706

仍有 34.9km² 分布在较高地势的 C3 莎草和草本植物表现为植物生物量或植物覆盖度的增加。从 2007 年 5 月到 7 月，基本上所有的 C3 莎草和草本植物的分布区域均变成了水域覆盖类型，仅有 14.8km² 的该种功能型植物还出露于水面，并且它们也由于水位淹没过高或时间过长而降低了生物量。从 2007 年 8 月到 10 月，水位经历较为快速的下降过程（都昌水文站测量的水位从 2007 年 8 月 8 日的 18.26m 下降到 2007 年 10 月 31 日的 9.88m），C3 莎草和草本植物逐渐露出水面，共有 167.9km² 处于较高地势的该功能型植物最先出露到水面外，生物量显示出增加趋势，257.4km² 处于中等地势的该功能型植物，其下部仍然处于被水淹没的状态，并且在退水过程中受到水位小幅度波动的影响，相对于那些处于较高地势的该功能型植物，处于中等地势的该类植物具有较短的生长季、较低的生物量。到 2007 年 10 月 17 日，仍然有 170.5km² 的 C3 莎草和草本植物处于完全被水覆盖的状态，并具有很高的悬浮泥沙含量，因此水的浑浊度很高。而在 2007 年 4～10 月，那些由 C3 莎草和草本植物覆盖逐步转变为水域覆盖的

区域则正是和浮叶型水生植物和沉水型水生植物发生年际内循环演替的区域，可通过 4～10 月的分类图证实这点。从 2007 年 10 月到 2008 年 3 月，由于水位的进一步降低，所有的 C3 莎草和草本植物均出露于水面，因此在此时期内，只有植物功能型的物候变化被观测到。图 8-22 给出了 2007 年 4 月至 2008 年 3 月该类植物功能型的物候空间变化模式。对于那些处于较高地势的该功能型植物，它们最早露出水面（最早于 8～10 月）并赢得生物量增长的先机和优越的水热条件，因此分布于此空间范围内（167.9km²）的 C3 莎草和草本植物在 10 月前即达到其最大生长率，并于 10 月初即停止了高度的增长，同时作为鄱阳湖湿地的先锋植物群落，迅速向其他生境适宜区扩散并定植；对于生长于中等地势高度（191.6km²）的 C3 莎草和草本植物，在 10～11 月完全露出水面，并在此期间达到其最大生长率；在 2007 年 11 月至 2008 年 3 月，大部分秋季的 C3 莎草和草本植物（"秋草"）进入生物量的衰退期（2007 年 11 月至 2008 年 1 月、2008 年 1～2 月、2008 年 2～3 月面积分别为 193.9km²、164.5km²、35.9km²），仅有少

量分布于相对更低地势（如三角洲的前缘地带，或碟形子湖的湖心地带）的该功能型植物在此期间表现为生物量或植物高度的增加，使该区域的植被指数呈现增加的趋势。

同样可对其他功能型植物进行类似的变化/非变化制图及变化类型的空间分布模式的研究。

8.3.3 讨论

传统生态学的植物覆盖分类方法主要采用地面调查的方法，需要耗费大量人力和时间，尽管这种方法可获得关于植物和地表特征等非常细致的信息，但在类似鄱阳湖这种大型湖泊-消落区生态系统中该方法可能遇到很多困难，如受到水位波动变化的影响和可能遭受传染病感染等（Niu et al.，2009；Hu et al.，2010）。而遥感数据可为这类受洪水或其他干扰的生态系统调查提供珍贵的光谱、植物物候、景观变化模式等方面的重要信息，对于难以开展实地监测的大型通江湖泊消落区生态系统则显得更为重要。然而，根据研究目标和要求的不同，类似于"北京一号"小卫星等（32m中等空间分辨率）的光学遥感图像可能尺度过大，无法满足在更细致的尺度上对异质性较高的消落区生态系统进行精细化的制图。本研究表明结合传统生态学和空间观测方法的植物功能型空间分布制图方法能获得关于湖泊消落区生态系统更为综合的知识。

在对时间序列图像进行严格的辐射校正和几何校正之后，运用该时间序列"北京一号"小卫星图像及时间序列ASAR雷达图像对鄱阳湖消落区的5种水生植物功能型的光谱及后向散射系数的时间变化特征进行分析，并研究它们与植物生长、物候变化、水位波动、冠层结构及土壤湿度等变化之间的关系。结果表明，季节性消落区各水生植物功能型在高水位时期主要受体散射和部分

二次散射的影响，表现出相对较高的后向散射系数及较高的NDVI值。常年性水生植物分布区域在涨水期、丰水期及退水期则主要受到水体的镜面散射的影响，导致其具有很低的后向散射系数；在低水位时期，由于挺水植物分布的高程高于周围1～2m，并且生物量和密度大，因此其后向散射以表面散射为主；而沉水植物和浮叶植物分布区域则由于具有很高的土壤含水量及植物残体的地表覆盖增加了地表粗糙度，因此其分布区域也具有较高的后向散射系数。

通过分析发现：①当对雷达图像进行严格的图像斑点噪声抑制滤波、相同极化方式及不同极化方式之间的传感器系统校正及相对辐射校正、高精度的几何校正后，时间序列中分辨率雷达数据可用于辨别消落区不同的水生植物功能类型；②受鄱阳湖年内水位季节性变动的影响，不同的水生植物功能型具有显著不同的物候变化特征及结构变化特征，这在来自时间序列雷达图像的"高度/水分曲线"及时间序列光学图像"物候曲线"上表现出显著的差异；③多源传感器的结合可为时间序列分析提供更为丰富的高频时间数据，从而弥补单一数据源时间分辨率低的不足。

基于对时间序列图像的分析，建立起一套基于规则的GIS分类模型及决策树分类模型，对鄱阳湖水生植物功能型的空间分布进行制图研究。通过对两种方法的分类精度比较发现，由于基于规则的GIS分类方法在分类过程中引入了反映水位动态特征的水位淹没时间信息、土地覆盖类型信息及土壤和冠层湿度和结构信息，提高了分类的精度。具体来看，基于规则的GIS分类方法的主要贡献在于：①季节性消落区水生植物与周边农田作物能够被最优地区分出来；②沉水植物在决策树分类方法中被大量漏分的空间范围被探测出来；③不同水生植物功能类型的生产者精度和用户精度分

别提高了 3%～12% 和 7%～26%。

以 C3 莎草和草本植物为例，采用线性回归法及归一化植被指数差值法，对自然状态下鄱阳湖水生植物的年内季节性动态变化进行了分析。结果表明，该方法可有效地提取及区分空间覆盖类型随时间的变化，以及植物功能型的物候变化，对鄱阳湖消落区植物功能型的动态变化模式给出了定量的分析和解释。

基于本项研究结果，提出了鄱阳湖区更难理解但是非常重要的一些问题，需要在后续工作中进一步开展研究。例如，对于同种植物功能型，根据其分布高程的不同，以及对资源利用的不同响应方式，进一步划分为几种亚功能类型。处于较高地势（15.5～16m）的 C3 莎草和草本植物，在空间分布上其高程上界与 C4 型高草草甸相邻，在某些地带可能交错生长（但是当有较大密度的 C4 型高草草甸生长于 C3 莎草和草本植物之上时，该区域则主要表现出由 C4 型高草草甸主导的特征），这些区域通常为人类的生产生活提供资源，也更易于受到如放牧、刈草、采摘野菜等人为活动的干扰；与之相比，分布在较低地势（14.2～14.5m）的该功能型植物在所处地理位置上则与浮叶植物及沉水植物相连，它们则主要为某些迁徙候鸟以及洄游性或草食性鱼类提供重要的栖息资源，因此更易于受到野生动物取食及高频短时洪水波动的影响；而分布在中等地势高度（14.5～15.5m）的 C3 莎草和草本植物，则可能具有较低的组内生物多样性和更稳定的种群生长率，这些条件使其非常适于作为开展种群过程研究的实验对象，在应对方向性环境变化及全球变暖研究时，对其自然生长率及物种灭绝进行模拟研究。因此，这 3 种不同高程分布的同种植物功能型又可根据其对资源利用的响应方式进一步划分为 3 个亚类，同时为人类活动对重要水生野生动物栖息地分布和变化的影响研究提供重要的实验依据。

8.4　河湖洄游性鱼类的水文连通性评价

河流和湖泊之间的连通性决定了河湖复合生态系统的功能和质量（刘丹等，2019；Fuller and Death，2018）。水工建设、挖砂、航运等人类活动会通过破坏河流连通性和水动力条件影响鱼类的栖息地，对淡水鱼类造成威胁（Graf，1999）。长江中下游是一个独特的河漫滩生态系统（Wang et al.，2016），历史上成千上万的浅水湖泊与长江自由连通，但近年来伴随着土地开垦和大坝建设等活动，大多数湖泊已与长江断开联系。鄱阳湖是中国最大的淡水湖，通过通江水道与长江直接相连（Liu et al.，2018），是长江中游"四大家鱼"重要的索饵场和育肥场（Huang et al.，2013；Lin et al.，2021），维持通江水道的连通性，对保证长江中游和鄱阳湖之间鱼类的洄游至关重要（Aharon-Rotman et al.，2017）。旱季提前或延长，水库调度等造成的水位波动会影响通江水道的连通性（Wu et al.，2017），导致鱼类洄游中断，资源补充机制失衡，对种群维系造成威胁（Yi et al.，2010）。

河流的水动力特性是决定鱼类能否有效地通过洄游通道并顺利到达栖息地的重要因素。除了物理屏障，不适宜的深度、流速和底质等都会降低鱼类的游泳能力，因此保持"有效连通性"非常重要。本节中，在栖息地适宜度评估的基础上，引入"有效栖息地连通性"概念，结合鱼类声学探测、多时相雷达遥感、三维水动力模拟等技术和方法，以鄱阳湖通江水道为典型研究区（图 8-23），对鱼类洄游生境的生态功能进行综合评价，对鱼类洄游生境质量进行定量分析和评估。

首先，基于鱼类资源声学探测和同步开展的渔获物调查，掌握通江水道鱼

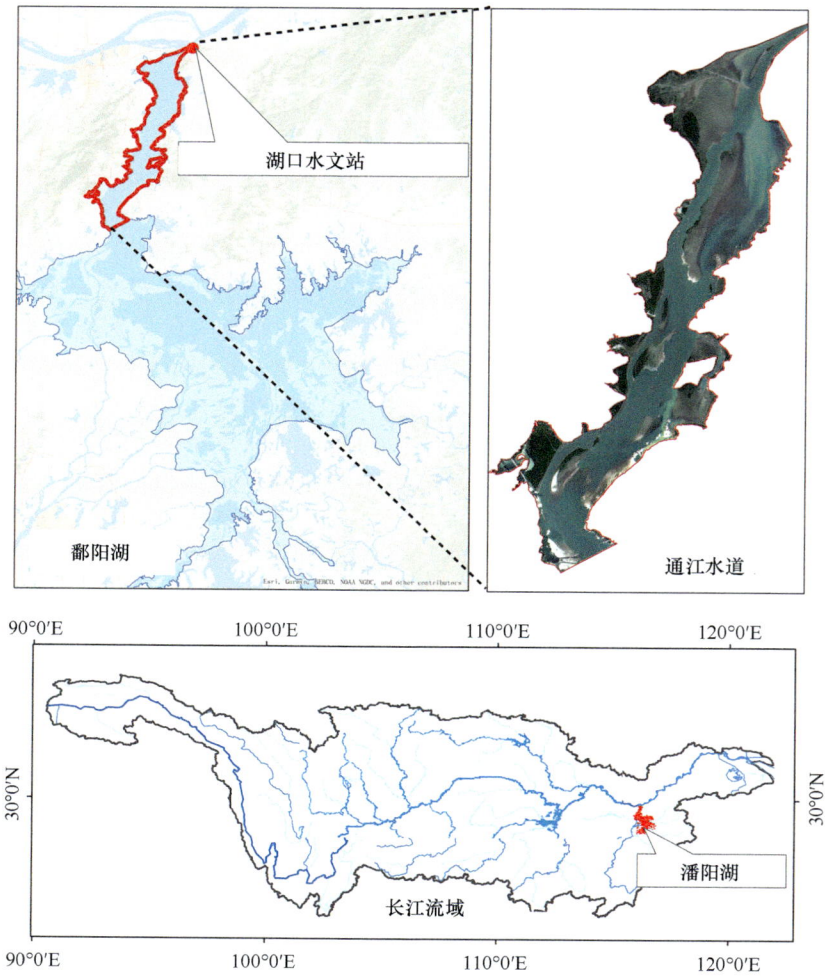

图 8-23 研究区域——鄱阳湖通江水道

类的空间分布状况；其次，采用 8.2.2
节中的水下地形空间分布模拟方法，获
取通江水道水下地形数字高程模型数
据，结合水下地形数据和三维水动力模
型，模拟不同水位梯度下洄游通道的水
动力分布特征；最后，结合鱼类资源数
据和地形、水动力参数等，构建洄游性
鱼类的生境单因子适宜度曲线和生境适
宜性模型，并计算洄游通道中 9 种典型
水位下的加权可用栖息地面积（weighted
usable area，WUA）和有效栖息地连通
度（HC）的变动情况，明确对鱼类洄游
连通性起关键作用的水位阈值，并提出
保护建议。研究技术路线如图 8-24 所示。

8.4.1 声学调查及渔获物调查

对通江水道不同水位（图 8-25）时
期开展鱼类声学探测。2020 年秋季（丰
水期）、2021 年冬季（枯水期）和 2021
年春季（平水期）对鄱阳湖通江水道及
湖盆敞水区（地理坐标范围为 28°24′N～
29°46′N，115°49′E～116°46′E）开展了
多次往返鱼类资源声学探测。为便于分
析，根据水域面积的变化情况对探测区
域进行划分，其中将秋季（丰水期）的
探测区域划分为 8 个航段（A1～A8），
将春季（平水期）的探测区域划分为 3 个
航段（S1、S3 和 S5），将冬季（枯水期）
的探测区域划分为 3 个航段（W1、W3

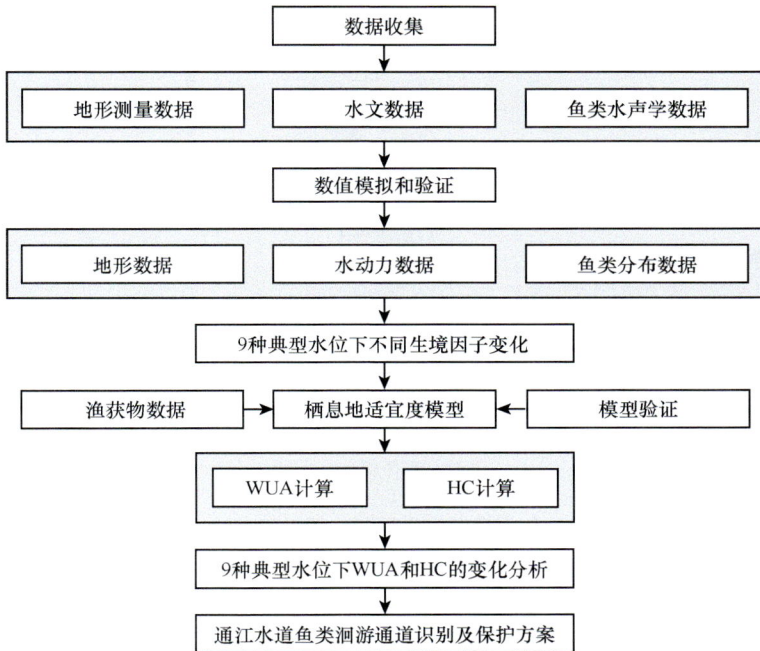

图 8-24　研究技术路线

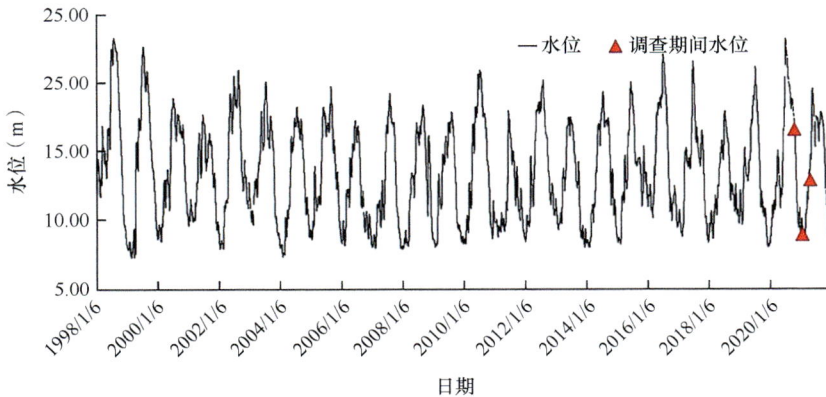

图 8-25　1998~2021 年湖口水文站水位变化

和 W5)，具体信息如图 8-26 和表 8-4 所示。调查时期，湖口水文站秋季、冬季和春季平均水位分别为（16.63±0.41）m、（8.74±0.41）m 和（12.77±0.25）m。

声学探测使用西姆拉德公司的 EY60 分裂波束回声探测仪，换能器的发射功率为 300W，脉冲宽度为 64μs，半功率角为 7°，换能器频率为 200kHz（陶江平等，2012）。由于探测水域地形复杂，并且有过往的航运船只，为安全起见，探测时间为每天的上午 8 时至下午 6 时。探测时将探头通过钢管固定于调查船只右方，放置于水下 0.5m，在鄱阳湖主湖区采用大"之"字形走航调查，在航道区进行小"之"字形走航调查（Wheeland，2014），船速为 6~12km/h，具体采样路线如图 8-26 所示。在数据采集过程中，同时使用导航仪记录地理坐标信息。按照 Aglen（1983）覆盖率公式计算声学探测的覆盖率：

275

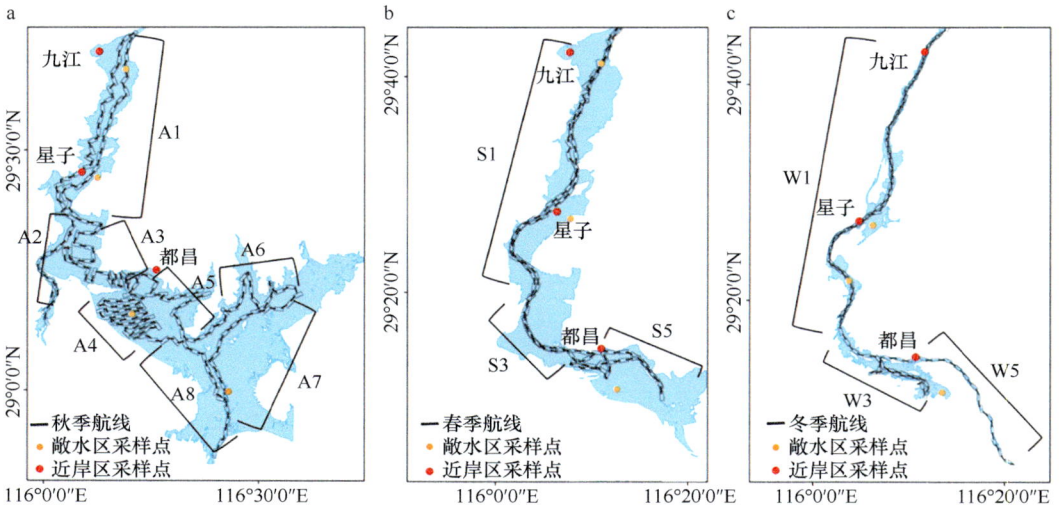

图 8-26　鱼类资源声学探测航线及渔获物采样点

a. 2020 年秋季（丰水期）；b. 2021 年春季（平水期）；c. 2021 年冬季（枯水期）

表 8-4　鄱阳湖鱼类资源声学探测的基本信息

季节	调查时间	探测区域	航段	航程（km）	平均水深（m）	温度（℃）
秋季 （丰水期）	2020 年 10 月 10～27 日	通江水道	A1	98.31	12.40	19.94
		赣江北支	A2	45.89	13.53	20.2
		松门山北部	A3	58.41	11.06	19.85
		松门山南部	A4	90.37	10.62	19.3
		和合乡 - 周溪镇	A5	41.62	9.39	19.97
		周溪镇 - 万户镇	A6	95.61	8.74	20.1
		三江口 - 周溪镇	A7	40.12	9.20	19.25
		三江口 - 南矶山	A8	19.21	9.16	19.67
冬季 （枯水期）	2021 年 1 月 15～30 日	通江水道	W1	127.95	8.61	7.76
		松门山北部	W3	87.91	7.92	7.22
		和合乡 - 周溪镇	W5	49.62	7.16	7.57
春季 （平水期）	2021 年 4 月 15～27 日	通江水道	S1	123.93	10.22	18.54
		松门山北部	S3	55.20	9.63	19.01
		和合乡 - 三江口	S5	26.62	8.50	18.95

$$D = L/\sqrt{A} \qquad (8\text{-}13)$$

式中，L 为声学探测走航航程（m）；A 为探测水域水面面积（m²）；D 为声学探测覆盖率。经计算，秋季、冬季和春季的声学探测覆盖率分别为 11.37、22.37 和 11.05，覆盖率均在 6 以上。为消除不同介质条件对换能器的影响，确保回波强度的准确，在探测之前使用半径为 6.85mm 的钨铜球对水声学设备进行校准（Godlewska et al.，2009；连玉喜等，2020）。

使用 Sonar X 软件（林德姆数据采集公司，位于挪威奥斯陆）对水声学数据进行转换和分析，采用回声计数法计算鱼体密度。表层线设置为探头下 0.8m，消除 0.75m 的探测盲区，参数设置如下：最小回波长度为 0.8s，最大回波长度为 2.0s，时变增益为 40lgR dB，单回声检波回波阈值为 −70dB，单体目标数最大间隔为 2pings，最少单体目标数为 3pings，最少脉冲数为 3pings，最后进行人工检视。目标强度和鱼体体长之间的关系采用 Foote（1987）推导的喉鳔型鱼类的 TS-TL 换算公式：

$$TS=20\log TL-71.9 \qquad (8\text{-}14)$$

式中，TS 为目标强度，单位为 dB；TL 为全长，单位为 cm。

结合研究区渔获物调查资料及历史资料（杨少荣等，2015；叶少文等，2007），本研究将鱼类目标强度分为 3 个目标强度值段，其中 $-70\sim-55$dB（$2\sim10$cm）定义为小体长组鱼类，$-55\sim-43$dB（$10\sim30$cm）定义为中等体长组鱼类，-43dB 以上（30cm 以上）定义为大体长组鱼类。使用 SPSS 25.0 和 Excel 对鱼类目标强度和鱼类密度进行统计与分析。秋季、冬季和春季航程见表 8-4，按照每个单元航程约为 1km 对探测航线进行划分，对各单元的鱼类密度单独计算，再将获取的单元鱼类密度和坐标信息导入 ArcGIS 10.2 软件（美国环境系统研究所），采用反距离加权法（IDW）进行插值运算，绘制鱼类密度水平分布图（图 8-27）。由于不同季节鄱阳湖水位变化较大，因此不能以一个标准划分水层，在本调查中，依据每个单元的平均水深分为 3 层，其中水深的 $0\sim33\%$ 为上层，水深的 $33\%\sim66\%$ 为中层，水深的 $66\%\sim100\%$ 为下层（王珂等，2009）。

同步的渔获物调查分别于 2019～2021 年的秋季、冬季和春季开展，调查期间每个航段调查时间为 10～15d。主要采用固定站点调查和移动站点调查 2 种方式。其中，固定站点包括九江、星子和都昌等水文站，移动站点主要位于松门山和南矶山附近。鱼类资源采集中使用的网具为丝网和流刺网（网目为 1cm、3cm、5cm 和 7cm，网高 0.6～1.5m，网长 100～300m）。在保证采集样品新鲜的状态下进行种类鉴定，参考《鄱阳湖鱼类调查报告》（郭治之等，1964）、《拉汉世界鱼类名典》（伍汉霖等，1999）、《中国动物志 硬骨鱼纲 鲇形目》（褚新洛等，1999）和《中国淡水鱼类检索》（朱松泉，1995）等。调查方法依据《内陆水域渔业自然资源调查手册》（张觉民和何志辉，1991），测量并记录鱼类体长和体重。另外，属于国家重点保护动物或在《濒危野生动植物种国际贸易公约》名单上的鱼类测量后被重新放归水中。

河流性"四大家鱼"目标位置的确定，主要是依据对洄游通道中全长大于 450mm 的鱼类种类做进一步分析，"四大家鱼"共占 81.91%（图 8-28），因此可将全长大于 450mm 的目标信号近似视为"四大家鱼"为主的鱼类群落，并在水声学分析中对全长大于 450mm 的目标鱼类位点进行提取。

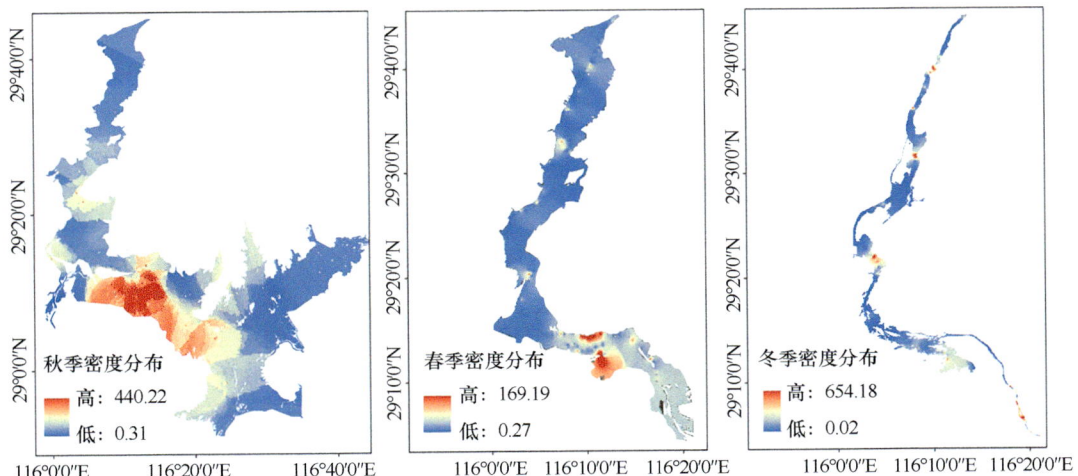

图 8-27　鱼类密度水平分布图

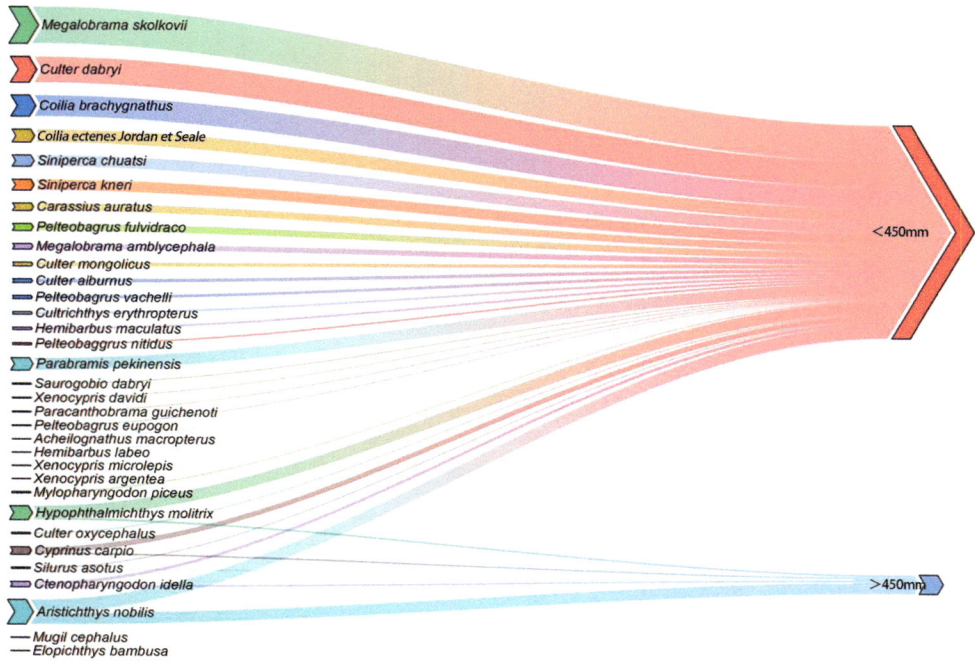

图 8-28　渔获物体长分组

8.4.2　生境因子空间制图

8.4.2.1　湖底地形模拟

在水声学探测中，海浪、船舶作业、水生植物和其他外部环境干扰都可能对鱼类数量和体长判断的准确性造成影响。为了减少水声数据噪声，选择晴朗和无风的天气情况下进行调查，主要用来避免风浪和降雨造成的气泡及悬浮沉积物的干扰（Wu et al.，2013；Ostrovsky，2009）。此外，研究区水生植被覆盖度较低（Dai et al.，2016；Feng et al.，2012），且调查路线的水深达 6.8～28m。因此，探测过程中水生植被及下垫面对探测信号的干扰较小。

通江水道湖底地形模拟方法参见 8.2.2 节，最终选取的有代表性水位的遥感图像信息如表 8-5 所示，模拟得到的 DEM 数据、坡度、坡向数据如图 8-29 所示。

对通江水道中的地形模拟结果进行横剖面精确性（图 8-30a）和纵向连续性（图 8-30b）分析，只采用实测数据模拟

的结果 A 在横剖面上精确度最高，但在河流纵向地形刻画上却跳跃不断；结合地形测量数据和遥感水边线的模拟结果 B 既能展现出连续光滑的河槽纵向变化，又能很大程度地保持横剖面细节刻画的准确性。

8.4.2.2　三维水动力模拟

用于水动力模拟的每日水文数据来自湖口水文站（图 8-25），数据来自湖北省水文局的常规监测（www.cjh.com.cn）。所有水文资料均根据国家高程基准吴淞高程进行校准。首先，确定三维水动力模拟的边界和时间，水动力模拟的边界由通江水道的最大水域范围决定（Feng et al.，2012）。因在水声学时间覆盖的湖口水位变化显著，考虑到水声学数据的即时性和数据的可比性，使用数据的时间范围是 2020 年 8 月至 2021 年 8 月。其次将研究区的地形网格划分为 280 000 个单元，每个单元的分辨率为 30m，将其作为水动力模拟的输入

表 8-5　研究区 **Radarsat-2** 遥感数据成像时间及水文站水位（单位：m）

成像日期	水位			水位标准差
	都昌水文站	星子水文站	湖口水文站	
2013-12-06	8.44	8.19	8.14	0.13
2013-12-30	11.11	11.06	11.03	0.03
2013-11-17	8.84	8.42	8.23	0.25
2014-12-02	10.31	10.25	10.17	0.06
2014-12-07	10.92	10.87	10.82	0.04
2014-10-27	12.46	12.43	12.43	0.01
2012-10-24	9.09	8.82	8.71	0.16
2014-10-14	14.67	14.63	14.57	0.04

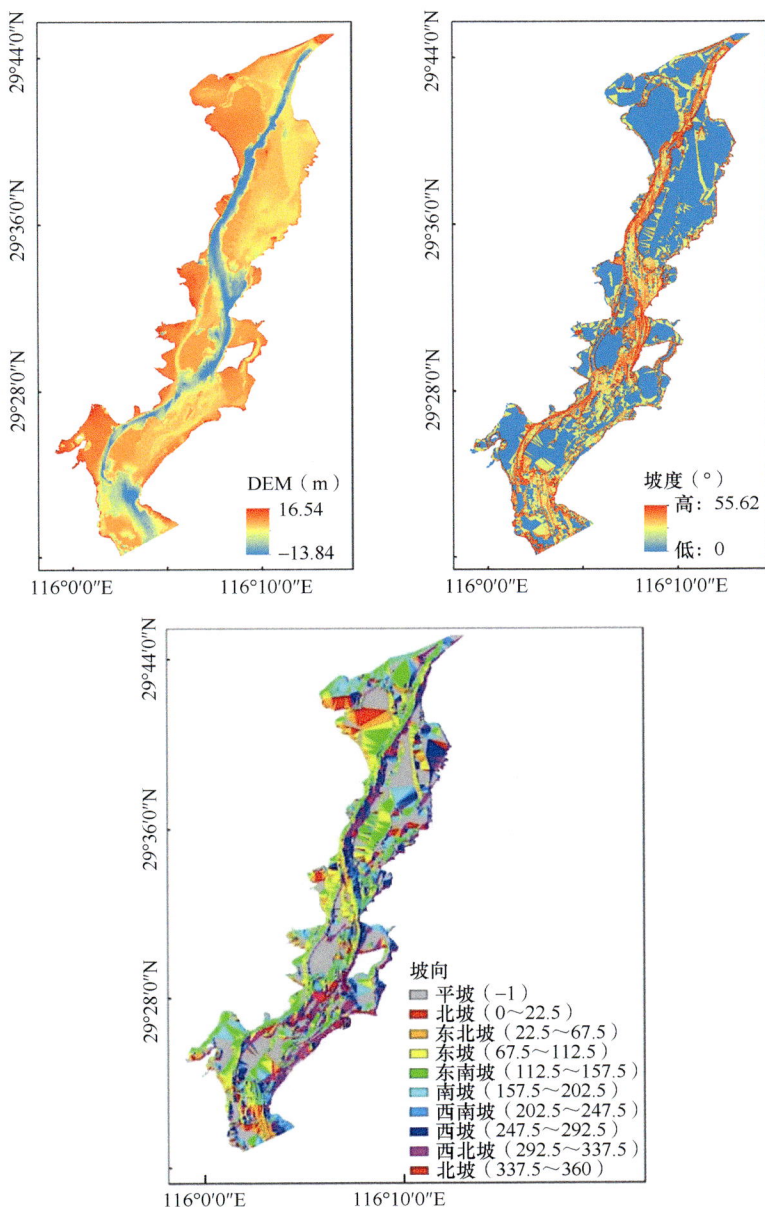

图 8-29　水下地形模拟及坡度和坡向计算

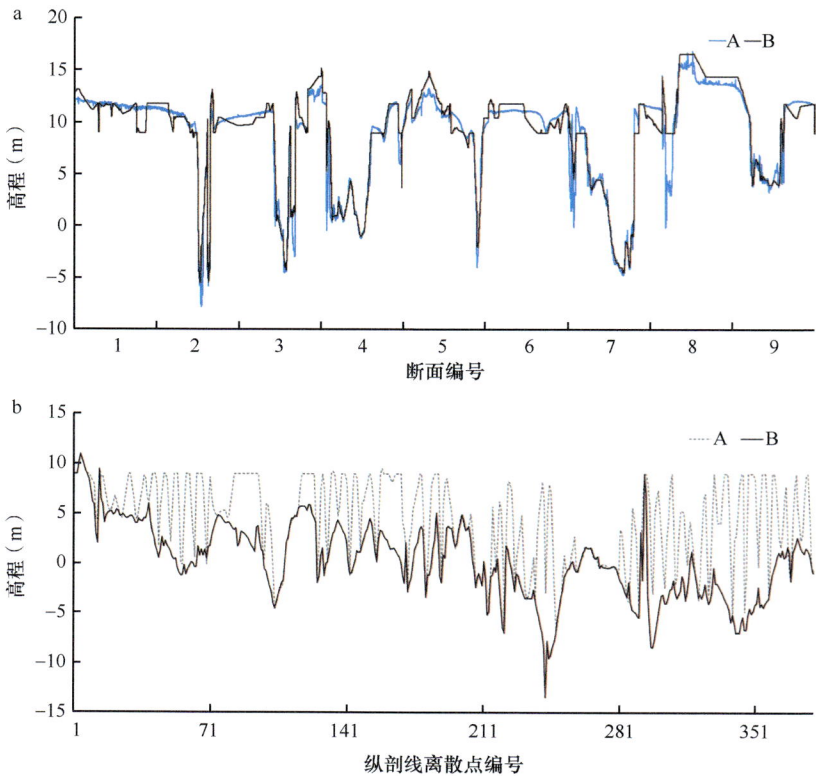

图 8-30　鄱阳湖通江水道实测与模拟高程数据的对比

a. 通江水道横剖面的精确性对比；b. 河流纵向的连续性对比。
A：实测数据模拟的结果；B：结合地形测量数据和遥感水边线的模拟结果

数据。最后，使用环境流体动力学代码（Environmental Fluid Dynamics Code，EFDC）建立三维水动力模型，模拟了8m、10m、12m、14m、16m、18m、20m和24m共8个水位梯度下的水文过程，此8个典型水位代表了通江水道的水位分布特征，典型水位是按照湖口水文站近30年的湖口水位数据进行2m等间距划分选取（Li et al.，2019）。

由于在研究区域底质的类型在空间上变化不大，因此本研究忽略了底质的影响，着重考虑在空间上变化较大的地形、坡度以及对河流性鱼类分布的影响较大的与水动力相关的生态指标（如流速和水深），对鱼类栖息地进行模拟。同时，相关研究也证明这些因素是影响鱼类适宜度分布的关键因素（Zhang et al.，2014；Yu et al.，2018）。

在三维水动力建模中，可利用研究区域的横截面流速对模型进行校准和验证。利用重庆华正水文仪器厂 LS45A 型旋杯式流速仪（测速范围为 0.015~3.500m/s，测量误差≤2%）对流速进行测定，将实测流速与模拟结果进行比较，表明该模拟结果能够准确地表达鄱阳湖通江水道的水动力特征（图 8-31）。

8.4.3　栖息地适宜性分析

建立生境适宜性指数（HSI）模型是鱼类生境适宜性分析的重要方法，对鱼类栖息地进行制图可以通过空间分析阐明鱼类生境的状况，将适宜生境的空间格局和栖息地的生态功能联系起来。建立栖息地适宜度模型时最关键的是参数的选择，最好的模型往往是简单清晰的（Yi et al.，2007）。经过文献查阅分析，

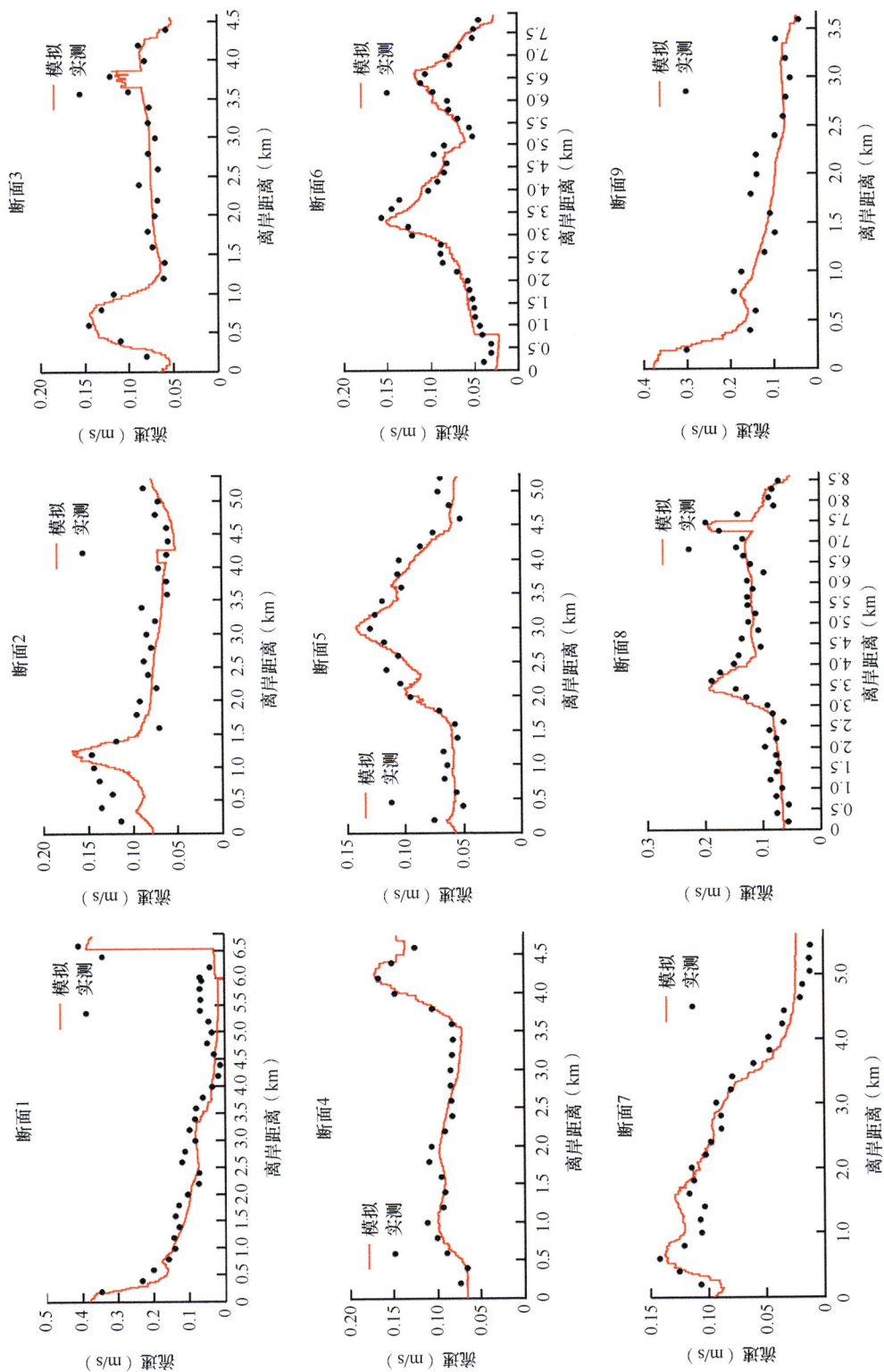

图 8-31　横截面的模拟流速验证

水深、流速和下垫面是影响鱼类洄游和分布的重要非生物环境因素，这些因素通常用于模拟鱼类的生境适宜性（Clark et al.，2008；Yu et al.，2018）。在栖息地模型的构建中，使用了几何平均值而不是算术平均值，因为它提供了对生境更保守的评估（Aharon-Rotman et al.，2017）。

首先，本研究采用生境利用方法建立了生境适宜性曲线（Torretta et al.，2020），该曲线主要基于微生境特征的频率分布，直接来自目标物种在特定生命阶段的生境利用情况，综合考虑鱼类的生境需求（Randall and Brauner，1991），建立 HSI 函数［公式（8-20）］，为尽可能适宜鱼类生活，综合适宜性指数应大于 0.5（Ahmadi-Nedushan et al.，2006），因此提取 HSI ≥ 0.5 的生境单元作为有效栖息地。然后，使用 ArcGIS 10.2 和 VecLI 3.0.0 软件（Yao et al.，2022）计算 WUA 和 HC，以量化目标物种在特定水位条件下的适宜生境特征。最后，综合 WUA 和 HC 结果共同评估不同水位条件下洄游生境的质量，具体公式如下：

$$HSI_i = SI_{Vi}SI_{Di}SI_{Si}$$

$$WUA = \sum_{i=1}^{n} A_i HSI_i$$

$$HC = \frac{\sum_{i=1}^{m}\sum_{j=k}^{m} C_{ijk}}{\sum_{i=1}^{m}\frac{n_i(n_i-1)}{2}} \times 100\%$$

(8-15)

式中，HSI_i 为第 i 个网格单元对应的生境适宜性指数；i 表示网格单元的序数；SI_{Vi} 是第 i 个栅格的流速适宜度；SI_{Di} 是第 i 个栅格的深度适宜度，SI_{Si} 是第 i 个栅格的坡度适宜度。A_i 为网格单元 i 的面积；C_{ijk} 是给定阈值条件下有效栖息地单元之间的连接数，如果单元 j 和 k 不在指定的阈值距离内，则 $C_{ijk}=0$，如果单元 j 和 k 在指定的距离内，则 $C_{ijk}=1$；n_i 表示每种斑块类型的有效栖息地单元的数量；HC 是所有有效栖息地斑块之间的功能连接数总

和，给定一个具体的阈值，除以所有有效栖息地单元之间可能连接的总数，再乘以 100% 将其转换为一个百分比，范围是 0～100%。洄游性鱼类持续游泳能力对长距离洄游至关重要（Li et al.，2015）。根据渔获物调查结果，鳙是通江水道的主要洄游性鱼类，因此本研究以鳙的临界游泳指数作为通江水道洄游性鱼类的典型指标。考虑到其平均相对临界游泳速度（U_{crit}）、平均耐力时间等因素（段辛斌等，2015），本研究将连接的距离阈值设置为 500m。

图 8-32 和图 8-33 分别为典型水位条件下模拟水深和流速的空间分布，根据鱼类分布位点信息对生境因子数据进行提取，进而制作水深、流速和坡度的单因子适宜度曲线（如图 8-34）。研究期间鱼类在通江水道中适宜洄游的水深（$I_D \geq 0.5$）、流速（$I_V \geq 0.5$）和坡度（$I_S \geq 0.5$）范围分别为 6.71～16.21m、0.093～0.173m/s 和 0°～1.1°。

图 8-35 为典型水位条件下鱼类栖息地适宜度分布图。随着水位的增加，适宜的生境逐渐从河流的中心扩展到两边的河岸带。当水位超过 20m 时，中心河槽区的水深和流速增加，主河道的适宜性下降，最适宜的栖息地主要分布在河岸带。表 8-6 显示适宜栖息地面积及其占研究区总面积的比例，在 20m 的高水位下共有 47.80% 的研究区域为适宜栖息地。相比之下，对于水位极低（8m）的情况，适宜栖息地的面积几乎为 0。因此，至少 47.80% 的栖息地在一个水文周期内经历了适宜度从 0（不适宜）到 0.5（适宜）的转变，这表明通江水道的鱼类的洄游生境异质性较高且变化显著。

图 8-36 显示了典型水位条件下 WUA 和 HC 的变化。当水位低于 18m 时，WUA 显著增加，在水位达到 18m 后 WUA 逐渐下降。当水位达到历史最低水位 8m 时，WUA 几乎为 0。当水位为 8～12m

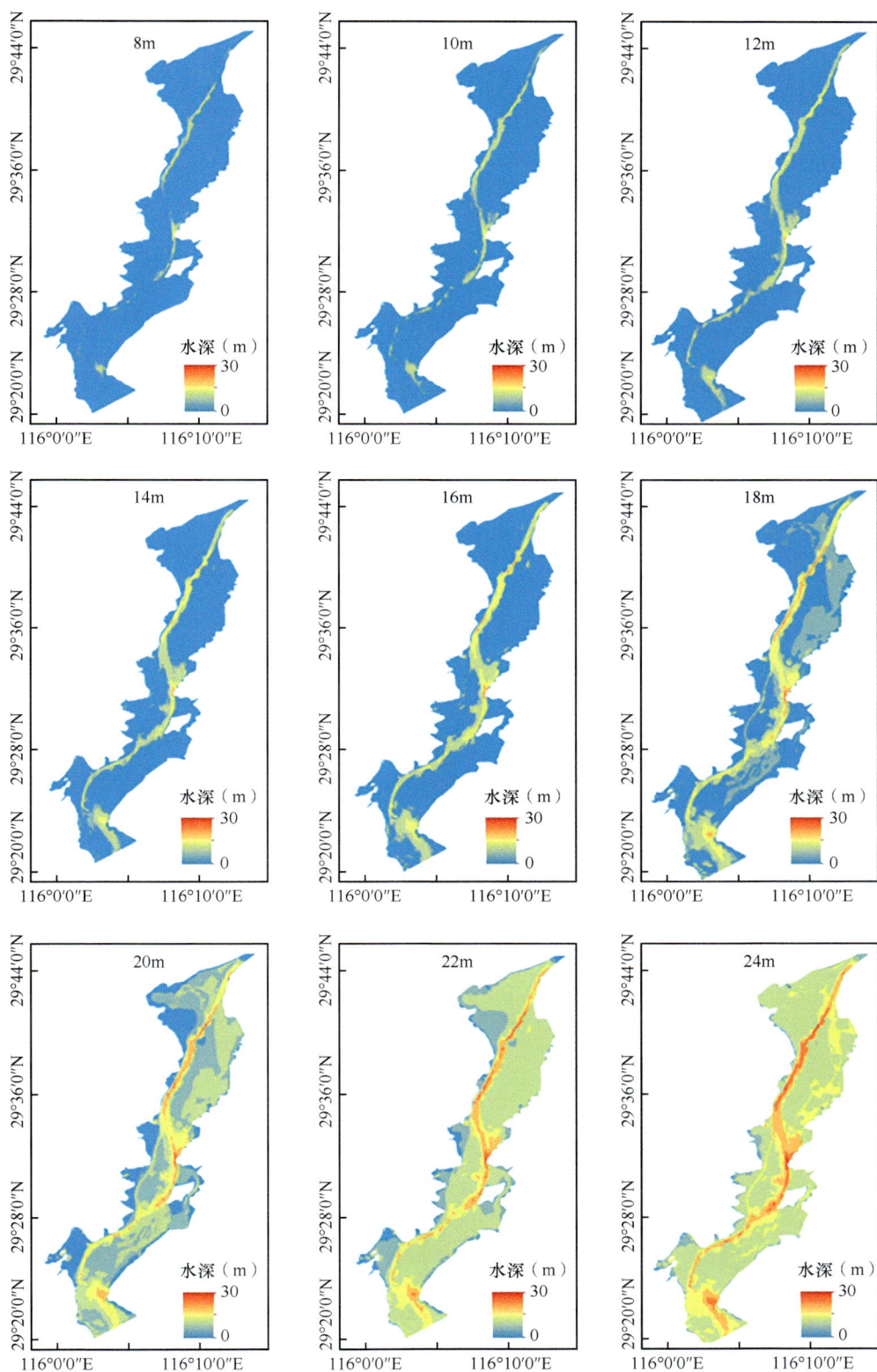

图 8-32 典型水位条件下模拟水深的空间分布

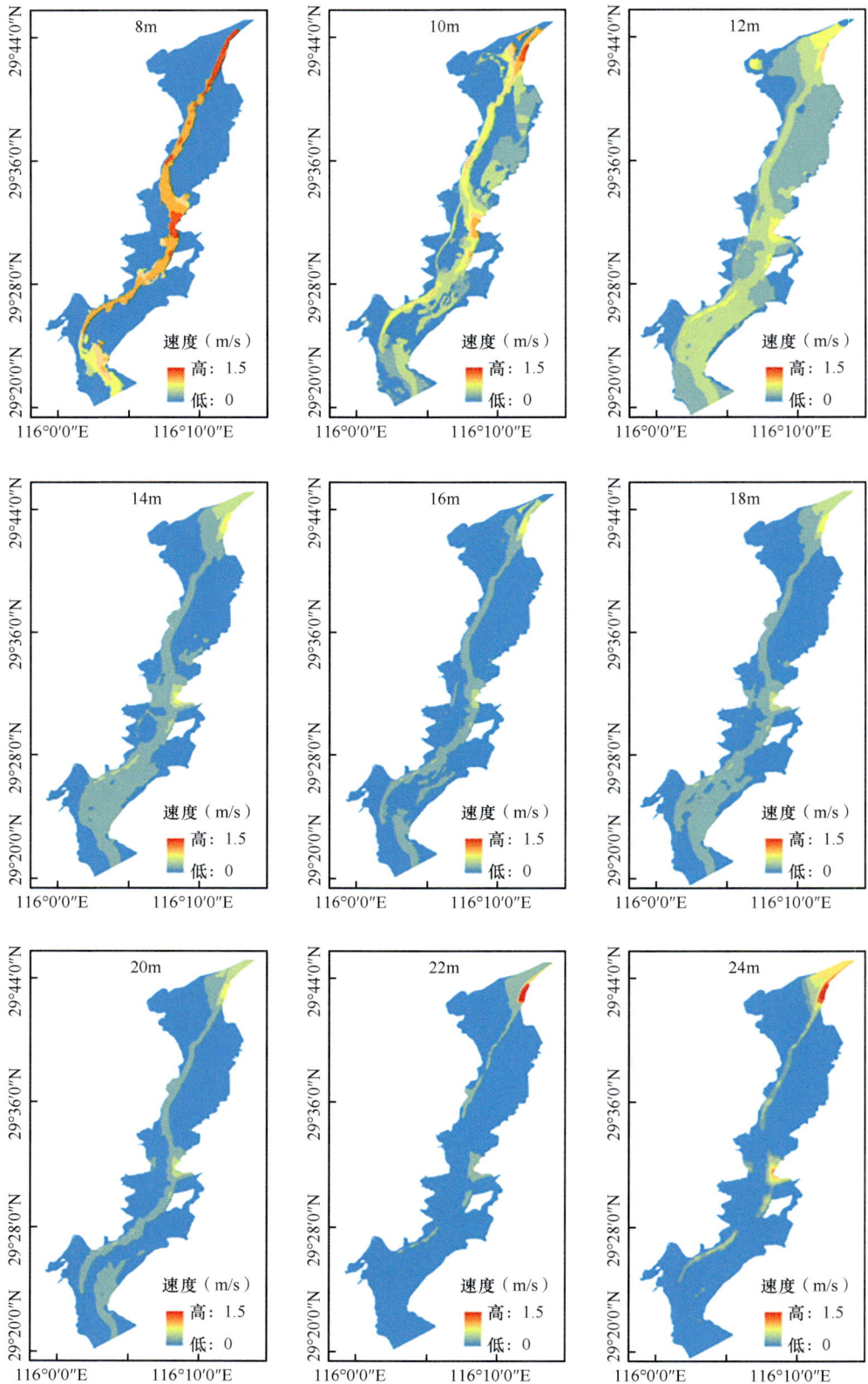

图 8-33　典型水位条件下模拟流速的空间分布

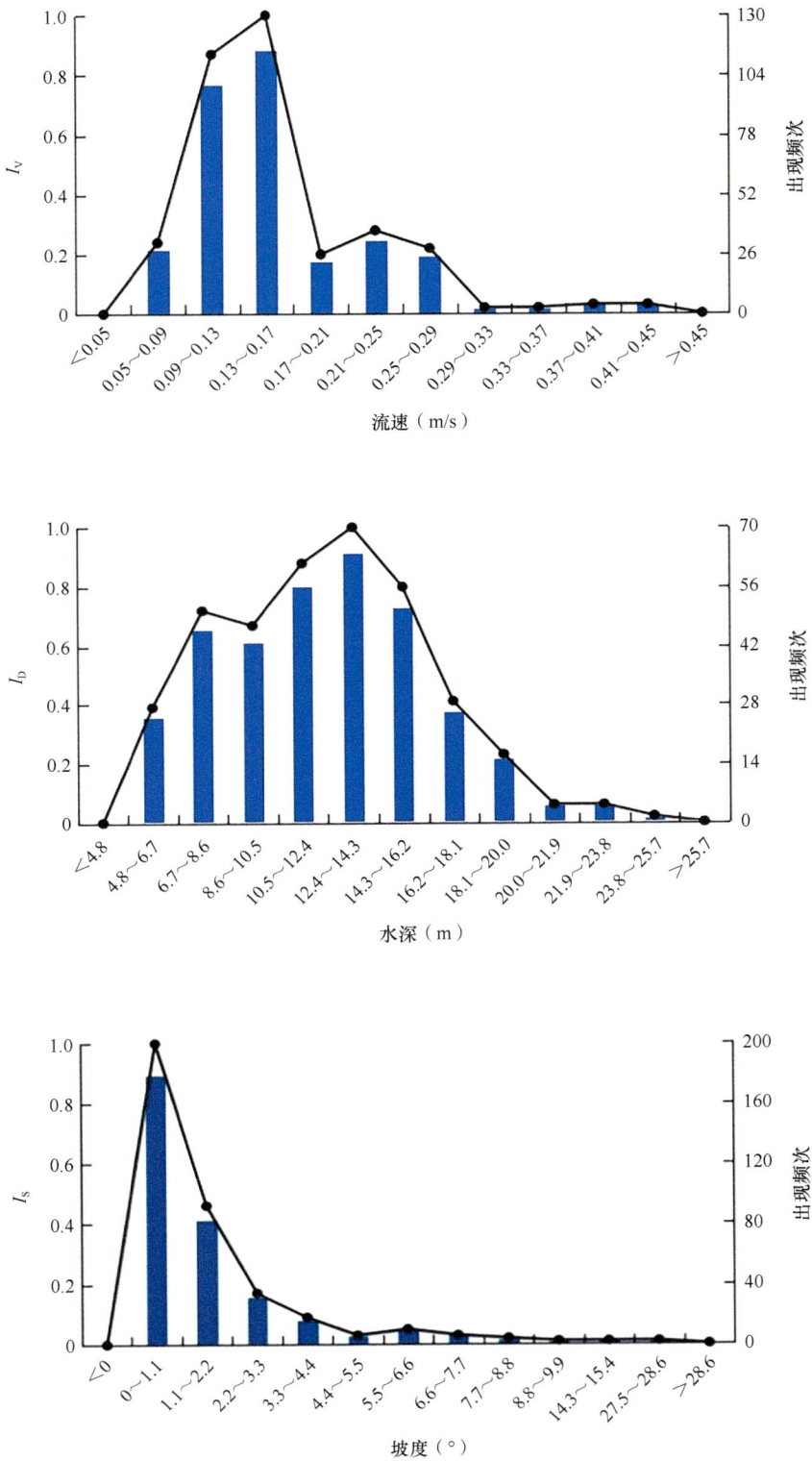

图 8-34　单因子生境适宜性曲线

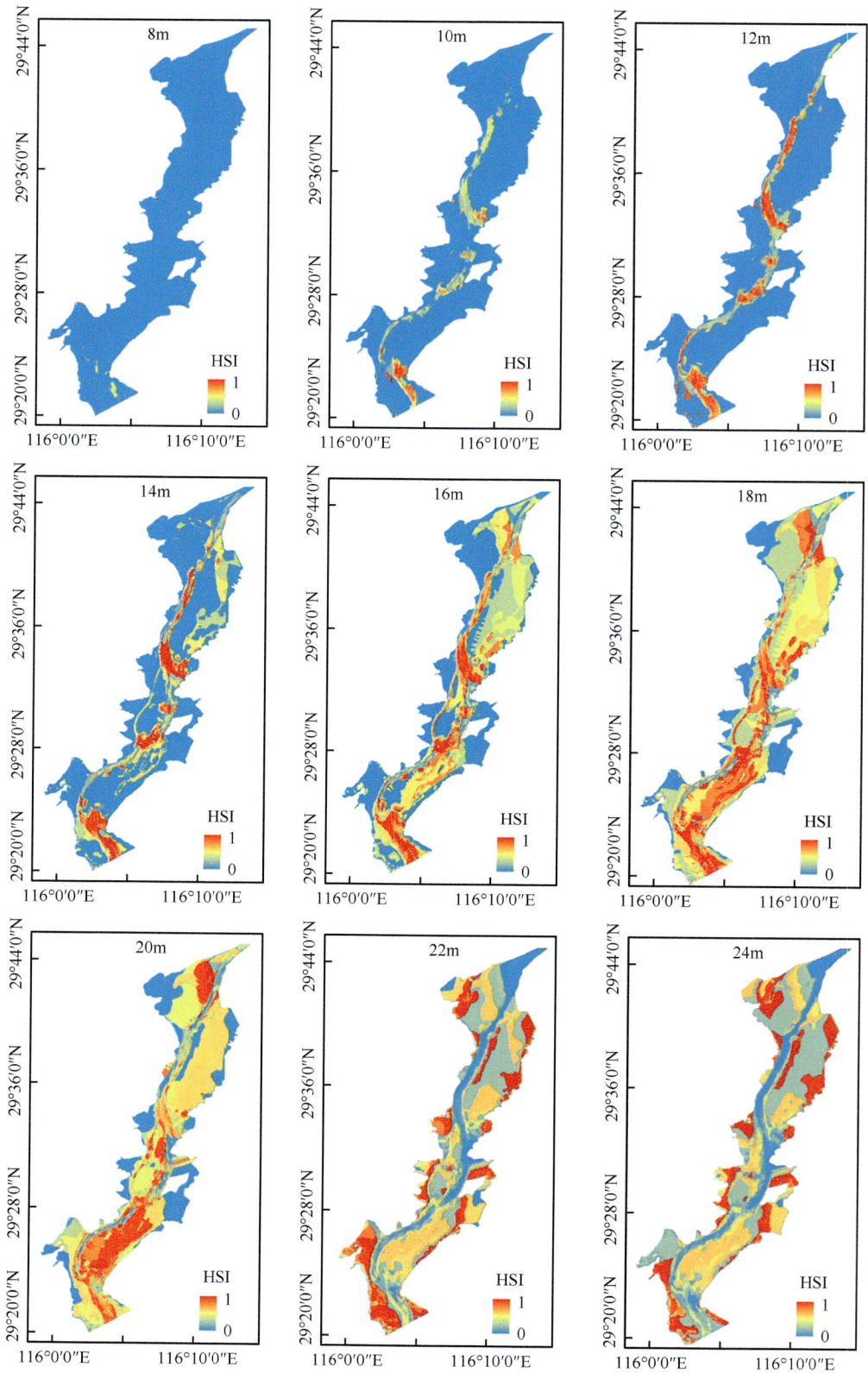

图 8-35　典型水位条件下鱼类栖息地适宜度分布图

表 8-6　适宜栖息地面积及其占研究区总面积的比例

水位（m）	适宜栖息地面积（km²）	适宜栖息地面积占比（%）
8	0.00	0.00
10	3.49	1.21
12	16.62	5.75
14	53.35	18.46
16	84.71	29.31
18	122.05	42.22
20	138.16	47.80
22	132.28	45.76
24	120.37	41.64

注：适宜栖息地是指 HSI ≥ 0.5 的区域。

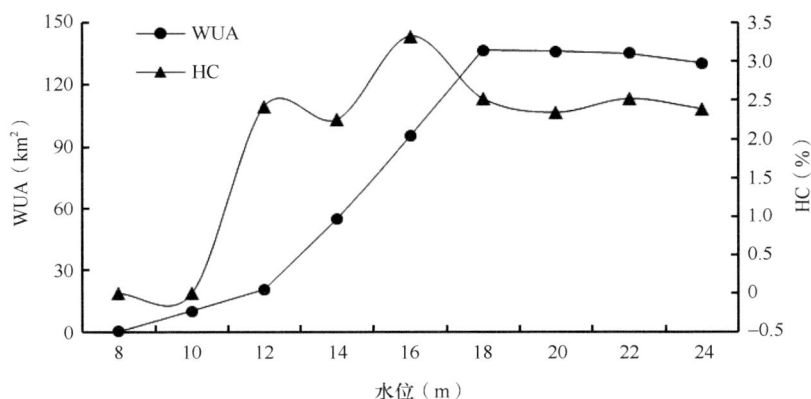

图 8-36　典型水位条件下 WUA 和 HC 的变化

时，WUA 以 10.21km²/m 的速度缓慢增加。当水位为 12～18m 时，WUA 的增速最大，达到 57.81km²/m，这表明通江水道中"四大家鱼"对 12～18m 的水位区间更为敏感。当水位为 18～24m 时，WUA 略有下降，平均速率为 –3km²/m，说明高水位期水位的持续上升会对通江水道中鱼类的适宜栖息地产生负面影响。根据以上结果，选择 WUA 快速上升的第一阶段转折点对应的水位作为最低生态水位阈值（Yu et al.，2018）。此时，有效栖息地面积受到水位条件的影响较大。由于原则上要求在适当的水位条件下 WUA 不小于最大生境面积（Nagaya et al.，2008）的 50%，只考虑 WUA 最大化情况，设定最佳生态水位应在 16m 以上。

总体而言，有效栖息地连通度（HC）随水位由低向高波动不断增大。在 10～16m 的水位区间，HC 从 0 迅速上升到最大值，可以看出栖息地连通性对 10～16m 的水位区间更为敏感。HC 在 12m 水位出现第一个局部峰值，为 2.42%，说明 12m 水位是栖息地连通的最低阈值。随着水位进一步上升到 14m，漫滩逐渐扩大，但 HC 增长率为 –0.09%。当水位达到 16m 左右时，HC 达到最高峰，河流中心斑块增加且出现大面积连通的栖息地，增长率为 0.54%。然而，当水位为 16～24m 时，HC 呈下降趋势，平均增长率为 –0.11%。随着水位的升高和流量的增大，适宜栖息地主要出现在河道两岸的河漫滩处，但此时栖息地斑块的破碎度较高。综合考虑 WUA 和 HC 最大化，认为鄱阳湖鱼类洄游通道的最佳水位为 16m 以上。

8.4.4 讨论

构建 HSI 模型是进行鱼类适宜栖息地分析的前提，它可以将栖息地适宜性的空间格局和生态过程联系起来。然而，生境适宜性隶属函数在大多数情况下仅仅局限于实验室环境（Yu et al.，2018；Ahmadi-Nedushan，2006），往往不足以完全模拟鱼类在自然环境中的行为。利用水声学技术对野外鱼类进行跟踪定位，对研究自然环境中的鱼类分布及其偏好至关重要（Poff and Zimmerman，2010）。本研究将水深、流速等生境因子进行定量化耦合来共同解释栖息地适宜性。将 16m 水位下模拟的栖息地适宜度分布和同时期采集的渔获物数量分布进行叠加（图 8-37），显示两者具有较高的一致性，表明研究中建立的 HSI 模型够代表同时期通江水道中洄游性鱼类的栖息偏好。

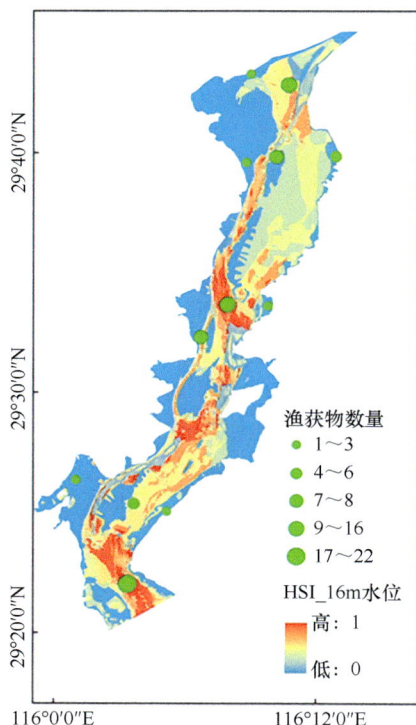

图 8-37　栖息地适宜度验证

连通性和适宜栖息地的面积决定了鱼类的洄游空间和对栖息地的利用质量。

传统的 WUA 侧重于揭示特定水位条件下鱼类的有效栖息地面积，本研究进一步引入特定水位下有效栖息地面积斑块之间的连通性，可满足对洄游性鱼类不同生活史阶段的生境需求分析，可结合栖息地的数量和质量进行综合的栖息地适宜性评估分析。

该研究表明，不同水位条件下有效栖息地连通性不同（图 8-38），对鄱阳湖的洄游性鱼类有重要影响（Shao et al.，2019）。如图 8-36 和图 8-38a 所示，在鄱阳湖通江水道中，16m 以上的水位条件下具有更高的水文连通度。并且，连通度也会影响鱼类洄游的开始和持续时间。特别是在通江水道洄游高峰期（接近 7～11 月），枯水期提前造成的水文连通天数的下降，将大大缩短通江水道适宜的洄游时段（Yang et al.，2012）。因此，在秋季洄游高峰期保持良好的水文连通性对长江中下游流域鱼类的种群资源补充，以及河湖复合生态系统生物循环的维持至关重要。

然而近年来，鄱阳湖的枯水期水位连创新低，低水位持续时间延长，且枯水期显著提前。如本书第 5 章中所述，近 40 年来，鄱阳湖秋季 9～11 月退水期，地表水体的出现频率呈显著下降特征（图 5-6j～l）；特别是，9 月快速退水期的地表水体出现频率在 2006～2010 年出现大幅度下降，比历史同期降低了约 24%。2022 年长江流域持续干旱少雨，气温高，蒸发量大，鄱阳湖区降水和五河来水同比减少 40%，8 月 6 日鄱阳湖星子水文站水位为 11.99m，8 月 19 日丰水水位仅 9.99m，9 月 6 日水位退至 7.99m，刷新了 1951 年有记录以来历史同期最低水位，也刷新了鄱阳湖正式进入枯水期、低枯水期和极枯水期的时间。2022 年鄱阳湖进入极枯水期较历史上最早出现年份（2019 年 11 月 30 日）提前了 85d。水位从 12m 退至 8m，仅用了 31d，日均退幅 0.13m，日最大退幅 0.33m，2022 年为有

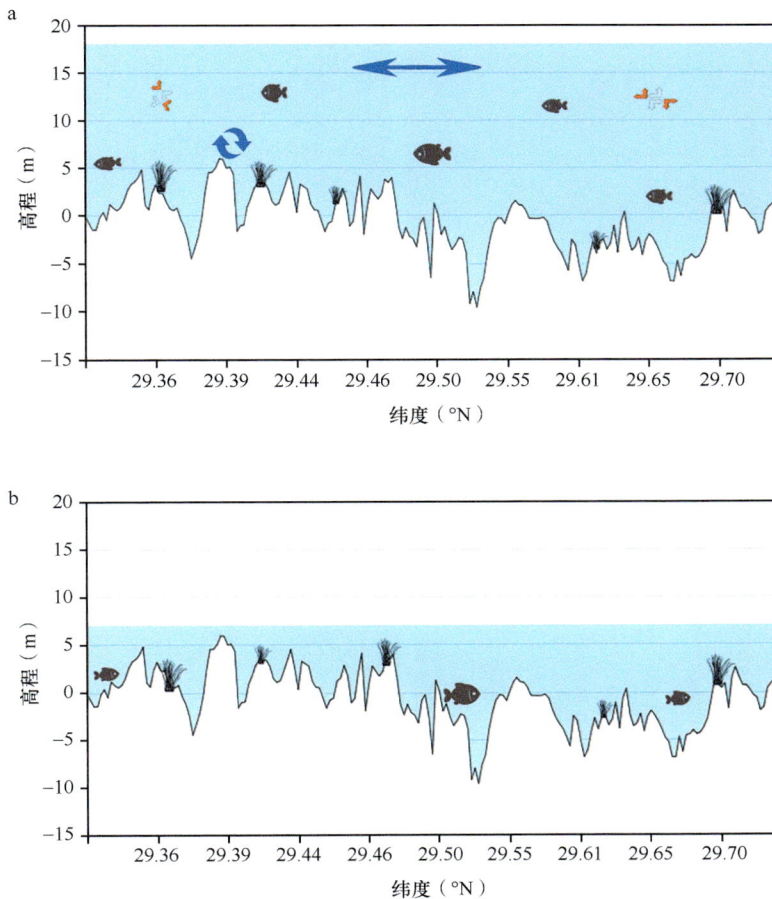

图 8-38　不同水位条件下鱼类洄游通道示意图

（a）高水位条件；（b）低水位条件

记录以来由枯水位退至极枯水位最快的年份。水位对鄱阳湖水面面积影响极大（图 8-39），水位大幅度提前下降导致湖泊水面过早萎缩，极大地缩短了河湖洄游性鱼类经过通江水道进入鄱阳湖进行索饵和育肥的有效时间。国家卫星气象中心通过 FY-3D 气象卫星监测发现，2022 年 8 月 18 日鄱阳湖水体面积约为 1113km²，较 7 月 10 日水体面积减小约 66%。鄱阳湖岸线曲折，湖汊广布，江豚等一些体型较大的鱼类往往因为提前过快退水而被隔离在孤立的湖汊中，湖水干涸造成搁浅，最后往往因为未能及时发现而丧失了最佳救助时机（http://special.jxntv.cn/jxxwlb/）（图 8-40）。因此，"汛期返枯"的现象会对洄游性鱼类造成严重的威胁。

8.4.5　管理策略建议

对不同水位下的生境适宜性结果进行叠加（图 8-41a），采用詹克斯自然断点法（Jenks Natural Breaks Classification，Jenks）将叠加结果分为四个层次，即优、良、中、差。其中，将生境适宜度层次为"优"的区域定义为生态核心区（ecological core area，ECA），此区域主要位于老爷庙、星子、屏峰，随着水位上涨而增加的栖息地都在此基础上向外扩展，也是洄游通道生态连通的网络核心，对栖息地的连通具有重要意义。面积较大且连通性较好的一级重要斑块与河流走向一致，且主要分布在河流深泓线附近，这些区域对整个研究区的连通性起到重要作用，是鱼类洄游的主要生

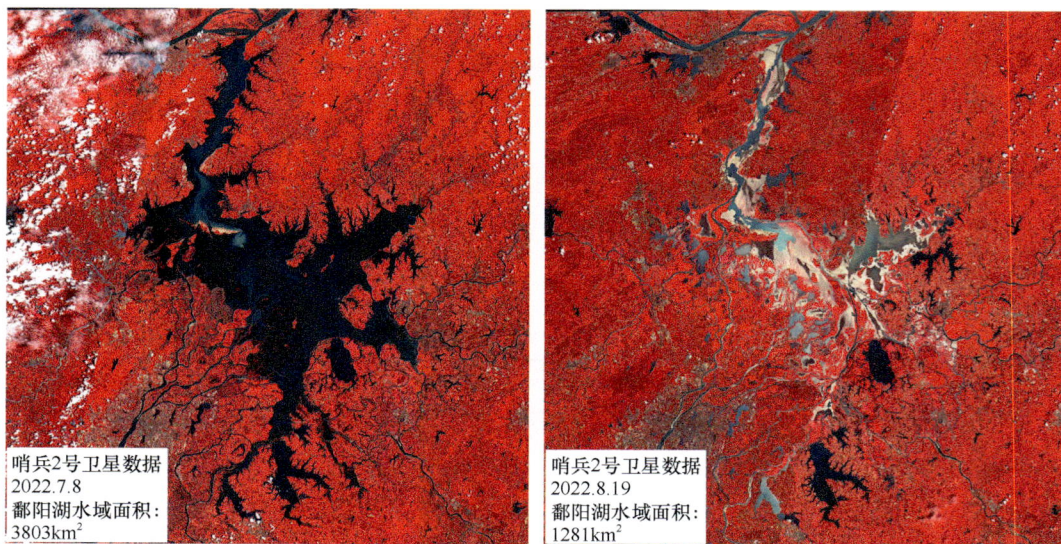

图 8-39　鄱阳湖水域面积卫星遥感监测影像对比

图 8-40　2022 年 8 月鄱阳湖局部图

境利用斑块（图 8-41a）。即使一级重要斑块周围存在的面积很小的破碎斑块，它们之间依然存在连通的可能并有机会被鱼类洄游所利用。鉴于生态核心区对整个通江水道的连通性起重要作用，是鱼类洄游的主要生境利用斑块，因此建议根据适宜度进行分级保护，特别是在鱼类洄游的高峰期（7～11 月），减少该区域的航运活动和采砂活动。

连通性对鱼类的洄游至关重要，因此确定对连通性影响较大的敏感水位，并对该水位下覆盖的水域进行重点保护有重要意义。本研究表明，当水位为 10～16m 时，鄱阳湖通江水道的水文连通性从 0 增加到最大值（图 8-36），表明洄游性鱼类对此区间的连通性更敏感。图 8-41b 中的红色区域是水位为 10～16m 时覆盖的水域，这是连通湖泊与长江的关键生态廊道，建议作为重点保护区并确保其连通。该区域内高强度的人类活动，会对洄游性鱼类关键生态廊道造成直接影响，导致洄游生境受阻，

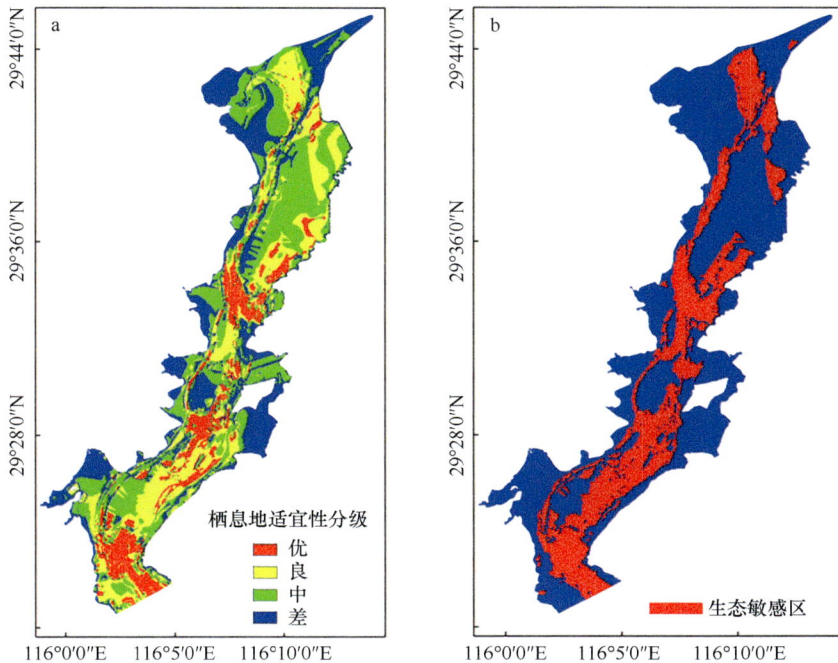

图 8-41　保护区划分建议

a. 生境适宜性分级；b. 生态敏感区（生态廊道）

可利用生境缩减。为优化生态敏感区的连通性，建议设立重要生态敏感区鱼类特别保护期，禁止 7~11 月在此期间开展采砂、航运等活动，并设立栖息地修复专项资金，支持开展生态廊道的自然底部修复研究和修复工程建设。恢复渠化、挖砂、农业或城市化破坏的自然底部地形。

作为鄱阳湖流入长江的唯一出口，通江水道是各种洄游性鱼类完成其生活史的重要生态通道，确保栖息地的适宜性及其连通性对长江中下游鱼类资源的保护和多样性维持至关重要，对维护大江大湖系统的可持续发展也至关重要。本章节旨在扩展现有关于消落区鱼类洄游栖息地的独特水文条件和生态效应的知识，探索鱼类在大型湖泊消落区的河湖连通水域中，不同水位条件下的栖息地适宜性空间分布特征，阐述了水文连通度对栖息地适宜性影响的重要性，对敏感生态水位的确定方法开展了研究，并提出相应的保护策略。

参考文献

褚新洛，郑葆珊，戴定远，等 . 1999. 中国动物志 硬骨鱼纲 鲇形目 . 北京：科学出版社 .

崔丽娟 . 2004. 鄱阳湖湿地生态系统服务功能研究 . 水土保持学报，18: 109-113.

段辛斌，俞立雄，罗宏伟，等 . 2015. 两种温度条件下四种鱼类临界游泳速度的比较 . 动物学杂志，50(04):529-536.

范海霞，刘遂飞，胡茂林 . 2016. 鄱阳湖短颌鲚生化组成的季节性变化分析 . 水产科技情报，43(1): 41-44.

郭治之，邹多禄，刘瑞兰，等 . 1964. 鄱阳湖鱼类调查报告（江西野生动物资源调查报告之一）. 南昌大学学报（理科版），(00): 121-130.

贺刚，方春林，陈文静，等 . 2016. 鄱阳湖水道四大家鱼群落特征及幼鱼入湖格局 . 江苏农业科学，44(2): 297-299.

贺刚，方春林，陈文静，等 . 2014. 鄱阳湖通长江水道洄游鱼类及影响因素分析 . 江西水产科技，(2): 39-41.

胡茂林，吴志强，刘引兰 . 2011. 鄱阳湖湖口水域四大家鱼幼鱼出现的时间过程 . 长江流域资源与环境，20(5): 534-539.

胡茂林，吴志强，周辉明，等 . 2005. 鄱阳湖南矶山自然保护区渔业特点及资源现状. 长江流域资源与环境, 14(5): 561-565.

胡茂林. 2009. 鄱阳湖湖口水位、水环境特征分析及其对鱼类群落与洄游的影响. 南昌: 南昌大学博士学位论文.

胡振鹏, 张祖芳, 刘以珍, 等. 2015. 碟形湖在鄱阳湖湿地生态系统的作用和意义. 江西水利科技, 41(5): 317-323.

金斌松, 聂明, 李琴, 等. 2012. 鄱阳湖流域基本特征、面临挑战和关键科学问题. 长江流域资源与环境, 21(3): 268-275.

黎明政. 2012. 长江鱼类生活史对策及其早期生活史阶段对环境的适应. 北京: 中国科学院大学博士学位论文.

连玉喜, 杨晓鸽, 张心璐, 等. 2020. 长江江豚重要栖息地清节洲水域鱼类群落结构. 生物资源, 42(6): 629-636.

刘丹, 王烜, 李春晖, 等. 2019. 水文连通性对湖泊生态环境影响的研究进展. 长江流域资源与环境, 28(7): 1702-1715.

刘茜, David G Rossiter. 2008. 基于高光谱数据和 MODIS 影像的鄱阳湖悬浮泥沙浓度估算. 遥感技术与应用, 23(01):7-11.

茹辉军. 2012. 大型通江湖泊洞庭湖水域江湖洄游性鱼类生活史过程研究. 北京: 中国科学院大学博士学位论文.

邵波. 2017. 江西鄱阳湖国家级自然保护区子湖沿岸带鱼类多样性时空格局. 南昌: 南昌大学硕士学位论文.

陶江平, 龚昱田, 谭细畅, 等. 2012. 长江葛洲坝坝下江段鱼类群落变化的时空特征. 中国科学 (生命科学), 42(8): 677-688.

王成友. 2012. 长江中华鲟生殖洄游和栖息地选择. 武汉: 华中农业大学博士学位论文.

王洪铸. 2021. 引江济湖的主要目的不是稀释污染物, 而是修复自然水文节律及自净能力. 水生生物学报, 45(3): 692-699.

王珂, 段辛斌, 刘绍平, 等. 2009. 三峡库区大宁河鱼类的时空分布特征. 水生生物学报, 33(3): 516-521.

吴斌, 傅培峰, 胡文娟, 等. 2014. 鄱阳湖水利枢纽与渔业关系探讨. 渔业致富指南, (14):14-16.

伍汉霖, 邵广昭, 赖春福. 1999. 拉汉世界鱼类名典. 基隆: 水产出版社.

熊国勇, 张同林, 林艺莹, 等. 2018. 鄱阳湖湿地内湖鱼类若干性状分析. 江西水产科技, 3: 10-12.

杨庆, 胡鹏, 杨泽凡, 等. 2019. 草鱼洄游的适宜流速条件与适应阈值. 水生态学杂志, 40(4): 93-100.

杨少荣, 黎明政, 朱其广, 等. 2015. 鄱阳湖鱼类群落结构及其时空动态. 长江流域资源与环境, 24(1): 54-64.

叶少文, 李钟杰, 曹文宣. 2007. 牛山湖两种不同生境小型鱼类的种类组成、多样性和密度. 应用生态学报, 18(7): 1589-1595.

易雨君, 王兆印. 2009. 大坝对长江流域洄游鱼类的影响. 水利水电技术, 40(1): 29-33.

曾泽国, 张笑辰, 刘观华, 等. 2015. 鄱阳湖子湖 "堑秋湖" 渔业资源结构特征分析. 长江流域资源与环境, 24(6): 1021-1029.

张觉民, 何志辉. 1991. 内陆水域渔业自然资源调查手册. 北京: 农业出版社.

张辉, 危起伟, 杜浩等. 长江上游干流基于河床地形的深潭浅滩识别方法比较研究. 淡水渔业. 2011,41(1): 3-9.

张奇. 2021. 湖泊流域水文学研究现状与挑战. 长江流域资源与环境, 30(7): 1559-1573.

张堂林, 李钟杰. 2007. 鄱阳湖鱼类资源及渔业利用. 湖泊科学, 19(4):434-444.

周辉明, 方春林, 傅培峰. 2015. ArcMap 在鄱阳湖鲤鲫鱼产卵场中的应用. 江西水产科技, (1):13-16.

朱松泉. 1995. 中国淡水鱼类检索. 南京: 江苏科学技术出版社.

邹亮华, 邹伟, 张庆吉, 等. 2021. 鄱阳湖大型底栖动物时空演变特征及驱动因素. 中国环境科学, 41(6): 2881-2892.

Aglen A. 1983. Random errors of acoustic fish abundance estimates in relation to the survey grid density applied. FAO Fisheries Report, 300: 293-297.

Aharon-Rotman Y, McEvoy J, Zheng Z J, et al. 2017. Water level affects availability of optimal feeding habitats for threatened migratory waterbirds. Ecology and Evolution, 7(23): 10440-10450.

Ahmadi-Nedushan B, St-Hilaire A, Bérubé M, et al. 2006. A review of statistical methods for the evaluation of aquatic habitat suitability for instream flow assessment. River Research and Applications, 22(5): 503-523.

Clark J S, Rizzo D M, Watzin M C, et al. 2008. Spatial distribution and geomorphic condition of fish habitat in streams: An analysis using hydraulic modelling and geostatistics. River Research and Applications, 24(7): 885-899.

Dai X, Wan R R, Yang G S, et al. 2016. Responses of wetland vegetation in Poyang Lake, China to water-level fluctuations. Hydrobiologia, 773(1): 35-47.

European Space Agency. 2007. Envisat asar product handbook. Paris: European Space Agency.

Feng L, Hu C M, Chen X L, et al. 2012. Assessment of inundation changes of Poyang Lake using MODIS observations between 2000 and 2010. Remote Sensing of Environment, 121: 80-92.

Foote K G. 1987. Fish target strengths for use in echo integrator surveys. The Journal of the Acoustical Society of America, 82(3): 981-987.

Freeman A, Durden S L. 1998. A three-component scattering model for polarimetric SAR data. IEEE Transactions on Geoscience and Remote Sensing, 36(3): 963-973.

Fuller I C, Death R G. 2018. The science of connected ecosystems: What is the role of catchment-scale connectivity for healthy river ecology?. Land Degradation & Development, 29(5): 1413-1426.

Godlewska M, Długoszewski B, Doroszczyk L, et al. 2009. The relationship between sampling intensity and sampling error—empirical results from acoustic surveys in Polish vendace lakes. Fisheries Research, 96(1): 17-22.

Gong P, Miller J R, Spanner M. 1994. Forest canopy closure from classification and spectral unmixing of scene components-multisensor evaluation of an open canopy. IEEE Transactions on Geoscience & Remote Sensing, 32(5): 1067-1080.

Graf W L. 1999. Dam nation: A geographic census of American dams and their large-scale hydrologic impacts. Water Resources Research, 35(4): 1305-1311.

Hayes D J, Sader S A. 2001. Comparison of change-detection techniques for monitoring tropical forest clearing and vegetation regrowth in a time series. Photogrammetric Engineering and Remote Sensing, 67(9): 1067-1075.

Hu H T, Gong P, Xu B. 2010. Spatially explicit agent-based modelling for schistosomiasis transmission: Human–environment interaction simulation and control

strategy assessment. Epidemics, 2(2): 49-65.

Huang L L, Wu Z Q, Li J H. 2013. Fish fauna, biogeography and conservation of freshwater fish in Poyang Lake Basin, China. Environmental Biology of Fishes, 96(10-11): 1229-1243.

Jiang L G, Bergen K M, Brown D G, et al. 2015. Land-cover Change and Vulnerability to Flooding near Poyang Lake, Jiangxi Province, China. Photogrammetric Engineering & Remote Sensing, 74(6): 775-786.

Knighton A D. 1981. Asymmetry of river channel cross: ections: Part I. Quantitative indices. Earth Surface Processes and Landforms, 6(6): 581-588.

Kwoun O, Lu Z. 2009. Multi-temporal RADARSAT-1 and ERS Backscattering Signatures of Coastal Wetlands in Southeaster n Louisiana. Photogrammetric Engineering and Remote Sensing, , 75(5): 607-617.

Lai G Y, Wang P, Li L. 2016. Possible impacts of the Poyang Lake (China) hydraulic project on lake hydrology and hydrodynamics. Hydrology Research, 47(S1): 187-205.

Laur H, Bally P, Meadows P, et al. 1998. Derivation of the backscattering coefficient σo in ESA ESR SAR PRI products. The Netherlands: ESA publication.

Li W M, Chen Q W, Cai D S, et al. 2015. Determination of an appropriate ecological hydrograph for a rare fish species using an improved fish habitat suitability model introducing landscape ecology index. Ecological Modelling, 311: 31-38.

Li Y L, Zhang Q, Cai Y J, et al. 2019. Hydrodynamic investigation of surface hydrological connectivity and its effects on the water quality of seasonal lakes: Insights from a complex floodplain setting (Poyang Lake, China). Science of the Total Environment, 660: 245-259.

Liu L Y, Zhang X, Chen X D, et al. 2020. GLC_FCS30-2020:Global Land Cover with Fine Classification System at 30m in 2020 (v1.2). Zenodo. https://doi.org/10.5281/zenodo.4280923.

Lin M L, Chen S B, Gozlan R E, et al. 2021. Stock enhancement of *Culter mongolicus*: Assessment of growth, recapture and release size in the Yangtze lakes. Fisheries Research, 234: 105809.

Liu X Q, Wang H Z. 2018. Effects of loss of lateral

hydrological connectivity on fish functional diversity. Conservation Biology, 32(6): 1336-1345.

Lyon J G, Yuan D, Lunetta R S, et al. 1998. A change detection experiment using vegetation indices. Photogrammetric Engineering and Remote Sensing, 64(2): 143-150.

Michener W K, Houhoulis P F. 1997. Detection of vegetation changes associated with extensive flooding in a forested ecosystem. Photogrammetric Engineering and Remote Sensing, 63(12): 1363-1374.

Nagaya T, Shiraishi Y, Ukese A, et al. 2008. Evaluation of suitable hydraulic conditions for living environment of fishes with horizontal 2-D numerical simulation and PHABSIM. Environmental Engineering Research, 45: 39-50.

Niu Z G, Gong P, Cheng X, et al. 2009. Geographical characteristics of China's wetlands derived from remotely sensed data. Science in China Series D: Earth Sciences, 52: 723-738.

O'Neill M P, Abrahams A D. 1984. Objective identification of pools and riffles. Water resources research, 20(7): 921-926.

Ostrovsky I. 2009. Hydroacoustic assessment of fish abundance in the presence of gas bubbles. Limnology and Oceanography, Methods, 7(4): 309-318.

Peñuelas J, Filella I, Biel Ci, et al. 1993. The reflectance at the 950–970 nm region as an indicator of plant water status. International Journal of Remote Sensing, 14(10):1887-1905.

Poff N L, Zimmerman J K H. 2010. Ecological responses to altered flow regimes: a literature review to inform the science and management of environmental flows. Freshwater Biology, 55(1): 194-205.

Randall D, Brauner C. 1991. Effects of environmental factors on exercise in fish. Journal of Experimental Biology, 160: 113-126.

Richards K S. 1976. The morphology of riffle-pool sequences. Earth Surface Processes, 1(1): 71-88.

Shao X J, Fang Y, Jawitz J W, et al. 2019. River network connectivity and fish diversity. Science of The Total Environment, 689: 21-30.

Tan Z Q, Wang X L, Chen B, et al. 2019. Surface water connectivity of seasonal isolated lakes in a dynamic lake-floodplain system. Journal of Hydrology, 579 (2): 124154.

Torres R, Buck C, Guijarro J, et al. 1999. The EnviSat ASAR instrument verification and characterisation. CEOS SAR Workshop.

Torretta E, Dondina O, Delfoco C, et al. 2020. First assessment of habitat suitability and connectivity for the golden jackal in north-eastern Italy. Mammalian Biology, 100(6): 631-643.

Trigg M A, Michaelides K, Neal J C, et al. 2013. Surface water connectivity dynamics of a large scale extreme flood. Journal of Hydrology, 505: 138-149.

Wang H Z, Liu X Q, Wang H J. 2016. The Yangtze River Floodplain: Threats and Rehabilitation. American Fisheries Society Symposium, 84: 263-291.

Wang L, Dronova I, Gong P, et al. 2012. A new time series vegetation–water index of phenological–hydrological trait across species and functional types for Poyang Lake wetland ecosystem. Remote Sensing of Environment, 125: 49-63.

Wheeland L J. 2014. Fish community size spectra and the role of vessel avoidance in hydroacoustic surveys of boreal lakes and reservoirs. Saint Johns: Memorial University of Newfoundland MD:37-56.

Wu G F, Cui L J, Duan H T, et al. 2013. An approach for developing Landsat-5 TM-based retrieval models of suspended particulate matter concentration with the assistance of MODIS. ISPRS Journal of Photogrammetry and Remote Sensing, 85: 84-92.

Wu H P, Zeng G M, Liang J, et al. 2017. Responses of landscape pattern of China's two largest freshwater lakes to early dry season after the impoundment of Three-Gorges Dam.International Journal of Applied Earth Observation and Geoinformation, 56: 36-43.

Xie C, Huang X, Mu H Q, et al. 2017. Impacts of Land-Use Changes on the Lakes across the Yangtze Floodplain in China. Environmental Science and Technology, 51(7): 3669-3677.

Yang S R, Xin G, Li M Z, et al. 2012. Interannual variations of the fish assemblage in the transitional zone of the Three Gorges Reservoir: Persistence and stability. Environmental Biology of Fishes, 93(2): 295-304.

Yao Y, Cheng T, Sun Z H, et al. 2022. VecLI: A

framework for calculating vector landscape indices considering landscape fragmentation. Environmental Modelling & Software, 149: 105325.

Yi Y J, Wang Z Y, Lu Y J. 2007. Habitat suitability index model for Chinese Sturgeon in the Yangtze River. Advances in Water Science, 18(4): 538-843.

Yi Y J, Yang Z F, Zhang S H. 2010. Ecological influence of dam construction and river-lake connectivity on migration fish habitat in the Yangtze River basin, China. Procedia Environmental Sciences, 2: 1942-1954.

Yu L X, Lin J Q, Chen D Q, et al. 2018. Ecological flow Assessment to Improve the Spawning Habitat for the Four Major Species of Carp of the Yangtze River: A Study on Habitat Suitability Based on Ultrasonic Telemetry. Water, 10(5): 600.

Zhang H, Wang C Y, Yang D G, et al. 2014. Spatial distribution and habitat choice of adult Chinese sturgeon (*Acipenser sinensis* Gray, 1835) downstream of Gezhouba Dam, Yangtze River, China. Journal of Applied Ichthyology, 30(6): 1483-1491.

Zink M. 2002. Introduction to the ASAR calibration/ validation project. The Envisat calibration review Special Publication SP-520. The Netherlands: ESA Publications Division:1-8.

第 9 章　长江干流重要消落区名录

长江源沱沱河无人机航拍影像

长江流域消落区的调查和监测主要采用卫星遥感大面积覆盖和热点区域制图，以及全流域参加单位分水域负责典型样区无人机航拍及地面采样的方式开展。采用建立河流生态系统网格化管理、自动化数据采集与分析、制图的方法，制定全流域消落区无人机航摄测量技术规范，获取典型消落区的微观生境信息，并结合亚米级及 10～30m 空间分辨率卫星遥感监测，获得调查河流的消落区类型、分布和面积，以及消落区优势植物群落等，形成长江流域重要消落区名录。

第 9～11 章重点对长江干流（沱沱河、通天河、金沙江、长江上游干流、长江干流三峡段、长江中游干流、长江下游干流，统称为"一江"）、长江流域实施"长江十年禁渔"的 7 条主要支流（汉江、嘉陵江、岷江（含大渡河）、乌江、沱江、赤水河、横江，统称为"七河"），以及长江中下游的 2 个大型通江湖泊（鄱阳湖和洞庭湖，统称为"两湖"）的典型消落区及其生境特征进行总结（图 9-1），本章主要给出"一江"的结果。

河流消落区类型分为自然水文节律消落区和反季节性消落区（带）两种。自然水文节律消落区是随着枯水期、丰水期水量变化，而自然露出和淹没的河漫滩，呈现"夏（丰水期）水冬（枯水期）陆"的特征，为鱼类的产卵、索饵、

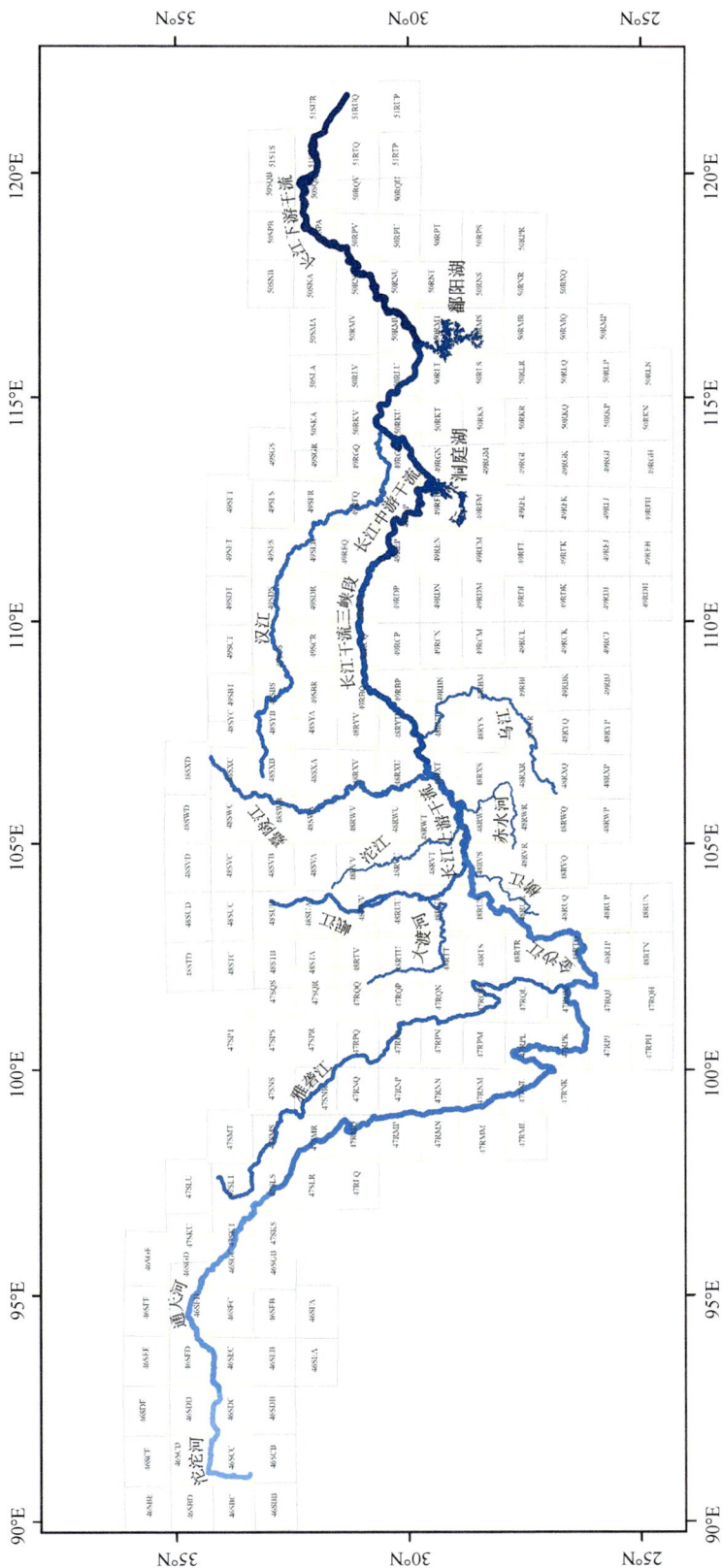

图 9-1 长江流域重要水系消落区网格管理示意图

越冬及洄游等关键生活史过程的顺利完成提供重要的栖息生境,在名录图中用浅蓝色表示;反季节性消落区(或消落带)是由于受到人为调蓄的影响,水体的消长变化呈现"夏陆冬水"的反季节性特征,在名录图中用亮黄色表示。

自然的河漫滩类型主要包括多重复合滩、溪口滩(支流汇入滩)、碛滩(险滩)、深潭-浅滩序列、侧向(附加)滩、滚动滩、牛轭湖湿地、心滩、江心洲、河口三角洲等。

多重复合滩:由于河床宽浅,两岸缺乏限制,当上游床沙质来量过多时,易造成旧有河槽的淤积,水流在滩上冲出新的流路,致使主河槽在每次洪峰来临时发生摆动,形成游荡型河流,也称为辫状河流。各辫带河槽之间分布着数量众多、面积较小、植被稀少、不稳定的多重复合滩。特大洪水时水面可达满槽,枯水时多股河槽穿行其中,外形十分散乱。

溪口滩(支流汇入滩):山区河流沿程分布大量溪沟,溪沟汇入干流后,在沟口处通常会形成冲(洪)积扇,其中伸入干流的部分成为溪口滩。

碛滩(基岩心心滩、险滩):山区河流中往往急滩和缓流相间分布,水面线上存在很多折点,这些水面线的沿程折点即急滩所在处。

深潭-浅滩序列(蜿蜒河段凸岸点滩-凹岸深潭及连接河段的浅滩):平原弯曲河流沿程呈现深潭-浅滩相间排列的特征,即凹岸冲刷深潭-凸岸淤积边滩(也称为活动点滩),并且在两个弯道之间的过渡河床出现浅滩,如正常浅滩、交错浅滩、复式浅滩和散滩等(见第6章6.2节)。

侧向(附加)滩:通常是沿着顺直型河段的两岸分布的犬牙交错的边滩,有时也会单独孤立地出现。

滚动滩:发生较大洪水,水流经过弯道时,顶冲凹岸,造成河岸坍塌,岸线后退;同时在横向环流的作用下,水流把凹岸底部的泥沙带向凸岸一侧,并在凸岸堆积形成自然堤;在每一次较大的洪水来袭后重复进行这一过程,将在凸岸形成一组由天然堤及夹在其间的狭长的局部洼地(即一系列土垄和洼地)组成的扇形景观,被形象地称作鬃岗地形,也称为滚动滩。

牛轭湖湿地:河流在高度蜿蜒的情况下,连续河湾会逐渐接近,不可避免地发生颈部裁弯现象,裁弯取直使河流的弯曲度受到限制,这被视为弯曲型河流长期变化的一种自我稳定现象。

心滩和江心洲:江心洲的形成及河流汊道类型的变化主要受特大洪水引起的水体上涨和泥沙落淤的影响。在枯水期也不会露出水面的雏形心滩,逐渐淤涨到枯水期露出水面的心滩,在经历了几次较大的洪水后,心滩超过平滩水位,从而形成江心洲。江心洲通常具有汊首沙嘴、汊尾舌状沙洲、江心洲岸带沙滩,以及两个江心洲之间的各类浅滩等。

河口三角洲:从河口的平面形态轮廓来看,可将河口划分为三角江和三角洲两大类型。前者是海洋伸入大陆内部形成的漏斗状河口,而后者则是大陆突出到海洋形成的三角形泥沙堆积体。比如,我国的钱塘江就是世界闻名的三角江河口,而长江口、黄河口,珠江口等则均属于三角洲河口。其中,长江河口三角洲是由于径流带来的泥沙在三角洲前缘的扩散和沉积,受径流及潮流相互作用的影响,形成的典型的径流-潮汐型三角洲。因丰富的流域来沙堆积,2000年以来长江口一直遵循南岸边滩扩展、北岸沙洲并岸、河口整体向东南延伸的演变模式,逐步形成了崇明东滩、横沙浅滩、九段沙及南汇东滩(早期称为铜沙浅滩,即长江口的拦门沙所在)等四大滩涂。然而,最近几十年来流域水沙条件发生了明显变化,研究表明当长江口输沙量低于临界值,口门外水下三角洲将出现大范围侵蚀。

9.1　沱沱河

沱沱河的河床高程均值为 4733m，基本为游荡型河流，多股散乱河槽河流总长度约 739.6km，按深泓线计算的单股河长约 348.6 km。基本为游荡型河流，仅 14% 的河段存在河道束窄，河床宽度为 38～4170m，河面宽度为 38～2880m。在纵向上，河流比降较陡，河槽平均比降为 3.5‰，河流弯曲系数均值为 1.2，河道整体较为顺直；在横向上，游荡型河流的宽深比要比弯曲型河流大得多，沱沱河达到 12～700，在缺乏束窄作用的游荡型河段中，多重复合滩总数高达 1509 个，河道中单个剖面的沙洲数量可多达 23 个，单个沙洲面积小，沉积物颗粒粗。最大消落区面积约 77.9km^2，占丰水期总面积的 67%，为自然水文情势类型的河段，在水位和流量变化时，河道内沙洲形态随之改变，外形散乱。河流两岸景观类型主要由高寒草甸、湿地、荒地、冰雪等构成（图 9-2）。

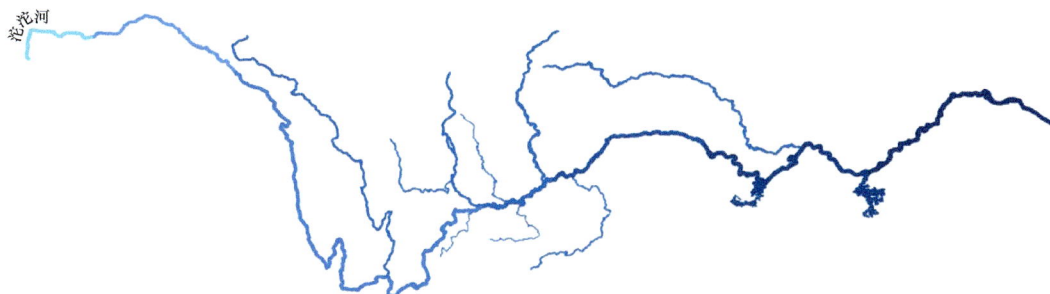

图 9-2　沱沱河所在位置示意图

1. 沱沱河——切苏美曲汇入口至拉日干木章巴河汇入口

此河段上游起始于 33.7086°N，91.0047°E，下游结束于 33.8444°N，91.0081°E，长度为 17.2km。沱沱河出峡谷后由单一急流变为辫状河流与切苏美曲汇合，继续北流 16km 后奔错河由左侧注入，又经 1.2km，拉日干木章巴河由左侧注入。此段为游荡型河流，河形散乱，岸滩类型为多重复合滩，是自然水文情势的消落区（图 9-3）。

2. 沱沱河——拉日干木章巴河汇入口至枪木加哈河汇入口

此河段流经唐古拉山与祖尔肯乌拉山之间的雀莫错盆地，上游起始于 33.8437°N，91.0059°E，下游结束于 34.0818°N，91.0438°E，长度为 27.7km。河谷开阔，河流最大宽度约 1.3km，河床宽度达 3km，两岸有众多支流汇入，汇入口处多发育宽阔的冰水冲积扇。辫状河段，河床主槽不明显，底质为砂砾，河水散乱漫流，呈宽谷游荡特征。岸滩类型为多重复合滩，消落区为自然水文情势类型（图 9-4）。

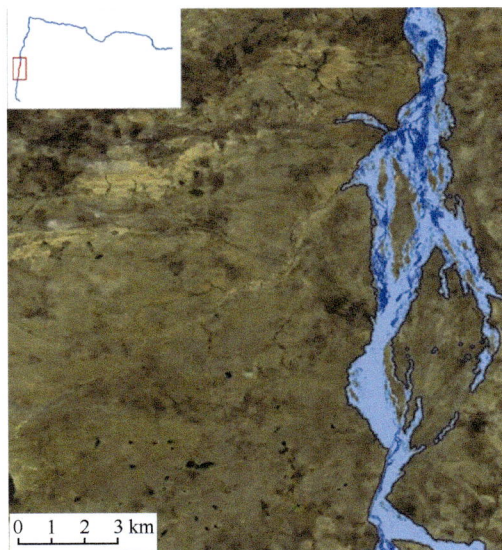

图 9-3　沱沱河切苏美曲汇入口至拉日干木章巴河汇入口河段典型消落区示意图

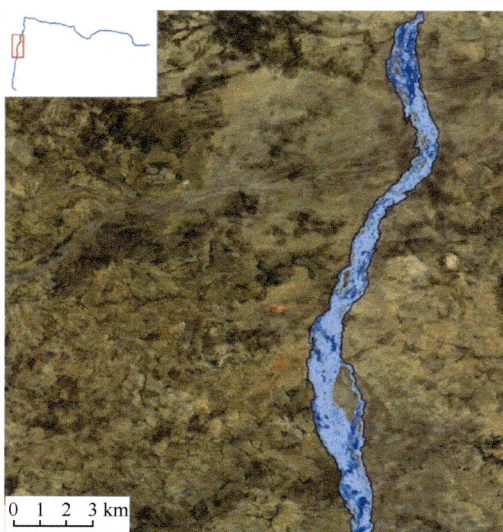

图 9-4 沱沱河拉日干木章巴河汇入口至枪木加哈河汇入口河段典型消落区示意图

3. 沱沱河——斜日贡尼曲汇入口上游 14km 至吾果曲汇入口

此河段上游起始于 34.2808°N，91.5287°E，下游结束于 34.2010°N，91.8241°E，长度 33km，河流最大宽度约 1.6km，两岸有众多支流汇入。在沱沱河左岸，斜日贡尼曲穿玛章错钦湖汇入，后继续东流约 11km 折向南流 8km，至吾果曲汇入口。此河段类型属于辫状

型，河床有宽达数千米的沙滩，主槽不明显，呈宽谷游荡特征。岸滩类型为多重复合滩，消落区为自然水文情势类型（图 9-5）。

4. 沱沱河——唐古拉山镇至长江南源当曲汇入口

沱沱河穿过青藏公路曲折东流，再折向东南流约 25km 后，诺日苟曲经雅西错北来注入，继续东南流转东流至囊极巴陇与长江南源当曲汇合，以下称通天河。此河段上游起始于 34.2198°N，92.4441°E，下游结束于 34.0943°N，92.9157°E，长度为 60km，河流最大宽度达 852m。辫状河段，河床底质为沙，岸滩类型为多重复合滩，消落区为自然水文情势类型（图 9-6、图 9-7）。

9.2 通天河

通天河的河床高程均值为 4062m，计入多股河槽的河流总长度为 957.4km；按深泓线计算的单股河长为 784.6km。该江段河型类型丰富，从上游到下游依次为游荡型—分汉型—弯曲型—顺直型的纵向河型序列结构，河段长度占比分别为 37.8%、14.9%、42.7% 和 4.6%，

图 9-5 沱沱河斜日贡尼曲汇入口上游 14km 至吾果曲汇入口河段典型消落区示意图

0 1 2 3 km

图 9-6　唐古拉山镇至长江南源当曲汇入口河段典型消落区示意图

图9-7　生境调查点无人机航拍正射拼接图（上）、全景图（中）及俯视图（下左、下右）

游荡型河段和分汊型河段之间由束窄弯曲型河段进行过渡连接；河床宽度为25～6300m，河面宽度为25～2460m。在纵向上，其宽深比自上游至下游逐渐变小，河槽平均比降为1.8‰，河流弯曲系数为1.4，整体属于曲流河；在横向上，自上游至下游宽深比逐渐下降。游荡型河段丰水期河流平均宽度约为830m，占河床宽度的63%，多重复合滩数量达1200余个，占通天河河段沙洲总数的85%，宽深比约为450；分汊型河段丰水期河流平均宽度为640m，河面宽度约占河床总宽度的88%，心滩、侧向滩、边滩等总数约160个，宽深比为90～250；弯曲型河段丰水期河流平均宽度约为194m，占河床宽度的98%，边滩和各类浅滩总数约30个，宽深比约为30；顺直型河段丰水期河面宽度约为130m，占河床宽度的99%，仅有1处江心洲，宽深比约为13。最大消落区面积

约为125.9km²，占丰水期总面积的47%，为自然水文情势类型的河段。河漫滩的数量与河宽也存在良好的沿程变化的一致性，河流两岸景观类型主要由高寒草甸和荒漠组成，受人类活动影响较小（图9-8）。

1. 通天河——长江南源当曲汇入口至莫曲汇入口上游

此河段上游起始于34.1513°N，93.0450°E，下游结束于34.2018°N，93.5578°E，长度约为49km，河流宽度为220～1420m，均值为720m。此河段属于辫状游荡型河段，岸滩类型为多重复合滩，消落区为自然水文情势类型。通天河出巴颜倾山区峡谷后进入非限制或部分限制性河谷，河床放宽至4～5km，水路散乱游荡于宽浅河床上，游荡型河段总长度约为80km（图9-9，图中仅展示部分河段）。

2. 通天河——北麓河汇入口至科欠曲汇入口上游

此河段上游起始于34.5653°N，94.0779°E，下游结束于34.6508°N，94.3725°E，长度为41km，河流水面宽度为120～900m，均值为470m。此河段为通天河游荡型河段的受限束窄河段，岸滩类型为多重复合滩、侧向滩、凹岸阶地等，消落区为自然水文情势类型。通天河在左岸先后纳入夏俄巴曲和北麓河，继续东流转东北53km，科欠曲自右岸汇入（图9-10）。

3. 通天河——曲麻莱县叶格乡至约改镇

此河段上游起始于34.4806°N，95.2241°E，下游结束于34.0435°N，95.8277°E，长度为70km，河流宽度为130～1360m，均值约为540m。此河段类型为分汊型，岸滩类型包括江心洲汊首沙嘴、汊尾舌状沙洲、江心洲岸带沙滩，以及交替点滩等，多样性较高，消落区为自然水文情势类型（图9-11）。

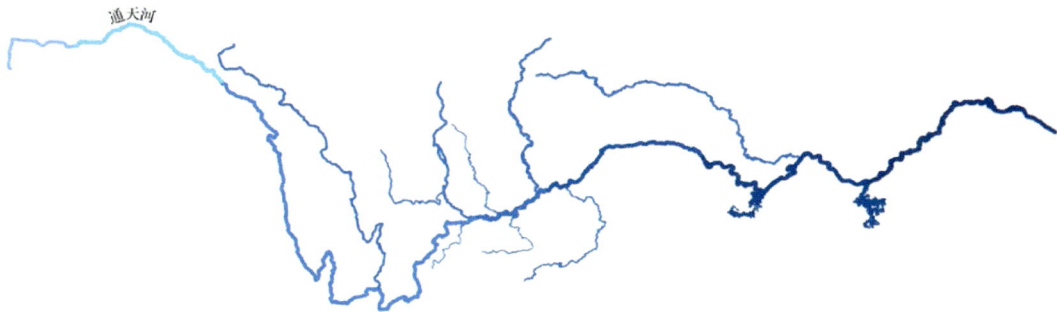

图9-8 通天河所在位置示意图

图9-9 通天河长江南源当曲汇入口至莫曲汇入口上游河段典型消落区示意图

图9-10 通天河北麓河汇入口至科欠曲汇入口上游河段典型消落区示意图

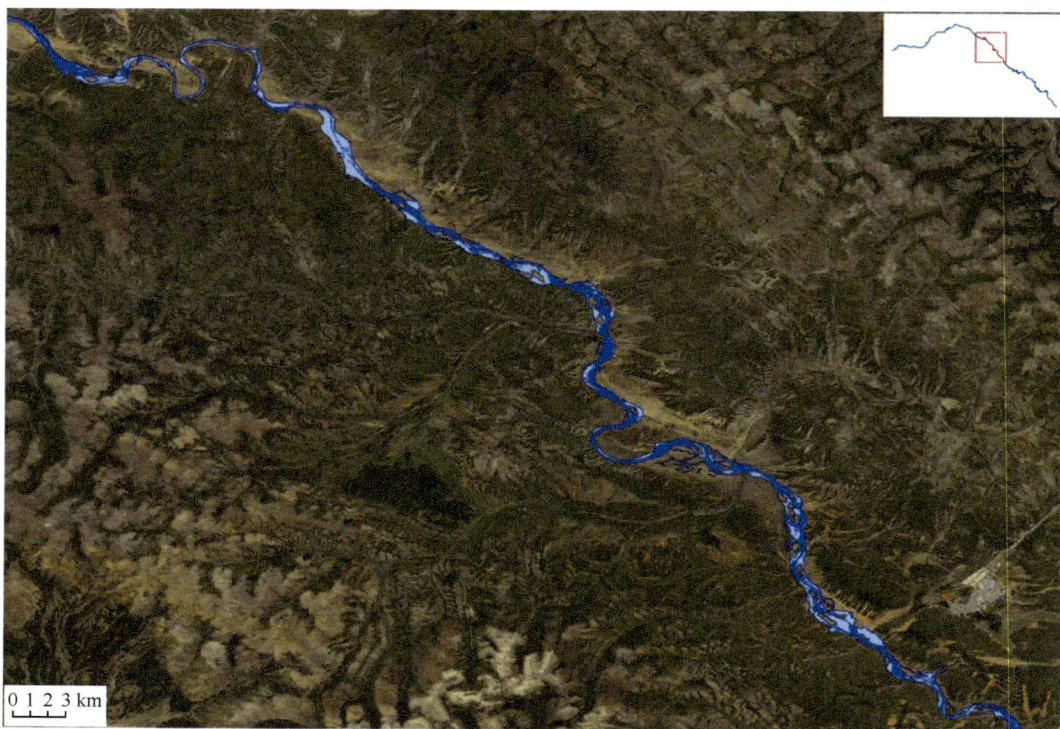

图 9-11 通天河曲麻莱县叶格乡至约改镇河段典型消落区示意图

9.3 金沙江

金沙江位于长江上游，从通天河流至玉树藏族自治州直门达纳入巴塘河起始，止于宜宾市岷江汇入口（图 9-12）。

石鼓镇为金沙江上游和中游的分界点，石鼓镇以上河段为东南流向，河床高程均值为 2635m，河流总长度为 1003km。此河段主要由顺直型河流和分汊型河流交替组成，其中分汊型河段总长度约为 137km，约占 14%，其余均是顺直型河段；河床宽度为 46～2171m，河面宽度为 46～1253m。在纵向上，金沙江直门达至石鼓镇河段河槽平均比降为 2.50‰，河流弯曲度为 1.1，整体较为顺直。分汊型河段丰水期河流平均宽度约为 374m，占河床宽度的 78%，河流中犬牙交错的侧向滩、纵向沙洲心滩总数为 136 个；顺直型河段丰水期河流平均宽度为 136m，河面约占河床总宽度的 97%。

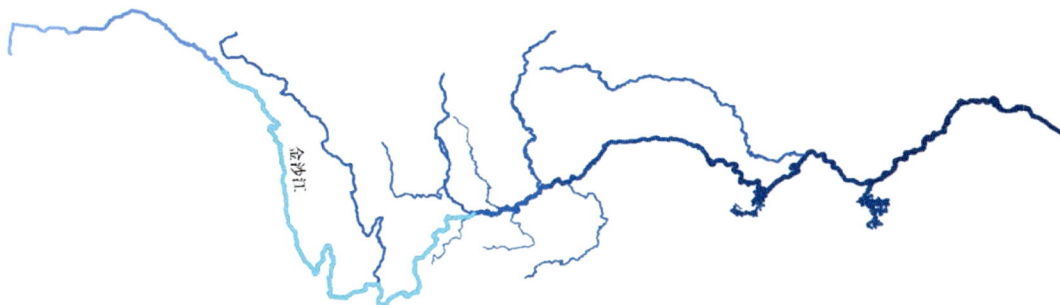

图 9-12 金沙江所在位置示意图

过石鼓镇后，河流急剧转向东北，石鼓镇以下河段河床的高程均值为935m，河流总长度为1316km。此河段河型组成较为单一，除水库河段之外基本以顺直型河段为主；河床宽度为35～3270m，河面宽度为35～3440m。在纵向上，金沙江石鼓镇至岷江汇入口河段河槽平均比降为1.5‰，河流弯曲度为1.2。分汊型河段丰水期河流平均宽度约为400m，占河床宽度的95%，沙洲总数为31个；顺直型河段丰水期河流平均宽度为260m，河面约占河床总宽度的98%。

金沙江总体消落区面积仅为134km²，占丰水期总面积的20%；岸滩类型以溪口滩、侧向滩、纵向心滩、水库型岸滩等为主。生态水文为复合型，其中水库所在河段为反季节性消落，面积为42.8km²；其余河段为自然水文情势类型的消落区。河流两岸景观类型主要由森林、草甸组成，有少量农田。

水电工程是金沙江流域最为典型的涉渔人类活动之一。作为我国最大的水电基地，金沙江流域水能资源理论蕴藏量达1.124亿千瓦，富集程度居世界首位。根据规划，金沙江分为上游、中游、下游进行开发。金沙江上游规划有13座水电工程，如岗托水电站、岩比水电站、波罗水电站、叶巴滩水电站、拉哇水电

站、巴塘水电站、苏洼龙水电站、昌波水电站等，目前大部分处于建设中；金沙江中游共布置10座水电工程，其中已建成和在建的水电站共有8座，分别为梨园水电站、阿海水电站、金安桥水电站、龙开口水电站、鲁地拉水电站、观音岩水电站、金沙水电站、银江水电站（在建）；金沙江下游建有4座水电站，分别为乌东德水电站、白鹤滩水电站、溪洛渡水电站和向家坝水电站。总体来看，金沙江干流水电工程开发非常密集，且中下游开发已经进入尾声，上游正处于建设高峰期。

1. 金沙江——卓克曲汇入口至洛须镇

此河段位于网格47SLS，上游起始于32.5218°N，97.7801°E，下游结束于32.4677°N，97.9810°E，长度为23km，河流最大宽度达1087m。此河段类型属于由游荡型到分汊型的过渡河型，岸滩类型为复合心滩、侧向滩、横向舌状沙洲，消落区为自然水文情势类型（图9-13）。

2. 金沙江——上江乡至巨甸镇

此河段位于网格47RNL，上游起始于27.4240°N，99.5991°E，下游结束于27.2810°N，99.6762°E，长度为21.6km，河流最大宽度约为500m。此河段类型属于分汊型，岸滩类型包括雏形心滩、江

图9-13　金沙江卓克曲汇入口至洛须镇河段典型消落区示意图

心洲汊首沙嘴、汊尾舌状沙洲、江心洲岸带沙滩，以及交替点滩、纵向沙洲等，消落区类型为自然水文情势类型（图9-14）。

生境调查点1位于27.3790°N，99.6441°E，调查时间为2020年7月19日12:30。此处河床宽度为481m，水色透明度为7cm，岸边平均流速为1.8m/s，水温为19.2℃，pH为8.23，溶解氧含量为8.34mg/L。植被覆盖类型以林地、灌木、草地、农田为主，河床底质以淤泥、沙和直径在1.6cm以下的碎石为主（图9-15）。

生境调查点2位于27.3386°N，99.6407°E，调查时间为2020年7月19日14:00。此处河床宽度为444m，水色透明度为5cm，岸边平均流速为0.3m/s，水温为19.8℃，pH为8.23，溶解氧含量为7.87mg/L。植被覆盖类型以林地、草地、农田为主，河床底质以淤泥、沙和直径为6.5~25.6cm的鹅卵石为主（图9-16）。

生境调查点3位于27.2839°N，99.6693°E，调查时间为2020年7月20

图9-14　金沙江上江乡至巨甸镇河段典型消落区示意图

图9-15　金沙江上江乡至巨甸镇河段生境调查点1无人机航拍图

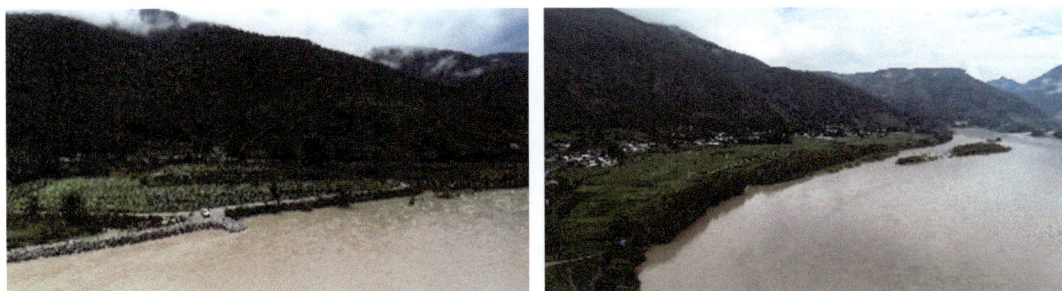

图 9-16　金沙江上江乡至巨甸镇河段生境调查点 2 无人机航拍图

日 10:00。此处河床宽度为 644m，水色透明度为 10cm，岸边平均流速为 0.8m/s，水温为 18.4℃，pH 为 8.4，溶解氧含量为 6.63mg/L。植被覆盖类型以林地、灌木和草地、农田为主，河床底质以淤泥、沙和直径为 1.7～6.4cm 的卵石为主（图 9-17）。

3. 金沙江——金庄村至新仁村

此河段位于网格 47RNK，上游起始于 27.1040°N，99.8531°E，下游结束于 26.9465°N，100.0586°E，长度为 47.8km，河流最大宽度达 833m。此河段类型属于分汊型，岸滩类型为江心洲汊首沙嘴、汊尾舌状沙洲、江心洲岸带沙滩，以及交替点滩、溪口滩、侧向滩、纵向沙洲等，消落区为自然水文情势类型（图 9-18）。

生境点 1 位于 27.0676°N，99.8933°E，调查时间为 2020 年 7 月 20 日 16:30，河床宽度为 535m，水色透明度为 3cm，岸边平均流速为 2m/s，水温为 18.6℃，pH 为 8.22，溶解氧含量为 8.3mg/L。植被覆

盖类型以林地、灌木、草地、农田为主，河床底质以淤泥、沙为主（图 9-19）。

生境点 2 位于 26.9540°N，99.9521°E，调查时间为 2020 年 7 月 20 日 14:56，河床宽度为 483m，水色透明度为 3cm，岸边平均流速为 1.5m/s，水温为 19℃，pH 为 8.29，溶解氧含量为 8.09mg/L。植被覆盖类型以林地、草地、农田为主，河床底质以直径为 6.5～25.6cm 的鹅卵石为主（图 9-20）。

生境点 3 位于 26.9327°N，99.9574°E，调查时间为 2020 年 7 月 20 日 9:00，河床宽度为 225m，水色透明度为 5cm，岸边平均流速为 2m/s，水温为 17.9℃，pH 为 8.34，溶解氧含量为 8.4mg/L。植被覆盖类型以草地、灌木和林地为主，河床底质以淤泥、沙和直径为 0.2～1.6cm 的碎石为主（图 9-21）。

4. 金沙江——沙沟箐至鲁车村

此河段位于网格 47RQJ、48RTP、48RTQ，上游起始于 25.9676°N，101.8554°E，下游结束于 26.2308°N，

图 9-17　金沙江上江乡至巨甸镇河段生境调查点 3 无人机航拍图

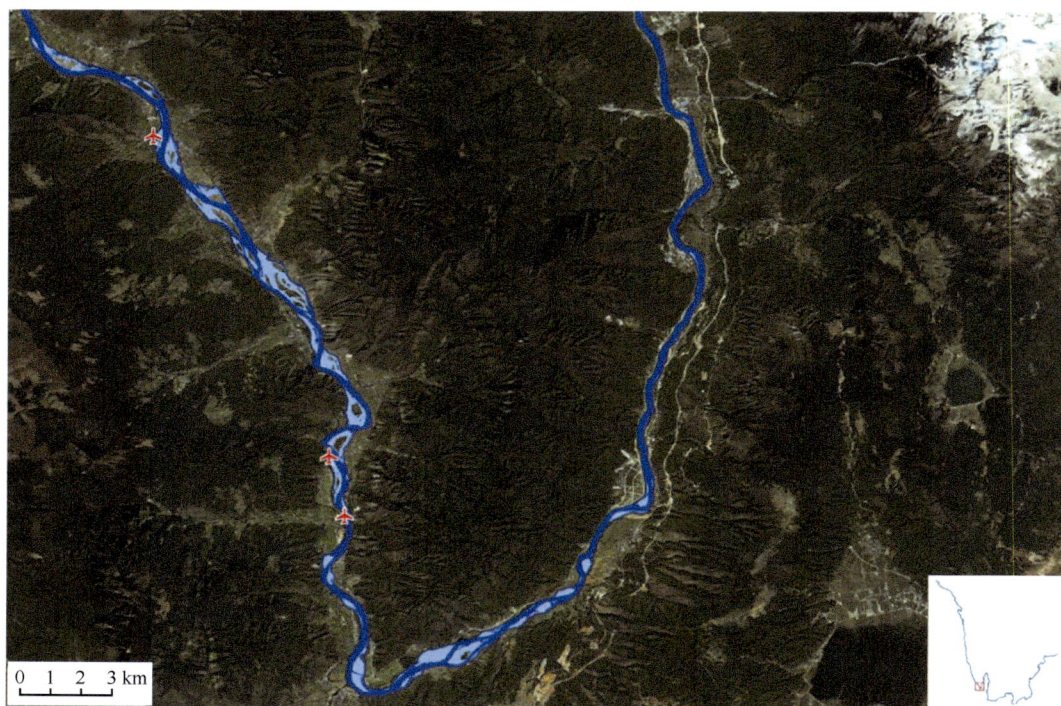

图 9-18　金沙江金庄村至新仁村河段典型消落区示意图

图 9-19　金沙江金庄村至新仁村河段生境调查点 1 无人机航拍图

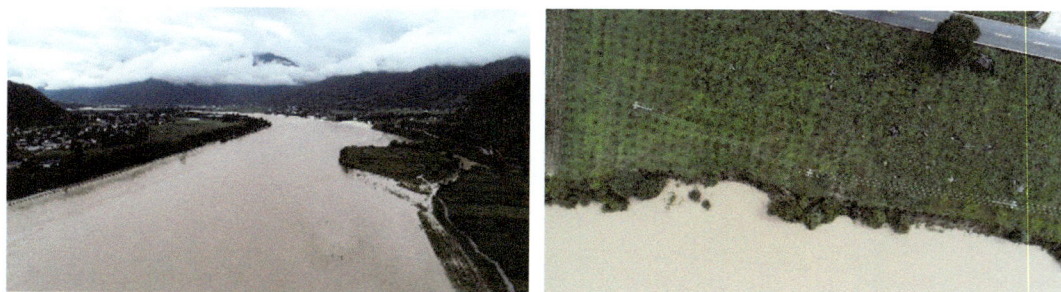

图 9-20　金沙江金庄村至新仁村河段生境调查点 2 无人机航拍图

图 9-21　金沙江金庄村至新仁村河段生境调查点 3 无人机航拍图

102.3013°E，长度为 54.6km，河流最大宽度达 476m。此河段类型属于顺直型，岸滩类型为侧向滩、碛滩，消落区为自然水文情势类型（图 9-22）。

5. 金沙江——乌东德水电站上游 14km 处至下游 44km 处

此河段位于网格 48RTQ，上游起始于 26.3401°N，102.5371°E，下游结束于 26.3345°N，102.8557°E，长度为 58km，河流最大宽度达 500m。此河段类型属于顺直型，岸滩类型为溪口滩、碛滩、凹岸阶地，消落区类型为自然水文情势类型（图 9-23）。

6. 金沙江——野牛坪乡至鲁吉乡（白鹤滩水电站影响范围）

此河段位于网格 48RTQ，上游起始于 26.4985°N，103.0357°E，下游结束于 26.7655°N，102.9846°E，长度为 37km，河流最大宽度达 587m。此河段类型属于顺直型，岸滩类型为点滩、侧向滩、浅滩、泥石流沟口堆积扇等，消落区为自然水文情势类型（图 9-24）。

生境点 1 位于 26.5663°N，103.0327°E，调查时间为 2020 年 7 月 23 日 14:55，河床宽度为 295m，水色透明度为 22cm，岸边平均流速为 0.8m/s，水温为 23℃，

图 9-22　金沙江沙沟箐至鲁车村河段典型消落区示意图

图 9-23　金沙江乌东德水电站上游 14km 处至下游 44km 处河段典型消落区示意图

图 9-24　金沙江野牛坪乡至鲁吉乡河段典型消落区示意图

pH 为 8.02，溶解氧含量为 9.76mg/L。植被覆盖类型以草地为主，河床底质以淤泥、沙和直径为 0.2～1.6cm 的碎石为主（图 9-25）。

生境点 2 位于 26.6623°N，103.0275°E，调查时间为 2020 年 7 月 23 日 14:03，河床宽度为 235m，水色透明度为 17cm，岸边平均流速为 0.5m/s，水温为 23.3℃，pH 为 7.93，溶解氧含量为 9.6mg/L。植被覆盖类型以草地为主，河床底质以淤泥、沙和直径为 0.2～1.6cm 的碎石，以及直径大于 25.6cm 的岩石为主（图 9-26）。

生境点 3 位于 26.7288°N，102.9994°E，调查时间为 2020 年 7 月 23 日 13:16，河床宽度为 521m，水色透明度为 10cm，岸边平均流速为 0.5m/s，水温为 22.6℃，pH 为 7.9，溶解氧含量为 9.68mg/L。植被覆盖类型以草地和灌木为主，河床底质以淤泥、沙和直径为 0.2～1.6cm 的碎石，以及直径大于 25.6cm 的岩石为主（图 9-27）。

7. 金沙江——巧家县城（白鹤滩水电站影响范围）

此河段位于网格 48RTQ，上游起始于 26.7703°N，102.9831°E，下游结束于 26.9646°N，102.8905°E，长度为 26.3km，河流最大宽度达 713m。此河段类型属于顺直型，岸滩类型为交替侧向滩、溪口滩，消落区为自然水文情势类型（图 9-28）。

8. 金沙江——金阳县对坪镇至热水河乡

此河段位于网格 48RUR，上游起始于 27.4006°N，103.0764°E，下游结束于 27.6427°N，103.2959°E，长度为 40.1km，河流最大宽度达 737m。此河段类型属于库区顺直型，岸滩类型为库区顺直型河岸，消落区类型为库区反季节性消落带（图 9-29）。

图 9-25　金沙江野牛坪乡至鲁吉乡河段生境调查点 1 无人机航拍图

图 9-26　金沙江野牛坪乡至鲁吉乡河段生境调查点 2 无人机航拍图

图 9-27　金沙江野牛坪乡至鲁吉乡河段生境调查点 3 无人机航拍图

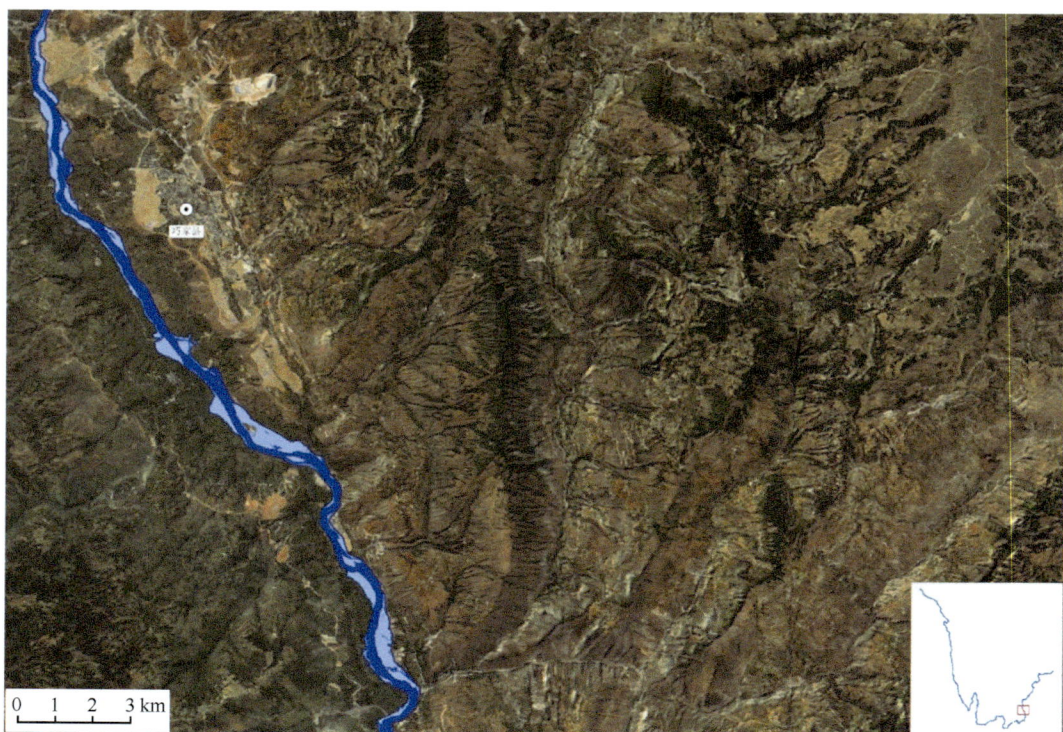

图 9-28　金沙江巧家县城河段典型消落区示意图

图 9-29　金沙江金阳县对坪镇至热水河乡河段典型消落区示意图

9. 金沙江——热水河乡至葫芦坪村

此河段位于网格 48RUR，上游起始于 27.6427°N，103.2959°E，下游结束于 27.9108°N，103.5009°E，长度为 44.4km，河流最大宽度达 945m。此河段类型属于顺直型，岸滩类型为库区顺直型河岸，消落区类型为库区反季节性消落带（图 9-30）。

生境调查点位于 27.7792°N，103.4631°E，调查时间为 2020 年 7 月 26 日 14:57，岸边平均流速为 0.5m/s。植被覆盖类型以草地为主，河床底质以直径为 0.2～1.6cm 的碎石为主（图 9-31）。

10. 金沙江——金阳县葫芦坪村至溪洛渡水库库首

此河段位于网格 48RUS，上游起始于 27.9120°N，103.5007°E，下游结束于 28.2572°N，103.6522°E，长度为 68.8km，河流最大宽度达 1530m。此河段类型属于顺直型，岸滩为水库型粗糙河岸，消落区类型为库区反季节性消落带（图 9-32）。

图 9-30　金沙江热水河乡至葫芦坪村河段典型消落区示意图

图 9-31　金沙江热水河乡至葫芦坪村河段生境调查点无人机航拍图

图 9-32　金沙江金阳县葫芦坪村至溪洛渡水库库首河段典型消落区示意图

生境调查点位于 28.1501°N，103.4949°E，调查时间为 2020 年 7 月 27 日 9:14，河床宽度为 1500m，岸边无流速，水温为 23℃，pH 为 8.07，溶解氧含量为 9.14mg/L。植被覆盖类型以草地为主，河床底质以淤泥、沙和直径为 0.2～1.6cm 的碎石为主（图 9-33）。

9.4　长江上游干流

长江上游干流的范围为从岷江口至嘉陵江汇入口以上的干流段，河床高程均值为 200m，河流总长度为 422.7km。河槽平均比降仅为 0.4‰，河流弯曲度为 1.48，整体表现为流速较缓的弯曲型河流，主要河型为弯曲型和分汊型。河

图 9-33　金沙江金阳县葫芦坪村至溪洛渡水库库首河段生境调查点无人机航拍图

床宽度为 275～2171m，河面宽度为 275～1600m，丰水期河流平均宽度约为 754m，占河床宽度的 91%。最大消落区面积为 91.3km²，占丰水期总面积的 14%；生态水文为复合型，其中水库所在河段为反季节性，其他河段为自然水文情势类型。河流两岸景观类型以农田、森林和城市建成区为主。自长江上游干流开始，单个消落区斑块面积较大，且斑块之间的距离较远（图 9-34）。

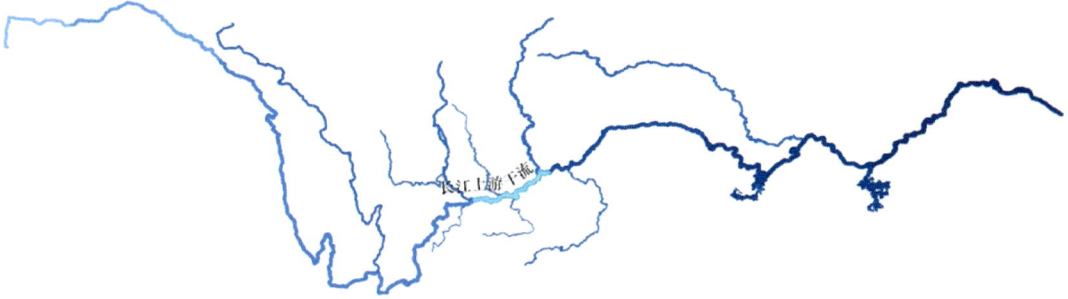

图 9-34　长江上游干流所在位置示意图

1. 长江上游干流——罗龙街道至大渡口镇

此河段位于网格 48RVS、48RWS，上游起始于 28.8074°N，104.8609°E，下游结束于 28.7353°N，105.2579°E，长度为 65km，河流最大宽度达 900m。此河段类型属于弯曲型、分汊型交替，岸滩类型为江心洲汊首沙嘴、汊尾舌状沙洲、江心洲岸带沙滩，以及两个江心洲之间的各类浅滩，侧向滩等，消落区为自然水文情势类型（图 9-35）。

生境调查点 1 位于 28.8105°N，104.9523°E，调查时间为 2021 年 1 月 29 日 9:10，河床宽度为 1280m，岸边平均流速为 0.4m/s。植被覆盖类型以草地、挺水植物为主，河床底质以淤泥、沙和直径为 0.2～1.6cm 的碎石为主（图 9-36）。

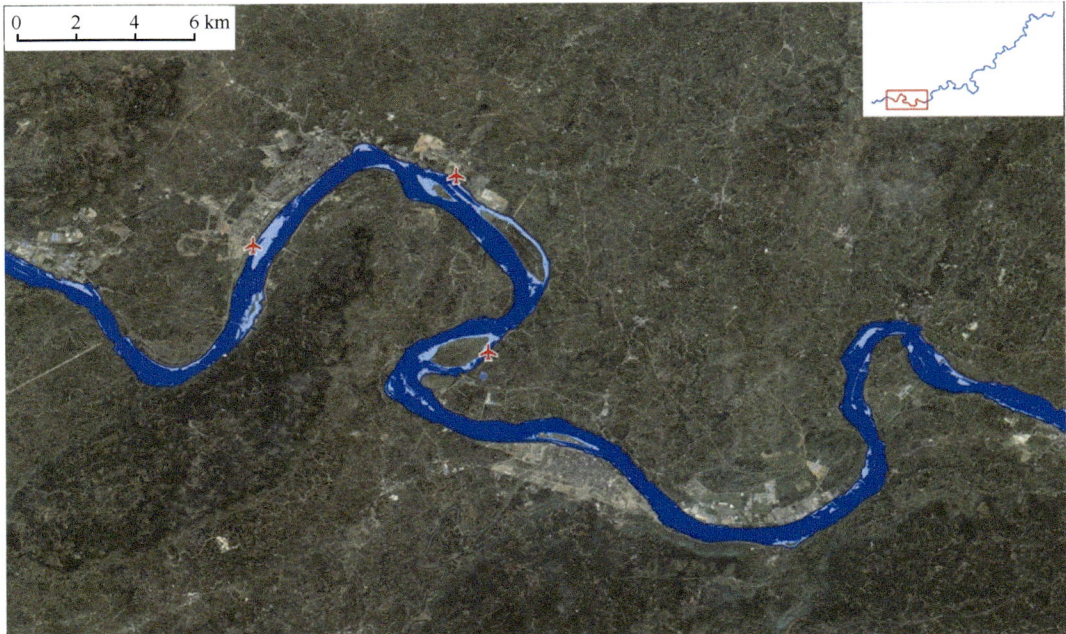

图 9-35　长江上游干流罗龙街道至大渡口镇河段典型消落区示意图

图 9-36　长江上游干流罗龙街道至大渡口镇河段生境调查点 1 无人机航拍图

生境调查点 2 位于 28.8351°N，105.0227°E，调查时间为 2021 年 1 月 30 日 10:00，岸边平均流速为 0.2m/s，水色透明度为 100cm。植被覆盖类型以稀疏草地为主，河床底质以淤泥、沙为主（图 9-37）。

生境调查点 3 位于 28.7723°N，105.0334°E，调查时间为 2021 年 1 月 28 日 11:00，河床宽度为 1325m，岸边平均流速为 0.3m/s，水色透明度为 100cm。植被覆盖类型以稀疏草地为主，河床底质以不规则的河床基岩为主（图 9-38）。

图 9-37　长江上游干流罗龙街道至大渡口镇河段生境调查点 2 无人机航拍图

图 9-38　长江上游干流罗龙街道至大渡口镇河段生境调查点 3 无人机航拍图

2. 长江上游干流——香炉石码头至大桥镇

　　此河段位于网格 48RWS，上游起始于 28.7452°N，105.2845°E，下游结束于 28.9276°N，105.6257°E，长度为 60.8km，河流最大宽度达 1300m。此河段类型为弯曲型、分汊型，岸滩类型主要为江心洲汊首沙嘴和侧向滩，消落区为自然水文情势类型（图 9-39）。

图 9-39　长江上游干流香炉石码头至大桥镇河段典型消落区示意图

生境调查点 1 位于 28.7511°N，105.3005°E，调查时间为 2021 年 1 月 27 日 11:30，河床宽度为 1300m，水色透明度为 120cm，岸边平均流速为 0.6m/s。植被覆盖类型以稀疏草地和沉水植物为主，河床底质以淤泥、沙和直径为 1.7～6.4cm 的卵石为主（图 9-40）。

生境调查点 2 位于 28.8553°N，105.3628°E，调查时间为 2021 年 1 月 26 日 15:00，水色透明度为 80cm，岸边平均流速为 0.4m/s。植被覆盖类型以稀疏草地和挺水植物为主，河床底质以淤泥、沙和直径为 1.7～6.4cm 的卵石为主（图 9-41）。

图 9-40　长江上游干流香炉石码头至大桥镇河段生境调查点 1 无人机航拍图

图 9-41　长江上游干流香炉石码头至大桥镇河段生境调查点 2 无人机航拍图

生境调查点 3 位于 28.9262°N，105.5592°E，调查时间为 2021 年 1 月 25 日 11:30，河床宽度为 1290m，水色透明度为 120cm，岸边平均流速为 0.8m/s。植被覆盖类型以稀疏草地和挺水植物为主，河床底质以不规则的河床基岩和直径大于 25.6cm 的大卵石为主（图 9-42）。

图 9-42　长江上游干流香炉石码头至大桥镇河段生境调查点 3 无人机航拍图

3. 长江上游干流——大桥镇至朱杨镇

此河段位于网格 48RWT，上游起始于 28.9367°N，105.6089°E，下游结束于 29.0902°N，106.0015°E，长度为 96.7km，河流最大宽度达 1922m。此河段类型以弯曲型、分汊型为主，岸滩类型为江心洲汊首沙嘴、汊尾舌状沙洲、江心洲岸带沙滩，以及侧向滩等，消落区为自然水文情势类型（图 9-43）。

生境调查点 1 位于 28.8602°N，105.6405°E，调查时间为 2021 年 1 月 25 日 17:30，河床宽度为 1700m，水色透明度为 100cm，岸边平均流速为 0.2m/s。植被覆盖类型以稀疏草地和挺水植物为主，河床底质以不规则的河床基岩和直径大于 25.6cm 的大卵石为主（图 9-44）。

生境调查点 2 位于 28.8742°N，105.7908°E，调查时间为 2021 年 1 月 25 日 15:30，河床宽度为 650m，水色透明度为 80cm，岸边平均流速为 0.6m/s。植被覆盖类型以稀疏草地和挺水植物为主，河床底质以直径为 0.2～1.6cm 的碎石和直径为 1.7～6.4cm 的卵石为主（图 9-45）。

4. 长江上游干流——白沙镇至铜罐驿镇

此河段位于网格 48RXT，上游起始于 29.0954°N，106.0374°E，下游结束于 29.3054°N，106.3860°E，长度为 67.7km，河流最大宽度达 1300m。此河段类型为弯曲型，岸滩类型为江心洲汊首沙嘴、雏形心滩，以及侧向滩等，消落区为自然水文情势类型（图 9-46）。

生境调查点 1 位于 29.2619°N，106.2444°E，调查时间为 2021 年 1 月 22 日 11:30，河床宽度为 1100m，水色透明度为 100cm，岸边平均流速为 0.2m/s。植被覆盖类型以稀疏灌木、草地和挺水植物为主，河床底质以直径为 1.7～6.4cm 的卵石、直径为 6.5～25.6cm 的鹅卵石和直径为 0.2～1.6cm 的碎石为主（图 9-47）。

图 9-43　长江上游干流大桥镇至朱杨镇河段典型消落区示意图

图 9-44　长江上游干流大桥镇至朱杨镇河段生境调查点 1 无人机航拍图

图 9-45　长江上游干流大桥镇至朱杨镇河段生境调查点 2 无人机航拍图

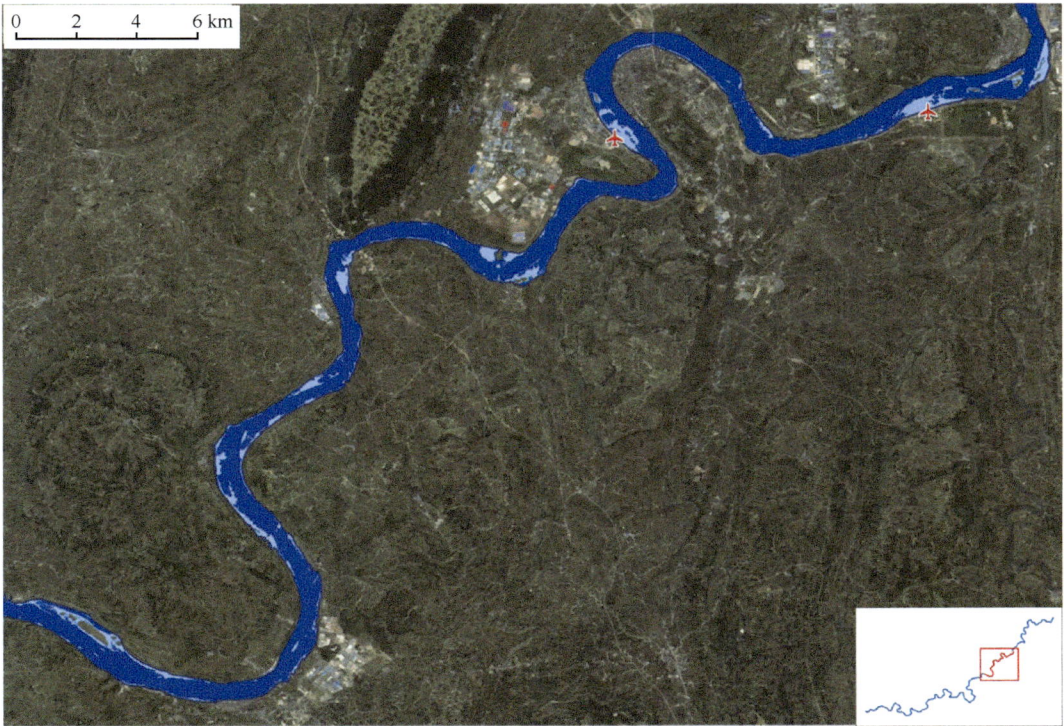

图 9-46　长江上游干流白沙镇至铜罐驿镇河段典型消落区示意图

图 9-47　长江上游干流白沙镇至铜罐驿镇河段生境调查点 1 无人机航拍图

生境调查点 2 位于 29.2711°N，106.3509°E，调查时间为 2021 年 1 月 21 日 12:30，河床宽度为 1250m，水色透明度为 200cm，岸边平均流速为 0.4m/s。植被覆盖类型以草地和水生植物为主，河床底质以淤泥、沙和直径为 1.7～6.4cm 的卵石为主（图 9-48）。

5. 长江上游干流——嘉陵江汇入口至五宝镇

此河段位于网格 48RXT，上游起始于 29.5722°N，106.5860°E，下游结束于 29.6362°N，106.8791°E，长度为 46.8km，河流最大宽度达 930m。此河段类型以分汊型，岸滩类型为江心洲汊首沙嘴、江心洲岸带沙滩，以及侧向滩等，消落区在上游部分为自然水文情势类型，下游部分为库区反季节性消落带（图 9-49）。

9.5　长江干流三峡段

长江干流三峡段的范围为从嘉陵江汇入口以下至宜昌市三峡大坝以上的干流段，此河段河床高程均值为 100m，河流总长度为 618.8km。河床宽度为 270～9927m，河面宽度为 270～4825m，丰水期河流平均宽度约为 1090m，占河床宽度的 71%。在纵向上，河槽平均比降仅为 0.6‰，河流弯曲度为 1.2，总体呈顺直型，部分江段河型为弯曲

图 9-48　长江上游干流白沙镇至铜罐驿镇河段生境调查点 2 无人机航拍图

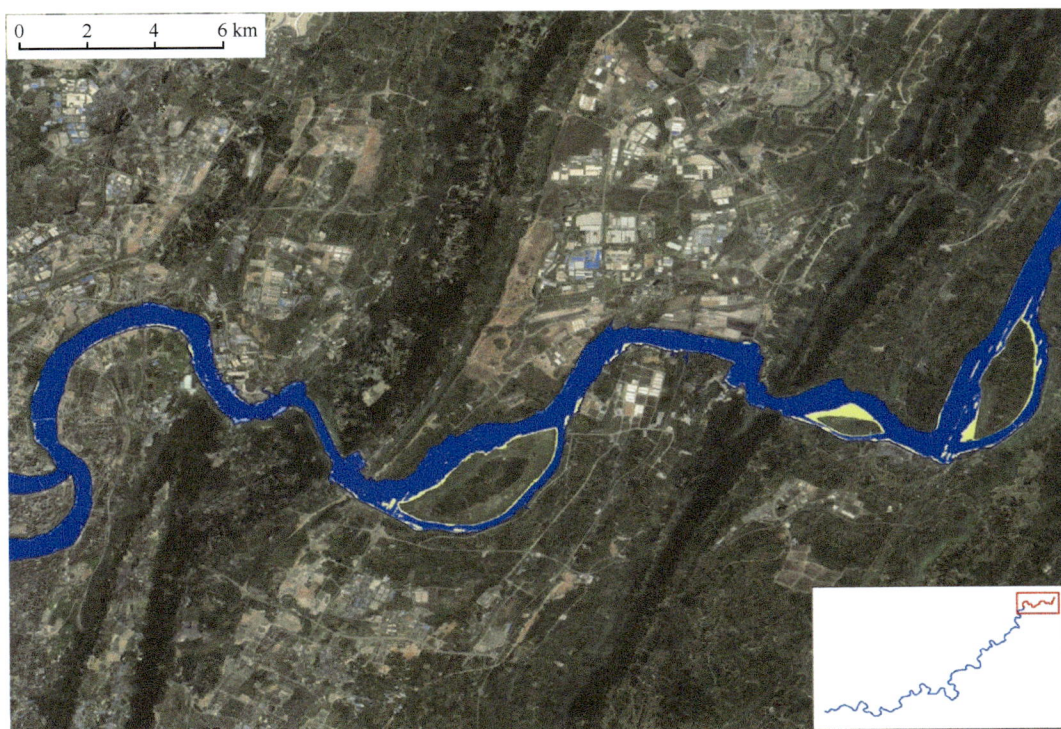

图 9-49　长江上游干流嘉陵江汇入口至五宝镇河段典型消落区示意图

型和分汊型。水库最大消落带面积为 157.6km²，占丰水期总面积的 19%；由于受水库调水、蓄水策略的影响，生态水文类型为典型的反季节性，最大水面出现于 11 月至次年 3 月，最小水面出现于 6～7 月，其反季节水体消落过程与鱼类产卵季节重叠，造成鱼卵孵化失败（图 9-50）。

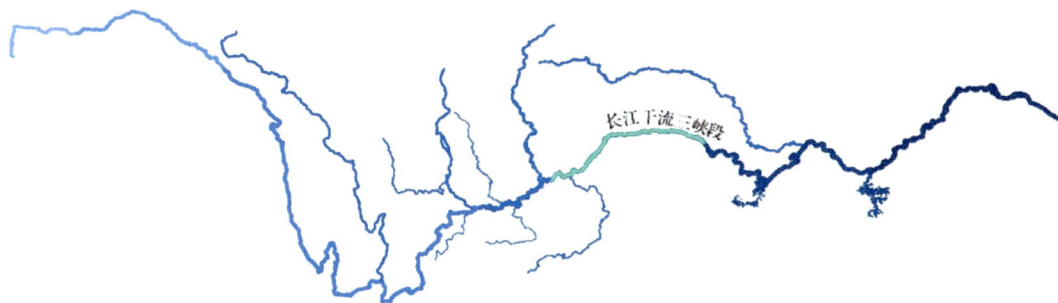

图 9-50　长江干流三峡段所在位置示意图

1. 长江干流三峡段——麻柳嘴镇至义和街道

此河段位于网格 48RXT、48RVT，上游起始于 29.6648°N，106.8946°E，下游结束于 29.7004°N，107.2340°E，长度为 53.9km，河流最大宽度达 1833m。河型类型包括弯曲型、分汊型，岸滩类型为雏形心滩、江心洲汊首沙嘴和岸带沙滩，以及侧向滩、库区粗糙河岸等，是典型的库区反季节性消落带（图 9-51）。

生境调查点 1 位于 29.6734°N，106.9109°E，调查时间为 2021 年 7 月 28 日 13:10，河床宽度为 400m，水色透

图 9-51　长江干流三峡段麻柳嘴镇至义和街道河段典型消落区示意图

明度为 15cm，岸边平均流速为 0.1m/s。水温为 25.5℃，pH 为 7.97，电导率为 406.6μS/cm，盐度为 0.17‰，溶解氧含量为 6.91mg/L。植被覆盖类型以草地、灌木、林地和沉水植物为主，河床底质以淤泥和沙为主（图 9-52）。

图 9-52　长江干流三峡段麻柳嘴镇至义和街道河段生境调查点 1 无人机航拍图

生境调查点 2 位于 29.6826°N，106.9209°E，调查时间为 2021 年 7 月 28 日 14:00，河床宽度为 310m，水色透明度为 15cm，岸边平均流速为 0.3m/s。水温为 25.5℃，pH 为 7.97，电导率为 406.6μS/cm，盐度为 0.17‰，溶解氧含量为 6.91mg/L。植被覆盖类型以草地和沉水植物为主，河床底质以淤泥、沙和直径为 0.2～1.6cm 的碎石为主（图 9-53）。

图 9-53　长江干流三峡段麻柳嘴镇至义和街道河段生境调查点 2 无人机航拍图

2. 长江干流三峡段——龙桥镇至清溪镇

此河段位于网格 48RYT，上游起始于 29.7015°N，107.2366°E，下游结束于 29.8085°N，107.4677°E，长度为 31.2km，河流最大宽度达 863m。河型类型主要为顺直型，岸滩类型为库区顺直型、洄水湾型，是典型的库区反季节性消落带（图 9-54）。

3. 长江干流三峡段——清溪镇至镇江镇

此河段位于网格 48RYU，上游起始于 29.8102°N，107.4703°E，下游结束于 29.9285°N，107.7654°E，长度为 47.8km，河流最大宽度达 1979m。河型类型以弯曲型、分汊型为主，岸滩类型包括江心洲汊首沙嘴和岸带沙滩，以及库区粗糙河岸、洄水湾等，消落区类型为库区反季节性消落带（图 9-55）。

4. 长江干流三峡段——忠县至长坪乡

此河段位于网格 49RBP，上游起始于 30.2444°N，108.0061°E，下游结束于 30.4565°N，108.2446°E，长度为 47.8km，河流最大宽度达 1963m。此河段类型属于弯曲型河段，岸滩类型包括江心洲岸带沙滩、库区粗糙河岸、洄水湾等，消落区类型为库区反季节性消落带（图 9-56）。

生境调查点位于 30.3538°N，108.1326°E，调查时间为 2021 年 7 月 29 日 10:30，河床宽度为 360m，水色透明度为 15cm，岸边为静水。水温为 26℃，

pH 为 7.96，电导率为 402.5μS/cm，盐度为 0.17‰，溶解氧含量为 7.03mg/L。植被覆盖类型以草地、灌木和沉水植物为主，河床底质以淤泥、沙、直径为 0.2～1.6cm 的碎石和不规则的河床基岩为主（图 9-57）。

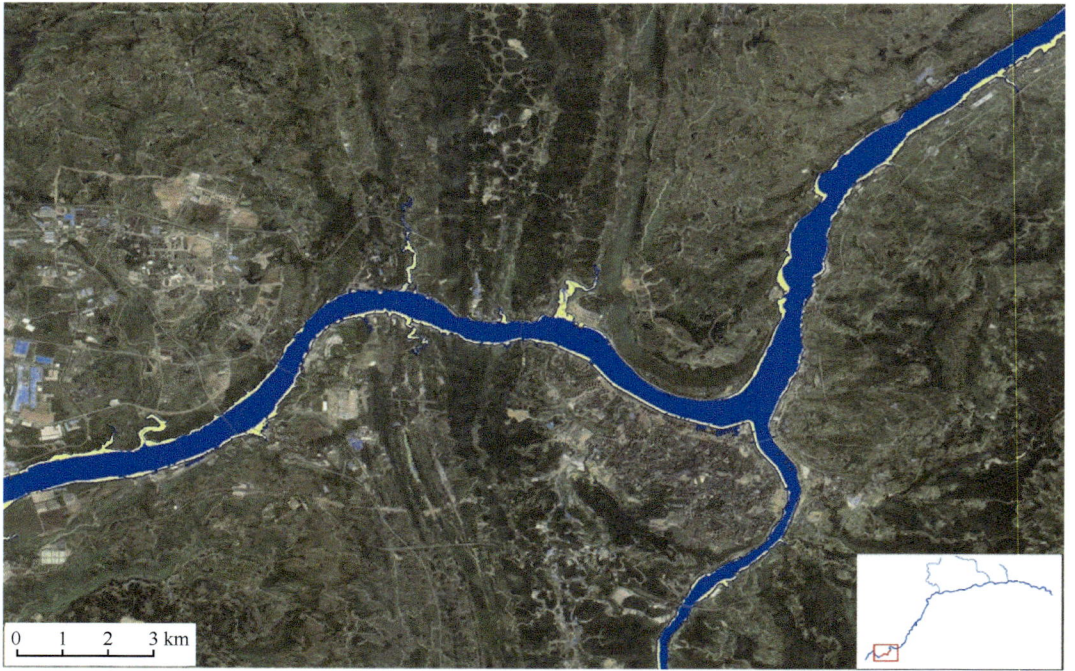

图 9-54　长江干流三峡段龙桥镇至清溪镇河段典型消落区示意图

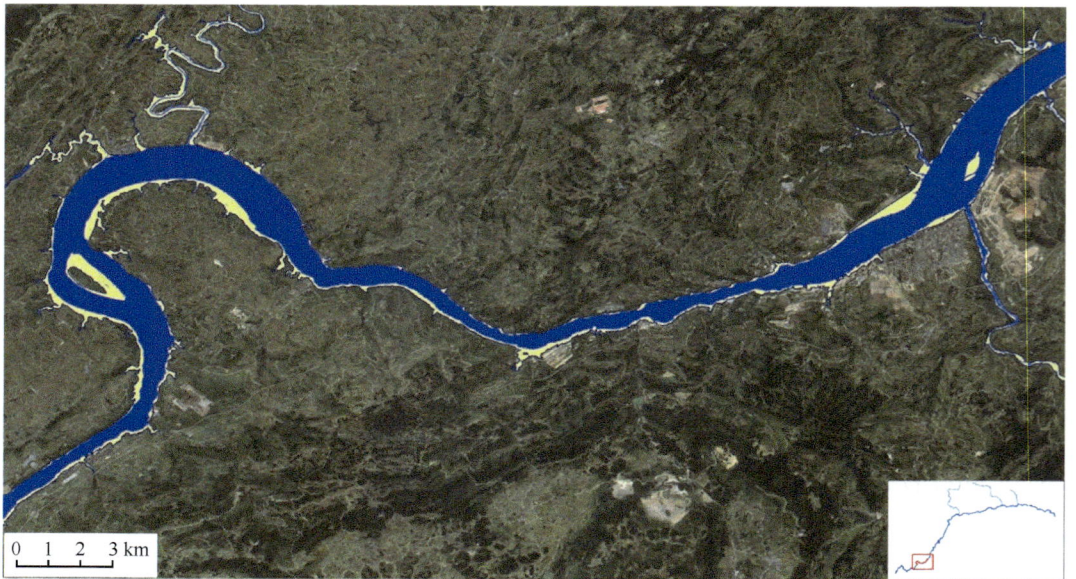

图 9-55　长江干流三峡库区段清溪镇至镇江镇河段典型消落区示意图

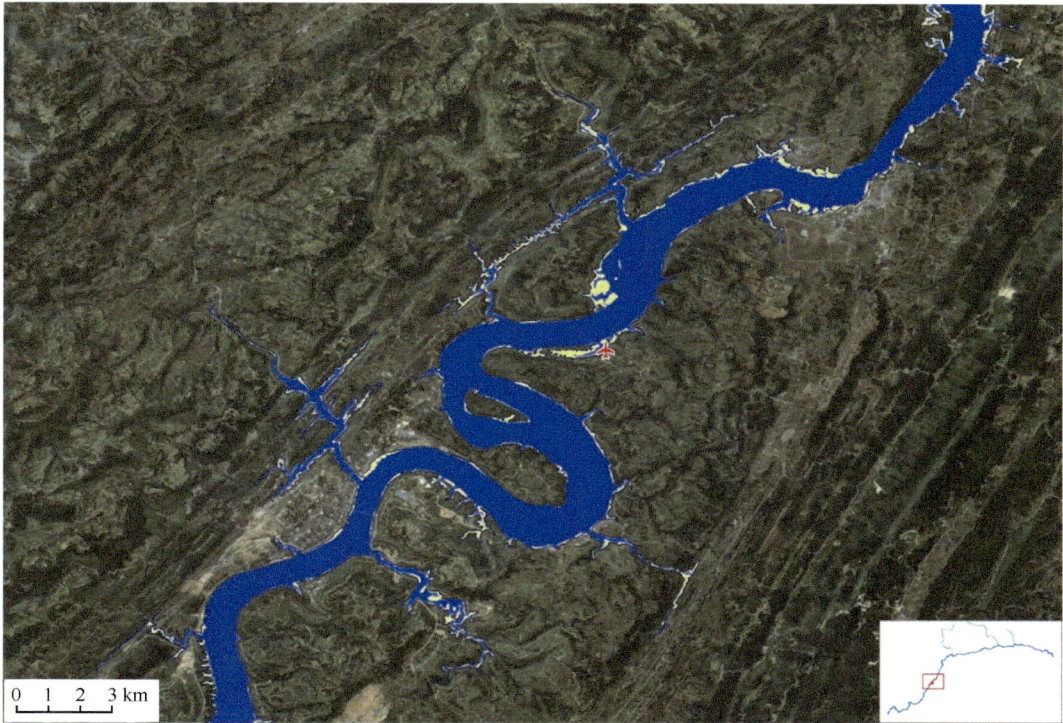

图 9-56　长江干流三峡段忠县至长坪乡河段典型消落区示意图

图 9-57　长江干流三峡段忠县至长坪乡河段生境调查点无人机航拍图

5. 长江干流三峡段——澎溪河（支流）

此河段位于网格 49RBQ，上游起始于 31.1832°N，108.4608°E，下游结束于 30.9508°N，108.6580°E，长度为 66.8km，河流最大宽度达 1200m。此河段类型以弯曲型为主，岸滩类型为库区洄水湾型、粗糙河岸型，以及尾闾湿地等，消落区类型为库区反季节性消落带（图 9-58）。

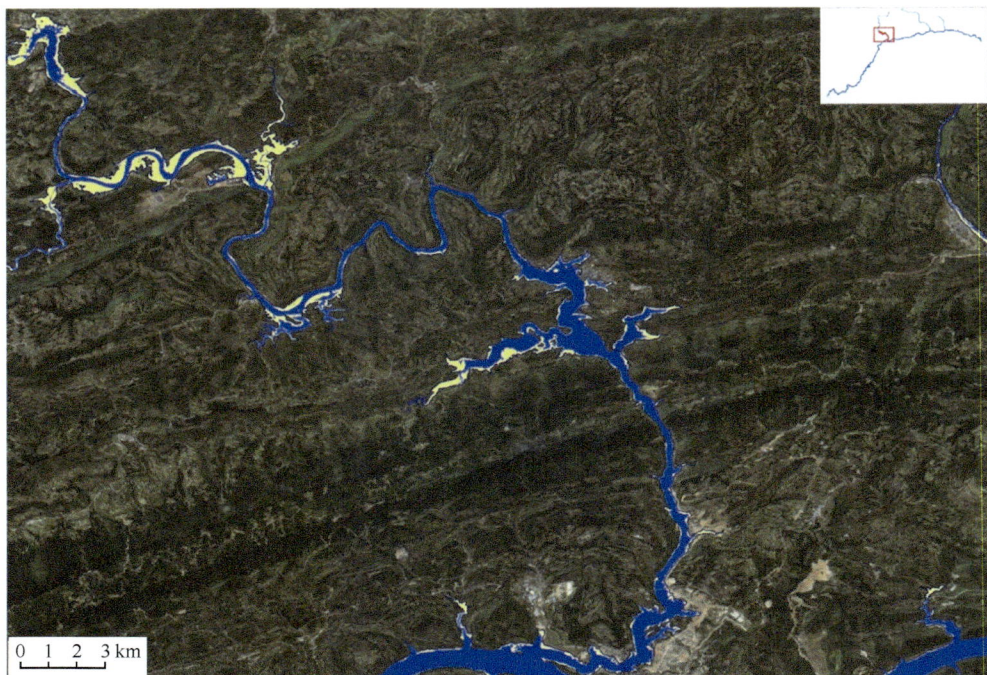

图 9-58　长江干流三峡段澎溪河河段典型消落区示意图

6. 长江干流三峡段——奉节县至曲尺乡

此河段位于网格 49RCQ，上游起始于 30.9859°N，109.3999°E，下游结束于 31.0245°N，109.7422°E，长度为 37km，河流最大宽度达 1887m。此河段类型以顺直型为主，岸滩类型为库区顺直河岸型、粗糙河岸型、洄水湾型，以及尾闾湿地等，是典型的库区反季节性消落带（图 9-59）。

图 9-59　长江干流三峡段奉节县至曲尺乡河段典型消落区示意图

生境调查点位于 30.9718°N，109.3657°E，调查时间为 2021 年 8 月 1 日 10:15，河床宽度为 1400m，水色透明度为 20cm，岸边平均流速为 0.3m/s。水温为 26.5℃，pH 为 7.97，电导率为 417.3μS/cm，盐度为 0.18‰，溶解氧含量为 6.69mg/L。植被覆盖类型以草地、灌木和挺水植物为主，河床底质以淤泥、沙、直径为 0.2～1.6cm 的碎石和直径大于 25.6cm 的岩石、大卵石为主（图 9-60）。

图 9-60　长江干流三峡段奉节县至曲尺乡河段生境调查点无人机航拍图

7. 长江干流三峡段——大宁河（支流）

此河段位于网格 49RCQ，上游起始于 31.3022°N，109.6523°E，下游结束于 31.07415°N，109.8864°E，长度为 53.7km，河流最大宽度达 1541m。此河段类型以弯曲型为主，岸滩类型为库区洄水湾型、边滩型、粗糙河岸型，以及阶地和尾闾湿地等，是典型的库区反季节性消落带（图 9-61）。

生境调查点 1 位于 31.2573°N，109.8252°E，调查时间为 2021 年 8 月 2 日 9:20，河床宽度为 1044m，水色透明度为 30cm，岸边平均流速为 0.1m/s。水温为 30.3℃，pH 为 8.87，电导率为 367.4μS/cm，盐度为 0.21‰，溶解氧含量为 12.3mg/L。植被覆盖类型以草地和沉水植物为主，河床底质以淤泥、沙、直径为 0.2～1.6cm 的碎石和直径大于 25.6cm 的岩石、大卵石为主（图 9-62）。

生境调查点 2 位于 31.2592°N，109.8072°E，调查时间为 2021 年 8 月 2 日 10:00，河床宽度为 507m，水色透

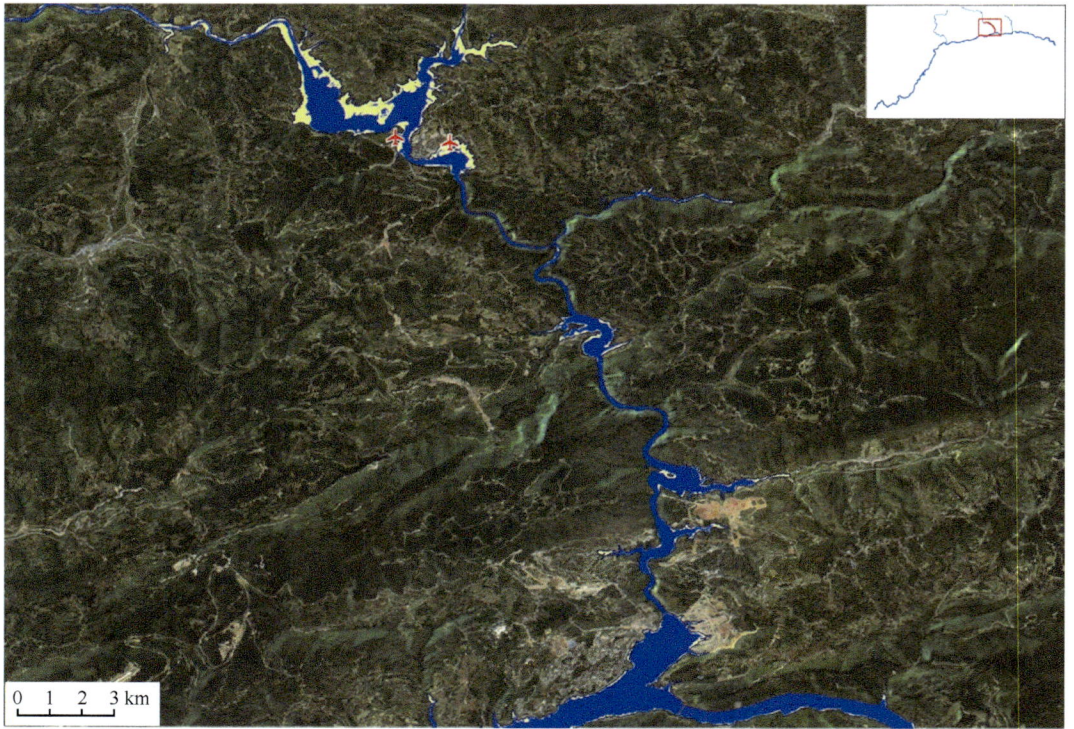

图 9-61　长江干流三峡段大宁河河段典型消落区示意图

图 9-62　长江干流三峡段大宁河河段生境调查点 1 无人机航拍图

明度为 80cm，岸边平均流速为 0.1m/s。水温为 30.4℃，pH 为 8.88，电导率为 367.4μS/cm，盐度为 0.21‰，溶解氧含量为 13.4mg/L。植被覆盖类型以草地、灌木、沉水植物和挺水植物为主，河床底质以淤泥、沙、直径为 0.2～1.6cm 的碎石和直径大于 25.6cm 的岩石、大卵石为主（图 9-63）。

图 9-63　长江干流三峡段大宁河河段生境调查点 2 无人机航拍图

8. 长江干流三峡段——东瀼口镇至香溪镇

此河段位于网格 49RDQ，上游起始于 31.0457°N，110.3944°E，下游结束于 30.9607°N，110.7577°E，长度为 39.2km，河流最大宽度达 1371m。此河段类型以顺直型为主，岸滩类型为库区顺直河岸型、粗糙河岸型、洄水湾型，以及尾闾湿地等，消落区类型为典型的反季节性消落带（图 9-64）。

生境调查点 1 位于 31.0718°N，110.6865°E，调查时间为 2021 年 8 月 2 日 14:20，河床宽度为 510m，水色透明度为 10cm，岸边为静水无流速。水温为 32.3℃，pH 为 8.87，电导率为 367.4μS/cm，盐度为 0.21‰，溶解氧含量为 13.6mg/L。植被覆盖类型以草地和沉水植物为主，河床底质以淤泥、沙为主（图 9-65）。

生境调查点 2 位于 31.0238°N，110.7583°E，调查时间为 2021 年 8 月 2 日 17:55，河床宽度为 1018m，水色透

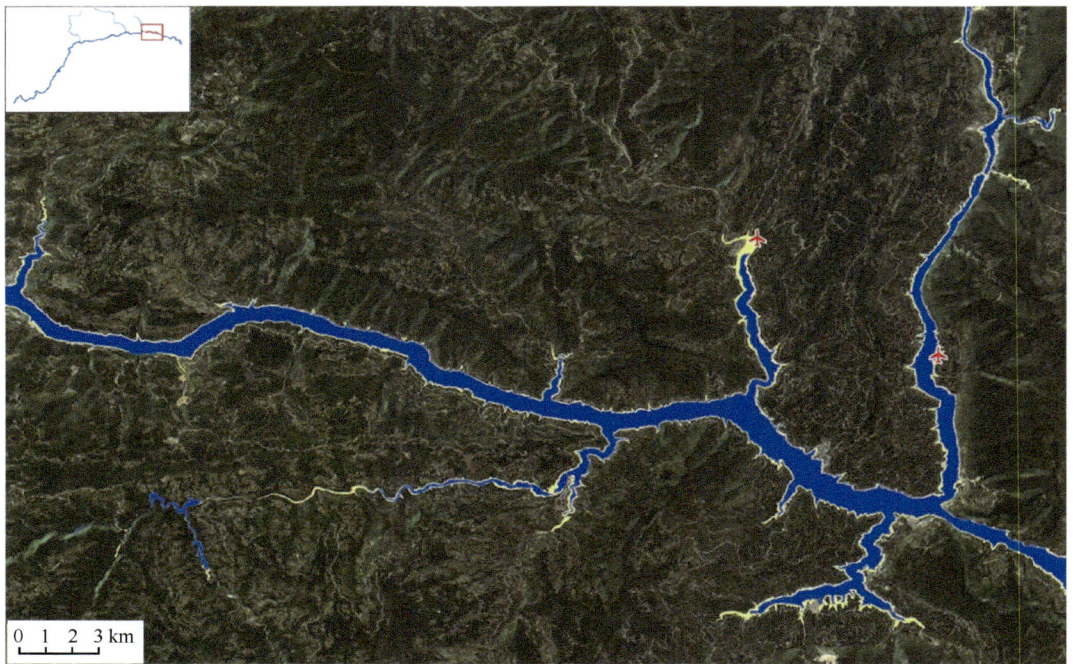

图 9-64　长江干流三峡段东瀼口镇至香溪镇河段典型消落区示意图

图 9-65　长江干流三峡段东瀼口镇至香溪镇河段生境调查点 1 无人机航拍图

明度为 140cm，岸边平均流速 0.05m/s。水温为 29.3℃，pH 为 8.78，电导率为 367.4μS/cm，盐度为 0.21‰，溶解氧含量为 14.1mg/L。植被覆盖类型以草地和沉水植物为主，河床底质以淤泥、沙和直径为 0.2～1.6cm 的碎石为主（图 9-66）。

图 9-66　长江干流三峡段东瀼口镇至香溪镇河段生境调查点 2 无人机航拍图

9. 长江干流三峡段——香溪镇至三峡大坝

此河段位于网格 49RDQ，上游起始于 30.9598°N，110.7592°E，下游结束于 30.8232°N，111.0034°E，长度为 30.8km，河流最大宽度达 3080m。此河段类型以顺直型为主，岸滩类型为库区洄水湾型、粗糙河岸型、顺直河岸型，以及尾闾湿地等，消落区类型为反季节性消落带

（图 9-67）。

9.6　长江中游干流

长江中游干流的范围为从三峡大坝以下至湖口以上的干流段，此河段河床高程均值为 22m，包含分汊型河道的河流总长度为 1120 km，以河流中泓线计算的河流总长度为 940km。此河段为弯曲型和分

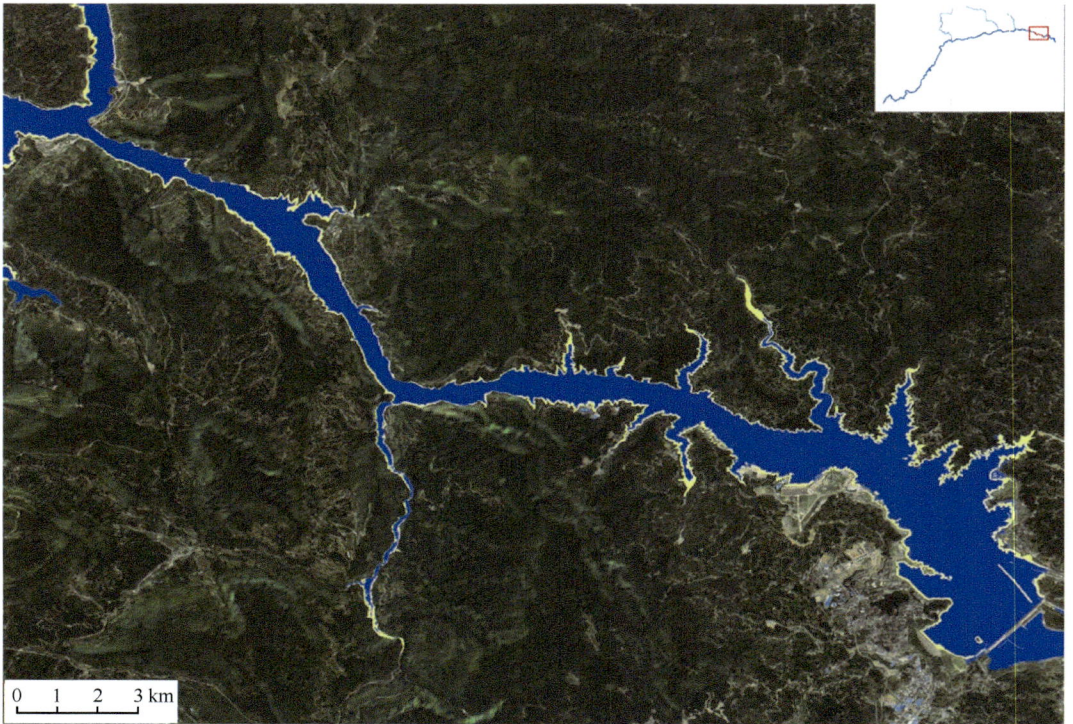

图 9-67　长江干流三峡段香溪镇至三峡大坝河段典型消落区示意图

汉型河流；河床宽度为 1200～3150m，河面宽度为 900～3000m。在纵向上，河槽平均比降仅为 0.05‰，河流弯曲度均值约为 1.4，最大弯曲度可达 3.8，较少的河流含沙量和很低的河流比降，使长江中游干流成为典型的分汊型河流。河面宽度为 670～3320 m，丰水期河流平均宽度约为 1600m，占河床宽度的 82%。冬夏消落区面积为 332.4km²，占丰水期总面积的 21.6%，为自然水文情势类型的河段。河流两岸景观类型以农田、种养殖水面和城市建成区为主（图 9-68）。

1. 长江中游干流——卷桥河汇入口至宜昌长江公路大桥

此河段位于网格 49REP，上游起始于 30.7007°N，111.2673°E，下游结束于 30.5751°N，111.3913°E，长度为 18.8km，河流最大宽度达 1390m。此河段类型属于顺直型，岸滩类型以江心洲沙嘴和岸带沙滩为主，消落区为自然水文情势类型（图 9-69）。

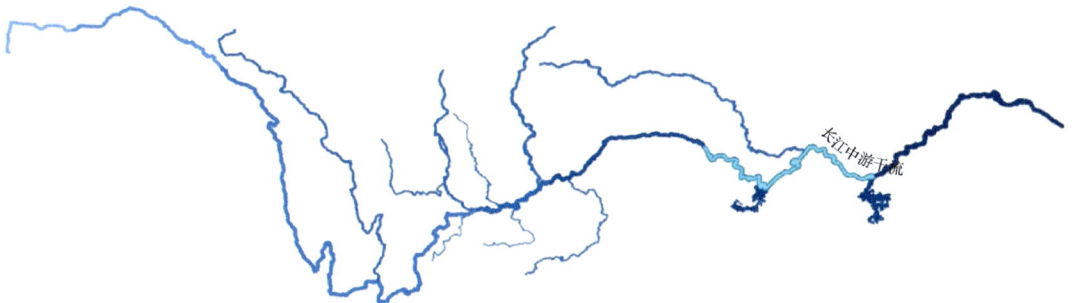

图 9-68　长江中游干流所在位置示意图

334

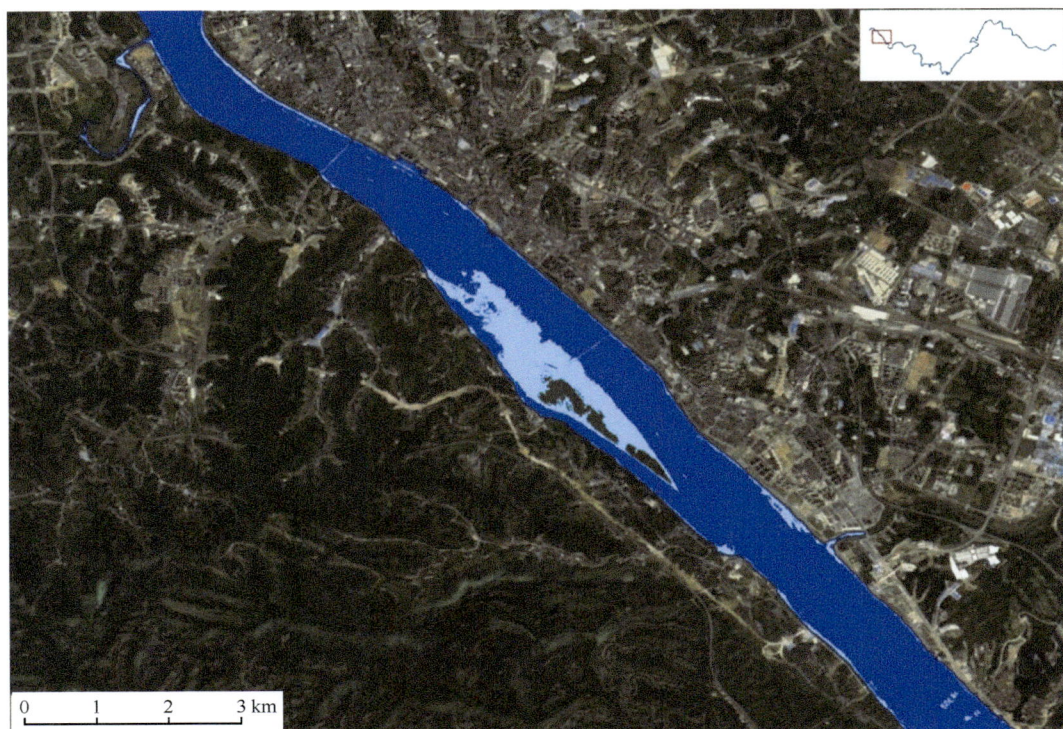

图 9-69　长江中游干流卷桥河汇入口至宜昌长江公路大桥河段典型消落区示意图

2. 长江中游干流——猇亭区至七星台镇

此河段位于网格 49REP，上游起始于 30.5348°N，111.4045°E，下游结束于 30.4125°N，111.8782°E，长度为 80.9km，河流最大宽度达 2230m。此河段类型以弯曲型为主，岸滩类型以江心洲沙嘴和岸带沙滩、侧向滩为主，消落区为自然水文情势类型（图 9-70）。

3. 长江中游干流——七星台镇至江陵县

此河段位于网格 49REP、49RFP，上游起始于 30.3515°N，111.9314°E，下游结束于 30.0651°N，112.3465°E，长度为 80.5km，河流最大宽度达 1680m。此河段类型以弯曲型、分汊型为主，岸滩类型以雏形心滩、江心洲沙嘴和岸带沙滩、侧向滩为主，消落区为自然水文情势类型（图 9-71）。

生境调查点位于 30.1506°N，112.2158°E，调查时间为 2021 年 3 月 4 日 10:00，水色透明度为 34cm，岸边平均流速为 0.08m/s。水温为 10℃，pH 为 8.68，电导率为 206.2μS/cm，溶解氧含量为 10.29mg/L。植被覆盖类型以林地和草地为主，河床底质以淤泥、沙和直径大于 25.6cm 的岩石、大卵石为主（图 9-72）。

4. 长江中游干流——江陵县至塔市驿镇

此河段位于网格 49RFP、49RFN，上游起始于 30.0038°N，112.4100°E，下游结束于 29.7318°N，112.7330°E，长度为 81.5km，河流最大宽度达 1450m。此河段类型以弯曲型、分汊型为主，岸滩类型为江心洲沙嘴和岸带沙滩、滚动滩、自由交替滩、牛轭湖内滩、侧向滩等，消落区为自然水文情势类型（图 9-73）。

生境调查点位于 29.7342°N，112.3967°E，调查时间为 2021 年 3 月 5 日 10:00，岸边平均流速为 0.08m/s。水温为 13℃。植被覆盖类型以草地和灌木为主，河床底质以淤泥、沙和直径为 0.2～1.6cm 的碎石为主（图 9-74）。

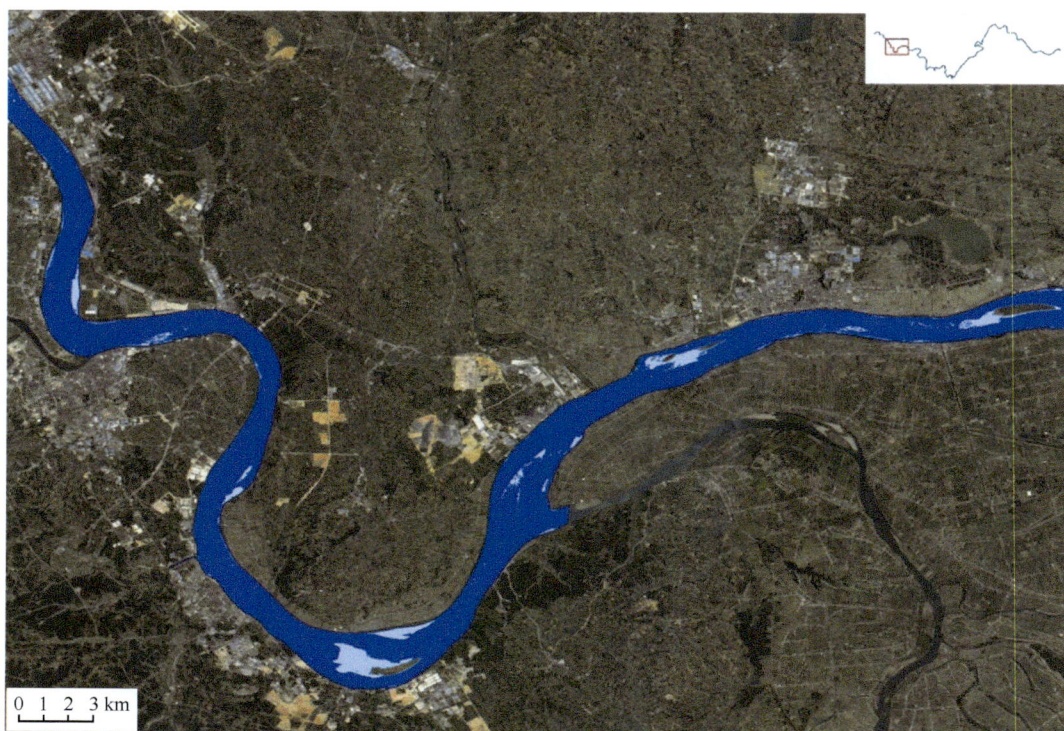

图 9-70 长江中游干流猇亭区至七星台镇河段典型消落区示意图

图 9-71 长江中游干流七星台镇至江陵县河段典型消落区示意图

图 9-72　长江中游干流七星台镇至江陵县河段生境调查点无人机航拍图

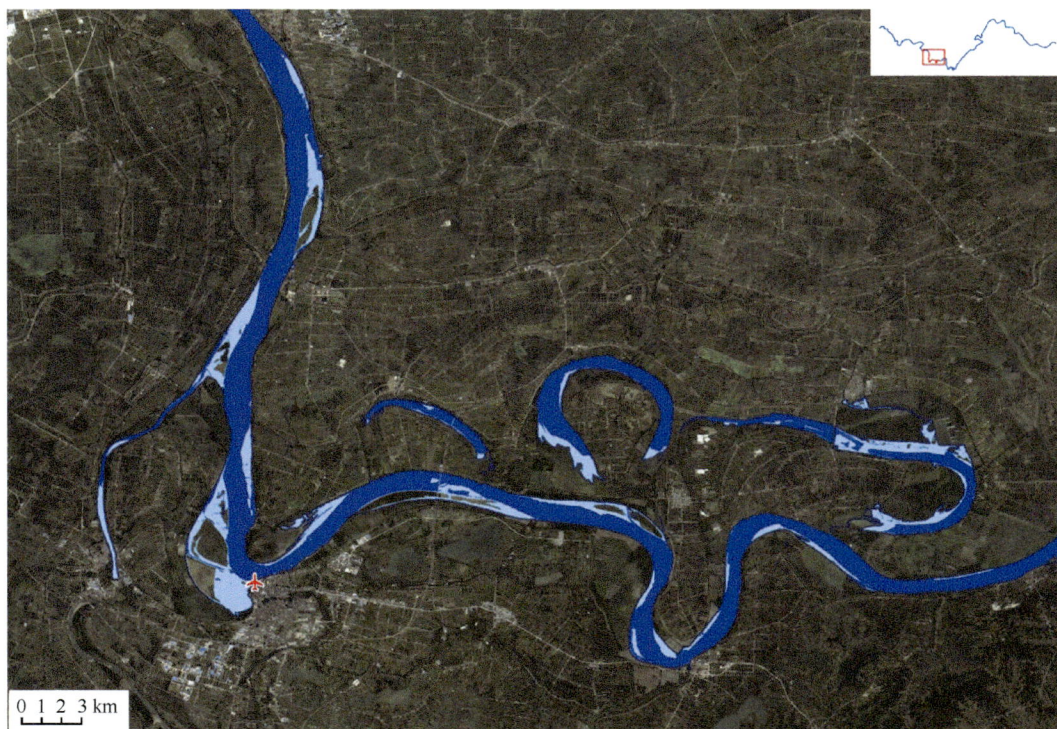

图 9-73　长江中游干流江陵县至塔市驿镇河段典型消落区示意图

图 9-74　长江中游干流江陵县至塔市驿镇河段生境调查点无人机航拍图

5. 长江中游干流——监利市至洪湖市

此河段位于网格 49RFN、49RGN，上游起始于 29.7725°N，112.8399°E，下游结束于 29.8239°N，113.5151°E，长度为 141.9km，河流最大宽度达 1450m。此河段类型以弯曲型、分汊型为主，岸滩类型为江心洲沙嘴和岸带沙滩、雏形心滩、滚动滩、牛轭湖内滩，侧向滩等，消落区自然水文情势类型（图 9-75）。

生境调查点 1 位于 29.4953°N，113.0056°E，调查时间为 2021 年 3 月 5 日 10:00，岸边平均流速为 0.14m/s。水温为 14.6℃。植被覆盖类型以挺水植物和草地为主，河床底质以淤泥、沙和直径大于 25.6cm 的岩石、卵石为主（图 9-76）。

生境调查点 2 位于 29.4453°N，113.0642°E，调查时间为 2021 年 3 月 5 日 10:00，岸边平均流速为 0.08m/s。水温为 13℃。植被覆盖类型以草地和灌木为主，河床底质以淤泥、沙和直径为 0.2～1.6cm 的碎石为主（图 9-77）。

6. 长江中游干流——洪湖市至汉南区

此河段位于网格 49RGP，上游起

始于 29.7725°N，112.8399°E，下游结束于 29.8239°N，113.5151°E，长度为 128.8km，河流最大宽度达 2000m。此河段类型为分汊型、弯曲型，岸滩类型以江心洲沙嘴和岸带沙滩、雏形心滩、侧向滩、牛轭湖内滩为主，消落区为自然水文情势类型（图 9-78）。

生境调查点位于 30.2158°N，113.8911°E，调查时间为 2021 年 3 月 12 日 11:00，岸边平均流速为 0.6m/s。水温为 13.7℃。植被覆盖类型以林地和草地为主，河床底质以淤泥和沙为主（图 9-79）。

7. 长江中游干流——江岸区至杨叶镇

此河段位于网格 50RKU，上游起始于 30.6318°N，114.3422°E，下游结束于 30.2771°N，115.0783°E，长度为 113.9km，河流最大宽度达 1900m。此河段类型为分汊型、弯曲型，岸滩类型以江心洲沙嘴和岸带沙滩、雏形心滩、点滩、牛轭湖内滩为主，消落区为自然水文情势类型（图 9-80）。

生境调查点位于 30.7014°N，114.4672°E，调查时间为 2021 年 3 月 13

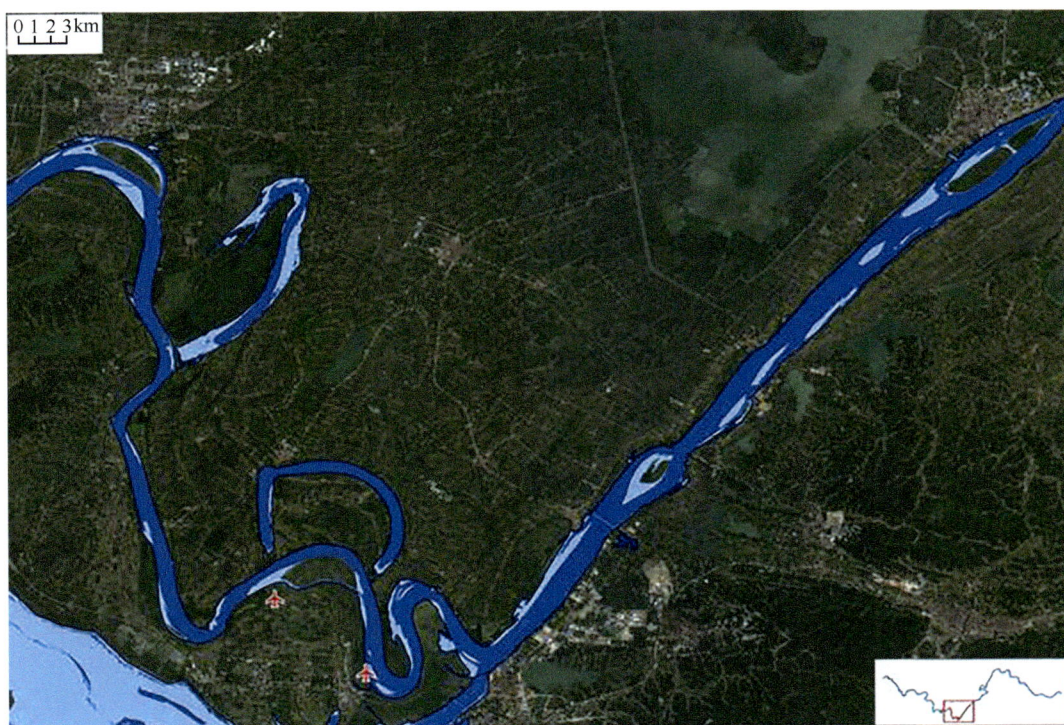

图 9-75　长江中游干流监利市至洪湖市河段典型消落区示意图

图 9-76　长江中游干流监利市至洪湖市河段生境调查点 1 无人机航拍图

图 9-77　长江中游干流监利市至洪湖市河段生境调查点 2 无人机航拍图

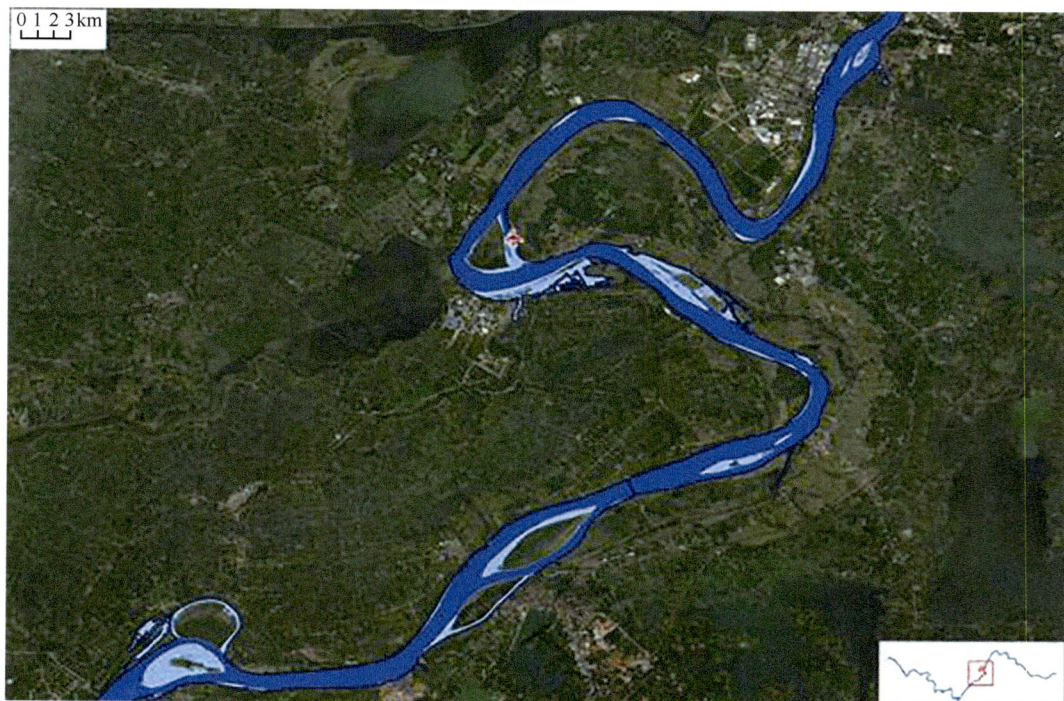

图 9-78　长江中游干流洪湖市至汉南区河段典型消落区示意图

图 9-79　长江中游干流洪湖市至汉南区河段生境调查点无人机航拍图

图 9-80　长江中游干流江岸区至杨叶镇河段典型消落区示意图

日 12:00，水色透明度为 34cm，岸边平均流速为 0.04m/s。水温为 15.1℃，pH 为 9.33，电导率为 249.3μS/cm，溶解氧含量为 8.8mg/L。植被覆盖类型以林地、草地为主，河床底质以淤泥、沙和直径大于 25.6cm 的岩石、大卵石为主（图 9-81）。

图 9-81　长江中游干流江岸区至杨叶镇河段生境调查点无人机航拍图

8. 长江中游干流——武穴市至湖口县

此河段位于网格 50RLU，上游起始于 29.8406°N，115.5893°E，下游结束于 29.7850°N，116.2559°E，长度为 77.8km，河流最大宽度达 2825m。此河段类型属于分汊型，岸滩类型包括江心洲沙嘴和岸带沙滩、雏形心滩、侧向滩等，消落区为自然水文情势类型（图 9-82）。

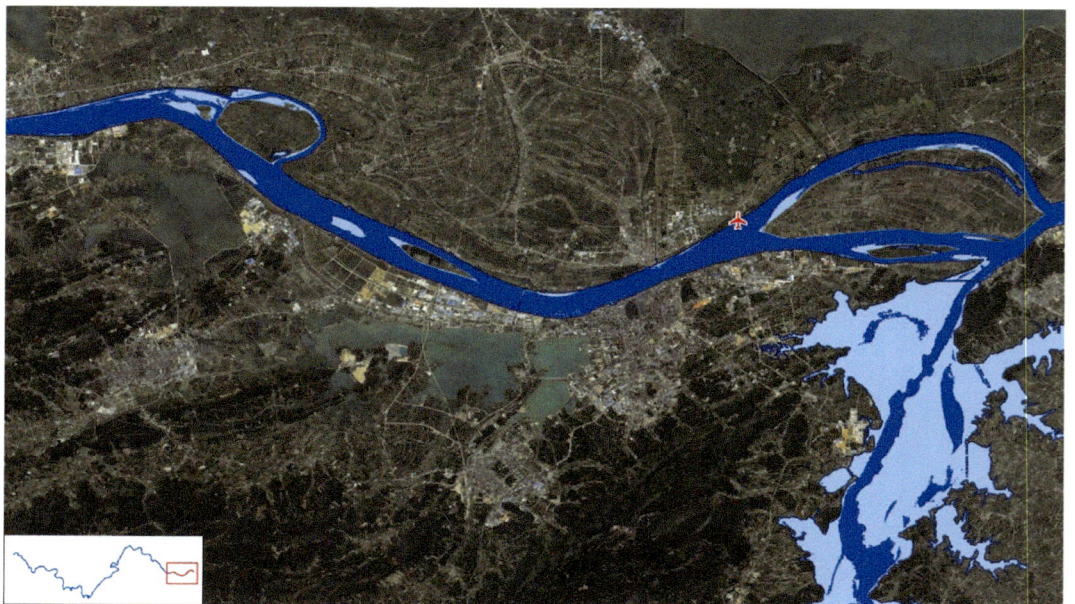

图 9-82　长江中游干流武穴市至湖口县河段典型消落区示意图

生境调查点位于 29.7794°N，116.0503°E，调查时间为 2021 年 3 月 14 日 10:00，水色透明度为 34cm，岸边平均流速为 0.04m/s。水温为 11.6℃，pH

为 8.62，电导率为 154.7μS/cm，溶解氧含量为 13.69mg/L。植被覆盖类型以林地、草地为主，河床底质以淤泥、沙和不规则的河床基岩为主（图 9-83）。

图 9-83　长江中游干流武穴市至湖口县河段生境调查点无人机航拍图

9.7　长江下游干流

长江下游干流的范围为干流湖口以下至长江口以上的干流段，此河段河床高程均值仅 2m，包含分汊型河道的河流总长度为 1213 km，以河流中泓线计算的河流总长度为 734km。与长江中游干流段类似，也是典型的分汊型河流，河段河型以弯曲型和分汊型为主。在纵向上，河槽平均比降仅为 0.013‰，河

流弯曲度为 1.3，属于顺直型河段。河床宽度为 1000~20 000m，河面宽度为 845~6700m，丰水期河流平均宽度约为 2371m，占河床宽度的 71%。冬夏消落区面积为 271.1km²，占丰水期总面积的 11.6%，为自然水文情势类型的河段。河流两岸景观类型以农田、种养殖水面和城市建成区为主（图 9-84）。

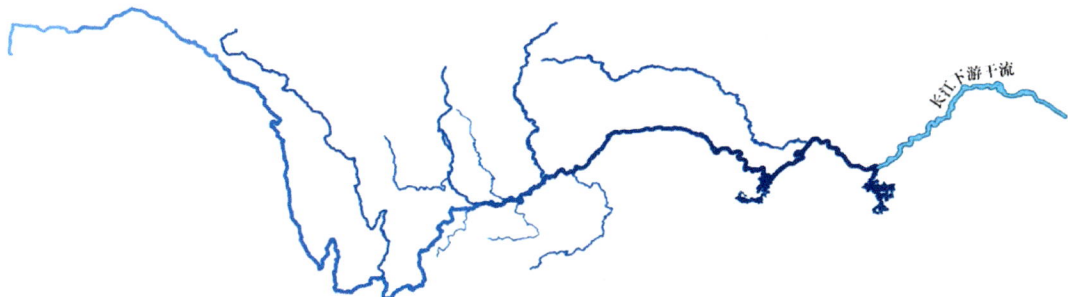

图 9-84　长江下游干流所在位置示意图

1. 长江下游干流——湖口县至莲洲乡

此河段位于网格 50RMU，上游起始于 29.7850°N，116.2559°E，下游结束于 30.2569°N，116.9121°E，长度为 89.9km，河流最大宽度达 4300m。此河段类型属于分汊型，岸滩类型包括江心洲沙嘴和岸带沙滩、雏形心滩、侧向滩等，消落区为自然水文情势类型（图 9-85）。

图 9-85　长江下游干流湖口县至莲洲乡河段典型消落区示意图

生境调查点位于 29.8742°N，116.4717°E，调查时间为 2020 年 10 月 17 日 16:30，水色透明度为 28cm，水温为 21℃，pH 为 7.14，盐度为 0.01‰，溶解氧含量为 8.18mg/L。植被覆盖类型以草地、林地为主，河床底质以淤泥、沙为主（图 9-86）。

2. 长江下游干流——莲洲乡至池州市

此河段位于网格 50RNU，上游起始于 30.2569°N，116.9121°E，下游结束于 30.7453°N，117.5380°E，长度为 111.4km，河流最大宽度达 3250m。此河段类型属于分汊型，岸滩类型以江心洲沙嘴和岸带沙滩、侧向滩为主，消落区为自然水文情势类型（图 9-87）。

生境调查点位于 30.4803°N，117.1136°E，调查时间为 2020 年 10 月 17 日 12:30，水色透明度为 27cm，水温为 18.9℃，pH 为 7.9，盐度为 0.01‰，溶解氧含量为 8.32mg/L。植被覆盖类型以灌木、林地为主，河床底质以淤泥、沙为主（图 9-88）。

3. 长江下游干流——义安区至澛港街道

此河段位于网格 50RNV、50RPV，上游起始于 30.9187°N，117.7423°E，下游结束于 31.3049°N，118.3458°E，长度为 98.8km，河流最大宽度达 2922m。此河段类型属于分汊型，岸滩类型以江心洲岸带沙滩、雏形心滩、侧向滩等为主，消落区为自然水文情势类型（图 9-89）。

生境调查点 1 位于 31.2855°N，

图 9-86　长江下游干流湖口县至莲洲乡河段生境调查点无人机航拍图

图 9-87　长江下游干流莲洲乡至池州市河段典型消落区示意图

图 9-88　长江下游干流莲洲乡至池州市河段生境调查点无人机航拍图

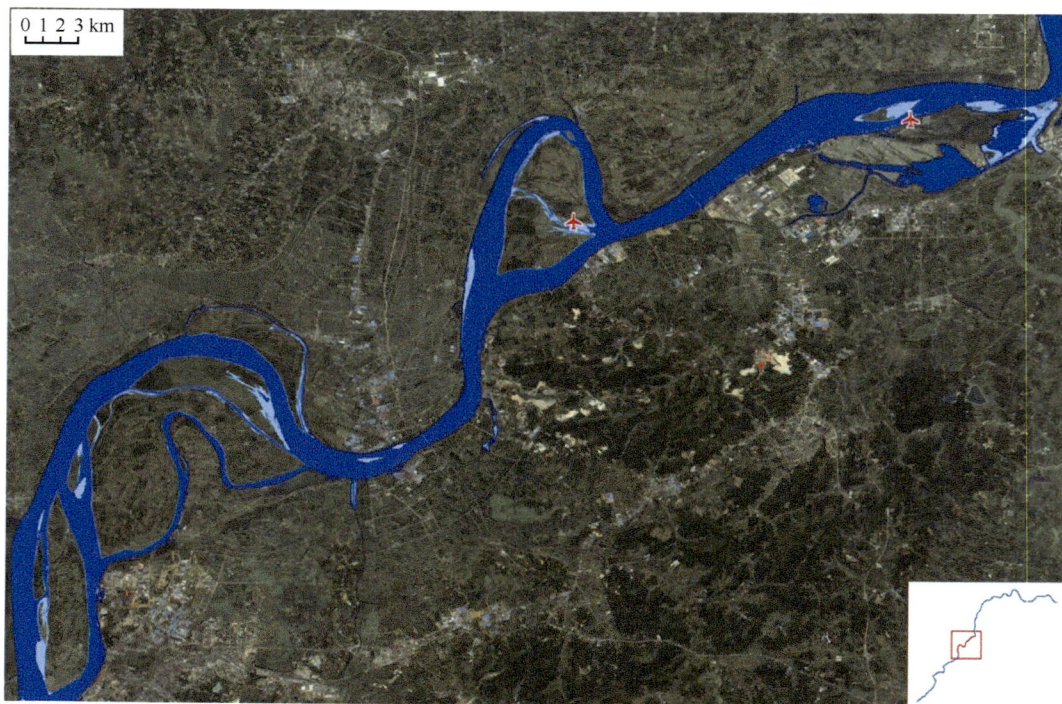

图 9-89　长江下游干流义安区至澬港街道河段典型消落区示意图

118.0567°E，调查时间为 2020 年 10 月 18 日 11:30，水色透明度为 26cm，水温为 20.3℃，pH 为 8.05，盐度为 0.01‰，溶解氧含量为 8.98mg/L。植被覆盖类型以林地、挺水植物为主，河床底质以淤沙为主（图 9-90）。

生境调查点 2 位于 31.2206°N，

118.2587°E，调查时间为 2020 年 10 月 18 日 15:30，水色透明度为 25cm，水温为 19.8℃，pH 为 8.23，盐度为 0.01‰，溶解氧含量为 7.83mg/L。植被覆盖类型以草地、林地、挺水植物为主，河床底质以淤泥、沙和直径为 0.2～1.6cm 的碎石为主（图 9-91）。

图 9-90 长江下游干流义安区至澄港街道河段生境调查点 1 无人机航拍图

图 9-91 长江下游干流义安区至澄港街道河段生境调查点 2 无人机航拍图

4. 长江下游干流——镇江市至扬中市

此河段位于网格 50SQA，上游起始于 32.2271°N，119.3832°E，下游结束于 32.2833°N，119.8484°E，长度为 62.6km，河流最大宽度达 3200m。此河段类型属于分汊型，岸滩类型以江心洲沙嘴和岸带沙滩、雏形心滩为主，消落区为自然水文情势类型（图 9-92）。

生境调查点位于 32.2053°N，119.5196°E，调查时间为 2020 年 10 月 20 日 10:30，水色透明度为 19cm，水温为 21.2℃，pH 为 7.45，盐度为 0.01‰，溶解氧含量为 8.13mg/L。植被覆盖类型以挺水植物、浮叶植物、草地、林地为主，河床底质以直径大于 25.6cm 的岩石、大卵石为主（图 9-93）。

5. 长江下游干流——江阴市至南通市

此河段位于网格 51STR，上游起始于 31.9726°N，120.3361°E，下游结束于 31.7797°N，120.9927°E，长度为 83.9km，河流最大宽度达 9700m。此河段类型属于分汊型，岸滩类型以江心洲汊首沙嘴和汊尾舌状沙洲为主，消落区为自然水文情势类型（图 9-94）。

生境调查点 1 位于 32.0733°N，120.5269°E，调查时间为 2020 年 10 月 23 日 10:30，水色透明度为 17cm，水温为 20.1℃，pH 为 8.64，盐度为 0.11‰，溶解氧含量为 7.88mg/L。植被覆盖类型以林地、灌木、草地和挺水植物为主，河床底质以直径大于 25.6cm 的岩石、大卵石和淤泥、沙为主（图 9-95）。

生境调查点 2 位于 32.0464°N，120.5686°E，调查时间为 2020 年 10 月 22 日 10:30，水色透明度为 17cm，水温为 20.1℃，pH 为 8.64，盐度为 0.11‰，溶解氧含量为 7.88mg/L。植被覆盖类型以林地、灌木、草地和挺水植物为主，河床底质以直径大于 25.6cm 的岩石、大卵石和淤泥、沙为主（图 9-96）。

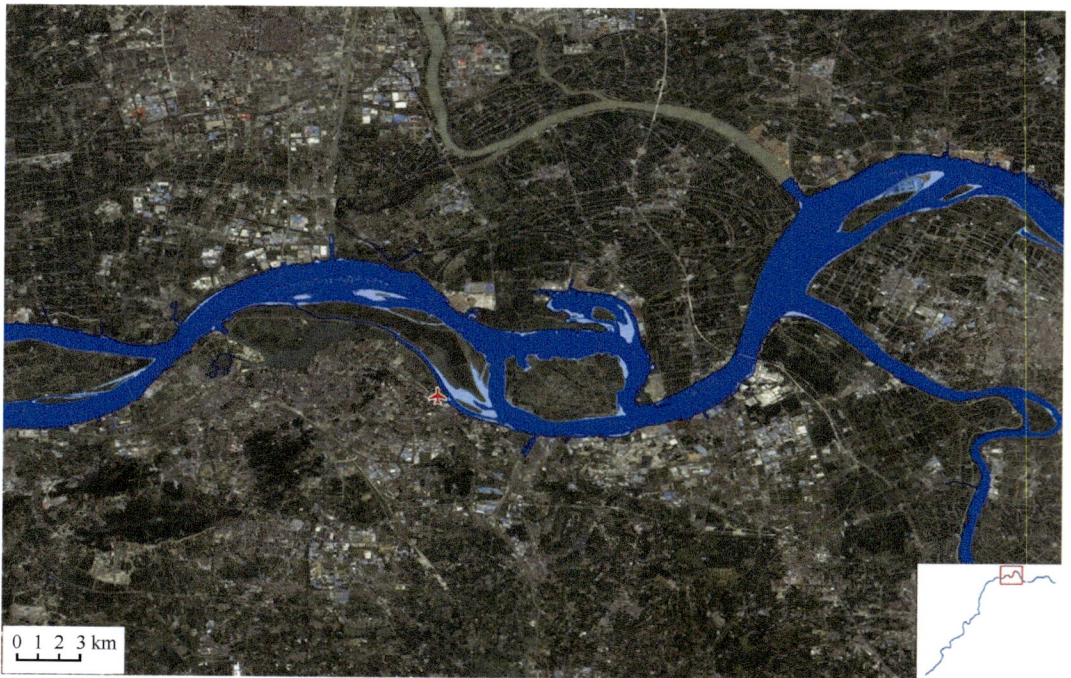

图 9-92　长江下游干流镇江市至扬中市河段典型消落区示意图

图 9-93　长江下游干流镇江市至扬中市河段生境调查点无人机航拍图

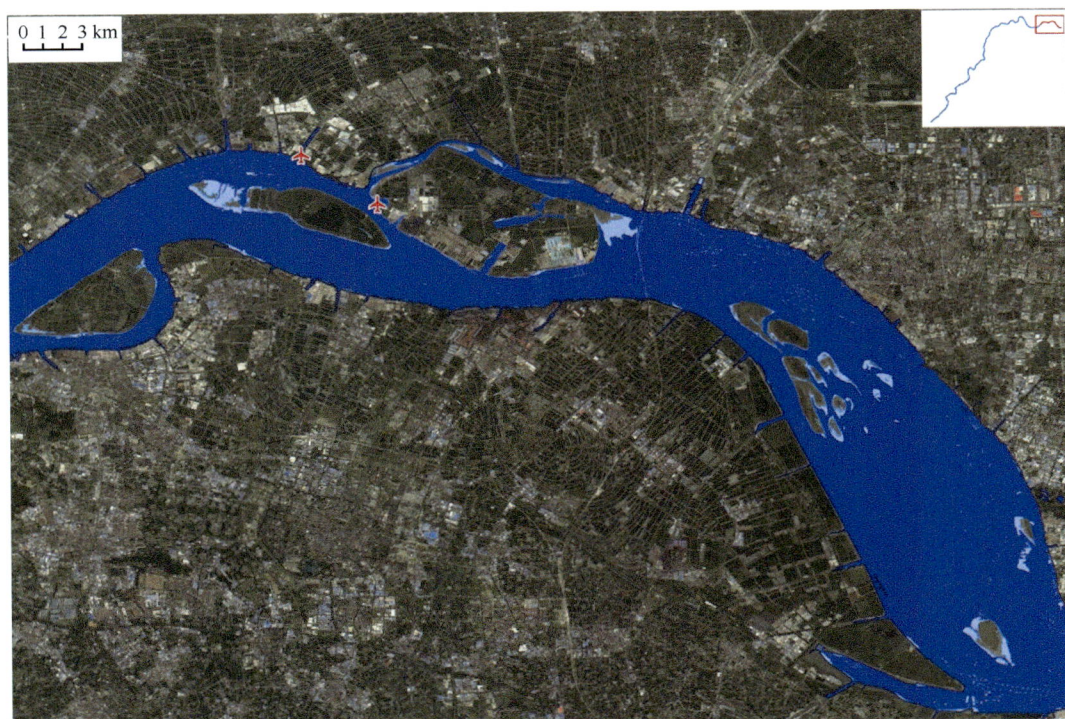

图 9-94　长江下游干流江阴市至南通市河段典型消落区示意图

图 9-95　长江下游干流江阴市至南通市河段生境调查点 1 无人机航拍图

图 9-96　长江下游干流江阴市至南通市河段生境调查点 2 无人机航拍图

第 10 章　长江流域主要支流重要消落区名录

赤水河复兴镇至先市镇河段无人机航拍正射影像

图片来源：中国科学院水生生物研究所

本章重点针对长江流域实施"长江十年禁渔"的 7 条主要支流的重要消落区生境进行描述，它们分别是：汉江、嘉陵江、岷江（含大渡河）、乌江、沱江、赤水河、横江。和第 9 章一致，对于呈现"夏（丰水期）水冬（枯水期）陆"自然水文情势消落特征的，在名录图中用浅蓝色表示；而由于受到人为调蓄的影响，水体的消长变化呈现"夏陆冬水"反季节性特征的，在名录图中用亮黄色表示。

10.1　汉江

汉江从陕西省汉中市勉县至河口武汉市汇入长江，此河段河床高程从 597m 降至 16m，高程均值为 186m，计入多股河槽的河流总长度为 1538km；按深泓线计算的单股河长为 1386km（图 10-1）。河流的沿程河型序列为弯曲型（安康水库以上）—顺直型（安康水库至丹江口水库）—库区展宽段—分汊型和顺直型（丹江口市至钟祥）—弯曲型（钟祥至泽口）—人工限制性弯曲型（泽口以下）。丹江口水库以上河段河槽平均比降为 1.6‰，河面宽度为 10m～3600m，均值约为 520m，河流弯曲度为 1.32，为典型的弯曲型河流；丹江口水库下游河槽平均比降仅为0.5‰，河面宽度为84m～3600m，均值约为790m，河流弯曲度1.27。另外，丹江口水库以上（包括水库）河段冬夏消落区面积为232.4km^2，占丰水期总面积的21.5%，其中库区以反季节性消落带为主；丹江口水库以下河段冬夏消落区面积为67.7km^2，占丰水期总面积的19.8%，消落区基本为自然水文情势类型。河流两岸景观类型以农田、森林和城市建成区为主，其中上游森林面积占比为39.5%，农田占比为31.9%，城市建成区占比为5.2%；下游农田占比为62.3%，城市建成区占比为13.7%。

1. 汉江——郧阳区至丹江口水利枢纽大坝

此河段位于网格49SDS、49SES，上游起始于32.8279°N，110.7001°E，下游结束于32.5566°N，111.4891°E，长度为113.5km，最大宽度达10km。河段类型以水库型为主，水库上游为弯曲型，下游为顺直型，岸滩类型包括库区洄水湾、尾闾湿地、库区粗糙河岸等，消落区类型为典型的库区反季节性消落带（图10-2）。

图10-1　汉江所在位置示意图

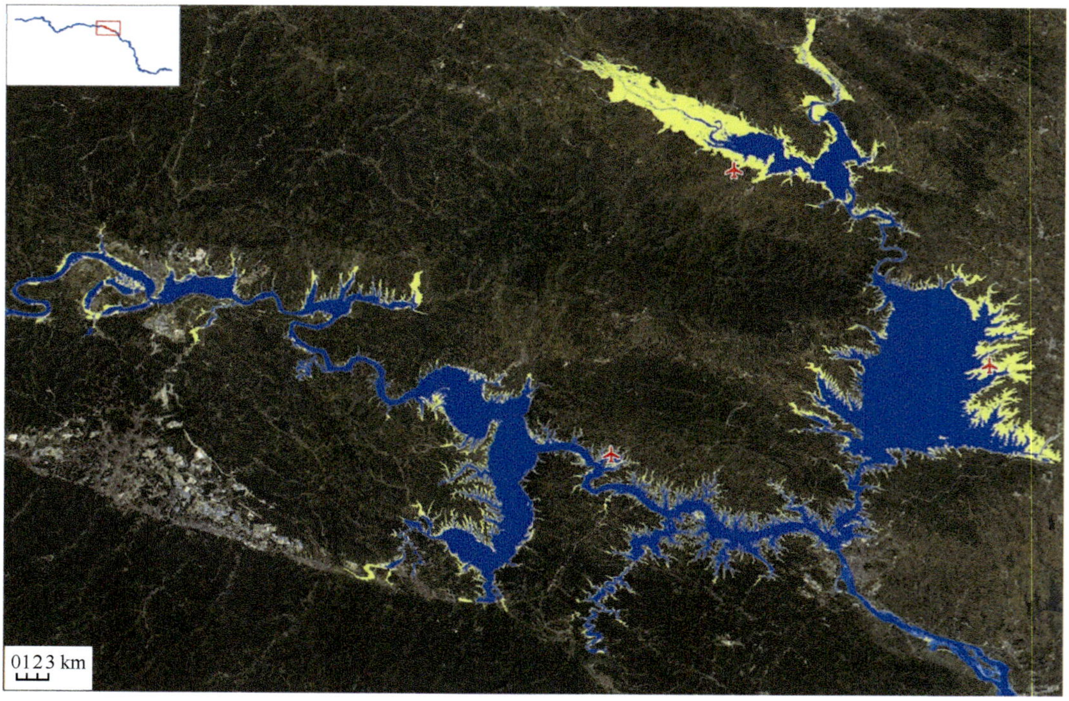

图10-2　汉江郧阳区至丹江口水利枢纽大坝河段典型消落区示意图

生境调查点 1 位于 32.6521°N，111.2643°E，调查时间为 2021 年 9 月 1 日 13:20，消落带坡度为 30°，水色透明度为 30cm，水温为 24.5℃，pH 为 8.8，电导率为 240.5μS/cm，盐度为 0.11‰，溶解氧含量为 5.0mg/L。植被覆盖类型以草地（覆盖度为 50%～75%）、灌木（25%～50%）和林地（1%～25%）为主，河床底质以淤泥和沙（50%～75%）、直径为 0.2～1.6cm 的碎石（1%～25%）及直径为 1.7～6.4cm 的卵石（1%～25%）为主（图 10-3）。

生境调查点 2 位于 32.7442°N，111.6401°E，调查时间为 2021 年 8 月 31 日 8:20，消落带坡度为 1°，水色透明度为 30cm，水温为 23.4 ℃，pH 为 8.62，电导率为 347.7μS/cm，盐度为 0.17‰，溶解氧含量为 1.1mg/L。植被覆盖类型以草地（覆盖度为 50%～75%）、灌木（25%～50%）和挺水植物（25%～50%）为主，河床底质以淤泥和沙（50%～75%）、直径为 0.2～1.6cm 的碎石（25%～50%）为主（图 10-4）。

生境调查点 3 位于 32.9428°N，111.3849°E，调查时间为 2021 年 8 月 31 日 15:00，消落带坡度为 4°，水色透明度为 40cm，水温为 27.8 ℃，pH 为 8.63，电导率为 380.8μS/cm，盐度为 0.17‰，溶解氧含量为 5.1mg/L。植被覆盖类型以林地（覆盖度为 50%～75%）、灌木（25%～50%）、草地（1%～25%）和挺水植物（1%～25%）为主，河床底质以淤泥和沙（75%～100%）、直径为 0.2～1.6cm 的碎石（1%～25%）为主（图 10-5）。

2. 汉江——欧庙镇至丰乐镇

此河段位于网格 49SFR，上游起始于 31.9116°N，112.1862°E，下游结束于 31.4551°N，112.4402°E，长度为 70.7km，河流最大宽度达 1300m。河段类型为分汊型、顺直型，岸滩类型为江心洲汊首沙嘴和汊尾舌状沙洲、侧向滩，消落区类型为自然水文情势类型（图 10-6）。

生境调查点位于 32.6521°N，111.2643°E，调查时间为 2020 年 12 月 5 日 9:30，消落带坡度为 60°（修筑的护坡带坡度），河床宽度 800m，河流宽度 750m。水色透明度为 100cm，水温为 10.3℃，pH 为 8.62，电导率为 270.3μS/cm，盐度为 0.18‰，溶解氧含量为 10.3mg/L。植被覆盖类型以草地（覆盖度为 75%～100%）、灌木（1%～25%）、林地（1%～25%）、挺水植物（1%～25%）和浮叶植物（1%～25%）为主，河床底质以淤泥和沙（75%～100%）、直径为 0.2～1.6cm 的碎石（1%～25%）为主（图 10-7）。

3. 汉江——丰乐镇至旧口镇

此河段位于网格 49RFQ，上游起始于 31.3693°N，112.4205°E，下游结束于 30.8428°N，112.6470°E，长度为 88.8km，河流最大宽度达 710m。河段类型属于分汊型，岸滩类型为江心洲汊首沙嘴、岸带沙滩、江心洲之间的各类浅滩，以及侧向滩等，消落区类型为自然水文情势类型（图 10-8）。

生境调查点 1 位于 31.0959°N，112.5737°E，调查时间为 2020 年 12 月 6 日 9:00，消落带坡度为 5°，河面宽度 696m。水色透明度为 100cm，水温为 7.1 ℃，pH 为 8.52，电导率为 310.4μS/cm，盐度为 0.23‰，溶解氧含量为 15mg/L。植被覆盖类型以草地（覆盖度为 75%～100%）、挺水植物（25%～50%）、灌木（1%～25%）、林地（1%～25%）为主，河床底质以淤泥和沙（75%～100%）、直径为 0.2～1.6cm 的碎石（1%～25%）为主（图 10-9）。

生境调查点 2 位于 31.0044°N，112.5305°E，调查时间为 2020 年 12 月 7 日 9:30，消落带坡度为 30°，河床宽度 1100m，河流宽度 420m。水色透明度为 100cm，水温为 8.9 ℃，pH 为 8.87，电

图 10-3　汉江郧阳区至丹江口水利枢纽大坝河段生境调查点 1 无人机航拍图

图 10-4 汉江郧阳区至丹江口水利枢纽大坝河段生境调查点 2 无人机航拍图

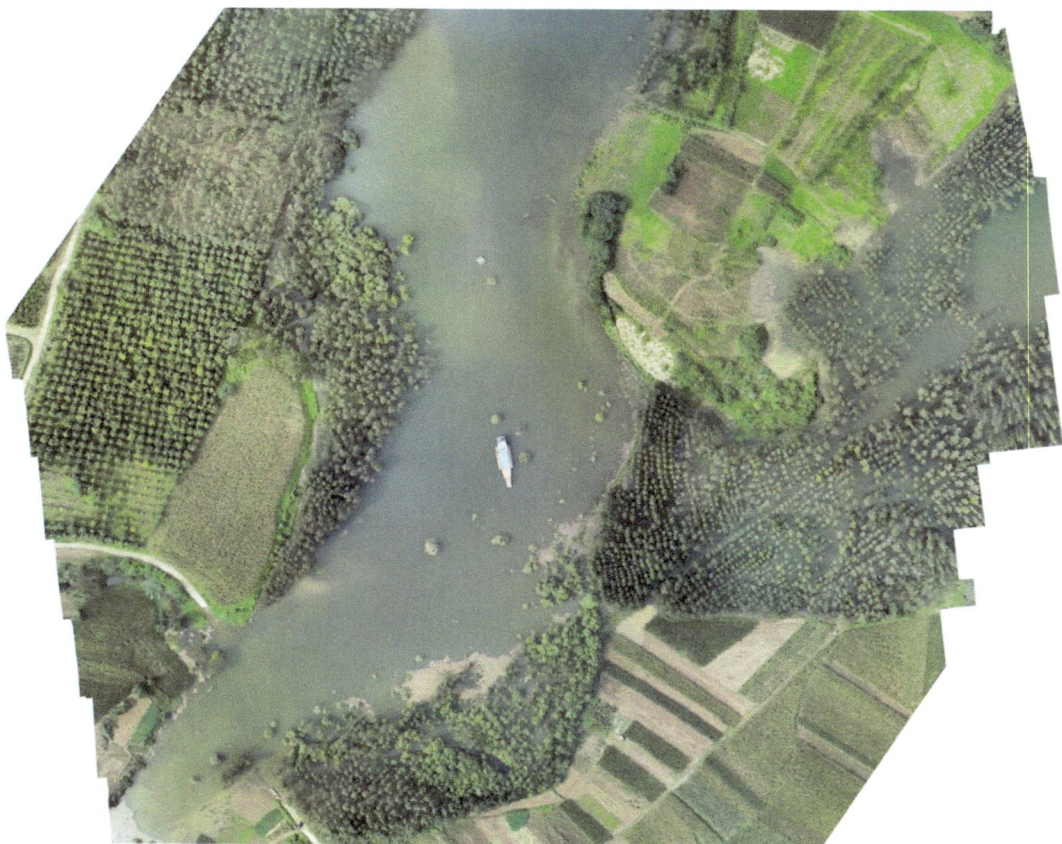

图 10-5　汉江郧阳区至丹江口水利枢纽大坝河段生境调查点 3 无人机航拍图

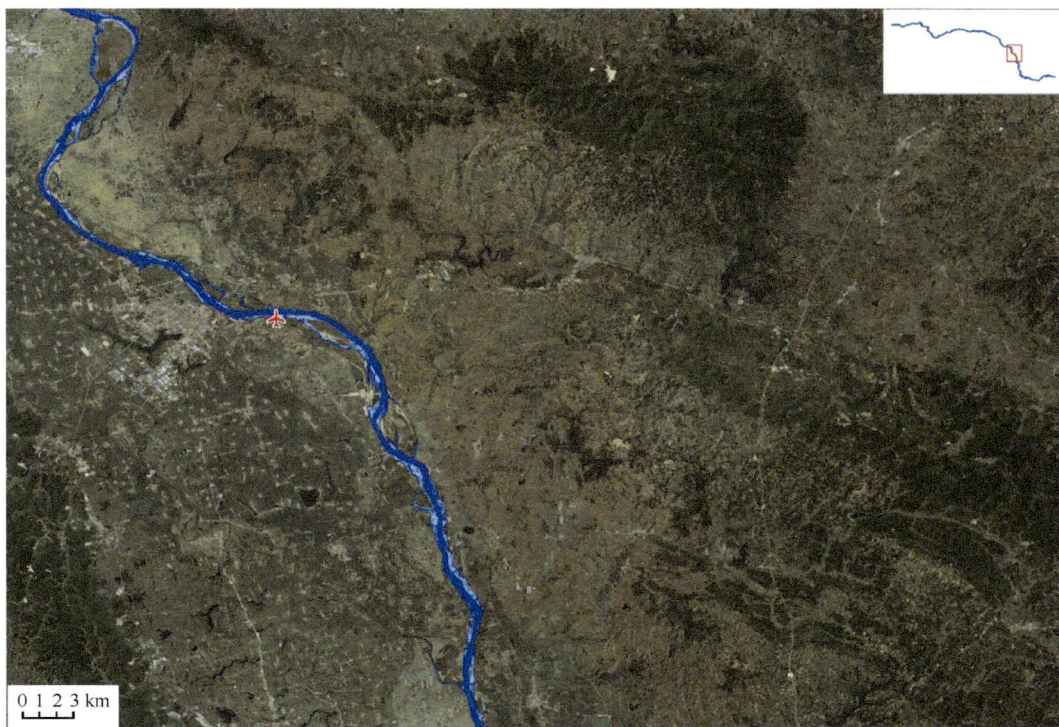

图 10-6　汉江欧庙镇至丰乐镇河段典型消落区示意图

图 10-7　汉江欧庙镇至丰乐镇河段生境调查点无人机航拍图

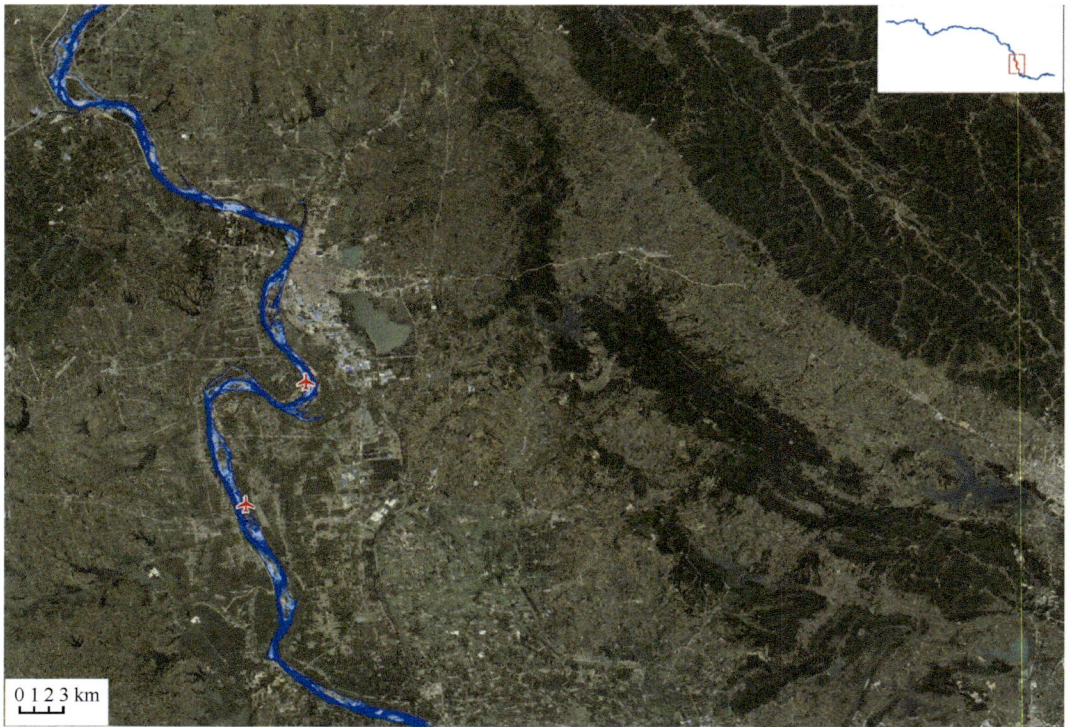

图 10-8　汉江丰乐镇至旧口镇河段典型消落区示意图

图 10-9　汉江丰乐镇至旧口镇河段生境调查点 1 无人机航拍图

导率为 425μS/cm，盐度为 0.3‰，溶解氧含量为 11.7mg/L。植被覆盖类型以草地（覆盖度为 50%～75%）、挺水植物（25%～50%）、灌木（1%～25%）、林地（1%～25%）和浮叶植物（1%～25%）为主，河床底质以淤泥和沙（75%～100%）、直径为 0.2～1.6cm 的碎石（1%～25%）为主（图 10-10）。

图 10-10　汉江丰乐镇至旧口镇河段生境调查点 2 无人机航拍图

10.2 嘉陵江

嘉陵江从陕西省宝鸡市凤县至河口重庆市汇入长江，此河段河床高程从2027m降至155m，高程均值为476m，河段总长度为1114km，是长江流域典型的弯曲型河流，河流弯曲度达1.6（图10-11）。河槽平均比降为1.2‰，河床宽度为8~8400m，河面宽度为8~3100m，丰水期河流平均宽度约为365m，占河床平均宽度的87%。冬夏消落区面积为37.2km²，占丰水期总面积的9.8%，消落区类型以自然水文情势类型为主。河流两岸景观类型以森林、农田和城市建成区为主，其中上游森林面积占比较大，为63.8%。

1. 嘉陵江——阳平关镇至宁强县五郎坝（巨亭水电站坝下）

此河段位于网格48SWB，上游起始于32.9994°N，106.0512°E，下游结束于32.8952°N，105.8902°E，长度为27.8km，河流最大宽度为200m。此河段类型为弯曲型，岸滩类型为交替滩、深潭-浅滩序列、滚动滩、纵向沙洲等，消落区类型为自然水文情势类型（图10-12）。

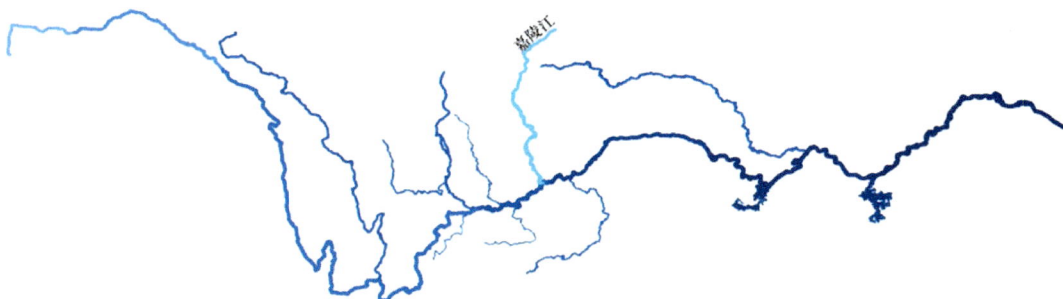

图 10-11 嘉陵江所在位置示意图

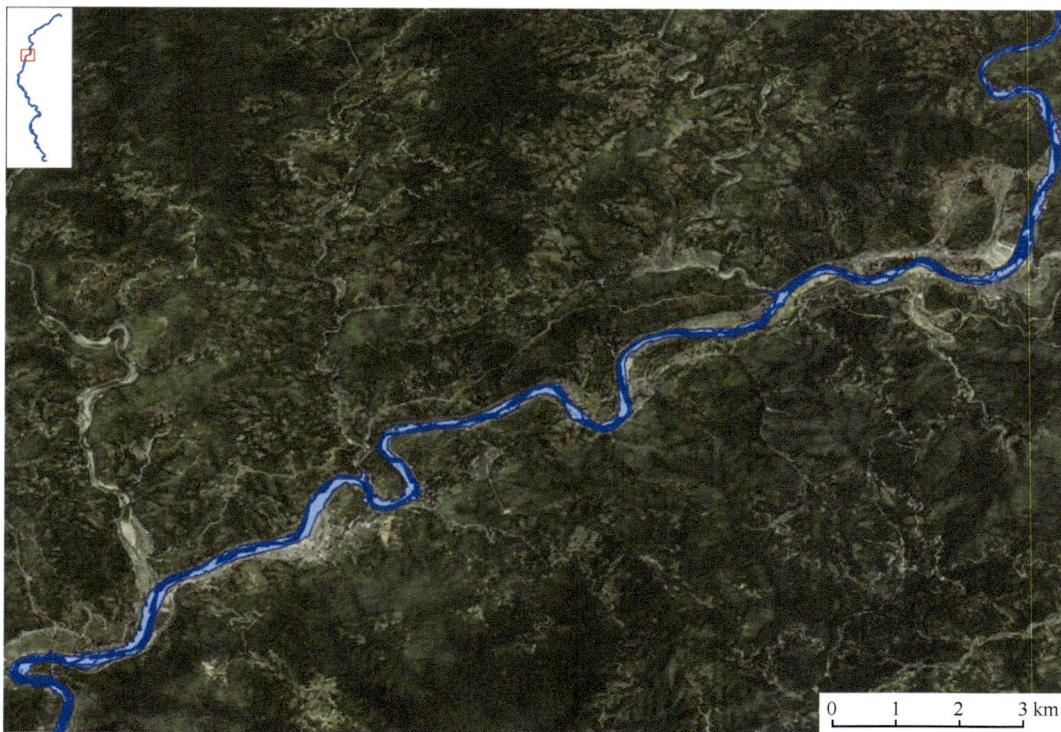

图 10-12 嘉陵江阳平关镇至宁强县五郎坝河段典型消落区示意图

2. 嘉陵江——朝天区朝天镇至沙河镇

此河段位于网格 48SWB，上游起始于 32.7143°N，105.8796°E，下游结束于 32.5393°N，105.8383°E，长度为 28.8km，河流最大宽度达 318m。河段类型为弯曲型，岸滩类型为雏形心滩、点滩、深潭 - 浅滩序列、交替滩、侧向滩等，消落区类型为自然水文情势类型（图 10-13）。

生境调查点位于 32.6418°N，105.8833°E，调查时间为 2021 年 1 月 19 日 9:00，消落带坡度为 1°，河床宽度为 301m，河流宽度 250m。水色透明度为 70cm，岸边平均流速为 0.5m/s。植被覆盖类型以草地（覆盖度为 1%～25%）为主，河床底质以淤泥和沙（25%）、直径为 0.2～1.6cm 的碎石（25%）和不规则的河床基岩（20%）为主（图 10-14）。

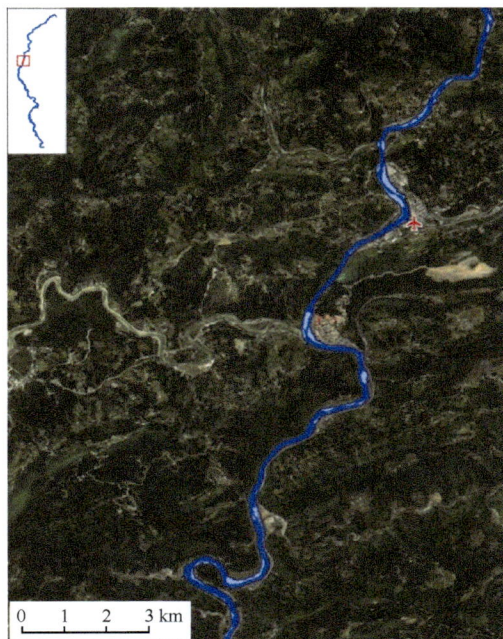

图 10-13　嘉陵江朝天区朝天镇至沙河镇河段典型消落区示意图

图 10-14　嘉陵江朝天区朝天镇至沙河镇河段生境调查点无人机航拍图

3. 嘉陵江——青居航电枢纽大坝至阙家镇

此河段位于网格 48RWU,上游起始于 30.6876°N,106.0952°E,下游结束于 30.6113°N,106.1030°E,长度为 23.1km,河流最大宽度达 700m。河段类型为弯曲-分汊复合型,岸滩类型为江心洲汊首沙嘴、点滩、侧向滩、牛轭湖等,消落区类型为自然水文情势类型(图 10-15)。

4. 嘉陵江——东西关航电枢纽拦水大坝至蒋家庙

此河段位于网格 48RXU,上游起始于 30.4832°N,106.1257°E,下游结束于 30.4467°N,106.1803°E,长度为 24.5km,河流最大宽度达 550m。河段类型为弯曲-分汊复合型,岸滩类型以点滩和牛轭湖内滩为主,消落区类型为自然水文情势类型(图 10-16)。

生境调查点位于 30.4430°N,

106.1626°E,调查时间为 2021 年 1 月 17 日 15:00,消落带坡度为 2°,河床宽度为 470m,河流宽度 250m。水色透明度为 23cm,岸边平均流速为 0.3m/s。植被覆盖类型以草地(覆盖度为 20%)和沉水植物(5%)为主,河床底质以直径为 1.7~6.4cm 的卵石(30%)、不规则的河床基岩(20%)、直径为 0.2~1.6cm 的碎石(15%)及淤泥和沙(15%)为主(图 10-17)。

5. 嘉陵江——桐子壕航电枢纽大坝至钱塘镇米口村

此河段位于网格 48RXU,上游起始于 30.2968°N,106.2611°E,下游结束于 30.1475°N,106.2151°E,长度为 31.6km,河流最大宽度达 490m。河段类型为弯曲型,岸滩类型包括交替滩、雏形心滩、江心洲汊首沙嘴和岸带沙滩,以及侧向滩等,消落区类型为自然水文情势类型(图 10-18)。

图 10-15　嘉陵江青居航电枢纽大坝至阙家镇河段典型消落区示意图

图 10-16　嘉陵江东西关航电枢纽拦水大坝至蒋家庙河段典型消落区示意图

图 10-17　嘉陵江东西关航电枢纽拦水大坝至蒋家庙河段生境调查点无人机航拍图

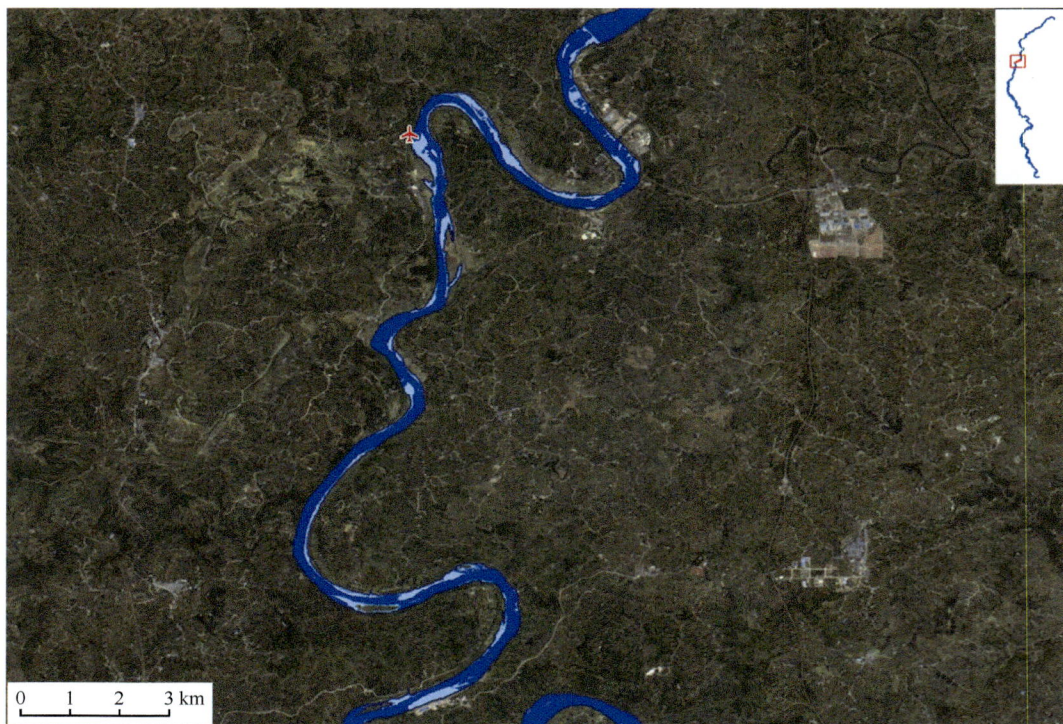

图 10-18　嘉陵江桐子壕航电枢纽大坝至钱塘镇米口村河段典型消落区示意图

生境调查点位于 30.2750°N，106.2221°E，调查时间为 2020 年 11 月 19 日 15:20，消落带坡度为 3°，河床宽度为 660m，河流宽度为 490m。水色透明度为 210cm，岸边平均流速为 0.2m/s。植被覆盖类型以草地（覆盖度为 50%）、灌木（10%）、沉水植物（5%）和挺水植物（5%）为主，河床底质以淤泥和沙（35%）、直径大于 25.6cm 的岩石和大卵石（35%）、直径为 0.2～1.6cm 的碎石（15%）及直径为 1.7～6.4cm 的卵石

（10%）为主（图 10-19）。

6. 嘉陵江——草街航电枢纽大坝至重庆市嘉华大桥

此河段位于网格 48RXT，上游起始于 29.9037°N，106.3878°E，下游结束于 29.6695°N，106.4556°E，长度为 42.2km，河流最大宽度达 680m。河段类型包括顺直型和弯曲型，岸滩类型以点滩为主，消落区类型为自然水文情势类型（图 10-20）。

图 10-19　嘉陵江桐子壕航电枢纽大坝至钱塘镇米口村河段生境调查点无人机航拍图

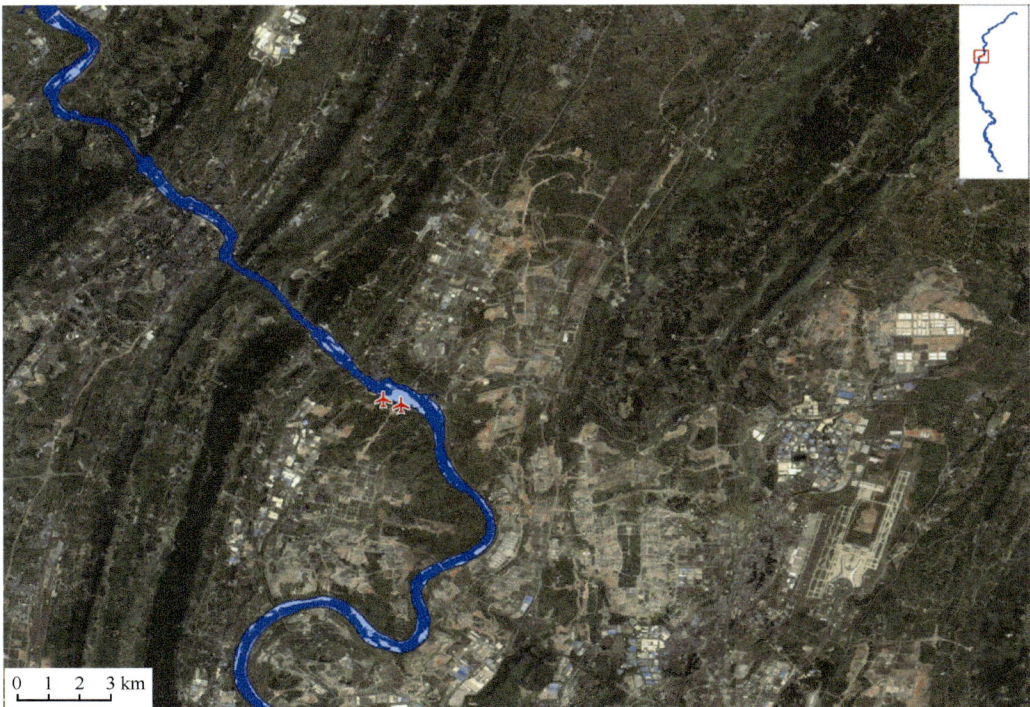

图 10-20　嘉陵江草街航电枢纽大坝至重庆市嘉华大桥河段典型消落区示意图

生境调查点位于 29.7723°N，106.4986°E，调查时间为 2020 年 11 月 18 日 15:20，消落带坡度为 3°，河床宽度为 922m，河流宽度 650m。水色透明度为 120cm，岸边平均流速为 0.3m/s。植被覆盖类型以草地（覆盖度为 10%）为主，河床底质以直径大于 25.6cm 的岩石和大卵石（40%）、淤泥和沙（20%）及直径为 0.2~1.6cm 的碎石（20%）为主（图 10-21）。

图 10-21 嘉陵江草街航电枢纽大坝至重庆市嘉华大桥河段生境调查点无人机航拍图

10.3 岷江（含大渡河）

岷江是长江自金沙江以下汇入干流的第一条大型支流，而大渡河一直被认为是岷江的最大支流（图 10-22）。

岷江从四川省阿坝藏族羌族自治州松潘县安备村至河口宜宾市汇入长江，此河段河床高程从 3260m 降至 252m，高程均值为 1096m，河流总长度为 684km。河槽平均比降处于长江流域二级河流之首，达 4.8‰，河流弯曲度为 1.2，为典型的陡峭型顺直河流，河型主要为顺直型和分汊型。河床宽度为 18m~5500m，河面宽度为 18m~3000m，均值约为 305m，丰水期河流平均宽度约为 283m，占河床平均宽度的 66%。冬夏消落区面积为 43.6km²，占丰水期总面积的

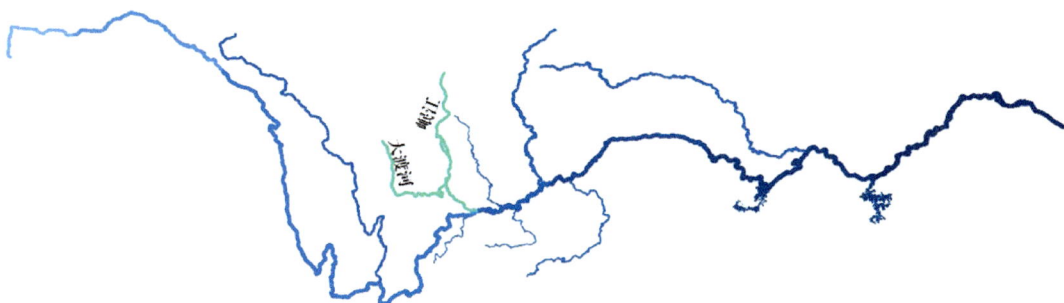

图 10-22　岷江（大渡河）所在位置示意图

23.3%。位于岷江干流在成都冲积扇平原顶点、岷江刚出山口的都江堰水利工程，是我国秦国时期修建的自然分水工程，它既无堰坝拦水，也无闸门控制，但两千多年来一直发挥着巨大的引水防洪作用，使成都平原两千多年来"水旱从人，不知饥馑"，是世界水利史上一项魁伟的奇迹。目前，人们在岷江干流已修建了20 座大型水利工程设施，在梯级水库的影响下，河流水文节律表现出自然-人为调控的复合型变化特征。河流两岸景观类型以农田、森林和城市建成区为主，其中上游森林面积占比较大，为 49.2%；中游、下游农田面积占比较大，分别为58.8%、40.3%。

大渡河从青藏高原东缘的青海省果洛藏族自治州达日县至河口乐山市汇入岷江，此河段河床高程从 1860m 降至354m，高程均值为 958m，河流总长度为 506km。河槽平均比降为 3.7‰，河流弯曲度为 1.2，整体属于顺直型河流，河段类型主要为顺直型和分汊型。河床宽度为 19m~3130m，河面宽度范围与河床宽度范围相同，丰水期河流平均宽度约为 245m，占河床平均宽度的 82%。冬夏消落区面积为 63.1km²，占丰水期总面积的 25.2%，生态水文仍以自然水文情势为主。河流两岸景观类型以森林、草地、农田和城市建成区为主，其中上游森林面积占比为 55.2%，草地占比为 34.5%，农田占比为 4.6%；中游植被面积占比下降，其中森林占比为 48.2%，农田占比为

17.9%，草地占比为 15.5%、城市建成区占比为 18.4%；下游农田和城市建成区占比进一步上升为 35.9% 和 23.9%，森林和草地占比为 23.9% 和 16.3%。

1. 岷江——映秀镇至紫坪铺水库

此河段位于网格 48RUV，上游起始于 31.1480°N，103.4833°E，下游结束于 31.0345°N，103.5742°E，长度为35.2km，河流最大宽度达 1690m。河段类型为顺直型和水库型，岸滩类型为侧向滩、碛石滩、交替滩、库区粗糙河岸，以及库区尾闾湿地等，消落区类型为反季节性消落带（图 10-23）。

2. 岷江——乐山市至犍为县

此河段位于网格 48RUT，上游起始于 29.5550°N，103.7691°E，下游结束于29.2368°N，103.9172°E，长度为 46.3km，河流最大宽度达 820m。河段类型为分汊型，岸滩类型为江心洲汊首沙嘴、岸带沙滩和江心洲之间各类浅滩，以及点滩等，消落区类型为自然水文情势类型（图 10-24）。

生境调查点位于 29.2717°N，103.8504°E。该河段为犍为电站库区，电站已建成蓄水，岸线水位受电站调节，岸坡为防洪堤，堤顶部硬化为道路，临水至低水位时为自然岸线。消落区形成初期为 11 月，水位下降至 331m；次年 4 月时消落区面积最大，水位最低为 316m；至 10 月消落区被完全淹没，水位为333m。生境调查时间为 2021 年 4 月 14

367

图 10-23　岷江映秀镇至紫坪铺水库河段典型消落区示意图

图 10-24　岷江乐山市至犍为县河段典型消落区
示意图

日 13:30，消落带坡度为 9°～18°，河床宽度为 780m，河流宽度 657m。水色透明度为 42cm，岸边平均流速为 0.13m/s，水温为 16.5℃，pH 为 7.6，盐度为 0‰，

溶解氧含量为 9.7mg/L。植被覆盖类型以草地（覆盖度为 25%～50%）、林地（1%～25%）、灌木（1%～25%）、挺水植物（1%～25%）为主，河床底质以直径为 0.2～1.6cm 的碎石（25%～50%）和直径为 1.7～6.4cm 的卵石（25%～50%）为主（图 10-25）。

3. 岷江——孝姑镇至屏山县

此河段位于网格 48RVT、48RVS，上游起始于 29.1141°N，104.0293°E，下游结束于 28.7910°N，104.5860°E，长度为 83.7km，河流最大宽度达 720m。河段类型为顺直型和分汊型，岸滩类型为江心洲汊首沙嘴、岸带沙滩和江心洲之间各类浅滩，以及滚动滩、点滩等，消落区类型为自然水文情势类型（图 10-26）。

生境调查点位于 28.9767°N，104.2931°E，此河段自然保持度高，近水处以卵石滩为主，沙土河滩集中在近岸带，自然植被覆盖类型丰富，部分区域被人工开垦。每年 12 月水位最低，约为 286m，8月水位最高，约为 301m。调查时间为 2020 年 10 月 27 日 11:00，消落带坡度

图 10-25　岷江乐山市至犍为县河段生境调查点无人机航拍图

为 2°～3°，河床宽度为 290m，河流宽度 260m。水色透明度为 27cm，岸边平均流速为 0.5m/s，水温为 17℃。植被覆盖类型以草地（覆盖度为 1%～25%）、林地（1%～25%）、灌木（1%～25%）、挺水植物（1%～25%）为主，河床底质以直径为 6.5～25.6cm 的鹅卵石（50%～75%）和直径为 1.7～6.4cm 的卵石（50%～75%）为主（图 10-27）。

4. 大渡河——石棉县至瀑布沟水电站大坝

此河段位于网格 48RTT，上游起始于 29.2482°N，102.4156°E，下游结束于 29.2126°N，102.8347°E，长度为 64.3km，河流最大宽度达 2700m。河段类型为水库型，岸滩类型为库区洄水湾、

粗糙河岸、尾闾湿地等，消落区类型为年内近自然节律型（图 10-28）。

生境调查点位于 29.3731°N，102.6486°E，此处为大渡河瀑布沟水库库区流沙河河口，水库蓄水时被淹没，部分岸坡已被硬化。每年 11 月水位开始下降，至次年 4 月降到最低，为 734m，维持最低水位约 90d 后，涨水至 10 月完全淹没，整个过程由电站调蓄。此处消落区属于库尾尾闾型，淹没深度大于 30m。调查时间为 2020 年 11 月 28 日 14:30，消落带坡度为 15°，水色透明度为 260cm，岸边平均流速为 0.01m/s，水温为 15.3℃，pH 为 7.9，电导率为 235μS/cm，盐度为 0‰，溶解氧含量为 9.8mg/L。植被覆盖类型以草地（覆盖度为 1%～25%）、林

369

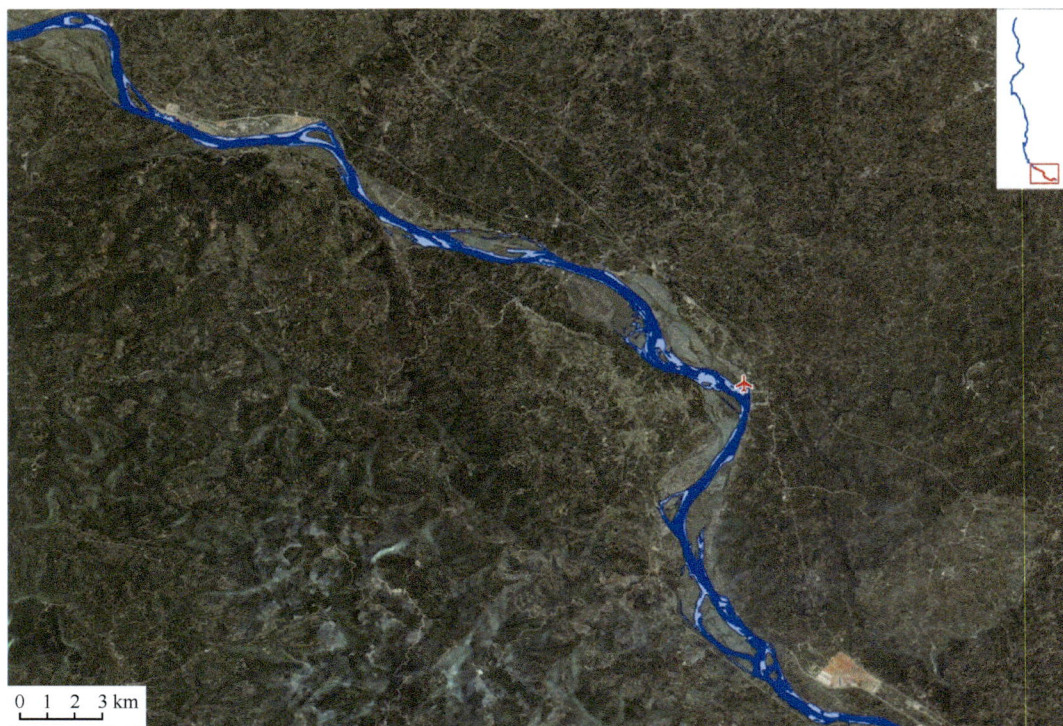

图 10-26 岷江孝姑镇至屏山县河段典型消落区示意图

图 10-27 岷江孝姑镇至屏山县河段生境调查点无人机航拍图

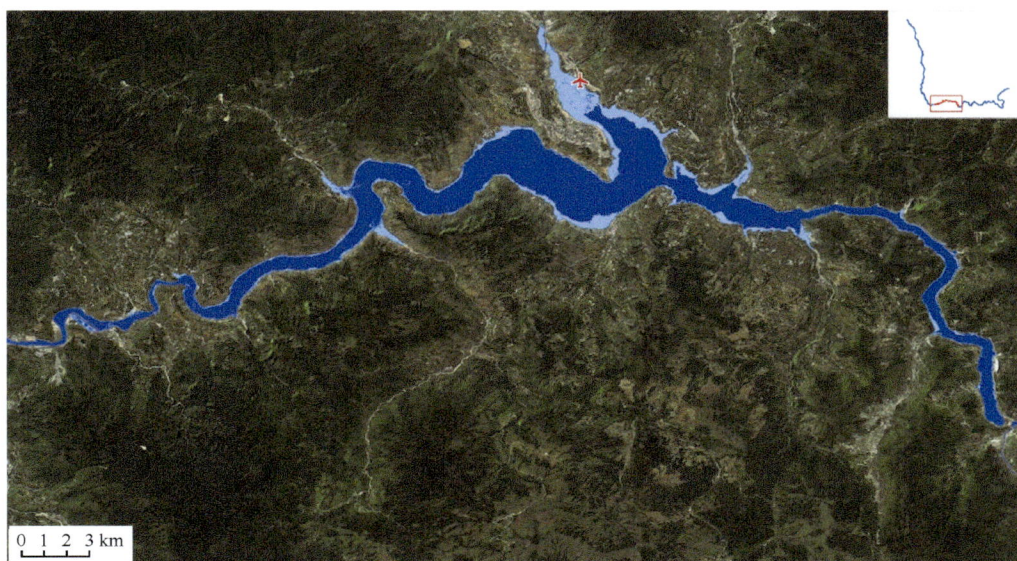

图 10-28　石棉县至瀑布沟水电站大坝河段典型消落区示意图

地（1%~25%）和灌木（1%~25%）为主，河床底质以淤泥和沙（25%~50%）、直径为 0.2~1.6cm 的碎石（1%~25%）为主（图 10-29）。

5. 大渡河——乐山沙湾水电站大坝至青衣江汇口

此河段位于网格 48RUT，上游起始于 29.3356°N，103.6118°E，下游结束于 29.5530°N，103.7291°E，长度为 44.1km，河流最大宽度达 650m。河段类型顺直型，岸滩类型为人工分水工程阻滞滩，消落区类型为年内近自然节律型（图 10-30）。

图 10-29　石棉县至瀑布沟水电站大坝河段生境调查点无人机航拍图

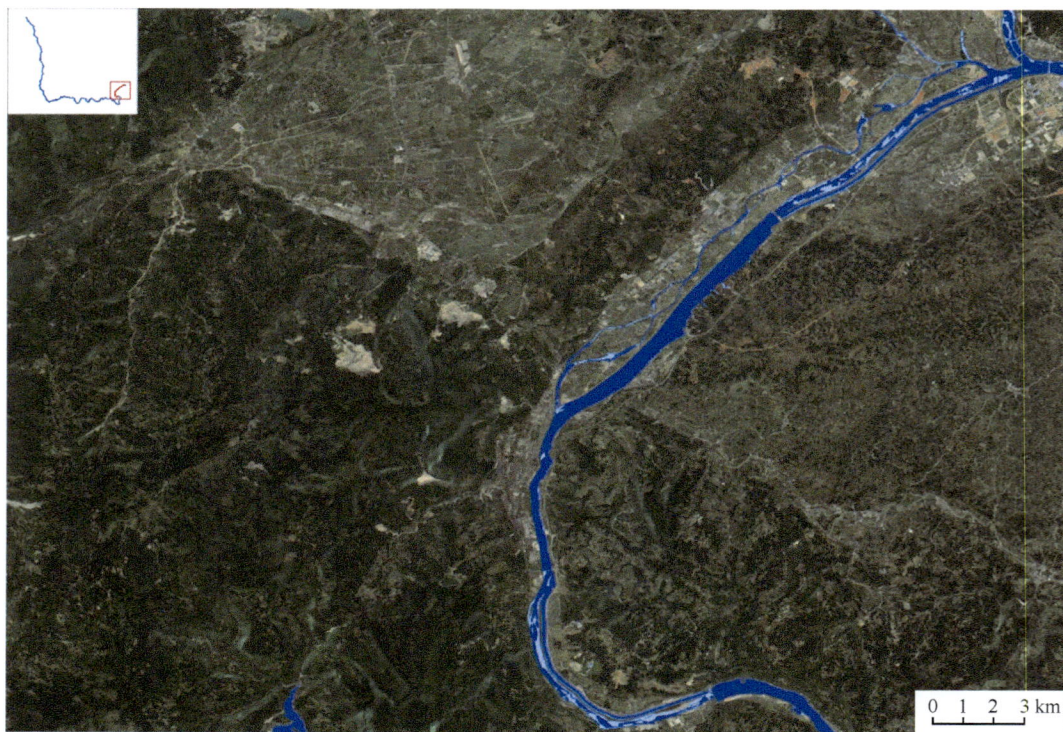

图 10-30　乐山沙湾水电站大坝至青衣江汇口河段典型消落区示意图

10.4　乌江

乌江从贵州省毕节市赫章县（南源三岔河）至河口重庆市涪陵区汇入长江，此河段河床高程从 1767m 降至 136m，高程均值为 681m，河流总长度为 991km（图 10-31）。河槽平均比降为 2‰，河流弯曲度为 1.13，整体呈现为顺直型河流，河型类型以顺直型和分汊型为主。河床宽度为 9～2100m，河面宽度范围与河床宽度范围一致。丰水期河流平均宽度约为 281.7m，占河床平均宽度的 79%。冬夏消落区面积为 45.6km^2，占丰水期总面积的 16.2%，生态水文为复合型。河流两岸景观类型以森林（占比为 54.6%）、农田（占比为 19.2%）和草地（占比为 15%）为主。

1. 乌江——洪家渡水电站库区

此河段位于网格 48RWQ，上游起始于 26.9009°N，105.5383°E，下游结束于 26.8736°N，105.8553°E，长度为 62.1km，河流最大宽度达 1420m。此河段属于乌江上游六冲河，位于洪家渡水电站控制区。洪家渡水库是乌江梯级水库的龙头水库，为多年调节型，具体调蓄策略是将丰水年（期）多余的水蓄起来，供枯水年（期）使用，对下游水库发挥补偿作用。河段类型为水库型，岸滩类型为库区洄水湾、顺直河岸、尾闾

图 10-31　乌江所在位置示意图

湿地等，消落区类型为年内近自然节律型（图 10-32）。

生境调查点 1 位于 26.8689°N，105.5603°E，属于纳雍县玉龙坝镇马拥寨，调查时间为 2021 年 3 月 30 日 13:40。丰水期淹没，每年 3～4 月水位降到最低，维持最低水位约 40d。此处消落区属于峡谷陡坡裸岩型库区消落带，淹没深度小于 30m。植被覆盖类型以草本为主，河床底质以淤泥、沙和基岩为主（图 10-33）。

生境调查点 2 位于 26.9244°N，105.7517°E，在库区中段，位于织金县茶店布依族苗族彝族乡小龙卧村，调查时间为 2021 年 3 月 30 日 8:00。此处消落区也属于峡谷陡坡裸岩型库区消落带。植被覆盖类型以草本为主，河床底质以淤泥、沙和基岩为主。当地在此处有农田种植和放牧活动（图 10-34）。

2. 乌江——化觉镇至后山镇

此河段位于网格 48RXR，上游起始于 27.1027°N，106.3941°E，下游结束于 27.2630°N，106.5942°E，长度为 33.8km，河流最大宽度达 890m。此河段位于乌江渡水电站控制区库尾。乌江渡水电站是乌江干流梯级电站的第 6 个梯级电站，为年调节型。河段类型为水库型，岸滩类型为库区洄水湾、粗糙河岸、尾闾湿地等，消落区类型为年内近自然节律型（图 10-35）。

3. 乌江——后山镇至乌江渡水电站大坝

此河段位于网格 48RXR，上游起始

图 10-32　乌江洪家渡水电站库区河段典型消落区示意图

图 10-33　乌江洪家渡水电站库区河段生境调查点 1 无人机航拍图

图 10-34　乌江洪家渡水电站库区河段生境调查点 2 无人机航拍图

图 10-35　乌江化觉镇至后山镇河段典型消落区示意图

于 27.1027°N，106.3941°E，下游结束于 27.2630°N，106.5942°E，长度为 17km，河流最大宽度达 1020m。此河段位于乌江渡水电站控制区库首。如上所述，乌江渡水电站是乌江干流梯级电站的第 6 个梯级电站，它也是在贵州喀斯特地貌上兴建的第一个大型水电站。该河段类型为水库型，岸滩类型为库区洄水湾、粗糙河岸、尾闾湿地等，消落区类型为年内近自然节律型（图 10-36）。

4. 乌江——思林水电站坝下至邵家桥镇

此河段位于网格 48RYR，上游起始于 27.8090°N，108.2207°E，下游结束于 27.9094°N，108.2472°E，长度为 14.3km，河流最大宽度达 270m。此河段位于思林水电站下游。思林水电站是乌江干流梯级电站的第 8 个梯级电站，调节类型为日、周调节型。河段类型为顺直型，岸滩类型为点滩、溪口滩、侧向滩等，消落区为库区反季节性消落带（图 10-37）。

5. 乌江——芙蓉江汇入口至武隆县

此河段位于网格 48RYT，上游起始于 29.2428°N，107.8755°E，下游结束于 29.3285°N，107.7333°E，长度为 19.9km，河流最大宽度达 500m。此河段位于乌江银盘水电站及芙蓉江江口下游，河型类型为顺直型，岸滩类型包括雏形心滩、江心洲汊首沙嘴和岸带沙滩、侧向滩、点滩等，消落区类型为自然水文情势类型（图 10-38）。

10.5　沱江

沱江从四川省德阳市绵竹市断岩头大黑湾（正源绵远河）至河口泸州市汇入长江，此河段河床高程从 1699m 降至 219m，高程均值为 395m，河流总长度为 622.7km（图 10-39）。河槽平均比降为 3‰，河流弯曲度为 1.43，整体为典型的曲流河，河型类型以弯曲型和分汊型为主。河床宽度为 10~3100m，河面宽

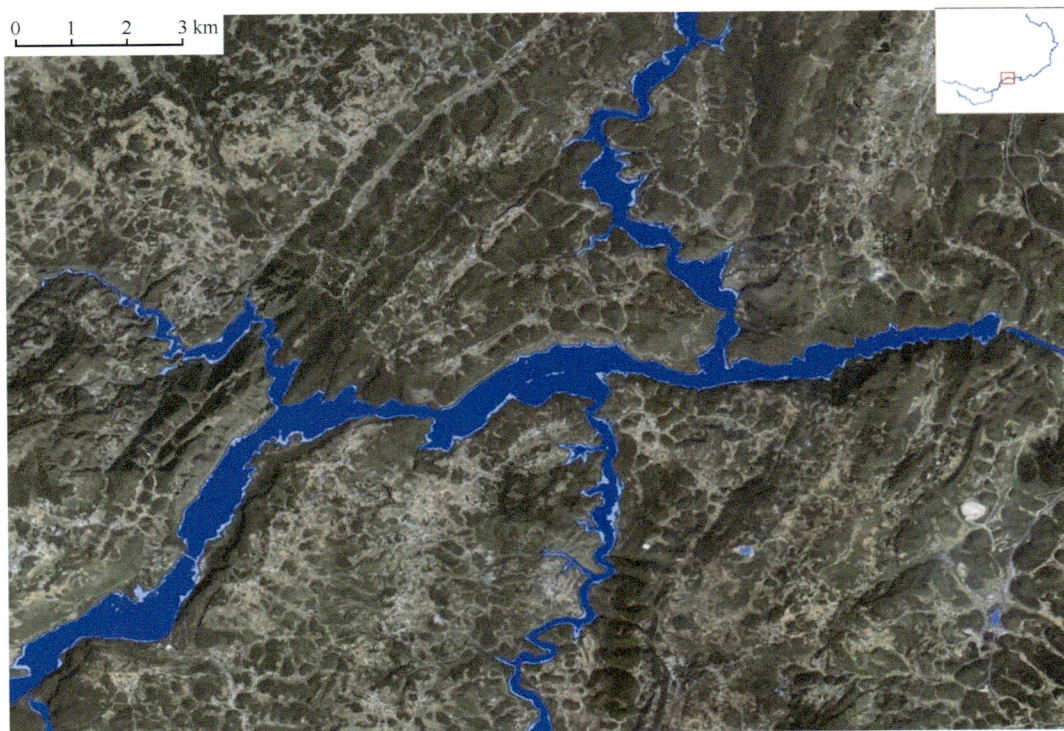

图 10-36　乌江后山镇至乌江渡水电站大坝河段典型消落区示意图

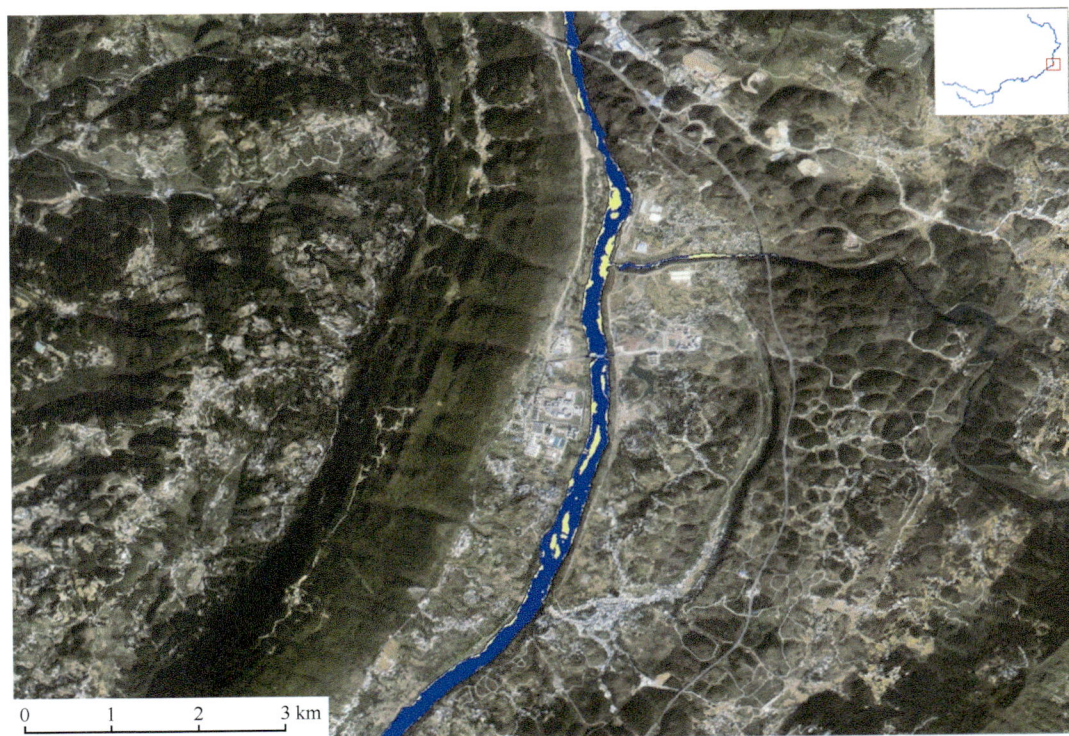

图 10-37　乌江思林水电站坝下至邵家桥镇河段典型消落区示意图

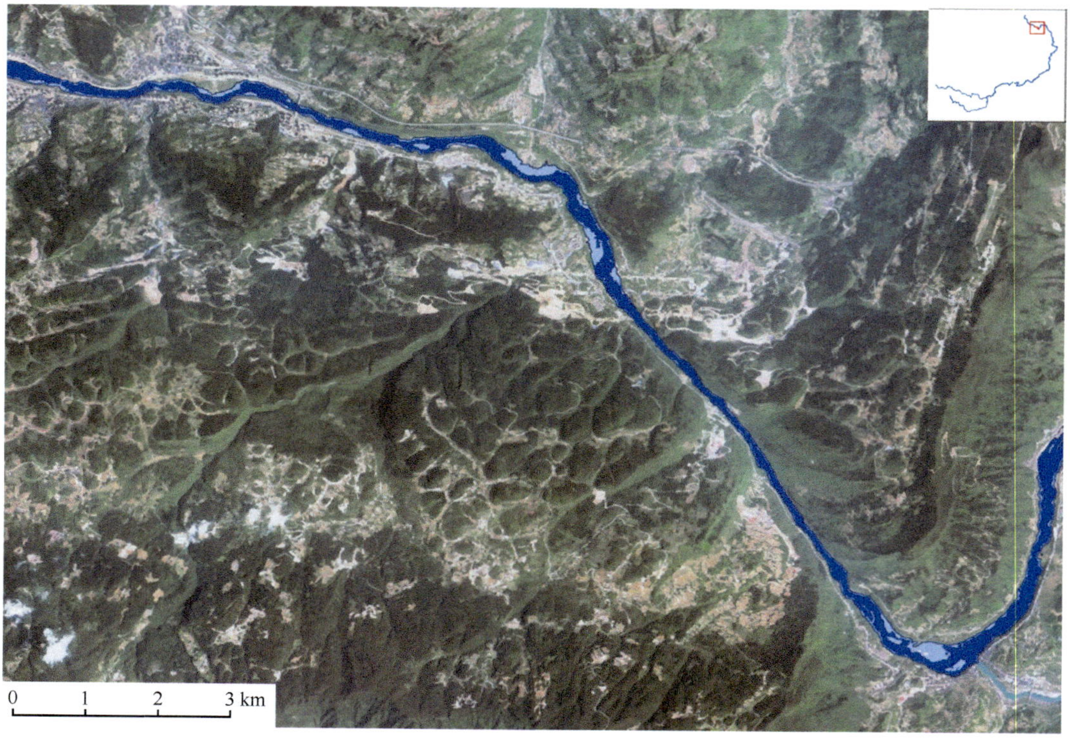

图 10-38　乌江芙蓉江汇入口至武隆县河段典型消落区示意图

图 10-39　沱江所在位置示意图

度为 10～1260m。丰水期河流平均宽度约为 210m，占河床平均宽度的 78%。冬夏消落区面积为 22.9km²，占丰水期总面积的 17%，生态水文以自然水文节律为主。河流两岸景观类型主要以农田（占比为 62.7%）和城市建成区（占比为 19.3%）为主。

1. 沱江——飞龙镇至临江镇

此河段位于网格 48RVU，上游起始于 30.2952°N，104.6535°E，下游结束于 30.2121°N，104.6621°E，长度为 24.9km，

河流最大宽度达 360m。河段类型以弯曲型为主，岸滩类型为牛轭湖内滩、雏形心滩、江心洲汊首沙嘴和岸带沙滩，以及侧向滩等，消落区类型为自然水文情势类型（图 10-40）。

生境调查点位于 30.2964°N，104.6569°E，调查时间为 2020 年 7 月 29 日 10:30，消落带坡度为 5°～10°，河床宽度 298m，河流宽度 269m。水色透明度为 15cm，岸边平均流速为 0.58m/s，水温为 26.9℃，pH 为 7.53，电导率为 129μS/cm，盐度为 0‰，溶解氧含量为 7.42mg/L。

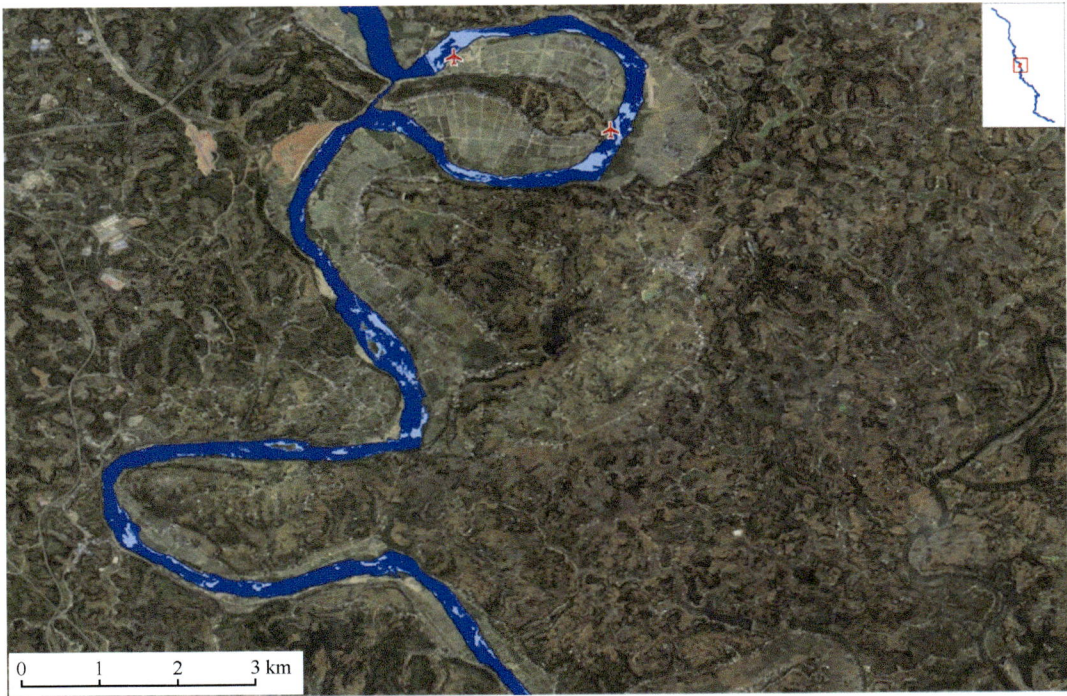

图 10-40　沱江飞龙镇至临江镇河段典型消落区示意图

植被覆盖类型以草地（覆盖度为 25%～50%）、林地（25%～50%）、灌木（1%～25%）和挺水植物（1%～25%）为主，河床底质以直径为 1.7～6.4cm 的碎石（50%～75%）为主（图 10-41）。

2. 沱江——黄葛灏水电站水坝至怀德镇

此河段位于网格 48RWT，上游起始于 29.0953°N，105.0052°E，下游结束于 28.9814°N，105.2376°E，长度为 41.5km，河流最大宽度达 350m。河段类型以弯曲型和分汊型为主，岸滩类型为江心洲汊首沙嘴、岸带沙滩、汊尾舌状沙洲，以及侧向滩等，消落区类型为自然水文情势类型（图 10-42）。

生境调查点 1 位于 29.0128°N，105.1431°E，调查时间为 2020 年 8 月 7 日 13:30，消落带坡度为 60°～70°，河床宽度为 608m，河流宽度为 536m。水色透明度为 5～10cm，岸边平均流速为 0.03m/s，水温为 30.6℃，电导率为 109μS/cm，盐度为 0‰，溶解氧含量为 8.3mg/L。植被覆盖类型以草地（覆盖度为 50%～75%）、林地（25%～50%）、灌木（1%～25%）和挺水植物（1%～25%）为主，河床底质以淤泥和沙（50%～75%）为主（图 10-43）。

图 10-41　沱江飞龙镇至临江镇河段生境调查点无人机航拍图

图 10-42　沱江黄葛灏水电站水坝至怀德镇河段典型消落区示意图

图 10-43　沱江黄葛灏水电站水坝至怀德镇河段生境调查点 1 无人机航拍图

生境调查点 2 位于 29.0058°N，105.1956°E，调查时间为 2020 年 8 月 7 日 9:00，消落带坡度为 60°～70°，河床宽度 458m，河流宽度 395m。水色透明度为 5cm，岸边平均流速为 0.05m/s，水温为 29.8 ℃，pH 为 7.4，电导率为 108μS/cm，盐度为 0‰，溶解氧含量为 7.8mg/L。植被覆盖类型以草地（覆盖度为 75%～100%）、灌木（25%～50%）、林地（25%～50%）和挺水植物（1%～25%）

为主，河床底质以淤泥和沙（50%～75%）为主（图 10-44）。

3. 沱江——胡市镇至长江干流汇口

此河段位于网格 48RWS，上游起始于 28.9272°N，105.3312°E，下游结束于 28.9044°N，105.4492°E，长度为 21.5km，河流最大宽度达 450m。河段类型为弯曲型，岸滩类型以点滩、侧向滩为主，消落区类型为自然水文情势类型（图 10-45）。

图 10-44　沱江黄葛灏水电站水坝至怀德镇河段生境调查点 2 无人机航拍图

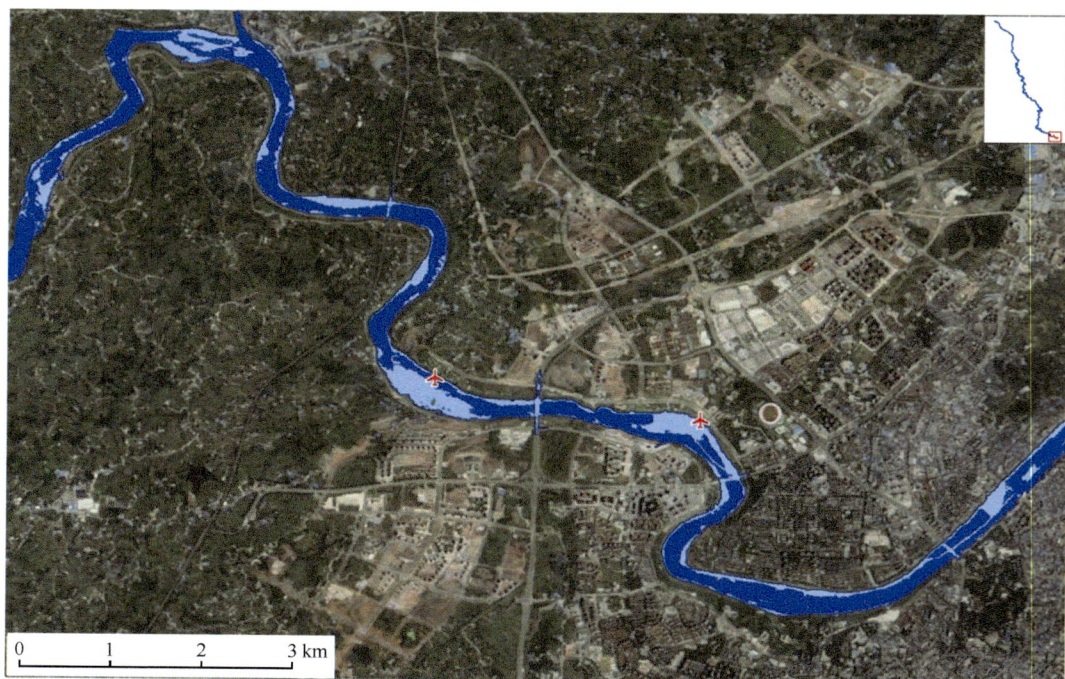

图 10-45　沱江胡市镇至长江干流汇口河段典型消落区示意图

生境调查点 1 位于 28.9108°N，105.3775°E，调查时间为 2020 年 8 月 6 日 16:30，消落带坡度为 3°～5°，河床宽度 405m，河流宽度 380m。水色透明度为 5cm，岸边平均流速为 0.05m/s，水温为 36.2℃，pH 为 7.4，电导率为 108μS/cm，盐度为 0‰，溶解氧含量为 8.0mg/L。植被覆盖类型以草地（覆盖度为 50%～75%）、林地（25%～50%）、灌木（1%～25%）和挺水植物（1%～25%）为主，河床底质以淤泥和沙（50%～75%）为主（图 10-46）。

生境调查点 2 位于 28.9108°N，105.3775°E，调查时间为 2020 年 8 月 6 日 9:45，消落带坡度为 5°～10°，河床宽度 360m，河流宽度 320m。水色透明度为 5cm，岸边平均流速为 0.05m/s，水温为 29.8℃，pH 为 7.68，电导率为 110μS/cm，盐度为 0‰，溶解氧含量为 7.95mg/L。植被覆盖类型以草地（覆盖度为 75%～100%）、灌木（1%～25%）、林地（1%～25%）和挺水植物（1%～25%）为主，河床底质以淤泥和沙（25%～50%）为主（图 10-47）。

10.6　赤水河

赤水河从云南省昭通市镇雄县赤水源镇至四川省泸州市合江县汇入长江，此河段河床高程从 1353m 降至 202m，高程均值为 515.7m，河流总长度为 423km

图 10-46　沱江胡市镇至长江干流汇口河段生境调查点 1 无人机航拍图

图 10-47　沱江胡市镇至长江干流汇口河段生境调查点 2 无人机航拍图

（图 10-48）。河槽平均比降为 3.6‰，河流弯曲度为 1.2，整体属于顺直型河流，河型类型以顺直型为主；河床宽度为 19～387m，河面宽度为 19～220m。丰水期河流平均宽度约为 83.4m，占河床平均宽度的 98%。冬夏消落区面积仅为 9.0km²，占丰水期总面积的 28.8%，从上游到下游均匀分散分布。赤水河是长江上游唯一没有在干流修建水坝、水库的一级支流，河水涨落受人工影响的干扰较小，生态水文为自然节律型。河流两岸景观类型主要以森林（占比为 67.5%）、农田（占比为 17.7%）和草地（占比为 8.1%）为主。

1. 赤水河——赤水镇段

此河段位于网格 48RWR，上游起始于 27.761 92°N，105.519 53°E，下游结束于 27.697 37°N，105.605 47°E，长度为 13.4km，河流最大宽度达 80m。河段类型为顺直型，岸滩类型主要为交替点滩、侧向滩，消落区类型为自然水文情势类型（图 10-49）。

生境调查点位于 27.7245°N，105.5722°E，调查时间为 2020 年 12 月 24 日 9:00。消落带坡度为 60°，河床宽度为 70m，河流宽度 35m。水色透明度为 95cm，岸边平均流速为 0.5m/s。水温为 12.3℃，pH

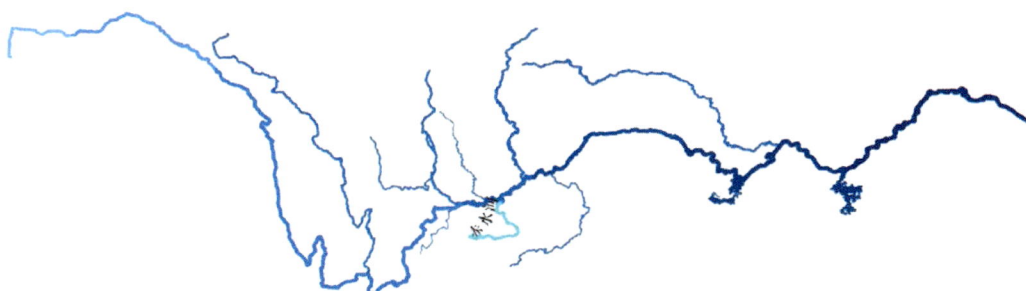

图 10-48 赤水河所在位置示意图

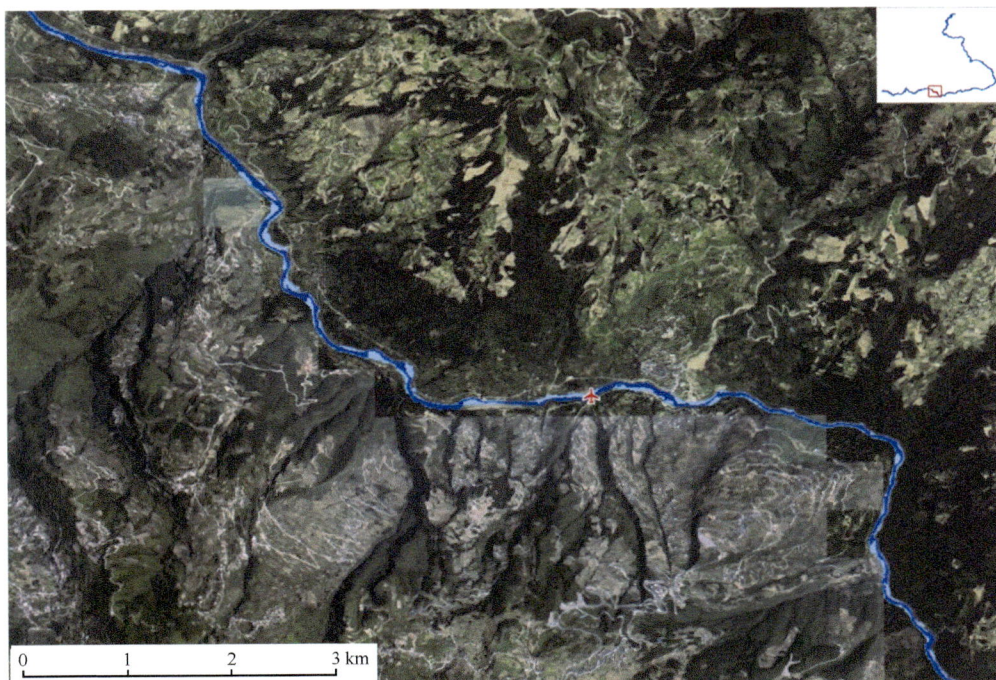

图 10-49 赤水河赤水镇河段典型消落区示意图

为 8.85, 盐度为 0.2‰, 溶解氧含量为 7.84mg/L。植被覆盖类型以林地(覆盖度为 25%～50%)、灌木(25%～50%)、草地(25%～50%)为主, 河床底质以直径为 1.7～6.4cm 的卵石(50%～75%)、直径为 6.5～25.6cm 的鹅卵石(25%～50%)为主(图 10-50)。

2. 赤水河——马蹄镇段

此河段位于网格 48RWR, 上游起始于 27.6869°N, 105.7170°E, 下游结束于 27.7209°N, 105.7845°E, 长度为 9.6km, 河流最大宽度达 90m。河段类型为顺直型, 岸滩类型以侧向滩为主, 消落区类型为自然水文情势类型(图 10-51)。

生境调查点位于 27.7122°N, 105.7260°E, 调查时间为 2020 年 12 月 25 日 14:00。消落带坡度为 65°, 河床宽度为 25m, 河流宽度 12m。水色透明度为 80cm, 岸边平均流速为 0.7m/s。水温为 10.3℃, pH 为 8.86, 盐度为 0.18‰, 溶解氧含量为 9.84mg/L。植被覆盖类型以灌木(覆盖度为 25%～50%)、草地(25%～50%)为主, 河床底质以直径为 1.7～6.4cm 的卵石(25%～50%)、直径为 6.5～25.6cm 的鹅卵石(25%～50%)为主(图 10-52)。

图 10-50　赤水河赤水镇河段生境调查点无人机航拍图

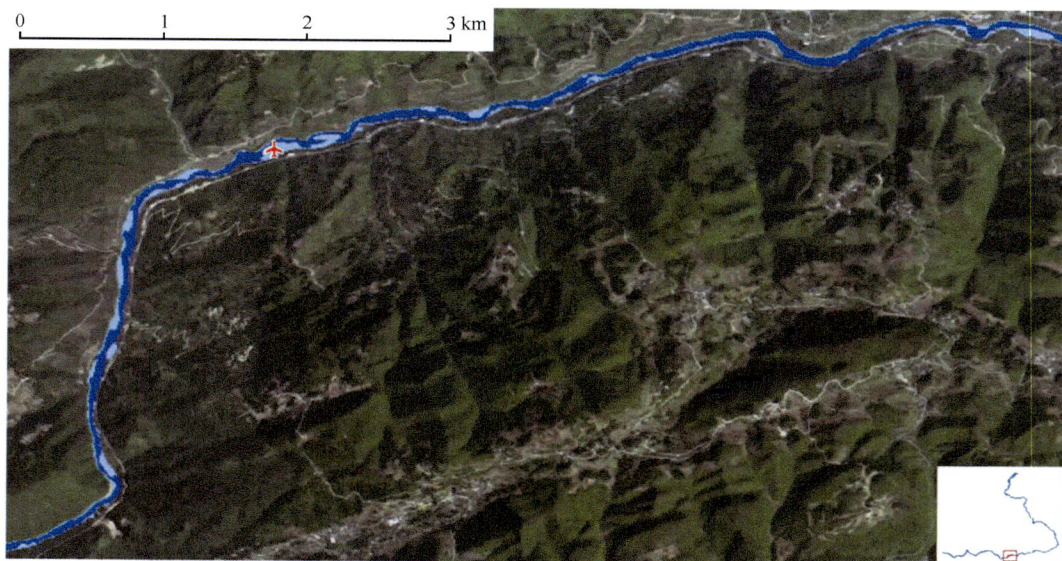

图 10-51　赤水河马蹄镇河段典型消落区示意图

图 10-52　赤水河马蹄镇河段生境调查点无人机航拍图

3. 赤水河——复兴镇至先市镇

此河段位于网格 48RXR，上游起始于 27.7713°N，106.2314°E，下游结束于 27.8130°N，106.3167°E，长度为 9.4km，河流最大宽度达 90m。河段类型为顺直型，岸滩类型以交替点滩、侧向滩为主，消落区类型为自然水文情势类型

（图 10-53）。

生境调查点位于 27.7971°N，106.2816°E，调查时间为 2020 年 12 月 23 日 8:00。消落带坡度为 60°，河床宽度为 80m，河流宽度 40m。水色透明度为 90cm，岸边平均流速为 0.41m/s。水温为 11.9℃，pH 为 8.56，盐度为 0.21‰，溶解氧含量为

9.12mg/L。植被覆盖类型以林地（覆盖度为25%～50%）、灌木（25%～50%）、草地（25%～50%）为主，河床底质以直径为0.2～1.6cm的碎石（25%～50%）、直径为1.7～6.4cm卵石（25%～50%）、直径为6.5～25.6cm鹅卵石（25%～50%）为主（图10-54）。

4. 赤水河——隆兴镇段

此河段位于网格48RXS，上游起始于28.1657°N，106.1345°E，下游结束于28.2134°N，106.0153°E，长度为22.2km，河流最大宽度达120m。河段类型为弯曲型和顺直型，岸滩类型以侧向滩、点滩为主，消落区类型为自然水文情势类型（图10-55）。

生境调查点位于28.1668°N，106.0459°E，调查时间为2020年12月22日14:00。消落带坡度为40°，河床宽度为187m，河流宽度95m。水色透明度为95cm，岸边平均流速为0.26m/s。水温为12.1℃，pH为8.4，盐度为0.23‰，溶解氧含量为7.83mg/L。植被覆盖类型以灌木（覆盖度为25%～50%）、草地（25%～50%）为主，河床底质以直径为0.2～1.6cm的碎石（25%～50%）、直径为1.7～6.4cm卵石（25%～50%）、直径为6.5～25.6cm鹅卵石（25%～50%）为主（图10-56）。

5. 赤水河——土城镇段

此河段位于网格48RWS，上游起始于28.2083°N，106.0231°E，下游结束于28.304 09°N，105.9649°E，长度为12.5km，河流最大宽度达110m。河段类型为顺直型，岸滩类型包括自由交替滩、溪口滩、侧向滩等，消落区类型为自然水文情势类型（图10-57）。

生境调查点位于28.279°N，105.992°E，调查时间为2020年12月22日8:00。消落带坡度为40°，河床宽度为134m，河流宽度69m。水色透明度为90cm，岸边平均流速为0.31m/s。水温为13.8℃，pH为8.4，盐度为0.23‰，溶解氧含量为7.62mg/L。植被覆盖类型以灌木（覆盖度为25%～50%）、草地（25%～50%）为主，河床底质以直径为1.7～6.4cm卵石（25%～50%）、直径为6.5～25.6cm鹅卵石（25%～50%）、直径大于25.6cm的岩石和大卵石（25%～50%）为主（图10-58）。

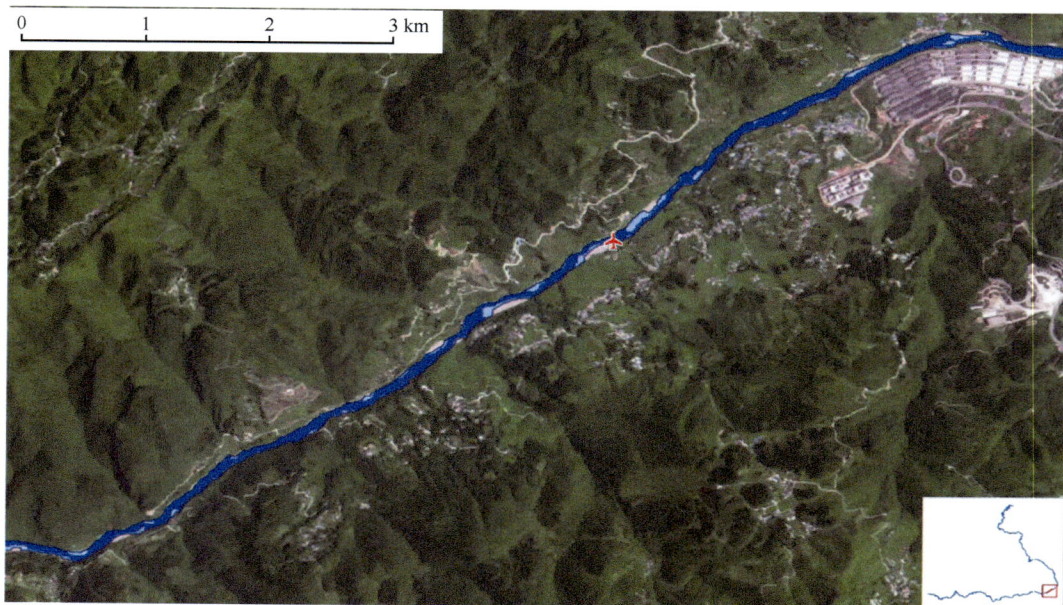

图10-53　赤水河复兴镇至先市镇河段典型消落区示意图

图 10-54　赤水河复兴镇至先市镇河段生境调查点无人机航拍图

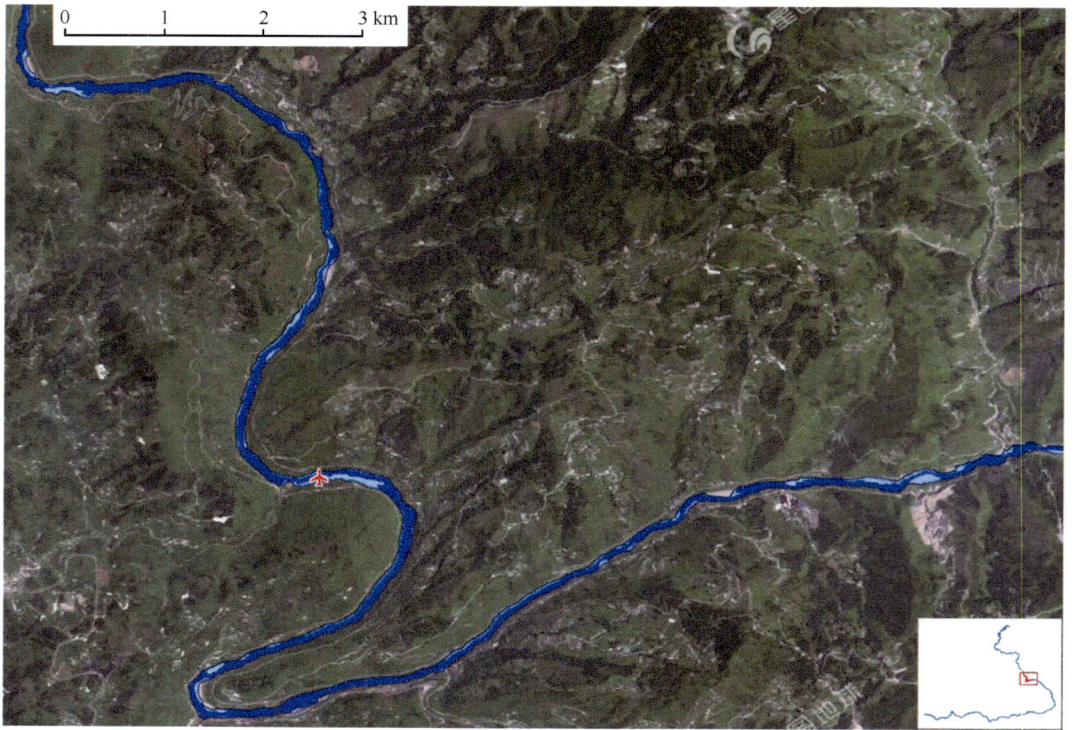

图 10-55　赤水河隆兴镇河段典型消落区示意图

图 10-56　赤水河隆兴镇河段生境调查点无人机航拍图

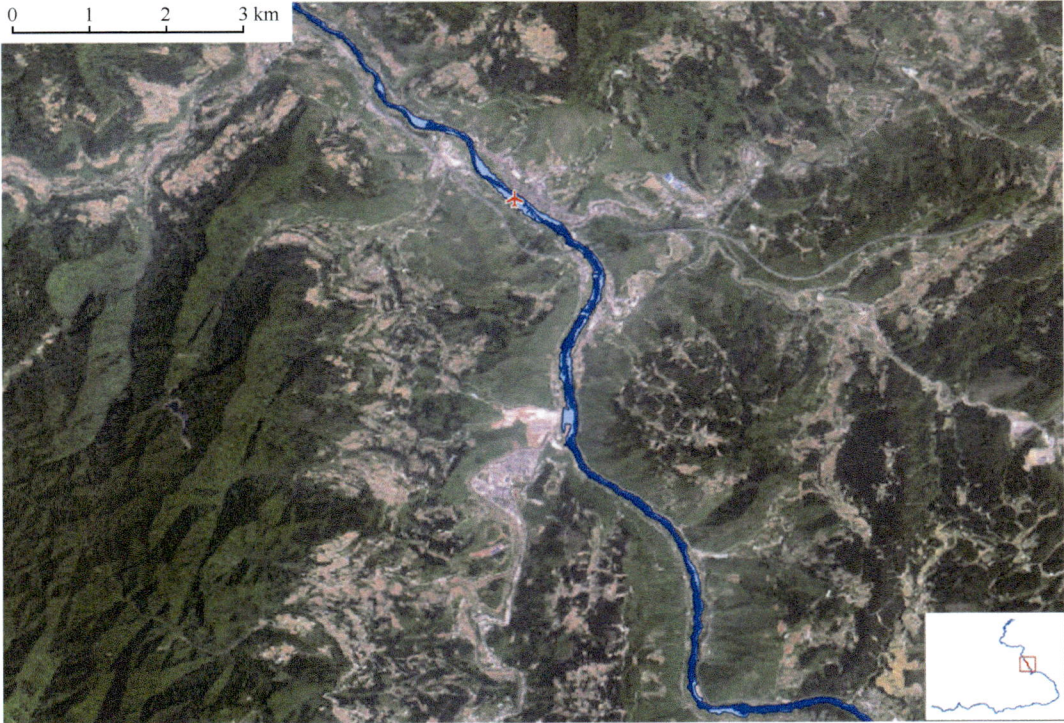

图 10-57　赤水河土城镇河段典型消落区示意图

图 10-58　赤水河土城镇河段生境调查点无人机航拍图

10.7　横江

　　横江从云南省昭通市鲁甸县（洒渔河）至水富市小岸坝河口汇入金沙江，此河段河床高程从 2297m 降至 274m，高程均值为 1078m，河流总长度为 305.8km（图 10-59）。河槽平均比降为 6.6‰。河流弯曲度为 1.43，整体为陡峭型的曲流河，河型类型以弯曲型和顺直型为主；河床宽度为 95～230m，河面宽度为 80～180m。丰水期河流平均宽度约为 210.7m，占河床平均宽度的 78%。冬夏消落区面积为 9.1km²，占丰水期总面积的 40.2%，生态水文为复合型。

1. 横江——渔洞水库

　　此河段位于网格 48RUR，上游起始于 27.4845°N，103.4686°E，下游结束于 27.4001°N，103.5519°E，长度为 14.4km，河流最大宽度达 530m。河段类型为水库型，岸滩类型为库区洄水湾、尾闾湿地、库区粗糙河岸等，消落区类型为典型的库区反季节性消落带（图 10-60）。

　　生境调查点 1 位于 27.4746°N，103.4766°E，调查时间为 2021 年 4 月 22 日 15:00，消落带坡度为 75°。植被覆盖类型以林地（覆盖度为 1%～25%）和灌木（1%～25%）为主，河床底质以淤泥和沙（75%～100%）、直径为 0.2～1.6cm 的碎石（1%～25%）为主（图 10-61）。

　　生境调查点 2 位于 27.4522°N，103.5592°E，调查时间为 2021 年 4 月 22 日 17:00，消落带坡度为 50°。植被覆盖类型以林地（覆盖度为 1%～25%）和灌木（1%～25%）为主，河床底质以淤泥和沙（75%～100%）、直径为 0.2～1.6cm 的碎石（1%～25%）为主（图 10-62）。

2. 横江——万年桥水电站至燕子坡水电站下游 5km 处

　　此河段位于网格 48RVS，上游起始于 28.2563°N，104.1775°E，下游结束于 28.3151°N，104.2628°E，长度为 11.5km，河流最大宽度达 120m。河段类型为顺直型，岸滩类型为自由交替滩、

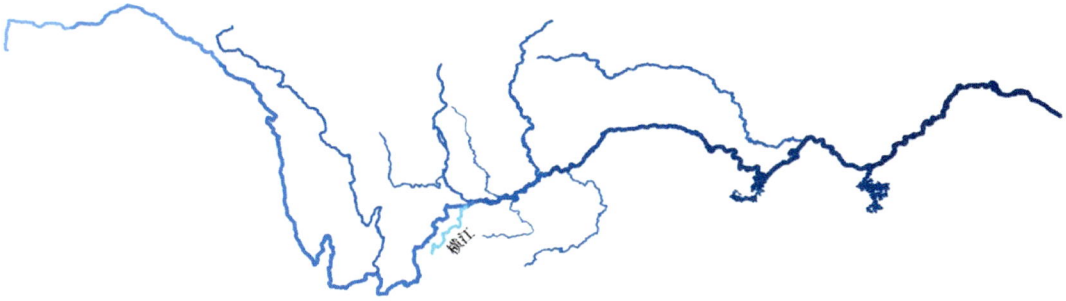

图 10-59　横江所在位置示意图

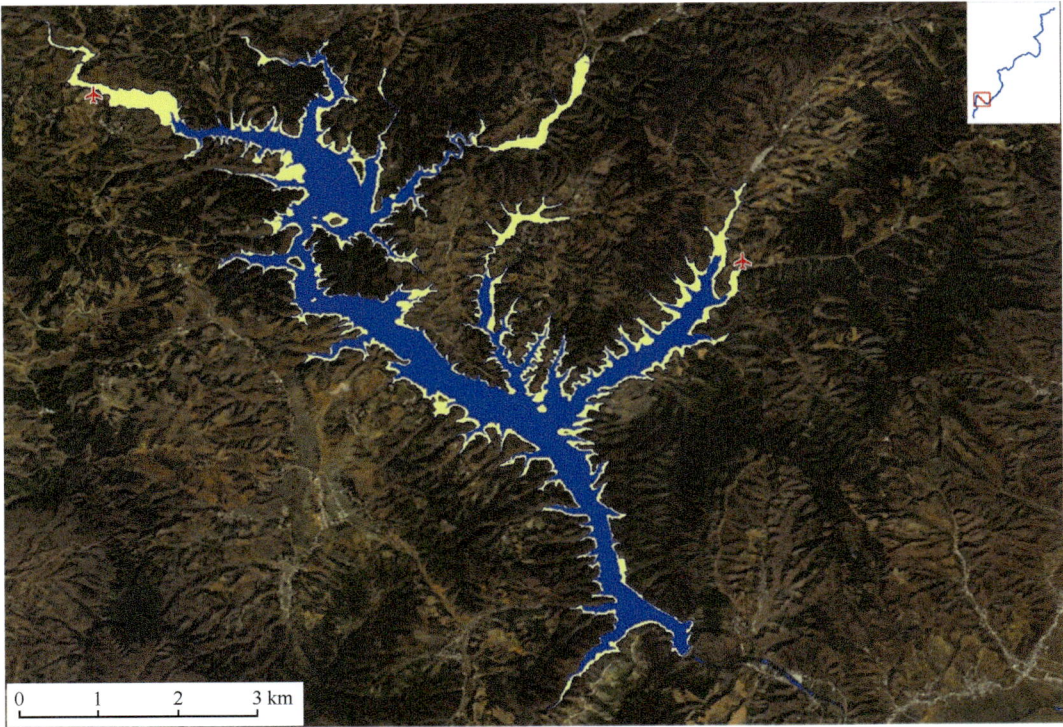

图 10-60　横江渔洞水库河段典型消落区示意图

图 10-61　横江渔洞水库河段生境调查点 1 无人机航拍图

图 10-62　横江渔洞水库河段生境调查点 2 无人机航拍图

侧向滩，消落区类型为自然水文情势类型（图 10-63）。

生境调查点位于 28.2779°N，104.2247°E，调查时间为 2021 年 4 月 24 日 12:00，消落带坡度为 60°。水温为 18.9℃，pH 为 7.69，溶解氧含量为 8.03mg/L。植被覆盖类型以林地（覆盖度为 75%～100%）和灌木（1%～25%）为主，河床底质以淤泥和沙（75%～100%）、直径为 1.7～6.4cm 的碎石（1%～25%）为主（图 10-64）。

3. 横江——张窝水电站至横江镇

此河段位于网格 48RVS，上游起始于 28.5419°N，104.3124°E，下游结束于 28.5837°N，104.3650°E，长度为 8.9km，河流最大宽度达 150m。河段类型为弯曲型，岸滩类型以侧向滩为主，消落区类型为自然水文情势类型（图 10-65）。

生境调查点位于 28.5467°N，104.3214°E，调查时间为 2021 年 4 月 24 日 10:50，消落带坡度为 60°。水温为 17.9℃，pH 为 7.59，溶解氧含量为 8.45mg/L。植被覆盖

类型以林地（覆盖度为 75%～100%）和灌木（1%～25%）为主，河床底质以淤泥和沙（75%～100%）、直径为 0.2～1.6cm 的碎石（1%～25%）为主（图 10-66）。

图 10-63　横江万年桥水电站至燕子坡水电站下游河段典型消落区示意图

图 10-64　横江万年桥水电站至燕子坡水电站下游河段生境调查点无人机航拍图

图 10-65　横江张窝水电站至横江镇河段典型消落区示意图

图 10-66　横江张窝水电站至横江镇河段生境调查点无人机航拍图

4. 横江——横江镇至金沙江汇口

此河段位于网格 48RVS，上游起始于 28.5837°N，104.3650°E，下游结束于 28.6271°N，104.4246°E，长度为 11.5km，

河流最大宽度达 150m。河段类型属于顺直型，岸滩类型为侧向滩，消落区类型为自然水文情势类型（图 10-67）。

生境调查点位于 28.6239°N，104.4217°E，

调查时间为 2021 年 4 月 23 日 13:40，消落带坡度为 30°。水温为 19.8℃，pH 为 7.64，溶解氧含量为 8.58mg/L。植被覆盖类型以林地（覆盖度为 1%～25%）为主，河床底质以淤泥和沙（75%～100%）、直径为 6.5～25.6cm 的鹅卵石（1%～25%）为主（图 10-68）。

图 10-67　横江镇至金沙江汇口河段典型消落区示意图

图 10-68　横江镇至金沙江汇口河段生境调查点无人机航拍图

第 11 章　长江流域两湖典型消落区

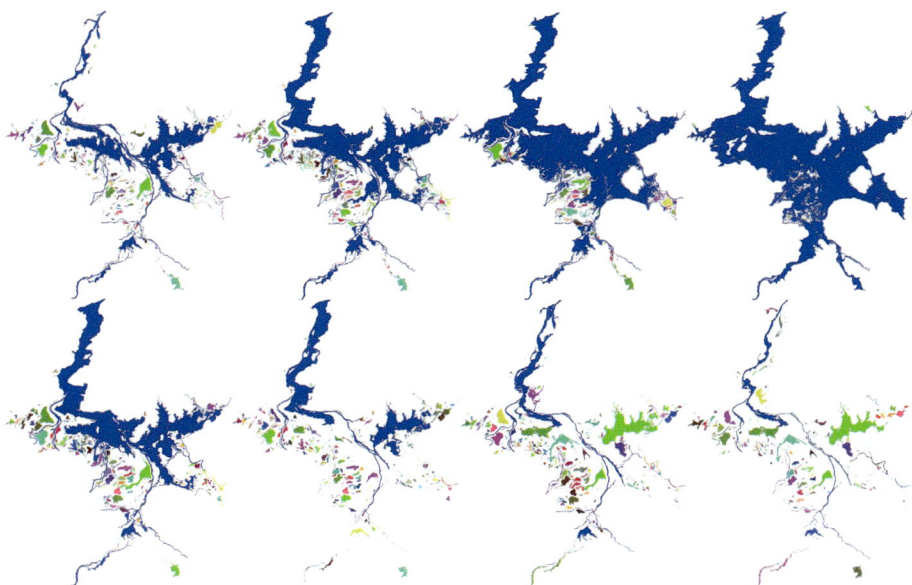

鄱阳湖水文连通度的丰枯水期变化

鄱阳湖与洞庭湖（以下简称"两湖"）是我国长江流域两大通江淡水湖泊，也是具有国际保护意义的重要湖泊湿地。两湖是极为典型的过水性吞吐湖泊，年际年内水位变幅巨大，形成了具有显著时令性的湖泊消落区景观，独特的水文环境与地形地貌特征为湖滩草洲湿地生态系统发育提供了良好条件，孕育了丰富多样的水生生物栖息生境，在水源涵养、洪水调蓄、气候调节、水质净化、生物多样性维持，尤其是渔业资源保护等方面发挥着巨大作用。两湖流域消落区生态环境的保护为区域内社会、经济的和谐、健康发展提供了坚实的生态安全保障。

两湖水体淹没频率在空间分布上呈现出沿高程变化的梯度分布特征，在靠近河道及主湖体区表现出较高的水体淹没频率（60%～90%），在入湖三角洲及其前缘则表现出相对较低的淹没频率（图 11-1）。

相较而言，鄱阳湖水体淹没频率较低的主要是南部入湖三角洲区域，洞庭湖则主要分布在西洞庭湖和南洞庭湖，且淹没频率相较鄱阳湖更低。在不同的水文情势下，两湖的平均水面变化速率在空间上具有一定的差异性。春季，鄱阳湖在湖盆敞水区表现为较快的水面扩张速率；夏季，由于赣江、抚河来水增加，南部三角洲区域的水面增长速率较

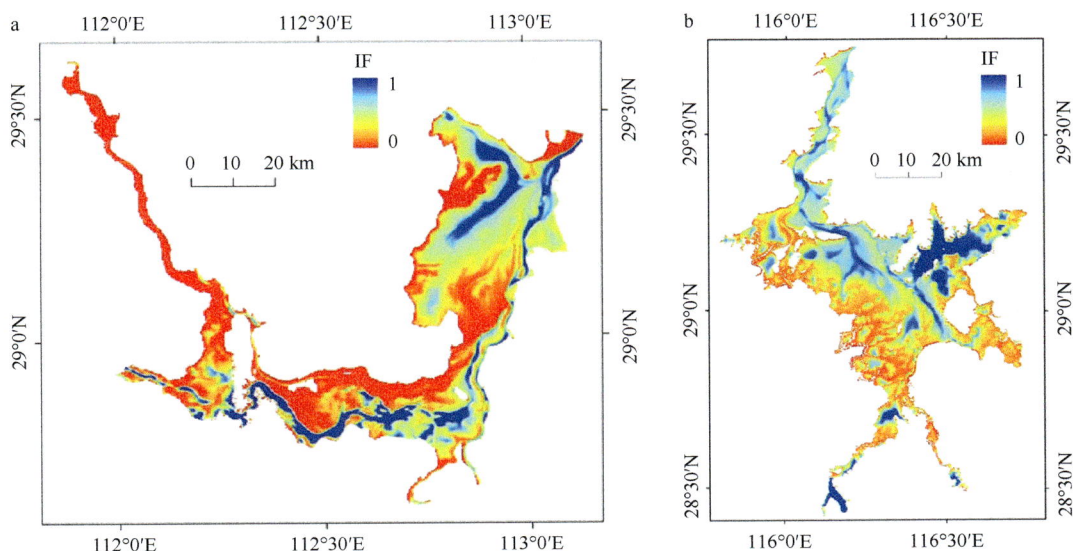

图 11-1　洞庭湖（a）和鄱阳湖（b）多年平均水体淹没时间特征

快；秋季，五河（赣江、抚河、信江、饶河、修水）来水减少，鄱阳湖水面萎缩，其中南部三角洲附近的水面缩减速率最快；冬季，鄱阳湖萎缩速率的最大值则转移到通江水体区。相较而言，洞庭湖在春季总体上表现出较低的水面扩张速率，仅东洞庭湖和南洞庭湖的主湖区呈现略微的水面扩张；夏季，以东洞庭湖、南洞庭湖、西洞庭湖等为中心向四周迅速扩张的趋势为主，且东洞庭湖的水面扩张速度最快，南洞庭湖次之，西洞庭湖最小；秋季和冬季，洞庭湖水面退缩的位置及程度表现出与夏季和春季相反的规律性。

11.1　洞庭湖

洞庭湖的地理坐标范围为 28.707°N～29.516°N，112.019°E～113.144°E；最大面积约为 2100km²，枯水期面积最小，为 900km²；消落区面积为 1200km²（图 11-2），类型为自然水文情势类型。湖区主要植被覆盖类型包括杨柳、旱柳、防护林，芦苇、南荻等滩地高草草甸，薹草、藨草、芦蒿等优势种群的滩地，以及无明显植被生长的泥滩裸土地等。

生境调查点 1 位于 28.8422°N，112.1721°E，调查时间为 2020 年 11 月 11 日 15:00。水色透明度为 150cm。底质以淤泥和沙（60%）、直径为 0.2～1.6cm 的卵石（20%）和直径为 1.7～6.4cm 的鹅卵石（15%）为主（图 11-3）。

生境调查点 2 位于 28.8689°N，112.8931°E，调查时间为 2020 年 12 月 21 日 12:00。水色透明度为 150cm。底质以淤泥和沙（20%）、直径为 0.2～1.6cm 的碎石（15%）、1.7～6.4cm 的小型卵石（50%）和直径为 6.5～25.6cm 的中大型卵石（10%）为主（图 11-4）。

生境调查点 3 位于 29.2577°N，113.0725°E，调查时间为 2020 年 12 月 22 日 9:30。水色透明度为 150cm。底质以淤泥、沙（40%）、直径为 6.5～25.6cm 的鹅卵石（20%）和直径大于 25.6cm 的岩石（15%）为主（图 11-5）。

生境调查点 4 位于 29.3667°N，112.8303°E，调查时间为 2020 年 12 月 11 日 9:30。水色透明度为 100cm。底质以淤泥、沙（90%）、直径为 0.2～1.6cm 的碎石（10%）为主（图 11-6）。

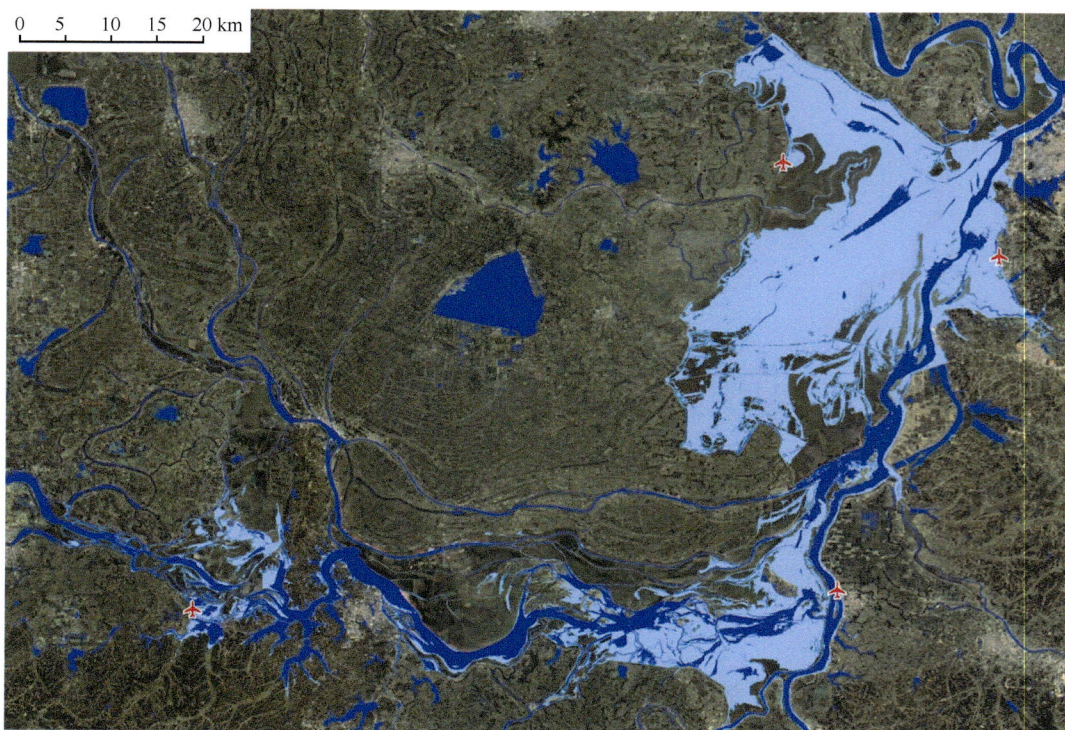

图 11-2 洞庭湖丰枯水期水域覆盖范围（深蓝色为枯水期范围，深蓝色加浅蓝色为丰水期范围）

图 11-3 洞庭湖生境调查点 1 无人机正射拼接影像（上）和 无人机俯视拍摄照片（下左、下右）

图 11-4　洞庭湖生境调查点 2 无人机正射拼接影像（上）、无人机正顶朝下拍摄照片（中左）和俯视拍摄照片（中右、下左、下右）

图 11-5　洞庭湖生境调查点 3 无人机正射拼接影像（上）和 无人机俯视拍摄照片（下左、下右）

图 11-6　洞庭湖生境调查点 4 无人机正射拼接影像（上）和 无人机俯视拍摄照片（下左、下右）

11.2　鄱阳湖

鄱阳湖，地理坐标范围为28.454°N～29.754°N，115.787°E～116.78°E，近40年来鄱阳湖流域永久性水体面积减少超过1600km²，而同期季节性消落区面积（包含自然水文情势消落区、反季节性消落区）扩大了一倍多。鄱阳湖多年最大水体面积约为5400km²；枯水期面积最小，为800km²；消落区面积为4600km²（图11-7），属于自然水文情势类型。每年因水情变化，最大水面和消落区面积的年际变化幅度较大。

生境调查点1位于南矶山，地理坐标为28.9504°N，116.3446°E，调查时间为2021年1月26日14:00。底质以淤泥、沙（80%）、直径为0.2～6.4cm的碎石（20%）为主，草洲植被以莎草科和其他低矮草本湿地植物为主（图11-8）。

生境调查点2位于鄱阳县，地理坐标为29.2971°N，116.7223°E，调查时间为2021年1月24日15:00。底质以淤泥、沙（30%）、直径为0.2～1.6cm的碎石（20%）、1.7～6.4cm的小型卵石（50%）为主，植被以C4型高草草甸和莎草科和其他低矮草本湿地植物为主（图11-9）。

生境调查点3位于永吴公路，地理坐标为29.0979°N，115.9552°E，调查时间为2021年1月19日10:00。底质以淤泥、沙（80%）、直径为0.2～6.4cm的碎石（20%）为主，植被以沉水植物、挺水植物、浮叶植物为主（图11-10）。

生境调查点4位于都昌县，地理坐标为29.2683°N，116.1301°E，调查时间为2021年1月15日9:00。底质以淤泥、沙（60%）、直径为0.2～6.4cm的碎石（20%）为主，草洲植被以莎草科和其他低矮草本湿地植物为主（图11-11）。

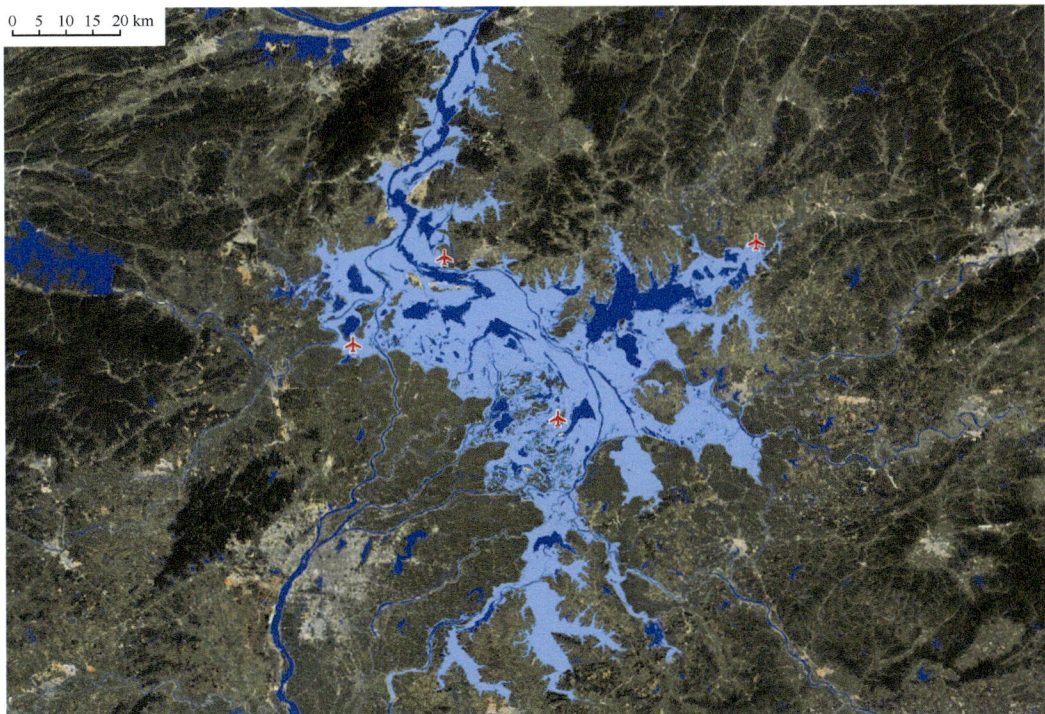

图11-7　鄱阳湖丰枯水期水域覆盖范围（深蓝色为枯水期范围，深蓝色加浅蓝色为丰水期范围）

图 11-8　鄱阳湖生境调查点 1 无人机正射拼接影像（上）、
无人机正顶朝下拍摄照片（中左）和俯视拍摄照片（中右、下左、下右）

图 11-9　鄱阳湖生境调查点 2 无人机正射拼接影像（上）、
无人机正顶朝下拍摄照片（中左）和俯视拍摄照片（中右、下左、下右）

图 11-10　鄱阳湖生境调查点 3 无人机正射拼接影像（上）、
无人机正顶朝下拍摄照片（中左）和俯视拍摄照片（中右、下左、下右）

图 11-11 鄱阳湖生境调查点 4 无人机正射拼接影像（上）、
无人机正顶朝下拍摄照片（中左）和俯视拍摄照片（中右、下左、下右）